Wörterbuch zur politischen Ökonomie

Studienbücher zur Sozialwissenschaft Band 11

Wörterbuch zur politischen Ökonomie

Herausgegeben von Gert von Eynern

in Zusammenarbeit mit
Carl Böhret, Friedrich-Wilhelm Dörge, Dieter Grosser,
Hans-Hermann Hartwich und Werner Skuhr

Springer Fachmedien Wiesbaden GmbH

funktion erwies sich als das theoretisch zentrale Problem der AG. Von den *liberalen* Theoretikern wurde die Entwicklung dieser Rechtsform mit unverhohlener Skepsis begleitet, widersprach doch die AG den Grundaxiomen des liberalen Weltbildes; die postulierte Harmonie von einzel- und gesamtwirtschaftlicher Wohlfahrt nämlich war nur im Wettbewerb von → Unternehmern zu erwarten, die die Verlustrisiken der Konkurrenz an ihrem Eigentum zu spüren bekamen. So fürchtete Adam Smith in den AGen Verschwendung und Nachlässigkeit und glaubte sie der „Konkurrenz von Privaten" kaum gewachsen. Noch Röpke erblickte, ähnlich wie Eucken, in den Kapitalgesellschaften eine „Verfälschung" der Wirtschaftsverfassung.

2.3. Was von der liberalen Kritik als pathologisch zurückgewiesen werden mußte, bot den *sozialistischen* Theoretikern eine willkommene Unterstützung ihrer These, privates Eigentum sei für die Steuerung der Volkswirtschaft entbehrlich: die „Privatproduktion ohne die Kontrolle des Privateigentums" signalisierte für Marx „die Aufhebung der kapitalistischen Produktionsweise selbst" wobei die „Aktienunternehmungen ... als Übergangsformen in die assoziierte zu betrachten" seien.

2.4. Die Entwicklung im 19. Jh. falsifizierte allerdings die liberale These einer wirtschaftlichen Inferiorität der AG. Nicht Schwäche, sondern eine so enorme *Kraft* kennzeichnete die AG, daß die Kritik an der Rechtsform sich bald gegen den ihr innewohnenden Hang zur Monopolisierung und Vermachtung der Wirtschaft richtete.

Diese Entwicklung sowie sich häufende *Betrügereien* zwangen schließlich den Gesetzgeber (1863–1884) zum Eingreifen. An eine Abschaffung der AG war dabei nicht zu denken; vielmehr mußte eine Lösung gefunden werden, die die in der AG vorhandenen Machtpositionen einer *Kontrolle* unterwarf, Betrugsabsichten den Weg verstellte und zudem nach Möglichkeit die AG in das System des Wirtschaftsliberalismus integrierte. Hier erst liegt die Geburtsstunde der *„korporativen" AG*, jenem Ideal, dem bis heute das Aktiengesetz verpflichtet ist. Dem liberalen Dogma folgend wurde auf jede bis dahin durchaus noch nicht verpönte staatliche Einflußnahme verzichtet und die AG voll dem Willen ihrer „Eigentümer" überantwortet. Ein Amalgam wirtschaftsliberaler Theorie und Rousseauscher Demokratieauffassung half dabei, die Brücke vom Aktionär zum Eigentümer zu schlagen: Wenn jeder Aktionär (= Teileigentümer) über Entscheidungsmacht und über zureichende Informationen verfüge (Publizität), dann würden diese Eigentümer einen Willensbildungsprozeß entfalten, dessen Ergebnis – die Zielvorgabe an die Unternehmensleitung und die Überwachung der Zielerreichung – qualitativ dem eines Eigentümerunternehmers gleichkomme. Zur besseren Kontrolle der Unternehmensleitung wurde den Eigentümern als besonderes Organ der *Aufsichtsrat* zur Verfügung gestellt.

2.5. Die AG galt so als Fortsetzung der Eigentümerunternehmung mit anderen Mitteln; de facto jedoch *blieb alles beim alten*, denn die Masse der Anteilseigner überließ weiterhin nicht nur die Tagesgeschäfte, sondern auch die allgemeine Unternehmenspolitik der Verwaltung. Eine Partizipation des Aktio-

närs kann nur dort erwartet werden, wo sie sich in klingender Münze heimzahlt; ein Vergleich der Aufwendungen (Kosten der Teilnahme an der Hauptversammlung etc). mit den Erträgen (Chance, eine Entscheidung zu seinen Gunsten herbeizuführen) zeigt aber deutlich, daß ein wirkliches Aktivwerden ökonomische Irrationalität bedeuten würde. Die *Fungibilität* der Aktie verstärkt dies noch: Wer als Aktionär tatsächlich von Schwierigkeiten in der Unternehmung erfährt, bevor die Börse sie vollends eskomptiert hat, tut allemal besser daran, seine Anteile zu verkaufen, statt sich auf das risikoreiche Geschäft der unternehmensinternen Willensbildung einzulassen.
Auch die Erwartungen, die man mit dem *Aufsichtsrat* verbunden hatte, wurden enttäuscht; von realer Verpflichtung gegenüber den Aktionären gelöst, entwickelte sich dieses Organ zu einem Bestandteil der Verwaltungsspitze, dem beratende, nicht aber kontrollierende Funktionen im Interesse des „Eigentums" zufallen.
Die von der Kapitalseite entsandten A.R.mitglieder (→ Mitbestimmung) sind zumeist Vertreter der Banken, befreundeter, verbundener oder auch konkurrierender Unternehmen, der Verbände oder auch nur „Aushängeschilder" mit klingendem Namen. Sicher findet auch hier eine Kontrolle des Vorstandes statt, nicht aber jene Eigentümerkontrolle, die das Wesen der „Privatunternehmung" ausmacht.

3.0. Die AG als politische Institution – 3.1. Schon allein die *Dimensionen,* in die die großen AGen hineingewachsen sind, verbieten es, sie als „Privatunternehmen" zu werten. Gewiß sind sie „privat" im Sinne von „nicht-öffentlich", nicht aber im Sinne einer „Privatsache" ihrer Anteilseigner. Die großen AGen, deren Umsatzerlöse oftmals die Steuereinnahmen kleinerer und mittlerer Bundesländer übersteigen und die die Geschicke hunderttausender von Arbeitnehmern, zahlreicher Zuliefererbetriebe, der Standortgemeinde, der Region und sogar des Staates unmittelbar beeinflussen, sind längst zu quasi politischen Institutionen geworden. Walther Rathenaus Gedankenspiel, daß es zwar den Anteilseignern der Deutschen Bank rechtlich unbenommen sei, deren Liquidation zu beschließen, daß aber dann sofort der Staat gezwungen wäre, „ein Sondergesetz zu erlassen, das den Beschluß rückgängig" mache – trifft für eine Vielzahl von Groß-AGen zu.
3.2. Die vom Gesetz herausgestellte Privatheit der AG – „wirtschaftliches Eigentum der Aktionäre" heißt der programmatische Leitsatz des Aktiengesetzes von 1965 – steht in schroffem Widerspruch zur Realität, aber auch schon zum Gesetz selbst: Mit der → *Mitbestimmung* wird der Aufsichtsrat zu einer Art Unternehmensverfassungsorgan; mit der Ausweitung der Publizität wird das Allgemeininteresse an der AG anerkannt; mit dem Abschlußprüfer besteht ein Organ, das im Interesse der Unternehmung, der Öffentlichkeit und erst unter anderem auch der Aktionäre tätig wird. Daß der Gesetzgeber dennoch das Eigentum als die Legitimationsgrundlage der AG bestätigt, ja sogar aufgewertet hat, läßt sich nur damit erklären, daß er sich zwar über die reale Funktionslosigkeit des offiziellen Eigentumstitels Aktie im klaren war, aber

die Konsequenzen scheute, die aus einer Anerkennung des Institutionencharakters der AG für die Unabhängigkeit der Leitungsgremien zu ziehen gewesen wären.
Gleichwohl wird von den Unternehmensleitungen wie von den „Eigentümern" selbst der *Sozialcharakter* der AG spätestens dann anerkannt, wenn der Verweis auf ihn eine Minderung des Eigentümerrisikos verspricht: Um nicht schwere Störungen im volkswirtschaftlichen Gesamtgefüge hinzunehmen, aber auch um nicht Tausenden von „kleinen Sparern", die man zuvor im Zuge der Vermögenspolitik zum Aktienkauf ermuntert hatte, ihr Vermögen zu nehmen, bleibt dem Staat meist keine andere Wahl, als einer notleidenden Groß-AG finanziell zu Hilfe zu kommen. Diese *„Sozialisierung der Verluste"* stellt das augenfälligste Indiz dafür dar, daß die Eigentumsordnung des Aktienrechts lediglich eine Schönwetterordnung ist, daß aber de facto das Eigentum als tragende Kraft der AG abgedankt hat.

4.0. Eigentumsfunktionen in der AG – 4.1. Wenn von der Funktionslosigkeit des Eigentümers die Rede ist, so soll das selbstverständlich nicht

---

Aktie: Als Aktie wird sowohl das Anteilsrecht an einer AG als auch die dieses Recht verbriefende Urkunde bezeichnet. Der Mindestnennbetrag einer Aktie beträgt 50 DM. Aktien lauten entweder auf den Inhaber (Inhaberaktien – so die meisten börsengängigen Werte) oder auf den Namen des Aktionärs, der dann im Aktienbuch der AG verzeichnet wird. Familiengesellschaften geben häufig vinkulierte Namensaktien aus, deren Übertragung an die Zustimmung der Mitgesellschafter gebunden ist. Neben dem Standardtyp, der Stammaktie, gibt es verschiedene Arten von Vorzugsaktien; sie werden meist von Gesellschaften emittiert, die zwar Eigenkapital aufnehmen, dabei aber keine Veränderung der Machtverhältnisse in der AG in Kauf nehmen wollen; der Vorzug kann in einem prioritätischen Dividendenanspruch, in einer Überdividende, in einer Festdividende oder auch in einer bevorzugten Befriedigung bei der Liquidation bestehen. – Mehrstimmrechtsaktien sind nur auf Grund behördlicher Genehmigung zulässig und auch nur dann, „soweit es zur Wahrung überwiegender gesamtwirtschaftlicher Belange erforderlich ist". – „Gratisaktien" sind lediglich das Ergebnis einer buchmäßigen Umschichtung der Kapitalseite in der Bilanz (Rücklagen werden zu Grundkapital) ohne realen Vermögenszuwachs.

Depotstimmrecht: Unter Depotstimmrecht versteht man die Ausübung der Stimmrechte in der Hauptversammlung einer AG durch Kreditinstitute, wobei die Aktionäre ihre Depotbank ermächtigen, im Sinne bankeigener Vorschläge abzustimmen, oder aber besondere Weisungen für die Stimmabgabe erteilen. Die weit überwiegende Mehrzahl der Aktionäre macht von der ersten Möglichkeit Gebrauch und verschafft damit den Banken eine starke Machtposition. Die Hauptversammlung einer Publikums-AG wird durch dieses Verfahren weiter entfunktionalisiert, da auf Grund der genau fixierten (und mit den Unternehmensverwaltungen zuvor abgestimmten) Aufträge der Bankenvertreter Diskussionen kaum noch eine Chance haben, das Abstimmergebnis zu beeinflussen. Nach den Ergebnissen der Konzentrationsenquete (1961–1963) verfügten die Banken über mehr als die Hälfte aller Stimmen in den 425 börsennotierten AGen. In 90 AGen standen jeweils einer einzigen Bank Stimmenmehrheiten zur Verfügung.

Publikums-AG ist eine AG, deren Kapital weit gestreut ist und deren Aktien sich besonderer Beliebtheit beim breiten Sparerpublikum erfreuen. Je weiter gestreut der Aktienbesitz ist, um so größer ist die Macht eines etwaigen Minderheitsaktionärs. K. S.

heißen, daß das Eigentum die Herrschaftspositionen in der Groß-AG aufgegeben habe. In allen jenen AGen, an denen maßgebliche Minderheitsaktionäre oder *Großaktionäre* beteiligt sind, üben diese die Entscheidungsgewalt aus, jedoch nicht als Teil des „Gesamtaktionärs" Hauptversammlung, sondern direkt in den obersten Verwaltungsgremien. In den Publikums-AGen rückt über das *Depotstimmrecht* das Eigeninteresse der Banken an die Stelle der brachliegenden Eigentümerrechte. Das Ergebnis ist in beiden Fällen dassselbe: eine Angelegenheit, die vor die Hauptversammlung kommt, ist entschieden, bevor diese zusammentritt.

4.2. In den Publikumsgesellschaften erfüllt das Eigentum eine weitere wichtige Funktion, gibt es doch den Vorstandsgremien die Möglichkeit, sich auf dieses Recht zu berufen. Der Vorstand kann meist auf ein *99 %-Votum* bei seiner Wahl verweisen und damit Angriffe auf nicht-legitimierte Herrschaftspositionen abwehren. Ob Fragen der Arbeitnehmermitbestimmung, der Unternehmensbesteuerung, der Publizität, der staatlichen Überwachung diskutiert werden, stets tritt der Vorstand als treuer Sachverwalter seiner „Auftraggeber", der Eigentümer auf, in deren Rechte unzulässigerweise eingegriffen werde. Gegenüber den „Eigentümern" selbst jedoch findet man die Unternehmensleitung auf der anderen Seite der Barrikade; dann etwa, wenn überhöhte Dividendenansprüche abgewehrt werden sollen oder Konzerninteressen gegen Kleinaktionärsinteressen durchzusetzen sind. Hie Eigentums- hie „Unternehmens"-Interesse, eine bessere Verteidigungsposition für ihre eigene Unabhängigkeit wäre für die Unternehmensstrategen kaum denkbar.

5.0. Ideologisierung der AG – 5.1. Die AG, die sich so grundlegend von der Eigentümerunternehmung klassisch-liberalen Zuschnitts unterscheidet, eignet sich gerade deswegen dazu, mit Ideologie umgeben zu werden. So gilt die AG als besonders *soziale* Unternehmensform, da sie auch Nicht-Besitzenden die Chance gebe, in Führungspositionen zu gelangen; sie gilt als *demokratisch*, da sie mit Hauptversammlung, Aufsichtsrat, Vorstand der parlamentarischen Demokratie (Volk, Parlament, Regierung) nachgebildet sei und da ihr auch der „kleine Mann" als mitspracheberechtigter Teilhaber willkommen sei.

5.2. Im *Volkskapitalismus-Konzept* erreicht diese Ideologisierung ihren Höhepunkt. Ziel des sog. „Dritten Wegs" zwischen Kapitalismus und Sozialismus ist die Teilhabe möglichst breiter Bevölkerungsschichten am Produktivkapital der Wirtschaft, sein Mittel das staatlich geförderte, allgemeine Aktiensparen. Mit dem simplen Syllogismus „Eigentum = Freiheit", „Aktie = Eigentum" also „Aktie = Freiheit" wird eine Gesellschaft angestrebt, in der ein jeder in den Genuß der freiheitsspendenden Wirkungen von Produktiveigentum kommen solle. Angesichts der realen Ohnmacht des Kleinaktionärs grenzt diese Behauptung indes an *Zynismus:* Wenn „Produktiveigentum" Entscheidungsmöglichkeit, Selbstverwirklichung bedeuten soll, hat der Kleinaktionär sicher keines. Zur Absicherung gegen Notsituationen ist die Aktie ebenfalls denkbar ungeeignet, da der Kleinaktionär oftmals gerade dann verkaufen muß, wenn

die Bedingungen ungünstig sind: In Depressionszeiten, wenn viele auf Ersparnisse zurückgreifen müssen, ist das Kursniveau unterdurchschnittlich.
5.3. Doch liegen hier auch kaum die wahren Motive für die dem Volkskapitalismus entgegengebrachte Sympathie. Eher erhofft man vom Aktienbesitz in Arbeitnehmerhand mehr *Verständnis* für „ökonomische Notwendigkeiten", mehr Zurückhaltung bei Lohnforderungen (da „unsere" Gewinne davon betroffen sind), ein Abfangen der Mitbestimmungsbestrebungen (Mitbestimmung über die Hauptversammlung) und ganz allgemein eine stärkere emotionelle Bejahung der bestehenden Wirtschaftsverfassung.

6. Vom Aktienrecht zur Unternehmensverfassung – Ob ein neues Aktienrecht die AG in ihrer nunmehr über 100 Jahre relativ gleichgebliebenen Form wird fortschreiben können, ist zweifelhaft. Zu weit sind bereits die Diskussionen um ein Unternehmensverfassungsrecht gediehen, innerhalb dessen ein um den „Fremdkörper" Mitbestimmung bereinigtes Aktienrecht nur einen Aspekt, die Formierung der Kapitalsphäre nämlich, übernehmen kann, während die Gestaltung der Leitungs- und Kontrollzusammenhänge einem speziellen „Unternehmensrecht" vorbehalten bleibt, das größen- und nicht rechtsformabhängig zu gestalten wäre. Der Versuch, allen an dem Sozialsystem Unternehmung beteiligten Interessen Einfluß zu verschaffen, kann dabei nicht bei den Produktionsfaktoren Arbeit und Kapital stehenbleiben, sondern wird die Interessen der durch den Staat repräsentierten *Öffentlichkeit* in erheblichem Umfang berücksichtigen müssen.

LITERATURHINWEISE

Berle, Adolf A.: *Means*, Gardiner C.: The Modern Corporation and Private Property. 2. Aufl., New York 1968.
Mason, Edward S. (Hrsg.): The Corporation in Modern Society. Cambridge (Mass.) 1959.
Pross, Helge: Manager und Aktionäre. Frankfurt/M. 1965.
Steinmann, Horst: Das Großunternehmen im Interessenkonflikt. Stuttgart 1969.
Wiethölter, Rudolf: Interessen und Organisation der Aktiengesellschaft. Karlsruhe 1961.

Klaus Schredelseker

Allgemeine Geschäftsbedingungen (AGB)

→ *Arbeitsrecht, Macht, Verbände*

1. Begriff und Funktion – AGB sind vom Unternehmer (allein unternehmens- oder betriebseinheitlich bzw. im Zusammenwirken mit anderen Unternehmen durch Konditionenkartell brancheneinheitlich) aufgestellte *Bestimmungen für die inhaltliche Gestaltung von Einzelrechtsgeschäften,* mit deren Geltung sich der Durchschnittskunde bzw. bei Verwendung von AGB durch Großunternehmen auf dem Einkaufsmarkt: auch der Durchschnittslieferant einverstanden erklären muß, wenn er nicht auf den Vertragsschluß von vornherein verzichten will. AGB spielen eine erhebliche Rolle also nicht nur auf den Absatzmärkten, sondern auch auf den Beschaffungsmärkten, wo Großunternehmen der Industrie und des Handels (z. B. Versandunternehmen)

häufig ihren Zulieferern die Vertragsbedingungen im einzelnen vorschreiben („diktieren"). AGB finden Verwendung sowohl im Waren- wie im Dienstleistungssektor, z. B. im Bank-, Versicherungs-, Transport- und Verkehrsgewerbe (IATA). Im Arbeitsleben regeln allgemeine Arbeitsbedingungen, eine besondere Spielart der allgemeinen Geschäftsbedingungen, die nicht durch Tarifvertrag oder Betriebsvereinbarung geregelten Bereiche.

AGB dienen der betriebswirtschaftlichen *Rationalisierung*, Standardisierung und Typisierung massenhaft gleichförmiger Geschäftsvorfälle. Sie erstrecken sich dabei nicht nur auf Bereiche, die vom Gesetzesrecht nicht oder nur unvollständig geregelt sind, sondern erfassen auch solche Materien, die durch das geltende dispositive (nachgiebige) Gesetzesrecht hinreichend normiert sind. Hier dienen die AGB einer Veränderung der dispositiv-gesetzlichen Ordnungsstruktur zugunsten desjenigen, der die AGB aufstellt. Aus der Verwendung vorformulierter, für künftige Vertragsabschlüsse geltender AGB ergeben sich die zwei beherrschenden Wesensmerkmale: es handelt sich bei den AGB (1) um *einseitig-eigennützige* (unilaterale) Regeln und (2) um *abstrakt-generelle* (tatsächlich-normative) Regeln. Diese beiden Wesenszüge können unterschiedlich stark ausgeprägt sein; das ist im einzelnen abhängig von der bei Einführung in den Einzelvertrag gegebenen konkreten Situation; insbesondere muß die Wettbewerbs- und Marktposition des Unternehmens, das AGB verwendet, sowie die Stellung seiner Zulieferer auf den Beschaffungsmärkten bzw. seiner Abnehmer auf den Absatzmärkten berücksichtigt werden.

2. Einseitige Eigennützigkeit – Der unilaterale Charakter der durch AGB getroffenen Regelung ist heute erkannt. AGB enthalten materiell keine einverständliche, sondern eine einseitige Regelung. Verträge auf der Basis von AGB sind „so called-contracts, in which one predominant unilateral party will dictate its law to an undetermined multitude rather than to an individual" (Ehrenzweig). Die Einseitigkeit äußert sich konkret (a) im intellektuellen und (b) im wirtschaftlichen Übergewicht des Unternehmers.

a) Die einseitige Vorformulierung ermöglicht es dem Unternehmen, diese auf Grund sorgfältiger, vorausplanender Überlegungen so festzusetzen, wie es seinen Zielen angesichts der konkreten Lage entspricht. Sie gestattet es dem Unternehmen ferner, juristische Experten mit der Abfassung von AGB zu beauftragen, damit die gewünschte Regelung ein adäquates juristisches Niveau erhält, um jede Interpretation, die den Wünschen des Unternehmens zuwiderläuft, auszuschließen. Dank dieser Beherrschung der rechtstechnischen Gestaltungsmittel erlangt der Unternehmer gegenüber dem Kunden, der kenntnismäßig, zeitlich und auch soziologisch-organisatorisch gar nicht in der Lage ist, selbst ein detailliertes, auch die Fülle der Nebenkonditionen (Gewährleistungs-, Freizeichnungs-, Erfüllungs-, Beweislast-, Gerichtsstandsregeln, usw.) enthaltendes Vertragsangebot zu unterbreiten, ein intellektuelles, durch Länge und Unverständlichkeit der Klauseln für den Laien häufig noch intensiviertes Übergewicht bei den Vertragsverhandlungen.

b) In der abstrakten Vorformulierung der Bedingungen für künftig abzu-

schließende Geschäfte findet das *wirtschaftliche Übergewicht* des Unternehmens seinen sinnfälligsten Ausdruck. Die vorformulierten Konditionen sind rechtstatsächlich keine im Verlauf der Vertragsverhandlungen noch frei abänderbaren, den endgültigen Kontraktschluß bloß vorbereitenden Gestaltungsvorschläge, sondern nehmen Geschäftspartnern in aller Regel von vornherein jegliche Chance, die in den AGB geregelten Punkte unter Berücksichtigung ihrer individuellen Präferenzordnungen auszuhandeln.
Diese Positionsverschlechterung für künftige Geschäftsgegner durch AGB ist soziologisch durch den Begriff der *Unterwerfung* unter die durch AGB fixierten Regeln in einem für die überwiegende Zahl aller AGB-Kontrakte exakten Sinne umschrieben worden. Die Vertragsannehme bringt nicht mehr zum Ausdruck, daß der auf der Basis von AGB abgeschlossene Vertrag zu den festgelegten Bedingungen wirklich gewollt ist; sie ist vielmehr Ergebnis der Erwägung, daß man sich in die Bestimmungen fügen muß, wenn man das Geschäft überhaupt abschließen will. Dieses Vertragsdiktat bietet dem Unternehmer die Chance, seine Position zu seinem Vorteil auszunutzen, indem er die Regeln in einseitig-eigennütziger *Abweichung vom nachgiebigen (dispositiven) staatlichen Gesetzesrecht* aufstellt.

3. Normativität der AGB – AGB verkörpern für den Kunden eine überindividuelle, unpersönliche, allgemeine Ordnung, der er sich beugen muß, um einen Vertrag abschließen zu können. Die AGB sind für zahlenmäßig unbestimmte, künftige, gedachte Fälle aufgestellt, folglich *abstrakt*. Ebensowenig stehen Zahl und Personen der Vertragspartner im Augenblick der Regelaufstellung fest; sie tragen demnach auch *generellen* Charakter.
Die durch AGB aufgestellten Regeln können auf Grund ihres abstrakt-generellen Inhalts als *tatsächliche Normen* des Wirtschaftslebens gekennzeichnet werden, die durch Einführung in den Einzelvertrag rechtliche Verbindlichkeit für die Partner der Einzelverträge erhalten, ohne dadurch ihren Inhalt zu ändern. Sie sind also – und das kann zu ihrer näheren Verortung festgehalten werden – keine staatlichen bzw. auf Grund staatlicher Delegation oder Beleihung mit Rechtssetzungsbefugnissen erlassenen Rechtsnormen, sondern sind vom Unternehmer als Privatperson (allein oder mit anderen Unternehmern) zu privatnützigen Zwecken aufgestellt. Der Aufstellungsakt als solcher hat keine *rechtliche* Verbindlichkeit für Dritte. Sie werden nicht erlassen wie Gesetze, sondern müssen, um juristisch Bedeutung zu erlangen, durch ausdrückliche oder stillschweigende *Verweisung* in den konkreten Einzelvertrag inkorporiert werden. Als *tatsächliche Normen* des Wirtschafts- und Soziallebens üben sie aber allein durch ihre Existenz ebenso wie Verkehrssitte und Handelsbrauch faktische Ordnungsfunktionen aus, denen sich der Kunde kaum entziehen kann.

4. Rechtliche Behandlung – Für die rechtspolitische und rechtliche Behandlung der durch AGB gestalteten Verträge sind daraus Konsequenzen zu ziehen. Die durch AGB gestalteten Verträge können weder dem System der

klassischen Vertragsfreiheit und Individualautonomie, in dem der Vertrag als zweiseitig-eigennützige Veranstaltung freier und gleicher Individuen fungiert, noch dem Ordnungssystem der vor allem im Arbeitsrecht anerkannten Kollektivautonomie zugeordnet werden, das gleichfalls nur den zweiseitigen Kollektivvertrag zwischen in etwa gleich starken Kollektivvertragssubjekten (Tarifvertragsparteien, Betriebsvereinbarungsparteien) zuläßt.

Rechtsprechung und Literatur stehen daher vor der *Aufgabe*, durch eine enge Auslegung und eine ausgebaute Inhaltskontrolle der in den Vertrag eingeführten AGB sicherzustellen, daß der Kunde inhaltlich nicht übervorteilt wird. Denn die Tatsache, daß die vom Unternehmer aufgestellten AGB nicht durch Aushandeln zustande kommen, schafft einen als private Normsetzung charakterisierten Sondertatbestand, der zwar besonderer rechtlicher Würdigung bedarf, der aber unter der Voraussetzung wirksamer Inhaltskontrolle *nicht* die Verwerfung des Vertragsbegriffs im Bereich des modernen Massenverkehrs schlechthin rechtfertigen kann. Der einzelne, der massentypisch angebotene Leistungen begehrt, hat seit je in den Ländern, in denen bei Geschäften des täglichen Lebens nicht gefeilscht zu werden pflegt, nur über das „ob" und auch darüber nur bei funktionsfähiger Konkurrenz tatsächlich frei zu entscheiden, ohne daß die Geltung der Rechtsgeschäftsgrundsätze angezweifelt worden wäre (Flume, Coing).

Ein Mißbrauch der Vertragsfreiheit liegt erst vor, wenn ein Unternehmer oder Arbeitgeber sein wirtschaftliches Übergewicht dazu ausnutzt, einseitig seine Interessen auf Kosten des Geschäftsgegners unter Abweichung von den Gerechtigkeitsvorstellungen des dispositiven Gesetzesrechts zur Geltung zu bringen. Ist das jedoch nicht der Fall, entspricht vielmehr der Inhalt der AGB bei Abwägung der Interessen der potentiellen Vertragspartner der Billigkeit, so ist der Vertragsschluß innerlich im Sinne der Vertragsfunktion gerechtfertigt (L. Raiser).

Wenn es daher künftig gelingt, durch wirksame und umfassende richterliche *Billigkeitskontrolle* oder eine rechtspolitisch wünschenswerte *Präventivkontrolle* von AGB durch ein *Anmeldeverfahren* mit Widerspruchsmöglichkeit unbillige Klauseln aus dem Inhalt von AGB zu eliminieren und durch angemessene Bestimmungen zu ersetzen, so wird der Kunde den Vertrag auf der Grundlage der AGB auch tatsächlich frei wollen. Dann würden die Angriffe gegen die Geltung des Vertragsprinzips im Bereich des modernen Massenverkehrs hinfällig. Damit dürfte der vielfach verkannte Zusammenhang, der zwischen wirksamer Inhaltskontrolle von AGB und der Vertragsfreiheit besteht, offengedeckt sein: Die Inhaltskontrolle von AGB durch den Richter oder durch eine Verwaltungsbehörde ist kein Eingriff in die Vertragsfreiheit, sondern faktisch-reale *Bedingung ihrer Möglichkeit* im Bereich des modernen Massenverkehrs.

LITERATURHINWEISE

v. Brunn, Johann-Heinrich: Die formularmäßigen Vertragsbedingungen der deutschen Wirtschaft. 2. Aufl. 1956. Köln und Berlin.

Kliege, Helmut: Rechtsprobleme der Allgemeinen Geschäftsbedingungen in wirtschaftswissenschaftlicher Analyse unter besonderer Berücksichtigung der Freizeichnungsklausel. Göttingen 1966.
Raiser, Gottfried: Die gerichtliche Kontrolle von Formularbedingungen im amerikanischen und deutschen Recht. Karlsruhe 1966.
Raiser, Ludwig: Das Recht der Allgemeinen Geschäftsbedingungen. 1935 (Neudruck 1961), Bad Homburg v. d. H.
Rehbinder, Manfred: Das Kaufrecht in den Allgemeinen Geschäftsbedingungen der deutschen Wirtschaft. Berlin 1970.
Schmidt-Salzer, Joachim: Das Recht der allgemeinen Geschäfts- und Versicherungsbedingungen. Berlin 1967. Ders., Allgemeine Geschäftsbedingungen. München 1971.

FRANZ JÜRGEN SÄCKER

Arbeit (A.)

→ *Arbeiter, Arbeitsrecht, Bildungsökonomie, Kapital, Lohn, Physiokraten, Sozialstaat, Verelendung, Wert, Wohlstand*

1. BEGRIFF. Trotz der grundlegenden Rolle, die die A. im Wirtschaftsprozeß spielt, hat die ökonomische Theorie meist auf eine genaue Fassung dieses Begriffs verzichtet. Vor allem für die klassische Nationalökonomie war A. eine erfahrungsmäßige Kategorie, die *nicht der Reflexion bedurfte*. Das mag daran liegen, daß A. nur als Mittel zum Zweck angesehen wurde und der Zweck des Wirtschaftens das eigentliche Thema der Politischen Ökonomie darstellte. Davon sind gerade auch Theorien, die die Güterwertbildung auf A. zurückführen, nicht ausgenommen; das Hauptwerk von Marx, der zweifellos der konsequenteste A.werttheoretiker ist, heißt nicht ohne Grund „Das Kapital" und nicht „Die Arbeit".

Dennoch lassen sich aus den Hauptströmungen ökonomischen Denkens *spezifische Begriffe* der A. kompilieren. Insbesondere mit dem Wandel der Anschauung über die Grundprinzipien des Wirtschaftens, der sich mit dem Übergang von der objektiven, klassischen und marxistischen, zur subjektiven, neoklassischen → Wertlehre vollzog, wandelte sich auch der A.begriff. Dabei läßt sich ähnlich wie beim Wertbegriff konstatieren, daß es erst der neoklassischen *Allokationstheorie*, insbesondere in ihrer grenzproduktivitätstheoretischen Variante, gelang, eine in sich schlüssige Definition der A. zu entwickeln – allerdings um den Preis hoher Formalisierung. Dennoch galt die wissenschaftliche Kontroverse kaum dem A.begriff, sondern der preistheoretischen Relevanz der Werttheorie – die wenigen Autoren des deutschen Sprachraums, die sich mit dem A.begriff beschäftigten (u. a. List, Mangoldt, Vertreter der historischen Schule, Spann), blieben ein Randphänomen, weil sie sich mit Ausnahme von List kulturphilosophischen Reflexionen über eine immanente Abgrenzung der wirtschaftlichen A. von anderen Tätigkeiten hingaben und damit den theorie- und realgeschichtlichen Hintergrund des A.begriffs verschütteten.

Eine Revision des neoklassischen A.begriffs, insbesondere dessen Leistungsbezogenheit, beginnt sich *heute* unter dem Einfluß von *Nachbardisziplinen*, wie der Soziologie und der Psychologie, die in den letzten Jahren den Beziehungen zwischen Sozialisationsbedingungen und A.welt Augenmerk gewidmet haben, abzuzeichnen, z. B. über die → Bildungsökonomie.

2. Die PHYSIOKRATEN kannten noch nicht den Begriff der A. als abstrakte Kategorie; sie unterschieden lediglich zwischen verschiedenen Formen der konkreten A., wobei ihrer vorindustriellen Produktionstheorie gemäß, für die lediglich die Agrarproduktion wertbildend war, auch lediglich die A. in der Landwirtschaft produktiv sein konnte. Erst mit der *klassischen Nationalökonomie*, insbesondere mit Adam Smith, erhält die A. als eine abstrakte Kategorie einen und zugleich den entscheidenden Stellenwert: sie ist sowohl Quelle des Volkswohlstandes als auch Maßstab des Warenwertes. Diese Objektivierung des A.begriffes dürfte stark von der protestantischen A.ethik geprägt worden sein, wird jedoch noch nicht, wie später von Marx, als typische Erscheinung des Industriezeitalters, an dessen Beginn Smith steht, gesehen (Nowak, S. 516).

Obwohl die Klassiker A. als Opfer, Entsagung definierten (auch hier zeigt sich ihre ethische Grundlage), war für sie weniger der A.begriff als die Unterscheidung von produktiver und *unproduktiver A.* konstitutiv, da sie die Grundlage der Wertlehre bildete. Produktive A. ist diejenige A., die der materiellen Produktion dient; Dienstleistungen gelten als unproduktiv.

MARX' Verdienst liegt darin, A. als eine abstrakte Kategorie – er spricht ausdrücklich von „abstrakter" Arbeit – aus bestimmten Produktionsverhältnissen abgeleitet zu haben. Abstrakte A. ist für ihn typisches Kennzeichen der warenproduzierenden Gesellschaft. Die konkret nützliche A. beispielsweise der Schneiderei und Weberei werden dadurch zu abstrakt menschlicher A., daß sie Tauschwertcharakter erhalten: „Indem z. B. der Rock als Wertding der Leinwand gleichgesetzt wird, wird die in ihm steckende Arbeit der in ihr steckenden Arbeit gleichgesetzt. Nun ist zwar die Schneiderei, die den Rock macht, eine von der Weberei, die die Leinwand macht, verschiedenartige konkrete Arbeit. Aber die Gleichsetzung mit der Weberei reduziert die Schneiderei tatsächlich auf das in beiden Arbeiten wirklich Gleiche, auf ihren gemeinsamen Charakter menschlicher Arbeit" (S. 65).

Wie für Smith ist auch für Marx nur ein bestimmter Typ von A. *produktiv* und damit wertbildend. Aber Smith arbeitet deutlich heraus, daß A., auch wenn sie nicht wertbildend ist, durchaus nützlich sein kann (er weist ausdrücklich auf die A. des Pfarrers, Rechtsanwalts, Arztes usw. hin). Dagegen dient bei *Marx* nützliche A. der Charakterisierung des „allgemeinen Stoffwechsels zwischen Mensch und Natur" (S. 57), wird der abstrakten A. gegenübergestellt, nicht aber auf das Begriffspaar produktive/unproduktive A. angewandt.

Diese scheinbar geringfügige Unterlassung, unproduktive, aber nützliche A. explizit zu analysieren, hat sich angesichts der großen Bedeutung dispositiver Tätigkeiten in der modernen Gesellschaft als verhängnisvoll erwiesen – bis heute bereitet dem Marxismus die wert- und klassentheoretische Einordnung der Kader in Industrie und Staat Schwierigkeiten.

Für Marx ist „nur der Arbeiter produktiv, der Mehrwert für den Kapitalisten produziert oder zur Selbstverwertung des Kapitals dient" (S. 532). Damit reduziert sich der Begriff der produktiven A. keineswegs wie bei Smith auf A., die der materiellen Produktion dient. Marx wählt zur Bekräftigung seines Arguments ausdrücklich ein Beispiel außerhalb der Güterproduktion: „Ein Schulmeister ist produktiver Arbeiter, wenn er nicht nur Kinderköpfe bearbeitet, sondern sich selbst abarbeitet zur Bereicherung des Unternehmers ... Der Begriff des produktiven Arbeiters schließt daher keineswegs bloß ein Verhältnis zwischen Tätigkeit und Nutzeffekt ... ein, sondern auch ein spezifisch gesellschaftliches, geschichtlich entstandenes Produktionsverhältnis, welches den Arbeiter zum unmittelbaren Verwertungsmittel des Kapitals stempelt" (S. 532). Eine solche Definition macht es unmöglich, dispositive Tätigkeiten, die heute Staat und Unternehmen oft austauschbar vermitteln bzw. anbieten, befriedigend zu fassen.

3. Die subjektive Wertlehre scheint prima vista einen Rückschlag in der Klärung des A.begriffs zu bringen. Ihr Nutzenbegriff ist fast rein produktionsorientiert; die klassische Opfertheorie wird abgelehnt; insbesondere die österreichische Grenznutzenschule, allen voran Böhm-Bawerk, schätzt die Bedeutung des A.leids alias der nichtgeldlichen Vor- und Nachteile der A. für die Wertbildung angesichts gesetzlich bzw. tarifrechtlich vereinbarter A.zeiten gering ein. Die von Clark entwickelte *Grenzproduktivitätstheorie* wiederum geht von einer gegebenen Ausstattung mit A. aus, ist ausschließlich eine Theorie der Nachfrage der Unternehmer nach dem Produktionsfaktor A. A. wird so zu einem anonymen Begriff, definiert als eine gegen Entgelt geleistete Tätigkeit, wobei es dann höchst gleichgültig wird, ob sie in Personen, Stunden oder irgendwelchen Energieverbrauchsquanten gemessen wird. A. verliert ihren Charakter als soziale Kategorie, den sie in der klassischen und marxistischen Nationalökonomie hatte (Nowak, S. 529 f.).
Aber trotz der formalen Orientierung ihres Kategorienapparates bringt die neoklassische Wertlehre dadurch einen Durchbruch zu einem schlüssigen A.begriff, daß sie ihn leistungsbezogen, *als Mittel zum Zweck* definiert. Damit wird nicht nur die Trennung von produktiver und unproduktiver A. mit ihrer notgedrungen eklektischen Abgrenzung von Produktions- und Dienstleistungssphäre, sondern auch die Rückführung der A. auf die Mühsal – eine Definition, die A.freude illegitimerweise zu einer contradictio in adjecto macht – hinfällig. Eine derartige Definition der A. deutete sich bereits in Lists Begriff

---

Allokation. Das Allokationsproblem betrifft die Frage nach der Verteilung der Produktionsmittel (Arbeit, Rohstoffe, Boden usw.) auf einzelne Produktionssektoren und damit ihre Verwendung für unterschiedliche Zwecke. Die Allokation kann durch „Gesetze" einer Marktwirtschaft, durch Entscheidungen einer Planungsbehörde oder durch Faktoren wie Willkür, Zufall, Tradition bestimmt werden. Sie kann optimal, z. B. im Sinne des gesellschaftlichen Wohlstands sein; sie kann aber auch den Interessen bestimmter Gruppen und Klassen dienen. M. B.

der *„Produktiven Kräfte"* an, der ja in bewußtem Gegensatz zum materiellen Produktivitätsbegriff der klassischen Nationalökonomie entwickelt worden ist, ohne daß er jedoch zu einer allgemeinen Produktionstheorie führte, da List die Produktion von Produktiven Kräften weiterhin streng von der Produktion von Tauschwerten trennte.
Die neoklassische *Grenzproduktivitätstheorie* bietet dagegen eine einheitliche Produktionstheorie an. Der Preis des Produktes, der neben der Technologie (ausgedrückt durch die Grenzproduktivitätskurve) das Leistungsniveau bestimmt, kann sich auf dem Markt bilden, aber beispielsweise vom Staat auch explizit oder implizit gesetzt werden. Wenn A. im Anschluß an Weddigen als „Leistung der persönlichen Produktivgüter" definiert wird (Nowak, S. 537), grenzt sie sich damit zugleich von anderen Produktionsfaktoren ab.

4. DIE SCHWÄCHE der Grenzproduktivitätstheorie besteht darin, A. lediglich als Produktionsfaktor zu fassen. Quelle des Nutzens ist die Nachfrage nach A., die ein Mittel zur Produktion von nutzenstiftenden Gütern und Dienstleistungen ist. Für den *Anbieter* von A. bedeutet das, daß er sein Angebot, falls er nicht auf Grund der allgemeinen Beschäftigungssituation sowieso jede nachgefragte A. akzeptieren muß, höchstens am Geldeinkommen orientiert, da er nur dann allein als Produktionsfaktor agiert. Dagegen beeinflussen die A.bedingungen, die sog. *nichtgeldlichen* Vor- und Nachteile einer A., das Angebot nicht, vor allem nicht die Verteilung des A.angebots auf einzelne Tätigkeiten. Das entspricht jedoch keineswegs der *Realität.* Insbesondere bei genereller Vollbeschäftigung „läßt sich nicht mehr jeder Arbeitsplatz besetzen ohne Rücksicht darauf, ob der Arbeitnehmer ihn langfristig für akzeptabel hält" (Mieth, S. 198). Ferner „gewinnt mit steigendem Realeinkommen der Komplex der mit einer spezifischen Tätigkeit verbundenen Vor- und Nachteile nichtgeldlicher Natur einen stärkeren Einfluß auf die Verteilung des Angebots, umgekehrt verliert die Lohnrate an Einfluß" (S. 188). Drittens dürften die Sozialisationsbedingungen des Anbieters von A., die nicht unwesentlich vom Milieu des Elternhauses und den Bildungsmöglichkeiten bestimmt werden, seine Präferenzen beeinflussen.
Damit erweist sich, daß die nichtgeldlichen Vor- und Nachteile der A. nur bei einer kurzfristigen Analyse, die sich im wesentlichen auf Fragen der Disposition von A.zeit beschränken kann, von untergeordneter Relevanz sind. Von einer solchen Problemsicht ist die neoklassische Nachfragetheorie ausgegangen. Wenn jedoch den ökonomischen Ursachen der Entstehung von *Qualifikationen* nachgegangen wird, erhalten die Wirkungen, die von der Angebotsseite auf den A.markt ausgehen, beträchtliches Gewicht, in einer → Wohlstandsgesellschaft mit sozialer Sicherung sogar steigendes Gewicht. Darin liegt ein Ansatzpunkt, den einseitigen A.begriff der neoklassischen Wertlehre zu überwinden und die Produktionstheorie zu einer umfassenden *Arbeitsökonomik* auszubauen.

LITERATURHINWEISE

Clark, John Bates: The Distribution of Wealth. New York 1899.
Marx, Karl: Das Kapital. MEW Bd. 23.
Mieth, Wolfgang: Ein Beitrag zur Theorie der Lohnstruktur. Göttingen 1967.
Nowak, Hans: Der Arbeitsbegriff der Wirtschaftswissenschaft. In »Jahrbücher für Nationalökonomie und Statistik«, 131 (1929), S. 513 ff.
Smith, Adam: An Inquiry into the Nature and the Causes of the Wealth of Nations. Ed. by E. Cannan, London 1961.

HAJO RIESE

Arbeiter (A.)

→ *Arbeit, Entfremdung, Gewerkschaft, Industriegesellschaft, Lohn, Mobilität, Sozialstaat, Verelendung*

1. BEGRIFF UND ENTWICKLUNG. Neben den Beamten und Angestellten sind die A. diejenigen Berufstätigen, die ihre Arbeitskraft, ihr Können und Wissen, ihre Fähigkeiten und Fertigkeiten in abhängiger sozialer Stellung („Arbeitnehmer") gegen Entgelt (→ Lohn) zur Verfügung stellen. Die Grundlage für die soziale Existenz der A. bildet eine gesellschaftliche *Produktionsform*, die beruht (a) auf Arbeitsteilung u. betrieblicher Konzentration der Produktionsmittel (Fabriksystem), (b) auf prinzipieller Trennung von Arbeitsraum u. sonstigen zentralen Lebensbereichen, (c) auf den durch Monopolosierung bzw. Ausschluß von Verfügungsgewalt über Produktionsmittel (→ Eigentum) bewirkten Herrschaftsverhältnissen sowie (d) auf relativer Trennung von sog. „dispositiver" (leitender) und „exekutiver" (lediglich ausführender) bzw. „geistiger" u. „körperlicher" Arbeit.
1.2. *Entwicklung:* Die gesellschaftliche *Klasse* der A. entstand mit der kapitalistischen → Industriegesellschaft, d. h. mit dem vom Bürgertum getragenen Prozessen (a) der Akkumulation von → Kapital, (b) der Entfaltung und Anwendung wissenschaftlich-technischer und ökonomisch-rationaler Methoden zur Planung, Organisation und Durchführung von Arbeitsprozessen, (c) der Konzentration von menschlicher Arbeitskraft an zentralen Produktionsstätten sowie (d) der weitgehenden Arbeitszerlegung und Funktionengliederung in den Produktionsstätten.

Im Vergleich zu vorindustriellen Lebensformen und Gesellschaftsordnungen wurde für den Status der A. entscheidend, daß das bürgerliche Rechtssystem die Beziehungen zwischen den Kapitaleigentümern und den A.n zunächst auf das → *Lohnarbeitsverhältnis* reduzierte. Die Arbeiter boten ihre Arbeitskraft (als einzige Grundlage ihrer Existenz) in einer bestimmten Marktsituation an und stellten sie gegen Bezahlung zur Verfügung. Der Arbeitslohn der A. richtete sich jedoch – in Anbetracht der ungleichen Voraussetzungen beim Abschluß solcher „Arbeitsverträge" – prinzipiell nach den Verwertungs-Interessen der Kapitaleigentümer. Die elementaren Bedürfnisse der A., ihr und ihrer Familie auskömmlicher Unterhalt, ihre individuelle Arbeitsfähigkeit und ihr Arbeitsplatz als Existenzgrundlage auf Dauer, waren nicht garantiert. Zunehmende → Verelendung führte zu den vom → Sozialismus, von aufge-

klärten Sozialliberalen und von christlichen Sozialreformvorstellungen getragenen Emanzipationskämpfen der *A.bewegung*. Mit dem Aufbau von → Gewerkschaften und Genossenschaften und durch eine an minimaler sozialer Befriedigung interessierte staatliche Sozialpolitik konnten die A. langsam ihre Lage verbessern. Daneben richteten sie ihre politische Kraft auf mehr Beteiligung an staatlichen Entscheidungsprozessen. Entsprechend der ideologischen Vielfalt in der A.schaft entwickelten sich verschiedene *Strategien*. Neben das Kampfziel des Umsturzes der kapitalistischen Gesellschaftsordnung und der Herrschaftsübernahme durch die A.klasse traten Vorstellungen von sozialer Emanzipation durch Wahlrechtsreform, durch ökonomische Demokratisierung mittels → Mitbestimmung, durch Arbeiterbildung sowie durch erzieherische Realisierung christlich inspizierter Partnerschaft von Arbeit und Kapital.
Neue Formen der Mechanisierung und Arbeitsorganisation – Automation, großbetriebliche Arbeitsweise, Bedeutungsverlagerungen von materiellen Produktions- zu Verkehrs-, Handels- und Dienstleistungen – haben sowohl die innerbetriebliche Situation der A. als auch ihre sozialökonomische Stellung beeinflußt. Ebenso ist durch Fortschritte in der Demokratisierung der Industriegesellschaft (Arbeits- und Sozialrecht, demokratische Verfassungen, Betriebsverfassungsrecht, Koalitionsrecht) die rechtliche und politische Situation der A. verbessert worden. Nicht nur *quantitativ* hat die industriegesellschaftliche Entwicklung den Anteil der A. an der Gesamtzahl der Erwerbstätigen (zugunsten der Angestellten und Beamten) langsam abnehmen lassen (Deutsches Reich bzw. BRD: 1882 = 57,4 %; 1939 = 49,1 %; 1970 = 45,0 %). *Qualitativ* wird, und zwar als Folge der Wohlstandssteigerung breiter Gesellschaftsschichten und der durch neue Technologien bewirkten Verbesserung ihrer Arbeitssituation, auf „Verbürgerlichungstendenzen" in der A.schaft hingewiesen. Eine allgemeine Nivellierung des Lebensstandards und Lebensstils aller Arbeitnehmergruppen, besonders die Angleichung der kulturellen Orientierungs- und Verhaltensstandards der A. an diejenigen der „Mittelschichten" haben dazu geführt, die sozialen Probleme der A. als gelöst u. damit ihre besonderen politischen und ökonomischen Interessen als nicht mehr existent zu betrachten. Um diese *These* empirisch zu bestätigen, aber auch um sie als ideologische Verschleierung der Konflikte gegenwärtiger kapitalistischer Industriegesellschaft zu entlarven, sind zahlreiche Untersuchungen vorgelegt worden über das Verhältnis von „objektiver" betrieblicher Arbeitersituation, „subjektiver" Einstellung der A. zu ihrer Arbeit und den daraus resultierenden Interessen (Arbeiterbewußtsein).

2. Stellung im Betrieb. Zweifellos bestehen Zusammenhänge zwischen Art, Inhalt, Qualität der Arbeit einerseits und der Arbeitszufriedenheit, dem Arbeitserlebnis der A. andererseits. Das soziologische Interesse richtet sich darum auf die vom wissenschaftlich-technischen Fortschritt veränderten Arbeitsbedingungen. Verglichen mit Prozessen der frühindustriellen und fabrikmäßigen Arbeitsteilung und Arbeitszerlegung, die zu einer *Zergliederng* der handwerklich-„organischen" Arbeitsgefüge zu repetitiven, „geistlosen" Ar-

beitsvollzügen führten und das Phänomen der Entfremdung begünstigten, wird heute wieder (zumindest teilweise) eine technologische Entwicklung auf eine *Qualifizierung* der Industriearbeit festgestellt. Hochmechanisierte Produktion erhöht die individuellen Dispositionsmöglichkeiten auch der lediglich exekutiv tätigen A. am Fuße der Betriebshierarchie, verlangt mehr technisch-rationale Identifikation mit der Arbeit sowie mit den technisch bestimmten und sozial sich auswirkenden Beziehungen der eigenen Arbeit zu derjenigen anderer, fordert Eigeninitiative und Sensibilität, läßt traditionelle repressive Autoritätsbeziehungen (Befehlsautorität) zugunsten ausbildungs- und erfahrungsspezifischer Sachautorität an Bedeutung abnehmen. Dadurch wird soziale und psychische Entfremdung durch eine neue funktionale, d. h. arbeitsprozessual bedingte *Integration* ersetzt. Überdies bewirken die hohen Spezialisierungen auf unternehmenstypische Produktionstechniken eine größere Sicherheit des Arbeitsplatzes. Die neuen technischen Arbeitssysteme können ohne eine Mehrbeteiligung der A. an Entscheidungen und damit an Kommunikationsgefügen nicht mehr realisiert werden.
Umstritten ist dagegen die *prognostische* These, daß es im Zuge dieser partiellen Requalifizierungstendenzen auch zu einer neuen *Polarisierung* der Betriebsbelegschaften hinsichtlich Qualifikation, Arbeitsbelastung, Dispositionschancen kommt. Die zukünftige Entwicklung der Automation wird – neben der Annäherung qualifizierter A.gruppen an Arbeitsaufgaben bisheriger Angestelltengruppen – keine *allgemeine* Nivellierung bringen, sondern auch fernerhin hohe A.anteile für repetitive Teilarbeiten, monotone und kurzfristig erlernbare Steuerungs- u. Wartungsfunktion sowie für manuelle Produktbearbeitungsvorgänge in Anspruch nehmen, deren Abfolge durch technisch und betriebsorganisatorisch fixierte Regelungen detailliert vorgegeben ist.

3. Bewusstsein und Gesellschaftsbild. Ausgehend von diesen Arbeitserfahrungen und betrieblichen Beziehungen wird in der *Industriesoziologie* nach der für industriegesellschaftliches Handeln der A. zentralen *Einstellung* zur Arbeit und zu der mit ihr verbundenen sozialen Lage gefragt. Entsprechend der Vielfalt der Qualifikationsstufen werden z. Z. noch unterschiedliche Ergebnisse referiert. Unter Bezugnahme auf die marxistische Erwartung stetig zunehmender Entfaltung von A.klassenbewußtsein (als Voraussetzung für politische Aktionen zur Überwindung des kapitalistischen Lohnarbeitsverhältnisses) wird nahezu übereinstimmend eine gewisse „Entpolitisierung", „Privatisierung" u. damit (wenn auch wenig entschiedene und darum passive) Integrierung der A. in die Realität ihrer betrieblichen gesellschaftlichen Situation vermerkt. Arbeit wird von den A.n nicht mehr als zentraler und für die anderen Bereiche vorprägender Lebensbereich empfunden. Ein „instrumentelles" Verhältnis zur Arbeit führt zu einer Einstellung, die die Arbeit in erster Linie als Mittel zur Erreichung von Zielen u. Bedürfnissen *außerhalb* der Arbeitssituation betrachtet. Mit monotoner, repressiv erlebter und Unzufriedenheit schaffender Arbeit verbindet sich eine Interessenverlagerung zum Konsumbereich; gute Entlohnung wird als kompensierender Ersatz

für Frustrationserlebnisse in der Arbeit erkannt. Bei einer nach wie vor weit verbreiteten Überzeugung von prinzipieller Status- und Arbeitsplatzunsicherheit konzentrieren sich die Hoffnungen auf bessere materielle Lebensbedingungen. Probleme gesellschaftlicher Herrschaftsverhältnisse werden fast ausschließlich über Einkommen und Vermögen erklärt. Kurzfristige Konsumorientierung verhindert sowohl differenziertes Erleben u. Problematisieren der Umwelt als auch die Entwicklung langfristiger (eigener und auf die Kinder ausgerichteter) Lebensperspektiven. Die Erfahrung geringer Aufstiegsmöglichkeiten in der Betriebshierarchie führt zu einem resignativen dichotomischen Gesellschaftsbild („die da oben – wir hier unten").
Für *qualifizierter* tätige A. wird z. T. ein A.bewußtsein lediglich als Arbeitsplatz- bzw. Betriebsbewußtsein ermittelt. Eine weitgehende Identifizierung mit der Sachrationalität der übertragenen Arbeitsaufgabe u. der diese umschließenden Prozesse läßt gesamtgesellschaftlich-politisches Denken zugunsten einer Orientierung an betrieblichen Prinzipien der Effizienz der eigenen Arbeit schwinden. Die A. werden weniger klassen- als *selbstbewußt.*

4. Arbeiterbewegung: Auch im Hinblick auf organisierte A.interessen (→ Gewerkschaften) wird unter A.n ein „instrumenteller Kollektivismus" festgestellt, der verbandliche Aktionen überwiegend nach der Verwirklichung *privater* A.interessen beurteilt. Aber neuere Studien belegen, daß die bisher festgestellten Entpolitisierungs- u. Privatisierungstendenzen *nur vordergründige* Anpassungserscheinungen sind, nicht soziale Integration und gesellschaftspolitische Affirmation, sondern nur individuelles Sich-Arrangieren mit der Gesellschaft signalisieren. Das Gefühl der gemeinsamen Lohnabhängigkeit inmitten wechselnder Konjunkturlagen und Strukturveränderungen, der Ersetzbarkeit durch technischen Wandel, damit der Gefahr für die eigenen gesellschaftlichen Reproduktionsmöglichkeiten, hat ein latentes kollektives Bewußtsein der Kritik und Abwehr aufrechterhalten, das immer dann manifest wird, wenn es zu Konfliktsituationen kommt.
Überdies birgt das Interesse qualifiziert tätiger A. an Machtkontrolle über technische, soziale und ökonomische Strukturen einen Ansatz für bewußtseinsstärkende Konflikte, wenn nämlich die zunächst nur von technokratischen Interessen ausgehenden A.forderungen nach mehr Entscheidungsbeteiligung von einer gewissen Größenordnung an auf den Widerstand unternehmerischer Privilegien stoßen und dann betriebsbezogene oder überbetriebliche Forderungen der A. nach → Mitbestimmung auslösen. Pessimistische Theorien der A.bewegung sehen trotz eines stärker werdenden Widerspruchs zwischen gesellschaftlicher Produktionsweise und individual-privater Aneignungsweise wenig Chancen für eine Stärkung des Bewußtseins vorhandener Abhängigkeiten der A.schaft, weil sich dieser Widerspruch in der Arbeitssituation den Betroffenen nicht mehr existentiell abbilde. A.bildung u. -aufklärung über die kapitalistische Profitorientierung, die die Produktionsentscheidungen nach der Rentabilität des investierten Kapitals, nicht aber nach sozialen und ökonomischen Nützlichkeiten für immer komplexer werdende Infrastrukturen und

und inhaltlich variierenden Ordnungsbedürfnissen geführt – Ordnungsbedürfnisse, die zudem politisch oft auf keinen (genügenden) inhaltlichen Regelungskonsens bei den sozial Beteiligten oder politisch verantwortlichen Legislativorganen gestoßen sind. Die Rechtsquellen des AR.s bestehen vorerst nur in einzelnen Spezialgesetzen (vgl. für das A.vertragsrecht vor allem die Vorschriften über den Dienstvertrag, §§ 611 ff. BGB) und in breitem Umfange in den Rechtserkenntnissen der Rechtsprechung. Vor allem im kollektiven AR. dominieren *richterrechtliche* Ordnungsentscheidungen.

1.3. Systematisch teilt sich das AR. in das individuale und das *kollektive* Arbeitsrecht (k.AR.). Individuales AR. ist das Recht des A.verhältnisses bzw. das Recht der (individualen) Rechtsbeziehungen von A.nehmern und A.gebern; k.AR. ist dagegen dasjenige Recht, das die (kollektiven) Rechtsbeziehungen der *A.verbände* regelt. A.verbände in diesem Sinne sind einmal der Betrieb bzw. der betriebliche A.nehmerverband und die betriebliche Gemeinschaft von A.nehmern und A.gebern sowie zum anderen die koalitionsrechtlichen Berufsverbände, d. h. → Gewerkschaften und A.geberverbände.

Das k.AR. hat sich aus dem individualen AR. entwickelt. Das individuale AR. beruht als grundsätzlich privatautonomes Vertragsrecht auf den Prinzipien des ökonomischen und rechtlichen → Liberalismus. Die soziale Abhängigkeit, in die die liberalistische, einseitig-individualrechtlich verfaßte A.ordnung die A.nehmerschaft versetzte, wurde – im Zuge sozialistischer wie sozial-liberaler Grundideen – durch die kollektive Selbsthilfe der organisierten A.nehmerschaft überwunden. Der Zusammenschluß der A.nehmer zu Gewerkschaften und betrieblichen Kollektivvertretungen begründete das k.AR.

Das System des *koalitionsmäßigen Kollektivrechts* wird hauptsächlich durch das Verfassungsrecht, das Tarifrecht und das Arbeitskampfrecht konstituiert. Das System des betrieblichen Kollektivrechts wird durch das Betriebsverfassungsrecht organisiert. Die Betriebsverfassung gründet sich auf die Organisations- und Teilhaberechte der A.nehmer im Betrieb. Organisatorische Grundlage ist die betriebsdemokratische Bildung von Betriebsräten und Betriebsversammlungen. Funktionelle Grundlage sind die Rechte des Betriebsrats auf innerbetriebliche Information, Anhörung, Mitwirkung und Mitbestimmung sowie der Abschluß kollektivverbindlicher Betriebsvereinbarungen mit dem A.geber. Die Betriebsverfassung fuktioniert im – partiell wirksamen – „Zusammenwirken mit den im Betrieb vertretenen Gewerkschaften und Arbeitgeberverbänden" (Betr.VGes. § 2 [1]). Im übrigen sind Koalitions- und Betriebsverfassungsrecht grundsätzlich voneinander geschieden; denn das Koalitionsrecht funktioniert prinzipiell auf der überbetrieblichen Rechtsebene. Diese Scheidung könnte jedoch künftig im Zuge der Bestrebungen um die Einführung einer paritätischen Unternehmensmitbestimmung der A.nehmer insofern entfallen, als die meisten der zur Zeit diskutierten Mitbestimmungsmodelle eine Beteiligung der Gewerkschaften an den Unternehmensorganen vorsehen. Die modernen Entwicklungstendenzen des AR.s weisen hier und auch andernorts auf eine mehr und mehr dominierende Position des Koalitionsrechts hin.

2.0. KOALITIONSRECHT heißt das k. Recht von Gewerkschaften und A.geberverbänden (nicht nur, wie gelegentlich behauptet, allein das Recht der Gewerkschaften).

2.1. Das Koalitionsrecht steht über den rechtlichen und realen Garantien von Gewerkschaften und A.geberverbänden im Zentrum des A.R.s. Das GG gewährleistet seine funktionellen und organisatorischen Grundlagen in Art. 9 (3) Das dort verankerte Grundrecht der *Koalitionsfreiheit*, dessen Stellung im System von Rechts- und → Sozialstaat und die ergänzenden Garantiebestimmungen der Verfassungen der Bundesländer bilden die materielle Basis der geltenden A.verfassung und über sie auch die maßgebende Grundlage des k.A.R.s. Denn diese Garantien vermitteln den Gewerkschaften und A.geberverbänden ihre besondere rechtliche Legitimation und ihren spezifischen Ordnungsauftrag zur gesellschaftlich autonomen, verbandskollektiven und prinzipiell nicht staatsdirigierten Regelung und Befriedigung des Arbeitslebens.

Die verfassungsrechtlichen Garantien des Koalitionsrechts geben sich inhaltlich allerdings recht zurückhaltend. Die Wirksamkeiten und Rechtsfunktionen, die die Koalitionen im heutigen A.R. tatsächlich erfüllen, werden vom GG und den Länderverfassungen nur teilweise bzw. mittelbar angesprochen. Das GG beschränkt sich in Art. 9 Abs. 3 sogar fast ganz auf die Sicherung der *individualen* Koalitionsfreiheit, d. h. der Freiheit der einzelnen zur Bildung von und zum Beitritt zu Koalitionen (positive Koalitionsfreiheit) sowie zur Kehrseite dieser Freiheit, der Freiheit zum Fernbleiben von oder zum Austritt aus Koalitionen (negative Koalitionsfreiheit). Die *kollektive* Koalitionsfreiheit, d. h. das Recht der Koalition selbst auf freien Bestand und freie Betätigung, wird vom Grundgesetz als solches zwar auch gewährleistet, aber ohne sehr konkrete Ausführung im einzelnen. Der Grund dafür liegt im System der grundgesetzlichen Arbeits-, Wirtschafts- und Sozialverfassung. Ihr vorrangiges *Leitprinzip* heißt gesellschaftspolitische Offenheit, ordnungspolitische (auch ideologische) Neutralität und inhaltliche Öffnung gegenüber der Verfassungswirklichkeit. Im Koalitionsrecht vertraut das Grundgesetz vor allem auf die freiheitliche Autonomie der Koalitionen selbst.

2.2. Zweck des Koalitionsrechts ist die soziale und freiheitliche Ordnung und Gestaltung der *„Arbeits- und Wirtschaftsbedingungen"* (GG 9 (3)) bzw. – in der konkreteren und engeren Umschreibung des § 1 (1) Tarifvertragsgesetz (Fassung vom 25. 8. 1969) – die Regelung der „Rechte und Pflichten der Tarifvertragsparteien" und Aufstellung von „Rechtsnormen, die den Inhalt, den Abschluß und die Beendigung von Arbeitsverhältnissen sowie betriebliche und betriebsverfassungsrechtliche Fragen ordnen können". Diese Aufgabe erfüllen die Koalitionen (Tarifvertragsparteien) im freien Interessenkampf und freiem Interessenkonsens. Die antagonistischen Interessen von A.nehmern und A.gebern sollen im grundsätzlich freien Spiel der Kräfte bei gegenseitiger Parität und staatlicher Neutralität ausgeglichen werden. Verfahrensmäßig vollzieht sich dies über den Abschluß kollektivrechtlicher Gesamtvereinbarungen und die Führung von Arbeitskämpfen (→ Tarifpolitik; Streik).

2.3. Die kollektivrechtlichen Gesamtvereinbarungen werden in Gestalt der *Tarifverträge* abgeschlossen, die neben schuldrechtlichen Vertragsbestimmungen auch *Rechtsnormen* enthalten, die sowohl die vertragschließenden Koalitionen als auch ihre Mitglieder rechtlich unmittelbar berechtigen oder verpflichten. Die Koalitionen fungieren hier als materiell-rechtsetzende Instanzen. Nach herrschender Auffassung ist ihnen durch das Tarifvertragsgesetz eine materielle Gesetzgebungskompetenz staatlicherseits übertragen worden (Delegationstheorie). Richtig ist hieran, daß die Tarifverträge als Rechtsnormen wie Gesetze wirken. Fraglich ist jedoch, ob die Tarifvertragsparteien wirkliche Rechtssetzungsgewalt besitzen. Denn als private Berufsverbände sind sie weder in das Organisationssystem der staatlich verfaßten und demokratisch legitimierten Gesetzgebung eingebaut noch unterstehen sie der legitimierenden Kontrolle durch eine Staatsaufsicht. Die Existenz einer solchen Aufsicht bildet aber das rechtsstaatlich und demokratisch erforderliche Korrelat einer jeden Delegierung staatlicher Rechtssetzungsbefugnisse auf Private. Den im Fehlen einer solchen Staatsaufsicht begründeten Widerspruch hat die herrschende Tarifvertragstheorie noch nicht aufzulösen vermocht.
Ungeachtet dessen bildet die *Tarifautonomie* als die Freiheit, das A.leben im Zusammenwirken mit dem sozialen Gegenspieler normativ zu regeln, die Grundfunktion des Koalitionsrechts. Der Staat ist schon von Verfassungs wegen verpflichtet, den Koalitionen ein funktionsfähiges Tarifvertragssystem zur Verfügung zu stellen (BVerfGE 4,96 ff.). Der Staat ist weiterhin verpflichtet, den Koalitionen einen Raum inhaltlich effektiver Tarifautonomie zu sichern. Vor allem muß er bei der eigenen Gesetzgebung darauf achten, daß den Koalitionen genügend Raum bzw. ein begrenzter Vorrang zur eigenen tarifvertraglichen Regelung der Arbeits- und Wirtschaftsbedingungen verbleibt (vgl. § 1 [2]) Ges. über die Festsetzung von Mindestarbeitsbedingungen vom 11. 1. 1952: „Mindestarbeitsbedingungen können zur Regelung

---

Privatrecht und öffentliches Recht bilden die beiden Grundkategorien der materiellen Rechtsordnung. Sie unterscheiden sich durch ihre Zuordnungssubjekte, d. h. durch diejenigen Subjekte, die Träger ihrer Rechte und Pflichten sind (sog. Zuordnungstheorie): Öffentlich-rechtlich sind danach alle die Rechte und Rechtspflichten, die nicht jedermann, sondern ausschließlich den Staat oder eines seiner Organe berechtigen oder verpflichten (z. B. Zuständigkeiten staatlicher Verwaltungsbehörden). Privatrechtlich sind dagegen alle die Rechte und Rechtspflichten, die jedermann, insbesondere also die Bürger als die privaten Rechtssubjekte, berechtigen und verpflichten (vgl. vor allem die Rechtssätze des BGB). R. S.

Richterrecht nennt diejenigen Rechtsregeln, die nicht durch die zur Gesetzgebung berufenen Organe, sondern durch die Gerichte innerhalb ihrer – an sich nur konkrete Rechtsstreitigkeiten zwischen bestimmten Parteien entscheidenden – Urteile (inzident) gesetzt werden. Das Richterrecht ist im angloamerikanischen Rechtskreis seit jeher als Rechtsquelle anerkannt (case law). Im kontinentalen Rechtskreis gilt jedoch keine vergleichbare Tradition. Hier untersteht das Richterrecht grundsätzlich dem Vorbehalt des parlamentarisch-demokratischen Gesetzes (vgl. GG 20 [3], 97/[1]). Dieser Vorbehalt begrenzt richterrechtliche Normen ebenso geltungsmäßig wie legitimatorisch. R. S.

von Entgelten und sonstigen Arbeitsbedingungen festgesetzt werden, wenn Gewerkschaften oder Vereinigungen von Arbeitgebern für den Wirtschaftszweig oder die Beschäftigungsart nicht bestehen ..."). Die Garantie der Tarifautonomie setzt sich auch gegenüber der staatlichen Wirtschaftspolitik nach Maßgabe des Stabilitätsgesetzes durch; die im Rahmen der konzertierten Aktion aufgestellten Orientierungsdaten haben den Koalitionen gegenüber nur empfehlenden Charakter.

2.4. *Arbeitskampf* heißt die kollektivrechtlich organisierte tarifpolitische Auseinandersetzung zwischen gewerkschaftlich organisierter A.nehmerschaft und A.geber bzw. verbandsmäßig organisierter A.geberschaft. Als typische und sich gegenseitig bedingende Kampfmittel gelten der → Streik und die Aussperrung.

Streik heißt die gemeinsame und planmäßig durchgeführte Arbeitseinstellung durch eine größere Anzahl von A.nehmern, deren Kampfziel auf dem tarifvertraglichen Gebiet der Arbeits- und Wirtschaftsbedingungen liegt. Aus der k.rechtlichen Organisation und tarifpolitischen Zielsetzung des Streiks ergibt sich das prinzipielle, im einzelnen allerdings umstrittene Verbot des nicht gewerkschaftlich geführten, sog. *wilden* Streiks (z. B. BAGE 15, 174 ff.). Aus dem arbeits- und wirtschaftsmäßigen Kampfziel bzw. aus dem auf Abschluß eines neuen Tarifvertrags hinzielenden Kampfzweck folgt die arbeits- und koalitionsrechtliche Unzulässigkeit des *politischen* Streiks; seine Legitimität kann sich allein im Rahmen des verfassungsgesetzlichen Widerstandsrechts gemäß GG 20 (4) ergeben.

Dem Streikrecht entspricht nach herrschender Ansicht das *Aussperrungsrecht*. Beide Kampfrechte sollen sich im Rahmen der Waffengleichheit bedingen. Die Aussperrung versteht sich dabei als die vom einzelnen A.geber oder vom A.geberverband erklärte planmäßige Ausschließung der A.nehmer von der A. Streik wie Aussperrung sind nach der maßgebenden Rechtsprechung an das Prinzip der Verhältnismäßigkeit gebunden. Das bedeutet insbesondere, daß sie nur als ultima ratio im koalitionsmäßigen Interessenkampf eingesetzt werden dürfen und daß sie nicht in sozial inadäquater (z. B. mißbräuchlicher oder den Gegner ruinierender) Weise verwandt werden dürfen. Das bedeutet weiterhin, daß beide Kampfmittel die von ihnen betroffenen A.verhältnisse grundsätzlich bis zum Ende des jeweiligen A.kampfes nur suspendieren. Im Einzelfall kann ein Arbeitskampf aber auch zur Auflösung der Arbeitsverhältnisse führen (BAG, vgl. AP Art. 9 GG Arbeitskampf Nr. 43).

Die rechtliche Anerkennung der Aussperrung wird von der herrschenden Ansicht auf die im Grundsatz der Koalitionsparität mitenthaltene Waffengleichheit von Gewerkschaften und A.gebern gestützt (BAG, vgl. AP Art. 9 GG Arbeitskampf Nr. 43). Dem widerstreitet die in ihrer rechtlichen Gültigkeit umstrittene Bestimmung des Art. 29 Abs. 5 der *Hessischen* Landesverfassung, die „die Aussperrung" für „rechtswidrig" erklärt. Die überwiegende Meinung erachtet diese Bestimmung allerdings für unvereinbar mit dem Gleichheitssatz des GG 3 (1) (Vorrang des Bundesverfassungsrechts vor dem Landesverfassungsrecht). Die Gegenmeinung vertritt die Auffassung, daß Streik und Aus-

sperrung von vornherein in keinem Verhältnis der Waffengleichheit zueinander stehen und daß die Aussperrung daher – im Gegensatz zum Streik – auch, wie in der Hessischen Verfassung geschehen, verboten werden könnte.
Der A.kampf funktioniert ebenso wie die Tarifautonomie als freiheitliches Verfahren. Der Staat ist auch hier zu strikter Neutralität und Nichteinmischung verpflichtet; hieraus folgt vor allem das Verbot der staatlichen Zwangsschlichtung von A.kämpfen.
2.5. Aus der Funktion des Koalitionsrechts ergibt sich die Struktur des *Koalitions*begriffs. Gewerkschaften und A.geberverbände müssen hiernach freiheitlich gebildet sein. Sie müssen sich im Verhältnis gegenseitiger Unabhängigkeit bzw. Gegnerfreiheit (keine Identität der Mitglieder, gegenseitige Verbandsautonomie, keine Einflußnahme auf die interne Willensbildung des Gegners), im Verhältnis der Parität sowie im Verhältnis der gegenseitigen Schlagkraft und Effektivität gegenüberstehen. Für die letztere ist zwar nicht erforderlich, daß sich eine Koalition zum A.kampf bekennt; auch arbeitsfriedliche (Arbeitnehmer-)Vereinigungen sind tariffähig, (vgl. BVerfGE 18, 18 ff.). Erforderlich ist aber, daß sich eine Koalition aus so vielen Mitgliedern zusammensetzt, daß sie wirksamen Druck auf die Gegenseite ausüben kann (ArbGericht, vgl. BAGE 21, 98 ff.).
Das Prinzip der Gegnerfreiheit könnte vor dem Erfordernis einer materiellen Neuorientierung stehen. Denn seine geschilderte Struktur dürfte im Zuge einer paritätischen Mitbestimmung problematisch werden, sofern der (organisierten) A.nehmerschaft über die paritätische Beteiligung an der Unternehmensleitung auch die paritätische Teilhabe an den a.geberischen Unternehmerfunktionen eingeräumt werden sollte.
2.6. Das *individuale Koalitionsrecht* besteht in der positiven und der negativen Koalitionsfreiheit. Beide Individualrechte können mit dem kollektiven Koalitionsrecht kollidieren. Auf der a.nehmerischen Seite kann dies namentlich durch tarifvertragliche Vereinbarungen der folgenden Art geschehen: die sog. Organisationsklausel, durch die dem A.geber die Einstellung nichtorganisierter A.nehmer untersagt wird; die Tarifausschlußklausel, durch die die Gewährung von tarifvertraglichen A.bedingungen an nichtorganisierte A.nehmer verboten wird; die Differenzierungsklausel, durch die dem A.geber aufgegeben wird, bei der Gewährung bestimmter Leistungen zwischen organisierten und nichtorganisierten A.nehmern zu unterscheiden; der sog. Solidaritätsbeitrag, durch den nichtorganisierte A.nehmer zu finanziellen Leistungen zugunsten der Gewerkschaften verpflichtet werden. Alle Vereinbarungen dieser oder ähnlicher Art verstoßen gegen das individuale Koalitionsrecht, weil sie auf den nichtorganisierten A.nehmer einen mittelbaren Druck ausüben; sie sind daher rechtswidrig (BAG, vgl. BAGE 20, 175 ff.).

LITERATURHINWEISE

Brox, Hans, und Rüthers, Bernd: Arbeitskampfrecht. Stuttgart 1965.
Hueck, Alfred, und Nipperdey, Hans Carl: Lehrbuch des Arbeitsrechts. 7. Aufl., Berlin usw. 1963 ff.

Richardi, Reinhard: Kollektivgewalt und Individualwille bei der Gestaltung des Arbeitsverhältnisses. München 1968.
Säcker, Franz Jürgen: Grundprobleme der kollektiven Koalitionsfreiheit. Düsseldorf 1969.
Scholz, Rupert: Die Koalitionsfreiheit als Verfassungsproblem. München 1971.

RUPERT SCHOLZ

Außenwirtschaft (Aw.)

→ *Entwicklungsländer- und politik, Imperialismus, Internationale Organisationen, Multinationale Konzerne, Währung*

1. BEGRIFF UND GESCHICHTE. – 1.1. Der Begriff Aw. impliziert die Existenz des *Staates*. Erst seine Maßnahmen, vor allem im Wirtschafts- und Steuerrecht, in den Bereichen von Geld, Kredit und Währung, unterscheiden ökonomische Transaktionen im Inland von jenen mit dem Ausland. Aw. umfaßt die ökonomischen Transaktionen von einem staatlichen Territorium in ein anderes, wie Handel, Dienstleistungs- und Kapitalverkehr, Tourismus, Austausch von Patenten und Lizenzen, Wanderung von Arbeitern u.a.
Mit der *Veränderung der Produktionsverhältnisse* hat sich der Stellenwert der Aw. gewandelt. Der Fernhandel der Städte während des Feudalismus beschränkte sich noch auf ein loses Netz von Zentren, das vor allem der Versorgung der oberen Stände mit Luxusgütern (Edelmetallen, Gewürzen, Seide) diente. Aw. mit der Tendenz zur Weltwirtschaft entfaltete sich zusammen mit der kapitalistischen Produktionsweise erst auf der Grundlage der industriellen Revolution, als eine erweiterte Produktion neuer Märkte bedurfte, als eine wachsende Lohnarbeiterschaft mit billiger Nahrung und (Baumwoll-)Kleidung zu versorgen war, und als Dampfschiffahrt, Eisenbahnen und Telegraph alle bisherigen Kommunikationsmöglichkeiten weit übertrafen.
Die Entwicklung der kapitalistischen Industriegesellschaften ist die Entwicklung ihrer Aw. geworden, wie die Geschichte von der Epoche des Freihandels, über das Zeitalter des Imperialismus, die Periode von Kriegswirtschaft und Autarkiebestrebungen bis zur Gegenwart zeigt. Gleichzeitig ist die Entwicklung der kapitalistischen Aw., die ihren Ausgang von den Metropolen Westeuropas nimmt, phasenartig in den Formen des „ungleichen Tausches" die Unterentwicklung des Hinterlandes, der sog. Dritten Welt. Während mit der Kolonisierung der *Raub* das Gefälle begründet, wird es später durch den *exploitativen Tausch* von wertvollen Rohstoffen gegen billige Fertigwaren sowie durch die Unterschiedlichkeit der Entlohnung bis zur Gegenwart verstärkt.
1.2. Für den „ungleichen Tausch" gibt es aus dem Bemühen, die *Marxsche Theorie* der modifizierten Wirkungsweise des Wertgesetzes auf dem Weltmarkt weiterzuentwickeln, zwei Erklärungen: (1) Auf Grund einer allgemeinen Weltmarkt-Profitrate und einem strukturell tiefen Lohnniveau (höhere Arbeitsquanta, niedrige Sozialkosten) erreicht das Kapital (in der Dritten Welt zwar) eine höhere Profitrate, ein permanenter *Mehrwert-Transfer* verhindert jedoch dort den Akkumulationsprozeß des Kapitals und damit einen Ausgleichsprozeß.

(2) Ein anderer Erklärungsversuch sieht in dem *Gefälle von durchschnittlichen nationalen Arbeitsproduktivitäten und Arbeitsintensitäten die Ursache* dafür, daß auf dem Weltmarkt die Arbeit der Metropolen höher verwertet wird als die periphere Arbeit, und sich Waren mit weniger gegen Waren mit mehr vergegenständlichter Arbeit tauschen. Verstärkt wird dieser ungleiche Tausch danach noch durch die für die Dritte Welt nachteiligen Realisierungsbedingungen auf dem Weltmarkt; denn Rohstoffsubstituierung, wiederholter und geringerer Einsatz von Material, relative Einkommenselastizitäten der Nachfrage für Primärgüter einerseits und partiell starre Angebotsstrukturen in der Peripherie andererseits verursachen die Überproduktion von Rohprodukten und damit auch permanent unter ihren Werten liegende Weltmarktpreise. Die kapitalistischen Metropolen dagegen realisieren ihre Waren, deren Produktion noch dazu mit steigenden weltgesellschaftlichen Bedürfnissen korrespondiert, zu den internationalen Werten.

1.3. *Die nichtmarxistische Analyse* des internationalen Handels ist immer noch geleitet durch das klassische Theorem von den *komparativen Kosten*, das auch Ländern mit unterschiedlichem Entwicklungsniveau durch eine Diversifikation der Produktion mit komparativen Kostenvorteilen gegenseitige Vorteile im Handel verheißt. Auf Grund der ungleichartigen Produktionsstrukturen und der asymmetrischen weltgesellschaftlichen Bedürfnisse hat sich diese Wirkung jedoch nicht einstellen können, so daß im Gegenteil die Rohprodukte der Dritte-Welt-Länder unter ständig schlechteren *„terms of trade"* (d. h. Verhältnis zwischen Einheitsdurchschnittswerten der Exporte und dem der Importe) gegen die Industrieprodukte der Metropolen ausgetauscht werden. Das Theorem von den komparativen Kosten dient deshalb, neben seiner ideologischen Funktion für den Status quo, der Propagierung einer neuen künstlichen Arbeitsteilung zwischen arbeitsintensiver und kapitalintensiver Produktion in den Metropolen bzw. der Dritten Welt. Dabei wird von der zweifelhaften Annahme ausgegangen, daß die Faktorenintensität jeder Warenproduktion, auf die sich verschiedenartige Gesellschaften spezialisieren, gleich ist und bleibt.

1.4. Weitgehend eine abhängige Funktion des Warenverkehrs und des Entwicklungsstandes der jeweiligen Gesellschaft ist die Entfaltung der Aw. vor allem im *Dienstleistungs- und Kapitalverkehr* (→ Multinationale Konzerne) sowie im Austausch von Patenten und Lizenzen. Unabhängig davon ist der Tourismus zu einer Deviseneinnahmequelle von geographisch begünstigten Regionen geworden; eine ähnliche Wirkung erzielen die Transfers von Ersparnissen der Auslandsarbeiter in ihre Heimatländer.

1.5. Der Versuch, sich mit Hilfe eines starken, die Produktionsmittel kontrollierenden Staatsapparates von der Aw. der kapitalistischen Metropolen zu emanzipieren, kennzeichnet den Aufbau der *sozialistischen Industriegesellschaften.* Ihre Aw. betont daher das Prinzip des Ausgleichs von Forderungen und Verbindlichkeiten, Export und Import etc.; maW. der Exportbedarf richtet sich nach dem (großen) Importbedarf, was sich, um Defizite zu begrenzen, konkret in Kopplungs- und Kompensationsgeschäften auf Grundlage bilateraler Beziehungen – auch im Kapitalverkehr – ausdrückt, ferner in der planmäßigen Förderung des Tourismus für Ausländer als Deviseneinnahmequelle. Der Rat für gegenseitige Wirtschaftshilfe (RGW) soll den Bilateralismus zunächst unter den sozialistischen Staaten, und durch eine gemeinsame Außenhandelsbank auch gegenüber den kapitalistischen Ländern, öffnen helfen.

2. Trends und Strukturen. – Als säkularer Trend ergibt sich nicht nur eine absolute *Steigerung* der Aw. – so eine Verfünffachung des Weltexports zu jeweiligen Preisen zwischen 1950 und 1970 – sondern auch eine Zunahme ihres Anteils am Sozialprodukt. Das Wachstum hat sich allerdings regional sehr verschieden vollzogen. Z. B. hat sich von 1950 bis 1970 in jeweiligen Preisen der Warenexport der *kapitalistischen* Industrieländer versechsfacht (von 37 auf 224 Mrd. $), der der *sozialistischen* Industriegesellschaften versiebenfacht (von 5 auf 34 Mrd. $), während die Ausfuhr der Länder der *Dritten Welt* mit einer Verdreifachung (von 19 auf 55 Mrd. $) relativ rückläufig war. Damit ging der Anteil der Dritte-Welt-Länder an der Weltausfuhr von 34 % 1950 auf 25 % 1960 und auf 20 % 1970 zurück, während der Anteil der kapitalistischen Industriegesellschaften bei einem sich wenig ändernden Anteil der sozialistischen zwischen 8 und 10 % entsprechend angewachsen ist.
Erhebliche *strukturelle Differenzen* decken die unterschiedliche Bestimmung und die Warenart der Exporte auf. Während 1970 die kapitalistischen mit 75 % und die sozialistischen Länder mit 60 % unter sich die Hauptabnehmer ihrer eigenen Produkte finden, entfallen auf den Intrahandel Afrikas 6 %, Lateinamerikas 12 % und Asiens (ohne Japan) 21 %. Die Ausfuhr dieser Dritte-Welt-Länder setzt sich zu 90 % aus Rohprodukten und Halbfertigwaren zusammen, die der kapitalistischen Länder zu 80 % aus Fertigwaren.
Der *Anteil der Aw. am jeweiligen Sozialprodukt* schwankt aus unterschiedlichen Gründen beträchtlich sowohl zwischen wie unter den Entwicklungsländern, den sozialistischen und kapitalistischen Industriegesellschaften; so beträgt der Exportanteil 1970 bei Sambia 68 %, Kuweit 54 %, Indien 4 %, Ungarn 10 %, der UdSSR 4 %, der USA 4 %, der BRD 18 % und Belgien-Luxemburg 44 %. Die Bedeutung der Aw. erhöht sich noch durch indirekte Beiträge, z. B. beim investitionsgüterintensiven Export der BRD (Maschinenbau, Elektrotechnik, Fahrzeugbau) um fast auf das Doppelte.

3. Staatsfunktionen. – Im Verhältnis zur Aw. haben die Staatsapparate kapitalistischer Gesellschaften allgemeine und besondere Funktionen, die sie in indirekter Form durch Absichtserklärungen, Verordnungen, Gesetze und Abkommen oder in direkter Form durch Einsatz ihrer Ressourcen aus Haushaltsgeldern, Devisen, Kommunikationsmitteln, Rüstung u. a. zu erfüllen suchen.
3.1. In ihrer *besonderen Funktion* vertreten sie die sie stützenden, jeweils nationalen gesellschaftlichen Interessen gegenüber ausländischer Konkurrenz und deren Staatsapparaten. Dabei fördern bzw. behindern sie die Aw. *als Administration* durch Rechtsschutz, und Information bzw. durch Auflagen,

Kontingentierung und Verbote; *als Fiskus* durch Steuerprivilegien bzw. durch protektionistische „Erziehungs- und Schutzzölle", marktregelnde Abschöpfungen, u. a. Abgaben; *als Disponent* über Ressourcen durch Werbung, Beratung, Bürgschaften, Versicherung, Drohung, Zwang, Auf- und Verkäufe, direkte Zuwendungen, Schenkungen, zinsverbilligte oder -freie Kreditierung, Meistbegünstigung. *Beispiele* für diese Funktion sind die Limitierung von öffentlichen Aufträgen auf Inländer (Buy American Act), diskriminierende Standards (für Abmessung, Hygiene, Betriebssicherheit etc.) gegenüber Importwaren, Einrichtung zollfreier Räume, Aw.-Statistik und -Berichterstattung, Schirmherrschaft und Finanzierung von Ausstellungen und Messen insbes. im Ausland, Kulturpropaganda, Vertragsverhandlungen und -abschlüsse, Gewährung von Zollpräferenzen und Meistbegünstigung, Deklaration von „Selbstbeschränkungen", Entsendung von Wirtschaftsattachés, Mitwirkung in Internationalen Organisationen, Rekrutierung von Auslandsarbeitern, Selektion von Immigranten, Ausbildung von ausländischen Studenten und Praktikanten (auch als „Technische Hilfe"), Zulassung von Auslandswertpapieren, Begünstigung von Investitionen im Ausland („Kapitalhilfe"), Regulierung von Wechselkursen, Unterhalt von Einkaufs- und Vorratsstellen als „Marktschleusen", Handel mit Waffen, Betrieb von Bank-, Verkehrs- und Nachrichtenunternehmen u.a.m. sowie schließlich die Anerkennung oder Verweigerung von Rechten, der Ein- oder Ausschluß von Allianzen, die Androhung und Ausübung militärischer Gewalt.

3.2. Die *allgemeine Funktion* der Staatsapparate bestimmt sich durch das eigene, fremde oder gemeinsame Interesse an der Erhaltung des Kapitalverhältnisses, wobei gesellschaftlich übergreifende Strategien mittels der Aw. verfolgt werden. Sie können entweder der *Abwehr* drohender oder realer antikapitalistischer Tendenzen oder der weltwirtschaftlichen *Krisensteuerung* durch Internationale Organisationen und Vereinbarungen gelten. Dabei können die Staatsapparate auf Grund ihres Bezugs zu unterschiedlichen kapitalistischen Gesellschaften sowohl in einem Konkordanz-, wie in einem Konkurrenzverhältnis stehen.

Beispiele für die *erste* Strategie bieten das Embargo des Ost- und China-Handels im Kalten Krieg, der Boykott Kubas und Chiles, die Auflagen in der zwischendeutschen Aw., die sog. Hallstein-Doktrin mit Aw.-Prämien bzw. Sanktionen, die das Privateigentum an Produktionsmitteln fördernden Entwicklungsprogramme u. a. Die *zweite* Strategie findet sich in den Krisen des kapitalistischen Weltwährungssystems, bei der US-Auslandshilfe, insbes. dem Marshallplan, bei der Assoziierung der früheren afrikanischen Kolonien Frankreichs an die EWG, bei der sog. Entwicklungshilfe, beim Londoner Schuldenabkommen der BRD, und generell bei der Tätigkeit der Internationalen Organisationen.

3.3. Besondere und allgemeine Funktionen der Staatsapparate können sich *vereinigen*. Insbesondere die Tendenz zur Internationalisierung der Produktivkräfte durch Zentralisation von Kapital in Multinationalen Konzernen relativiert die Ausübung der besonderen staatlichen Funktionen. Die Fähigkeit zur ihrer Ausübung ist ferner abhängig von den verfügbaren Ressourcen, dem gesellschaftlichen Entwicklungsstand und dem Grad und der Qualität der internationalen Verflechtung. So ist in den Ländern der *Dritten Welt* ein fragiler, ineffizienter Staatsapparat ebenso Ausdruck und Ergebnis der generellen Abhängigkeit von der Aw. der Metropolen wie eine Ursache für seine Schwäche, die Produktivkräfte der eigenen Gesellschaft zur Entfaltung zu bringen.

LITERATURHINWEISE

Hirschmann, Albert: National Power and the Structure of Foreign Trade. 2. Aufl. Berkeley 1969.
Kruse, Alfred: Außenwirtschaft. 2. Aufl. Berlin 1965.
Neusüss, Christel: Imperialismus und Weltmarktbewegung des Kapitals. Erlangen 1972.
Mandel, Ernest: Der Spätkapitalismus. Frankfurt/M. 1972.
Palloix, Christian: L'économie mondiale capitaliste, Paris 1972.
Rose, Klaus (Hrsg.): Theorie der internationalen Wirtschaftsbeziehungen (NWB 2). Köln usw. 1965.

KURT P. TUDYKA

Banken (B.), Zentralbank (Zbk.)

→ *Aktiengesellschaft, Budget, Inflation, Kapital, Konjunktur, magisches Mehreck, öffentliche Bindung, Währung.*

Die politische Bedeutung des „BANKEN-KAPITALS", das im Spätkapitalismus zusammen mit dem „Industriekapital" einen einheitlichen ökonomischen und politischen Komplex bildet – „Finanzkapital" im Sinne von Rudolf Hilferding –, ist nur durch gesonderte Behandlung seiner beiden Stufen zu erfassen: der Kreditbanken (Geschäftsbanken) und der Zentralbanken.

1.0. GESCHÄFTSBANKEN, KREDITINSTITUTE (B.). Die ökonomische Macht der B. beruht auf ihrer Fähigkeit, durch *Giralgeldschöpfung* zusätzliche Kaufkraft zu schaffen und damit die Finanzierung von Investitionen zu erleichtern oder gar erst zu ermöglichen.

1.1. Diese Geldschöpfungskraft beruht auf der Tatsache, daß die Banken Kredite geben, indem sie ein *Guthaben auf laufendem Konto* einräumen, das genau so wie ein Zbk-Guthaben zur Bezahlung im normalen Geschäftsverkehr verwendbar ist. Formell darf der Kunde zwar dieses Geld in bar abfordern, aber das geschieht erfahrungsgemäß nur in kleinem Umfang. Diese Geldschöpfungskraft der privaten B. – übrigens eine wesentliche Voraussetzung für das Wirtschaftswachstum schon im vorigen Jahrhundert – enthält alle Gefahren jeglicher Geldschöpfung: inflatorische, da die B. bis an die Grenze der „Liquidität" Kredite geben, an deren Zinsen sie ja verdienen, aber auch deflatorische, weil die B. in Krisenzeiten Kredite womöglich massenhaft kündigen (Deutschland 1931!).

1.2. Bankguthaben – seien sie durch „Einlagen" oder Giralgeldschöpfung entstanden – gehören teils Sparern teils Unternehmungen. Würde eine B. illiquide und gar zusammenbrechen, weil aus irgendwelchen Gründen ein „run" auf ihre Kassen einsetzt, so würde das ernste soziale und gesamtwirtschaftliche Folgen haben; Bankenkrisen breiten sich durch allgemeine Kreditkündigungen und Betriebsstillegungen lawinenhaft aus. Deshalb hat der Staat (BRD und ähnlich andere Länder) eine „Einlegerschutzpolizei" in Gestalt einer „*Bankenaufsicht*" geschaffen, welche die B. besonderen Liquiditäts-, Auskunfts- und Publizitätsvorschriften unterwirft (Kreditwesengesetz, zuletzt 1961; → öffentliche Bindung). Da das Bundesaufsichtsamt dem Schutz der B. vor unlauterer Konkurrenz dient, sind die B. im allgemeinen mit dieser Art Zwangskartell zufrieden. Einen tieferen Einblick in das Geschäftsgebaren als das staatliche Aufsichtsamt hat indessen die Zbk. auf Grund ihrer täglichen Geschäftspraxis. – In den USA hat man den B. statt einer Staatsaufsicht eine Zwangsversicherung für ihre Depositen auferlegt.

1.3. Konkret tritt die Macht der B. auch in ihrem *Einfluß auf Unternehmungen* und Staat in Erscheinung. Auch wo die B. selbst keine Aktien besitzen, üben sie auf Grund des Depotstimmrechts (→ Aktiengesellschaft) und durch ihre Vertreter in allen Aufsichtsräten einen starken Einfluß auf die Unternehmungsentscheidungen aus. Um die geballte Kraft des B.-Oligopols (→ Konzentration) zu brechen, hatten die Besatzungsmächte 1945 die großen „D"-B. entflochten, nämlich regional zersplittert – jedoch nur vorübergehend. Wichtiger mag sein, daß die Ausbreitung der → Selbstfinanzierung nach 1948 die Vormachtstellung der B. (auch in den USA: Wallstreet) vermindert hat; doch bedeutet das meistens nur eine Machtverschiebung innerhalb des Komplexes „Finanzkapital", nämlich von dem B.- auf das Industrie-Kapital, von den Eigentümern aufs Management.

1.4. Der B.-Einfluß auf die *Staatspolitik* ergibt sich hauptsächlich daraus, daß die Regierungen für die Unterbringung langfristiger Anleihen und für kurzfristige Kassenkredite auf B. angewiesen sind. Das trat im vorigen Jahrhundert besonders deutlich bei dem Einfluß der Haute Finance auf die französischen Regierungen in Erscheinung.

2.0. Zentralbank. Indem eine Zbk. das Kreditvolumen eines Landes reguliert, ist sie eine äußerst wichtige *wirtschaftspolitische Instanz*.

2.1. Ihre *Mittel* haben zwar häufig privatwirtschaftliche Formen: Ankauf von Wechseln (Diskontgeschäft) und Handel mit bestimmten Wertpapieren (Offen-Markt-Operationen); aber sie treibt ihre Geschäfte nicht zur Gewinnerzielung, sondern um der volkswirtschaftlichen Wirkungen willen. Und in ihrem dritten Hauptinstrument, der Verpflichtung der B., bei ihr „Mindestreserven" zu halten, wird der hoheitliche Charakter ihrer Tätigkeit deutlich.

Der Einfluß der Zbk. auf das Kreditvolumen der Gesamtwirtschaft ist zwar nur *indirekt;* denn die B. haben einen u. U. erheblichen Spielraum für ihre Entscheidung, ob und wann sie der – expansiven oder kontraktiven – Zbk.-politik folgen („elastische Bänder"). Sie können z. B. Auslandskredite aufnehmen, auch sind die Wirkungen z. B. einer Zinserhöhung auf die Sparer- und

Investoren keineswegs eindeutig. Aber dieses Schicksal teilen die Zbk.-Instrumente mit fast allen Mitteln staatlicher Globalsteuerung.

2.2. Die Zbk. wirkt im Spannungsfeld des → *magischen Vierecks*, d. h. sie strebt nach einer optimalen Verbindung der miteinander-nicht-voll-vereinbarten Ziele Geldwertstabilität, außenwirtschaftliches Gleichgewicht, stetiges Wachstum und Vollbeschäftigung. Bei der Deutschen Bundesbank (DBBk) kommt das darin zum Ausdruck, daß sie gesetzlich verpflichtet ist, die allgemeine Wirtschaftspolitik der Bundesregierung zu unterstützen, allerdings mit der Einschränkung „unter Wahrung ihrer (eigenen) Aufgabe" (Ges. über die DBBk § 12). Die Einschränkung weist darauf hin, daß durch Tradition und Gesetzesbefehl die „Sicherung der Währung" ihre primäre Aufgabe ist (§ 3). Sicherung der Währung nach innen bedeutet Stabilität des Preisniveaus bei variabler Preisstruktur; Sicherung nach außen bedeutet Stabilität der Mark gegenüber den Währungen anderer Staaten zu den von der Regierung festgesetzten Paritäten (→ Währung). Doch beweisen die schleichende Inflation und die mehrfachen Mark-Aufwertungen – die übrigens häufig als Inflationsproblem mißdeutet werden – sowie der gewaltige Anstieg des Zbk.geld-Umlaufs, daß die DBBk. auch die anderen Ziele des magischen Ecks anstrebt und daß ihre Instrumente oft stumpf sind.

2.3. Daß die Zbk.en fast aller Länder primär nach Geldwert-Stabilität streben, hängt in Wechselwirkung mit ihrer prinzipiell *konservativen Haltung* zusammen. Ähnlich wie in der BRD die Regierung mißtrauisch gegenüber dem ausgabefreudigen Parlament ist (GG 113), ist die Zbk. mißtrauisch gegenüber einer Regierung, die (a) auf Vollbeschäftigung und Wachstum bedacht ist, (b) in mannigfacher Weise, z. B. durch Senkung des Zinsniveaus bei der Vergabe von Wohnungsbau-Krediten, vor allem aber durch ihre Haushaltspolitik Maßnahmen der Zbk. beeinträchtigen oder gar wirkungslos machen kann (→ Budget; Haavelmosches Theorem). Bei Konflikten vertritt die Zbk. im typischen Fall einen *orthodoxen* Standpunkt (auch wenn sie sich Keynesscher Vokabeln und Ideen bedient), während die Regierung prinzipiell zur Expansion neigt, auch wenn die Minister in Sonntagsreden das Gegenteil beteuern. In der öffentlichen Meinung genießt die Zbk. deshalb meistens den Ruf besonderer Solidität.

2.4. Daher erfreut sich auch die *Autonomie* der DBBk einer großen Beliebtheit. In völliger Verkennung der Tatsache, daß sie *politische* Entscheidungen trifft, die in einem demokratischen Staat einer (zumindest indirekten) parlamentarischen Verantwortung unterliegen sollten, gelten ihre Maßnahmen vielfach als nicht nur besonders delikat, sondern auch als schlechthin sachverständig, unparteiisch und unpolitisch.

Trotz dieser und einiger ähnlicher Argumente hat die innere Logik des politischen Systems bewirkt, daß eine absolute Autonomie der Zbk. – also eine vollständige Auslagerung von Zuständigkeiten im Sinne einer Macht-Dispersion (→ Macht) – selbst in der BRD nicht realisiert wurde. Wie erwähnt, ist die DBBk („unter Wahrung ihrer Aufgabe") an die vom Bundeskanzler bestimmten Richtlinien der Politik gebunden; an den Sitzungen des Zentral-

bankrats nehmen Minister (allerdings mit beschränkten Rechten) teil; die Mitglieder des Zentralbankrates werden vom Bundespräsidenten auf Vorschlag der Regierung bzw. des Bundesrats ernannt.
Andererseits ist die DBBk von Weisungen der Regierung ausdrücklich *unabhängig*. Damit ist sie – vorläufig? – selbständiger als ihre Schwesterinstitute in den anderen kapitalistischen Staaten – ganz zu schweigen von denen in sozialistischen Ländern, wo alle B. geradezu „Staatsorgane" sind.

LITERATURHINWEISE

Arndt, Hans Joachim: Politik und Sachverstand im Kreditwährungswesen. Berlin 1963.
Dörge, Friedrich-Wilhelm, und *Mairose*, Ralf: Die Bundesbank – eine Nebenregierung? in: Gegenwartskunde 1969, H. 1 und 2.
Lipfert, Helmut: Einführung in die Währungspolitik. 5. Aufl. München 1972.
Lenin, W. Iljin: Der Imperialismus als jüngste Etappe des Kapitalismus (1917) Berlin.
Müller, Helmut: Die Zentralbank – eine Nebenregierung. Schacht als Politiker. Opladen 1973.
von Spindler, Joachim, u. a.: Die Deutsche Bundesbank. 4. Aufl. Stuttgart 1973.

GERT VON EYNERN

Beratung in der BRD (B.)

→ *Determinismus, magisches Eck, Planung, Verbände, Verwaltung*

1. LAGE. – Wenngleich es *B. von Politikern durch Wissenschaftler* schon im Merkantilismus gab, nahm sie ihren eigentlichen Aufschwung erst, als zu Beginn des 19. Jh. Staat und Interessengruppen in Beziehungen traten, um das ökonomische und gesellschaftliche Gewicht des Bürgertums neu zu verorten. Dabei suchte der Staat bei der Wissenschaft zweierlei: Rat für *interventionistische* Leistungen zur kurzfristigen taktischen Verstärkung in akuten Spannungslagen; ferner wissenschaftliche Hilfe in Form *innovatorischer* Leistungen zur Entwicklung neuer Strategien längerfristiger Struktur- oder Funktionsveränderungen.
Im Rahmen der allgemeinen Regeln, die §§ 61 und 62 GGO I über Sachverständige enthalten, sind in der BRD inzwischen weit über 100 Einrichtungen Wissenschaftlicher B. der Politik des Bundes geschaffen worden, die in ihrer Entstehung auf Kabinettsbeschlüssen, Bundestagsbeschlüssen, Verwaltungsabkommen, Gesetzen oder Ministerialerlassen beruhen. Dabei sind „*Wissenschaftliche Beiräte*" (z. B. Wissenschaftlicher Beirat beim Bundesministerium für Wirtschaft; Sachverständigenrat zur Begutachtung der gesamtwirtschaftlichen Entwicklung; Finanzbeirat beim Bundesministerium der Finanzen) von „*Fachbeiräten*" (z. B. Zivilschutzkommission beim BMI; Kulturpolitischer Beirat beim Auswärtigen Amt) und von „*Gemischten Beiräten*" aus Interessenvertretern und Sacherständigen (z. B. Sozialbeirat für gesetzliche Rentenversicherung und Unfallversicherung; Bewertungsbeirat für die Einheitsbewertung des land- und fortwirtschaftlichen Vermögens) zu unterscheiden.

Der Streit zwischen Max Weber und Vilfredo Pareto, ob und wieweit eine umfassende auf Wissenschaft beruhende Rationalisierung sozialen Handelns möglich ist, hat dem schnellen Wachstum einer Beiratvielfalt und einer weit darüber hinausgehenden Vielfalt von Beratungen durch einzelne Wissenschaftler oder Teams nicht im Wege gestanden, auch nicht bei Ländern und Gemeinden.

2. FUNKTIONEN. – Politisches Handeln hat *technischen* Maßstäben (Effektivität), die näher mit Wirtschaftlichkeit und Leistungsfähigkeit, und *politischen* Maßstäben (Integrationswert), die näher mit Festigung der Demokratie und Sicherung der Rechtmäßigkeit umschrieben werden können, zu entsprechen. Dazu haben sich in der BRD unproblematische und problematische B.funktionen herausgebildet:
(1) Lieferung von *Informationen* und Sachverstand. Problematisch ist hier, wenn Prämissen von Empfehlungen und Warnungen sowie Selektionskriterien von Informationen nicht offengelegt werden.
(2) *Unterstützung* für konkretes Verwaltungshandeln. Verwaltungshandeln erfordert oft die Unterstützung durch einen Wissenschaftler, weil Sachkunde oder persönliche Durchsetzungskraft der Verwaltung nicht ausreichen.
(3) *Initiativ*funktionen: Der Politiker bedarf in vielen Bereichen (z. B. Gesundheitspolitik, Umweltpolitik) des Rates des Wissenschaftlers, um sinnvolle Initiativen entfalten zu können.
(4) *Koordinierungs*aufgaben: Das sinnvolle Zusammenwirken von wissenschaftlichen Fachspezialisten zu einer Problemlösung kann oft nicht von den politischen Entscheidungsträgern geleistet werden.
(5) *Politische Absicherung* des Ratsuchers: Dies erscheint als die problematischste Funktion der B. Sie ist oft *Feigenblatt*funktion, d. h. Lieferung wissenschaftlicher Argumente für in Wahrheit anders motivierte Entscheidungen. Ebensooft ist sie *Aufschiebe*- und Abschiebefunktion, indem wissenschaftliche B.gremien eingesetzt werden, um Mangel an Entschluß- und Entscheidungsbereitschaft zu verdecken. Sie ist nicht selten *Ressort*funktion, wenn von der Wissenschaft „Schützenhilfe" gegen „die Wissenschaftler" anderer Ressorts erwartet wird. Auch dient Wissenschaft zur Absicherung *(Alibifun*ktion) innerhalb des Hauses, wenn einzelne Politiker Koalitionen mit Wissenschaftlern eingehen, um bestimmte Linien durchzusetzen.
(6) *Interessenausgleich* zwischen Theoretikern und Interessenten. Zur Durchsetzung ist es oft notwendig, divergierende Interessen auszugleichen oder zu neutralisieren. Die Wissenschaftler erfüllen hier eine Neutralisierungs- oder Schlichterfunktion.
(7) *Kritische Kontrolle* durch die Wissenschaft: Sie liegt dort vor, wo nicht nur immanent kritisiert wird, sondern ganze Konzeptionen in Frage gestellt werden (transzendente Kritik).
(8) *Erfolgskontrolle* im technischen Sinne.
Die Realität dieser 8 Funktionsbereiche von B. hat dazu geführt, daß Interessenten aller Gruppen im Gewande der Wissenschaft gern ebenfalls auf

„diesen 8 Kanälen senden". Kaum eine dieser Funktionen wird bei einer B. „rein" verwirklicht, der Berater steht meist in einem pluralistischen Funktionsnetz, wobei nicht gleichzeitig alle Funktionen anfallen, zumal da sich einzelne gegenseitig so gut wie ausschließen, z. B. (1) und (7).

3. MODELLE: Für die B. sind Modelle entwickelt worden, um wissenschaftliche und politisch-gesellschaftliche Rationalität in ihrer Begegnung zu ordnen.
3.1. Von Max Weber hat Habermas das *„dezisionistische" Modell* hergeleitet. Hier sind die Funktionen des Wissenschaftlers und des Politikers strikt getrennt. Es herrscht eine komplette Arbeitsteilung zwischen den sachlich informierten und technisch geschulten Sachverständigen (Rationalität der Mittelwahl) und den machtinstinktiven und willensintensiven Politikern (Irrationalität der Stellungnahme zu Werten). In diesem Dualismus bleibt die Wertsphäre trotz Beteiligung der Wissenschaft allein der Dezision anvertraut.
3.2. Im *„technokratischen"* Modell geht man von der Überzeugung aus, daß im technisch-wissenschaftlichen Zeitalter an die Stelle der politischen Normen die „Sachgesetzlichkeiten, die nicht als politische Entscheidungen setzbar und als Gesinnungs- oder Weltanschauungsnormen verstehbar sind", treten (Schelsky). Je besser Technik und Wissenschaft „beraten", desto mehr konvergieren ihre Ergebnisse zu einem best one way. Politische Entscheidung und Herrschaft im Sinne der überkommenen demokratischen Konstitutionsmodelle weichen einem Sachzwang. Es ist klar, daß dieses Modell zutiefst antidemokratisch und auf dem Boden des GG (Art. 20) nicht realisierbar ist.
3.3. In Habermas *„pragmatischem"* Modell tritt „an die Stelle einer strikten Trennung zwischen der Funktion des Sachverständigen und des Politikers ... ein kritisches Wechselverhältnis. Weder ist der Fachmann souverän geworden gegenüber den Politikern, die dem Sachzwang unterworfen sind (technokratisches Modell) ... noch behalten die Politiker ... außerhalb der zwingend rationalisierten Bereiche ein Reservat (dezisionistisches Modell). Vielmehr scheint eine wechselseitige Kommunikation ... möglich zu sein ... So entfaltet sich in der Diskussion zwischen Wissenschaftlern und Politikern eine Dialektik von Können und Wollen ...". Man kann dieses Modell auch als vermaschte Regelkreise gegenseitiger Lernprozesse begreifen.
3.4. Krauch hat mit einer eingehenden Kritik an der drohenden Expertokratie in Vorwegnahme des pragmatischen Modells schon 1963 das „Teller-Pauling-Modell" vorgestellt, welches der Anfang eines Versuches war, in demokratisch organisierte und in die Öffentlichkeit getragene Lernprozesse Bewertungen der Betroffenen unmittelbar einfließen zu lassen. In seinem *Modell eines organisierten Konflikts* wird versucht, die den Sozialgestaltern in den jeweiligen Situationen (z. B. → Stadtplanung) vorliegenden Konflikte und die Meinungen der Wissenschaft dazu modellartig nachzubauen und vermittels Kommunikations- und Lernprozessen unter Teilnahme der aktiven Öffentlichkeit, z. B. mehrerer Anhörungen der Bürger (Partizipation), über die Umsetzung in öffentliches Bewußtsein einer Entscheidung zuzuführen. Hier wird also versucht, eine Dauerreflexion unter den Bedingungen freiheitlicher Demokra-

tie in der Form einer öffentlichen Begegnung von Politik, Wissenschaft und Betroffenen zu institutionalisieren.

4. INHALTE.– Die Wissenschaft kann der Politik folgende Hilfen bieten: (1) Lieferung von *Daten* und Informationen mittels Erhebungen und Analysen. – (2) *Diagnosen,* vornehmlich Herausarbeiten von Problemzusammenhängen, wie etwa im Umweltschutzbericht der Bundesregierung. – (3) *Prognosen* in der Form von Entwürfen voraussichtlicher Entwicklungen bei Nichthandeln oder bei alternativen Entscheidungen. – (4) *Mittelempfehlungen* im Hinblick auf vorgegebene oder selbstgesetzte Ziele. Freilich gibt gerade die „Produktion" solcher Inhalte dem Vorwurf der „Wissenschaft als Magd" breite Angriffsflächen preis.
(5) Herausarbeitung des politischen *Entscheidungsspielraums* unter Berücksichtigung der Steigerung des Problembewußtseins – Klärung des „eigentlichen" politischen Wollens. Hier kann die Wissenschaft zeigen, daß der Handlungsspielraum begrenzt ist, indem sie falsche Zielvorstellungen korrigiert und die Politiker über die wahrscheinlich eintretenden Fehlentwicklungen aufklärt. Außerdem kann B. hier zur Erweiterung des Handlungsspielraums beitragen, indem sie neue Perspektiven zur Überwindung von bisherigen „Sachzwängen" aufzeigt.
(6) Herausarbeitung von *Alternativen,* z. B. Möglichkeiten der Ziel- und Mittelsubstituierung. – (7) Entwurf von *komplexen* Konzeptionen, u. a. nach einer Simulation komplexer Systeme durch Modelltests. – (8) *Kontrolle* getroffener Entscheidungen, z. B. Analyse ihrer Nebenwirkungen.

5. FORMEN. – Vor der Organisation der B. sollte möglichst die Gesamtheit der B.formen erwogen werden, die praktisch etwa folgende sind: (1) B. im Einzelfall; (2) projektbezogene B. durch ad-hoc-Gruppen mit mehr oder weniger hohem Formalisierungsgrad der Organisation; (3) problembereichsbezogene, kontinuierliche Gremien mit Dauermitgliedschaft; (4) dasselbe mit wechselnder Mitgliedschaft; (5) B. durch Fachgruppen, Fachkommissionen, Arbeitskreise als Untergliederungen kontinuierlicher Spitzengremien; (6) B. durch externe wissenschaftliche Institute; (7) B. in Form von Hearings mit großer Variationsbreite möglicher Zusammensetzungen; (8) B. in Form wissenschaftlicher Aussprachen.

6. B.-RECHT. – Die wissenschaftliche B. der Politik ist rechtlich eine graue Zone, in der trotz Musterverträgen einheitliche Grundsätze bis heute nicht erkennbar sind. *B.preis:* Die Verordnung Preise 30/53 schreibt grundsätzlich die Kontraktierung von Marktpreisen durch den öffentlichen Auftraggeber vor; sofern es solche nicht gibt, muß eine Form des Selbstkostenpreises gewählt werden. In der Praxis werden B.verträge und -honorare weitgehend nach Plausibilitätskriterien festgelegt, contra legem.
B.verträge: Obwohl die meisten B.verträge Werkverträge sind, wird ein Werk im juristischen Sinne kaum jemals erstellt, sondern meist eine Dienstleistung.

Gerade junge Wissenschaftler werden durch den Zwang der in der Regel immer nur ein Jahr laufenden Werkverträge oft in ein unverantwortliches Anpassungsverhalten an die Interessen des Politikers oder der ihn bedrängenden Gruppeninteressen getrieben. Die Kette von Verträgen, die über viele Jahre hinweg mit jährlichen Verlängerungen läuft, ist wahrscheinlich eine sittenwidrige Umgehung der Konsequenzen des Dienstvertragsrechts mit Kündigungsschutz und ähnlichen Elementen.

7. B.ethik. – Einige wissenschaftliche Institute (z. B. Zentrum Berlin für Zukunftsforschung) bekennen sich zu Elementen einer B.ethik, die folgende Mindestprinzipien umfassen kann:
(1) *Transparenz* von Auftraggeber, Auftrag und Honorar. Sie ist unerläßlich um zu wissen, durch welche Empfehlungen und Warnungen an wen sich ein Wissenschaftler schon beachtlich präjudiziert hat. Auch muß die Honorardimension offen gelegt werden, damit das materielle B.interesse offenbar wird.
(2) *Pluralität der Berater:* Angesichts der Komplexität von Wissenschaft wird es schwer sein zu behaupten, eine abgegebene wissenschaftliche Meinung umfasse das relevante Sachwissen. Daher sollte ein wichtiger Punkt einer B.ethik die Forderung sein, weitere (konkurrierende) Berater heranzuziehen.
(3) *Publizität* der B.ergebnisse, soweit möglich: Die Kontrolle durch die wissenschaftliche Öffentlichkeit wird erst dann erreicht, wenn die B. ihre Ergänzung findet in einer Publizität der Ergebnisse.

Der Sachverständigenrat zur Begutachtung der gesamtwirtschaftlichen Entwicklung (die „fünf Weisen") wurde 1963 als unabhängiges Gremium zur Beratung nicht nur der Regierung, sondern der ganzen Öffentlichkeit errichtet. Kontinuität und Anpassung werden dadurch erstrebt, daß in jährlichem Turnus immer eines der fünf Mitglieder ausscheidet.
Der Rat ist an den Rahmen der marktwirtschaftlichen Ordnung gebunden. Innerhalb dieses Rahmens ist er in das → magische Viereck Preisstabilität, hohe Beschäftigung, außenwirtschaftliches Gleichgewicht und Wachstum eingespannt; darüber hinaus soll er die → Verteilung von Einkommen und Vermögen untersuchen.
Seine ausführlichen, ja breiten, viel beachteten Jahresgutachten enthalten in guter Verbindung theoretische Überlegungen und empirische Materialien. Sie haben eine Menge wichtiger Anregungen gegeben, die den Wirtschaftspolitikern – z. B. dem Wirtschaftsministerium, den Unternehmerverbänden, den Gewerkschaften – keineswegs immer gefallen haben, aber stets ernst genommen werden mußten (z. B. Fragen der beweglichen Wechselkurse, der Inflationsbekämpfung, der Lohnpolitik). Zuweilen treten Meinungsverschiedenheiten innerhalb des Rates durch Minderheitsgutachten zutage.
Im demokratischen System der BRD spielt der Rat gelegentlich die Rolle einer wissenschaftlichen außerparlamentarischen Opposition, wozu er durch seine Unabhängigkeit (Ernennung durch den Bundespräsidenten auf Vorschlag der Bundesregierung nach Anhören der amtierenden Ratsmitglieder) und durch die Publizierung seiner Gutachten legitimiert ist.
Konkrete Empfehlungen für bestimmte Maßnahmen zu geben ist dem Rat zwar ausdrücklich untersagt; aber in der Praxis umgeht er selbstverständlich oft dieses Verbot. Seine Arbeit ist ein Beispiel für ein „pragmatisches" Beratungsmodell. Ey

8. Kreativität. – Die oft ungewohnte Begegnung mit einer angeblichen Würde des politischen Bereichs, die Schneidigkeit vieler Entscheidungsprozesse und die Lust am ungewohnten Tätigkeitsgebiet bewirkt bei manchen Wissenschaftlern über kurz oder lang eine Identifizierung mit den Problemsichten und Zielen der Politik. Dies führt zu einem oft auch in der Politik hochwillkommenen Modellplatonismus, da man gern um der Konfliktvermeidung willen die B.aussagen so gegen Empirie immunisiert, daß sie zur Bürgermotivation gut verwendbar, zur Beweisführung aber untauglich werden. Ein *Beispiel* ist das Gutachten über den Besoldungsvergleich von Privatwirtschaft und öffentlichem Dienst (1972). Es endete mit der Feststellung nur bedingter Vergleichbarkeit beider Systeme und hoher Relativität der Aussagen. Trotzdem hat es eine hohe Motivationskraft für die Personalstrategien der öffentlichen Hand.

9. B.potential der Wissenschaft. – Wenigstens drei Typen einer beratenden Wissenschaft können unterschieden werden:
(1) *Deskriptiv-analytischer Typ.* Er beschreibt Geschehensdaten möglichst exakt und analysiert sie hinsichtlich ihrer kausalen Zusammenhänge. Er vertritt „Wertfreiheit als methodisches Prinzip“ ohne zu leugnen, daß bei der praktischen Anwendung der Wissenschaft irgendwo einmal die Stelle kommt, an der ihre Aussagen eine normierende Funktion gewinnen. Die Notwendigkeit normativer Aussagen wird u. a. mit dem Hinweis bestritten, daß sich auch moralisch relevante Probleme prinzipiell wertfrei behandeln lassen. Das Werturteil wird als ein Einfalltor dogmatischen Denkens verworfen.
(2) *Systematischer Typ.* Hobbes, Montesquieu, Comte, Durkheim, Marx und die Neukantianer haben einer wissenschaftlichen B. das Wort geredet, die letztlich die physische mit der politisch-sozialen Welt gleichsetzt. Ob die hier oft betriebene Projektion sozialer Modelle in die Natur und ihre Rückbeziehung auf die Gesellschaft überhaupt noch eine Chance wissenschaftlicher B. übrig läßt, ist höchst zweifelhaft.
(3) *Neonormativer Typ.* Diese in zahlreiche Richtungen gespaltene Gruppe ist sich darin einig, daß der Wissenschaftler in seinen dem Politiker zur Verfügung gestellten Aussagen haltungsmäßig Stellung nehmen sollte, also die „Toga des Unparteiischen“ ablegen sollte.
So gelangen die drei Richtungen zu einer unterschiedlichen Antwort auf die Frage, ob und inwieweit der Wissenschaftler dem Politiker überhaupt raten kann.

Literaturhinweise

Böhret, Carl: Entscheidungshilfen für die Regierung. Opladen 1970.
Dror, Yehezkel: Public Policymaking Reexamined. San Francisco 1968.
Friedrich, Hannes: Staatliche Verwaltung und Wissenschaft. Frankfurt/M. 1970.
Görlitz, Axel: Zu einem Konzept rationaler Politik. In PVS 1/1972.
Lohmar, Ulrich: Wissenschaftsförderung und Politik-Beratung. Gütersloh 1967.
Lompe, Klaus: Wissenschaftliche Beratung der Politik. Göttingen 1966.
Oberndörfer, Dieter (Hrsg.): Wissenschaftliche Politik, 2. Aufl. Darmstadt 1966.

Gerhard W. Wittkämper

Bildungsökonomie

→ *Kapital, Staat, Wachstum*

1.0. Unter dem Begriff Bildungsökonomie werden Forschungsansätze zusammengefaßt, die die Beziehungen von Wirtschaft und Bildung (B). untersuchen. Eine Variante, die als die *„ökonomistische“* bezeichnet werden kann, untersucht das B.wesen in seiner Bedeutung für die ökonomische Entwicklung. Eine Vielzahl von Motiven, wie Sputnik-Schock, Sicherung der internationalen Wettbewerbsfähigkeit eines Landes, Übergang von der extensiven zur intensiven Phase des Wachstums waren Ausgangspunkte des Raisonnements. Die entsprechenden Forschungsansätze gehen von der Dualität der B. als Konsum- und Investitionsgut aus und versuchen, die damit verbundenen produktionstheoretischen Probleme zu lösen. Dabei kann es nicht verwundern, daß das Schwergewicht bei der Analyse der Investitionsproblematik liegt, während die Konsumgutfunktion mehr oder weniger die Rolle eines Alibi spielt. Von Interesse sind dabei insbesondere der Humankapital-Ansatz in seinen Ausprägungen als Ertragsraten- und Restgrößen-Ansatz und der Arbeitskräftebedarfs-Ansatz.

1.1. *Der Humankapital-Ansatz* stellt die Anwendung des Investitionskalküls auf B. dar. B. verursacht volkswirtschaftliche Kosten und erbringt Erträge; ein Vergleich der Verzinsung der Humankapitalinvestitionen mit alternativen Investitionen bietet sich als Grundlage einer optimalen Investitionspolitik an. Beim Restgrößen-Ansatz wird versucht, den Anteil der Humankapitalinvestitionen am Wachstum abzuschätzen, ein Vorgehen, das, falls es nicht nur eine statistisch-historische Analyse bezweckt, ebenfalls zur Frage nach dem optimalen Verhältnis von Human- und Realkapital führt. Der Ansatz setzt einmal voraus, daß B.investitionen das Wachstum beeinflussen, eine Unterstellung, die die Wachstumstheorie erst zu untermauern hätte. Zum anderen ist die Berechnung von Kosten und Erträgen nicht unproblematisch.

Bei der *Kostenermittlung* müssen opportunity-costs in Form entgangener Einkommen berücksichtigt werden, die wiederum mit langfristigen Wachstumsverlusten für den Fall nicht durchgeführter B.investitionen zu vergleichen sind. Dazu müßte der statische Charakter des Optimalansatzes überwunden werden; eine soziale Zeitpräferenzfunktion wäre erforderlich, scheitert aber daran, daß interpersonelle Nutzenvergleiche unmöglich sind.

Die *Erträge* werden an Hand von Einkommensdifferenzen gemessen. Das ist deshalb problematisch, weil dabei die Erträge von B.ausgaben, die in einer Niveauerhöhung des Sozialprodukts bestehen, ignoriert werden. Wenn sich mit steigenden B.ausgaben die Lohnstruktur nivelliert, führt dieser Ansatz sogar zu dem absurden Ergebnis, daß B.investitionen sinkende Erträge aufweisen.

Schließlich ist der Humankapitalansatz für eine Strategie der *B.politik* unbrauchbar, weil wichtige Faktoren wie Struktur des B.wesens und Berufsanforderungen nicht explizit erscheinen. Als Globalansatz setzt er bereits das voraus, was zu analysieren wäre, nämlich Gleichgewicht am Arbeitsmarkt und einen optimalen Einsatz der Absolventen des B.wesens im Produktionsbereich.

1.2. Von größerer Bedeutung für die B.politik ist der *Arbeitskräftebedarfs-Ansatz*. Hier wird ein prognostiziertes oder projektiertes Wachstum des Sozialproduktes schrittweise auf Wirtschaftsbereiche, Berufsklassen und schließlich Absolventen von Fachrichtungen verteilt. Der Vorteil dieses Ansatzes gegenüber dem Humankapitalansatz besteht darin, daß der Arbeitsmarkt, der Qualifikationsbegriff und die Struktur des B.wesens explizit in die Analyse eingeführt werden. Aber die Lösung des b.strategischen Problems kann nicht befriedigen; denn hier ist die Struktur des B.wesens, wie Fächerkanon und Ausbildungsgänge, vorgegeben; der Qualifikationsbegriff enthält die tradierten Abschlüsse der Hoch-, Fachhoch-, Fach- und Berufsschulen; außerdem wird von einer vorgegebenen Lohnstruktur ausgegangen.

Der Ökonomismus des Arbeitskräftebedarfsansatzes manifestiert sich in *B.bilanzen*, in denen dem Bedarf ein potentielles Angebot gegenübergestellt wird, das mit Hilfe der geschätzten demographischen Entwicklung und bestimmten Parametern wie Übergangs- und Erwerbsquoten berechnet wird. An diesem Vorgehen wird außer der Tatsache, daß alle b.strategischen Größen exogen vorgegeben sind, kritisiert, daß lediglich der ökonomische Bedarf berücksichtigt werde. Aus dieser Kritik wird die Forderung nach einer *Multifunktionalität* des B.wesens (Bodenhöfer) erhoben. Das B.wesen hat danach die Aufgabe, neben den ökonomischen auch andere Ziele, wie Mündigkeit des Staatsbürgers, Schaffung eines Innovationspotentials, Emanzipation des Individuums, zu verfolgen. Aber dieses Konzept zementiert die Trennung von B. als Investitions- und Konsumgut und damit den Dualismus von B. und Ausbildung. Da die Berufsausbildung als eines von vielen Zielen der B.politik angesehen wird, haftet ihr weiterhin der Makel an, „von dieser Welt" zu sein. Arbeit wird als Fluch, Freizeit als Segen betrachtet. Dabei wird übersehen, daß Emanzipation nicht allein an der Betätigung in der Freizeit zu messen ist, sondern auch von den Bedingungen der Sozialisation im Beruf abhängt. Der prinzipielle Mangel des Bedarfsansatzes, Berufsanforderungen restriktiv technokratisch zu definieren, wird also auch durch eine Multifunktionalität des B.wesens nicht beseitigt.

1.3. Von Interesse ist darüber hinaus der *Penetrationsansatz* des Instituts für Bildungsforschung in der Max-Planck-Gesellschaft. Er untersucht, inwieweit es Hochschulabsolventen gelingt, in Berufe einzudringen, die üblicherweise nicht mit den jeweiligen Fachrichtungen korreliert sind oder für deren Fachrichtung bisher keine Berufsfelder existieren; in diesem Falle wird ein angebotsinduzierter Bedarf analysiert. Die Grenzen dieses Ansatzes liegen darin, daß er von einem gegebenen Bildungswesen ausgeht und als b.politische Strategie allenfalls die mehr oder weniger kontrollierte Expansion überkommener Fachrichtungen und Ausbildungsgänge empfehlen kann.

2.0. Die zweite Variante der B.ökonomie kann als *„soziologistisch"* bezeichnet werden. Die Analyse soziologischer und gesellschaftspolitischer Probleme der Chancengleichheit im Ausbildungssektor stehen im Vordergrund.

2.1. Ein profilierter Vertreter dieser Richtung ist *Ralf Dahrendorf*, der mit seiner These „Bildung ist Bürgerrecht" Mitte der sechziger Jahre die b.ökonomische Diskussion stark beeinflußte. *Chancengleichheit* wird unter drei Aspekten analysiert: als Garantie eines zur Existenz in der Gesellschaft notwendigen und hinreichenden Wissensbestandes, als rechtliche Chancengleichheit und als faktische Chancengleichheit in dem Sinne, daß keine sozialen Mechanismen die Realisierungsmöglichkeiten der rechtlichen Chancengleichheit schmälern. Dabei ist für Dahrendorf die Motivation der Eltern für die offenkundige Unterprivilegierung von Arbeiter- und Landkindern, Mädchen und katholischen Kindern eine Schlüsselgröße; obwohl er deutlich macht, daß die Motivation der Eltern nicht die entscheidende Ursache der Chancengleichheit ist, wird die Argumentation hier abgebrochen.

Die Grundschwäche dieses liberalen Modells liegt darin, daß sich eine B.politik, die die Integration unterrepräsentierter Schichten in das weiterführende B.wesen ermöglicht, auf eine Expansion der tradierten Fächer und Ausbildungsgänge reduziert. Die Bedingungen der Absorption der Absolventen auf dem Arbeitsmarkt interessieren nicht. Damit reduzieren sich Lebenschancen auf die Partizipation am B.wesen.

2.2. Eine im Ergebnis ähnliche Position nimmt Claus *Offe* ein. Sein Ausgangspunkt unterscheidet sich insofern von dem Dahrendorfs, als er Chancengleichheit im Rahmen des Zusammenhangs von „Politischer Herrschaft und Klassenstrukturen" behandelt. Die spätkapitalistischen Wohlfahrts- und Interventionsstaaten sind nach ihm nicht mehr dadurch gekennzeichnet, daß ökonomisch definierte Klassenanlagen ihren Reflex in politischen Herrschaftsverhältnissen finden; damit scheint die Grundlage der Marxschen politischen Ökonomie nicht mehr gegeben zu sein. Die vertikalen Ungleichheiten der klassisch-liberalen Phase des Kapitalismus werden durch horizontale Disparitäten von Lebensbereichen überlagert.

Ungleichheiten sind demzufolge darin begründet, daß eine Person an unterschiedlich privilegierten Lebensbereichen einer Gesellschaft teilnimmt. Der parallele Begriff zum Schichten- oder Klassenbegriff ist die *„Situationsgruppe"*, eine Gruppe, die an unterprivilegierten Lebensbereichen teilhat, ohne daß eine Erhöhung des Einkommens eine Verbesserung der jeweiligen Situation nach sich zöge. Der Wohlfahrts- und Interventionsstaat befindet sich gleichsam im Mittelpunkt eines konzentrischen Prioritätenschemas, das die Lebensbereiche nach ihrer Wichtigkeit für das Überleben des Systems anordnet. Als stark benachteiligt in diesem Schema sieht Offe das Verkehrs-, Gesundheits- und B.wesen. Das macht die Analyse Offes für die B.politik interessant. Die unterprivilegierten Schichten bei Dahrendorf entsprechen als Ansatzpunkt einer b.politischen Strategie den Situationsgruppen Offes. Da Offe jedoch ebenso wie Dahrendorf keine befriedigende Erklärung für die gesellschaftlichen Ursachen der Benachteiligung liefert, kann auch er keine brauchbare b.politische Strategie ableiten.

3.0. Neuere Forschungsansätze. – 3.1. Der *marxistische* Ansatz versucht, den Ausbildungssektor mit den Kategorien des Reproduktionsprozesses zu analysieren und zunächst die Bedeutung der allgemeinen Charakteristika des Kapitalverhältnisses für den Ausbildungssektor zu ermitteln. In einem schrittweisen Prozeß der Konkretion muß sich eine Analyse der historisch spezifischen Zusammenhänge von produktivem und Ausbildungssektor und damit die Ableitung einer bildungspolitischen Strategie anschließen. Das aber ist bisher nur unvollkommen gelungen. Das mag daran liegen, daß Marx dieses Problem nur für die klassisch-liberale Phase des Kapitalismus zu lösen versucht hat; für einen durch Interventionismus gekennzeichneten Kapitalismus ist eine Konkretion der abstrakt-kategorialen Analyse noch nicht geleistet. Die bisher wenig überzeugenden Bemühungen, die Funktion des → Staates aus den Entwicklungsgesetzen des Kapitals abzuleiten, sind dafür ein Indikator. Durch diesen Mangel bleibt die Entwicklung einer Strategie ausgeschlossen.
3.2. Schwerer zu beurteilen sind *neuere Versuche*, durch eine Modifikation des Bedarfsansatzes zu einer b.politischen Strategie vorzustoßen (s. Nr. 3 der Literaturhinweise). Diese Versuche bezwecken, die wesentliche Schwäche des traditionellen Bedarfsansatzes, Ausbildungsgänge und Berufsanforderungen exogen festzusetzen, dadurch zu umgehen, daß die institutionellen Gegebenheiten des B.wesens Bestandteil der politisch-ökonomischen Analyse und damit zur Variablen des Planungsprozesses werden. Dieser Ansatz bleibt insofern bedarfsorientiert, als Berufsanforderungen die strategische Größe der Planung des B.wesens sind. Die Integration von Ausbildungsgängen für Berufe in das B.wesen bildet die Essenz der b.politischen Strategie; die Strategie hat sich in der Kapazitätsplanung daran zu orientieren, daß die Absorption der Absolventen vom Arbeitsmarkt gesichert wird, in der Planung der Ausbildungsinhalte daran, daß die Emanzipation des Individuums in der Berufsausübung möglich wird.

Literaturhinweise

Altvater, Elmar, und *Huisken*, Freerk: Materialien zur politischen Ökonomie des Ausbildungssektors. Erlangen 1971.

Hartung, Dirk, *Nuthmann*, Reinhard und *Winterhager*, Wolfgang Dietrich: Politologen im Beruf. Stuttgart 1970.

Heindlmeyer, Peter-J.; *Heine*, Uwe; *Möbes*, Hans-Joachim; *Riese*, Hajo: Berufsausbildung und Hochschulbereich. Pullach 1973.

Hüfner, Klaus, und *Naumann*, Jens: Bildungsplanung. Stuttgart 1971.

Huisken, Freerk: Zur Kritik der bürgerlichen Didaktik und Bildungsökonomie. München 1972.

Kress, Gisela, und *Senghaas*, Dieter: Politikwissenschaft. Frankfurt 1970[2] (1969).

Hans-Joachim Möbes

Budget (B.)

→ *Demokratie, Konjunktur, Parlamentarismus, Planung, Staat, Steuern, Verwaltung*

Das B., der Haushaltsplan einer Gebietskörperschaft, enthält deren prinzipiell vollzugsverbindlich geplante Ausgaben und erwartete Einnahmen einer Periode. Das Staatsb. ist also Ausdruck der gesamten staatlichen Aktivität, soweit sie sich in fiskalischen Größen niederschlägt. Folglich steht unter dem Stichwort „B." die gesamte fiskalische Aktivität des Sektors Staat, d. h. ihre normative Begründung und positive Deutung, zur Diskussion.

1.0. Der materielle B.inhalt verlangt sowohl eine normative Begründung als auch eine positive Erklärung. Welche öffentlichen Ausgaben und Einnahmen *sollten* und welche *werden* tatsächlich angestrebt werden?
1.1. Die *normative* Lösung hängt von der angestrebten Wirtschaftsordnung ab. In einer prinzipiell marktwirtschaftlichen Ordnung soll die staatliche Aktivität zunächst auf die Übernahme bestimmter Grundfunktionen (innerer und äußerer Schutz, Rechtsordnung, Wahrung des → Wettbewerbsmechanismus) beschränkt bleiben. Darüber hinaus soll der Staat nur eingreifen, wenn das marktwirtschaftliche Ergebnis zu weit von wesentlichen gesellschaftlichen Zielvorstellungen abweichen würde.
Dabei besteht auch unter Anhängern einer liberalen Wirtschaftspolitik kein Zweifel darüber, daß ein sich im wesentlichen selbst überlassenes marktwirtschaftliches System zumindest gegen drei wichtige gesamtwirtschaftliche Zielsetzungen verstoßen müßte, nämlich die Ziele der optimalen *Allokation* der volkswirtschaftlichen Ressourcen, der gerechten Einkommens- und Vermögens*verteilung* und der *Stabilität* der volkswirtschaftlichen Prozesse. Da die öffentlichen Ausgaben und Einnahmen wichtige Instrumente der Wirtschaftspolitik darstellen, wird eine normative Bestimmung des B. davon ausgehen, daß sie die Einnahmen und Ausgaben an diesen Zielen orientiert.
1.1.1. Das *allokative Versagen* eines sich selbst überlassenen Marktsystems wird vor allem mit zwei Argumenten belegt. Einmal begünstigen Produktions- und Marktvorteile größerer Unternehmen die wirtschaftliche → *Konzentration* und damit den Abbau des freien Wettbewerbs. Tatsächlich läßt sich nachweisen, daß monopolistische Anbieter eine Preis-Mengenkombination wählen, die zwar ihren individuellen, nicht aber den möglichen volkswirtschaftlichen Gesamtnutzen maximiert.
Zu einer ähnlichen Diskrepanz muß es kommen, wenn die Existenz sog. technologischer *externer* Vor- bzw. Nachteile verhindert, daß dem einzelnen Wirtschafter der volle Nutzen und die vollen Kosten aus der Produktion bzw. dem Verbrauch einer zusätzlichen Einheit zufallen. Nach diesem zweiten Argument werden die Wirtschafter solche Aktivitäten in zu geringem Umfang ausüben, aus denen für andere unkompensierte Vorteile erwachsen – z. B. die Anlage eines den Wasserhaushalt, die Luft und das Landschaftsbild verbes-

sernden Parks – und solche Aktivitäten ausdehnen, bei denen für andere Wirtschaftssubjekte unkompensierte Nachteile entstehen – z. B. Produktion nach einem Verfahren, das die öffentlichen Gewässer verschmutzt.

Beide allokativen Fehler des marktwirtschaftlichen Prozesses können durch staatliche Eingriffe *korrigiert* werden. Einerseits ist es möglich, die privaten Verhaltensweisen durch ein kompliziertes System von steuerlichen und Transfer-Anreizen in der gewünschten Richtung zu beeinflussen, andererseits kann der Staat durch die Übernahme bestimmter Aktivitäten solche Aufgaben aus dem Marktprozeß ausgliedern, deren Bewältigung vom privaten System nicht geleistet werden kann (Versorgung mit Straßen, Schulen, Krankenhäusern).

1.1.2. Die im Marktprozeß entstehende *Einkommens- und Vermögens-→ Verteilung* dürfte von einer aufgeklärten Gesellschaft nicht als gerecht oder auch nur tragbar empfunden werden. Die folgenden Bemerkungen mögen sich auf die Einkommensverteilung beschränken, da die ungleiche Vermögensverteilung regelmäßig die Folge einer ungleichen Einkommensverteilung darstellt. Allerdings dürfte es selbst in einer relativ homogenen Gesellschaft kaum eine einheitliche Vorstellung über die gerechte Einkommensverteilung geben.

In einer Marktwirtschaft bestimmt sich das individuelle Einkommen allein danach, welche marktbewerteten Leistungen jemand abgibt, und nicht danach, wieviel Einkommen jemand zur Sicherung seiner physischen und sozialen Existenz braucht. Auch wenn die individuelle Leistungsabgabe prinzipiell als Basis des Einkommens anerkannt würde, dürfte doch ihre Marktbewertung in vielen Fällen von der gesellschaftlichen Bewertung abweichen. Ein Grund dafür ist auch hier wieder die Existenz externer Effekte (Bspl: Leistung in der Grundlagenforschung).

Wichtiger dürfte sein, daß sich die Marktbewertung selbst nach recht unterschiedlichen Regeln vollzieht. Wer seine Leistung als Monopolist anbietet, kann ihren Preis innerhalb eines bestimmten Rahmens selbst bestimmen. Wer dagegen seine Leistung als Konkurrent anbietet, kann nur die Menge – und oft nicht einmal diese (Marktpartner: Optionsfixierer) – bestimmen. Diese Ungleichheit wiegt um so schwerer, je weniger die Bestimmungsgründe dafür, daß jemand in die Situation eines Monopolisten gelangt, akzeptiert werden können. (Einem Künstler von einmaliger Begabung und Energie dürfte seine Monopolstellung eher zugebilligt werden als einem Spekulanten in Bauland). – Schließlich: Wem es einmal gelingt, ein überdurchschnittliches Einkommen zu erzielen, der ist auch in der Lage, in überdurchschnittlichem Ausmaße *Vermögen* zu bilden. Dieses höhere Vermögen verschafft ihm erneut Einkommensvorteile, die er zur Vermögensbildung verwenden kann, usw.

Zur *Korrektur* der Verteilungsmängel sollte das B. eingesetzt werden. Erstens kann der Staat durch steuerliche und Transfer-Anreize die im privaten Sektor entstehende Primärverteilung beeinflussen. Zweitens kann er durch Aufträge bzw. eigene Beschäftigung von Faktoren die Primärverteilung verändern. Drittens kann er durch Steuern und Transfers die Primärverteilung durch Umverteilungsmaßnahmen in die sog. sekundäre Einkommensverteilung überführen; allerdings ist dabei umstritten, wie weit Überwälzungsvorgänge

(→ Steuern) eine nachhaltige Veränderung der Primärverteilung verhindern. Viertens kann der Staat durch die unentgeltliche oder nicht voll kompensierte Abgabe seiner Leistungen die Verteilung des Realeinkommens beeinflussen.
1.1.3. Aus der empirischen → *Konjunktur*beobachtung ist die Erfahrung erwachsen, daß der ungesteuerte Wachstumsprozeß nicht in geradlinigen Bahnen verläuft, sondern in mehr oder weniger starken Schwankungen mit den typischen Merkmalen → inflationärer Preissteigerung, Arbeitslosigkeit, Überinvestitionen und freier Kapazitäten (→ Konjunktur). Spätestens seit der Weltwirtschaftskrise und ihrer theoretischen Durchdringung durch Keynes (→ Keynesianismus) bestehen zumindest Zweifel daran, daß die Krisen des ungesteuerten Wachstums vorübergehender Natur seien. Daraus ist dem B. die dritte Funktion erwachsen: Die *Konjunktursteuerung*. Erstens kann der Staat über seine Einnahmen- und Ausgabenpolitik die privaten Verhaltensweisen beeinflussen; hier sind u. a. steuerliche Anreize, z. B. Abschreibungsvorteile bei Investitionen, periodische Zu- und Abschläge bei Steuern, Kredithilfen, gezielte Pionierinvestitionen zu nennen. Zum anderen kann er mit eigener Nachfrage in die von den Privaten offengelassene Lücke stoßen und in Perioden übersteigerter privater Nachfrage sich selbst Zurückhaltung auferlegen.
In einem nicht der marktwirtschaftlichen Ordnung verpflichteten System, z. B. einer → *sozialistischen Planwirtschaft*, gelten die gleichen gesellschaftlichen Grundbedürfnisse einer optimalen Allokation der Ressourcen, einer gerechten Verteilung und einer Stabilität der volkswirtschaftlichen Prozesse. Doch kommt dem B. in einem solchen System bei der Verfolgung dieser Aufgaben eine geringere Bedeutung zu. Der Staat bestimmt ja in viel stärkerem Maße die gesamtwirtschaftliche Entwicklung. Investitionspläne, Preise und Löhne werden von zentralen Planungsbehörden zumindest im Rahmen abgesteckt. Das B. hat sich dem Gesamtplan unterzuordnen.
1.2. Für die *Erklärung der tatsächlichen Entwicklung* öffentlicher Einnahmen und Ausgaben in hochentwickelten Marktwirtschaften ist es zunächst von Bedeutung, daß alle drei Mängel einer reinen Marktwirtschaft seit anderthalb Jahrhunderten in ihrem qualitativen und quantitativen Gewicht ständig gewachsen sind. Um daraus auf eine tatsächliche Zunahme der öffentlichen Aktivität zu schließen, bedürfte es allerdings eines gewichtigen Bindeglieds: nämlich der Unterstellung eines *politischen Systems*, in dem die Willensträger bereit sind, mit den Mitteln des Staates den Mängeln des Marktes entgegenzutreten. Eine solche Unterstellung ist für die meisten hochentwickelten marktwirtschaftlichen Systeme realistisch; doch bestehen hinsichtlich der Motive der Politiker unterschiedliche Auffassungen. Überzeugte Anhänger des Systems → parlamentarischer → Demokratie werden den Standpunkt einnehmen, daß es vor allem die Macht des kleinen Mannes an der Wahlurne vermocht hat, die auf Wiederwahl bedachten Politiker auf die Interessen der Mehrheit der Bevölkerung festzulegen und somit auch das B. an den Bedürfnissen der Bevölkerung zu orientieren. Gegner westlicher Systeme werden die zunehmenden staatlichen Interventionen eher als Versuche einer herrschenden Klasse deuten, den Verfall einer für sie günstigen Ordnung aufzuhalten. Die bereits Mitte

des vorigen Jahrhunderts von Adolph Wagner in dem nach ihm benannten Gesetz behauptete Tendenz zur absoluten und – gemessen am Volkseinkommen – relativen *Zunahme der öffentlichen Aktivität* ist natürlich durch die großen Kriege wesentlich verstärkt worden; die staatliche Aktivität in den am Krieg beteiligten Marktwirtschaften ist jeweils nach den Kriegen nicht auch nur annähernd auf ihr Vorkriegsniveau zurückgegangen.

2. Institutionelle Probleme. Wie jeder sorgsame Wirtschafter muß auch der Staat ex ante und ex post eine periodische Zusammenstellung seiner Einnahmen und Ausgaben vornehmen. Die ex-ante Zusammenstellung ist ein Ausdruck der → Planung, d. h. der zielgerichteten Abstimmung von Einnahmen und Ausgaben unter Wahrung der Liquidität, während die ex post-Zusammenstellung der Überprüfung der Istzahlen an den Plangrößen und damit auch als Basis neuer Planung dient.

2.1. Die Eigenart des Wirtschaftssubjekts Staat verlangt aber noch aus mindestens zwei anderen Gründen, daß seine Einnahmen und Ausgaben *im voraus* festgelegt werden. Der erste Grund ist die *Gewaltenteilung* zwischen Legislative und Exekutive, nach welcher der Exekutive die Verfügung über die Ausgaben und die Beschaffung der Einnahmen zufallen, die Legislative aber das Haushaltsbewilligungsrecht besitzt, d. h. den geplanten Ausgaben und Einnahmen dem Umfang und der Art nach im voraus zustimmen und die Regierung im nachhinein entlasten muß.

Der zweite Grund liegt in der gesamtwirtschaftlichen Bedeutung öffentlicher Einnahmen und Ausgaben und dem daraus folgenden *Informationsbedürfnis* der Öffentlichkeit. Die Planung der Privaten verlangt eine möglichst frühe Unterrichtung über die staatliche Haushaltspolitik. Auch die oft vom Staat beabsichtigte Signalwirkung seiner eigenen Aktivität bedarf einer Veröffentlichung der Plangrößen. Schließlich kann der souveräne Staatsbürger das Recht der Wahl seiner Regierung nur dann sinnvoll gebrauchen, wenn ihm sowohl ziffernmäßige Vorstellungen alternativer Regierungsprogramme als auch Vergleichsmöglichkeiten von Plan- und Istgrößen zur Verfügung stehen. – In *sozialistischen* Staaten allerdings werden die Staatshaushaltspläne außer mit wenigen Globalziffern nur auszugsweise (Kultur, Bildung, Gesundheit, Soziales) veröffentlicht.

2.2. *Vollständigkeit und Einheit:* Das B. kann den drei formellen Funktionen nur dann gerecht werden, wenn es eine möglichst vollständige Darstellung aller Ausgaben und Einnahmen enthält. Wichtigste Konsequenz des Vollständigkeitsprinzips ist der formale Ausgleich von Einnahmen und Ausgaben. Um allerdings einerseits den Haushalt nicht zu weit aufzublähen, andererseits die recht starren Haushaltsvorschriften nicht auch auf Aktivitäten anzuwenden, mit denen sich der Staat unmittelbar am Produktions- und Marktprozeß beteiligt, mag es sich empfehlen, bestimmte Aktivitäten aus dem B. auszugliedern und hier nur den Saldo zwischen Ausgaben und Einnahmen im Haushalt zu verbuchen *(Nettoprinzip* statt Bruttoprinzip). Dies findet Anwendung für die staatlichen Eigenbetriebe und auch für die öffentlichen So-

zialversicherungen. – In den *sozialistischen* Staaten sind alle volkseigenen Betriebe nur mit ihren Nettoabgaben bzw. Zuschüssen im B. erfaßt.
Diese Ausgliederung bestimmter, eng umgrenzter Aktivitäten darf nicht verwechselt werden mit einer früher beliebten „Töpfchen"-Wirtschaft, bei der für alle möglichen Staatsfunktionen eigene, vom zentralen B. unabhängige Fonds mit eigenen Einnahmequellen gebildet wurden. Eine solche Haushaltswirtschaft müßte gegen den wichtigen Grundsatz der *Nonaffektation*, d. h. der fehlenden Zweckbindung einzelner Einnahmen verstoßen. Eine Zweckbindung beschränkt ja die allgemeine Verfügbarkeit und damit die souveräne Zuordnung entsprechend der herrschenden politischen Priorität. (Die wenigen Beispiele der Durchbrechung der Nonaffektation in der BRD, z. B. bei der Mineralölsteuerzweckbindung, können nur damit gerechtfertigt werden, daß dem Steuerzahler psychologische Hilfen gegeben werden.)
Die Einheit des B. findet allerdings seine Grenzen, wenn innerhalb eines Staates *unterschiedliche Gebietskörperschaften* bestehen. Im dreistufigen System der BRD (Bund, Länder und → Gemeinden) hat selbstverständlich jede dieser Gebietskörperschaften ihr eigenes B. Da gleichzeitig über den horizontalen (auf einer Ebene) und den vertikalen (zwischen verschiedenen Ebenen) *Finanzausgleich* Ausgaben von der einen an die andere Gebietskörperschaft geleistet werden, enthalten die B. z. T. Ausgaben (sog. durchlaufende Posten), die bereits schon einmal in einem B. einer anderen Gebietskörperschaft verbucht wurden, bzw. Einnahmen, die an andere Gebietskörperschaften abgeführt werden müssen und folglich in deren Budgets erneut erscheinen. Klammert man die Zuweisungen, Darlehen und Tilgungen an andere Gebietskörperschaften aus, dann ergibt sich, daß die Ausgaben der Verwaltungsstellen des Bundes nicht ganz die Hälfte, die Ausgaben der Länder und der Gemeinden jeweils etwas mehr als ein Viertel der gesamten öffentlichen Ausgaben ausmachen. Diese Zahlen geben allerdings keine hinreichende Auskunft über das tatsächliche Gewicht der Gebietskörperschaften. Die Länder und vor allem die Gemeinden handeln zum Teil nicht in eigener Verantwortung, sondern im Auftrag übergeordneter Gebietskörperschaften. Der Entscheidungsspielraum der Kommunen und – weniger ausgeprägt – auch der Länder ist im Vergleich zu dem des Bundes wesentlich enger, und die schon seit langem zu beobachteten Bestrebungen, ihn weiter einzuschränken, dürften sich in Zukunft wohl noch verstärken. – In der DDR sind die B.s aller Gebietskörperschaften zu einem einheitlichen zentralen Staats-B. zusammengefaßt. Die örtlichen Haushaltsorganisationen haben nur geringe Kompetenzen.

2.3. *Fristigkeit:* Der Rhythmus der Natur bestimmt das Jahr als natürliche Einheit; für das B. wurde sogar das „Prinzip der Jährlichkeit" postuliert. Das Ausmaß und die langfristige Bedeutung moderner Investitionsprojekte hat jedoch längst den Planungshorizont weit über ein Jahr hinaus ausgedehnt. Deshalb kann das auch heute noch auf ein Jahr verabschiedete B. nur als Ausdruck kurzfristiger Planung dienen; es bedarf einer Ergänzung. In der BRD ist daher neben der jährlichen B.planung die sich auf fünf Jahre erstreckende „*mittelfristige* Finanzplanung“ eingeführt worden. Freilich wird der Genauigkeitsgrad mit der längeren Frist abnehmen. Daher ist es folgerichtig, die Verbindlichkeit in Planungen, die über ein Jahr hinausgehen, wesentlich einzuschränken. In der BRD ist die mittelfristige Finanzplanung nicht verbindlich; dennoch bestehen für die Regierungen bzw. Gemeindeverwaltungen genügend Anreize, die mittelfristige Planung sorgfältig vorzunehmen; denn die Ernsthaftigkeit der politischen Programme wird nicht zuletzt daran gemessen, wie weit sich die Ziffern der mittelfristigen Planung bestätigen. Ein wesentlicher Grund für die Einführung der mittelfristigen Planung bestand auch darin, Folgekosten eilig – oft vor Wahlen – beschlossener Programme auszuweisen.

2.4. *Spezialität.* Aus den drei formellen B.funktionen herzuleiten ist die Notwendigkeit einer genauen quantitativen, qualitativen und zeitlichen Spezialität der einzelnen Posten. Allerdings hieße es die B.funktionen verkennen, wenn die Verwaltung bis zur Verausgabung jeder einzelnen Mark festgelegt würde. Sowohl Planung als auch Kontrolle müssen einen hinreichenden Verwaltungsspielraum lassen – sonst wären sie ja bereits vorweggenommene Vollzugsanordnung. Und auch die Informationsfunktion des B. verlangt keineswegs, daß der Verwaltung jeder Entscheidungsspielraum genommen wird.
Freilich ist generell kaum zu entscheiden, wie weit die Spezialität vorangetrieben werden soll. Zunächst gilt, daß Einnahmen und Ausgaben nur geschätzt und nicht verbindlich vorgeschrieben werden können, wenn sie sich infolge gesetzlicher oder vertraglicher Verknüpfungen einer autonomen Festlegung durch die Regierung überhaupt entziehen. Davon sind bereits alle Steuern und Gebühren bzw. rund 90 % aller Einnahmen betroffen. Aber auch für bestimmte Ausgaben, z. B. die Beamtengehälter, ergibt sich für die Regierung eine Verpflichtung, von der sie auch durch ein zu knappes B. nicht befreit werden kann. Zur Leistung dieser Ausgaben ist die Regierung der BRD sogar dann berechtigt, wenn – ob nun durch eigenes oder Verschulden des Parlaments – das B. nicht rechtzeitig zu Beginn des Vollzugsjahres verabschiedet ist (GG 111). Im übrigen wird der Anteil der in den jährlichen B.beratungen noch frei zu bestimmenden Ausgaben („freie Manövriermasse“) an den Gesamtausgaben nur auf etwa 10–15 % geschätzt. – Vor allem sprechen aber wirtschaftliche Gründe dafür, der Regierung die Möglichkeit zu geben, elastisch auf die sich verändernden Umstände zu reagieren.
2.4.1. Die am wenigsten bedenkliche Ausweitung des Verwaltungsspielraums ist die Lockerung der *qualitativen* Spezialität durch die Einführung allgemeiner „Deckungsfähigkeit“ verschiedener Konten oder spezieller Übertragungsvermerke. Der Verwaltung wird freigestellt, bestimmte Ausgaben in der vorgesehenen Weise oder eben für bestimmte andere, meist verwandte Zwecke zu verwenden.
2.4.2. Auch die *zeitliche* Spezialität der vorgesehenen Ausgaben kann durchbrochen werden. Durch die Gewährung des Übertragungsrechts von Ausgabe-

bewilligungen auf künftige Perioden wird dem Umstand Rechnung getragen, daß sich der Verfall bestimmter Bewilligungen am Ende der B.periode nachteilig auf das Verhalten der Verwaltung auswirken muß. Haben doch die meisten Verwaltungsstellen einen natürlichen Drang, die ihnen bewilligten Ausgaben voll auszuschöpfen, schon um nicht in künftigen Perioden Verringerungen ihres B. und damit zugleich (vermeintliche) Herabsetzungen ihrer Bedeutung hinnehmen zu müssen. So wenig wie ein Unterschreiten der angesetzten Ausgaben durch eine nachlässige Verfolgung der angestrebten Ziele (etwa durch eine schleppende Abwicklung von Entschädigungsansprüchen) gebilligt werden kann, so beklagenswert ist das „Verbuttern" noch nicht ausgeschöpfter Bewilligungen kurz vor Ultimo. – Die Gewährung großzügiger zeitlicher Übertragungsrechte schafft allerdings wiederum Gefahren anderer Art. Insbesondere die Stabilisierungsfunktion des B. gebietet ja, das B. mit der gesamtwirtschaftlichen Situation abzustimmen. Dies setzt voraus, daß nicht neben dem aktuellen B. Ausgabenreste vergangener B. nach dem Gutdünken der Verwaltung abgerufen werden. (Der größte Posten von Ausgaberesten in der BRD entstand 1955 bis 1958 durch zeitweilig über 7 Mrd. DM bewilligte, aber noch nicht verausgabte Verteidigungsausgaben: Schäffers „Juliusturm").
Zur Vermeidung solcher Schattenbudgets ist in der BRD das strikte Fälligkeitsprinzip eingeführt worden. D. h. auch bei langfristigen Investitionsvorhaben werden nur die vermutlich innerhalb der Periode anfallenden Ausgaben in das B. eingestellt. Für die darüber hinaus in späteren Perioden notwendigen Ausgaben werden den Ministern *„Verpflichtungsermächtigungen"* erteilt, sofern das Projekt eine langfristige Sicherung der Ausgaben verlangt.
2.4.3. Die größten Probleme sind mit einer Durchbrechung der *quantitativen* Spezialität verbunden. Das liegt an dem Dilemma, daß einerseits die Verwaltung ganz bestimmte Aufgaben zu erfüllen hat, die sich generell und dazu noch ex ante nur schwer mit bestimmten Ausgabeansätzen beschreiben lassen, und daß andererseits die Ausgabebewilligung das stärkste Kontrollinstrument des Parlaments gegenüber der Bürokratie darstellt. In Durchbrechung der quantitativen Spezialität dürfen in der BRD Mehrausgaben mit *Zustimmung des Finanzministers* im Fall eines unvorhergesehenen und unabweisbaren Bedürfnisses geleistet werden. Zu Minderausgaben ist die Exekutive nicht nur berechtigt, sondern sogar verpflichtet, wenn der Zweck auch mit geringerem Mitteleinsatz erreicht werden kann. Der vielleicht spektakulärste Fall von Minderausgaben kann sich in der BRD ergeben, wenn nach einer Vorschrift des Stabilitätsgesetzes die Bundesregierung den Finanzminister ermächtigt, Haushaltssperren zum Zwecke der Konjunkturbremsung zu verfügen.

2.5. *Gliederung.* Die erste und wichtigste Gliederung ist die nach dem sog. Ministerialprinzip. Nur im Idealfall entspricht allerdings der Kompetenzverteilung auf Behörden auch die Zuordnung bestimmter *Funktionen* wie z. B. der Sicherheit, der Gesundheitsfürsorge, des Umweltschutzes, der Entwicklungshilfe; in der Realität ergeben sich unvermeidbare Überschneidungen. Soll dennoch der Haushalt ein Bild über die den einzelnen Aufgaben zugewiesenen

Ausgaben vermitteln, bedarf es einer weiteren Gliederung im sog. Funktionenplan. Darüber hinaus ist von gesamtwirtschaftlichem Interesse, wie weit Ausgaben für *investive* Zwecke verwendet werden, also auch in künftigen Perioden zur Abgabe öffentlicher Leistungen führen, und wie weit sie für konsumtive Zwecke der laufenden Periode verbraucht werden. Dies ist sowohl für die Ermittlung des öffentlichen Wachstumsbeitrages als auch für die Berechnung desjenigen Beitrags von Bedeutung, den die gegenwärtige Generation der Steuerzahler an künftige Generationen von Nutznießern aufbringt (intergeneration equity).

Die Unterscheidung von Investitions- und Konsumausgaben wird im übrigen bei der Rechtfertigung öffentlicher *Kredit*aufnahmen benutzt. Das GG gestattet eine Kreditfinanzierung öffentlicher Ausgaben nur innerhalb der – allerdings hoch angesetzten – Grenze der veranschlagten Investitionen; diese Grenze ist allerdings leicht zu überspringen, da Ausnahmen zur Abwehr einer Störung des gesamtwirtschaftlichen Gleichgewichts möglich sind. Diese großzügig eingeräumte Möglichkeit der Kreditfinanzierung mußte von den Vertretern einer modernen stabilitätsorientierten Finanzpolitik schwer erkämpft werden gegen Widerstände, die – gewachsen aus einer jahrhundertelangen Erfahrung leichtfertiger öffentlicher Kreditfinanzierung – nur allzu verständlich erscheinen. Grob gesprochen muß die Frage einer Kreditfinanzierung aus der gesamtwirtschaftlichen Situation heraus und nicht – oder kaum – im Hinblick auf die Ausgaben entschieden werden, die mit ihrer Hilfe finanziert werden sollen. So war es nur folgerichtig, mit der neuen Sicht der Kreditfinanzierung die Gliederung in einen *ordentlichen* und *außerordentlichen* Haushalt abzuschaffen.

3. Budgetierungsprozess. Alle drei formellen B.funktionen deuten darauf hin, daß nur die *Exekutive* für die Aufstellung des B. verantwortlich sein kann. Das B. ist das in Ziffern gefaßte Regierungsprogramm, das die Exekutive mit ihrem Planungsapparat aufstellt und um dessen Bewilligung sie das Parlament nachsuchen muß. Das Parlament versteht sich aber in westlichen Demokratien nicht als reine Akklamationsmaschine.

3.1. Bei der Beziehung zwischen Regierung und Parlament geht es im Kern um die *Ausgabeinitiative.* Dabei war es seit den Anfängen des → Parlamentarismus selbstverständlich, daß die Funktion des Parlaments darin besteht, die in der Regel hohen Ausgabenwünsche des Monarchen nach Möglichkeit zu verweigern: eine Konsequenz einerseits aus dem Umstand, daß die meisten Ausgaben für Privatkriege des Herrschers und die Hofhaltung bestimmt waren, und andererseits im Parlament überwiegend jene Stände vertreten waren, welche die Ausgaben finanzieren sollten. In jener Welt mußte nichts ferner liegen, als dem Parlament das Recht der Ausgabeninitiative einzuräumen. Die Beziehungen änderten sich freilich grundlegend, als seit Ausgang des letzten Jahrhunderts die staatlichen Ausgaben allmählich an gesamtwirtschaftlichen B.funktionen orientiert wurden und in den Parlamenten auch

Vertreter jener Gruppen auftauchten, die nicht unbedingt und unmittelbar die Steuerlasten zu tragen haben. Jetzt hatte auch das Parlament ein Interesse an Ausgabeninitiativen.

3.2. Für die Aufstellung des B. ist der *Finanzminister* verantwortlich. Er entscheidet zunächst darüber, welche der ihm ein bis zwei Jahre vor Beginn der Vollzugsperiode von den Ressorts vorgetragenen Ausgabeanforderungen berücksichtigt werden, er schätzt die Einnahmen und sorgt für den formellen Haushaltsausgleich. Diese Aufgabe gibt ihm eine bedeutende Stellung im Kabinett, verlangt freilich auch eine starke Persönlichkeit, die zugleich des besonderen Vertrauens des Regierungschefs bedarf. Es ist das Schicksal der Finanzminister, in heftige Auseinandersetzungen mit ihren Kabinettskollegen verwickelt zu werden.
Die offiziellen *Schätzwerte* für die voraussichtlichen *Steuereinnahmen* werden in der BRD von einem besonderen Ausschuß festgelegt, in dem Vertreter der Gebietskörperschaften, der Bundesbank, des Sachverständigenrates und bestimmter Forschungsinstitute einen Kompromiß zwischen ihren divergierenden Ansichten finden müssen. Pessimistische Schätzungen machen es dem Finanzminister leichter, die Ausgabenforderungen seiner Kabinettskollegen zurückzuschrauben. Optimistische Schätzungen erschweren es andererseits Opponenten im Parlament und in der weiten Öffentlichkeit, die Solidität einer von der Exekutive vorgeschlagenen Ausgabenexpansion begründet anzuzweifeln. Die Forschungsinstitute und der Sachverständigenrat haben u. a. dafür zu sorgen, daß die offiziellen Schätzwerte innerhalb der statistischen Toleranzgrenzen bleiben.
Der vom Finanzminister fertiggestellte Budgetentwurf geht zur Beratung in das *Kabinett*. Hier haben die Fachminister Gelegenheit, noch einmal ihre Wünsche vorzutragen. Bei der Abstimmung können allerdings Regierungschef und Finanzminister, wenn sie zusammengehen, nicht überstimmt werden.

3.3. Der vom Kabinett verabschiedete Entwurf wird in der ersten Lesung dem *Parlament* unterbreitet. Dies führt zu einer allgemeinen Debatte über

---

Öffentliche Ausgaben und Volkseinkommen in Deutschland bzw. in der BRD

Jahr	öff. Ausgaben * Mrd. RM bzw. DM	Volkseinkommen Mrd. RM bzw. DM	Anteil der öff. Ausgaben am Volkseinkommen
1913[1]	7,2	45,7	15,8
1925	14,5	59,9	24,2
1931	16,8	57,5	29,2
1950[2]	28,5	75,2	37,9
1961	103,1	258,0	40,0
1969	196,2	458,5	42,8

[1] Gebietsstand von 1925.
[2] Ohne West-Berlin und Saarland.
* Einschl. Zuschüsse an die Sozialversicherung.

Quellen: Stat. Jahrb. f. d. DR, 1931 und 1938; Stat. Jahrb. f. d. BRD, 1969 und 1971; Statistik f. d. BRD. Bd. 59.

die Regierungspolitik. Die eigentliche Mitarbeit des Parlaments erfolgt anschließend in den Ausschüssen. Die hier sowohl zwischen den Mitgliedern des Parlaments als auch zwischen Regierung und Parlament geführte Auseinandersetzung muß vor dem Hintergrund der folgenden Beziehungen gesehen werden: Einerseits besitzt das Parlament das Bewilligungsrecht, d. h. das Budget wird vom Parlament im Haushaltsgesetz beschlossen. Andererseits hat die Regierung nach GG 113 das Recht, alle ausgabemehrenden und einnahmemindernden Gesetze aufzuheben, indem sie ihnen ihre Zustimmung verweigert. In eigentümlicher Vertauschung der historischen Rollen fällt also jetzt der Regierung die Aufgabe zu, die (tatsächliche oder vermeintliche) Ausgabefreudigkeit des Parlaments zu bremsen. So kann sich die Regierung nicht darauf berufen, daß sie bestimmte Ausgaben nicht zu verantworten habe. Vor der „dritten Lesung" müssen sich also Regierung und Parlament geeinigt haben, was freilich im Regelfall einer von der Parlamentsmehrheit getragenen Regierung schon über die Parteidisziplin erreicht wird. Meistens liegt diese Einigung nicht sehr weit entfernt vom Kabinettsentwurf. Denn die Exekutive verfügt über den für jede realistische Ausgaben- und Einnahmeplanung notwendigen Apparat; die Parlamentsmehrheit hat zumeist ihre führenden Köpfe in die Regierung entsandt; die Parlamentsmehrheit wird sich hüten, ihre eigene Regierung zu desavouieren.

Dennoch sind in speziellen Punkten auch größere Abweichungen möglich. Hierfür sind die folgenden Gründe zu nennen. Die im Kabinett überstimmten Minister mögen im Parlament Hilfstruppen besitzen. Die Vertreter von *Gruppeninteressen* mögen im Parlament stärkeres Entgegenkommen finden (→ Verbände); darin liegt wohlgemerkt keine generelle Schwäche des parlamentarischen Systems; bedenklich ist Interessenvertretung erst, wenn sie nur einseitig zugunsten bestimmter Gruppen und mit unlauteren Mitteln wahrgenommen wird. Die Opposition wird ihren Ehrgeiz daran setzen, Ungereimtheiten des Entwurfs aufzudecken. Regierung und Regierungsmehrheit werden politisch wirksame Wünsche der Opposition durch Korrekturen am Entwurf aufzufangen versuchen, nicht um deren Zustimmung zu erlangen – die Opposition stimmt traditionell in der Schlußabstimmung gegen das B. –, sondern um ihr Wind aus den Segeln zu nehmen.

3.4. *Verkürzter Budgetierungsprozeß:* Der oben beschriebene Prozeß hat sich für konjunkturpolitische Aufgaben als zu umständlich erwiesen. In der BRD hat deshalb das *Stabilitätsgesetz* Voraussetzungen dafür geschaffen, daß der „institutionelle lag" zwischen der Erkenntnis der Notwendigkeit eines konjunkturwirksamen Eingriffs und seiner Durchführung wesentlich verkürzt werden kann. Z. B. sind in der mittelfristigen Finanzplanung des Bundes eine Reihe von Investitionsprogrammen enthalten, mit deren Durchführung kurzfristig begonnen werden könnte *(Eventualbudget).* Erkennt nun die Bundesregierung eine gefährliche Abschwächung der allgemeinen Wirtschaftstätigkeit, so kann sie im Parlament um die Bewilligung zusätzlicher Ausgaben aus dem Bereich dieser bereits ausgearbeiteten Programme nachsuchen. Die außerordentliche Verkürzung des Bewilligungsprozesses kommt vor allem darin zum Ausdruck, daß die Zustimmung als erteilt gilt, wenn der Bundestag nicht binnen vier Wochen nach Eingang der Vorlage die Zustimmung verweigert hat.

LITERATURHINWEISE

Musgrave, Richard A.: Finanztheorie, Tübingen 1966.
Neumark, Fritz: „Grundsätze und Arten der Haushaltsführung und Finanzbedarfsdeckung", in: Handbuch der Finanzwissenschaft, Bd. I, 2. Aufl., Tübingen 1952.
Haller, Heinz, u. a. (Hrsg.): Theorie und Praxis des finanzpolitischen Interventionismus, Tübingen 1970.
Leicht, Albert: Die Haushaltsreform, Reihe „Geschichte und Staat", Bd. 146/146a. München-Wien 1970.

GEROLD KRAUSE-JUNK

Bundesstaat (BS.), Föderalismus

→ *Demokratie, EWG, Gemeinde, Sozialstaat, Staat*

1.0. HISTORISCH-THEORETISCHE GRUNDLAGEN. – 1.1. Im Staat des Mittelalters und ähnlich noch im Heiligen Römischen Reich Deutscher Nation verteilt sich die politische Macht auf Grund des Lehnswesens auf eine Vielzahl von Entscheidungszentren, die mit der Entwicklung von Handel und Wirtschaft immer stärker auf Zusammenarbeit angewiesen sind. Im Spätmittelalter, ähnlich wie in der Spätantike, verbindet sich damit das Prinzip der Vereinigung mehrerer freier Landschaften und Städte zu Bünden, die sich unter Bewahrung der lokalen Freiheit gemeinsam gegen außen behaupten können. Diese Grundgedanken des Polyzentrismus und Föderalismus sind also älter als der souveräne und der absolutistische Nationalstaat (→ Staat).
1.2. Geprägt durch Montesquieus Theorie werden Formen des BS.s zum Element der verfassungstechnischen Diskussion: In den Verfassungen der *USA* (1787), dann der *Schweiz* (1848) entwickelt sich das Konzept eines voll ausgebildeten Bundes (B.) in Konkurrenz und als Zusammenfassung voll ausgebildeter Gliedstaaten. In *Osteuropa* beeinflußt das Nationalitätenproblem nach 1917 das sozialistische Prinzip der freien Assoziation der Nationen, das freilich (außer in Jugoslawien) durch den „demokratischen Zentralismus" weitgehend entstellt wird (in der DDR wurden die bs.lichen Elemente 1952 abgeschafft). In *Deutschland* verbindet sich das föderative Prinzip mit der Idee des Fürstenbundes (1815, 1849, 1867), so daß das Deutsche Reich von 1871 zugleich als verfaßter BS. und als auf Vereinbarung der Fürsten beruhender B. gedeutet werden konnte. Überdies modifizierte die Sonderstellung der Vormacht Preußen die Freiwilligkeit der Assoziation. Nach der Zentralisierung infolge der Kriegswirtschaft des Ersten Weltkriegs geriet der Föderalismus mit der Monarchie vollends in Mißkredit, so daß die „Gleichschaltung" der Länder 1933 leicht fiel und die Wiederherstellung nach 1945 weitgehend dem Einfluß der Besatzungsmächte (Verfassungstheorie der USA, französischer Wunsch nach Schwächung Deutschlands durch Teilung) zu verdanken

war. – In den *europäischen Einigungsbestrebungen* (→ EWG) konkurrieren wiederum Hoffnungen auf eine die Einzelstaaten integrierende europäische Staatlichkeit mit den Erfordernissen der supranationalen „funktionellen Integrationen" einzelner Verwaltungszweige.

1.3. Allen diesen Phänomenen gemeinsam ist das Prinzip des *Föderalismus*, der Verbindung selbständiger und in ihrem politischen Gewicht kommensurabler Einheiten zu einer umfassenden Organisationsform. Die Gliedstaaten sollen in ihrer den Bürger einbeziehenden Struktur erhalten werden, so daß die Staatsmacht geteilt und damit, ähnlich wie durch die „klassische" Gewaltenteilung, zugleich gemäßigt und intensiviert wird. Aber föderalistische Ordnungen können verschiedenste Gestalten annehmen, deren begriffliche Fixierung immer auch historisch bedingt ist: vom bloßen vertraglichen Bündnis über den institutionalisierten, aber den B. nicht als Staat ausgestaltenden Staatenbund zum BS. als Koordination von Gesamtstaat und Gliedstaaten, während der Einheitsstaat die Staatlichkeit seiner Teile absorbiert, auch wenn er ihnen im Weg der Dezentralisation Autonomie einräumt (→ Gemeinden).

2.0. Verteilung der Zuständigkeiten. – 2.1. Die B.eszuständigkeiten werden dem B. durch dessen Verfassung abschließend zugewiesen. Dabei kommen zwei Methoden in Betracht: Die Union der *USA* ist als zusätzliche Ordnung neben den einzelstaatlichen konzipiert und erfüllt daher bestimmte überregionale Aufgaben vollständig mittels Bundesgesetzgebung, Ausführung durch besondere Bundesverwaltungsbehörden und Rechtsprechung der Bundesgerichte. Die *europäischen* BS.en kennen nur in engen Bereichen ein bundeseigenes Verwaltungs- und Rechtsprechungsmonopol; im wesentlichen konzipieren sie den B. als politisch maßgeblichen Gesamtstaat, dem weite Zuständigkeiten zur Gesetzgebung und Aufsicht über die Länder übertragen sind, während die Ausführung der Gesetze auch des B. sowie die Rechtsprechung in den unteren Instanzen den Ländern überlassen bleiben.

2.2. Die Entwicklung von Wirtschaft und Technik in den letzten 200 Jahren, Kriegsfolgen und die daraus resultierenden Bevölkerungsumschichtungen haben jedoch die *Einheitlichkeit der Lebensverhältnisse* so stark gefördert, daß von eigenstaatlicher Aufgabenerfüllung durch die Gliedstaaten nur noch sehr beschränkt gesprochen werden kann. Daraus ergibt sich eine doppelte Aufgabenverschiebung:

2.2.1. Die Bewältigung der neuen Probleme erfordert erweiterte Gesetzgebung des B. im Rahmen bestehender Zuständigkeit (Wirtschaftsrecht) oder nach sie erweiternden Verfassungsrevisionen (Wiederaufrüstung, Finanzverfassung). Heute sind in der *BRD* – trotz Art. 79 GG – fast alle wichtigen Gesetze B.recht und selbst Polizeiwesen, Kulturpflege und innere Landesorganisation bundesrechtlich stark beeinflußt. In BS.en mit weniger leicht abänderbaren Verfassungen (USA) interpretiert die Staatspraxis mit ähnlichem Ergebnis die Zuständigkeitskataloge für den B. extrem weit („interstate commerce" und Lehre der „implied powers").

2.2.2. Gleichzeitig gewinnen die Gesetzesdurchführung und die *Bundesaufsicht* an einheitlicher Durchschlagskraft. Die gesamte richterliche (und damit letztlich alle) Rechtsanwendung gipfelt heute in der Rechtskontrolle durch die obersten Gerichtshöfe und das Verfassungsgericht des B. Die Verwaltung zentralisieren einheitliche Verfahrensgesetze, konkretisierende Verwaltungsvorschriften, immer mächtigere Bundesbehörden, die Zentralisierung der Bundesbank (1957) und die Steuerung des Finanzwesens durch den B., die die Länder von den gesamtwirtschaftlichen Entscheidungen auf Bundesebene abhängig und damit den B. rechtlich für die → Konjunkturpolitik verantwortlich macht. Der Effektivität dieser Vereinheitlichung dient die vom B. gewährleistete Homogenität des Berufsbeamtentums.

2.3. Zum Schutz der Zuständigkeitsverteilung dient eine Kompetenzgerichtsbarkeit des Bundesverfassungsgerichts. Mit der Aushöhlung der Länderkompetenzen hat sie nicht etwa an Bedeutung verloren, sondern die Entscheidung gravierender politischer Konflikte ermöglicht (z. B. Atomplebisziturteil, Fernsehurteil, Parteifinanzierungsurteil, Richterbesoldungsurteil des BVerfG, E. 8, 122; 12, 205; 20, 56; 32, 199). Dabei hat die Rechtsprechung insbesondere den Grundsatz der Bundestreue zwar nicht als Kompetenzgrundlage, aber als (praktisch i.d.R. den B. hemmende) Schranke bei der Kompetenzausübung entwickelt.

3.0. Überordnung des Bundes. – 3.1. Dank den weiten Zuständigkeiten des B. ist heute dessen Überordnung über die Gliedstaaten, die im 19. Jh. theoretisch herausgearbeitet und praktisch mit der Abschaffung der Sklaverei im US-Sezessionskrieg erkämpft wurde, in den klassischen BS.en eher die Beschreibung und begriffliche Überhöhung der Verfassungswirklichkeit als ein Problem. Die Überordnung setzt zunächst die Homogenität der gliedstaatlichen Verfassungsordnungen in Grundprinzipien (BRD: republikanischer, → demokratischer und → sozialer Rechtsstaat, Repräsentativprinzip, Selbstverwaltung der → Gemeinden) und ein nicht zu starkes soziales Gefälle zwischen den Gliedstaaten voraus.

3.2. Zur Durchsetzung kommen die Bundesexekution gegenüber renitenten Gliedstaaten und die Bundesintervention bei inneren Unruhen in Betracht. Wirtschaftliche Spannungen zwischen Gliedstaaten wie z. Z. in Jugoslawien und vor allem die Entwicklung des Grenzfalls der → EWG zeigen, daß auch heute das Fehlen einer effektiven Überordnung des B. für eine Staatenverbindung problematisch sein kann. Die Perfektionierung der Interventionsmöglichkeiten für den B. in der BRD durch die Notstandsverfassung (bis hin zum möglichen Einsatz der Bundeswehr ohne parlamentarische Ermächtigung) indiziert insofern eine Krisensituation und verschärft sie eben dadurch.

4.0. Beteiligung der Gliedstaaten am B. – Zum Ausgleich seiner Zuständigkeit und Überordnung wird der B. außer durch gesamtstaatlichen Parlamentarismus zusätzlich durch Mitwirkung der Gliedstaaten bestimmt. Deren lokal verwurzelte Interessen sind eher historisch als ökonomisch gewichtet, so daß BS.en meist agrarische Interessen begünstigen.

4.1. So tritt in den USA der *Senat* als zweite, außen- und personalpolitisch besonders einflußreiche Kammer des Kongresses neben das (gesamtstaatliche) Repräsentantenhaus. Jeder Gliedstaat bestellt durch (seit 1913 direkte) Wahl zwei Senatoren. In der BRD erfordert die Integration der Landesexekutive in den Vollzug der Bundesgesetze eine Vertretung der Landesstaatsgewalt in einem besonderen Bundesorgan, dem *Bundesrat*. Weisungsgebundene Mitglieder der Länderregierungen führen darin je drei bis fünf Stimmen, so daß auch hier die Bevölkerungsunterschiede nicht voll berücksichtigt und unterschiedliche Mehrheitsverhältnisse zum Bundestag möglich sind. Der Bundesrat ist in komplizierter Form an der Gesetzgebung des B. beteiligt; außerdem bedürfen viele Rechtsverordnungen und die meisten allgemeinen Verwaltungsvorschriften des B. seiner Zustimmung.
4.2. Im Ergebnis vermehrt die bs.liche Struktur den Einfluß lokal verwurzelter Interessen, die im Einheitsstaat majorisiert würden. Gemäß dem Bundesratsprinzip geht es dabei weitgehend um administrative Interessen im Gegensatz zur oft unmittelbarer wirtschaftlich geprägten Interessenlage der Parlamentarier. Ferner gibt der Bundesrat dank der parlamentarischen Verantwortlichkeit der Landesregierungen den in den Ländern herrschenden *Parteien*, die im B. in der Opposition sind, die Möglichkeit (auch außen-)politischer Mitgestaltung. Dies zwingt alle Parteien zu dezentraler Organisation und Rücksicht auf die lokale Parteibasis und zugleich zu (zunächst technischer) Kooperation, Annäherung und gemeinsamer Verantwortung, von der die in keiner Regierung vertretenen Parteien ausgeschlossen werden. Der BS. trägt daher zu einem programmatisch wenig profilierten, für neue Parteien kaum zugänglichen Parteiensystem und damit zur politischen Stabilität, ja Erstarrung bei.

5.0. Kooperativer Föderalismus. – 5.1. Die Entwicklung der Hauptmerkmale des BS.s. – Verlagerung der Gesetzgebung auf den B., Homogenisierung von gesamt- und gliedstaatlicher Ordnung und Machtzuwachs der Gliedstaaten bei der Bildung des Bundeswillens – zeigt, daß das Konzept des BS.s seine Bedeutung nicht verloren hat, aber zum „unitarischen BS." (Konrad Hesse) fortentwickelt worden ist. Weitgehend weggefallen ist die Funktion der Bewahrung lokaler Eigenart und historisch legitimierter Gliedstaatsgewalt. Wohl aber bleibt der Föderalismus als *Polyzentrismus* und als *Dualismus* der Entscheidungsebenen organisatorisch erhalten. Die Gliedstaatlichkeit erhält durch die Intensität der administrativen und – auf Grund der lokalen Verwurzelung der Parteien – der politischen Organisation eine neue Belebung.
5.2. Zugleich entwickelt sich der „*kooperative Föderalismus*" als Zusammenarbeit der Gliedstaaten sowie zwischen B. und Gliedstaaten: 5.2.1. Im Bereich seiner konkurrierenden oder Rahmenzuständigkeit und des Vollzugs von Bundesgesetzen sucht der B. ein Einvernehmen mit den Ländern (z. B. Pressewesen). Die Länder koordinieren sich, oft unter Beteiligung des B., in regelmäßigen Konferenzen der zuständigen Minister oder von Fachgremien; eine unübersehbare Menge von Vereinbarungen, Plänen und Beschlüssen nehmen

die Gesetzgebung der Länder inhaltlich vorweg. Auch hier erhält die Bundestreue (2.3) Bedeutung, zunächst als Verbot, zu Lasten einzelner Partner zu kooperieren (BVerfGE 12, 205, 254 ff.), möglicherweise auch als Gebot der Kooperation, die durch den Widerstand eines einzigen Landes vereitelt werden könnte (z. B. Finanzierung einer Universität).

5.2.2. Darüber hinaus konnte sich das Grundgesetz dieser zuweilen als verfassungswidrig gescholtenen (vgl. BVerwGE 22, 299) Entwicklung der Verfassungswirklichkeit nicht verschließen. Es erhielt – charakteristischerweise im Zug der die ökonomische Selbstbestimmung der Länder beschneidenden Finanzreform – 1969 einen neuen Abschnitt „*Gemeinschaftsaufgaben*", der die Erfüllung bestimmter bildungspolitischer und die Wirtschaftsstruktur verbessernder Aufgaben der Kooperation von B. und Ländern überträgt. Daß dabei die kooperative Planung und Verwaltung auch Landesgesetze durchbricht, dürfte verfassungswidrig sein, ist aber praktisch häufig.

5.3. Dies indiziert die Problematik der Kooperation. Als Träger der konstituierten Staatlichkeit kooperieren die Regierungen und *Verwaltungen*. Sie sichern sich gegenseitig ab und entziehen sich im Ergebnis weitgehend parlamentarisch-demokratischer Kontrolle, stellen die Parlamente vor vollendete Tatsachen und nutzen die Offenheit der Frage der Gesetzgebungszuständigkeit zu verwaltungsinternen Regelungen (z. B. Forschungsförderung). Der kooperative Föderalismus verschärft insofern das Dilemma jeder Organisation der Planung. Er setzt sich außerdem in vergleichbaren Rechtsformen auf internationaler Ebene (EWG) fort.

Der Föderalismus erweist sich somit – wie in den Zeiten der ersten Industrialisierung – als leistungsfähig für die Bewältigung neuer Probleme. Aber anders als in der liberal-demokratischen BS.diskussion und in auffallender Anknüpfung an Positionen des monarchischen BS.s entwickelt er sich zunehmend zu einer Kooperationsform der Regierungen und Verwaltungen und stellt daher von neuem das Problem des Verhältnisses zum demokratischen Prinzip.

Literaturhinweise

Ehringhaus, Henner: Der kooperative Föderalismus in den USA. 1971.

Friedrich, Carl J.: Nationaler und internationaler Föderalismus in Theorie und Praxis, PVS 5 (1964), 154–187.

Hempel, Wieland: Der demokratische Bundesstaat. Berlin 1969.

Hesse, Konrad: Aspekte des kooperativen Föderalismus in der Bundesrepublik. In: Festschrift für Gebhard Müller. Tübingen 1970. S. 141–160.

Kisker, Gunter: Kooperation im Bundesstaat. Tübingen 1971.

Dian Schefold

Demokratie (D.)

→ *Parlamentarismus, Pluralismus, Rätesystem, Staat, System*

1. Begriff. D. heißt wörtlich *Volksherrschaft*. Wenn darunter verstanden wird, daß alle Erwachsenen nicht nur formal gleichberechtigt, sondern mit

einigermaßen gleicher Erfolgschance an der politischen Willensbildung teilnehmen, und mit Mehrheit beschlossen wird, so bleibt Volksherrschaft in modernen Industriegesellschaften *Illusion.* Auch in vorindustriellen Gesellschaften war Volksherrschaft im o.S. nur in Ausnahmefällen verwirklicht. Im antiken Athen kamen die Bürgerrechte nur einer Minderheit zu, in dieser Minderheit waren die Einflußchancen ungleich. Vorstellbar ist Volksherrschaft allenfalls in statischen und kleinen Gemeinwesen, deren Bevölkerung sozial homogen ist und in denen die Überschaubarkeit und geringe Dynamik der Lebensverhältnisse die Ausbildung einer Schicht von politischen und administrativen Spezialisten überflüssig macht. Als Begriff zur Kennzeichnung realer politischer Systeme ist daher D. = Volksherrschaft unbrauchbar.
Der Begriff Volksherrschaft hat jedoch eine *Legitimierungsfunktion.* Mit der Berufung auf den ausdrücklichen oder stillschweigenden Willen des Volkes legitimieren sich heute beinahe alle Regime der Welt. Auch Einparteiendiktaturen, die sich durch Propaganda und Druck in Volksabstimmungen die Akklamation der Mehrheit zu verschaffen wissen, nennen sich demokratisch (d.). Analytischen Wert hat ein derart undifferenzierter, zur Allerweltsideologie abgesunkener Begriff nicht.
Hingegen ist es möglich, *Stufen* der Annäherung an das Ideal der Volksherrschaft zu unterscheiden und die Bezeichnung nur solchen Systemen zuzubilligen, die bestimmte Mindestanforderungen erfüllen. Diese sind jedoch umstritten. Dem Selbstverständnis der von der liberalen Tradition beeinflußten westlichen Verfassungsstaaten entspricht es, den Begriff D. nur auf Systeme anzuwenden, die nicht allein durch allgemeines und gleiches Wahlrecht, sondern auch durch Minderheitenschutz und individuelle Freiheitssphären, Mehrparteiensystem, Gewaltenteilung, Auswechselbarkeit der Regierung nach dem ausdrücklichen Willen der Wählermehrheit gekennzeichnet sind. Ob diese Kennzeichen zur d. Legitimation heute noch ausreichen, oder ob eine Reduzierung krasser ökonomischer und sozialer Ungleichheiten ebenfalls unabdingbares Prinzip der D. sein müsse, ist aber ebenso offen wie die Frage, ob zur d. Legitimation bestimmte Verfahrensregeln bei staatlichen Entscheidungen genügen oder ob die Übertragung dieser Verfahrensregeln auf Entscheidungen in allen Bereichen der Gesellschaft erstrebt werden müsse.

2. Drei Modelle. Die Unmöglichkeit, aus dem Legitimierungsprinzip Volksherrschaft konkrete Anforderungen logisch zwingend abzuleiten, fördert die *Lernfähigkeit* realisierter politischer Systeme mit d. Anspruch. Sie sind dem Vorwurf ausgesetzt, D. nur unzureichend zu ermöglichen, und müssen – den sich wandelnden Vorstellungen von Freiheit und Gleichheit gemäß und unter Berücksichtigung der sich verändernden ökonomischen, technischen und sozialen Bedingungen – neue Möglichkeiten der Partizipations- und Selbstbestimmungschancen des einzelnen suchen. In der Auseinandersetzung um die hier und jetzt realisierbare optimale Form der D. sind drei Modelle unterscheidbar:
2.1. Es dominiert das aus anglo-amerikanischen Vorbildern gewonnene, meist

als → pluralistisch, besser als *liberalpluralistisch* bezeichnete Modell, in dem liberale, auf Begrenzung der Staatsgewalt und Sicherung einer Privatsphäre zielende Traditionen verschmolzen sind mit der formalen Gleichheit politischer Freiheitsrechte. Danach ist Gesellschaft durch Heterogenität der Gruppeninteressen gekennzeichnet. Eine Bedingung politischer Freiheit ist es, daß diese unterschiedlichen Interessen so weit wie möglich berücksichtigt werden. Dazu ist *Machtstreuung* notwendig, und zwar nicht nur im staatlichen Bereich, sondern in allen gesellschaftlichen Bereichen. Die Macht des einen muß ihre Grenzen finden an der Macht des anderen; der politische Prozeß soll einen Ausgleich der unterschiedlichen Interessen bringen, der von der Mehrheit gebilligt und von der Minderheit wenigstens als erträglich angesehen werden kann. Allgemeinheit und Gleichheit der politischen Rechte sollen gewährleisten, daß jede Gruppe an der Willensbildung beteiligt wird. Grundrechte und rechtsstaatliche Verfahrensgarantien sichern die individuelle Freiheitssphäre und den Minderheitenschutz. In der Praxis der Willensbildung spielen ein System mehrerer von einander unabhängiger *Parteien* und die Verbände eine entscheidende Rolle. Die Parteien bieten personelle und programmatische Alternativen an, koordinieren Gruppeninteressen und sind, als Opposition vor allem im → parlamentarischen Regierungssystem, unentbehrliche Faktoren institutionalisierter Kritik an der Regierung. Die → *Verbände* geben dem Bürger zusätzlich die Möglichkeit, Sonderinteressen durch Zusammenschluß mit Gleichinteressierten wirksam zu vertreten.

Das Modell hat eine doppelte, nicht widerspruchsfreie *Zielsetzung:* Einerseits soll gewährleistet werden, daß Regierung nicht im Gegensatz zum Willen der Mehrheit der Bürger möglich ist; andererseits soll eine „Tyrannei der Mehrheit" über die Minderheit verhindert werden. Aus der Befürchtung, der einzelne könne in seinen Entfaltungsmöglichkeiten und Rechten durch die Mehrheit seiner Mitbürger und/oder den Staat beeinträchtig werden, lassen sich nicht nur die Prinzipien der Machtstreuung und der rechtsstaatlich gesicherten individuellen Freiheitssphäre begründen; die gleiche Sorge liegt auch dem Prinzip zugrunde, die d. Verfahrensregeln *nur* im Staat, *nicht aber in allen gesellschaftlichen Bereichen* anzuwenden. Diese Ablehnung einer „Demokratisierung" aller Bereiche der Gesellschaft wird in der Regel damit begründet, daß die erheblichen Kompetenzunterschiede etwa zwischen leitenden Angestellten und ungelernten Arbeitern im Unternehmen, Lehrern und Schülern im Bildungsbereich die Anwendung von Entscheidungsverfahren auf der Basis formaler Gleichheit unmöglich machten und lediglich gruppenparitätische Mitbestimmungsregelungen zuließen, die man aber nicht mit „D." gleichsetzen dürfe.

Die *Kritik* am pluralistischen Modell richtet sich vor allem gegen die mangelnde Chancengleichheit trotz formaler Gleichheit der Rechte, gegen die unzureichende Partizipationsmöglichkeiten der Bürger in einer durch verselbständigte Eliten gekennzeichneten Repräsentativ-D., gegen die Behinderung rascher und tiefgreifender Veränderungen durch Machtstreuung und individuelle Freiheitssphären und gegen die Hindernisse, die – in einem durch den institutionalisierten Einfluß von Partikularinteressen gekennzeichneten System – einer vorausschauenden Planung und einem rechtzeitigen Handeln entgegenstehen.

2.2. Als Folge der seit 1968 stärker werdenden Kritik an den westlichen Demokratien gewann ein Modell an Einfluß, das einerseits von der Heterogenität der gesellschaftlichen Interessen und der Notwendigkeit der Machtstreuung ausgeht und insofern noch pluralistisch ist, andererseits aber die Komponente der Gleichheit weitaus stärker betont und der Sicherung einer individuellen Freiheitssphäre geringere Priorität zuweist, als es mit der liberal-pluralistischen Tradition vereinbar wäre. Das Modell kann als *radikaldemokratisch-pluralistisch* gekennzeichnet werden. Es zielt primär darauf, über die lediglich formale Gleichheit hinaus zur Annäherung an das Ideal der *Chancengleichheit* zu gelangen.

Diese Zielsetzung hat zwei Konsequenzen: Die Verselbständigung von politischen Führungsgruppen gegenüber der „Basis" soll durch Formen *direkter* D. eingeschränkt werden, z. B. Referenden, Urabstimmungen, Reduzierung der Amtsperioden, imperatives Mandat, Rotationsprinzip, mindestens aber „Transparenz" der Entscheidungsprozesse durch die Öffentlichkeit und damit Kontrollmöglichkeiten. Dadurch sollen die erheblichen Ungleichheiten zwischen denen, die lediglich die allgemeinen politischen Rechte besitzen, und denen, die darüber hinaus infolge ihrer Zugehörigkeit zu Führungsgruppen Einflußchancen und Entscheidungskompetenzen haben, verringert werden. Gleichzeitig wird die „Demokratisierung" möglichst aller gesellschaftlicher Bereiche, von der Wirtschaft bis zum Bildungswesen, angestrebt. Diese Demokratisierung der „Subsysteme" wird mit der *Interdependenzthese* begründet: Erhebliche Unterschiede in Einkommen und Vermögen oder im Bildungsgrad fördern politische Ungleichheiten; Abhängigkeit von autoritären Entscheidungen der Betriebsleitung steht der Ausbildung kritischer Bürger entgegen.

Das radikaldemokratisch-pluralistische Modell wirft eine Reihe von *Problemen* auf, deren Lösung bisher nicht erkennbar ist. So muß in einer durch Interessenheterogenität gekennzeichneten Gesellschaft die Verstärkung der Partizipation und der Basisgruppenautonomie zur Verschärfung der Konflikte führen; die Abschwächung des Repräsentationsprinzips durch Elemente der direkten D., vor allem durch das imperative Mandat und die Ämterrotation, dürfte aber die Fähigkeit des Systems zur Konfliktlösung durch Interessenausgleich vermindern. Auch sind die Bedingungen, unter denen Demokratisierung und *Effizienzsteigerung* zugleich möglich ist, noch ungeklärt. In allen Industriegesellschaften der Gegenwart verstärkt der rasche Wandel der Verhältnisse den Entscheidungsdruck: Eine steigende Zahl von Entscheidungen, die in ihren Voraussetzungen und Folgen immer schwerer zu übersehen sind, muß rasch getroffen werden. Dadurch wächst die Neigung zur Verselbständigung der politischen, administrativen und wissenschaftlich-technischen Eliten. Zugleich verlagern sich die Kompetenzen immer mehr auf die zentrale Ebene; auch dadurch wächst die Entfernung zwischen Basis und den Führungsgruppen, die nichttriviale Entscheidungen treffen können.

Sofern Demokratisierung lediglich Verbesserung des Informationsflusses zwischen der Basis und der Regierung bedeutet, ist sie mit Effizienzsteigerung vereinbar. Wenn aber unter Demokratisierung überprüfbare Mitwirkung der Basisgruppen an nichttrivialen allgemeinverbindlichen Entscheidungen auf der zentralen Ebene verstanden wird – und darum geht es im radikaldemokratisch-pluralistischen Modell –, so ist angesichts der Heterogenität der Interessen an der Basis entweder eine *Blockierung* des Entscheidungsprozesses durch Sonderinteressen oder aber Frustration durch bloße Partizipationsideologie zu befürchten.

Die gleiche Problematik belastet die Versuche, *Subsysteme* zu demokratisieren. Der Grad der Abbängigkeit der Subsysteme von über- oder gleichgeordneten Systemen nimmt zu, der Spielraum, den Subsysteme für selbständige Entscheidungen haben, nimmt ab. Damit kann zwar nicht die Aufrechterhaltung autoritärer Strukturen innerhalb der Subsysteme gerechtfertigt werden, wohl aber ist es unvermeidlich, sie an Ziele zu binden, die von übergeordneten Instanzen gesetzt werden. Die Partizipationschancen in nichttrivialen Fragen werden dadurch beträchtlich reduziert. Effizienzsteigerung und Demokratisierung dürften miteinander vereinbar sein, wenn die Beteiligten *gemeinsame Ziele* verfolgen, z. B. in einem Unternehmen, das Mitbestimmung und Gewinnbeteiligung der Arbeitnehmer eingeführt hat. Zerfallen jedoch die Beteiligten in Gruppen von unterschiedlichen Interessen, so dürfte bereits die „Binnenkonstitutionalisierung“ etwa in der Form der Gruppenmitbestimmung in den *Universitäten* erhebliche Effizienzprobleme aufwerfen.

Schließlich ist zu berücksichtigen, daß es Grenzen für die *zeitliche Belastbarkeit* des Bürgers durch politische Aktivitäten gibt. Die Motivation des Durchschnittsbürgers für politische Betätigung ist nur dann hoch, wenn seine Interessen unmittelbar berührt sind; sie ist nur dann dauerhaft, wenn er Wirkungen seines Engagements erkennt. Allein aus zeitlichen Gründen können es sich die meisten nicht leisten, in Parteien und Verbänden, in der Gemeindepolitik oder im Betrieb politisch aktiv zu sein, ohne daraus spürbare persönliche Vorteile zu gewinnen. Die Forderung nach ständiger hoher Partizipation aller Bürger ist daher realitätsfremd. Sie könnte das Gegenteil von dem bewirken, was sie beabsichtigt: Frustration wegen der geringen eigenen Wirkungsmöglichkeiten und die Bereitschaft, Politik wieder einer Führungsgruppe zu überlassen. Eine vordringliche Aufgabe der Politikwissenschaft läge darin, die soziokulturellen, ökonomischen und institutionellen Bedingungen für eine Verbesserung von Partizipationschancen auch der Bürger, die nicht Berufspolitiker sein wollen, in hochkomplexen Systemen zu untersuchen. Zur Zeit liegen dazu einige programmatische Ansätze (Etzioni 1968) und Gedankenskizzen (Naschold, 1971) vor, kaum aber empirisch fundierte Analysen.

2.3. Angesichts der beträchtlichen Schwierigkeiten, der Chancengleichheit und der wirksamen Partizipation in einer heterogenen Gesellschaft näherzukommen, verwerfen viele *neomarxistische* Kritiker der westlichen Verfassungsstaaten das pluralistische Modell in seiner liberalen und in seiner radikaldemokratischen Form als „bürgerlich“ und setzen ihm das Modell einer sozia-

listischen D. entgegen. Mit der Beseitigung des Privateigentums an Produktionsmitteln soll die Voraussetzung für eine prinzipielle Homogenität der Interessen geschaffen werden, so daß dann relativ unkomplizierte politische Organisationsformen wie das → *Rätesystem* funktionsfähig werden. Dabei wird allerdings übersehen, daß das Rätesystem mit indirekter Wahl, imperativem Mandat, Abberufungsrecht, Rotationsprinzip für wenig komplexe und überschaubare Organisationen geeignet sein mag, nicht aber zur Steuerung eines hochkomplizierten sozialistischen Systems ausreichen dürfte.
Die *leninistische* Richtung gibt nicht zuletzt aus diesem Grunde den Versuch auf, wirksame Partizipation zu realisieren, und übernimmt das Prinzip des *demokratischen Zentralismus.* Die Wähler werden auf die Bestätigung der von der Führungsspitze ausgewählten Kandidaten und auf unverbindliche Diskussion von Sachalternativen beschränkt; die Entscheidung bleibt der verselbständigten Zentrale vorbehalten. Im Willensbildungs- und Entscheidungsprozeß unterlegene Minderheiten haben nicht das Recht, sich zu organisieren, um eine Revision der Entscheidung zu erreichen (Verbot der Fraktionsbildung). Mit dem Legitimationsprinzip der Volksherrschaft vereinbar ist der d. Zentralismus höchstens dann, wenn in der Nachfolge Rousseaus ein vorgegebener, objektiv richtiger, von der Führungsspitze wissenschaftlich erkennbarer Volkswille angenommen wird, dem jeder einzelne zustimmen könnte, falls er nur gutwillig und genügend informiert wäre.

Literaturhinweise

Beyme, Klaus v.: Die politischen Theorien der Gegenwart. München 1972.
Dahl, Robert, A.: A Preface to Democratic Theory. 10. Aufl. Chicago usw. 1968.
Etzioni, Amitai: The Active Society. London 1968.
Fraenkel, Ernst, *Sontheimer,* Kurt, *Crick,* Bernard: Beiträge zur Theorie und Kritik der pluralistischen Demokratie. Bundeszentrale für politische Bildung, Bonn. 3. Aufl. 1970.
Naschold, Frieder: Organisation und Demokratie. Stuttgart usw. 1971.
Talmon, J. L.: Die Ursprünge der totalitären Demokratie. Köln usw. 1961.

Dieter Grosser

Determinismus (Marxismus) (D.)

→ *Dialektik, Gesetz, Systemwandel*

1. Begriff. – D. ist die Lehre vom allgemeinen kausalen Zusammenhang und von der allgemeinen wechselseitigen Bedingtheit aller Erscheinungen auf der Grundlage objektiv real wirkender Gesetze.
Gemäß der D.auffassung des dialektischen Materialismus erfaßt die *Kausalität* jedoch nur eine Seite des wechselseitigen Zusammenhanges der Erscheinungen. Wenn die Bewegungsformen der dialektischen Materie nicht ausschließlich auf mechanische Gesetze zurückgeführt werden können, ist das D.problem ohne Anerkennung eines widersprüchlichen Zusammenhanges von Freiheit und Notwendigkeit, von Notwendigkeit und Zufall nicht lösbar.

Die Schwierigkeit liegt offensichtlich in der Bestimmung des Begriffes *Notwendigkeit*. Notwendigkeit wird als innerer, wesentlicher Zusammenhang definiert, er zwischen den Erscheinungen der objektiven Realität existiert und unter gegebenen Bedingungen eindeutig bestimmt ist. Entscheidend für den dialektischen Materialismus ist die Aussage, daß die Notwendigkeit außerhalb und unabhängig vom menschlichen Bewußtsein existiert, von diesem jedoch abgebildet werden kann. „Die Notwendigkeit der Natur anerkennen und aus ihr die Notwendigkeit des Denkens ableiten, ist Materialismus. Die Ableitung der Notwendigkeit ... aus dem Denken ist Idealismus" (Lenin, Werke, Bd. 14, S. 162).
Die Deklaration der Notwendigkeit als unabhängig von immateriellen Prinzipien oder von außen in die in Natur und Gesellschaft existierenden Zusammenhänge gebrachten Projektionen, trägt jedoch zur Klärung des Tatbestandes selbst nichts bei. Wesentlicher ist die Feststellung, nicht jeder notwendige Zusammenhang sei zugleich ein gesetzmäßiger, Notwendigkeit bezeichne nicht nur allgemeine, sondern auch individuelle, einmalige Erscheinungen, wie sie im Zufall oder in der Freiheit ihren Ausdruck finden.

2. Zufall. – Die dialektische Verbindung zwischen Notwendigkeit und Zufall wird vor allem darin gesehen, daß ein Ereignis, das in einem bestimmten Zusammenhang notwendig ist, in einem anderen Zusammenhang zufällig sein kann. Von einem Gegensatz zwischen Notwendigkeit und Zufall kann daher nur innerhalb eines gegebenen Systems von Bedingungen gesprochen werden, weil nur unter dieser Voraussetzung gesagt werden kann, ob ein Ereignis eintreten muß, oder eintreten kann. Es gilt daher als unzulässig, beide Sachverhalte auf die Welt als Ganzes zu beziehen. Zugleich aber wird ausgeführt, der Weg der Erkenntnis gehe von der lebendigen Anschauung zum abstrakten Denken, von der Erkenntis des Einzelnen (der Erscheinung) zur Erkenntnis des Allgemeinen (des Wesens) und dieser Weg sei zugleich einer von der äußeren Zufälligkeit zur inneren Notwendigkeit. Hier erscheint dann das Zufällige als nicht durchschaute Notwendigkeit. Auf dem Hintergrund der Annahme eines durchgängigen D. aller Erscheinungen wird die oben angeführte Regel immer wieder durchbrochen. Werden – wie dies im Marxismus-Leninismus geschieht – Aussagen über die innere Notwendigkeit (das Wesen) der Welt der Erscheinungen als *„Denknotwendigkeiten"* ausgegeben, so wird suggeriert, die Gesetze der objektiven Realität entsprächen unseren heutigen „Denknotwendigkeiten". Das „Denknotwendige" beginnt dann den Erscheinungen ihr „Wesen" vorzuschreiben. Der Weg der Erkenntnis ist nicht länger der Weg von der Erkenntnis des Einzelnen (der Erscheinung) zur Erkenntnis des Allgemeinen (des Wesens), er degeneriert zu einem Verfahren der Zuordnung des einzelnen zu einer vorlaufend für denknotwendig erachteten Bestimmung seines Wesens. Das Problem des D. bleibt nicht länger das einer Lehre vom allgemeinen kausalen Zusammenhang und von der wechselseitigen Bedingtheit aller Erscheinungen auf der Grundlage objektiv real wirkender Gesetze. Es wird vielmehr entscheidend dadurch bestimmt, daß die postulier-

ten Denknotwendigkeiten selbst als objektiv real „wirkende“ Gesetze in Erscheinung treten. Sie „wirken“ dann als von außen in die in Natur und Gesellschaft existierenden Zusammenhänge gebrachte Projektionen; Materialismus schlägt um in Idealismus.

3. FREIHEIT. – Dieser Umschlag ist auch in der Behandlung des Begriffs Freiheit im Marxismus-Leninismus nachweisbar. Freiheit wird als philosophische Kategorie bestimmt, die das Verhältnis des Menschen zur objektiven Gesetzmäßigkeit (Notwendigkeit) in Natur und Gesellschaft ausdrückt.
Übergeht man die problematische Gleichsetzung von Gesetzmäßigkeit mit Notwendigkeit, so bleibt die Frage, ob Freiheit materialistisch definierbar ist, wenn die Notwendigkeit, auf die sie bezogen bleibt, postulierte Denknotwendigkeiten einschließt. Freiheit, als Einsicht in die Notwendigkeit bestimmt, wird dann zu einer schillernden Definition, wenn die Notwendigkeit einmal als innerer wesentlicher Zusammenhang zwischen den Erscheinungen der objektiven Realität definiert wird, als ein Sachverhalt, der nicht auf die Welt als Ganzes übertragen werden darf, und wenn zugleich eine Bindung des Begriffes Notwendigkeit an Denknotwendigkeiten erfolgt, die ihrerseits als Gesetze in Erscheinung treten und die sehr wohl auf das „Wesen“ der Welt als Ganzes bezogen sind. So gesehen ist es nur konsequent, wenn Lenin die Willensfreiheit als unsinnige Fabel bezeichnet (Lenin 1894, Werke Bd. 1, 1961, S. 152). Die Annahme einer kausalen Praedeterminiertheit des Willens ist aber dann kein Schutz vor Idealismus und Voluntarismus, wenn davon ausgegangen wird, die Gesetze der Natur und der Gesellschaft müßten unseren heutigen Denkgewohnheiten entsprechen. „Nach menschlichen Wünschen Eigenschaften in der Materie und ihr Verhalten hineinzuprojizieren, nur weil es uns paßt, wäre ein Rückfall in die Alchimie oder Magie. Die Welt ist erkennbar – ein notwendiger Grundsatz für alle Forschung ... Die Welt ist erkennbar für die heute bereits ausgearbeiteten Denkgeleise – das ist eine lächerliche Anmaßung, ein anthropozentrisches Relikt“ (Max Steebeck).

4. GESELLSCHAFTSWISSENSCHAFTLICHER D. – Ersichtlich liegt dem Marxismus-Leninismus am meisten am gesellschaftlichen D. Obwohl das D.problem in diesem Bereich weit komplizierter zu lösen ist, besteht der Marxismus-Leninismus auf der Richtigkeit der Annahme, daß es Gesetze gebe, die die Wesenslinie der Entwicklung der Gesellschaft, ihre naturgeschichtliche Direktion ausdrücken (Vgl. Filosofskaja enciklopedia, 1960, S. 466). Diese vorlaufende Determination soll zwar die unendlich mannigfaltigen Handlungen jedes einzelnen Individuums nicht betreffen und keine historische Unvermeidlichkeit im Sinne eines historischen Fatalismus setzen; zugleich wird jedoch an der Auffassung festgehalten, daß der Einfluß der individuell mannigfaltigen Handlungen, wie auch der historisch konkreten Bedingungen des gesellschaftlichen Prozeßverlaufs, letztendlich gegenüber der als erkannt ausgegebenen Wesenslinie der Entwicklung der Gesellschaft ohnmächtig sind.

5. WÜRDIGUNG. – Die vorwiegend kategoriale, definitorische Behandlung der

D.frage *verdunkelt* das Problem. Die Regel des D. fordert als Denkregel zunächst nur das Bemühen des Wissenschaftlers, bei der Analyse jeder Erscheinung die Arten ihrer Abhängigkeit von anderen Erscheinungen zu erkennen. Nichts anderes hat Marx unternommen, wenn er bei der genetischen Erklärung des Staates und der verschiedenen Formen des gesellschaftlichen Bewußtseins die Eigentumsverhältnisse – die sich aus den Produktionsverhältnissen ergeben, die ihrerseits wieder von der Entwicklung der Produktivkräfte abhängig sind – als auch den Charakter des Staates mitbestimmende Faktoren erkannte. Die aus dieser Analyse gewonnene Regel, wonach die durch das Eigentum bewirkte Klassenteilung eine entscheidende Triebkraft der historischen Entwicklung ist, wird schon dann überzogen, wenn sie – als Gesetz formuliert – nahelegt, die Klassenteilung determiniere eindeutig alle anderen Teilungen in der Gesellschaft, sowohl die institutionellen als auch die geistigen. Nur auf diesem Umweg konnte der Gedanke entstehen, die Aufhebung des Grundwiderspruches im Kapitalismus, des Widerspruchs zwischen Kapital und Arbeit, erledige sich mit seinen entscheidenden Konsequenzen im Zuge der Liquidation der kapitalistischen Eigentumsordnung.
Die scheinbare Eindeutigkeit solcher gesetzmäßigen Zusammenhänge bringt denjenigen, der an diese Eindeutigkeit glaubt, in eine letztlich politisch sich auswirkende Determiniertheit, die als *Gläubigkeit* bzw. Verfall an institutionalisiertes Denken charakterisiert werden kann. Die D.problematik des Marxismus-Leninismus erschöpft sich eben nicht im theoretischen Bereich. Die determinierende Funktion seiner Gesetze gewinnt ihre überragende politische und soziale Funktion erst dort, wo der Zwang zur generellen Anerkennung dieser Gesetze mit dem Zwang zur generellen Anerkennung der diese Gesetze interpretierenden Institutionen verbunden wird. Das D.problem im zeitgenössischen Marxismus-Leninismus ist weit weniger ein Problem der marxistischen Methode. Und auch die kommunistische Weltauffassung scheint in sich noch genügend gespannt und offen, solange sie der marxistischen Methode verpflichtet bleibt.
Das D.problem des Marxismus-Leninismus in wissenschaftlicher, politischer und sozialer Sicht ist das Problem der Endgültigkeit der in Lehrbüchern festgehaltenen „Gesetze" und „Gesetzmäßigkeiten" und der Verpflichtung, sich zu diesen „Wahrheiten" *parteilich* zu verhalten. Jenseits dieses Zwanges zur Parteilichkeit, der – wie Robert Havemann formuliert – eine Unterwerfung unter die „Hauptverwaltung ewige Wahrheiten" einschließt (Rückantworten an die Hauptverwaltung ewige Wahrheiten, München 1971), besteht zwischen Determiniertheit und sozialer Verantwortung so wenig ein Konflikt, wie zwischen Determiniertheit und Freiheit. Die Schwierigkeit liegt allein in der Unmöglichkeit des Menschen, „sich aller seiner Determinanten als determinierende Argumente jeweils bewußt zu sein" (Hans Schaefer). Das D.problem, das ja im sozialen Raum als Problem der Freiheit in Erscheinung tritt, kann durch keine Analogie zur Natur einer Klärung nähergebracht werden. Wohl an keiner anderen Stelle erweist sich die im Marxismus-Leninismus vollzogene Verbindung zwischen dialektischem und historischem Materialismus ähnlich

nachteilig für das Subjekt des historisch-sozialen Prozesses: den einzelnen Menschen.

LITERATURHINWEISE

Filosofskaja enciklopedija. 3 Bde., Moskau 1960 ff.
Filosofskij slovar (Philosophisches Wörterbuch). Moskau 1963.
Lobkowisz, Nikolaus, *Schaefer,* Hans: Determinismus. In: SDG.
Kolakowski, Leszek: Aktuelle und nichtaktuelle Begriffe des Marxismus. In: Der Mensch ohne Alternative. München 1960.
Rubinstein, Sergej Leonidovic: Sein und Bewußtsein. Berlin (Ost) 1962.
Ferner: *MEW;* – *Lenin*-Werke, Berlin (Ost).

HELLMUTH BÜTOW

Deutsche Demokratische Republik (DDR)

→ *Budget, Eigentum, Industriegesellschaft, Konvergenz, Nationaleinkommen, Planung, Sozialismus, Staat, Übergangsperiode*

1. ENTSTEHUNG. – Die DDR wurde am 7. Oktober 1949 gegründet. Ihre Entstehung ist weder das zwangsläufige Ergebnis und die Krönung einer seit dem Zusammenbruch des Deutschen Reiches 1945 systematisch und konsequent geführten „Spaltungspolitik", noch die notwendige oder gar widerwillig erteilte Antwort auf die kurz zuvor (23. Mai 1949) erfolgte Bildung der BRD aus den drei Westzonen. Vielmehr spiegelt sich in der Gründung beider Nachfolgestaaten des Deutschen Reiches in erster Linie die weltpolitische *Rivalität* der beiden Hauptsiegermächte des Zweiten Weltkrieges, der USA und der UdSSR, wider. In wieweit ihre weltweite Konfrontation Ursache der Spaltung Deutschlands war oder ihre Unfähigkeit, sich in der Mitte Europas zu einigen, zum Bruch ihrer Allianz führte, ist dabei kaum zu entscheiden.
Für die Entwicklung in der Sowjetischen Besatzungszone (SBZ) wurden die politischen Vorstellungen der Sowjetischen Militäradministration in Deutschland (SMAD) in stärkerem Maße bestimmend als die zum Teil divergierenden Vorstellungen der drei westlichen Besatzungsmächte für die Westzonen. Zu ihrer Durchsetzung bediente sich die SMAD sowohl direkter Anweisungen als auch der Hilfe der am 11. 6. 1945 als erster Partei der SBZ wiedergegründeten KPD, die zur Verbreiterung ihrer Massenbasis mit Hilfe der Besatzungsmacht im April 1946 mit der SPD in der SBZ zur Sozialistischen Einheitspartei Deutschlands (SED) verschmolzen wurde. Diese Partei, die damals wie heute die ideologische und politische Führungsrolle der KPdSU uneingeschränkt anerkannte, beherrschte in der weiteren Entwicklung die innenpolitische Situation der SBZ/DDR. Grundlage für die Festlegung ihrer „Generallinie" war die Erkenntnis, daß eine Politik gegen die Vorstellungen und Interessen der Besatzungsmacht nicht möglich war und der Spielraum für eigene Entscheidungen um so größer würde, je größer das Vertrauen der Besatzungsmacht war. In ihrer Grundstruktur entsprach diese Politik der Verhaltensweise maßgeblicher politischer Kreise in Westdeutschland.

Wesentliche *Konflikte* zwischen den Großmächten, die letztlich zur Gründung der DDR führten, waren: die tatsächliche und durch das Potsdamer Abkommen nur verdeckte Nichteinigung über die Reparationsfrage und die einheitliche Wirtschaftspolitik in Deutschland; die Weigerung der Westmächte, der Sowjetunion ein Mitspracherecht bei der Aufstellung der westlichen Demontagepläne und im Ruhrgebiet einzuräumen und die entsprechende Haltung der UdSSR in der Frage der Entnahmen aus der laufenden Produktion für Reparationszwecke; die Beteiligung am Marshallplan; das Problem der Währungsreform; die Spaltung Berlins und die Blockade der Westsektoren.

2.0. GRUNDLAGEN. – Nach ihrem Selbstverständnis ist die DDR ein sozialistischer Staat deutscher Nation, in dem unter der Führung der Partei der Arbeiterklasse der Sozialismus verwirklicht wird (Verfassung der DDR vom 6. 4. 1968, Art. 1). Damit ist die führende Stellung der Staatspartei auch verfassungsrechtlich festgelegt. Innerhalb der Partei ist – wie auch in allen anderen gesellschaftlichen Organisationen – die herrschende Rolle der Führung (Politbüro) durch die spezielle Auslegung des Prinzips des „demokratischen Zentralismus" gesichert: Die demokratische Wahl der Leitungsorgane von unten nach oben kann auf Grund der Weisungsabhängigkeit der nachgeordneten Organe über die Aufstellung der Kandidaten zentralistisch gesteuert oder zumindest beeinflußt werden.
Als unantastbare Grundlagen der sozialistischen Gesellschaft gelten nach der Verfassung (Art. 2)a) das Bündnis zwischen der Arbeiterklasse und der Klasse der Genossenschaftsbauern, b) das sozialistische Eigentum an den Produktionsmitteln und c) die Planung und Leitung der gesellschaftlichen und insbesondere der wirtschaftlichen Entwicklung auf wissenschaftlicher Grundlage.
2.1. Das erste Merkmal macht deutlich, daß es sich bei der DDR-Gesellschaft zwar noch um eine *Klassengesellschaft* handelt – nach der Marxschen Theorie verschwinden die Klassen erst im Kommunismus –, daß diese Klassen aber nicht mehr antagonistisch, d. h. unversöhnlich einander gegenüberstehen, sondern dem sowjetischen Vorbild entsprechend miteinander verbündet sind. Die noch vorhandenen privaten Unternehmer, die Kapitalisten, werden dagegen für so unbedeutend angesehen, daß ihnen die Eigenschaft einer Klasse nicht zuerkannt wurde.
2.2. Darin kommt nicht zuletzt das Ergebnis der konsequenten *Sozialisierungspolitik* zum Ausdruck. Die Sozialisierung, d. h. die Aufhebung des Privateigentums an Produktionsmitteln, war nach marxistischer Ansicht aus verschiedenen Gründen erforderlich. Zum einen konnte dadurch die beabsichtigte Machtverschiebung in der Gesellschaft abgesichert werden. Privates Eigentum ist in jeder Gesellschaft ein Instrument individueller Verselbständigung, wenn es konzentriert auftritt auch Grundlage für Macht. Durch die Sozialisierung wurden nicht nur bestehende, auf Eigentum beruhende Machtzentren beseitigt, sondern ganz allgemein die Abhängigkeit vom Staat und damit von der führenden Partei verstärkt. Ein weiterer Sozialisierungsgrund war die Vermutung, daß sich die Wirtschaftsplanung leichter mit verstaatlichten als mit pri-

vaten Betrieben verwirklichen ließ. Der für Marxisten wichtigste Grund war aber die Tatsache, daß nach der Marxschen Theorie in der Institution des Privateigentums die Ursache für die Spaltung in die antagonistischen Klassen der Kapitalisten und der Proletarier lag und damit Privateigentum notwendigerweise zur Ausbeutung führte. Wer also die „Ausbeutung des Menschen durch den Menschen" beseitigen wollte, konnte das nur durch Aufhebung des Privateigentums an Produktionsmitteln.

2.3. Das dritte grundlegende Element, die gesamtgesellschaftliche Planung und Leitung, insbesondere die *staatliche Wirtschaftsplanung*, ergab sich zunächst aus der weitgehenden Verstaatlichung der Wirtschaft. Dadurch, daß der Staat die Betriebe in sein Eigentum übernahm, fiel ihm gleichzeitig die Verantwortung für jeden einzelnen Betrieb zu. Zumindest die mittel- und langfristige Entwicklungskonzeption der Betriebe mußte aus dem Staatsapparat kommen und verlangte einen Wirtschaftsplan. Dieser Plan war außerdem auch deswegen erforderlich, weil das Privateigentum nach marxistischer Auffassung wegen der unzureichend aufeinander abgestimmten privaten Produktionsplanung, d. h. wegen der „Anarchie des Marktes", für die kontinuierlich wiederkehrenden Krisen verantwortlich war. Die Aufhebung des Privateigentums mußte daher durch die Beseitigung des Marktmechanismus und seine Ersetzung durch staatliche Wirtschaftsplanung ergänzt werden.

Welche der genannten Gründe für Sozialisierung und → Planung in erster Linie maßgebend war, ist kaum zu entscheiden. Hinsichtlich der Wirtschaftsplanung darf nicht übersehen werden, daß ihr Anknüpfungspunkt nicht ein marktwirtschaftliches System war, sondern eine wenn auch teilweise zusammengebrochene kriegsorientierte Planwirtschaft. Der Übergang zur sozialistischen Planwirtschaft bedeutete daher nicht einen so starken Bruch mit dem Vorgefundenen, wie er im Bereich der Eigentumsordnung vorgenommen wurde. Dort spielten neben den Sozialisierungsgründen auch das sowjetische Vorbild und der feste Wille der Besatzungsmacht eine entscheidende Rolle.

3.0. Wirtschaftspolitik. – 3.1. Die Beziehungen zwischen Besatzungsmacht, Staatspartei, Staatsverwaltung und Wirtschaftsverwaltung bestimmten und – wenn man von der Besatzungsmacht absieht – bestimmen auch heute noch die Frage nach dem *Träger der Wirtschaftspolitik*. Auch wenn man im Politbüro der SED das unbestrittene Zentrum der politischen und wirtschaftspolitischen Willensbildung sieht, wirken doch eine ganze Reihe weiterer Zentren mit: Das Zentralkomitee der SED und sein Sekretariat, der Staatsrat, die Volkskammer und ihre Ausschüsse, die Regierung, die Ministerien und Staatskomitees sowie die Staatliche Plankommission. Insbesondere darf die Entscheidungsmacht der Verwaltungsbürokratie, die den politischen Entscheidungsträgern immer nur vorgeprüfte Alternativen vorlegt, nicht unterschätzt werden. Diese Situation ist auch durch die parallel zu den Behörden organisierten Parteizellen nicht zu durchbrechen, weil die Interessenidentitäten auf den verschiedenen Ebenen zumeist groß genug sind, um gemeinsam getragene Vorentscheidungen zu ermöglichen.

3.2. Bei den *Zielen* der Wirtschaftspolitik müssen lang- und kurzfristige Ziele, Haupt- und Nebenziele unterschieden werden. Die langfristigen *Hauptziele* sind die Errichtung einer als sozialistisch-kommunistisch bezeichneten Gesellschaftsordnung, darauf aufbauend die Entwicklung einer funktionstüchtigen sozialistischen Planwirtschaft, die ihrerseits die Voraussetzung für das angestrebte rasche Wirtschaftswachstum ist. Auf dieser Grundlage sollen dann die entwickelten Industriestaaten des Westens und insbesondere die BRD „eingeholt und überholt" werden. Die *Nebenziele* ergeben sich aus kurz- und mittelfristigen politischen und wirtschaftlichen Problemen. Im Laufe der Geschichte der DDR waren das z. B. der strukturell bedingte Engpaß in der

Bevölkerung und Beschäftigung 1952 bis 1971 (in 1000)

	1952	1960	1970	1971
Wohnbevölkerung	18 328	17 241	17 058	17 050
Berufstätige (o. Lehrlinge)	7 271	7 686	7 769	7 804
darunter: Industrie	2 366	2 768	2 838	2 849
Handwerk	513	414	404	398
Bauwirtschaft	420	470	573	561
Land -u. Forstwirtschaft	1 650	1 304	997	986
Handel	779	890	858	847

Quelle: Statistisches Jahrbuch der DDR 1972, S. 17 u. 57.

Anteil der Eigentumsformen am Nettoprodukt [1] 1971 (in v. H.)

Wirtschaftsbereich	Sozialistische Betriebe gesamt	Sozialistische Betriebe VEB	Sozialistische Betriebe Genossenschaften	Halbstaatl. Betriebe[2]	Private Betriebe
Alle Bereiche	85,6	68,6	17,0	9,0	5,4
Industrie und Handwerk	83,0	78,9	4,1	11,6	5,4
Bauwirtschaft	80,8	52,3	28,5	10,3	8,8
Land- u. Forstwirtschaft	95,7	16,4	79,4	0,1	4,1
Verkehrs-, Post- u. Fernmeldewesen	93,4	93,4	–	3,7	2,9
Binnenhandel	87,5	64,0	23,5	7,1	5,4
Sonstige Bereiche	93,9	92,3	1,6	3,4	2,8

[1] Nettoprodukt = Nationaleinkommen (Nettosozialprodukt im Bereich der materiellen Produktion, d. h. ohne Dienstleistungsbereiche) zuzüglich Subventionen.
[2] Einschließlich Betriebe mit Kommissionsvertrag.
Quelle: Statistisches Jahrbuch der DDR 1972, S. 39.

Eisen- und Stahlversorgung 1951–55, die engere Zusammenarbeit mit den Mitgliedsländern des Rates für gegenseitige Wirtschaftshilfe (RGW) ab 1956, die „ökonomische Hauptaufgabe" 1958 (Einholung des westdeutschen Konsumstandards), die „Störfreimachung" 1960 (Überwindung der Abhängigkeit von westdeutschen Zulieferungen), das „Produktionsaufgebot" 1961 (Mehrleistung bei gleichem Lohn), die Energiekrise 1969/70 und die „Aktion Zulieferindustrie" 1971 (Beseitigung von Disproportionen auf Grund fehlerhafter Strukturpolitik). Einige dieser Ziele wurden ganz oder teilweise erreicht, andere dagegen nach einiger Zeit einfach totgeschwiegen.

Entstehung des Nationaleinkommens 1950–1971 (in Mrd. DM)

	1950	1960	1970	1971
Bruttosozialprodukt[1]	36	92,8[2]	145	152
Produziertes Nationaleinkommen[3]	27,2	71,0	108,7	113,6
Beitrag der Wirtschaftsbereiche zum Nettoprodukt[4]	100	100	100	100
Industrie und Handwerk	47,0	56,4	60,7	61,4
Bauwirtschaft	6,1	7,0	8,2	8,4
Land- und Forstwirtschaft	28,4	16,4	11,6	10,7
Verkehrs-, Post- und Fernmeldewesen	7,1	5,5	5,2	5,3
Binnenhandel	10,1	13,0	12,6	12,6
Sonstige prod. Bereiche	1,2	1,6	1,6	1,6

[1] Schätzung.
[2] Bericht der Bundesregierung und Materialien zur Lage der Nation 1971, S. 310.
[3] Nationaleinkommen = Nettosozialprodukt im Bereich der materiellen Produktion.
[4] Nettoprodukt = Nationaleinkommen zuzüglich Subventionen.
Quelle: Statistisches Jahrbuch der DDR 1972, S. 40.

Verwendung des Nationaleinkommens 1950–1971 (v. H.)

	1950	1960	1970	1971
Verwendetes Nationaleinkommen	100	100	100	100
davon:				
Akkumulation	8,5	18,1	24,0	22,1
Investitonen	3,1	15,0	20,3	19,6
Zuwachs an Reserven	5,4	3,2	3,7	2,5
Konsumtion	91,5	81,9	76,0	77,9
individuelle Konsumtion	82,9	73,7	66,8	68,3
gesellschaftl. Konsumtion	8,6	8,2	9,2	9,6

Quelle: Statistisches Jahrbuch der DDR 1971, S. 42.

3.3. Ähnlich unterschiedlich waren die *Ergebnisse* der Wirtschaftspolitik in bezug auf die Hauptziele. 3.3.1. Die *Sozialisierung*, die Aufhebung des Privateigentums an Produktionsmitteln, konnte in den wichtigsten Wirtschaftsbereichen wie dem Kreditwesen, der Landwirtschaft und der Industrie praktisch abgeschlossen werden. Im Kreditwesen geschah das frühzeitig durch Befehle der Besatzungsmacht, in der Landwirtschaft durch die Bodenreform 1945/46 und die Kollektivierung 1952/60, in deren letzter Phase massiver politischer Druck für den Eintritt der noch verbliebenen Einzelbauern in die Landwirtschaftlichen Produktionsgenossenschaften (LPG) angewandt wurde. Die wichtigsten Sozialisierungsphasen in der Industrie waren die Sequestierungen und die damit verbundene Überführung der von der Sowjetunion nicht als Sowjetische Aktiengesellschaften (SAG) beanspruchten Unternehmungen in Volkseigene Betriebe (VEB), die Enteignungen mit Hilfe der Wirtschaftsstrafverfahren 1948/1952 und die stufenweise Sozialisierung der restlichen Privatbetriebe durch Bildung von halbstaatlichen Betriebe ab 1956. Der Abschluß der Industrie-Sozialisierung erfolgte 1972, als die noch vorhandenen Privatbetriebe und halbstaatlichen Betriebe durch Verkauf (gegen Obligationen) in staatliches Eigentum übergingen. Bei dieser Gelegenheit wurden gleichzeitig auch einige tausend industriell arbeitende Produktionsgenossenschaften des Handwerks mit verstaatlicht.

3.3.2. Der Aufbau einer funktionstüchtigen sozialistischen → *Planwirtschaft* verlief nicht ganz so erfolgreich. Zwar gelang es verhältnismäßig schnell, einen umfassenden Verwaltungsapparat zu errichten, doch erwiesen sich die angewandten Methoden der langfristigen Strukturplanung und der kurzfristigen Lenkung der Betriebe als mangelhaft. Immer häufigere Reorganisationen der Wirtschaftsverwaltung machten das deutlich. Ein großangelegter Versuch zur Verbesserung der Methoden wurde 1963 mit dem „Neuen ökonomischen System der Planung und Leitung der Volkswirtschaft" (NÖS) unternommen. Sein Grundgedanke war die Verbindung der im Volkswirtschaftsplan zum Ausdruck kommenden staatlichen Zielvorstellungen („objektive gesellschaft-

Schema des Industrie-Verwaltungsapparates der DDR

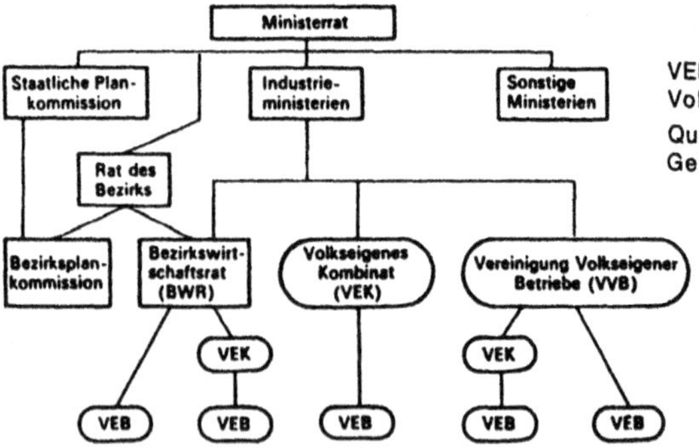

VEB = Volkseigener Betrieb

Quelle: Geltende Rechtsnormen

liche Erfordernisse") mit den Zielen der Gruppen und einzelnen Menschen („materiellen Interessen der Werktätigen") durch ein System indirekter Lenkungsparameter („ökonomische Hebel"). Da es jedoch nicht gelang, ein widerspruchsfreies System von Parametern zu entwickeln, wurde der Versuch 1968 hinsichtlich der Strukturpolitik entscheidend modifiziert (Vorrangplanung für „strukturbestimmte Erzeugnisse") und Anfang 1971 endgültig abgebrochen. Man kehrte zu einem System straffer Lenkung zurück, wie man es vor 1963 praktiziert hatte. Wesentliche Verbesserungen, die während der Reformperiode eingeführt wurden (z. B. im Vertragssystem, der Außenwirtschaft) blieben erhalten. – Insgesamt kann festgestellt werden, daß das entscheidende Problem der Planwirtschaft in der DDR die intellektuelle und moralische Überforderung zumal der an leitender Stelle stehenden Menschen ist.

3.3.3. *Wirtschaftswachstum.* Eine Beurteilung der Erfolge der Politik des Wachstums kann nicht nur an der weiter entwickelten westdeutschen Wirtschaft oder weniger entwickelten sozialistischen Volkswirtschaften gemessen werden, sondern muß die Voraussetzungen und Bedingungen des Wirtschaftswachstums in der SBZ/DDR mit in Rechnung stellen.

Die *Voraussetzungen* für ein schnelles Wirtschaftswachstum nach dem Kriege waren in der SBZ/DDR wegen der qualifizierten Arbeiterschaft und des noch vorhandenen Infrastruktur- und Produktionspotentials relativ günstig. Schwierigkeiten ergaben sich jedoch in struktureller Hinsicht für die eisen- und stahlverarbeitende Industrie aus der unzureichenden metallurgischen Basis sowie allgemein aus den massiven Demontagen der Besatzungsmacht, die mit großer Wahrscheinlichkeit weit höher lagen als die Demontagen in den westlichen Besatzungszonen. Daß dennoch der in den ersten Jahren schnellere Wiederaufbau in der SBZ bald hinter dem der Westzonen bzw. der Bundesrepublik zurückblieb, ist u. a. auf politisch bedingte Faktoren zurückzuführen.

Dazu gehören in erster Linie die stärkere Belastung mit Besatzungskosten, die erheblich umfangreicheren Entnahmen aus der laufenden Produktion zu Reparationszwecken, die zeitweilige Beschlagnahme der größten Industriebetriebe durch die Besatzungsmacht, die fehlende Auslandshilfe (Marshallplan für Westdeutschland), die begrenzten außenwirtschaftlichen Möglichkeiten durch die politisch erzwungene Ausrichtung des Außenhandels auf Osteuropa und nicht zuletzt die seit der zweiten Hälfte der fünfziger Jahre zunehmende Anspannung des Arbeitskräftepotentials durch die aus politischen und wirtschaftlichen Gründen ausgelöste Flucht nach dem Westen.

Unter Berücksichtigung dieser Bedingungen kann es nicht überraschen, daß das Wirtschaftswachstum sehr unterschiedlich war. Am erfolgreichsten entwickelte sich noch die *Industrie.* Sie wurde mit allen Mitteln gefördert und erhielt sowohl zusätzliche Arbeitskräfte als auch den größten Teil der Investitionen (im Durchschnitt 50 % der Investitionen – Industrie der BRD weniger als 25 %). Ihr Produktionsvolumen ist für 1971 auf etwa ein Fünftel bis ein Viertel der westdeutschen Industrieproduktion zu veranschlagen. Andere Wirtschaftszweige konnten dagegen nur weniger gefördert werden und blieben hinter der Entwicklung der Industrie zurück. Das gilt besonders für die

Landwirtschaft, die erst in den letzten Jahren stärker berücksichtigt wurde, es gilt für das Verkehrs- und Nachrichtenwesen, für den Handel und den sonstigen Dienstleistungsbereich und nicht zuletzt für den – auch bei Berücksichtigung der Bevölkerungsstagnation nur unzureichend geförderten – *Wohnungsbau*. Diese Wirtschaftszweige sind – genauso wie innerhalb der Industrie die weniger entwickelte Konsumgüterproduktion – wichtig für den *Lebensstandard* der Bevölkerung; hier ist ein erheblicher und in den letzten Jahren zunehmender Rückstand gegenüber der BRD zu verzeichnen. Er ist im Hinblick auf die innere politische Stabilität der DDR wahrscheinlich von größerer (negativer) Bedeutung als die Tatsache, daß die DDR innerhalb Osteuropas in dieser Beziehung eine Spitzenstellung einnimmt und darüber hinaus der durchschnittliche Lebensstandard in der DDR heute mit Sicherheit höher ist, als er vor dem Zweiten Weltkrieg in diesem Gebiet war.

Eine zusammenfassende *Bewertung* der Wirtschaftsentwicklung in der DDR wird nur mit Einschränkungen zu einem insgesamt positiven Urteil kommen können. Unter Berücksichtigung der großen Schwierigkeiten ist das Erreichte jedoch durchaus bemerkenswert. Insbesondere muß in Rechnung gestellt werden, daß sich die relative ökonomische Position der DDR zur *Vormacht Osteuropas* – gemessen an der gesamtwirtschaftlichen Produktivität und am Pro-Kopf-Einkommen – günstiger darstellt als die entsprechende Stellung der Bundesrepublik gegenüber der politischen und wirtschaftlichen Vormacht des Westens. Man kann daraus die Folgerung ziehen, daß es der DDR in Osteuropa in ähnlichem Maße gelingen muß, auf Grund ihrer wirtschaftlichen Stellung außenpolitischen Handlungsspielraum zu gewinnen, wie es der BRD – allerdings auf der Grundlage eines erheblich größeren Potentials – in ihrer Außenpolitik möglich war.

4. *Sozialistische Gesellschaft?* Eine wichtige Frage ist nun, ob hinsichtlich der wirtschaftspolitischen Hauptziele in der DDR ein ähnlicher Zielkonflikt besteht, wie er für Marktwirtschaften mit dem Begriff des → magischen Drei- oder Vierecks umrissen wird, und ob nicht insbesondere das forciert verfolgte Wachstumsziel negative Auswirkungen auf die Schaffung einer „wahrhaft sozialistischen Gesellschaft" hat. Von verschiedenen Seiten ist der DDR – und anderen osteuropäischen Staaten – vorgeworfen worden, daß die starke Wachstumsorientierung und die damit zusammenhängenden materiellen Anreize und leistungsbezogenen Einkommen zu einer zunehmend sich differenzierenden Gesellschaftsstruktur führen, die notwendige Nivellierung zumindest verhindert. Die bisherigen Führungsschichten sind durch die Sozialisierung zwar nivelliert worden, das schließt die Entstehung neuer bevorrechtigter Schichten jedoch keineswegs aus. Insbesondere wird bestritten, daß die Sozialisierung mehr als eine bloße Verstaatlichung sei, was zur Folge habe, daß die im Namen der Gesellschaft über Produktionsmittel Verfügenden sich wie Privateigentümer verhalten können und daher genauso Vertreter eines abstrakten „Kapitalinteresses" seien wie die Kapitalisten in der kapitalistischen Gesellschaft. Neue Differenzierungen, neue Privilegien und neue Unterschiede in bezug auf den sozialen Aufstieg müßten dann die Folge sein.

Inwieweit diese Vorwürfe gegen die DDR-Gesellschaft berechtigt sind, ist nicht nur eine – wegen mangelnder Untersuchungsmöglichkeiten jetzt nicht zu entscheidende – Tatsachenfrage, sondern auch davon abhängig, für wie realistisch die Alternative, die Vorstellungen dieser Kritiker über den „wahren Sozialismus", anzusehen ist. Von seiten der DDR wird diesen „utopischen" Sozialisten der „reale Sozialismus der DDR" als die zur Zeit einzige Möglichkeit in Deutschland entgegengestellt.

LITERATURHINWEISE

Deutsches Institut für Wirtschaftsforschung Berlin: DDR-Wirtschaft – eine Bestandsaufnahme, Frankfurt/M. usw. 1971.
Doernberg, Stefan: Kurze Geschichte der DDR. Berlin 1968.
Jung, Heinz, *Deppe*, Frank, u. a.: BRD–DDR, Vergleich der Gesellschaftssysteme. Köln 1971.
Bericht der Bundesregierung und *Materialien* zur Lage der Nation 1971, Bonn 1971.
Müller, Hans, *Reißig*, Karl: Wirtschaftswunder DDR. Berlin 1968.
Statistisches Jahrbuch 1972 der deutschen Demokratischen Republik. Berlin 1972.

GERT LEPTIN

Dialektik (Marxismus) (D.)

→ *Determinismus, Gesetz, Sozialismus, Systemwandel, Übergangsgesellschaft, Verelendung*

1.0. BEGRIFF. – Die D. wird als die Wissenschaft von den allgemeinen Bewegungsgesetzen der Natur, der Gesellschaft und des Denkens definiert. In der marxistisch-leninistischen Philosophie wird zwischen objektiver und subjektiver D. sowie D. als Methode unterschieden.

1.1. Die *objektive* D. formuliert die allgemeine Gesetzlichkeit der Bewegung und Entwicklung der vom Bewußtsein unabhängigen Außenwelt. Sie ist materialistisch, insofern die Frage nach dem Verhältnis von Sein und Denken-Materie und Bewußtsein, Physischem und Psychischem zugunsten des Seins, der Materie, des Physischen als dem Primären beantwortet wird. Diese Grundannahme wird durch die Aussage ergänzt, die Welt stehe in einem durchgängigen und universellen Zusammenhang, alle Dinge und Erscheinungen seien miteinander verbunden und bedingten sich gegenseitig. Die Wirklichkeit sei in allen Erscheinungsformen (Natur, Gesellschaft, Denken) in unaufhörlicher Bewegung und Entwicklung begriffen, die in ihrer generellen Tendenz als gesetzmäßige Entwicklung von niederen zu immer höheren Zuständen zu fassen sei.

Die objektive D. wird in *drei Grundgesetzen* der D. zum Ausdruck gebracht: 1.1.1. *Das Gesetz von der Einheit und vom Kampf der Gegensätze*. Dieses Gesetz bestimmt die den Dingen innewohnenden Widersprüche als Ursache jeder Bewegung und Entwicklung. Die immanente D. (Selbstbewegung) findet z. B. im Bereich der Gesellschaft in den in letzter Instanz entscheidenden Widersprüchen zwischen der Entwicklung der Produktivkräfte und der Entwicklung der Produktionsverhältnisse ihren Ausdruck und ihre politisch-ökonomische Gestalt in den Klassenkämpfen. 1.1.2. *Das Gesetz vom Um-*

schlagen quantitativer in qualitative Veränderungen. Dieses Gesetz faßt die Entwicklung als Einheit von Evolution und Revolution (Quantität und Qualität, Kontinuität und Diskontinuität), d. h. als Einheit von allmählichen, quantitativen Veränderungen und grundlegend, qualitativen Veränderungen (Sprüngen). Im Bereich der Gesellschaft führt die Überbetonung der quantitativen Momente im Entwicklungsprozeß zum Reformismus, wohingegen die Überbetonung der qualitativen Momente zum Radikalismus verleitet. Quantitative Veränderungen in der kapitalistischen Gesellschaft liegen z. B. dann vor, wenn, bedingt durch die Entwicklung der Produktivkräfte, die Konzentration des Kapitals mit ihren Nebenwirkungen erfolgt. Von einer qualitativen Veränderung kann jedoch erst dann gesprochen werden, wenn das durch das Entwicklungsgesetz des Kapitals konzentrierte Eigentum an den Produktionsmitteln sich nicht mehr in Privatbesitz befindet. Im Gesetz der Konzentration des Kapitals, der quantitativen Veränderung, wird mithin zwar eine notwendige Bedingung für den revolutionären Übergang zum Sozialismus formuliert, nicht aber eine zureichende.

1.1.3. *Das Gesetz der Negation der Negation.* Nach diesem Gesetz ist die Entwicklung als Höherentwicklung keine einfache Vernichtung des Alten. Frühere Stadien der Entwicklung werden zwar überwunden, doch so, daß ihre entwicklungsfähigen (positiven) Seiten bewahrt werden. Der progressive Charakter der Entwicklung ergibt sich daraus, daß jede neue Negation das Erreichte in sich aufnimmt und zur Grundlage der neuen Entwicklung macht. So stützt sich z. B. der Sozialismus bei der Negation des Kapitalismus auf die im Kapitalismus erarbeiteten technischen Errungenschaften, bietet aber zugleich durch die von ihm bereitgestellten neuen Eigentums- und Verkehrsformen ungehemmtere Möglichkeiten ihrer Entfaltung.

1.2. Die *subjektive* D. ist vornehmlich Erkenntnistheorie. Als solche untersucht sie die Zusammenhänge der objektiven D. und die Weise ihrer Widerspiegelung im menschlichen Bewußtsein. Sie folgt dabei den Prinzipien der Einheit von Theorie und Praxis, von absoluter und relativer Wahrheit, von Abstraktem und Konkretem, von Logischem und Historischem usw. In bezug auf die Gesellschaft gilt der erkenntnistheoretische Grundsatz: „Es ist nicht das Bewußtsein der Menschen, das ihr Sein, sondern umgekehrt ihr gesellschaftliches Sein, das ihr Bewußtsein bestimmt" (Marx 1859, MEW, Bd. 13. S. 9).

1.3. Die D. als *Methode* ist die systematische und bewußte Anwendung der Gesetze und Prinzipien der D. zur praktischen und theoretischen Erfassung der materiellen Welt. Da nach Marx die D. „ihrem Wesen nach kritisch und revolutionär ist" (Marx 1873, MEW, Bd. 3, S. 28), kann als Schwerpunkt der Anwendung der D. als Methode die *revolutionäre Praxis* bestimmt werden. Eine unkritische Hinnahme der Gesetze und Prinzipien der D., d. h. ihre Verkürzung auf „Anwendung", wäre allerdings nur im Verstoß gegen das „Wesen" der Dialektik möglich.

2.0. Das „Wesen" der rationellen D. sieht Marx vor allem darin, daß (1) im positiven Verständnis des Bestehenden zugleich auch das Verständnis seiner

Negation eingeschlossen sein muß und (2) jede gewordene Form im Flusse der Bewegung, also auch nach ihrer vergänglichen Seite, aufzufassen ist.

2.1. Es gibt mit Marx keinen Anlaß, anzunehmen, daß dieser rationalle Kern der D. jemals seine *Gültigkeit* verlieren könnte. Die triadische Form der D. (Thesis, Antithesis, Synthesis), die übrigens Hegel selbst als eine oberflächliche, äußerliche Seite der Weise des Erkennens bezeichnete (Logik II, S. 498), sollte nicht dazu verleiten, die grundsätzlich ewige Funktion der Negativität, des Widerspruchs, der radikalen Kritik in der Marxschen Fassung der D. zu übersehen. Ihr optimistischer Aspekt liefert keinen Grund zur Annahme, daß eine „Ankunft" im Reich der Freiheit als Freiheit von der Notwendigkeit radikaler Kritik möglich sei. Ebenso wenig garantiert die *innere* D., derzufolge die „kapitalistische Produktion ... mit der Notwendigkeit eines Naturprozesses ihre eigene Negation" *erzeugt* (Marx: Das Kapital, MEW 23, S. 791), eine Auflösung der Spannung zwischen Freiheit und Notwendigkeit, Subjekt und Objekt. Das Versprechen, das in ihr enthalten ist, kann nur als Versprechen auf angemessenere Zustände aufgefaßt werden und dies auch nur dann, wenn begriffen ist, daß jede erreichte „höhere" Stufe der gesellschaftlichen Entwicklung zugleich eine „höhere" Form der Gewalt des Bestehenden und der bestehenden Gewalt einschließt.

2.2. Die gleichsam mit naturgeschichtlicher Notwendigkeit ablaufende *D. des Kapitalismus* bringt mit der endlichen Aufhebung des Privateigentums an den Produktionsmitteln nicht automatisch die Aufhebung der materialistisch gefaßten Prozesse der Entäußerung und Vergegenständlichung. Damit menschliche Arbeit zum Akt der Selbsterzeugung des Menschen werden kann, ist vielmehr die Umwerfung aller Arbeitsverhältnisse nötig, durch die menschliche Produktivkräfte in ihrer Entwicklung gefesselt oder kanalisiert werden. *Sozialismus* ist entweder als permanente Negation oder gar nicht möglich. Gerade in dieser Sicht werden immanente D. und kategorischer Imperativ eins. Das Ziel bleibt, „alle Verhältnisse umzuwerfen, in denen der Mensch ein erniedrigtes, ein geknechtetes, ein verlassenes, ein verächtliches Wesen ist" (Marx, Frühschriften, herausg. v. S. Landshut, S. 216, 217).

2.3. Die wesentlichen *Elemente der D. des Kapitalismus* sind: Das Gesetz seines Wachstums, das zugleich das Gesetz seines Untergangs ist; die mit ihm verbundene notwendige Steigerung der Produktivität, die zur Zerstörung und Verschwendung von Produktivkräften führt; der gerechte Arbeitsvertrag, der durch den Tausch von äquivalenten Waren Ausbeutung bewirkt; die freie Konkurrenz, deren Folge die monopolistische Konzentration ist; die Garantie der bürgerlichen Freiheiten, die zugunsten der Funktionstüchtigkeit des Systems eingeschränkt werden; der in der Totalität des Systems liegende Zwang zu seiner Erhaltung, der jene gesellschaftlichen und politischen Möglichkeiten immer weiter einschränkt und endlich aufhebt, die einmal dieses System als gegenüber dem Feudalismus fortschrittlich auszeichneten.

3.0. WÜRDIGUNG. – 3.1. Die *objektive* D. verspricht, gerade als Interpretation des gesetzmäßigen Ablaufs der Geschichte, die über sozialistische und kommunistische Zustände vermittelte Erlösung aus der D. des Kapitalismus und ihren Folgen für den Menschen. Die Formelhaftigkeit der objektiven D. im zeitgenössischen Marxismus-Leninismus erlangt ihren Höhepunkt dort, wo das Ende des kapitalistischen Eigentums als das Ende der Ausbeutung interpretiert wird, wo mit dem Untergang der kapitalistischen Klasse das Ende der antagonistischen Form der gesellschaftlichen D. behauptet wird.

3.2. Die *subjektive* D. gerät dort, wo sie Widerspiegelung dieser Formelhaftigkeit bleibt und nicht mehr die Analyse der Widerspiegelung realer gesellschaftlicher Prozesse und Zustände im Bewußtsein der Menschen leistet, zur Rechtfertigung dieser Formelhaftigkeit. Die notwendige Verbindung zwischen objektiver und subjektiver D. wird unterbrochen, die objektive Dialektik entartet in dogmatisierte Theorie der Geschichte und Gesellschaft.

3.3. Die D. als *Methode* ist unter diesen Bedingungen nur noch begrenzt anwendbar. Ihre wesentlichen Kriterien – unerbittlich rationalistische Geisteshaltung, Sinn für radikalen Kritizismus, Verzicht auf Sentimentalität bei der Analyse gesellschaftlicher Prozesse und Anwendung der Regel des Determinismus – können nicht mehr hinreichend zur Geltung gebracht werden. Der Grundgedanke von Marx, „daß bei allen Analysen des gesellschaftlichen Lebens die sozialen Unterscheidungen, die Teilungen der Gesellschaft in antagonistische Gruppen gesucht werden“ müssen (Kolakowski, S. 12), kann nicht länger durchgehalten werden.

4. Proletariat. – Am stärksten von dieser *Wandlung der Rolle und Funktion der D.* im Übergang vom Kapitalismus zum Sozialismus ist das historische Subjekt der D. (der Revolution) – das Proletariat – betroffen. Im Proletariat findet nach Marx die Negation des Kapitalismus ihren klassenmäßigen, ihren politischen Ausdruck. Das Proletariat ist der Agent der objektiven D. bei der Auflösung der kapitalistischen Gesellschaftsordnung (Marx 1844, vgl. MEW, Bd. 1, S. 390 ff.) und nach dem Sieg der Revolution der Diktator der neuen Gesellschaft. Die *Diktatur des Proletariats* kann aber gemäß den Bedingungen der D. nur eine neue Form der Lösung der gesellschaftlichen Widersprüche sein, d. h. sie trägt entweder das Prinzip der permanenten Negation als das sie konstituierende Moment in sich und kämpft es offen aus, oder sie stellt ihre eigene Negativität in Frage, bzw. setzt diese temporär aus. Politisch gesehen schließt aber die Anerkennung der Negativität auch der Diktatur des Proletariats und des Sozialismus die Anerkennung der Opposition (des Widerspruchs) ein. In der zentralistischen Form der Diktatur des Proletariats werden die entscheidenden Momente der D. – Negation, radikale Kritik, Opposition – zugunsten des Strebens nach Einheitlichkeit eingeschränkt. Die in jedem Zentralismus besonders geförderten Beziehungen der Serialität (Vermassung usw.) engen die Möglichkeiten der Negation zusätzlich ein (vgl. Sartre). Die Spontaneität, wohl das entscheidende Moment in der D. des sozialen Lebens, geht weitgehend verloren. Sie vermag sich gegen den institutionalisierten Sozialismus nicht zu halten, sofern sie abweichendes Verhalten von Menschen oder von Gruppen von Menschen in Gang bringt;

sie vermag sich gegen das institutionalisierte Denken nicht durchzusetzen, sofern sie als kritische, negative Funktion in Erscheinung tritt. – Das „Wesen" der D. entscheidet sich nicht in oder durch ihre Theorie, sondern vor allem durch ihre Handhabung als Methode.

LITERATURHINWEISE

MEW
Filosofskij slovar (Philosophisches Wörterbuch). Moskau 1962.
Kolakowski, L.: Der Mensch ohne Alternative. München 1960.
Lenin, Vladimir Ilic: Aus dem philosophischen Nachlaß. Berlin (Ost) 1949.
Lefèbvre, Henri: Der dialektische Materialismus. Frankfurt/M. 190[illegible]
Lucàcs, Georg: Geschichte und Klassenbewußtsein. Berlin 1923.
Sartre, Jean Paul: Kritik der dialektischen Vernunft. Reinbeck 1967.

HELLMUTH BÜTOW

Eigentum (E.)

→ *Aktiengesellschaft, Inflation, Konzentration, Unternehmer, Verteilung, Wettbewerb*

1. BEGRIFF. „Der Eigentümer einer Sache kann, soweit nicht das Gesetz oder Rechte Dritter entgegenstehen, mit der Sache nach Belieben verfahren und andere von jeder Einwirkung ausschließen" (§ 903 BGB). Das *Ausschließungsrecht,* das in nahezu allen E.definitionen herausgestellt wird, verweist auf die Organisationsfunktion des E.: Indem es den Individuen materiell bestimmte Bereiche persönlicher Integrität (passive Freiheit) gewährt, grenzt es die Privatsphären gegeneinander ab. Um die Ausschließung sanktionierbar zu machen, bedarf es einer Rechtsordnung, eines Staates, dessen Entstehen darum auch von Rousseau, Smith, Marx u. a. auf die Entwicklung von Sonder-E. zurückgeführt wurde.
Zugleich ist mit dem Ausschließungsrecht gesetzt, daß das E. einzelnen, voneinander getrennten Trägern zugeordnet werden kann; ein „E. aller" wäre undenkbar. Inwieweit Kollektiv-E. als E. i. S. dieser Definition bezeichnet werden könnte, hinge demnach davon ab, inwieweit es klar unterscheidbaren Trägern zuzuordnen wäre.

2. BÜRGERLICH-LIBERALE E.THEORIE. – 2.1. In der bürgerlichen Tradition mit ihrer Betonung des Individuums ist E. nur als *privates* denkbar. Erst das E. konstituiert die Persönlichkeit: Die Person ist als solche „abstrakt und leer", sie „muß sich eine äußere Sphäre ihrer Freiheit geben, um als Idee zu sein" (Hegel). E. gewährt dem einzelnen den Freiheitsspielraum (aktive Freiheit) sowie die Selbständigkeit und Verantwortlichkeit, die den Bürger – vor allem auch den Staatsbürger – ausmachen. Die französische Revolution konnte das Recht auf E. darum zu einem „droit inviolable et sacré" verklären.
Das bürgerliche E.denken ist indes insofern undifferenziert, als es die qualita-

tiven Unterschiede zwischen dem E. an Konsumgütern und dem an Produktionsmitteln nicht reflektiert. E. an *Produktionsmitteln* aber ist – zumal seit der Industrialisierung – nicht lediglich Verfügungsgewalt über Sachen, sondern impliziert Herrschaftsgewalt über Menschen. Marx' Kritik am bürgerlichen Institut des Privat-E.s geht denn auch vom E. an den Produktionsmitteln aus, das die Gesellschaft in zwei Klassen spaltet und damit auch im formal demokratischen bürgerlichen Staat neue Herrschaftsverhältnisse konstituiert.

Wie dieses Problem ignoriert die bürgerliche E.theorie das der *Zurechnung des Gewinns aus industrieller Arbeit.* Das E.recht, den Gewinn aus der Nutzung des E.s zu erhalten, wird hier nämlich fragwürdig, da das Produkt im eigentlichen Sinn „gesellschaftlich" ist. Die Entscheidung, es dem Eigentümer der Produktionsmittel zufließen zu lassen, entspringt nicht der „Natur der Dinge", sondern ist machtpolitisch bestimmt.

2.2. Neben die primär statische Organisationsfunktion des E. tritt in der bürgerlich-liberalen Gesellschaftsphilosophie die *„Erziehungsfunktion"*, die das E. zu einem dynamischen, gesellschaftliche Abläufe steuernden Institut werden läßt. Bereits bei Hesiod – später auch bei den Naturrechtsphilosophen – findet sich der Gedanke, daß das Streben nach persönlicher Habe die Glieder des Gemeinwesens zu einer für alle nützlichen Anstrengung veranlasse. Im klassischen Liberalismus wird dieses Prinzip zum zentralen Dogma: Wenn alle Wirtschaftssubjekte Eigentümer seien und in ihren Entscheidungen frei von obrigkeitlichem Zwang, so führe das naturgegebene Eigennutzstreben automatisch zu einem güterwirtschaftlichen Optimum in der Gesellschaft. Als Folge der vom E. ausgehenden einheitlichen Motivation müsse sich nämlich → Wettbewerb zwischen den um Mehrung ihres E. bemühten Individuen entfalten, der die verantwortliche Nutzung des E.s erzwinge, ohne daß es dazu besonderer Systeme von Boni und Mali bedürfe.

2.3. Daß E., zumal das an Produktionsmitteln, *Privilegien* (Unabhängigkeit, stärkere Einkommensposition, politischen Einfluß) verleiht, wurde von den liberalen Theoretikern zwar gesehen, ebenso wie die Tatsache, daß sich immer nur eine relativ kleine Schicht von Privateigentümern in den Genuß der vom E. ausgehenden Freiheiten zu setzen vermag. Man glaubte dies aber hinnehmen zu müssen, um die dem E. immanenten Funktionen aktualisieren zu können: Die Eigentümer sollen durch die an ihrem Gewinninteresse orientierten Kapitallenkungsentscheidungen zur optimalen Steuerung der Volkswirtschaft beitragen; sie sollen, da sie mit dem Verlust ihres E.s das Risiko von Fehlentscheidungen selbst tragen, eine sorgfältige Verwaltung des volkswirtschaftlichen Reichtums gewährleisten; sie sollen schließlich untereinander eine Machtkontrollfunktion ausüben, die einen Mißbrauch der mit dem E. gegebenen Privilegien gar nicht erst ermöglicht (→ Wettbewerb).

Alle diese Funktionen wurden ebenso unterstellt wie postuliert. Unterstellt wurde dabei auch ein spezifischer E.begriff, der zumindest folgende Elemente umfaßt: Der Eigentümer verfügt selbst über die Sache, hält sie in Besitz und ist unmittelbare Zurechnungsinstanz für die mit seinem E. erwirtschafteten

Gewinne (Verluste). Nur wenn diese Kriterien gegeben sind, erfährt der Eigentümer am Umfang seines E. unmittelbar die Bewertung seines Handelns durch die Umwelt.

3. Differenziertes Privateigentum. – 3.1. Der liberale Erklärungsansatz wird problematisch, wenn die einzelnen Bestandteile des E.-Instituts verschiedenen Personen zugeordnet werden müssen. Dies ist vornehmlich in den → *Aktiengesellschaften* der Fall, in denen die *Verfügungsmacht* vom Formal-E. abgetrennt ist. Hier könnten die dem E. zugeschriebenen Funktionen nur dann als erfüllt angesehen werden, wenn es gelänge, das Interesse der Formaleigentümer so auf den Verfügungsberechtigten zu vermitteln, daß dieser gezwungen wäre, lediglich als Werkzeug der Eigentümer zu fungieren. Die hierfür in der aktienrechtlichen Organisation vorgesehenen Vermittlungsprozesse können dies jedoch nicht leisten: Das Management gerät in eine vom E. emanzipierte Machtposition; die ökonomischen Entscheidungen sind nicht mehr zwingend am E. ausgerichtet. Bereits Marx sah hierin einen Beleg für den apologetischen Charakter der liberalen E.theorie: Wenn „die Arbeit der Oberleitung, ganz getrennt vom Kapitaleigentum, auf der Straße herumläuft ... (ist es) nutzlos geworden, daß diese Arbeit der Oberleitung vom Kapitalisten ausgeübt" wird; der Kapitalist als „Funktionär der Produktion" ist dann überflüssig.

Die Aktiengesellschaft hat das E. z. T. sogar in das Gegenteil dessen verkehrt, was die liberale Theorie mit dem E. verknüpfte. Wenn E. der gegenständliche Ausdruck für ökonomische *Verantwortung* sein soll, müßte, wer eine Fehlentscheidung zu vertreten hat, durch Verringerung seines E.s „bestraft" werden. Die Fungibilität des E.titels „Aktie" bringt es aber mit sich, daß derjenige, der noch am ehesten eine Fehlentwicklung der Unternehmung zu verantworten hat (Insider, Großaktionär), wegen seines Informationsvorsprungs das Risiko zumindest teilweise auf Uninformierte abwälzen kann. E. und Verantwortung sind hier nicht nur voneinander getrennt, sondern verhalten sich partiell gegenläufig.

3.2. Auch im Bereich des aktiven Unternehmens-E.s ist die Verknüpfung zwischen E. und Individualverantwortung gelockert. Mit zunehmender → *Konzentration* – der Expropriierung von Privateigentümern, die paradoxerweise eben unter Berufung auf das Institut des Privat-E.s vor sich geht – verringert sich nicht nur die Zahl der selbständigen Unternehmenseigentümer, sondern bilden sich auch *Abhängigkeiten*, die weite Bereiche des formal selbständigen Klein- und Mittelunternehmertums zu bloßen Befehlsempfängern der Großindustrie degradieren. Die Zahl der Zuliefererbetriebe (bei einigen Firmen der Elektroindustrie z. B. mehr als 30 000) zeugt hiervon ebenso wie die Häufigkeit mehr oder weniger verdeckter Knebelungsverträge (→ Macht). Die Berufung auf die E.funktionen in der politischen Diskussion nimmt so den Charakter einer Schutzbehauptung an, mit deren Hilfe Angriffe auf die weder gesellschaftstheoretisch legitimierte noch juristisch legalisierte Machtposition der „privaten" Großindustrie abgewehrt werden.

4. Die E.garantie in der BRD. – 4.1. Trotz der faktischen Entwertung des Instituts des Privat-E.s steht in allen nichtsozialistischen Ländern das E. unter Grundrechtsschutz. Das GG der BRD spricht in Art. 14 (1) die E.garantie aus, fügt allerdings in Abs. 2 die Verpflichtung zum sozialen Gebrauch des E.s und in Art. 15 die Möglichkeit der Sozialisierung von Produktionsmitteln hinzu. Diese Möglichkeit, die postulierte Sozialbindung des E.s wie auch der Vorbehalt in Art. 14, wonach „Inhalt und Schranken" des E.s durch Gesetz bestimmt werden, können als „Einfallstor" für eine verfassungsmäßige Umgestaltung der E.verhältnisse interpretiert werden (Ipsen) und relativieren die grundgesetzliche E.garantie.
Die herrschende *Verfassungsinterpretation ignoriert* diese Relativierung allerdings weitgehend. Statt dessen überwiegt die Auffassung, daß der Gesetzgeber bezüglich der Inhaltsbestimmung des E.s durch das „vorverfassungsrechtliche" Bild vom Inhalt des E.s gebunden sei; nach Ansicht mancher Verfassungsrechtler impliziert dies zwingend auch das Prinzip der ungehinderten privaten Verfügung über die Produktionsmittel und die Garantie der „mit dem Eigentum zusammenhängenden ... unternehmerischen Leitung" (Hans Carl Nipperdey). Entsprechend gilt die Sozialisierungsmöglichkeit als Fremdkörper im Verfassungssystem oder als inzwischen „obsolet" und wird die Entschädigungspflicht bei Enteignungen extensiv als Bewahrung und Erhaltung des Vermögens i. S. des „E.wertes" interpretiert.
4.2. Dieser Auslegung der E.garantie des GG entsprach bisher eine *Gesetzgebung*, die den Eigentümer deutlich begünstigt. Die Entschädigungspraxis bei Enteignungen – ohnehin nur in sehr wenigen Fällen für mit dem „Allgemeinwohl" vereinbar gehalten – folgt derselben Linie und ermöglicht mit dem Grundsatz der Entschädigung nach dem vollen Verkehrswert, daß den Eigentümern von Boden hohe Gewinne zufließen. Ausgangspunkt der Politik des Gesetzgerbers war bisher offenbar, daß der Schutz des E.s ein Wert für sich sei und daß dem Staat die Aufgabe zukomme, die einzel-, nicht die gesamtwirtschaftlich optimale Nutzung des E.s zu gewährleisten.
Dabei kommt kaum ins Blickfeld, daß eine sozial schädliche Nutzung des E.s nicht verfassungsrechtlich geschützt, sondern im Gegenteil eigentlich verfassungswidrig ist; ohnehin geht die Debatte um E.rechte in der Regel weniger von Art. 14 GG als von einer einschränkend definierten „freiheitlich-demokratischen *Grundordnung*" aus. Nur so ist es zu erklären, daß die E.garantie z. B. gegen → Mitbestimmungsforderungen ins Feld geführt werden kann, die angeblich mit dem Recht der „unternehmerischen Leitung" zugleich das E.recht beeinträchtigen wollen. Dieselbe Haltung macht auch verständlich, daß bisher der *Bodenspekulation* kein Einhalt geboten wurde, die immerhin dazu führen konnte, daß Grundstückseigentümer ohne jegliche Eigentätigkeit und zum Schaden der Allgemeinheit innerhalb weniger Jahre Wertzuwächse von mehreren hundert Prozent realisieren. Maßnahmen gegen die exorbitanten Wertsteigerungen des Bodens würden nämlich eine restriktive Festlegung von „Inhalt und Schranken" des E.s erfordern – eine Festlegung, die auch das Städtebauförderungsgesetz von 1972 nur ungenügend leistet –, denn da der Boden

ein nicht beliebig vermehrbares Gut ist, gibt es auf einem „freien" Grundstücksmarkt keinen Mechanismus, der die Preise in Grenzen halten könnte; vielmehr muß jede vermehrte Nachfrage die Bodenpreise in die Höhe treiben.

5. E.POLITIK. – 5.1. Das so geschützte E. ist höchst ungleich verteilt: 1966 besaßen 1,7 % der privaten Haushalte in der BRD 31 % des gesamten Privatvermögens und 74 % des privaten Produktivvermögens; das Verhältnis zwischen dem niedrigsten (Arbeiter) und dem höchsten *Durchschnitts*vermögen (Selbständige) betrug 1 : 20. Zur Milderung dieser krassen Ungleichheit gibt es seit Bestehen der BRD Bemühungen, die Entstehung neuen E.s bei den bisher besitzlosen Schichten zu fördern (→ *Verteilung*). Gerechtigkeitsvorstellungen sind dabei indessen kaum das Hauptmotiv, soll doch die Bildung des „E. für jeden" nicht auf dem Wege einer Umverteilung bestehenden E.s erfolgen, die bei der vorherrschenden extensiven Interpretation der grundgesetzlichen E.-garantie als verfassungswidrig gilt; im Vordergrund stehen vielmehr Ziele, die an das liberale E.denken anknüpfen: Die *Bildung* von Klein-E. soll das Verantwortungsgefühl fördern, Selbständigkeit gewährleisten und vor allem Sicherheit bieten. Damit werden dem Klein-E. allerdings Funktionen zugesprochen, die es in modernen Industriegesellschaften nicht mehr erfüllen kann.
5.2. Die bisher praktizierten Methoden staatlicher E.politik beschränken sich im wesentlichen auf die *Sparförderung;* auch das „624-Mark-Gesetz" geht im Effekt nicht darüber hinaus.
Die Förderung des Erwerbs von sog. Produktivkapital – durch Ausgabe von „*Volksaktien*" und Einbeziehung des Aktienkaufs in die allgemeine Sparförderung/Vermögensbildung – ist insofern fiktiv, als der Besitz der Kleinaktie nie die mit dem Besitz von Produktionsmitteln verbundene Selbständigkeit gewährt: Für den Kleinaktionär ist sein E.titel lediglich ein Sparpapier; der Zugewinn an Selbständigkeit durch solchen „Volkskapitalismus" liegt allein beim Management (→ Unternehmer).
Neben der staatlichen E.politik wird in einigen Unternehmen die *betriebliche Gewinnbeteiligung* praktiziert, die entweder in der Form der Ausgabe von Belegschaftsaktien vor sich geht – und sich insofern von der Förderung des Aktiensparens kaum unterscheidet – oder in der Form der Zuordnung von Anteilen, die als „Darlehen" im Betrieb verbleiben. Beide Formen sind in der Regel nicht mit vermehrten Verfügungsrechten verknüpft, haben aber den Nebeneffekt, die Arbeitnehmer stark an ihren Betrieb zu binden (→ Mobilität). Darüber hinaus sind seit Jahren Pläne – wie die einer überbetrieblichen Gewinnbeteiligung, einer „Gewinnbesteuerung" oder eines additiven Investivlohnes – in der Diskussion, die ansatzweise auf *Vermögensumverteilung* abzielen und deswegen nur geringe Realisierungschancen haben, zumal damit gerechnet werden kann, daß jede zusätzliche Belastung der Unternehmen als Kostenbestandteil gewertet und auf die Preise überwälzt wird. Gegen jeden Versuch aber, die Überwälzbarkeit auszuschalten, wird immer ins Feld geführt werden, daß er ein Nachlassen der unternehmerischen Investitionsneigung zur Folge habe und darum unpraktikabel sei. Auch diese Pläne können zudem

nicht leisten, was die E.politik offiziell bezweckt, nämlich die Zunahme der Selbständigkeit der Individuen, deren neues „E." nur in Titeln bestünde und ihrer Verfügungsgewalt weitgehend entzogen wäre.

5.3. Die *Erfolge* der bisherigen E.politik sind recht dürftig, vor allem wenn man sie mit der steuerlichen Förderung der Vermehrung der großen Produktivvermögen vergleicht. Sie hat die niedrige Sparquote der Bezieher kleiner Einkommen nur unwesentlich erhöhen können; die durch sie erzielte Ersparnisbildung ist zudem so gering, daß sie sich in der Regel nicht als Vermögen konsolidieren, sondern relativ konsumnah bleiben dürfte. Da das während der (üblicherweise fünfjährigen) Sperrfrist angesammelte Vermögen meist Geldvermögen ist, und zwar in einer Höhe, die eine Anlage in Boden oder gar in Produktionsmitteln kaum erlaubt, würde seine weitere Hortung wegen der stetigen Preissteigerungen (→ Inflation) sogar nur seine kontinuierliche Entwertung (und also eine Partial-„Enteignung") bedeuten. Diese Art der E.politik kann demnach nicht nur das Ziel größerer Selbständigkeit der Individuen nicht erreichen, sondern ebensowenig das Ziel größerer Sicherheit: Die durch sie bewirkten Ersparnisse vermögen wegen ihrer geringen Höhe wie wegen der Geldentwertung weitaus weniger langfristige Sicherheit zu bieten als etwa eine staatliche Vollbeschäftigungspolitik, umfassende soziale Sicherung und feste Ansprüche an den Staat nach dem Modell der „dynamischen Rente".

6. E.IDEOLOGIE. Das Privat-E. hat also sowohl seine gesamtwirtschaftliche Steuerungsfunktion als auch für die breite Masse seine freiheits- und sicherheitsspendenden Funktionen verloren. Daß dennoch in den privatwirtschaftlich organisierten Ländern mit großer Energie am Institut des Privat-E.s festgehalten wird, verweist auf die ideologischen Funktionen der Rechtfertigung und der sozialen Integration. Das Prinzip des Privat-E.s an den Produktionsmitteln soll die vom E. längst abgetrennte private Verfügungsgewalt über den Produktionsapparat rechtfertigen und die Managements von jeglicher öffentlicher Kontrolle und von jeder klar definierten gesellschaftlichen Verantwortlichkeit freisetzen. Gleichzeitig können unter Berufung auf dieses Prinzip gesellschaftspolitische Forderungen – z. B. die nach Mitbestimmung der Arbeitnehmer – zurückgewiesen werden. Das Versprechen aber, jedem stehe der Weg zur E.bildung offen, soll auch den bisher Nichtbesitzenden zur Toleranz gegenüber dem E.-streben und dem E. anderer erziehen und ihn veranlassen, sich mit den Großeigentümern zu identifizieren, die private Wirtschaftsmacht zu akzeptieren und Angriffe auf die Privilegien der ökonomisch Mächtigen als Angriffe auf seine eigenen Chancen abzuwehren.

LITERATURHINWEISE

Föhl, Carl: Kreislaufanalytische Untersuchung der Vermögensbildung und der Beeinflußbarkeit ihrer Verteilung. Tübingen 1964.

Forwick, Friedhelm (Hrsg.): Eigentum und Freiheit. München 1972.

Hartwich, Hans Hermann: Sozialstaatspostulat und gesellschaftlicher Status quo. Opladen 1970.

Ipsen, Hans Peter: „Enteignung und Sozialisierung", in: VVStRL Heft 10. Berlin 1952.
Klug, Oskar: Katholizismus und Protestantismus zur Eigentumsfrage. Reinbek 1966.
Suhr, Dieter: Eigentumsinstitut und Aktieneigentum. Hamburg 1966.

HEIDRUN ABROMEIT, KLAUS SCHREDELSEKER

Entwicklungsländer (EL.)

→ *Außenwirtschaft, Entwicklungspolitik, Imperialismus, Wachstum*

1.0. WESEN. – 1.1. Der *Begriff* EL. kam in offiziellen Sprachgebrauch auf der ersten Welthandelskonferenz in Genf (1964), als 77 Länder sich selbst als „EL." bezeichneten. Vorher waren bereits andere Ausdrücke in der wissenschaftlichen Literatur aufgetaucht, die noch heute neben dem oben genannten Begriff im Gebrauch sind: unterentwickelte Länder (underdeveloped countries), unentwickelte Länder (undeveloped countries), arme Länder (poor countries), rückständige Länder (backward countries). Allen diesen Begriffen ist es gemeinsam, daß der Ist-Zustand der so bezeichneten Länder mit dem Ist-Zustand der Industrieländer verglichen und negativ bewertet wird. Der jetzt gebräuchliche Begriff „EL." hat diesen negativen Akzent nicht, ist aber deshalb unbefriedigend, weil auch Industrieländer sich entwickeln und insofern ebenfalls „EL." sind. Neuerdings wird deshalb der Begriff „unterentwickelt gehaltene Länder" gebraucht, um damit zu verdeutlichen, daß für den Zustand der EL. die Industrieländer verantwortlich sind. Dieser Begriff hat sich jedoch bisher nicht durchsetzen können.
1.2. *Kriterien* für die Unterscheidung zwischen Industrieländern und EL.n waren zunächst das niedrigere Bruttosozialprodukt (oder das Pro-Kopf-Einkommen) und die geringe Wachstumsrate der Produktion. Diese Kriterien wurden bald als unzulänglich angesehen, da die Verteilung von Verbrauchs- und Investitionsgütern in solchen Zahlen ebensowenig berücksichtigt wurde wie solche Güter und Dienstleistungen, die im Rahmen der Subsistenzwirtschaft ausgetauscht werden. Außerdem wurde eingewandt, daß diese rein wirtschaftliche Beurteilung Teil europazentrischen Denkens sei und die kulturelle Entwicklung eines Landes unterbewertet. Allerdings verliert der zuletzt genannte Einwand in dem Maße an Gültigkeit, als die Regierungen der EL. Hilfe zur Überwindung ihres wirtschaftlichen Rückstandes fordern und damit das wirtschaftliche Kriterium übernehmen, ohne damit irgendwelche kulturellen Implikationen zu akzeptieren.
Diesen Einwänden versuchte man dadurch zu begegnen, daß man *Merkmalskombinationen* entwickelte, die sowohl wirtschaftliche als auch soziale Merkmale berücksichtigen: (1) Geringes Pro-Kopf-Einkommen; (2) Geringe Spar- und Investitionsneigung; (3) Vorherrschen des primären Sektors (Landwirtschaft); (4) Wenig entwickelte Infrastruktur; (5) Wenige industrielle Sektoren innerhalb der traditionellen Wirtschaftsordnung, meistens im Bereich der über-

mäßig schnell wachsenden Hauptstadt; (6) Starke offene und vor allem latente Arbeitslosigkeit; (7) Hohe Geburtenrate und durch moderne Medizin allmählich sinkende Sterberate; (8) Hoher Anteil von Analphabeten.
Diese Merkmale sind *meßbar*, in der Praxis aber wegen der unvollkommen entwickelten Statistik der EL. nur schwer exakt zu bestimmen. Außerdem sind einzelne Merkmale auch bei Industrieländern zu finden; Portugal, Griechenland, Süditalien, Irland sind nach dieser Merkmalskombination als EL. zu bezeichnen. Die bisher ausführlichste und genaueste Merkmalskombination wurde vom UN Research Institute for Social Development vorgelegt, die 73 Indikatoren enthält. Außer den erwähnten meßbaren Merkmalen werden eine Reihe von nicht oder *nur schwer meßbaren* Merkmalen diskutiert:
(1) Fehlendes Nationalbewußtsein in den von Kolonialmächten künstlich geschaffenen Ländern und damit Gefahr des Tribalismus einerseits und Militär- oder Einpartei-Diktaturen andererseits; (2) Geringe soziale Mobilität; (3) Geringe soziale Differenzierung der Gesellschaft; (4) Diffuse soziale und ökonomische Beziehungen; (5) Traditionelle Solidaritätsgruppen (Großfamilien, Clans) stehen der Entwicklung individualistischen Leistungsbewußtseins entgegen; (6) Starke Einkommensunterschiede zwischen Elite und Massen; (7) Mangelnde Innovationsbereitschaft der parasitären Bourgeoisie; (8) Überbesetzung des Verwaltungsapparates.
Offensichtlich treffen diese Merkmale nicht für alle EL. zu. Besonders die letzten Merkmale stellen sich in sozialistischen EL. anders dar als in nichtsozialistischen.
1.3. Deshalb wird in letzter Zeit weniger der Unterschied zwischen Industrieländern und EL.n diskutiert als die *Typisierung* der EL., die sich in verschiedenen Phasen ihrer Entwicklung befinden. Die Vollversammlung der UN hat in Resolution 2768 (XXVI) den vom Tinbergen Ausschuß aufgestellten Katalog der 25 ärmsten Länder gebilligt. Folgende Kriterien wurden für diese Gruppe aufgestellt: (1) Bruttoinlandsprodukt pro Kopf von $ 100 oder darunter; (2) Anteil der industriellen Produktion am gesamten Bruttoinlandsprodukt von 10 % oder darunter; (3) Alphabetisierungsrate bei Personen über 15 Jahre von 20 % oder darunter.
Diesen Kriterien entsprechen folgende Länder: in Afrika: Botswana, Burundi, Tschad, Dahomey, Äthiopien, Guinea, Mali, Malawi, Niger, Ruanda, Somalia, Sudan, Uganda, Tansania, Obervolta; in Asien und Ozeanien: Afghanistan, Bhutan, Laos, Malediven, Nepal, Sikkim, Westsamoa, Jemen; in Lateinamerika: Haiti. Damit zeichnet sich eine Skala von EL.n ab, an deren unterem Ende die „ärmsten Länder" stehen und am oberen Ende sich Länder wie Mexiko finden, die in absehbarer Zeit zu den Industrieländern zählen werden.

2.0. Politische Entwicklung.–2.1.Trotz ihrer Verschiedenheit und trotz des Ost-West-Gegensatzes ist eine wachsende *Solidarisierung* der EL. auf den Welthandelskonferenz (UNCTAD) und auf den UNO-Vollversammlungen zu beobachten. Das letzte E.-Jahrzehnt hat den Abstand zwischen Industrieländern und EL.n weiter vergrößert, so daß sich 1967 in Algier 77 EL. auf eine gemeinsame Strategie gegenüber den Industrieländern festlegten (Charta von Algier), die auch 1972 auf der III. UNCTAD-Konferenz in Santiago de Chile verfolgt wurde, nachdem diese Gruppe auf etwa 100 Länder angewachsen war.

2.2. Die EL. führen die geringen Fortschritte ihrer sozialen Entwicklung vor allem auf den „*Neokolonialismus*" zurück. Nachdem der Kolonialismus durch direkte politische Beherrschung allein auf die Bedürfnisse der europäischen Kolonialmächte ausgerichtet war, setzt der Neokolonialismus diese Abhängigkeiten durch wirtschaftliche Beherrschung fort: Rohstoffe und Halbfertigprodukte aus EL.n werden billig gekauft, aber die Produkte der Industrieländer werden teuer verkauft; Währungsschwierigkeiten werden auf Kosten der EL. bereinigt; Hilfsmaßnahmen werden oft an politische oder ökonomische Bedingungen geknüpft; private Kapitalinvestitionen erbringen hohe Profite, die in die Industrieländer transferiert werden, und die Verschuldung der EL. nimmt schnell zu.

Die *marxistische Kritik* richtet sich deshalb gegen den → „*Imperialismus*" der westlichen Industrieländer, die die EL. ausbeuten. Sie bedienen sich dabei parasitärer Eliten, die die Umwälzung der Gesellschaft systematisch verhindern und den Abstand zwischen den Massen der Bauern und Arbeiter und der führenden Schicht ständig vergrößern. Dieser Vorwurf wird jedoch von China auch gegen die UdSSR gerichtet. Die durch die moderne Medizin geförderte schnelle Bevölkerungszunahme trägt zu starker *Unstabilität* der EL. bei: Ein oft fremdenfeindlicher Nationalismus konkurriert mit einem aus sozialen und regionalen Ungleichheiten resultierenden Tribalismus.

2.3. Solange sich der Abstand zwischen arm und reich sowohl zwischen Industrie- und EL.n als auch innerhalb der EL. vergrößert, werden *Revolutionen,* Putsche, Separationsbewegungen und blutige religiöse und tribalistische Auseinandersetzungen diese Länder erschüttern. Solche politischen Ereignisse beeinflussen mehr und mehr auch die internationalen Beziehungen entweder durch das Medium der internationalen Organisation (UNCTAD, UNO) oder durch das Hereinziehen der Großmächte (Naher Osten, Vietnam) oder durch die Ubiquität des Terrorismus, der neue Kriegsschauplätze eröffnet: Flugzeugentführungen, Geiselnahme usw.

3. WELTINNENPOLITIK. Es wächst die Einsicht, daß die Probleme der EL. nicht bilateral, sondern nur *multilateral* gelöst werden können. Verstärkte Autarkie-Bestrebungen im wirtschaftlichen und kulturellen Bereich der einzelnen Länder, regionale Zusammenschlüsse analog der EWG im außenwirtschaftlichen Bereich, verstärkte Mitsprache in Welthandels- und Währungsfragen sowie in der UNO im internationalen Bereich werden die EL. so stark in den weltpolitischen Vordergrund rücken, daß eine einschneidende Umstrukturierung des Welthandels die bis heute weithin unwirksame Entwicklungshilfe ersetzen wird (→ Entwicklungspolitik).

Die bisher überall festzustellende Orientierung an den (sozialistischen oder kapitalistischen) Industrieländern und ihren Wachstumsraten wird eine von der Umweltproblematik und der Verknappung der Rohstoffe her neu zu definierende *Industrialisierungspolitik* und Bevölkerungspolitik der EL. nötig machen. Erst eine „Weltinnenpolitik" könnte den Lastenausgleich herbeiführen, der nicht mehr von „E.ländern" sondern von Entwicklungs*regionen* innerhalb eines integrierten Welthandelsystems ausgeht.

LITERATURHINWEISE

McGranahan, D. V. u. a.: Contents and Measurement, of Socio-Economic Development. UN Research Institute for Social Development, Report No. 70.10. Genf 1970.
Handbuch der Entwicklungshilfe. Baden-Baden 1950 ff.
Horowitz, Irving Louis: Three Worlds of Development. 2. Aufl. New York 1968.
Myrdal, Gunnar: The Challenge of World Poverty. New York 1970.
Pearson, Lester B.: Der Pearson-Bericht. Wien usw. 1969.
Ringer, Karlernst: Zur Begriffsbestimmung der Entwicklungsländer. In: Besters-Boesch (Hrsg.). Entwicklungspolitik, Handbuch und Lexikon. Stuttgart 1966.

GERHARD GROHS

Entwicklungspolitik (EP.)

→ *Entwicklungsländer, Imperialismus, Internationale Organisationen, Wachstum*

1.0. ENTWICKLUNGSHILFE (EH.). – Oftmals werden die Begriffe EP. und EH. unterschiedslos benutzt. Das impliziert eine Überschätzung der EH. und eine Bedeutungsgleichheit von EP. und EH. Beides ist fragwürdig. – Die Frage, welche Bereiche des Kapital- und Warenverkehrs zwischen Industrieländern und E.ländern der EH. zugerechnet werden sollen, beschäftigte die Technokraten der EH. lange Zeit. Ob aber kommerzielle Investitionen, Exportförderungsmaßnahmen und Lieferungen militärischer Ausrüstungen „EH." genannt werden oder nicht, das beleuchtet zwar den Begründungszusammenhang der EH. im Rahmen der Politik der Industrieländer, tangiert aber nicht die Prinzipien internationalen Austauschs.

1.1. Unter EH. versteht man die Gewährung von *Finanzhilfen und unentgeltlichen Zuwendungen* durch Staaten, Privatunternehmen und Non-Profit-Organisationen an E.länder. Der größte Teil der EH. (ca. 80 %) wird bilateral vergeben, d. h. auf Grund direkter Absprachen zwischen Geber und Nehmer und nicht über die Vermittlung internationaler Organisationen. Da in der BRD 90 % der privaten EH. unter profitoptimierenden Gesichtspunkten erfolgt, wird zunehmend nur noch die *öffentliche* EH. als eigentliche EH. angesehen. Ihre Hauptinstrumente sind Kapitalhilfe und Technische Hilfe. Formell etwa 20 % der Kapitalhilfe der BRD (faktisch etwa 80 %) bestehen aus liefergebundenen Krediten, die nur für Waren und Dienstleistungen aus dem Geberland ausgegeben werden dürfen. Technische Hilfe (ca. 30 % der öffentlichen BRD-EH.) umfaßt im wesentlichen die kostenlose Entsendung von

Experten und Entwicklungshelfern sowie die Ausbildung von Praktikanten der E.länder in Industrieländern. Kapitalhilfe und Technische Hilfe setzen Leistungen der E.länder voraus, die sich zumeist auf die in Landeswährung entstehenden Kosten der EH.-Projekte beziehen.

1970 betrugen die Nettogesamtzuwendungen der 16 im EH.-Ausschuß der OECD (DAC) organisierten Industrieländer, die etwa 95 % der gesamten EH. aufbringen, 0,78 % ihres Bruttosozialproduktes (BSP), die öffentliche EH. belief sich auf 0,34 %. Das entspricht 2,23 % des BSP der E.länder.

1.2. Diesen Statistiken werden von seiten der E.länder eigene Kalkulationen entgegengestellt. Einerseits versucht man, den *realen Wert* der EH. abzuschätzen; man subtrahiert vom Gesamtbetrag u. a. die durch Lieferbindung entstehenden Verluste, die Lieferungen an NATO-Partner und direkte Kolonialgebiete, die Differenz zwischen realen Kosten der EH. für die Industrieländer und veröffentlichten Nominalzahlen, die den E.ländern auf Grund falscher Expertenentscheidungen verursachten Verluste und die übersteigerten Verwaltungskosten der EH.-Administrationen. Derartige Schätzungen beziffern den realen Betrag der EH. auf 0,02 % des BSP der Industrieländer. Stellt man diesem Betrag die internationalen Forderungen der E.länder nach EH. in Höhe von 1 % des BSP der Industrieländer (davon 70 % für öffentliche EH.) entgegen, dann zeigt sich deutlich der marginale Beitrag der EH. zur nationalen EP. Andererseits werden die Verluste berechnet, die den E.ländern u. a. auf Grund von Protektionismus, Dollarabwertung, Gewinntransfers, Verschlechterung der „terms of trade" für einige Produkte entstehen. Diese Berechnungen wollen nachweisen, daß den EL. zwar Millionen an EH. gewährt werden, Milliarden aber auf Grund der Bedingungen des Welthandels verlorengehen. Unter diesem Aspekt wird EH. angesehen als *Palliativ* zur Sicherung des auf inter- und intranationaler Ausbeutung basierenden internationalen Systems.

1.3. Auch „bürgerlichen" Historikern entgeht nicht der *Bruch* zwischen dem international proklamierten Ideal und der Praxis der EH. Sicherung von Rohstoffbasen, Absatzmärkten, Kapitalverwertungsmöglichkeiten, außenwirtschaftlichem Gleichgewicht und einer Arbeitskraftreserve sind nur einige der selbsteingestandenen Nebenziele der EH. neben Konjunkturstabilisierung, Imagepflege, Krisenmanagement und Sicherheitspolitik. Die internationale Verteilung der EH. läßt derartige *Interessen* klar erkennen. Wäre allein das Bedürftigkeitsprinzip Kriterium der EH., dann wäre es unverständlich, warum Indien 1970 von den DAC-Ländern nur 1,68 US-Dollar pro Kopf an EH. erhielt, Laos aber 23,1 und Surinam 54,9. Es wäre gleichermaßen unverständlich, warum ein unverhältnismäßig großer Teil der belgischen, französischen und portugiesischen EH. nach Afrika fließt, der japanischen und der US-amerikanischen aber nach Asien. Die EH.leistungen der BRD lassen keine derartig eindeutige regionale Präferenz erkennen.

1.4. Die „pluralistische" EH. widersprach oftmals nicht den *Interessen der Machteliten in E.ländern*. EH. als Beitrag zum Wirtschaftswachstum in regionalen Entwicklungsinseln war für sie profitabel und erlaubte eine Angleichung an den Konsumstandard der Industrieländer; der karitative Teil der EH. entpflichtete sie, zur Befriedung der Massen beizutragen. Langfristige Kredite ermöglichten eine bescheidene Industrialisierung, die die Notwendigkeit rapider interner Akkumulation und damit verbundener Strukturveränderungen vertagte und die Rückzahlungsverpflichtungen späteren Regierungen auferlegte.

Die Konsequenzen zeigten sich bald. Die *Ausbeutung* in den E.ländern wuchs, und zugleich wuchs die Ausbeutung der E.länder durch die Industrieländer. Das zeigt sich einerseits im größer werdenden Abstande von Einkommen, Konsum und Macht zwischen der Masse der Bevölkerung und den Machteliten, andererseits in der Verschlechterung der Austauschverhältnisse zwischen Rohstoffen und Industriegütern und im relativen Rückgang des Handels. Dies ist eine historische Konsequenz der einseitigen Ausrichtung der Produktionsstrukturen der E.länder auf die Interessen der Industrieländer (Monokultur, Exportorientierung etc.). Nicht nur angesichts der wachsenden Schuldenlast (man rechnet mit einem Gleichstand zwischen Schuldenlast und EH. für 1977) zerbröckelt die ursprüngliche Interessenharmonie zwischen Machteliten in E.ländern und EH.gebern. Die *Unvereinbarkeiten* zwischen entwicklungspolitischen Notwendigkeiten, Interessen der Machteliten und den Interessen der Industrieländer werden immer deutlicher.

2. Entwicklungspolitik der E.Länder. EP. bedeutet Überwindung von internem Kolonialismus und internationalem Neokolonialismus, von sozialer Ungerechtigkeit und nationaler Abhängigkeit. EP. ist keine bloße am BSP orientierte Wachstumspolitik, sondern qualitative Politik, die die Ausnutzung brachgelegter, unausgeschöpfter und verschwendeter nationaler Ressourcen ermöglicht. Das Problem der notwendigen Produktionssteigerung in der *Landwirtschaft* würde also nicht sofort auf das Problem der Mechanisierung reduziert werden; es würden vielmehr alternative Politiken, von denen die Mechanisierung nur eine ist, gegeneinander abgewogen werden. Unter dem Kriterium der *Bedürfnisse der Mehrheit* der Bevölkerung – also vor allem der Bauern, Arbeiter und Arbeitslosen – erarbeitet EP. Lösungen auf die Fragen nach der Qualität der Produktionsstruktur, nach der Verteilung von Macht und Reichtum, nach dem Verhältnis von Selbstversorgung und Außenversorgung. EP. ist geplante, *radikale* Veränderung der Machtstruktur in Richtung auf eine gesellschaftliche Kontrolle über Produktion und Konsum, die Kosten und Nutzen gesellschaftlicher E. gleichverteilt. Nur in diesem Sinn wird EP. von unkompromittierten Intellektuellen und von Arbeiter- und Bauernvertretern der E.länder verstanden.

Außenhandelspolitik zur Erlangung nationaler Unabhängigkeit (Diversifizierung der Handelspartner, Produzentenkartelle, regionale Integration der E.länder) jedoch ohne gesellschaftliche Kontrolle über Produktion und Konsum würde den internen Kolonialismus nur versteinern. Politiken zum Abbau des internen Kolonialismus (fundamentale Agrarreformen, gesellschaftliche Kontrolle über Schlüsselindustrien im Bereich der Grundstoffe und primären

Konsumgüter, Ausbau öffentlicher Dienstleistungen) ohne gleichzeitige Außenhandelspolitik wären in den meisten E.ländern undurchführbar; für den Ausgleich der Zahlungsbilanzen, den Ausbau der Infrastruktur und den Kauf von Investitionsgütern, Halbfertigwaren und Rohstoffen benötigen die E.länder Devisen; nur so können sie nationale Akkumulationsquellen schnell erschließen.

3. Anpassungsversuche der EH.Politik. – Internationale und nationale Überlegungen zur Konzeption der EH. für die 70er Jahre lassen drei Anpassungsversuche an die Forderungen der E.länder erkennen:
(1) *Verstärkte Einbeziehung der Handels- und Strukturpolitik* in das Instrumentarium der EH. Jedoch scheinen Rohstoffabkommen und Preisstabilisierungsbeschlüsse für einige Produkte nur eine oberflächliche Manipulation des Weltmarktes zu sein. Dem Abbau von Zöllen und nicht-tarifären Hemmnissen für Halb- und Fertigwaren stehen Protektionismus und relatives Autarkiestreben (EWG) entgegen. Chancengleichheit der E.länder auf dem Weltmarkt setzt Strukturveränderungen der Produktion in den Industrieländern (z. B. Verzicht auf Zuckerrübenanbau in der EWG und partielle Produktionseinschränkungen) voraus. Auch der geforderte Kompensationsfonds für E.länder aus den Verbrauchssteuern auf ihre Produkte (Kaffeesteuer, Mineralölsteuer etc.) scheint wegen der finanziellen Bedeutung dieser Steuern für die Industrieländer utopisch zu sein.
(2) *Verstärkte Multilateralisierung der EH.* Eine verstärkte Koordination bilateraler EH. über → internationale Organisationen (z. B. Europäisierung der EH.) würde größere Kontinuität der Mittelzuweisungen, Verringerung politischer und wirtschaftlicher Auflagen und effizientere Abstimmung der EH.projekte untereinander mit sich bringen. Für die Industrieländer würde sie die Flexibilität der Mittelvergabe einschränken, die diese zur Durchsetzung ihrer „pluralistischen" Interessen benötigen. Jedoch schlösse auch eine Multilateralisierung der EH. keinesfalls die Dominanz der Interessen eines Geberlandes aus (vgl. Weltbank, Europäischer Entwicklungsfonds).
(3) *Unterstützung der autonomen Ziele der E.länder.* Als globales Kriterium für die Förderungswürdigkeit einer Maßnahme der EH. wird zunehmend ihre Vereinbarkeit mit den Planzielen der E.länder gefordert. Diese Tendenz könnte zu einer Verlagerung der EH. von isolierten Projekten auf Programme bzw. sogar auf eine Budgetfinanzierung hinauslaufen. Ohne inhaltliche Differenzierung würde dies jedoch implizieren, daß die Planziele Haitis als ebenso berechtigt angesehen werden wie die Chiles und Tansanias.

4. Zukunft der EH. – EH. könnte nur dann einen Beitrag zur EP. der E.länder leisten, wenn strukturpolitische Maßnahmen in Industrieländern durch multilateral koordinierte Budgetfinanzierung für die E.länder ergänzt würde, die eine EP. im oben genannten Sinn realisieren. In jenen E.ländern, in denen nationale Machteliten weiterhin durch ungleichen Austausch zwischen Stadt und Land und durch Ausbeutung der Arbeitskraft ihre Existenz sichern,

wird EH. direkte Hilfe zur Befriedigung der primären Bedürfnisse der weiter verarmenden Bevölkerung sein müssen. Für eine derartige Konzeption entwicklungspolitischer EH. aber deutet sich kaum eine Realisierungschance an.

LITERATURHINWEISE

Bohnet, Michael (Hrsg.): Das Nord-Süd-Problem. München 1971.
Kebschull, Dietrich: Entwicklungspolitik. Düsseldorf 1971.
Mende, Tibor: Überfluß und Armut. Düsseldorf 1972.
Senghaas, Dieter (Hrsg.): Imperialismus und strukturelle Gewalt. Frankfurt 1972.

DETLEF UND ERIKA SCHWEFEL

Europäische Wirtschaftsgemeinschaft (EWG)

→ *Außenwirtschaft, Bundesstaat, Integration, Internationale Organisationen*

1. ZIELE UND MITGLIEDER. – Der Gründungsvertrag der EWG, der am 25. 3. 1957 in Rom von Belgien, der BRD, Frankreich, Italien, Luxemburg und den Niederlanden unterzeichnet wurde und am 1. 1. 1958 in Kraft trat, nennt sowohl *wirtschaftliche* wie *politische* Ziele. Art. 2 setzt der EWG die Aufgabe, „durch die Errichtung eines Gemeinsamen Marktes und die schrittweise Annäherung der Wirtschaftspolitik der Mitgliedstaaten eine harmonische Entwicklung des Wirtschaftslebens innerhalb der Gemeinschaft", stetiges Wachstum, Stabilität, Verbesserung der Lebenshaltung „und engere Beziehungen zwischen den Staaten zu fördern", die der Gemeinschaft angehören. Die Präambel betont darüber hinaus die Absicht, „die Grundlagen für einen immer engeren Zusammenschluß der europäischen Völker zu schaffen, ... durch den Zusammenschluß ihrer Wirtschaftskräfte Frieden und Freiheit zu wahren und zu festigen", und verbindet sie mit der „Aufforderung an die anderen Völker Europas, die sich zu den gleichen hohen Zielen bekennen, sich diesen Bestrebungen anzuschließen".
Die sechs Gründerstaaten hatten bereits 1951 unter primär politischer Zielsetzung die Europäische Gemeinschaft für *Kohle und Stahl* (Montanunion) gebildet. Hauptmotiv ihrer Konstrukteure war zwar der Wunsch, die deutsch-französische Verständigung durch konkrete Zusammenarbeit zu fördern und angesichts der zu erwartenden deutschen Wiederbewaffnung das deutsche Rüstungspotential unter Kontrolle zu halten, ohne die Bundesrepublik zu diskriminieren; doch begriffen sie die Montanunion gleichzeitig als Keimzelle einer fortschreitenden westeuropäischen Einigung. Das Vertragswerk von Rom, das auch die Errichtung der Europäischen Atomgemeinschaft *(Euratom)* einschloß, ging auf den Willen zurück, die in der Montanunion angelegte Europapolitik, die mit dem Scheitern des Projektes einer Europäischen Verteidigungsgemeinschaft ins Stocken geraten war, wiederzubeleben. In abgeschwächter Form nimmt der EWG-Vertrag die *beiden Integrationsprinzipien* auf (→ Integration), die der Montanunion zugrunde lagen: (1) Die Zusammen-

arbeit auf einem bestimmten Sachgebiet dient nicht allein dem Ziel, dort konkrete Verbesserungen zu erreichen, sondern soll gleichzeitig dazu beitragen, die Staaten zu einer festen Gemeinschaft zu verschmelzen. (2) Um die Gemeinschaftsbildung voranzutreiben, werden überstaatlichen Organen Befugnisse übertragen, die unmittelbar gelten, also einzelstaatlicher Bestätigung nicht bedürfen.

Diese Grundsätze haben andere Staaten davon abgehalten, der EWG in deren Gründungsphase beizutreten. Insbesondere in *Großbritannien* fehlte die Bereitschaft, das Verhältnis zum Commonwealth zugunsten sehr enger Bindungen an den Kontinent zu lockern und Souveränitätseinbußen hinzunehmen. Dabei spielten sowohl die Traditionen des britischen Parlamentarismus eine Rolle wie Vorstellungen über eine eigenständigere Weltmachtposition. Wie sehr letzteren die realen Voraussetzungen fehlten, wurde Ende der 50er Jahre immer deutlicher, was wesentlichen Anteil an dem 1961 gestellten Antrag auf Aufnahme in die EWG hatte. Irland, Dänemark und Norwegen schlossen sich dem britischen Schritt an. Die 1959 als Reaktion auf die EWG gegründete Europäische Freihandelszone (*EFTA*, Mitglieder: Dänemark, Großbritannien, Norwegen, Österreich, Portugal, Schweden, Schweiz; seit 1970 Island) war damit in Frage gestellt. Inwieweit die beitrittswilligen Staaten damals bereit waren, die Strukturen der EWG zu akzeptieren, ist nicht völlig geklärt. Die Beitrittsverhandlungen wurden 1963 abgebrochen, weil sich die französische Regierung unter de Gaulle aus außenpolitischen Motiven der Aufnahme Großbritanniens widersetzte. Nicht zuletzt deshalb nahmen die Spannungen innerhalb der Sechsergemeinschaft zu. Die Folge war, daß sich in der EWG die Einschränkung nationaler Souveränitätsrechte faktisch in engen Grenzen hielt, ebenso wie die politische Ausrichtung neben der wirtschaftlichen Dynamik verblaßte.

Diese Entwicklung erleichterte die Behandlung der 1967 von den genannten Staaten *erneuerten Gesuche* um Aufnahme in die „Europäischen Gemeinschaften“ EWG, Montanunion und Euratom. Die Verhandlungen wurden diesmal mit dem Beitrittsvertrag vom 22. 1. 1972 erfolgreich abgeschlossen. Dabei gilt der Grundsatz, daß die bisherigen Verträge nur in der Zusammensetzung der Organe und dem finanziellen Beitragsschlüssel angepaßt, ansonsten von den Neumitgliedern wie das inzwischen entstandene Gemeinschaftsrecht übernommen werden; lediglich Übergangsfristen werden eingeräumt. Der norwegische Beitritt kam nicht zustande, da sich die Norweger in einer Volksabstimmung mehrheitlich gegen ihn aussprachen. Maßgeblich für die veränderte französische Haltung waren nicht nur der Wechsel im Amt des Staatspräsidenten, sondern auch der Wunsch, ein Gegengewicht zu der Wirtschaftskraft der BRD zu schaffen. Den traditionell oder völkerrechtlich auf *Neutralität* festgelegten Staaten bilden die ursprünglichen Integrationsprinzipien der EWG nach wie vor ein Hindernis für eine Vollmitgliedschaft. – Mit einer Reihe von Staaten im Mittelmeerraum und in Afrika, insbesondere ehemaligen Kolonialgebieten, bestehen *Assoziierungsabkommen*, die in unterschiedlichem Grade über bloße Handelserleichterungen hinausgehen.

2. Wirtschaftliche Integration. – 2.1. Ökonomisches Kernstück des EWG-Vertrages ist der *Gemeinsame Markt,* der mit freiem Warenverkehr sowie Freizügigkeit der Produktionsfaktoren Arbeit und Kapital wichtige Merkmale eines Binnenmarktes tragen soll. Seine Grundlagen sind die Beseitigung aller mengenmäßigen Handelsbeschränkungen und eine *Zollunion* mit einem gemeinsamen Zolltarif gegenüber dritten Ländern. Zölle und Kontigentierungen haben die Partnerstaaten schrittweise abgebaut; am 1. 7. 1968, bereits vor dem Ende der vorgesehenen zwölfjährigen Übergangszeit waren sie für fast alle Waren aufgehoben. Die Anpassung der *steuerlichen* Belastungen der Waren sowie der technischen Vorschriften ist viel weniger vorangeschritten, so daß nicht nur die Grenzkontrollen, sondern auch Wettbewerbsverzerrungen fortbestehen. Ähnliches filt für die *Außenzölle.* Solange nationale Unterschiede auf dem Gebiet des Zollrechts nicht beseitigt sind, wird die gleichmäßige Anwendung des gemeinsamen Zolltarifs behindert. Die *Freizügigkeit* der Arbeitnehmer ist weitgehend hergestellt. Dagegen unterliegen die Niederlassungsfreiheit der *selbständig* Berufstätigen, die Betätigung von Unternehmen in den Partnerländern (insbesondere auf dem Dienstleistungssektor) und der *Kapital*verkehr weiterhin mancherlei Beschränkungen.

Die Zollunion ist bisher das formale Hauptergebnis des wirtschaftlichen Integrationsprozesses. Es reicht jedoch bei weitem nicht aus, um den Ausdruck „*binnenmarktähnliche Verhältnisse*" zu rechtfertigen. Dafür sind die Unterschiede sowohl im Wirtschaftsrecht als auch in der Wirtschafts- und Finanzpolitik der Mitgliedstaaten zu erheblich, die gemeinsamen Regelungen und Handlungsmöglichkeiten zu wenig umfassend.

2.2. Die *Koordinierung der nationalen Wirtschaftspolitiken* sowie die Ausweitung der wirtschaftspolitischen Befugnisse und der realen Handlungsfähigkeit von Gemeinschaftsorganen stellen auf absehbare Zeit das dominierende Problem der EWG-Entwicklung dar. Dies nicht nur, wenn die Absicht besteht, den Verflechtungsprozeß fortschreiten zu lassen, sondern schon dann, wenn dessen bisheriger Stand vor Rückschlägen bewahrt bleiben soll. Der Handel zwischen den sechs Mitgliedsländern hat sich von 1958 bis 1969 verfünffacht; sein Anteil am Gesamtaußenhandel dieser Länder stieg von einem knappen Drittel auf rund die Hälfte. Jedes der Partnerländer ist damit empfindlicher gegenüber den Konjunkturentwicklungen der übrigen geworden. Rezessive oder inflationäre Tendenzen breiten sich innerhalb der EWG ähnlich aus wie zwischen den Regionen eines nationalen Wirtschaftsraumes. Isolierte Bemühungen einer einzelstaatlichen Konjunktursteuerung laufen somit entweder Gefahr, wirkungslos zu bleiben, oder sie bringen schwere Beeinträchtigungen der Beziehungen auf dem gemeinsamen Markt, wenn sie versuchen, durch außenwirtschaftliche Maßnahmen (Änderungen der Währungsparität, Devisenkontrollen, Eingriffe in den Außenhandel) den eigenen Wirtschaftsablauf ohne Rücksicht auf die übrigen Mitglieder zu korrigieren. Bis zur deutschen Rezession von 1967 spielte dieser Zusammenhang eine geringere Rolle. Bei meist gegenläufigen Tendenzen der Konjunkturen trug die Handelsverflechtung eher zur Verstetigung der Wirtschaftsabläufe bei. Seither sind die Gefahren deutlicher geworden. In den Währungskrisen der Jahre 1968/69 und in der deutschen wie der französischen Wirtschaftspolitik dieses Zeitraumes zeigten sich sowohl die Grenzen binnenwirtschaftlicher wie die störenden Folgen außenwirtschaftlicher Maßnahmen; sie reichten bis zur zeitweiligen Außerkraftsetzung des gemeinsamen Agrarmarktes.

2.3. Die *Agrarpolitik* zählt (neben der Handelspolitik gegenüber Drittländern) zu den wenigen Gebieten, wo es zu einer wirklich gemeinsamen Politik der EWG gekommen ist. Extrem dirigistisch angelegt, lange vorrangig an der Erhaltung von nicht mehr lebensfähigen Strukturen orientiert, hat sie in einem Ausmaß die Energien der Gemeinschaftsorgane absorbiert, das im krassen Mißverhältnis zur wirtschaftlichen Bedeutung der → Landwirtschaft im industriellen Westeuropa steht.

2.4. Einen umfassenden Versuch, die Mängel in der Koordinierung der Wirtschaftspolitik zu überwinden, stellen die Pläne einer *Wirtschafts- und Währungsunion* dar. In ihrer am weitesten gehenden Fassung, die ein Arbeitsausschuß unter Leitung des luxemburgischen Ministerpräsidenten *Werner* vorgelegt hat, zielen sie darauf ab, die EWG stufenweise zu einer einzigen Volkswirtschaft, in der alle wichtigen wirtschaftspolitischen Entscheidungen zentral getroffen werden, zu verschmelzen. Innerhalb eines Jahrzehnts, so die Vorstellung, sollen Währungs- und Finanzpolitik der Staaten zunächst koordiniert, dann an Richtlinien gebunden und schließlich Gemeinschaftsorganen übertragen werden. Für die Beziehungen der EWG-Währungen untereinander werden zunächst eine Einengung der Schwankungsbreiten und intensivere Konsultationen vor Paritätsänderungen, schließlich intern starre und unveränderliche Paritäten, unwiderrufbare Konvertierbarkeit und dementsprechend zentrale Beschlußfassung über das Verhältnis zu dritten Währungen vorgesehen. Die Einführung von EWG-Geldzeichen wird dann zur Formfrage. Parallel zu dieser Entwicklung sollen die Angleichung der Steuer- und Sozialpolitik vorangetrieben, Wettbewerbsverzerrungen beseitigt und der Kapitalmarkt völlig liberalisiert werden.

An programmatischen Erklärungen der Regierungen, eine Wirtschafts- und Währungsunion zu schaffen, hat es nicht gefehlt. Gegenüber konkreten Schritten, die über das Versprechen, die Konsultationen zu intensivieren, hinausgegangen wären, zeigten sie aber eine verständliche Zurückhaltung. Die Entscheidungskompetenz der nationalen Regierungen und Parlamente einzuschränken oder gar zu beseitigen, hieße, deren politischen Gestaltungsspielraum dermaßen einzuengen, daß die EWG-Mitglieder nur noch mit Gliedstaaten eines → *Bundesstaates* vergleichbar wären. Es gibt keinerlei Anzeichen dafür, daß auch nur eine der großen Nationen bereit wäre, diese Konsequenz allein um der Harmonisierung der Wirtschaftspolitik willen hinzunehmen. Solange der westeuropäische Integrationsprozeß im wesentlichen auf ökonomischen Impulsen beruht und nicht in gleicher Weise von gesellschafts- und außenpolitischen Zielen getragen wird, über die ein breiter Konsens besteht und die nur in einer westeuropäischen Gemeinschaft erreichbar erscheinen, hat jedes Streben nach einem europäischen Bundesstaat keine Realisierungschance;

es provoziert eher die mißtrauische Weigerung, auch nur geringe Einschränkungen von Kompetenzen zuzugestehen. Eine bessere Koordinierung der Wirtschaftspolitik ist nichtsdestoweniger im Hinblick auf eine wirksamere Konjunktursteuerung, mittelfristige Strukturpolitik und Wahrung von Integrationserfolgen zweckmäßig. Um sie zu erreichen, kommt es darauf an, *mittlere* Lösungen zu finden.

3. Willensbildung. Der fortbestehende Vorrang der Staaten gegenüber der Gemeinschaft spiegelt sich ähnlich in der Entwicklung der Entscheidungsstrukturen der EWG wieder.

3.1. Der EWG-Vertrag nennt *vier Organe* der Gemeinschaft (die seit der Auflösung besonderer Organe auch für Montanunion und Euratom zuständig sind, weshalb offiziell der zusammenfassende Begriff „Europäische Gemeinschaft(en)" verwendet wird): die Versammlung, inzwischen als „Europäisches Parlament" bezeichnet, den Rat, in dem jede Regierung durch einen Minister vertreten wird, die Kommission, deren Mitglieder von den Regierungen im gegenseitigen Einvernehmen ernannt, und den Gerichtshof, dessen Richter und Generalanwälte in gleicher Weise bestellt werden.

Die Existenz eines eigenen *Gerichts,* das für die Einhaltung und verbindliche Auslegung des Gemeinschaftsrechts zuständig ist, verdient große Beachtung; im Hinblick auf die Willensbildung sind freilich die anderen Organe von größerem Interesse. Das *Parlament,* dessen Abgeordnete von den Parlamenten der Mitgliedsländer aus ihrer Mitte gewählt werden, ist nicht mehr als ein Diskussionsforum, neuerdings mit einigen Mitwirkungsrechten bezüglich des Gemeinschaftshaushalts; von der einen bedeutenden Befugnis, die es hat, der Kommission das Mißtrauen auszusprechen, woraufhin diese zurücktreten muß, hat es bisher keinen Gebrauch gemacht.

Die wichtigen Institutionen sind *Kommission* und *Rat,* die durch eine eigentümliche Konstruktion aneinander gekoppelt sind. Bestimmungen von einiger Tragweite können nur durch den *Ministerrat* erfolgen, der jedoch außer in einigen Fällen nur über Vorschläge der Kommission entscheiden kann. Der Vertrag weist damit der von den Mitgliedsstaaten unabhängigen, mit einem Quasi-Monopol der Initiativfunktion ausgestatteten *Kommission* die Rolle eines Motors zu. Dem Rat steht es frei, die Kommissionsvorschläge anzunehmen oder abzulehnen. Will er von ihnen abweichen, kann er dies nur einstimmig tun. Ansonsten, so die ursprüngliche Absicht, würde er nach Überwindung der Anfangsphasen in aller Regel mehrheitlich beschließen, über weniger bedeutende Fragen mit einfacher, über die übrigen mit qualifizierter Mehrheit.

3.2. Die *tatsächlichen* Entscheidungsstrukturen haben sich anders entwickelt. Nachdem Frankreich 1965, nicht gewillt, sich bei der Finanzierung der Agrarpolitik überstimmen zu lassen, die Mitarbeit im Rat vorübergehend eingestellt hatte, vereinbarten die sechs Regierungen, nach einstimmigem Einvernehmen zu suchen, wenn „sehr wichtige Interessen eines oder mehrerer Partner auf dem Spiel stehen". Diese Einigung kostete keine der Regierungen große Überwindung. Vorbehalte gegenüber dem Mehrheitsprinzip bestanden damals wie

heute in allen Mitgliedstaaten. *Einstimmigkeit* der Beschlußfassung ist seither im Ministerrat de facto die Regel. Wenn alle Beschlüsse einstimmig gefaßt werden, verliert die Initiativfunktion der Kommission an Bedeutung. Sollen die Vorschläge nicht unerledigt liegenbleiben, müssen sie sorgfältig mit den *ständigen Vertretern* der Regierungen abgestimmt sein, bevor sie dem Rat unterbreitet werden. Abgesehen von der – freilich wichtigen – Aufgabe, Ratsbeschlüsse durchzuführen, erfüllt somit die Kommission eher die Funktion eines Beratungs- und Planungsstabes. Obwohl der Rat seinen Rechtscharakter als Gemeinschaftsorgan, dessen Entscheidungen innerstaatlich nicht bestätigt werden müssen, durch den Einstimmigkeitsgrundsatz nicht verliert, verleiht diese faktische Regel seinem Verhandlungsverfahren doch Ähnlichkeit mit einer diplomatischen Konferenz. Die Zentren der Entscheidungen sind die europäischen Hauptstädte, und sie werden es auf absehbare Zeit bleiben.
3.3. Dementsprechend bleibt dort auch weiterhin das Hauptbetätigungsfeld der wirtschaftlichen *Interessengruppen* (→ Verbände). Verbandsaktivitäten in Brüssel finden parallel dazu statt, bei weitem nicht nur über das offizielle Beratungsorgan von Rat und Kommission, den Wirtschafts- und Sozialausschuß. Je nach Interessenlage erfolgen sie auf zwei Ebenen: jener der nationalen Verbände oder der von europäischen Dachorganisationen. Bei der Bildung letzterer sind die Landwirtschafts- und diversen Unternehmerverbände viel weiter vorangeschritten als die Gewerkschaften.

4. Bewertung. Im Gegensatz zu einer früher häufig anzutreffenden Europa-Euphorie mehren sich die Stimmen, die der EWG bloßen *Pragmatismus* vorwerfen, ihr anlasten, den Durchbruch zur Überwindung nationalstaatlichen Denkens nicht gebracht zu haben, oder aber die Gefahr technokratischer Entscheidungen ohne demokratische Kontrolle betonen. Wenn solche Einwände auch nicht jeder Grundlage entbehren, lassen sie doch Augenmaß vermissen. Denn der bisherige Stand der wirtschaftlichen Integration in der EWG, wohlgemerkt einer Staatengruppe ohne Hegemonialmacht, kann *nicht bagatellisiert* werden, selbst wenn die Koordinierung der Wirtschaftspolitik noch in den Anfängen steckt. Der Technokratieverdacht ist zwar grundsätzlich berechtigt, aber fehlgeleitet, wenn er sich vornehmlich gegen die Bürokratie in Brüssel richtet, da alle wichtigen Entscheidungen durch die nationalen Willensbildungsprozesse bestimmt werden. Enttäuschung darüber, daß die Gemeinschaft sich nicht zum Bundesstaat mit einheitlicher Innen- und Außenpolitik entwickelt hat, obwohl die Sachlogik der wirtschaftlichen Integration dies doch verlange, beweist Unverständnis für die historischen Bedingungen und basiert ähnlich wie die These, die Entwicklung zum Bundesstaat sei eine Funktion der Kapitalverflechtung (Ernest Mandel), auf ökonomistischen Modellvorstellungen, die der Komplexität des Gegenstandes nicht gerecht werden.

Literaturhinweise

Bibliographie zur Europäischen Integration. 3. Aufl. Köln 1970.
Periodika:
Europa-Archiv. Zeitschrift für internationale Politik, Bonn;

Integration. Vierteljahreshefte zur Europaforschung, Brüssel;
Journal of Common Market Studies, Oxford.
Monographien:
Hallstein, Walter: Der unvollendete Bundesstaat. Düsseldorf usw. 1969.
Krämer, Hans R.: EWG und EFTA. 2. Aufl. Stuttgart 1969.
Lindberg, Leon N.: The Political Dynamics of European Economic Integration. Stanford usw. 1963.
Mandel, Ernest: Die EWG und die Konkurrenz Europa–Amerika. Frankfurt/M. 1968.

JÖRG-OTTO SPILLER

Fortschritt, technischer (tF.)

→ *Arbeiter, Entfremdung, Konzentration, Verelendung, Wachstum*

1. HISTORISCH-SYSTEMATISCHE VERORTUNG. Gegenüber der über Jahrtausende hinweg verfolgbaren „Entstehung" der Technik (T.) meint „tF." einen kontinuierlich und kumulativ erfolgenden Prozeß technischer (t.) Entwicklung mit gesellschaftlichem Bedingungs- und Wirkungsfeld. TF. in diesem Sinne existiert erst seit dem ausgehenden 18. Jahrhundert in unmittelbarer Verbindung mit der *„industriellen Revolution"*. Vorher hatte es in einigen gesellschaftlichen Teilbereichen (im Kriegs- und Bauwesen und im höfischen Unterhaltungsbetrieb) einzelne Entwicklungen gegeben, die sich jedoch als isolierte Innovationen einem stationären Bestand einfügten. Mit der industriellen Revolution kam es demgegenüber von einigen Bereichen her (bes.: Textilindustrie) zu einer Aufsprengung und Umwälzung des gesamten überlieferten Bestandes der T. An die Stelle der handwerklichen Werkzeug-T. trat die industrielle Massen-T. Das handwerkliche Erfahrungswissen, das in der Repetition werkzeuganwendender Arbeitsakte zur „Meisterschaft" heranreifte, wurde von zwei neuen, in grundsätzlicher Weise erfahrungsunabhängigen Wissens- und Arbeitstypen abgelöst: von dem auf ständige Neukonstruktionen abstellenden Wissen des Ingenieurs und von dem tendenziell auf unbegrenzte Adaptilität gegenüber wechselnden t.en Bedingungen angelegten (Nicht)wissen und Vermögen des Industriearbeiters. Die industrielle T. konnte somit – getrieben vom kapitalistischen Erwerbsmotiv des → Unternehmers – „revolutionär" werden (Sombart). Risikobereite Unternehmer setzten die Ergebnisse der Erfinder in wirtschaftliche Realitäten um. Dabei kam es nicht nur zu dauernden Veränderungen der t.en Ausstattung bestehender Produktionen, sondern auch zu einer – in Wellen erfolgenden – Expansion des Industriesystems in neue Aktionsräume, was eine unablässige Aufdeckung und Nutzung zusätzlicher t.er Innovationspotentiale mit sich brachte.

Die Charakterisierung dieser Dynamik erfolgt in einer verkürzten Form, wenn sie schlicht als Realisation eines technologischen *„Sachzwanges"* verstanden wird. Vielmehr verbanden sich mit den t.en Determinanten auch ökonomische, soziale und politische Einwirkungen auf komplexe Weise. Die frühe Dampfmaschinenproduktion begünstigte z. B. eine räumliche Industrieagglomeration auf den großen Kohlefeldern, die wiederum zu einer starken Bevölkerungskonzentration in *„Ballungsräumen"* führte. Der Umsturz der Lebensverhältnisse für viele Millionen Menschen brachte neuartige Bedürfnisse nach Nahverkehrsmitteln mit sich: Straßenbahnen, Fahrräder, schließlich Verbrennungsmotoren, die sich ihrerseits ballungsfördernd auswirkten und eine neue Wachstumsspirale begünstigten. Daraus resultierten Folgebedürfnisse: Information, Daseinsvorsorge, Regeneration, Zerstreuung usw. die wiederum neue tF.e auslösten.

Die Wirkung dieser Dynamik darf nicht deterministisch interpretiert werden. Historische Analysen und Untersuchungen aktueller Innovationsvorgänge enthüllen vielmehr eine hochgradige „Sensitivität" t.er Entwicklungen gegenüber ihren sozioökonomischen und politischen Randbedingungen. Vorstellungen über den „Sachzwang" oder die „Eigengesetzlichkeit" der T. können zwar für sich geltend machen, daß der Gesamtprozeß von niemandem „gewollt" war und von keinem sozialen „Subjekt" verantwortet wurde. Sie übersehen jedoch, daß diese „Verantwortungslücke" der Ideologie und Handlungspraxis des zeitgeschichtlichen Liberalismus entsprang und somit selbst sozioökonomisch und politisch bedingt ist.

Der *Marxismus* versucht, das Wechselverhältnis von sozioökonomischen und politischen Auslösern, t.er Entwicklungen und gesellschaftlichen Folgen als Resultat von Widersprüchen zwischen „materiellen Produktivkräften" und ökonomischen „Produktionsverhältnissen" zu deuten. Die heuristisch fruchtbare Basis seines Denkansatzes wird jedoch dadurch problematisch, daß er „soziale Revolutionen" mit einer den Tatsachen schwerlich gerecht werdenden Einseitigkeit als die einzig mögliche Form der Widerspruchs-Auflösung postuliert.

2. Auswirkungen auf die industrielle Organisation. Die Maschinen-T. begünstigte den Übergang vom handwerklichen Kleinbetrieb zur Fabrik; ebenso begünstigte sie – jedenfalls in ihren ersten Entwicklungsphasen – die Übernahme hierarchischer Organisationsmodelle aus dem Bereich des *Militärs* und der *Bürokratie* in den Industriebetrieb. Mit der Auflösung älterer kooperativer Arbeitsformen führten diese Wandlungen zu einer Organisationsstruktur der Fabrik, die von Marx als „Fabrikdespotie" und von kulturkritischen bürgerlichen Beobachtern als „entseelte" oder „entpersönlichte" und „zwangsdisziplinierte" Über- und Unterordnung bezeichnet wurde. Die *„Fremdbestimmung"* in der Fabrik beginnt – dem frühen Götz Briefs zufolge – „mit der Fremdheit des Arbeitgebers, des Raumes, der Werkmittel; sie erweitert sich zur Fremdheit der Anordnungsmacht im Betrieb, der Arbeit, der Betriebszeiten und der Mitarbeiter im Betrieb. Sie endet im taylorisierten Betrieb mit der Überfremdung der eigenen Physis des Arbeiters im Arbeitsvollzug, indem sie die Bewegung der für jeden Handgriff isoliert in Betracht kommenden Muskelgruppen nach fremder unpersönlicher Anweisung festlegt".

Gegenüber diesem Typ der industriellen Organisationsstruktur kommt es seit einigen Jahrzehnten in zunehmendem Maße zu *Gegentendenzen*. Sie haben ihre Ursachen teils in dem Bemühen um ein „soziales" Betriebsklima, das die Arbeitsmotivation und Betriebstreue der Beschäftigten stimulieren und somit den Bedingungen langfristiger Vollbeschäftigung adaptieren soll. Teils gehen sie aber auch mit der Betriebs- und Unternehmenskonzentration wie auch mit dem t.n Wandel Hand in Hand. Insbesondere die Automation fördert die Entwicklung von Strukturen, welche die Delegation von Verantwortung auf dezentrale Teilbereiche ermöglichen und hierarchische „Amtsautorität" durch „funktionale Autorität" substituieren. Dieser Trend begegnet und reibt sich mit einer Mobilisierung von sozialen Erwartungen, die sich auf die Beteiligung an Organisationsentscheidungen richten.

Inwieweit sich damit ein Wandel in den Machtverhältnissen und in der *Motivation der Unternehmer* verbindet, ist noch umstritten. Nach der frühesten in diese Richtung gehenden These, *Burnhams* „Revolution der Manager", üben in den modernen Kapitalgesellschaften eigentumslose Manager die faktische Verfügungsmacht aus, so daß es zu einer Trennung von Kapitaleigentum und Unternehmenskontrolle kommt, die nicht-kapitalistischen Motiven und Zielen – Macht, Sozialprestige, sozialer Verantwortung – die Tür öffnet. In letzter Zeit hat *Galbraith* diese eine These durch eine zweite überboten, derzufolge in der Großindustrie die „Technostruktur", die vom mittleren Management bis in die oberen Ränge der Arbeiterschaft reicht, die faktische Entscheidungsgewalt besitzt. Die *marxistischen Kritiker* haben sich bis heute diesen Thesen gegenüber nicht auf eine einheitliche Linie einigen können. So betont N. Poulantzas, die empirische Machtmotivation und -chance der industriellen Eliten sei irrelevant, da diese den „objektiven" Zwängen „des Systems" unterworfen seien, während R. Milliband umgekehrt die Notwendigkeit einer marxistischen Elitenforschung behauptet, deren Ziel es sein müsse, die Verzahnung zwischen den Kapitalisten und den Besitzern der Verfügungsmacht nachzuweisen.

3. Auswirkungen auf die industrielle Arbeit. – Für Marx war die industrielle Arbeit, die ihm gegenwärtig war, in einem doppelten Sinn *„entfremdet"*: Erstens war der Arbeiter der Maschinerie als Zubehör oder Anhängsel einverleibt und mußte sich dem monotonen Maschinentakt unterwerfen. Zweitens hatte er unter einer Entfremdung vom „Produkt seiner Arbeit" zu leiden, da er nur einen niedrigen Lohn erhielt und zudem ständig von Arbeitslosigkeit bedroht war. Soweit Marx die t.en Bedingungen der Industriearbeit schilderte, nahm er überwiegend auf die Textilindustrie Bezug. In der Tat war die Arbeit dort durch eine entnervend monotone, dennoch aber hohe Konzentration erfordernde Maschinenbedienung charakterisiert.

Mehreren Sozialwissenschaftlern erscheint es *heute* so, als ob die frühe Technologie, die Marx seiner Theorie der kapitalistischen Industriearbeit unterlegte, inzwischen durch *neue T.en* mit ganz anderen Folgen für den Arbeiter verdrängt worden sei. So entwickelt R. Blauner ein Dreiphasenschema, in das die von Marx zugrundegelegte Technologie als eine „intermediäre" eingeht,

die nur vorübergehend das Feld beherrscht habe und gegenwärtig von einer neuartigen „Fließprozeß-Technologie" abgelöst werde. Diese entfremde den Arbeiter nicht mehr von der Produktion, sondern ermögliche ihm hohe Grade von Initiative, lern-intensiver Problembezogenheit und Verantwortung; seine Persönlichkeit werde nicht mehr verkrüppelt sondern vielmehr entwickelt; er gelange somit in der Arbeit zur Selbstverwirklichung.
Von *Marxisten* wird dagegen geltend gemacht, solche Analysen verschleierten den Sachverhalt, daß das „objektive" Merkmal der proletarischen Klassensituation – Ausschluß vom Eigentum an den Produktionsmitteln und Arbeit zu fremdem Nutzen – weiterhin bestehen bleibe. Gegenüber dem hier sichtbar werdenden „Begriffsrealismus" hat das empirische Argument von *H. Kern* und *M. Schumann*, die Arbeitsplatzstruktur automatisierter Betriebe sei durchweg „konservativer" als ihr technologisches Niveau, größeres Gewicht: Nicht alle Arbeiter könnten in automatisierten Betrieben am tF. teilnehmen, ein Teil von ihnen müsse vielmehr auch weiterhin im Bereich der intermediären Technologie arbeiten; der tF. führe also nicht zu einer Transformation der Arbeiterschaft, sondern zu ihrer Polarisierung in eine privilegierte und eine unterprivilegierte Teilgruppe.
In der Tat hat man damit zu rechnen, daß die weitere Entwicklung der „Mechanisierung" zur „Automatisierung" zu einer fortschreitenden *Differenzierung* der „Arbeiter" in höchst unterschiedliche Berufsgruppen führen wird. Ob es dann jemals wieder zu einem breite Schichten erfassenden „Klassenbewußtsein" kommen kann, ist fraglich.

4. Makro-innovationstheoretische Perspektiven. – Marx nahm an, das Kapital könne die t.en und gesellschaftlichen Bedingungen des Arbeitsprozesses nur insoweit umwälzen, als dadurch der Exploitationsgrad der Arbeitskraft erhöht werde. Demzufolge sei in einer kapitalistischen Gesellschaft der Maschinengebrauch grundsätzlich begrenzter als in einer sozialistischen, die vom Gesichtspunkt der Arbeitersparnis ausgehen könne.
Überträgt man diese These auf die Ebene des *Ost-West-Systemvergleichs*, dann muß sie zu der Annahme führen, daß die Rate des tF.s im sozialistischen Osten höher liege als im Westen. Die Überprüfung dieser Annahme ist nicht einfach, da sich die betreffenden Gesellschaften nach ihrer Produktionsstruktur und ihrem Entwicklungsgrad stark unterscheiden. Wertet man aber die Angaben aus, die sich in „Bericht und Materialien zur Lage der Nation" von 1971 finden, dann zeigt sich, daß zwischen der BRD und der DDR – zwei gut vergleichbaren Staaten mit verschiedenen Systemen – keine nennenswerten Unterschiede in der Entwicklung der Arbeitsproduktivität und damit auch des tF.s bestehen.
Nach *R. Richta* unterliegt diesem Widerspruch zwischen den Marxschen Thesen und der realen Entwicklung eine Wandlung des Monopolkapitalismus, deren Anfänge bis in die dreißiger Jahre zurückgehen. Der Kern dieser Wandlung bestehe darin, daß „die Monopole ... ihre gehorteten Vorräte an Erfindungen und Patenten in Umlauf" geben und „den Druck auf Innovationen"

verstärken. Offenbar habe der Kapitalismus eine „Scheidelinie an der Grenze der Produktivkräfte" überschritten.

Die Diskussionen über eine *„säkulare Stagnation"* und über innovationsfeindliche Wirkungen des Größenwachstums von Unternehmungen – die in den dreißiger bis fünfziger Jahren eine Rolle spielten – sind überholt. Innovativität und Größenwachstum gehen Hand in Hand; in vielen Industrien existierten vor zehn Jahren 50 bis 80 % der heutigen Produktion noch gar nicht. Offensichtlich sind die Industrieländer des Westens und des Ostens seit dem Ende des Zweiten Weltkrieges in eine neue „lange Welle" innovatorischer Aktivitäten eingetreten.

LITERATURHINWEISE

Galbraith, John Kenneth: Die moderne Industriegesellschaft. München usw. 1968.

Hirsch, Joachim: Wissenschaftlich-technischer Fortschritt und politisches System. Frankfurt/M. 1970.

Offe, Claus: Leistungsprinzip und industrielle Arbeit. Frankfurt/M. 1970.

Rationalisierungs-Kuratorium der Deutschen Wirtschaft (Hrsg.): Wirtschaftliche und soziale Aspekte des technischen Wandels in der Bundesrepublik Deutschland, Erster Band, Frankfurt/M. 1970.

Richta, Radovan und Kollektiv: Richta-Report. Politische Ökonomie des 20. Jahrhunderts. Frankfurt/M. 1971.

HELMUT KLAGES

Gemeinde (G.) in der BRD

→ *Gemeinwirtschaft, öffentliche Unternehmen, Selbstverwaltung, Stadtplanung, Steuern*

1. WESEN. – Die politische G. hat in der BRD als Gebietskörperschaft das Recht, örtliche Aufgaben der Gemeinschaft eigenverantwortlich im Rahmen der vom Staat eingeräumten Befugnisse zu erledigen. Sie ist also sowohl soziales System als auch Verwaltungseinheit. Dadurch unterscheidet sie sich von anderen G., z. B. Kirchen-, Kultur-G. In Größe und Struktur weisen die politischen G. beträchtliche Unterschiede auf: Dörfer, Klein-, Mittel- und Großstädte, Industrie-G., Bauerndörfer, Kurorte usw.

Herausragende Determinanten des gegenwärtigen kommunalen Lebens sind die Verstädterung, die zunehmende → Mobilität und sozioökonomische Verflechtung (Wechsel von Arbeitsplatz und Wohnort, über die G. hinausgreifende Inanspruchnahme von Dienstleistungen), die Notwendigkeit übergreifender → Planungen bei Infrastrukturmaßnahmen sowie die wachsende finanzielle Abhängigkeit der G. von Bund und Ländern. Das in GG 28 gewährleistete Recht zur → *Selbstverwaltung* bedeutet Allzuständigkeit der G. für alle Aufgaben, die nicht durch Gesetz anderen Stellen zugewiesen sind. Wichtiger Bestandteil der Aufgaben des „eigenen Wirkungskreises" ist die Planungshoheit (→ Stadtplanung).

Neben ihren Selbstverwaltungsaufgaben erfüllen die G. *Auftragsangelegenheiten* des Staates. Dies ergibt sich aus ihrer Doppelstellung als Selbstverwaltungskörper und unterster Verwaltungsstufe des Staates sowie aus dem Gebot des GG, die Einheitlichkeit der Lebensverhältnisse im Bundesgebiet zu sichern. *Die G.-Vertretungen* – Gemeinderat, Stadtrat, Stadtverordnetenversammlung – sind zwar von den Bürgern gewählte G.Organe, aber keine echten Parlamente: Ihre überwiegende Tätigkeit ist nicht Rechtsetzung, sondern Verwaltung. Die Ausführung ihrer Beschlüsse und die Erledigung der Aufgaben des übertragenen Wirkungskreises obliegt der Verwaltung unter der Leitung des – je nach dem G.Verfassungssystem – G.Direktors (Stadt-/Oberstadtdirektors) oder (Ober)Bürgermeisters.

2. FINANZEN. – Formell sind die G. finanzpolitisch autonom. Erhebliche Einschränkungen ergeben sich aber aus übergeordneten Interessen des Bundes und der Länder sowohl bei der Aufteilung der globalen Finanzmasse auf die Gebietskörperschaften als auch bei der Erfüllung der Gemeinschaftsaufgaben. Das Finanzsystem der G. und Gemeinde*verbände (Gv.)* ist eine Mischung aus Steuern und einer komplizierten Finanzausgleichsregelung. Quelle der eigenen G.Einnahmen sind die Steuern, Einnahmen aus Vermögen (bes. Grundbesitz), aus Unternehmen (bes. Versorgungs- und Verkehrsbetrieben), aus Gebühren und Beiträgen sowie aus Erlösen durch Vermögensveräußerungen und Rücklagen. Dabei sind die *Steuern (St.)* die wichtigsten eigenen Einnahmen; von ihnen haben die verfassungsrechtlich garantierten Realst. (Grund- und Gewerbest.) die größte Bedeutung. Im Laufe der Industrialisierung hat sich die Gewerbest. zu einer dominierenden St. gewandelt; ihr Anteil am G.St.aufkommen ist von 1894 bis zur Gemeindefinanzreform 1969 von 2,3 auf mehr als 80 % gewachsen. Die übrigen G.St.n – Vergnügungs-, Getränke-, Jagd-, Hunde- und Schankerlaubnisst. – haben nur geringe Bedeutung.
Der Anteil der St. an den Einnahmen der G. hat eine sinkende Tendenz; der Anteil der *Finanzzuweisungen* ist hingegen stark gestiegen. Die Steuereinnahmen der G. (Gv.) betrugen 1970 16,5 Mrd. DM, die allgemeinen Finanzzuweisungen 1970 6,9 Mrd. DM. Bei den *allgemeinen* Zuweisungen sind die G. in der Verwendung frei; die *zweckgebundenen* Zuweisungen – Zuschüsse zu bestimmten Investitionen wie Schulbauten – spielen jedoch eine wachsende Rolle und geben den Ländern einen erheblichen Einfluß auf die kommunalen Investitionen. Die „goldenen Zügel" der zweckgebundenen Zuweisungen beeinträchtigen die Selbstverwaltung.
St. und Zuweisungen haben den Finanzbedarf der G. nicht decken können; die G. mußten sich z. T. bis an die Grenze ihrer Leistungsfähigkeit *verschulden*. Die Schuldenaufnahme der G. mit 10 000 und mehr Einwohnern betrug 1970 5,0 Mrd. DM, die Investitionsausgaben 10,3 Mrd. DM.
Die *Finanzreformgesetze* von 1969 haben zwar das Gefüge der kommunalen Finanzwirtschaft nachhaltig verändert, den G. aber nur eine kurzfristige Erleichterung gebracht. Die G. führen nun 40 % der – besonders konjunkturreagiblen – Gewerbesteuererträge an Bund und Länder ab und erhalten dafür

14 % des Aufkommens der Lohn- und Einkommenst. Damit erfaßt der St.verbund nicht mehr wie früher nur G. und Länder, sondern auch den Bund.
Die *Ursachen* für die Finanzkrise der G. liegen a) in der schwächeren Position der G. im Vergleich zum Bund und zu den Ländern (GG 28; 20 ff.; 79 Abs. 3); b) in der bei Bund und Ländern verbreiteten Auffassung von der höheren Dringlichkeit der ihnen obliegenden Aufgaben: nur in der Theorie besteht über die Gleichwertigkeit der Aufgaben Einigkeit; c) im Fehlen einer klaren, den Aufgaben entsprechenden Verteilung der globalen Finanzmassen zwischen den drei Gebietskörperschaften. Es wird nicht nur eine neue Verteilung zugunsten der G., sondern auch eine generelle Stärkung der öffentlichen Finanzmasse – zu Lasten der privaten – notwendig sein, wenn die G. künftig ihre Aufgaben der Daseinsvorsorge erfüllen sollen.

3.0. WIRTSCHAFTSPOLITIK. – Etwa zwei Drittel aller öffentlichen Investitionen entfallen auf die G. Insbesondere städtische G. lassen sich als ein Teil der Infrastruktur (d. h. als gesellschaftliche Produktionsvoraussetzungen privat produzierender Wirtschaft) betrachten.
3.1. Die wirtschaftliche Betätigung der G. und ihrer (→ öffentlichen) *Unternehmen* ist primär an der Deckung des unmittelbaren Gemeinbedarfs orientiert. Den G. ist nach den *Gemeindeordnungen (GO.)* die Errichtung wirtschaftlicher Unternehmen nur gestattet, wenn dies ein dringender öffentlicher Zweck verlangt und wenn dieser Zweck nicht besser von privaten Unternehmen erfüllt werden kann *(Subsidiaritätsprinzip)*. Dabei unterscheiden die GO. wirtschaftliche und nicht-wirtschaftliche Betriebe; die Grenzen sind allerdings unscharf. Nicht-wirtschaftliche Unternehmen (Anstalten) erheben Gebühren, erstreben aber keinen Ausgleich zwischen Aufwand und Ertrag (z. B. Krankenhäuser, Theater, Schwimmbäder). Von den wirtschaftlichen Unternehmen sind die Versorgungsbetriebe (Gas, Wasser, Elektrizität) und die Verkehrsunternehmen die wichtigsten. Von ihnen wird in der Regel, je nachdem ob es sich um rein kommunale oder gemischt-öffentliche oder gemischt-wirtschaftliche Betriebe handelt, teils nur Kostendeckung, teils Gewinnmaximierung angestrebt.
3.2. Ein wichtiges Mittel zur wirtschaftlichen Stärkung einer G. ist die *Ansiedlung gewerbesteuerkräftiger Unternehmen*. Die Ansiedlungspolitik der G. wird häufig durch eigens zu diesem Zweck von den G. und Gv.en gegründete privatrechtlich organisierte „Wirtschaftsförderungsgesellschaften" betrieben. Dann steht dem ansiedlungswilligen Unternehmen nur *ein* Partner gegenüber, der in seinem Entscheidungsspielraum weder durch das Kommunalrecht gebunden ist noch der direkten Kontrolle des G.rats und der G.verwaltung unterliegt.
Die Industrieansiedlungspolitik wird mit einer Vielzahl von Instrumenten betrieben. Als zulässig gelten Beratung und Betreuung durch kommunale Fachleute sowie Maßnahmen zur Besserung der natürlichen (Häfen, Wasserkräfte), tatsächlichen (Industriegelände, Verkehrsbedingungen) und rechtlichen (St.hebesätze, Gebühren) Standortbedingungen. Problematisch sind da-

gegen unmittelbare finanzielle Zuwendungen, vor allem der Verkauf von Grundstücken zu ermäßigtem Preis, der Erlaß von Erschließungskosten und die nicht-kostendeckende Verpachtung von Anlagen: Eine solche Förderungspolitik „sozialisiert" das Risiko und die Anlaufkosten, während die Gewinne privat angeeignet werden. Soweit überhaupt Kosten-Nutzen-Analysen der Industrieansiedlung vorgenommen werden, gehen schwer quantifizierbare Faktoren wie Umweltzerstörung und Aufwendungen für eine speziell unternehmensbezogene Infrastruktur nicht mit der ihnen zukommenden Gewichtung in die Analyse ein.
Unter dem Aspekt der → Regionalplanung ist diese Art kommunaler Wirtschaftsförderung unsinnig, weil a) der Konkurrenzkampf der G. untereinander erhebliche Mittel verschwendet, ohne in der Regel zusätzliche Arbeitsplätze zu schaffen, und weil b) keineswegs immer diejenige G. siegt, der aus finanzwirtschaftlichen und raumordnungspolitischen Gründen der Vorzug gebührte. *(In der DDR* sind nicht die G., sondern die zentralen staatlichen Planungsbehörden für die Industrieansiedlung zuständig.)
3.3. Die Bedeutung der G. für die → *Konjunkturpolitik* erhellt aus der Summe der G.budgets: Sie umfaßt (1970) 56 Mrd. DM, davon 22 Mrd. Investitionen. Doch sind die G. erst seit 1967 (Stabilitätsgesetz) in das konjunkturpolitische Instrumentarium des Bundes einbezogen worden. Dieses ist bisher begrenzt auf die Möglichkeit zur Kreditbeschränkung der G. in der Hochkonjunktur und auf zusätzliche Finanzhilfen des Bundes für kommunale Investitionen – wobei es sich nur um eine Kaufkraftverschiebung zwischen Bund und G. handelt. Handhaben, die G. zum deficit-spending zu veranlassen, gibt es bisher nicht. Eine auch auf die G. durchgreifende Wirkung des konjunkturpolitischen Instrumentariums wird ohne tiefgreifende Änderungen des Haushalts-, Schulden-, Rücklagen- und Notenbankrechts nicht möglich sein. Unaufschiebbare kommunale Investitionen einerseits und konjunkturpolitische Ziele des Staates andererseits werden Konflikte auch in der Zukunft unvermeidlich machen.

4. Gebietsreform. – Technischer, wirtschaftlicher und gesellschaftlicher Wandel (→ Systemwandel) und der damit verbundene Funktionsverlust der G. haben zu einer *„Identitätskrise"* der G. geführt. Sichtbarer Ausdruck dafür ist das Auseinanderfallen von Verwaltungsstadt und gesellschaftlicher Stadt, also die „überlokale Orientierung" der Bewohner: Pendler, Einkaufstädte, Verwaltungszentren. Der bisherige Zuschnitt der G. und Landkreise, vor allem der Kleingemeinden und der G. in Verdichtungsgebieten, entspricht (oder entsprach) nicht mehr den an eine leistungsfähige Verwaltung zu stellenden Anforderungen. Erst G. mit etwa 10 000 Einwohnern haben die Größe, eine moderne Verwaltung tragen und nutzen zu können. Die Leistungsschwäche vieler G. zeigt (oder zeigte) sich besonders deutlich in der – auch den kleinsten G. obliegenden – *Bauleitplanung:* fehlende Fachkräfte, örtliche Interessenkollisionen, zu kleines G.gebiet usw.
Die seit einigen Jahren im Gange befindliche *Gebietsreform* will die ausein-

andergefallenen Institutionen der Selbstverwaltung und die tatsächlichen Entscheidungsräume wieder zur Deckung bringen. Sie bedeutet für viele Gemeinden ein Aufgehen in größere Einheiten. Die Aufgaben des Nahverkehrs, der Ver- und Entsorgung, die Planung von Erholungsgebieten und die Industrieansiedlung können effektiv und im Interesse des Gemeinwohls nur noch von regionalen Institutionen und kommunalen Großräumen bewältigt werden (→ Regionalplanung). Zu Beginn der Reform gab es in der BRD etwa 24 000 Gemeinden. Davon hatten 17 000 weniger als 1000 und weitere 6000 weniger als 5000 Einwohner. Allein in Niedersachsen soll die Zahl der ursprünglich 4000 Gemeinden auf 400 verringert werden, in NRW von 2355 auf 500. Die Zahl der 406 Landkreise in der Bundesrepublik wird sich auf etwa 250 vermindern.

LITERATURHINWEISE

Handbuch der kommunalen Wissenschaft und Praxis. 3 Bde., Berlin usw. 1956 ff.

Klüber, Hans: Handbuch der Kommunalpolitik. Göttingen 1971.

Kommunalpolitik – für wen? Arbeitsprogramm der Jungsozialisten. Hrsg. Wolfgang *Roth*. Frankfurt/M. 1971.

Schneider, Robert: Die Gemeinde als wirtschaftspolitisches Entscheidungszentrum. Berlin 1971.

Stern, Klaus: Konjunktursteuerung und kommunale Selbstverwaltung. In: Verhandlungen des 47. Deutschen Juristentages, Bd. I (Gutachten). München 1968.

HERMANN HILTERSCHEID

Gemeinwirtschaft (Gw.)

→ *Genossenschaft, öffentliche Bindung, öffentliches Unternehmen, Wohlstand*

1.0. BEGRIFF. – 1.1. Das Wort Gw. wird hauptsächlich in drei verschiedenen *Bedeutungen* verwendet:

(1) Gw. meint ganze *Wirtschaftsordnungen*, die sich durch gesellschaftliches Eigentum an den Produktionsmitteln und/oder zentralverwaltungswirtschaftliche Planung auszeichnen.

(2) Als Gw. bezeichnet man ferner bestimmte Einzelwirtschaften (Unternehmen, Betriebe), die öffentlichen, nicht privatwirtschaftlichen *Zielen* dienen.

(3) Schließlich versteht man unter Gw. den Bereich der Gemeinwirtschaften i. S. von (2) innerhalb einer sonst privatwirtschaftlich-erwerbswirtschaftlichen Ordnung.

1.2. Auch der Bereich der Gw. i. S. von (3) wird unterschiedlich abgegrenzt. Zu den „gw.lichen Einzelwirtschaften" werden gerechnet (a) die öffentlichen Unternehmen (Betriebe); (b) die frei-gemeinwirtschaftlichen Unternehmen, zumal die → Genossenschaften; (c) die → „öffentlich gebundenen" Unternehmen.

Einige Autoren rechnen ferner hinzu: (d) die wirtschaftlichen Unternehmen der → Gewerkschaften (wenn man sie nicht ohnehin unter (b) einordnen will); (e) die Einrichtungen der Sozialversicherung.

1.3. *Trägerschaft* (z. B. öffentliche Hand) oder Rechtsform (z. B. Genossenschaft) bieten zwar ein relativ einfaches Abgrenzungskriterium für gw.liche Unternehmen. Mit Recht wird jedoch neuerdings mehr auf das tatsächliche *Verhalten* abgestellt („Aktuell-funktionale" Gw.; Wallraff). Das erweist sich einerseits darum als zweckmäßig, weil zahlreiche traditionell gw.liche („gemeinnützige") Unternehmen – sowohl öffentliche als auch genossenschaftliche – eine starke „Konvergenz" mit Privatwirtschaften zeigen, sich also der kapitalistischen Umgebung anpassen; andererseits gibt es eine Fülle freigemeinwirtschaftlicher Unternehmen in nichtgenossenschaftlicher Rechtsform (Sport-, Kulturvereine, informelle Einkaufsgemeinschaften usw.). Stellt man auf die Verhaltensweise ab, so stößt man bereits bei der begrifflichen Abgrenzung auf das Zentralproblem jeder Theorie der Gw., die Frage: Was ist „gw.liches Wirtschaften", „öffentliches Interesse", „Welfare"?

2.0. Fast alle Versuche einer allgemeingültigen Bestimmung von GEMEINWOHL (GEMEINWIRTSCHAFTLICHKEIT) lassen sich auf zwei scheinbar entgegengesetzte Verfahren zurückführen, deren philosophische Tradition sich bis zu den Vorsokratikern zurückverfolgen läßt: (1) die *idealistischen* (aprioristischen) Verfahren; (2) die *rationalistischen* (naturalistischen). Die Mängel der beiden sucht (3) ein *relativistisches* (kritizistisches) Verfahren zu vermeiden.

2.1. Die *rationalistischen* Verfahren rekurrieren auf die tatsächlichen Interessen (Nutzenvorstellungen, Präferenzen) der einzelnen Konsumenten (Bürger), wobei das schwierigste Problem die „gerechte" Integrierung der Einzelinteressen zu einem Gesamtinteresse (zu einer sozialen Nutzenfunktion) ist, wozu die verschiedensten „Sozialwahlmechanismen" angeboten werden. *Ein* solcher Sozialwahlmechanismus ist (a) das *marktwirtschaftliche* System, das – eine in irgendeinem Sinne „gerechte" Verteilung und Ausschluß monopoloider Verzerrungen vorausgesetzt – ein Maximum an (ökonomischer) Wohlfahrt realisiert. Nach den gleichen Prinzipien ist (b) das sog. *„wohlfahrtsökonomische Modell"* konstruiert. Es geht von den Nutzenvorstellungen der einzelnen aus, die durch einen vollkommenen Marktmechanismus oder durch Regeln, die zum gleichen Ergebnis führen (trial and error; Grenzkostenpreis-Regel) ein Maximum an Wohlfahrt realisieren. Auch solche politologischen Systeme, die in der Ökonomik entwickelte Modelle zur Erklärung politischen Geschehens heranziehen – die Transformation der Gewinnmaximierungshypothese in die (c) *Stimmen-Maximierungs-Hypothese* (Schumpeter-Downs) – lassen sich hier einordnen, ebenso (d) einige Varianten der sog. *„sozialen Kybernetik"*, die die unübersehbare Vielfalt der Macht- und Entscheidungsprozesse als einen komplexen Selbststeuerungsmechanismus mit letztlich demokratischer Funktion interpretieren will. – Eine andere rationalistische Gemeinwohl-Konzeption ist das ideengeschichtlich höchst bedeutsame, in seiner reinen Form heute kaum mehr diskutierte (e) *kooperatistische* Modell: die Vorstellung, daß, von den Konsumgenossenschaften ausgehend, → Genossenschaften „höherer Ordnung" gebildet werden können, die dann ihrerseits in Produktion und Urproduktion eindringen und schließlich die gesamte Gesellschaftswirtschaft nach genossenschaftlichem Prinzip aufbauen. Schließlich läßt sich hier auch (f) die Mehrzahl der → *Rätemodelle,* sofern sie sich auf die Formalanalyse beschränken, einordnen.

Im Grunde lösen alle rationalistischen Modelle das Problem nur scheinbar: Weder über den Inhalt der Interessen der einzelnen noch über den Inhalt des Gesamtinteresses werden Aussagen gemacht; es wird nur ein Mechanismus aufgewiesen, bei dessen perfektem Funktionieren das Gemeinwohl ex definitione realisiert ist.

2.2. Im Gegensatz dazu geht die *idealistische (aprioristische)* Konzeption von der Annahme eines von menschlichem Wollen unabhängigen Normensystem aus, das der Erkenntnis mehr oder weniger zugänglich ist. In der ökonomischen Literatur waren und sind vor allem solche aprioristischen Konzeptionen von Einfluß, die im Wege der „Wesenserkenntnis" den „objektiven Geist" gesellschaftlichen Geschehens erschließen zu können vermeinen (Georg Weippert im Anschluß an Nicolai Hartmann; für die Theorie der Gemeinwirtschaft vor allem: Hans Ritschl). Auch Leonard Nelsons „wahres Interesse" als das „Interesse einer vollkommen gebildeten Person" gehört hierher.

2.3. Kommt man zu dem – wahrscheinlich realistischen – Ergebnis, daß sich politisches Handeln nie als Vollzug von Mehrheitsentscheidungen oder als das Ergebnis von Amalgamationen individueller Nutzenvorstellungen interpretieren läßt, und daß andererseits alle aprioristischen Gemeinwohlvorstellungen zu notwendig willkürlich Interpretationen des „wahren Interesses" (mit dem Willen zur Bevormundung) verleiten, so könnte man zu einer *relativistischen (kritizistischen)* Position gelangen: Wer Aussagen über das Gemeinwohl, das „öffentliche Interesse" macht, weist seine eigenen Grundvorstellungen aus und überläßt es anderen, sich dazu zu bekennen oder nicht. Die Begründbarkeit dieser Auffassung kann zunächst dahingestellt bleiben. Die Interpretationsaufgabe steht im Vordergrund (Gerhard Weisser).

3. Die neuere Theorie der Gw. geht davon aus, daß alle Versuche einer allgemeingültigen Inhaltsbestimmung von Gemeinnützigkeit gescheitert sind: Was als im „öffentlichen Interesse" liegend erscheint, ist immer geprägt von Werturteilen, wobei partei-, schichten- und klassenspezifisches Vorverständnis von Bedeutung sein mag. Nichts schließt aus, daß die herrschende Meinung über das, was „öffentliches Interesse" ist, *die Meinung der Herrschenden* ist. Zumal in Hinsicht auf die gw.lichen Unternehmen erweisen sich alle abstrakten Gemeinwohlvorstellungen als gegenstandslos. Hier hilft nur die Konkretisierung der betrieblichen Aufgabe beim einzelnen Unternehmen oder allenfalls bei der Unternehmensgruppe. Gw. Unternehmen sind aus dieser Sicht nichts anderes als „Instrumente" *zur Verwirklichung bestimmter wirtschafts- oder gesellschaftspolitischer Aufgaben (Instrumentalthese;* → „Öffentliche Unternehmen" und „Genossenschaften").

Innerhalb des kapitalistischen Systems erscheinen die gw.lichen Unternehmen als *„Lückenbüßer"*, die solche Aufgaben übernehmen, die privatwirtschaftliche Unternehmen nicht oder nach herrschender Auffassung nicht in befriedigendem Umfang übernehmen (so schon Adam Smith, vor allem Adolph Wagner, Schäffle, Sax). Aus sozialistischer Perspektive erscheinen als gw.lich solche Einzelwirtschaften, die – in einer noch privatwirtschaftlich-kapitalistischen Umgebung – bereits Wirtschaftsweisen einer zukünftigen Wirtschaftsordnung vorwegnehmen oder sie vorbereiten *(sozialistische Fremdkörpertheorie).* Die dogmatisch liberale Auffassung sieht in allen nicht-erwerbswirtschaftlichen Unternehmen insofern ebenfalls Fremdkörper im marktwirtschaftlichen System, als sie den optimalen Einsatz der Produktionsfaktoren, deren gesellschaftlich bester Einsatz aus dieser Sicht nur durch Gewinnorientierung gesichert erscheint, verhindern *(liberale Fremdkörpertheorie);* offen oder versteckt liegt diese Theorie den meisten Lehrbüchern der herrschenden Betriebs- und Volkswirtschaftslehre zugrunde.

4. Die Betriebswirtschaftslehre hat sich bisher fast ausschließlich auf die Analyse der privatwirtschaftlichen Unternehmen beschränkt, was sich einmal aus der Entstehungsgeschichte von der Kanzleitechnik und Handelswissenschaft erklärt, zum Teil aus der ideologischen Verflechtung in die bestehende Wirtschaftsordnung. Zudem bietet das Gewinnmaximierungsprinzip einen vermeintlich eindeutigen, vor allem quantifizierbaren Erfolgsmaßstab, der – da hinreichend plausibel – über die psychologische und soziologische Problematik der Motivation wirtschaftlichen Handelns im Betrieb hinwegzutäuschen vermag.
Überdies sind die bisherigen Versuche, „gemeinwirtschaftlich" als Ziel zu operationalisieren oder gar zu quantifizieren, als gescheitert zu betrachten. Der Versuch, (1) die unternehmerische Gewinnfunktion zu einer allgemeinen *unternehmerischen Nutzenfunktion* zu erweitern, muß sich dem Einwand stellen, daß Nutzen als Ziel eine Leerformel ist. Auch die (2) „*Maximierung* des *Sozialprodukts*" ist aus betrieblicher Perspektive kein hinreichend operationales Ziel; zudem ist dieser Maßstab selbst aus gesellschaftswirtschaftlicher Perspektive bedenklich (Die Höhe des SP sagt nichts über seine Zusammensetzung und Verteilung aus). (3) *Ausstoß-, Absatz- oder Angebotsmaximierung* als gw.liches Ziel hat allenfalls für den Bereich der Versorgungswirtschaft einiges an Plausibilität an sich. Die Verallgemeinerung führt fehl.
Weit verbreitet ist die Auffassung, Gw.lichkeit sei durch (4) Gewinnverzicht gekennzeichnet. Diese Auffassung entspricht alter sozialistischer Tradition, die unter Gw.lichkeit die Freiheit von Ausbeutung verstand. Neuerdings setzt sich die Auffassung durch, daß Gewinnerzielung an sich der Gw.lichkeit nicht entgegenstehen muß, sondern die Gewinn*verwendung* und die Form der Aneignung des Gewinns entscheidend ist.
Von größter Bedeutung ist die Interpretation von (5) Gw.lichkeit als kostengebundener oder *kostenorientierter Preisbildung.* Dieser Auffassung läßt sich jedoch entgegenhalten, daß die Kosten keine eindeutigen Größen und weitgehender Manipulierbarkeit ausgesetzt sind. Überdies betrachtet man in vielen Bereichen die geplant defizitäre Preisbildung (z. B. Schulwesen, Gesundheitswesen, neuerdings Nahverkehr) als gemeinnützig. Andererseits erscheint aber

– wie unter (4) dargetan – die Überschußerzielung nicht von vornherein als mit gemeinnützigem Disponieren unvereinbar. Interessant – aber wohl auch zu eng – sind neuere Versuche (6), eine der Bedingungen des „wohlfahrtsökonomischen Modells", nämlich *die Bedingung „Grenzkosten = Preis"*, als Inbegriff gw.licher Preispolitik zu fixieren, was in der Regel zu defizitärer Preisbildung führt. In der Verkehrswirtschaft sind (7) die *Betriebs-, Beförderungs-, Tarif- und Fahrplanpflicht* als das gw.liche Prinzip und die infolge seiner Anwendung entstehenden (gegenüber einer hypothetischen erwerbswirtschaftlichen Betriebsführung) zusätzlichen Kosten als „gw.liche Last" bezeichnet worden. Aber diese „Pflichten" sind nur ein Instrument zur Verwirklichung gw.licher Ziele, nicht aber Gw. an sich. Schließlich laufen die vielen Versuche, das Wort Gw. durch (8) *Leerformeln* wie „Solidaritätsprinzip" oder „Daseinsvorsorge" oder „öffentliches Interesse" zu ersetzen, auf den Austausch einer Leerformel durch die andere hinaus.
Im Gegensatz zu diesen Versuchen bietet die erwähnte Konzipierung von „Zielkatalogen" zwar weder ein einheitliches Erklärungssystem noch eine modellanalytisch elegante Lösung, scheint aber der Praxis näher zu sein.

5. DOGMENGESCHICHTLICH schöpft die Theorie der Gw. aus verschiedenen Quellen. Die Theorie der → *genossenschaftlichen* Gw. (Theorie der *freigemeinwirtschaftlichen* Unternehmen) und der *öffentlichen* Gw. berühren sich in vielem, unterscheiden sich aber vor allem dadurch, daß – zumindest im 19. Jh. – die öffentliche Gw. patriarchalisch, ihre Theorie sozial-konservativ (wenn auch anti-liberal) war, in der Genossenschaftstheorie aber die Vorstellung demokratisch organisierter Selbsthilfe, in den Haushaltsgenossenschaften das sozialistische Element überwog. Die Vorstellung der Gw. als Korrekturelement des marktwirtschaftlichen Systems erscheint bereits bei Adam Smith (Wealth of Nations, 4. Buch, 9. Kap.). Als eigentliche Begründer der auch für die Gegenwart bedeutungsvollen gw.lichen Theorie müssen *Albert Schäffle*, *Adolph Wagner* („Staatssozialismus"), aber auch *Emil Sax* mit seiner Theorie der „regulierten öffentlichen Unternehmung" (d. h. der → „öffentlich gebundenen") genannt werden.
Der „Staatssozialismus" war auf die *Sozialdemokratie* nicht ohne Einfluß. *Engels,* der bereits die frühen wohnungswirtschaftlichen Arbeiten Sax' kritisiert hatte, plante 1882, von *Bernstein* angeregt (MEW 25/487), eine Broschüre „über den nicht-waschechten, in Deutschland grassierenden Sozialismus" (MEW 35/359, 427); einige Artikel, die in den Band eingehen sollten, liegen vor (MEW 19). Zu einer eigentlich sozialistischen Theorie der Gw. ist es bis zum Ende des Ersten Weltkrieges nicht gekommen.
Was sich im Ersten Weltkrieg als „deutsche" Gw. darbot, entstammt preußisch-reaktionärer Gesinnung und ist nichts anderes als die Glorifizierung der Kriegszwangswirtschaft des chauvinistischen Machtstaats (Raffé; Moellendorff; beschämend vor allem Sombarts „Händler und Helden"; mutig die Kritik am „Kriegsstaatssozialismus" durch Leopold v. Wiese). Die Gw.pläne der ersten Nachkriegszeit (Kohle-, Kali-Syndikat, Reichswirtschaftsrat) dien-

ten der scheinbaren Befriedigung der Sozialisierungsforderung. Die ernsthafte Diskussion um eine Theorie der Gw. setzt erst wieder in der Mitte der zwanziger Jahre ein (Hans Ritschl, Margit Cassel, Gerhard Weisser). Dem Theoretiker des ADGB, Fritz Naphtali gelang mit seinem Buch „Wirtschaftsdemokratie“ über das Gewerkschaftspolitische hinaus der große theoretische Wurf, die öffentliche Gw., die genossenschaftliche Gw., die gewerkschaftlichen Eigenunternehmen und Formen der (überbetrieblichen) Mitbestimmung zu einem praxisbezogenen gesellschaftspolitischen Konzept zu vereinen. Ansätze gw.-licher Theorie nach dem Zweiten Weltkrieg (u. a. Harald Koch, Ritschl, Rittig, Weisser) fanden infolge des Siegeszugs des marktwirtschaftlich-erwerbswirtschaftlichen Systems keine Beachtung. Erst neuerdings erzwingt das Offenbarwerden von Fehlentwicklungen (Umwelt-, Verkehrsprobleme, Monopolisierung, Vermögensakkumulation, Problem der „öffentlichen Güter“) wieder die Beachtung gw.licher Aspekte. Die revolutionäre Studentenbewegung hat zudem den systemüberwindenden Aspekt gw.lichen Disponierens wieder zu einem theoretisch und wirtschaftspolitisch relevanten Forschungsobjekt werden lassen.

LITERATURHINWEISE

Hesselbach, Walter: Die gemeinwirtschaftlichen Unternehmen. 2. Aufl. Frankfurt 1971.
Kalex, Günter: Wirtschaftsunternehmen der Arbeiterbewegung in Westdeutschland. Berlin 1967.
Ritschl, Hans: Art. Gemeinwirtschaft in HdSW.
Thiemeyer, Theo: Gemeinwirtschaftlichkeit als Ordnungsprinzip. Grundlegung einer Theorie gemeinnütziger Unternehmen. Berlin 1970.
Weisser, Gerhard: Gemeinnützigkeit heute. Göttingen 1964.
Zeitschriften: Gemeinwirtschaft (Wien); Archiv für öffentliche und freigemeinnützige Unternehmen (Göttingen); Annalen der Gemeinwirtschaft (Genf/Lüttich).

THEO THIEMEYER

Genossenschaften (Gen.)

→ *Demokratie, Gemeinwirtschaft, öffentliche Unternehmen, Sozialismus*

1.0. BEGRIFF. – 1.1. *Rechtliches.* Gen. sind Vereinigungen „von nicht geschlossener Mitgliederzahl, welche die Förderung des Erwerbs oder der Wirtschaft ihrer Mitglieder mittels gemeinschaftlichen Geschäftsbetriebes (oder mittels Kreditgewährung) bezwecken“ (§ 1 deutsches [österr.] Gen.Ges.) Gen. sind primär Personenvereinigungen, nicht „Kapitalgesellschaften“. Das Gen.recht stellt dementsprechend mehr auf die persönliche Bindung der Mitglieder ab, weniger auf die kapitalmäßige Beteiligung, was sich u. a. in dem Abstimmungsprinzip „Ein Mann – eine Stimme“ in der Generalversammlung unabhängig von der Zahl der Geschäftsanteile niederschlägt.
1.2. *Arten.* Man kann hilfswirtschaftliche (förderungswirtschaftliche) und Produktivgen. unterscheiden.

1.2.1. Merkmale der *hilfswirtschaftlichen* Gen. sind die Ausgliederung bestimmter Funktionen aus den Mitgliederbetrieben (einschl. Haushalten) und die Erfüllung dieser Funktionen im gemeinschaftlich geführten Betrieb, der vor allem der Förderung der Mitgliederwirtschaften, nicht aber unmittelbar der Gewinnerzielung dient (Bedarfswirtschaften). Nach den Betriebsfunktionen lassen sich unterscheiden: Bezugsgen., Kreditgen., Produktions-, Verwertungs-, Betriebs-, Betriebsmittel-, Nutzungsgen.; Absatzgenossenschaften, im Bereich der Verwaltung und Rechnungslegung: mannigfaltige Gen., zumal in nicht-genossenschaftlicher Rechtsform. Zahlreiche Gen. übernehmen mehrere Funktionen (z. B. Molkerei als Produktions- und Absatzgen.).

1.2.2. *Produktivgen.* sind Gen., deren Mitglieder am Kapital und an der Leitung des Gen.betriebs beteiligt sind, „in denen sie alle ausführende Arbeit verrichten und die die Grundlagen gemeinsamer selbständiger Existenz ... schaffen" (Engelhardt). Mitgliedschaft leitet sich aus der Mitarbeit im Unternehmen ab (z. B. die „Bauhütten" der Weimarer Zeit, Fischer-, Schiffahrtsgen.). Sie sind von den Produktionsgen. (s. 1.2.1.) zu unterscheiden, bei denen nur bestimmte betriebliche Arbeitsgänge bei prinzipieller Selbständigkeit der Mitgliederbetriebe ausgegliedert werden und bei denen die Mitglieder i.d.R nicht ihre persönliche Arbeitsleistung einbringen. Bei der sog. *„Vollgen."* werden in die gemeinschaftliche Wirtschaft des Produktionsbereichs auch die Haushalte mit einbezogen (Communautés de Travail in Frankreich, israelische Kibbuzim).

1.2.3. Für die Analyse der gesellschaftsreformerischen Bedeutung der Gen. erweist sich die Einteilung in *Haushaltsgen.* (Konsum- und Wohnungsgen.) und *Unternehmensgen.* (gewerbliche und landwirtschaftliche Gen.) als aufschlußreich.

1.2.4. Für soziologische und ökonomische Analysen ist es zweckmäßig, die Gen. im *rechtlichen* Sinne von der Gen. im *wirtschaftlichen* (unternehmensmorphologischen) Sinne zu unterscheiden. Die unter 1.1. gebotene Legaldefinition läßt sich auch hier durchaus verwenden. Es handelt sich um freiwillige Zusammenschlüsse von Gruppen zu gemeinsamer Selbstversorgung. Die gen.-liche Rechtsform ist dabei nicht entscheidend. Zumal Versicherungsvereine a. G., in seltenen Fällen auch Unternehmen in kapitalgesellschaftlicher Rechtsform, vor allem aber viele Vereine (Sport-, Musikvereine, Besucherringe), auch Einkaufsgemeinschaften und Wohngemeinschaften sind hier einzuordnen. Auch der umgekehrte Fall ist von Bedeutung, daß Gebilde in gen.licher Rechtsform keine Gen. im wirtschaftlichen Sinne sind: dann z. B. wenn sich „Förderungswirtschaften" zu autonomen, von den Mitgliederwirtschaften unabhängigen Erwerbswirtschaften entwickelt haben.

2.0. Zur Geschichte. – Das moderne Gen.wesen entwickelte sich in Reaktion auf die Ausbreitung des liberalen kapitalistischen Systems nach einem Experimentierstadium in den ersten Jahrzehnten des 19. Jh., vor allem seit der Mitte des 19. Jh. Während ein Teil des Gen.wesens sich von vornherein als gesellschaftsreformerisch verstand, sah der andere im gen.lichen Zusammenschluß ein Mittel der Selbstbehauptung durch Selbsthilfe im Rahmen des – prinzipiell akzeptierten – liberalen Systems.

2.1. Unter den *gesellschaftsreformerischen* Konzeptionen stand zunächst die Produktivgen. im Vordergrund des Interesses: Zumal die Produktivgen. des Saint-Simonisten Philippe Buchez, Charles Fourriers Zusammenfassung von Haushalt und Betrieb in den Phalanstères, die Familistères seines Schülers André Godin, schließlich Louis Blancs Sozialwerkstätten haben die gesellschaftsreformerische Diskussion befruchtet. In Deutschland vertrat Ferdinand Lassalle den Gedanken der staatlich geförderten Produktivgen. Während die Produktivgen. fast alle scheiterten oder „entarteten", erwies sich die vor allem in England entwickelte konsumgen.liche Richtung als zukunftsträchtig. Zumal Robert Owen leitete (teilweise durch seine Experimente, mehr aber durch seine Kritik an der Profitwirtschaft) die konsumgen.liche Theorie ein, die später vor allem Beatrice Webb-Potter zu einem nüchtern-realitätsbezogenen System der „Gen.demokratie" fortführte. Markstein der Praxis des modernen Gen.wesens ist die Gründung der Konsumgen. der Rochdaler Pioniere 1844. In Deutschland schöpfte die Gen.konzeption Viktor Aimé Hubers (1800–1869) vor allem aus christlich-konservativer Gesinnung. Seine Versuche, die herrschende Klasse für eine patriarchalistische Unterstützung der Gen. zu gewinnen, scheiterten. Die Gedanken Hubers wurden jedoch später zumal von den Wohnungsgen. (Baugen.) aufgegriffen.

Von größter Bedeutung als Theoretiker und Praktiker war der Liberale F. H. Schulze-Delitzsch (1808–1883), der die Gen. als *Selbsthilfeorganisation* im kapitalistischen System betrachtete und – im Gegensatz zu Lassalle – jede Staatshilfe ablehnte. Wenn er auch zur Gründung der ersten Konsumgen. in Deutschland und in Österreich beigetragen hat, so liegt seine wirtschaftsgeschichtliche Bedeutung doch vor allem im Bereich des *gewerblichen* Gen.-wesens. Das Preußische Gen.Ges. von 1867 ist wesentlich auf seine Vorarbeiten zurückzuführen. Bis Ende der 80er Jahre hinein bleibt das Gen.wesen hauptsächlich auf den gewerblichen und landwirtschaftlichen Bereich beschränkt. Erst seit sich die *Arbeiterbewegung* in Massen der Konsumgen.bewegung zuwandte (neben Partei und Gewerkschaften als „dritte Säule" der Arbeiterbewegung), erwies sich die Trennung von der „bürgerlichen" Schulze-Delitzsch-Richtung als zwangsläufig. Seit der Jahrhundertwende begannen die *christlichen Gewerkschaften* mit dem Aufbau einer eigenen konsumgen.-lichen Organisation. Schöpfer des *landwirtschaftlichen* Gen.wesens ist F. W. Raiffeisen (1818–1888), der, von dem Gedanken eines praktischen Christentums geleitet, das sittlich Bindende des Gen.wesens betonte. Anders als Schulze, der – als Liberaler – die ökonomische Integration der Gen. über die reine Verbandsbildung hinaus für unzweckmäßig hielt, neigte Raiffeisen – seiner Zeit voraus – zu stärkerer Zentralisierung. Die organisatorische Entwicklung aller Bereiche des Gen.wesens führte durch eine Periode von vielfältigen Verbandskämpfen, Zusammenschlüssen und Spaltungen zur verbandlichen Integration der vier Bereiche der gewerblichen, der landwirtschaftlichen, der Konsum- und der Wohnungs(Bau-)gen.

3. Ihre Bedeutung in der Ideengeschichte der sozialen Reform ist darin zu sehen, daß sie nicht als „Rechtsform" neben anderen betrachtet wurden, sondern als Kernstück reformerischer Konzeptionen, die dem Gen.gedanken politische Stoßkraft verliehen und – neben den letztlich entscheidenden ökonomischen Vorteilen für die sozial Schwachen oder vom Wirtschaftssystem Gefährdeten – die Entwicklung der Gen.bewegung maßgeblich gestützt haben. Zumal die Vorstellung der Organisation aller Haushalte in Konsumgen., die sich ihrerseits zu Gen. höherer Ordnung zusammenschließen und dann – die Gesamtwirtschaft umfassend – in den Bereich von Produktion und Urproduktion vordringen (*Kooperatismus:* Eduard v. Pfeifer, Robert Wilbrandt, Charles Gide) hat der Konsumgen.bewegung eine beachtliche Dynamik verliehen. Das Grundprinzip „Ein Mann – eine Stimme" erschien als das schlechthin demokratische Pendant der politischen Demokratie, als die Verwirklichung der *Konsumentensouveränität,* die das marktwirtschaftliche System zwar auch erstrebte, aber infolge monopoloider Märkte und einseitiger → Verteilung von Einkommen und Vermögen nicht zu realisieren vermochte. Das kooperatistische Modell faszinierte zudem durch die totale *Eliminierung des Profits:* Die gen.liche Erübrigung wird zur Rückvergütung oder zum demokratisch kontrollierten Vermögen. Hierin begegnete sich der konsumgen.-liche Kooperatismus mit dem produktivgen.lichen.

Diese antikapitalistische Gemeinsamkeit hat lange die – besonders von Beatrice Webb-Potter betonte – *Unvereinbarkeit der Konzepte* verschleiert, wie auch die gemeinsame „gen.liche" Organisation die Antinomien der Haushaltsgen. und der Unternehmensgen. (zumal der gewerblichen) verschleierte. Zudem ging der Kooperatismus von einer rationalistischen Gemeinwohlkonzeption aus (→ Gemeinwirtschaft); der schlechthin demokratischen Grundidee war nur Genüge getan, wenn – analog zur politischen Demokratie – alle Bürger beim Willensbildungsprozeß mitwirkten. Aus dieser Sicht erschienen die Mitglieder von gewerblichen und landwirtschaftlichen Gen., da es sich nicht um demokratisch organisierte Betriebe handelte, als nicht demokratisch legitimiert: ein Gedanke, der schon B. Webb-Potter veranlaßte, die Unternehmungsgen. aus dem Bereich der „eigentlichen" Gen. definitorisch auszuschließen und die *Gen.demokratie* auf die Haushaltsgen. zu beschränken. Diese Auffassung blieb im romanischen Sprachbereich bis in die Gegenwart politisch wirksam. Die Idee der Gen.demokratie fand hier insofern eine Fortentwicklung, als man alle Betriebe, die von demokratisch gewählten Organisationen getragen werden, also letztlich die Legitimation ihrer Geschäftspolitik aus dem Willensentscheid der Bürger ableiten, als gen. betrachtet: Die öffentlichen und zumal auch die von Gewerkschaften getragenen Unternehmen werden somit in den Bereich der Gen.demokratie einbezogen. In eine ähnliche Richtung scheint neuerdings im deutschen Sprachraum die Gemeinwirtschaftstheorie von Walter Hesselbach und Achim von Loesch zu zielen. Ob jedoch der Hinweis auf die formale Legitimation ein fruchtbares Kriterium für die Gemeinwirtschaftlichkeit sein kann, ist umstritten.

4. Gegenwartsprobleme. In allen deutschen Gen.zweigen lassen sich *Strukturwandlungen* feststellen, bei einigen scheinen sich Transformationen (in andere nichtgenossenschaftliche Unternehmensformen) anzukündigen.

(1) Die in der neueren Diskussion vordringende Auffassung, daß man nur die Wahl zwischen weniger gen.licher Demokratie und mehr ökonomischer *Effizienz* oder umgekehrt habe (Tagung Münster 1972) – der unvermeidbare Übergang von der ehrenamtlichen zur hauptamtlichen Geschäftsführung leitete den Prozeß ein –, findet längst in der Praxis ihre Bestätigung. (2) Unter dem ökonomischen Zwang eines sich oligopolistisch verdichtenden → Wettbewerbskampfes hat sich bei den Bezugsgen. des Einzelhandels die unternehmerische Initiative aus den Mitgliedbetrieben in das *Management* verlagert, so daß die Mitglieder (Einzelhändler) immer mehr die Rolle weisungsgebundener Angestellter spielen. Die Gen. sind dazu übergegangen, Märkte in optimaler Betriebsgröße als Eigenbetriebe zu gründen und nicht mehr leistungsfähige Einheiten aufzulösen.

(3) Gen.liche Spitzenverbände sind gezwungen, die *Fusion kleinerer Gen.* zu ökonomisch rationalen Betriebsgrößen zu forcieren. (4) Bei den Konsumgen. führen sowohl der Zwang zur Rücklagenbildung (Kapitalakkumulation zur Sicherung der Marktanteile) als auch der Zwang zur Anpassung an erwerbswirtschaftlich-privatwirtschaftliche Rationalität und Werbung zur Modifizierung des ursprünglich bedarfswirtschaftlichen Verhaltens und zu einer *Konvergenz mit privatwirtschaftlich*-erwerbswirtschaftlichen Verhaltensweisen.

(5) Neuere Autoren bezweifeln, ob angesichts des Wettbewerbs der Großunternehmen im Einzelhandel überhaupt noch Raum für *bedarfswirtschaftliches* Disponieren der Konsumgen. bleibt. Ein gewisser Aktivitätsspielraum scheint in der Konsumentenberatung und in der Konsumentenpolitik zu liegen.

(6) Die *Mitgliederlethargie* (minimale Beteiligung an den Generalversammlungen) macht deutlich, daß der Kontakt der Mitglieder der Gen. zu „ihrem" Unternehmen verlorengegangen ist. (7) Bei prinzipieller Beibehaltung der gen.lich-mitgliedschaftlichen Grundstruktur wird ein Teil der Betriebsprozesse der Großgen. in *kapitalgesellschaftlich* organisierte Bereiche (REWE-, Edeka, Konsumgen.) verlagert. Indes ist das Einbeziehen kapitalgesellschaftlicher Rechtsformen in den Gen.bereich nicht neu: Gen. „höherer Ordnung" (Gen. von Gen.) bedienten sich von jeher häufig anderer Rechtsformen (GEG, kreditgen.liche Zentralinstitute usw.).

(8) Gen.liche Spitzenorganisationen, die gewerblichen Schulze-Delitzsch-Gen. einerseits und die landwirtschaftlichen Raiffeisengen. andererseits, kooperieren mit dem Ziel der *Fusion.*

Literaturhinweise

Draheim, Georg, *Paulick*, Heinz, *Schachtschabel*, Hans G., *Henzler*, R.: Art. Genossenschaft, in: HdSW.
Engelhardt, W. W.: *Art. Genossenschaftsorganisation, in: HdO. Stuttgart.*
Lambert, Paul: La doctrine coopérative, 3. Aufl. Brüssel 1964.

Weisser, Gerhard: Genossenschaften. Hannover 1968.
Weisser, G., *Engelhardt*, W. W. (Hrsg.): Genossenschaften und Genossenschaftsforschung, 2. Aufl. Göttingen 1971.

THEO THIEMEYER

Gesetz (Marxismus) (G.)

→ *Determinismus, Dialektik*

1. BEGRIFF. – Im Marxismus-Leninismus bezeichnet der Begriff G. die gedankliche Widerspiegelung eines notwendigen, allgemeinen und wesentlichen Zusammenhanges zwischen Erscheinungen der objektiven Realität (in der Natur, in der Gesellschaft oder im Denken), der sich durch eine relative Beständigkeit auszeichnet und sich unter gleichen Bedingungen wiederholt.

1.1. Mit dem Begriff *Gesetzmäßigkeit* (Gm.) wird der Ablauf von Prozessen bzw. Zuständen gemäß den ihnen innewohnenden G. gekennzeichnet. Jede Gm. umfaßt immer eine gewisse Gesamtheit von G., die jedoch im „Wirken" der Gm. nicht explizit zutage treten.

1.2. Der Charakter der G. ist *objektiv*, d. h. vom Bewußtsein des Menschen unabhängig, seinen Wünschen und Zielen nicht unterworfen. Die „Wirkung" von G. kann vom Menschen weder willkürlich hervorgerufen noch abgeschafft werden.

1.3. Die G. der Wissenschaft sind Widerspiegelungen objektiv „wirkender" G. Die in der Definition angeführten Kriterien der relativen Beständigkeit und Wiederholbarkeit treten in den einzelnen G. *unterschiedlich* zutage, so daß die G. der Wissenschaft gleichfalls von unterschiedlicher Qualität sind. Generell läßt sich sagen, daß die Relativität historischer (gesellschaftlicher) G. höher anzusetzen ist, als die von Naturgesetzen. Dies gilt insbesondere dann, wenn „die Klassennatur des Objekts und des Subjekts ... die Spezifik der Erkenntnis in der Geschichtswissenschaft" bedingt (Ivanov, S. 622).

2. ARTEN VON G. – Die marxistisch-leninistische Theorie unterscheidet G. nach der Art des notwendigen Zusammenhangs und nach Umfang der „Wirkungssphäre".

2.1. Unter dem Aspekt des Zusammenhangs wird unterschieden zwischen G., die einen solchen in der *Zeit*, und G., die einen solchen im Raum darstellen. Zur ersteren Gruppe zählen G. der Bewegung, Veränderung und Entwicklung der Erscheinungen (z. B. das G. der Konzentration des Kapitals, das G. der fallenden Profitrate). Eine besondere Rolle nehmen im Rahmen dieser G. die kausalen G. ein, in denen ein notwendiger Zusammenhang zwischen Ursache und Wirkung ausgedrückt wird.

Das Problem der *Kausalität* ist im Marxismus-Leninismus nicht eindeutig gelöst. Es sind insgesamt drei unterschiedliche Auffassungen zu registrieren: (1) Kausalität und G. werden einander gleichgesetzt; (2) Kausalität und G. werden voneinander unterschieden. Dabei wird Kausalität als ein notwendiger

Zusammenhang definiert, bei dem X notwendig Y hervorbringt; (3) Kausalität wird nicht nur als eine notwendige Verbindung von Ursache und Wirkung genommen, der Zufall wird als ein Teil in den kausalen Zusammenhang einbezogen. Daraus ergibt sich ein Unterschied zwischen Kausalität und G., der zu definieren ist. – Als Definitionsversuch wird z. B. angeboten: Das G. widerspiegelt einen allgemeinen, Kausalität einen einzelnen, nicht wiederholbaren Zusammenhang (Vgl. Hörz, S. 153, 168).

Zu den G., die einen notwendigen Zusammenhang im *Raum* darstellen, werden gezählt: die G. der Koexistenz, der Ordnung und der Struktur der Erscheinungen (z. B. die G. der Atomstruktur, geometrischer Strukturen). Für diese Art von G. ist auch die Bezeichnung Struktur-G. üblich, während für jene G., die die Abhängigkeit eines Zustandes vom anderen in der Zeit und die zeitliche Veränderung eines Zustandes abbilden, auch die Begriffe dynamische oder statistische G. üblich sind. Für quantitativ formulierbare G. ist auch die Bezeichnung funktionale G. üblich.

2.2. Hinsichtlich der *Bedingungen,* die für die „Wirkung" eines G. notwendig sind, wird zwischen spezifischen, nicht-spezifischen und begleitenden Bedingungen unterschieden. *Spezifische* Bedingungen bestimmen das „Wesen" des G. und treten als Ursache ihrer „Wirkung" in Erscheinung. So gilt die Existenz kapitalistischer Produktionsverhältnisse als eine spezifische Bedingung für das „Wirken" der ökonomischen G. des Kapitalismus.

Nichtspezifische Bedingungen bestimmen zwar nicht das „Wesen" des G., sind aber für sein „Wirken" notwendig. So ist die Existenz der menschlichen Gesellschaft zwar eine notwendige Bedingung für das „Wirken" der ökonomischen G. des Kapitalismus, sie bestimmt aber nicht deren spezifischen Inhalt.

Begleitende Bedingungen bestimmen dagegen zwar die konkrete Erscheinungsform des G., sind aber für sein „Wirken" nicht notwendig. So determinieren die nationalen Besonderheiten eines Landes zwar die konkrete Form, in der die ökonomischen G. in diesem Lande „wirken", nicht aber ihren allgemeinen Charakter.

2.3. Die Geltung eines G. wird von seiner „*Wirkungssphäre*" abhängig gemacht. Generell gilt folgende Regel: Je größer die „Wirkungssphäre" eines G., desto allgemeiner ist seine Geltung. Die einzelnen Gruppen von G. werden in dieser Sicht mit unterschiedlichen Begriffen erfaßt: (1) allgemeinste, umfassende, universelle G. (z. B. der Entwicklung der Gesellschaft; (2) allgemeine G. für größere Bereiche von Erscheinungen (z. B. solche des Überganges vom Kapitalismus zum Sozialismus); (3) spezifische spezielle, partielle G. (hierhin gehören z. B. die G. der Entstehung und inneren Dialektik der Seiten des sozialen Lebens in bestimmten Gesellschaften, die Wechselbeziehungen der sozialen Verbände und Einheiten, in die sie sich gliedern); (4) spezielle, spezifische, partielle G. der einzelnen Seiten des sozialen Lebens (z. B. G. der Ausbeutung unter den Bedingungen des Taylor-Systems).

Ersichtlich bleiben die Abgrenzungen unklar. Lediglich unter dem Aspekt der Zuweisung zu den einzelnen Wissenschaften läßt sich eine klarere Einteilung beobachten. Die Erforschung der ersten beiden Gruppen von G. wird der Philosophie (historischer und dialektischer Materialismus) als Gegenstand zugewiesen. Die G. mit spezifischer „Wirkungssphäre" werden als Gegenstand der Erforschung den Einzelwissenschaften zugeordnet. Jenseits der erkenntnis- und wissenschaftstheoretischen Problematik solcher Zuweisung begründet gerade sie eine Immunisierung der allgemeinsten und allgemeinen G. gegenüber dem einzelwissenschaftlichen Zugriff. Andererseits macht ein sehr hoher Grad von Allgemeinheit die betreffenden G. für die einzelwissenschaftliche Forschung mitunter unerheblich. So wird das G. der durchgängigen Kausalität aller Erscheinungen im dialektischen Materialismus als eine Denknotwendigkeit bezeichnet; der Naturwissenschaftler vermag aber bei der Erforschung des atomaren Einzelgeschehens mit dem Begriff der Kausalität „überhaupt nichts mehr anzufangen" (Steenbeck, S. 1481). Er operiert als Einzelwissenschaftler gleichsam jenseits der aufgezeigten Denknotwendigkeit.

3. G. IN DER GESCHICHTE. Noch problematischer wird der marxistisch-leninistische G.begriff in seiner Anwendung auf *Geschichte und Gesellschaft.* Die in der Definition nahegelegte Analogie zwischen G. der gesellschaftlichen Entwicklung und Naturgesetzen wurden bereits von Engels formuliert. Er versicherte, daß dem von Marx entdeckten „großen Bewegungsgesetz der Geschichte" die gleiche Bedeutung zukomme wie dem G. „von der Verwandlung der Energie für die Naturwissenschaft" (Engels 1885, MEW, Bd. 21, S. 249). Nun ist in der Tat der Gedanke, wonach alle geschichtlichen Kämpfe nur der mehr oder weniger deutliche Ausdruck von Kämpfen gesellschaftlicher Klassen sind, zu einem anerkannten Erklärungsprinzip der Geschichte geworden. Aber von hier bis zu der Behauptung, der Lauf der Geschichte werde „durch innere allgemeine Gesetze beherrscht" (Engels 1888, MEW, Bd. 21, S. 296), die so wenig aufgehoben werden könnten wie Naturgesetze (Marx 1968, MEW Bd. 32, S. 553), ist der Schritt durchaus nicht selbstverständlich.

3.1. Wenn sich an historisch verschiedenen Zuständen nur die *Form* ändern kann, worin jene G. sich durchsetzen (ebenda), dann garantieren die inneren allgemeinen G. der Geschichte nicht nur die *Veränderbarkeit* der Geschichte auf ein bestimmtes Ziel hin, sie garantieren sogar das Ziel selbst als Ergebnis von Veränderungen, die mit naturgeschichtlicher Notwendigkeit erfolgen müssen. Daran ändert auch der Hinweis von Engels nichts, daß in der Geschichte der Gesellschaft nichts ohne handelnde, mit Bewußtsein, Überlegung und Leidenschaft versehene Menschen geschieht, daß nichts ohne bewußte Absicht, ohne gewolltes Ziel möglich wird (Engels 1888, MEW, Bd. 21, S. 296). Die „blinden" G., werden sie „erkannt" und bewußt „angewandt", „wirken" planmäßig zu bestimmten Zwecken (Engels 1894, MEW, Bd. 20, S. 106), gewiß, sie sind aber andererseits sehr wohl in der Lage, sich in vorsozialistischen Gesellschaften „durchzusetzen", ohne daß das Handeln der Menschen bewußt auf ihre Durchsetzung gerichtet ist. Die List der Vernunft Hegels bleibt in diesem Begriff von G. durchaus erhalten. Sie durch die Vernunft des Menschen, das heißt durch Einsicht in die Notwendigkeit, zu ersetzen, ist die

Freiheit des Menschen gegenüber den die Geschichte „beherrschenden“ inneren allgemeinen G.
3.2. Die Behauptung der prinzipiellen Erkennbarkeit der G. der Entwicklung dieser Welt zielt auf die *Ursachen* der Erscheinungen. Die Erscheinungen selbst werden durch die Formulierung der allgemeinen Gm. ihrer Entwicklung zu einem abstrakten Bild vom Wesen dieser Welt gefügt. Ein entscheidendes Moment des Wesens dieser Welt ist die ihr immanente → Dialektik, ihre Fähigkeit zur Selbstbewegung entsprechend den ihr innewohnenden G. Die Sprachformeln: G. „wirken“ und G. „herrschen“, drücken diese Selbstbewegung und die in ihr bewahrte optimistische Garantie aus. Die Rolle des Menschen gegenüber der Gm. des historischen Prozesses ist so bestimmbar: Er kann den Ablauf des historischen Prozesses beschleunigen oder verzögern, mehr nicht.

4. Zusammenfassung. – Soweit sich die kommunistische Weltauffassung im G.-Begriff darstellt, können vier *Komplexauffassungen* angezeigt werden: „Erstens: Die Gm. ist ein notwendiger Prozeß, in dem die G. die veränderlichen Beziehungen zwischen den Erscheinungen definieren. Die axiomatische Grundlage dieser Vorstellung ist das Postulat von der *Veränderbarkeit der Welt.* – Zweitens: Die Gm. als allgemeingültiger Prozeß bestimmt die wirkenden G. des Geschehens in kausaler und finaler Determination. Axiom: *Materie als Bewegung.* – Drittens: Die Gm. als Notwendigkeit der Existenz bestimmt die G. der Beziehungen der allseitig verbundenen Erscheinungen. Axiom: *Durchgängige Materialität der Welt.* Viertens: Die Gm. beruht auf der Identität alles Seienden. In den G. werden die notwendigen Strukturen einer prästabilierten Harmonie wiedererkannt. Axiom: *Exklusive Ursächlichkeit der Materie.*“ (Von Weiss, Sp. 1015.)

Literaturhinweise

Filosovskij slovar (Philosophisches Wörterbuch). Moskau 1962.
Hörz, Herbert: Zum Verhältnis von Kausalität und Determinismus. In: Deutsche Zeitschrift für Philosophie, Heft 2/1963.
Ivanov, G. M.: Die Spezifik der Widerspiegelung der Wirklichkeit in der Geschichtswissenschaft. In: Sowjetwissenschaft, Nr. 6/1963.
Lenin, Vladimir Ilic: Materialismus und Empiriokritizismus (Werke Bd. 14).
Steenbeck, Max: Essay eines Naturwissenschaftlers über Philosophie und Einzelwissenschaften. In: Deutsche Zeitschrift für Philosophie, Heft 12/1963.
von Weiss, Andreas: Gesetz, Gestzmäßigkeit. In: SDG.

Hellmuth Bütow

Gewerkschaften (G.)

→ *Arbeiter, Arbeitsrecht, Lohn, Staat, Streik, Systemwandel, Tarifpolitik, Verbände*

1.0. Wesen. G. sind autonome Verbände („Koalitionen“) von Lohnabhängigen, die sich zur Wahrung ihrer Interessen zusammengeschlossen haben. Ihre wichtigsten Aktionsbereiche sind die → Tarifpolitik und die allgemeine Interessenvertretung im öffentlichen Leben (→ Verbände).

1.1. Die für den Frühkapitalismus (→ Merkantilismus) typischen *Koalitionsverbote* wurden im liberalen Hochkapitalismus zunächst aufrecht erhalten und sogar verschärft. Aber mit der fortschreitenden Industrialisierung wurde die „soziale Frage" immer drängender, und schrittweise – in Deutschland am Ende der 60er Jahre des vorigen Jahrhunderts – wurden die Verbote allmählich gelockert (in den USA klärte erst der Clayton Act von 1914, daß G. keine dem Sherman Act von 1890 widersprechenden Kartelle seien).
Der 1868 in Berlin tagende *Arbeiterkongreß*, der die Bildung des Allgemeinen Deutschen Arbeiterschaftsverbandes als g.liche Dachorganisation und die Gründung der „Arbeiterschaften" als Berufsorganisationen beschloß, gilt als erste deutsche G.organisation, wurde jedoch von seinen Gründern primär als G.abteilung innerhalb der politischen Arbeiterorganisationen angesehen. Eine stärkere Eigenständigkeit gewannen die G. erst 1890 nach Aufhebung des Sozialistengesetzes durch den Zusammenschluß der sozialistisch orientierten G. – im Unterschied zu den „christlichen" Arbeiterorganisationen später auch „freie" G. genannt – zur Generalkommission der G.en Deutschlands.
Nachfolger der Generalkommission wurde in der Weimarer Republik der Allgemeine Deutsche Gewerkschaftsbund (ADGB). Die größte G.organisation in der BRD ist der *Deutsche Gewerkschaftsbund* (DGB) mit fast 7 Mill. Mitgliedern. Er ist Dachverband von 16 Einzelg., darunter die IG Metall mit 2,3 Mill. und die ÖTV mit ca. 1 Mill. Mitgliedern, aber auch die G. Gartenbau, Land- und Forstwirtschaft mit ca. 45 000 und die G. Kunst mit 35 000 Mitgliedern.
Daneben gibt es noch andere Organisationen der Arbeitnehmer und Beamten, die sich vor allem durch ihre berufsständische bzw. religiöse Orientierung vom DGB und seinen Einzelg. unterscheiden. Hierzu gehören als wichtigste der Deutsche Beamtenbund (DBB), die Deutsche Angestellten-G. (DAG), die G. der Polizei (GdP) und die Christlichen G. (CGD).

1.2. Einheitliche g.liche Organisation der → *DDR* ist der Freie Deutsche Gewerkschaftsbund (FDGB). Ähnlich wie der DGB vereinigt er nach dem Produktionsprinzip „Ein Betrieb – eine Gewerkschaft" Industrieg. (IG) und G. (z. B. Kunst). Er ist nach den Prinzipien des „demokratischen Zentralismus" aufgebaut, d. h. alle G.funktionäre und -leitungen sollen von unten nach oben gewählt werden und ihren Wählern gegenüber rechenschaftspflichtig sein; Beschlüsse und Richtlinien der übergeordneten Leitungen sind bindend. Fast sämtliche Arbeitnehmer sind im FDGB organisiert. Der FDGB hat einen anderen Aufgabenbereich als der DGB (nicht: Tarifverträge; dafür Träger der Sozialversicherung). Von westdeutscher G.seite ist dem FDGB – vor allem in der Phase des Kalten Krieges – vorgeworfen worden, daß er die g.liche Aufgabe, die Interessen der Arbeiterklasse zu vertreten, nur ungenügend erfülle, da er sich in seinen Aktionen und in seinem Programm voll der SED unterordne („Transmissionsriemen"). Obwohl diese Einschätzung weiter vorherrscht, haben sich im Zuge der neuen Ostpolitik die Kontakte zwischen DGB und FDGB verbessert.

1.3. Die dem DGB angeschlossenen Einzelg. sind nach dem *Industrieprinzip* aufgebaut, d. h. die g.lich Organisierten eines Betriebs gehören derselben G. an, gleichgültig welche Berufe sie ausüben. Das andere (in der Weimarer Zeit vorherrschende) Prinzip ist das *Berufsprinzip,* nach dem die Angehörigen eines Berufs in derselben G. organisiert sind, gleichgültig in welchem Wirtschaftszweig sie arbeiten. Die Einzelg. des DGB bekennen sich zum Prinzip der *Einheitsg.,* d. h. sie umfassen Angehörige verschiedener Konfessionen und Parteien. Der Geltung dieses Prinzips liegen die ungünstigen Erfahrungen der Weimarer Zeit zugrunde, als die Arbeiterbewegung in sozialistische, christliche und liberale (Hirsch-Dunckersche) G. gespalten war. Der Grundsatz der Einheitsg. ist jedoch durch die Gründung der DAG (schon 1949), des DBB und der CGD durchlöchert worden. Während die christlichen G. in der BRD fast bedeutungslos sind und nur auf internationaler Ebene, vor allem in Entwicklungsländern, etwas Einfluß gewinnen konnten, treten in einigen Bereichen die DAG und der DBB in Konkurrenz zu den DGB-G. Der DGB wirft ihnen vor, daß das Berufsverbandsprinzip entsolidarisierenden Charakter besitze, da es ihnen, besonders dem DBB, primär um Vergünstigungen hinsichtlich Sicherheit, Entlohnung, Arbeitsorganisation und Standesinteressen gehe, nicht jedoch um den gemeinsamen Kampf aller Lohnabhängigen.

1.4. Tarifkontrahent der Einzelg. – der DGB ist als Dachverband nicht tariffähig – ist in der Regel der *Arbeitgeberverband* des jeweiligen Wirtschaftsbereichs. Der Organisationsgrad ist bei den Arbeitgeberverbänden weit höher als bei den G. Dachverband der (etwa 80) Arbeitgeberverbände ist die Bundesvereinigung der Deutschen Arbeitgeberverbände (BDA).

1.5. In Anlehnung an die Zusammenarbeit zwischen Partei (SPD), Gewerkschaften (ADGB) und Konsumgenossenschaften während der Weimarer Republik („Drei Säulen" der Arbeiterbewegung) haben die westdeutschen G. nach dem Zweiten Weltkrieg einige bereits vor 1933 bestehende g.liche *Unternehmen* als „freigemeinwirtschaftliche" Unternehmungen (→ Gemeinwirtschaft) wieder aufgebaut, wobei vor allem die Neue Heimat, die Bank für Gemeinwirtschaft, das Reiseunternehmen g-u-t, die Volksfürsorge und die Unternehmensgruppe co op größere Marktanteile erlangt haben. Nach dem DGB-Grundsatzprogramm ist „die freie Gemeinwirtschaft Bestandteil einer am Gemeinwohl ausgerichteten Wirtschaftsordnung"; sie soll insbesondere wettbewerbsregulierend wirken und nicht am kapitalistischen Prinzip der Gewinnmaximierung orientiert sein.

1.6. Der DGB ist Mitglied des *Internationalen Bundes Freier Gewerkschaften* (IBFG) (→ Internationale Organisationen), die Einzelg. sind in den jeweiligen Internationalen der Einzelg. organisiert. Die G. der sozialistischen Staaten, aber auch große G. in Italien und Frankreich, die den kommunistischen und sozialistischen Parteien ihrer Länder nahe stehen, sind Mitglied des *Weltgewerkschaftsbundes* (WGB). Bei der Lösung einer der zentralen Aufgaben der westdeutschen G. – der internationalen Kapitalverflechtung (→ multinationale Konzerne) adäquate Organisationsformen, besonders im Bereich der EWG, entgegenzusetzen –, hat diese Trennung zu Schwierigkeiten geführt. Neben ideologischen Differenzen gibt es auch grundlegende Unterschiede, da die anderen europäischen G. – auch die englischen – in ihrer täglichen Arbeit weit radikaler operieren (Streikbereitschaft) und in ihrer g.politischen Zielsetzung andere Schwerpunkte setzen. Der Zwang zur Kooperation dürfte jedoch stärker sein als die z. Z. noch bestehende Trennung.

2. Probleme. – 2.1. Die Diskussion über die Rolle der G. in der BRD kreist heute vor allem um die Pole *Ordnungsfaktor* als Beschreibung des gegenwärtigen und *Gegenmacht* als zu erstrebender Zustand der G. Die Kritiker der Gewerkschaftsentwicklung (u. a. André Gorz, Lelio Basso, Bruno Trentin) behaupten, daß die G., die früher Selbsthilfe- und Widerstandsorganisationen waren, „Ordnungsfaktoren", d. h. Instrumente zur besseren Einordnung der Arbeitnehmer in eine den Status quo der Machtverteilung sichernde Politik geworden seien. Diese Kritiker fordern, daß die G. wieder die Funktionen einer antikapitalistischen „Gegenmacht" übernehmen, indem sie Träger „system-überwindender Reformen" (→ Systemwandel) werden. Dieses Gegenmachtkonzept beruht auf der Überzeugung, daß Systemveränderungen in den westlichen Demokratien nur über Reformen zu erreichen sind.
Das Gegenmachtkonzept setzt sich zusammen aus der Erringung einer g.lichen Autonomie und von Gegenmachtpositionen; damit verbunden sind Schwerpunkte g.lichen Kampfes vor allem auf betrieblicher Ebene (Vertrauensleute, Mitbestimmung am Arbeitsplatz, betriebsnahe Bildungsarbeit, betriebsnahe Tarifpolitik) sowie als Voraussetzung dafür und als Folge daraus eine Verbesserung der innergewerkschaftlichen Demokratie.
G.liche *Autonomie* gilt es (nach Gorz) zu erreichen durch die Erlangung von Unabhängigkeit vom sozialen Kontrahenten (Unternehmer) sowie einer Selbständigkeit im staatlich-politischen Bereich. Aufgabe der G. sei es u. a. zu erkennen, wer den Rahmen bestimmter sozialer Gegebenheiten absteckt, inwieweit Systemzwänge als Sachzwänge (z. B. vorgegebene gesellschaftliche Machtverhältnisse, immanenter Mechanismus der Einkommensverteilung) ausgegeben werden. Autonomie heißt hier vor allem die Erarbeitung einer eigenständigen Zielsetzung und die Durchsetzung eigener gesellschaftlicher Lösungen, also nicht nur Reaktion auf Maßnahmen und Entwicklungen.
Darüber hinaus gilt es, subalterne Machtpositionen – Mitwirkung an der Ausführung von Entscheidungen, auf die selbst kein Einfluß genommen werden konnte, für die jedoch Mitverantwortung zu tragen ist – umzuwandeln in Positionen, wo die G. bereits auf die Entscheidungen Einfluß nehmen können. Die wesentlichen Funktionen aller mit diesen Forderungen verbundenen g.lichen Kampfmaßnahmen liegen in der Verdeutlichung der sozialen Frontstellung und der Weckung des gesellschaftlichen Bewußtseins und der Aktionsbereitschaft der Arbeitnehmer.
2.2. Der Zusammenhang zwischen Bewußtseinslage und *Kampfbereitschaft* der Mitglieder und der praktizierten G.politik ist es dann auch, an dem sich

Einzelkonflikte zeigen und an dem künftige Aktionen gemessen werden. So läßt sich aus „infas"- und DGB-Untersuchungen der letzten Jahre ersehen, daß die G. bei ihren Mitgliedern ein widersprüchliches Verständnis gesellschaftlicher Tatbestände antreffen, aus denen sich bestimmte Erwartungshaltungen ableiten. Teilweise werden G. von ihren Mitgliedern als Versicherungsverein angesehen. Dabei betrachten die Mitglieder meistens jedoch ihre G. nur in dem Maße als Geschäft, wie diese sich selbst als Geschäftsbetrieb darstellt. Die G.en haben selbst zum fehlenden politischen Interesse der Mitglieder beigetragen; aber auch das konsumorientierte Verhalten der Massen hat zur Schwächung der g.lichen Solidarität geführt.
Verstärkt wird diese Schwächung durch eine vom Kapital sowie vom Gesetzgeber geförderte Aufteilung der Arbeitnehmer in *Angestellte* und Arbeiter bzw. durch ein *„Dreiklassenrecht"* im öffentlichen Dienst für Arbeiter, Angestellte und Beamte, was sich in den betreffenden G. durch Proporz- und Gruppendenken zeigt. So sehen sich z. B. die Angehörigen des öffentlichen Dienstes selbst in erster Linie als Angehörige ihrer Gruppe und erst in zweiter Linie als Lohnabhängige. Darüber hinaus steht der Wille der G., die Gesellschaft zu verändern – soweit er vorhanden ist – im Widerspruch zum herkömmlichen Selbstverständnis des Berufsbeamtentums. Von daher ist eine der wichtigsten Forderungen der G. des Dienstleistungssektors – ÖTV, Post-G. und G. der Eisenbahner – die Schaffung eines einheitlichen Personalrechts mit Streikmöglichkeiten für alle Beschäftigten.
2.3. Am stärksten zeigen sich die Entsolidarisierungstendenzen in der Entfremdung der Mitglieder vom Apparat. Zwar kann man davon ausgehen, daß die G. formal einer der am demokratischsten struktuierten Verbände der BRD sind; andererseits haben auch gerade sie sich mit dem Vorwurf, ihre *innergewerkschaftliche Demokratie* zu vernachlässigen, auseinanderzusetzen. Ansatzpunkte der Kritik sind vor allem eine zu starke Verselbständigung des Apparates, der sich in seinen Aktionen zwar auf eine (vermeintliche) Übereinkunft mit den Erwartungen der Mitglieder beruft, diese Aktionen jedoch meistens ohne direkte Teilnahme der Mitglieder an der Basis durchgeführt. Neben einer allgemeinen, von den Mitgliedern aber oft nicht genau definierbaren, *Unzufriedenheit* mit einem – teilweise anonymen – Apparat, zeigen sich die latenten Spannungen zwischen Funktionären und Mitgliedern vor allem bei spontanen Aktionen, z. B. den Septemberstreiks 1969, als sich die Kritik der Streikenden auch gegen hauptamtliche Funktionäre ihrer G. richteten. Zu erklären ist diese Entfremdung zum einen durch den wachsenden Aufgabenbereich der Hauptamtlichen, der für einen ständigen Kontakt zur Basis fast keine Zeit läßt, zum anderen durch die Bewußtseinslage vieler Funktionäre, die ihr in der täglichen G.arbeit erworbenes Wissen vor allem dazu nutzen, ihre Wiederwahl zu sichern (falsch eingesetzte Parole „Wissen ist Macht"). Eine Verbesserung der innerg.lichen Demokratie kann nur dadurch erreicht werden, daß über den Kampf bei den Mitgliedern Erfolgserlebnisse erzielt werden. Ansatzpunkt für diese Aktionen muß der Arbeitsplatz sein, weil hier Konflikte am ehesten erfahrbar sind.

Träger dieser Aktionen sollen nach dem Gegenmachtkonzept vor allem g.liche *Vertrauensleute* sein, denen es gelingen muß, antikapitalistische Zielsetzung mit innerbetrieblicher Praxis zu vermitteln, und die bewußt betriebliche Konflikte mit dem Ziel austragen, die Mehrheit ihrer Kollegen aus ihrer Resignation herauszureißen. In dieser Strategie bekommt auch die g.liche Forderung nach mehr → Mitbestimmung ein anderes Gewicht, wenn sie vor allem als Mitbestimmung am Arbeitsplatz verstanden wird.

2.4. Ausgehend von der Erkenntnis, daß die Bewußtseinsbildung der Mitglieder vor allem im Betrieb anfangen muß, fällt auch der g.lichen *Bildungsarbeit* eine besondere Aufgabe zu. Bildungsarbeit war jahrelang – und ist es teilweise auch heute noch – am bürgerlichen Bildungsbegriff mit seinem Dualismus von Berufsbildung und Allgemeinbildung orientiert, dem auf G.sebene eine Trennung in Zweckschulung und Gesinnungsbildung entsprach. Der *Zweckschulung* lagen Bildungsinhalte zugrunde, die eine Ausbildung von Funktionären zum besseren Funktionieren im bestehenden System zur Aufgabe hatten. Neuere Konzeptionen beruhen dagegen auf systemüberwindenden, antikapitalistischen Zielvorstellungen. Ausgehend von Konflikten am Arbeitsplatz, soll den Mitgliedern verdeutlicht werden, daß ihre Konflikte gesellschaftlich bedingt sind. Langfristiges Ziel ist die Entwicklung einer soziologischen Phantasie, die die Mitbürger befähigt, gesellschaftliche Veränderungen zu denken und durch Aktionen anzustreben.

2.5. Ein weiterer Schwerpunkt der Gegenmachtkonzeption ist die → *Tarifpolitik.* Sie ist bisher gekennzeichnet durch weiträumige Geltungsbereiche, lange Laufzeiten und zentralisierte Verhandlungen, die in kleinen, ausgewählten Tarifkommissionen meistens ohne wirksame Kontrolle durch die g.liche Basis stattfinden.

Die Septemberstreiks von 1969 waren auch eine Kritik an dieser Praxis, die geregelt ist durch formale Abläufe und rechtliche Normen, Friedenspflicht, harmonisierende Schlichtungsverhandlungen und eine gewisse Abstinenz bei Streikaktionen. Hier zeigt sich das *Dilemma* einer G.politik, die sich zum einen im Rahmen ihrer Schutzfunktion kurzfristig des ordnungspolitischen Instrumentariums des kapitalistischen Staates bedienen muß und dadurch immer in Gefahr gerät, Ordnungsfaktor zu werden, zum anderen aber im Rahmen ihrer Gestaltungsfunktion langfristig als gesellschaftsverändernde Kraft wirken muß.

In diesem Zusammenhang ist auch die Rolle der G. in der *Konzertierten Aktion* zu sehen. Die Befürworter eines Verbleibens gehen davon aus, daß ein Erfolg traditioneller Lohnpolitik auch abhängig ist von der Wirtschaftspolitik des Staates, z. B. durch die Einwirkung auf die Festsetzung von Orientierungsdaten, auf die nur durch gleichberechtigte Teilnahme an den Beratungen Einfluß genommen werden kann. Die Gegner dieser Kooperation befürchten dagegen, daß Lohnpolitik dann nur noch eine abhängige Variable der staatlichen Wirtschaftspolitik sei; außerdem bezweifeln sie eine gleichberechtigte Teilnahme an den Beratungen.

Eine besondere Rolle spielen hier die *Massenmedien.* Allgemein wird versucht,

eine Scheinübereinstimmung zwischen den Interessen der Gesellschaft, der Unternehmer und der Arbeitnehmer herzustellen; g.liche Lohnpolitik wird jedoch zumeist anders bewertet als die Preispolitik der Unternehmer. Abgelehnt werden Lohn- und Gehaltserhöhungen während der Phase des Wirtschaftsaufschwungs, da sie die Investitionsneigung der Unternehmer beeinträchtigen, in der Phase der Hochkonjunktur, da sie inflationsfördernd wirken, und in der Rezessionsphase, „da sowieso kein Geld da ist".
Besondere Probleme einer effizienten Lohnpolitik liegen darüber hinaus in der Spanne zwischen Tariflöhnen und *Effektivverdiensten* (→ Löhne). In Gegenmachtkonzeptionen ist es vor allem diese „Lohndrift" sowie die erwähnte mangelnde Mitwirkung der Basis an der Tarifpolitik, an die eine Strategie betriebsnaher Tarifpolitik anknüpft. Zielvorstellung ist eine Struktur, in der sich betriebliche und nationale Tarifbewegungen zu einer Einheit verbinden.

2.6. Neben diesen betriebsnahen Aktionen stellt sich für die G. die Frage nach ihrem *Verhältnis zum Staat* und zu den politischen Parteien, insbesondere zur SPD. Die Massenstreikdebatte um die Jahrhundertwende, das Mannheimer Abkommen von 1906 (Trennung der organisierten Arbeiterbewegung in Parteipolitik und pragmatische G.arbeit), die Kriegsbejahung der G. 1914 und ihre Konzeptionslosigkeit 1918, ihre Aufspaltung in Richtungsg. während der Weimarer Republik waren Wegbereiter einer g.lichen Entwicklung nach 1945, in der versäumt worden ist, um eine neue Wirtschafts- und Gesellschaftsordnung zu kämpfen. Zentraler Punkt dieser Entwicklung war die Verabschiedung des Betriebsverfassungsgesetzes 1952, als die G. durch den Verzicht auf politischen Streik den Anspruch der Regierung und des Parlaments, Wirtschaftsverfassung und Wirtschaftpolitik allein zu gestalten, bejahten und dadurch Grenzen für eigene Aktionen in diesem System setzten. Den g.lichen Aktionen lag bereits zu dieser Zeit keine einheitliche Konzeption zu Grunde; die anfänglich nach dem Kriege vorhandene Macht der Arbeitnehmer in den Betrieben war bereits in eine Festigung des Apparates umgewandelt worden. In der Phase des *Kalten Krieges* wurde die Aktionsbereitschaft durch die Diffamierung gesellschaftsverändernder Reformideen als kommunistische Umsturzversuche weiter gehemmt. Die G. leisteten einen Beitrag zu dieser Entwicklung, indem sie kommunistische Mitglieder und Funktionäre (auch höhere Funktionäre, z. B. bei der IG Bergbau) ausschlossen und damit gesellschaftspolitische Alternativen aus der Diskussion verdrängten. Statt dessen etablierte die G.bewegung wieder die traditionelle Arbeitsteilung mit der SPD; sie selbst fühlte sich zuständig für Tarif- und Sozialpolitik, den SPD-Parlamentariern überließ sie die Durchsetzung gesellschaftspolitischer Forderungen über den Gesetzgebungsapparat. Ernst Anfang der 60er Jahre, auf dem Höhepunkt der Restaurationsphase, traten im Bereiche des DGB wieder unterschiedliche Konzeptionen zu Tage. Während Georg Leber als Exponent des „rechten" Flügels die Ordnungsfunktion der G. ausdrücklich anerkannte, betonte Otto Brenner als Vertreter des „linken" Flügels gesellschaftsverändernde Ansprüche; in ihrer praktizierten Politik stimmten beide jedoch bei wichtigen

Aktionen so gut wie überein. Erst in den letzten Jahren hat sich die Konzeptionsdiskussion wieder verstärkt, ist jedoch bisher über verbale Ansätze nicht hinausgelangt.

LITERATURHINWEISE

Conert, Hansgeorg: Gewerkschaften heute – Ordnungsfaktor oder Gegenmacht? (Arbeit und Leben Niedersachsen). Hannover 1970 (auch als Raubdruck erschienen).

Gorz, André: Zur Strategie der Arbeiterbewegung im Neokapitalismus. Frankfurt 1967.

Negt, Oskar: Soziologische Phantasie und exemplarisches Lernen. Neue Auflage Frankfurt 1971.

Schmidt, Eberhard: Die verhinderte Neuordnung. Frankfurt 1971.

Ders.: Ordnungsfaktor oder Gegenmacht. Frankfurt 1971.

BERND-DIETRICH BENSCH

Der gewerkschaftliche Organisationsgrad drückt das Verhältnis der Organisierten zur Gesamtzahl der abhängig Beschäftigten aus. Von den 61,42 Mill. Einwohnern der BRD im Jahre 1970 waren 26,34 Mill. erwerbstätige Personen, davon 21,72 Mill. (82,5 %) abhängig Beschäftigte, und zwar 12,47 Mill. (57,6 %) Arbeiter, 7,80 Mill. (36,0 %) Angestellte mit 1,45 Mill. (6,4 %) Beamte. In den DGB-Gewerkschaften waren 6,72 Mill. Lohnabhängige organisiert, davon 5,09 Mill. (76 %) Arbeiter, 0,99 Mill. (15 %) Angestellte und 0,64 Mill. (9 %) Beamte. Die DAG hatte 0,46 Mill., der DBB 0,72 Mill. Mitglieder. Der Organisationsgrad aller in den DGB-Gewerkschaften organisierten Lohnabhängigen betrug ungefähr 31 %; bei den einzelnen Gruppen waren die Arbeiter mit ca. 41 %, die Angestellten mit ca. 13 % und die Beamten mit ca. 43 % organisiert. (Diese Zahlen sind ungenau, da in den Gewerkschafts-Statistiken auch gewerkschaftlich organisierte Rentner und Pensionäre aufgeführt sind.) Vom Organisationsgrad ist im wesentlichen die Kampfbereitschaft abhängig. Der geringe Organisationsgrad der Angestellten ist ein wichtiges Hindernis bei gemeinsamen Aktionen; weitaus schwerwiegender jedoch ist der niedrige Organisationsgrad aller im DGB organisierten Arbeitnehmer. Es ist deshalb das Bestreben der DGB-G., Tarifverträge nur für ihre Mitglieder abzuschließen, um auch die „Trittbrettfahrer" von der Notwendigkeit einer starken Interessenvertretung zu überzeugen. Die Arbeitgeberverbände dagegen sind für eine Allgemeinverbindlichkeitserklärung, da sie am hohen Organisationsgrad der G. nicht interessiert sind. B-D. B.

Ideologie (I.)

→ *Demokratie, Kapital, Keynesianismus, Staat, Unternehmer.*

1. DER BEGRIFF I. wird in sehr unterschiedlicher Weise benutzt; ohne nähere Definition ist er daher für wissenschaftliche Zwecke unbrauchbar. Auf Francis *Bacon* (1561–1626) geht der Gedanke zurück, daß gesellschaftliche Faktoren die Erkenntnis der Wirklichkeit behindern können. So spricht er von den Vorurteilen des Marktes und geselligen Verkehrs. Der *Aufklärung* gilt I. als durch Vorurteile gestörtes Denken, das durch Vernunft korrigiert werden kann. Bei *Helvetius* (1715–1771) und *Holbach* (1723–1789) wird die Rechtfertigung einer rational nicht begründbaren politischen Machtposition als I. bezeichnet. *Napoleon* benutzt, in schroffem Gegensatz zum Sprachgebrauch der Aufklärung, den Begriff I. zur Abwertung der Ideen von nach seiner Auf-

fassung wirklichkeitsfremden Intellektuellen. Für *Marx* sind es nicht durch vernünftige Diskussionen überwindbare individuelle Vorurteile, die den einzelnen die Wirklichkeit verkennen lassen; „falsches Bewußtsein" ist vielmehr die Folge der Selbstrechtfertigung der bürgerlichen Gesellschaft, die die Bedingungen ihrer eigenen Existenz nicht kritisch überprüft, nicht überwinden will, um Freiheit für alle zu erreichen, sondern im Partikularinteresse befangen bleibt. I. ist für Marx unvermeidbares klassenspezifisches Vorurteil des Bürgertums; mit Hilfe der → dialektischen Theorie, die Einsicht in die gesellschaftlichen Bedingungen des Denkens ermöglicht, kann dieses falsche Bewußtsein überwunden werden.

2. Es konnte nicht ausbleiben, daß dieser partikulare, lediglich auf bürgerliche Gesellschaft angewendete I.begriff auf alle Rechtfertigungen von politischen Gruppeninteressen ausgeweitet wurde. Die Anhänger des *totalen* I.begriffs gehen davon aus, daß in jeder politischen Idee Elemente falschen Bewußtseins vorhanden sind, weil politische Ideen stets mit Gruppeninteressen verbunden sind und daher interessenbedingte Vor- und Fehlurteile unvermeidlich sind. Karl *Mannheim* hat von diesem Ansatz her die vielleicht einflußreichste systematische Untersuchung des I.begriffs geleistet.
Vor allem in der englischen und amerikanischen Sozialwissenschaft wird auch heute überwiegend I. im Sinne des totalen I.begriffs definiert, z. B. „I. ist die vornehmlich rational zusammenhängende Begründung und Zielsetzung jener Art sozialen Handelns, die wir gemeinhin als politisch oder politisch bedeutungsvoll bezeichnen" (Seliger). Dabei kann man zwischen einer Fundamental-I. und einer Operativ-I. unterscheiden: die *Fundamental-I.* umfaßt die langfristig gültigen Grundsätze, die *Operativ-I.* ist die Rechtfertigung der politischen Praxis, die von den Grundsätzen oft beträchtlich abweicht.

3. Gegen diese Anwendung des Begriffs I. auf jede mehr oder weniger rational zusammenhängende Rechtfertigung einer Politik macht *Hättich* geltend, daß ein totaler I.begriff jeden analytischen Wert verliere. Vielmehr solle der Begriff I. nur für nachweislich *falsche Aussagen* verwendet werden. Diese Forderung wäre realisierbar, wenn in der Sozialwissenschaft Einigkeit darüber bestände, mit welchen Methoden falsche von richtigen Aussagen eindeutig unterschieden werden können. Diese Übereinstimmung besteht aber zwischen den Anhängern der historisch-dialektischen Theorie und denen der empirisch-analytischen Theorie nicht.

LITERATURHINWEISE

Lenk, Kurt (Hrsg.): Ideologie, Ideologiekritik und Wissenssoziologie. 4. Aufl. Neuwied 1970.
Mannheim, Karl: Ideologie und Utopie, 4. Aufl. Frankfurt/M. 1965.
Seliger, Martin: Fundamental and Operative Ideology. In: Policy Sciences 1 (1970).

DIETER GROSSER

Imperialismus (I.)

→ *Außenwirtschaft, Entwicklungspolitik, Multinationale Konzerne, Spätkapitalismus, Wachstum, Währung*

1.0. SINNZUSAMMENHANG. Der Begriff I. wird in drei Sinnzusammenhängen gebraucht: (1) als Bezeichnung für eine Politik der Beherrschung eines anderen Staates; (2) als Bezeichnung für die bürgerliche Gesellschaftsformation in einem bestimmten Stadium des Kapitalismus (Lenin); (3) als Bezeichnung für die vorherrschende Strategie internationaler Politik im „Zeitalter des I.", das meist auf die Jahre von etwa 1880 bis 1914 konzentriert wird.
Alle drei Zusammenhänge verlangen nach historischer Perspektive. Aber der erste erlaubt es, über die ganze bekannte Geschichte Vergleiche zu ziehen. Der zweite (marxistische) verlangt nach Einbeziehung innergesellschaftlicher Strukturen in die Diskussion; so behandelt z. B. der in der DDR veröffentlichte Band „Imperialismus heute" die Gesellschaft der BRD. Der dritte begrenzt die Diskussion nicht nur zeitlich, sondern auch thematisch auf die Herstellung von Abhängigkeiten – was mit dem ersten Sinnzusammenhang verwandt, jedoch nicht identisch ist.
Wir gehen im folgenden von einer Kombination des zweiten und des dritten Zusammenhanges aus. Wir betrachten I. als eine Strategie bestimmter internationaler Akteure, seitdem die kapitalistische Produktionsweise im Weltmaßstab vorherrscht. Doch schließen wir nicht von vornherein aus, daß auch solche Staaten, in denen die kapitalistische Produktion nicht vorherrscht – etwa die sozialistischen Großmächte –, imperialistische (i.) Politik treiben könnten.

2.0. ZUR BEGRIFFSGESCHICHTE. Der Begriff I. stammt aus Frankreich (erstmals 1840); er hängt von Anfang an mit dem Begriff des *Militarismus* zusammen, hat jedoch ursprünglich keine Beziehung zu internationaler Politik. In England bereitet sich die Verbindung der Begriffe I. und *Kolonialismus* vor: Ab 1876 werden systematische Befürworter der britischen kolonialen Expansion als „Imperialisten" bezeichnet. In den 90er Jahren erreicht das Bekenntnis englischer Politiker zum I. seinen Höhepunkt. Für die gegenläufige Bewegung wird 1902 John A. Hobsons kritische Studie über den I. zum Markstein.
Marxistische Theoretiker greifen den Begriff in Anlehnung an Hobson wenig später auf: u. a. Otto Bauer, Hilferding, Rosa Luxemburg, Kautsky, Bucharin und Lenin. Gleichzeitig diskutieren die Kongresse der II. Internationale (Stuttgart 1907, Basel 1912) über I. in der festen Verbindung mit Militarismus und Kolonialismus. Nach 1919 legt sich die III. Internationale auf Lenins I.-Begriff fest und dogmatisiert ihn in der Stalin-Ära. Für die Analysen der Gegenwart wurde marxistische I.theorie wissenschaftlich relevant durch Baran, Jalée, Mandel und andere (s. bibliographische Hinweise). Daneben haben nichtmarxistische Historiker das Zeitalter des I. seit 1918 weiter erforscht, in deutscher Sprache insbesondere Kehr, Hallgarten, Fritz Fischer, Wehler, Wolfgang J. Mommsen.

3.0. Die Ära des I. Im Lichte der gegenwärtigen Forschung erscheint i.e Politik – auf ihren einfachsten Nenner gebracht – als eine Ausnützung fremder Ressourcen zur Erhöhung der eigenen Macht.

3.1. *Hauptakteure* des I. waren nach 1870 eindeutig die Regierungen der Nationalstaaten. Nicht nur Staaten mit vorherrschend kapitalistischer Produktion handelten i.; auch Rußland, Portugal, Äthiopien trieben Expansionspolitik zwecks Anzapfung fremder Ressourcen. Von Anfang an finden sich im I. Tendenzen, die Zuständigkeit des Staates zu relativieren, entweder durch Übertragung von Souveränitätsrechten in neuen Kolonien an Privatgesellschaften oder durch internationale Einbindung der Expansion: ein Beispiel dafür bietet die Errichtung eines internationalen Kongostaates unter dem Patronat des belgischen Königs 1879; gerade hier setzte sich aber dann doch ein Nationalstaat als Akteur durch: 1908 fiel die Kongo-Kolonie an Belgien. Erst nach dem Zweiten Weltkrieg treten wieder private Akteure in den Vordergrund, die sich jetzt nicht einmal mehr auf den Bereich einer Nation festlegen lassen: die → multinationalen Konzerne.

Unsere Definition, wonach i.e Politik die Aneignung *fremder* Ressourcen bedeutet, setzt eine Einteilung der Menschheit in Nationalstaaten voraus. Wenn wir statt dessen von der Existenz einer *globalen Gesellschaft* ausgehen, in welcher der multinationale Konzern grundsätzlich ebenso weltweit operiert wie etwa die UN, fällt die Möglichkeit fort, Ressourcen als für ihn „fremde" anzusehen. Mit dieser Hypothese haben i.e Politiker schon vor geraumer Zeit gearbeitet. Um Eroberungen in einer Zeit zu rechtfertigen, die auf europäische Völker schon das Selbstbestimmungsrecht angewandt wissen wollte, konzipierte der südafrikanische Premierminister Smuts 1918 das Mandatsystem des Völkerbundes. Kolonialmächte traten als Treuhänder für die Gesamtmenschheit auf; dies sei notwendig, weil „primitive" Völker es versäumt hätten, ihre Ressourcen für den allgemeinen Fortschritt optimal nutzbar zu machen.

Genau an diesem Punkte geriet die anti-i.e Politik der II. Internationale in Verwirrung. 1907 verlangten – allerdings erfolglos – Vertreter von 7 Ländern die Revision der früher einmütigen Verurteilung jeder Kolonialpolitik; auch sie sprachen jetzt von einer „Nutzbarmachung der kolonialen Rohstoffe im Dienste der ganzen Menschheit".

3.2. *Motive und Ziele.* Die westeuropäischen Nationen betrachteten sich im 19. Jh. einmütig als Spitzenreiter der einen großen *Fortschrittsbewegung* menschlicher Geschichte. Die Herausbildung einer bürgerlichen Gesellschaft auf der Basis kapitalistischer Produktion galt als Manifestation dieses universalen Fortschritts. Eine Ausbreitung solcher Strukturen über den ganzen Erdball schien nur noch eine Frage der Zeit. Daß auch Marx sie erwartete, zeigen seine Korrespondenzen von 1853 über die britische Herrschaft in Indien. In dieser Sicht erscheint Kolonialherrschaft als eine Übergangserscheinung. Die rückständigen Völker werden sich entweder auch künftig als unfähig erweisen, kapitalistisch zu produzieren; dann verschwinden sie von der Bildfläche. Oder sie werden sich dem Fortschritt öffnen: dann steht ihnen entweder die selbständige Entwicklung zu Nationalstaaten mit bürgerlicher Gesellschaftsform bevor (Marxisten fügen hinzu: ... und der anschließende Schritt zum Sozialismus), oder auf dem Wege der Assimilierung die Integration in bereits fortschrittlich organisierte Nationen.

3.3. *Durchführung.* Die Methoden i.er Politik variieren beträchtlich. Um 1870 betrachtet man noch als eine wichtige, vielleicht vorrangige Methode die Kolonisation im engeren Sinne: die *Ansiedlung* von Menschen der eigenen Nation in den Kolonien; dabei kommt es den Imperialisten darauf an, daß die Kolonisten unter der Nationalflagge eng zusammenhalten, im Gegensatz zum ungebundenen Verströmen als „Kulturdünger" in fremder Herren Ländern. Doch versagt diese Methode gleich zu Beginn des I., da die rasche Industrialisierung Europas die Auswandererströme vertrocknen läßt.

Damit tritt die „*Ausbeutung*" der Kolonialländer in den Vordergrund: Die Kolonien sollen Rohstoffe liefern. Soweit Kapital aus den Metropolen in die Kolonien oder andere rückständige Länder fließt, die eben dadurch in „halbkoloniale" Abhängigkeit geraten – Kapitalexport ist das Kernstück der I.Theorien Hobsons und Lenins –, wird es vornehmlich im Bergbau und damit zusammenhängenden Infrastrukturen (Eisenbahnen) investiert.

Natürlich kommt es auch zum *Wettlauf* der i.en Nationen um noch nicht verteiltes Gebiet, besonders in Afrika und im Nahen Osten, ansatzweise auch in China. Der Kampf um eine ständige Neuverteilung der Kolonien hat sich jedoch nicht als konstante Methode i.er Politik durchgesetzt, wie Lenin unter dem Schock des Ersten Weltkriegs glaubte. Im Gegenteil, Kautskys Konzept des „Ultra-I." hat weit mehr prognostische Kraft bewiesen als Lenins I.Theorie. Analog zur Konzernbildung in der kapitalistischen Produktion haben die Unternehmer wie die Regierungen in Europa danach gestrebt, die Erschließung von Ressourcen weltweit zu *koordinieren.* Die Erfolge sind beträchtlich. Es gab nie einen Krieg zwischen kapitalistischen Großmächten auf Grund kolonialer Rivalitäten. Die → multinationalen Konzerne, obgleich überwiegend in den USA verwurzelt, haben doch der Expansion auch des westeuropäischen und japanischen Kapitals in der „Dritten Welt" den Weg eher geebnet als verbaut. Die seit 1958 wirksame Assoziierung von 18 afrikanischen Staaten an die EWG ist ein klassisches Beispiel für funktionierenden Ultra-I.

4. Das internationale System der Gegenwart stellt sich noch immer als ein „asymmetrisches" System herrschender und beherrschter Gesellschaftskörper dar. Ein wesentliches Element i.er Politik ist dabei der *ungleiche Austausch* zwischen den Nationen, der sich vor allem in den für die Dritte Welt ungünstigen „terms of trade" zeigt. Moderne I.Theoretiker besonders aus Lateinamerika versuchen außerdem nachzuweisen, daß in den Kolonien und Ex-Kolonien die Entwicklung der Gesellschaft keineswegs als Wiederholung der europäischen Entwicklung stattfindet: Dort treten nicht einfach kapitalistische Produktion und bürgerliche Gesellschaft an die Stelle älterer Formen; vielmehr bleiben dualistische Gesellschaften bestehen. Die Mehrheit der Bevölkerung verharrt in rückständigen Lebensweisen. Es findet keine Entwick-

lung schlechthin statt, sondern „Entwicklung der Unterentwicklung" (André Gunder Frank). Dieses Festhalten der Peripherie in Unterentwicklung sei notwendig, um den Vorsprung des hochentwickelten „Zentrums" aufrecht zu erhalten. Eine solche Analyse rechtfertigt es, auch das heutige internationale System als I. zu bezeichnen. Übrigens ließe sich vermutlich mit gleichem analytischem Werkzeug beweisen, daß auch die Beziehungen zwischen den von *kommunistischen* Parteien regierten Industrienationen und rückständigen Ländern – ob diese selbst von Kommunisten regiert werden oder nicht – als i. bezeichnet werden dürfen.

Der Übergang von Kolonialgebieten zu formaler staatlicher Souveränität *(„Entkolonisierung")* hat ihre wirtschaftliche, gesellschaftliche, kulturelle und politische Abhängigkeit vom „Zentrum" selten wesentlich beeinflußt. Nur die Metropole ist gelegentlich ausgewechselt worden. Im Falle Argentiniens etwa traten an die Stelle Spaniens zuerst England, dann die USA.

5.0. Emanzipations-Strategien. Strategien zur Veränderung des internationalen Systems sind an der Peripherie, aber auch in den Zentren in größerer Zahl entwickelt worden. Radikale Strategien wollen das System mit seinen Wurzeln ausreißen und durch ein neues ersetzen, das Emanzipation ermöglicht. Reformstrategien erstreben eine Emanzipation der benachteiligten Gesellschaften im Rahmen des bestehenden Systems.

5.1. *Als radikale Strategie* empfiehlt sich seit den Tagen von Marx und Engels die sozialistische Revolution. Tatsächlich beansprucht die Sowjetunion, innerhalb ihrer Staatsgrenzen die Probleme der Abhängigkeit rückständiger Nationalitäten, die bis 1917 vom i.en Russischen Reich beherrscht wurden, gelöst zu haben. Diese These entzieht sich wissenschaftlicher Nachprüfung. Von den chinesischen Kommunisten wird sie nicht anerkannt, und sowjetische Autoren beschuldigen wiederum die Regierung in Peking, den nicht-chinesischen Nationalitäten ihres Staates diverse „Beglückungen" aufzuzwingen. Wenn wir davon ausgehen, daß Rußland und China erfolgreiche sozialistische Revolutionen im Sinne von Marx hinter sich haben, so sind Zweifel an der Erwartung, die sozialistische Revolution würde von selbst das globale System internationaler Abhängigkeiten radikal verändern, nicht von der Hand zu weisen. Eine grundsätzlich neue radikale Strategie hat denn auch gerade die Volksrepublik *China* um 1960 eingeleitet. Sobald die Auswirkungen internationaler Kooperation mit der UdSSR Peking enttäuschten, setzte es entwicklungspolitische *Autarkie* an deren Stelle. Der Rückgriff auf eine alte politische Tradition Chinas ist deutlich. Die während der „Kulturrevolution" bis zur Selbstisolierung gesteigerte Autarkie-Politik beseitigte Chinas internationale Abhängigkeiten und erreichte insoweit eine qualitative Veränderung des internationalen Systems. Vermutungen über eine Stagnation der chinesischen Agrar- und Industrieproduktion in den 60er Jahren zwingen jedoch zu der Befürchtung, Peking könnte Selbstbehauptung mit einem Verzicht auf gesellschaftliche Entwicklung bezahlt und somit das Ziel der Emanzipation verfehlt haben.

5.2. *Reformstrategien.* Kein anderer Staat der Dritten Welt hat bisher ernsthaft versucht, die Selbstisolierung der Volksrepublik China nachzuvollziehen. Die meisten Regierungen verzichten überhaupt auf radikale Aktionen und arbeiten mit einem breiten Band von *Reformstrategien.* In dem Versuch, durch Ausbau bestimmter Industrien an der „Peripherie", die dann im „Zentrum" schrumpfen sollen – Typ: Textilproduktion – die Position der armen Völker zu verbessern, begegnen sich solche Strategien der nationalen Führer mit den → *„Entwicklungshilfen"*, die im „Zentrum" seit etwa 1930 diskutiert und in gewissem Sinne praktiziert werden. Das Konzept der Entwicklungshilfe entstand in England; „Colonial Development and Welfare" hieß die Strategie, mit der London die Auswirkungen der Weltwirtschaftskrise, später des Zweiten Weltkriegs gleichzeitig vom Mutterland und den Kolonien abwenden wollte. An der so motivierten Entwicklungshilfe beteiligte sich Frankreich seit 1946, gefolgt von den USA 1949, der BRD in größerem Stil 1958, Japan 1962.

Kritiker weisen darauf hin, daß der „Fluß öffentlicher finanzieller Ressourcen von hochentwickelten in weniger entwickelte Länder" (so die Formel der OECD) tatsächlich dem Zweck diene, die Zahlungsfähigkeit der armen Staaten zu erhalten und damit den profitbringenden Einsatz privaten „Zentrums"-Kapitals in der Dritten Welt weiter zu ermöglichen; letzten Endes finde nur eine Übertragung des Kapitals vom öffentlichen Vermögen auf private Vermögen innerhalb der „Zentrums"-Nationen statt.

Verteidiger der Entwicklungshilfe-Strategie argumentieren dagegen (1) mit direkten emanzipatorischen Wirkungen der öffentlichen Leistungen auf die Sozialstruktur der Empfängerländer (Gesundheit, Bildung, Landwirtschaft, Straßenbau) und (2) mit ähnlich segensreichen Wirkungen auch des privaten Kapitaleinsatzes (Kaufkraftschöpfung, Verbreitung von know how, Dynamisierung der Sozialstruktur usw.).

Einige Länder, die vor 1945 typische Kolonien oder Halbkolonien waren, sind heute auf gutem Wege, wenn wir diesen Argumenten folgen, von der Peripherie des internationalen Systems in sein Zentrum *überzuwechseln.* Dabei wird meistens auf das → Wachsen des realen Bruttoinlandsprodukts je Kopf verwiesen: an der Elfenbeinküste um 5,1 %, im Iran 5,7, in Südkorea 6,4, Hongkong und Taiwan 6,9 % (im Jahresdurchschnitt 1960–69). Brasilien rückt in den letzten Jahren ebenfalls in die Gruppen der Länder vor, deren je-Kopf-Produkt jährlich um mehr als 5 % wächst, während das durchschnittliche Wachstum für alle „Entwicklungsländer" laut UN-Statistik bei nur 2,5 % lag, für die kapitalistischen Industrieländer bei 3,7, die sozialistischen Industrieländer bei 5,4 % (UN-Handbook of International Trade and Development Statistics 1972).

Vom Wachstum erwarten die Strategen der „Entwicklungshilfe" noch am wirksamsten eine Aufhebung der Folgen i.er Politik. Doch beginnt ein Umdenken nicht nur bei Analytikern sondern auch bei praktischen Politikern: Wir sollten unsere Maßnahmen „nicht mehr auf ... Maximierung des Bruttosozialprodukts ausrichten. Diese Kriterien sollten durch einen Begriff wie

‚Brutto-Gemeinwohl' ersetzt werden..." (Mansholt, damals Präsident der Europäischen Kommission, 1972, → Wohlstand). Eine solche radikal neue Zielvorstellung würde auch die meisten Probleme des I. neu stellen.

6. *Austragung des Nord-Süd-Konflikts.* Einstweilen tragen die reichen und die armen Nationen den Konflikt, in den sie als Folge i.er Politik geraten sind und der verkürzt als „Nord-Süd-Konflikt" bezeichnet wird, noch mit dem Blick auf maximales Wachstum aus. Vertreter radikaler Strategien erhoffen dabei einen Sieg der armen Nationen durch Gewalt, d. h. durch „Volkskrieg" nach den Modellen des chinesischen und vietnamesischen Bürgerkriegs. Die Reformstrategen suchen die politische Auseinandersetzung mit dem „Norden" vornehmlich in den UN und ihren Sonderagenturen. Dabei spielt die 1964 zum ersten Mal in Genf versammelte Konferenz für Handel und Entwicklung (UNCTAD) eine Schlüsselrolle.

Es liegt nahe, diese Form der Auseinandersetzung mit → *gewerkschaftlicher Strategie* zu vergleichen. Ihre Ziele sind (1) kurzfristige finanzielle Verbesserungen für die armen Nationen, etwa durch Stabilisierung der Preise ihrer Exportgüter oder Zuteilung von „Papiergold" in Form der Sonderziehungsrechte des IWF (→ Währung) – vergleichbar den Lohnerhöhungen für Arbeiter; (2) langfristig eine verstärkte „Mitbestimmung" der armen Nationen im internationalen System, vor allem durch politische Aufwertung der UNCTAD. Ein wichtiges Mittel dabei – ebenfalls westlicher Gewerkschaftspolitik verwandt – ist Solidarisierung: z. B. Zusammenschluß der Erdöl produzierenden Länder in der OPEC, die bereits erhebliche Erfolge in Verhandlungen mit Erdölkonzernen erreicht hat; Fraktionsbildung aller armen Nationen bei der UNCTAD („Gruppe der 77").

Die UNCTAD-Hoffnungen erwiesen sich freilich bisher als *zu hoch geschraubt.* Auf der UNCTAD III (Chile 1972) wurde deutlich, (1) daß weder kapitalistische noch sozialistische Industrieländer bereit sind, den armen Ländern besseren Zugang zu ihren Märkten zu gewähren, indem sie selbst landwirtschaftliche oder industrielle Produktionen einschränken; (2) daß sich die Industrieländer nicht über ein neues Währungssystem einigen können; (3) daß keine Einigung über Sonderziehungsrechte als multilaterale Entwicklungshilfe möglich war; (4) daß die reichen Nationen nicht bereit sind, UNCTAD-Resolutionen als verbindlich anzuerkennen.

Die Entscheidungsgewalt im internationalen System wird nach wie vor von den Regierungen der *Industriestaaten* und von den Herren über die großen *Konzerne* der Industriegesellschaft ausgeübt. Auf politischem Feld hebt sich die Gruppe der ständigen Mitglieder des UN-Sicherheitsrates ab, die gleichzeitig Inhaber des Atomwaffen-Monopols sind; bis auf China sind sie sämtlich reiche Industriestaaten. Auf wirtschaftlichem Feld hebt sich die *„Gruppe der Zehn"* ab, die bis 1972 Entscheidungen des IWF vorbereitete: die USA, Kanada, Großbritannien, die BRD, Frankreich, Italien, die Niederlande, Belgien, Schweden und Japan. UNCTAD III wurde allerdings informiert – keineswegs durfte sie etwas so Wichtiges selbst beschließen -, daß künftig eine

„Gruppe der Zwanzig" im IWF den Ton angeben soll. Zu den aufgezählten zehn Staaten des „Zentrums" treten künftig Australien sowie die „Peripherie"-Länder Indien, Brasilien, Marokko, Äthiopien, Argentinien, Zaire, Indonesien und Irak hinzu. Auch die Gruppe der nicht-ständigen Mitglieder des Sicherheitsrates wurde (1966) um vier arme Staaten auf zehn erweitert. Das alles mögen nur *kosmetische Operationen* an einem System sein, das seiner Struktur nach i. bleibt. Aber sie beweisen, daß die Mitbestimmungs-Forderung der abhängigen Nationen – ein Ausdruck anti-imperialistischer Reformstrategie – wenigstens auf dem Tisch liegt.

Literaturhinweise

Ausführliche *Bibliographien* finden sich in den folgenden Sammelwerken:
Wehler, Hans Ulrich (Hrsg.): Imperialismus. Köln usw. 1970.
Senghaas, Dieter (Hrsg.): Imperialismus und strukturelle Gewalt. Frankfurt/M. 1972.
Bohnet, Michael (Hrsg.): Das Nord-Süd-Problem. München 1971.
Hier sind auch die Schriften der im Text erwähnten Autoren zu finden mit folgenden Ausnahmen:
Kautsky, Karl: Der Imperialismus. In: „Neue Zeit", Bd. 32/2 (1913/14), S. 908–922.
Ders.: Nationalstaat, imperialistischer Staat und Staatenbund. Nürnberg 1915.
Ferner wird verwiesen auf *Nuscheler*, Franz: Dritte Welt und Imperialismustheorie. In: Civitas, JB f. Sozialwissenschaften, Mannheim usw., Bd. 10 (1971).

Franz Ansprenger

Industrielle Gesellschaft (iG.)

→ *Fortschritt, Kapitalismus, Konvergenz, Planung, Sozialismus, System, Systemwandel, Wachstum*

1. Definition. Der Begriff iG. wird in seiner allgemeinsten Bedeutung zur Abgrenzung derjenigen G.en, die über eine ausgebaute i.Struktur verfügen, von „vorindustriellen" oder im Stadium des „take off" befindlichen G.en verwendet. Häufig wird der Begriff jedoch mit weiterreichenden Bedeutungsgehalten verbunden. Er kennzeichnet dann einen „modernen", mit der Industrialisierung ins Leben tretenden Typ, dem auch sozialstrukturelle Lebensbereiche außerhalb der i.n Wirtschaftssphäre zugerechnet werden. Zu den Merkmalen der iG. wird öfters auch eine spezifische Verlaufsgestalt der sozioökonomischen und politischen „Dynamik" gezählt.
Insbesondere in diesem letzteren Bedeutungsbereich treten sich heute verschiedene Theorien gegenüber. Auf der einen Seite stehen *evolutionäre* Auffassungen des „sozialen Wandels" oder der „Modernisierung". Sie dominieren in den westlichen Industrieländern. Auf der anderen Seite stehen *konflikttheoretische* Modelle, die davon ausgehen, daß die Entwicklung der iG. mit der Entstehung und Auflösung von sozioökonomischen Widersprüchen in Verbindung steht. Ihre schärfste Ausprägung erfahren diese Theorien in der marxistischen → Kapitalismustheorie. Diese geht davon aus, daß sich in den ersten Entwicklungsphasen der gegenwärtigen iG.en ein Antagonismus zwi-

schen der Kapitalistenklasse und einem wachsenden Proletariat ergeben hat, der nur durch eine „soziale Revolution" aufgelöst werden kann. Diese soll dazu führen, daß dem durch moderne Technologie und Arbeitsorganisation bestimmten „Unterbau" der iG. ein angemessener „Überbau" zugeordnet wird, welcher der totalen Entwicklung der Produktivkräfte des einzelnen und der G. Raum gibt und somit einen unabsehbaren Fortschritt ermöglicht. Es sind heute verschiedene Ansätze zur Synthese zwischen evolutionären und konflikttheoretischen Modellen der iG. erkennbar. Dabei hat sich eine Auseinandersetzung zwischen → „konvergenztheoretischen" und „divergenztheoretischen" Vorstellungen ergeben. Die evolutionäre Ausgangsbasis legt die Annahme eines mehr oder weniger automatisch erfolgenden allmählichen Verschwindens der Besonderheiten einzelner iG.en und der zwanglosen Entstehung einer verhältnismäßig einheitlichen Welt-Industriezivilisation nahe (Konvergenztheorie). Insbesondere die marxistisch-konflikttheoretische Position zwingt demgegenüber zur strikten Betonung „systemspezifischer" Unterschiede zwischen iG.en, welche das Nadelöhr der sozialen Revolution noch nicht oder schon passiert haben (Divergenztheorie).

Eine → ideologiekritische Analyse der beiderseitigen Grundannahmen zeigt, daß beide Positionen in einem eingegrenzten Sinn Recht haben. Eine *synthetische* Theorie vermag sowohl grundlegend gemeinsame, systemindifferente als auch spezifische Merkmale und Charakteristika von iG.en herauszuarbeiten. Sie gelangt somit zu einer Typik „der" iG. und ihrer Entwicklung, wie auch zu einer Typologie „von" iG.en und ihren jeweiligen Entwicklungspfaden.

2. Gemeinsame Merkmale von iG.en. Die Frage nach den gemeinsamen Merkmalen führt zu einer Reihe von Antworten, die bisher noch keine abschließende Systematisierung erfahren haben. Auch der wissenschaftstheoretische Status dieser Antworten ist bisher noch nicht abgeklärt. Während einige Theoretiker von → „Gesetzen" gesellschaftlicher Struktur und Entwicklung sprechen, die eine den naturwissenschaftlichen Gesetzen analoge Geltung beanspruchen, sprechen andere nur von „Trends" oder „empirischen Regelmäßigkeiten", die den Charakter von singulären Sachverhaltsbeschreibungen ohne nomologischen Erklärungswert haben. Eine Lösung bietet hier der *strukturell-funktionale* (oder auch: funktional-strukturelle) Ansatz, der es erlaubt, Strukturen und Entwicklungen der iG. in ein morphogenetisches Erklärungsschema von hohem Plausibilitätsgehalt einzuordnen, und der somit die Formulierung eines „theoretischen" Hypothesengerüsts gestattet (→ System). Bei lockerer Zusammenfassung der Aussagen, die sich in verstreuter Form in der Literatur finden, kann man zu dem folgenden unabgeschlossenen *Katalog* von gemeinsamen Merkmalen gelangen:

(1) Alle iG.en entstehen in Verbindung mit Industrialisierungsprozessen.

(2) In allen iG.en findet eine kumulative *Expansion* („industrielles → Wachstum") statt. Dieses Wachstum vollzieht sich in einer Phasengliederung, als deren Hauptbestandteile sich „take off" und „self-sustained growth" unterscheiden lassen.

(3) Stets verbindet sich mit der Expansion unmittelbar eine Fülle von *qualitativen Veränderungen,* die von der Produktionssphäre aus in alle anderen Teilbereiche der G. ausstrahlen. Besondere Bedeutung kommt dabei dem → „technischen Fortschritt" zu. In Verbindung mit ihm ergibt sich zwangsläufig eine „Institutionalisierung" des *rationalen* Denkens wissenschaftlich-technologischen Typs. Werte wie „Sachlichkeit", „Effizienz" und „Beherrschung künftiger Ereignisse durch die Anwendung verstandesmäßiger Fähigkeiten" spielen eine zunehmende Rolle. Das instrumentelle Leistungswissen wird als Element sozialer Rollenvorgaben und als Determinante der → Mobilität aufgewertet. Dementsprechend rücken Einrichtungen zur Vermittlung von (Aus-)Bildungsqualifikationen ins Zentrum der Entwicklungsbemühungen und Spannungen.
(4) In allen iG.en wandelt sich die *soziale Gliederung* und Berufszusammensetzung nachhaltig: Umfang und funktionales Gewicht eines „sekundären" Sektors (Industrie) vergrößern sich gegenüber dem „primären" Sektor (Landwirtschaft), ein „tertiärer" Sektor (Verwaltung und Dienstleistungen) gewinnt an Bedeutung.
(5) In allen iG.en stellen sich einschneidende Veränderungen der *räumlichen* Bevölkerungsverteilung ein. Sie verlaufen in Richtung besonders aktiver „Ballungsräume" bei gleichzeitiger Verdünnung in den weiterhin „ländlich" bestimmten Gebieten.
(6) In allen iG.en vollzieht sich eine vorher unbekannte *„soziale Differenzierung"*. Diese „entfunktionalisiert" die Familie, die in vorindustrielle G.en das dominierende Element der Sozialstruktur ist, und führt zur Entstehung immer neuer „Subsysteme" mit mehr oder weniger spezialisierten Aufgaben, die arbeitsteilig kooperieren. Diese Subsysteme (Bildungswesen, Wirtschaft, Gesundheitswesen, politisches System etc.) entwickeln in sich selbst eine großorganisatorisch verfaßte Struktur, welche wiederum neuartige Proleme des sozialen Konflikts, der rationalen G.steuerung und der Begegnung von Individuum und Gesellschaft freilegt.
(7) Die wachsende Komplexität, die sich mit der fortschreitenden Differenzierung verbindet, führt in allen iG.en zu strukturcharakterisierenden Folgewirkungen. Dazu rechnet der Zwang zur erweiterten Einbeziehung *„universalistischer"* Elemente ins g.e Normensystem, die sich auf großflächige Raum-, Zeit- und Sachzusammenhänge beziehen. Den Subsystemen werden hohe Grade von *„Autonomie"* zugebilligt, die es ihnen ermöglichen, die erforderliche Dispositionsfreiheit und Selbstorganisierungsfähigkeit zu entwickeln. Endlich rechnet hierzu der Ausbau *„generalisierender"* Mechanismen (Geld, Recht, Macht, Ideologie), welche über die Subsystemgrenzen hinweg ein Minimum an Kommunikation, Koordination und Integration sichern.
(8) In allen iG.en gibt es eine ständige *Dynamik,* die tief in die Dimension des qualitativen Strukturwandels hineinreicht. Der Satz, Wandel sei in der Gegenwart das einzig Dauernde, gilt über alle Systemgrenzen hinweg.
(9) In allen iG.en läßt sich eine Tendenz zur zunehmenden → *„Planung"* erkennen. Ungeachtet aller Unterschiede, die sich gerade hier deutlich bemerkbar machen, gilt, daß sich diese Tendenz mit einem überall antreffbaren

Bemühen verbindet, hohe Grade von Planungsintensität, -effizienz und -koordination in ein ausgewogenes Verhältnis zu bringen.
(10) In allen iG.en verbindet sich mit diesen Trends eine schwere *menschliche* Problematik, da langfristig gewachsene Bedürfnisse nach Dauer, emotionaler und kognitiver Sicherheit, nach Sinn und Konfliktfreiheit in Frage gestellt werden. Den organisierten Bemühungen um Abhilfe ist jedoch nirgends ein voller Erfolg beschieden. Die „Humanbarriere" schiebt sich überall als ein schwerwiegendes Problem in den Vordergrund.

3. Unterschiede zwischen iG.en. Die Ausgangslage beim Beginn der Industrialisierung ist in den einzelnen G.en nicht gleichartig. Dadurch ergeben sich Verschiedenartigkeiten des take off, die viele Jahrzehnte nachzuwirken vermögen. Die *Phasengliederung* der i.Expansion läßt beträchtliche Unterschiede der Ablaufgeschwindigkeit und Intensität zu. In der Aufeinanderfolge von Strukturmustern i.er G.en besteht keine starre Determination, sondern nur eine lose, Dehnungen, Aufschiebungen, Kumulationen und sogar Reihenfolgevertauschungen zulassende Verkoppelung.
Unterschiede ergeben sich weiter daraus, daß sich gerade in ihren fortgeschritteneren Stadien ein hohes Maß an *„Äquifinalität" und „Multifinalität"* einstellt. Mit diesen aus der → Systemtheorie stammenden Begriffen wird die Tatsache angesprochen, daß sich gleiche Ziele auf höchst unterschiedlichen Wegen erreichen lassen. Typischerweise führen z. B. alle gegenwärtigen Diskussionen über Strukturreformen immer wieder zur Aufdeckung von Alternativen, zwischen denen sich keine „rationale" (d. h. verstandesmäßig zwingende) Entscheidung fällen läßt und die somit unter dem Einfluß aktueller Machtkonstellationen, politischer Wertbevorzugungen von Parteien, Regierungen und Organisationen entschieden werden (= Äquifinalität). Andererseits läßt sich beobachten, daß dem Vorgang der „Zielfindung" zunehmend ein Moment der Willkür (oder auch: der rein „politischen" Fundierung durch Aushandeln von Kompromissen oder ideologisch gesteuerte Dezision) anhaftet (= Multifinalität). Hochentwickelte iG.en offenbaren darin eine hochgradige *„Gestaltungs"-Offenheit*. In der Zukunft ist eher mit einem Zunehmen daraus entspringender Unterschiede als mit ihrem Verschwinden zu rechnen. Es läßt sich diesbezüglich allerdings keine ganz sichere Prognose abgeben, da die schwer voraussagbare Entwicklung der internationalen (Macht-)Beziehungen hier einen entscheidenden Einfluß ausübt.
Von den vielfältigen Unterschieden zwischen iG.en werden in der aktuellen Diskussion besonders diejenigen in den Mittelpunkt gerückt, die mit den Differenzen zwischen westlich-„kapitalistischen" und östlich-„sozialistischen" G.en zusammenhängen. Bei näherem Zusehen läßt sich erkennen, daß diese Diskussion auf verschiedenen Ebenen geführt wird und unterschiedliche Problemkomplexe betrifft, so daß man schwerlich von einer klaren Diskussions-„Front" sprechen kann. Zu einem regulären „Systemvergleich" mit eindeutig festlegbaren Beschreibungs- und Bewertungskriterien ist man bisher nur ansatzweise gelangt. Die folgenden Problemkomplexe lassen sich hervorheben:

(1) Zur großorganisatorischen Strukturierung und zur Beschaffenheit der generalisierenden Mechanismen: Die West-Ost-Diskussion in diesem Bereich läßt sich am ehesten durch das Stichwort „*Markt versus Plan*“ charakterisieren. Die vom *Osten* ausgehende Kritik konzentriert sich dabei auf die Machtungleichgewichte und Klassenantagonismen des → „Spätkapitalismus“. Im Gegensatz zur planhaften Anstrebung humaner Entwicklungsziele in den „sozialistischen“ Gesellschaften läßt sich nach dieser Auffassung in den „kapitalistischen“ Gesellschaften jegliches Geschehen auf das Selbstverwertungsinteresse des Kapitals zurückführen. „Wohlfahrts“-Phänomene und → sozialstaatliche Entwicklungen finden ihre Erklärung in einer Verlagerung der Ausbeutung in den Konsumbereich oder in Maßnahmen zur Verschleierung bestehender Herrschaftsverhältnisse und zur Krisenvermeidung und sozialen Pazifizierung. Der → Staat soll dementsprechend in „kapitalistischen“ G.en nur die Funktion einer „Agentur“ des Kapitals haben.
Die „systemimmanente“ Argumentation des *Westens* konzentriert sich demgegenüber auf die Vorteile einer Steuerung durch den Marktautomatismus und auf die Betonung der individuellen Freiheit, die eine „offene“ oder → „pluralistische“ G.ordnung ermöglicht. Die G.en östlich-„sozialistischen“ Typs werden als „totalitär“ verfaßte G.en angesprochen, welche die Menschen durch integrierende Mechanismen wie Ideologie, Bürokratie und Parteidisziplin steuern. Dabei wird verschiedentlich auf die Existenz einer „neuen Klasse“ von Funktionären hingewiesen, welche das sozialistische Ziel der Klassenlosigkeit zur Fiktion werden läßt. Der „liberale“ Kern dieser Systemapologie wird durch die Idee eines „demokratischen Sozialismus“ modifiziert. Dieser verbindet die Flexibilitäts- und Freiheitswerte der Marktwirtschaft und der pluralistischen G. mit einer nachdrücklichen Bemühung um den Abbau von sozialen Unterprivilegierungen und um die Sicherstellung materialer Chancengleichheit. Eine Rahmenplanung soll den Markt und damit auch das Privateigentum an den Produktionsmitteln auf seine legitimen Funktionen reduzieren.

(2) In Verbindung mit diesem dominierenden Komplex werden weitere *Einzelkomplexe* diskutiert. Dabei geht es z. B. um die Phasengliederung des i.n Wachstums, die sich im Westen durch einen schnellen Eintritt ins Zeitalter des „Massenkonsums“ („affluent society“), im Osten durch eine langfristige Konzentration auf den Ausbau der Grundindustrien charakterisiert. Weiter geht es etwa um die Frage, ob der „Kapitalismus“ notwendigerweise „imbalanced growth“ zur Folge hat, d. h. ein Wachstum, das sich durch ein ständiges Nachhinken der nichtökonomischen Infrastrukturbereiche gegenüber den ökonomischen charakterisiert (Disparitäten-These). Zwar sind eine Reihe von Belegen für schwerwiegende Disparitäten in westlichen iG.en erarbeitet worden, doch ist bisher ein Systemvergleich, der z. B. Aufschluß darüber geben könnte, ob eine sozialistische Gesellschaft zuverlässig zu „balanced growth“ in der Lage ist, noch nicht zustande gekommen.

(3) Außerdem spielen verschiedene Aspekte der internationalen *Planungsdiskussion* eine Rolle. Einerseits geht es um die Frage, inwieweit sich die

östliche Konzeption einer zentralen und „deduktiven" (d. h. bei einem auf oberster Stufe entwickelten Zielsystem ansetzenden) Steuerungsplanung angesichts der steigenden Komplexität verwirklichen läßt. Andererseits geht es um die Frage, ob der Westen angesichts der gegebenen Machtstrukturen dazu in der Lage ist, gegenüber dem autonomen „politischen Prozeß" das angestrebte Minimum an rahmensetzender planerischer Systemrationalität zu realisieren.

4. ZUKUNFTSPERSPEKTIVEN. Die meisten Beobachter sind sich heute darüber einig, daß die Zukunft der iG. *„nachindustriell"* sein wird. Die „nachindustrielle G." der kommenden 30 bis 50 Jahre wird sich voraussichtlich durch den Übergang zunehmender Teile der erwerbstätigen Bevölkerung in den tertiären Sektor kennzeichnen. Angesichts der Qualifikationsansprüche in diesem Bereich (u. a. Lehrtätigkeiten, Forschung und Entwicklung, planende Administration) werden zunehmende Zeitanteile auf den → *Bildungs*sektor entfallen. „Lebenslanges Lernen" wird – in Verbindung mit einem häufigeren Wechsel der Tätigkeiten – für breite Teile der Bevölkerung zur Selbstverständlichkeit werden. Angesichts der wachsenden Bedeutung der Bildung wird die Bildungsnachfrage – in Verbindung mit Berufs- und Statuserwartungen – stark ansteigen. Dabei kann es wiederholt zu Spannungen zwischen Qualifikationsangebot und -nachfrage kommen, die auch durch überproportional wachsende Einkommenschancen in weniger qualifizierten Berufen und durch das zunehmende Angebot hochqualifizierter Freizeittätigkeiten nicht voll auffangbar sein werden (*„Salariat"* als neues Proletariat).

In Verbindung mit dem ansteigenden Bildungsniveau werden sich neue, auf vermehrte *Entscheidungsteilhabe* zielende Bedürfnisse bemerkbar machen. *Innerhalb* der Großorganisationen werden diese Bedürfnisse insofern auf günstige Chancen stoßen, als sich gegenwärtig schon ein Trend in Richtung neuer Organisations- und Führungsmodelle abzeichnet, die auf die Aktivierung der selbständigen Denk- und Veranwortungsfähigkeit und „Kreativität" von Mitarbeitern abstellen. Im Verhältnis *zwischen* den Großorganisationen und ihrem „Publikum" werden „Partizipations"-Formen mit höchst unterschiedlichem Authentizitätsgehalt zum Tragen kommen. Das Bemühen der großen (auch der politischen) Organisationen um die Vermeidung von Konflikten und um Bedürfnisantizipation wird allenthalben stark zunehmen. Die „sozialen Bedürfnisse" werden zunehmend zu den eigentlichen Führungsgrößen der Systementwicklung werden.

Das steigende Bildungsniveau und die individuelle „Lebenserwartung" werden zu einer wachsenden Sensibilisierung im Hinblick auf *humane Werte* führen. Auch hier kann es zu kritischen Spannungen und Massenerregungen kommen, die möglicherweise manifest- oder krypto-*religiöse* Züge annehmen. Solchen Bewegungen wird mit einiger Wahrscheinlichkeit insofern ein hohes Konfliktpotential innewohnen, als sie eine zwischen emotional bestimmten Engagement und nüchterner „Vernunft" spielende Dialektik hervorrufen können, die gegenseitige Verdammungen einschließt. Aggressive Ideologien, die in einer „gesinnungsethischen" Weise die sofortige Herstellung absolut gerechter

Verhältnisse fordern, werden sich mit technokratischen „Entzauberungen" reiben.

Ungeachtet dieser Entwicklungen wird das i.*Wachstum* – auf eine durch humane Werte und soziale Ziele bestimmte Weise – weitergehen. Ein hoher und steigender Lebensstandard wird gerade in den breiten Schichten zur Selbstverständlichkeit gehören. Die politischen Spitzen aller iG.en werden die Garantie des ungestörten sozialpflichtigen Wachstums als eine wichtige Grundlage ihrer Herrschaftslegitimität erkennen. In allen iG.en werden sich damit weitere sozialpolitische Garantien (Arbeitsplatzsicherheit, Sicherstellung eines risikofreien Mindesteinkommens, hohes Niveau der „Daseinsvorsorge", wachsendes Freizeitangebot etc.) verbinden. Der → Sozialstaat, gegenwärtig oft mehr Ideologie als Wirklichkeit, wird sich entfalten. Seinethalben werden zunehmend viele iG.en Eingriffe in die Einkommens- und Vermögensverteilung vornehmen. Die Durchsetzung einer langfristigen und konzeptionellen Gesamtplanung wird für jede Regierung obligatorisch sein, da nur sie der Bevölkerung das Gefühl einer ausreichenden Gewährleistung von „Systemrationalität" vermitteln wird.

„Alternativen" der nachindustriellen G. werden sich weitgehend auf der Basis der gegenwärtigen Systemdifferenzierungen einstellen. Allerdings werden sich diese Alternativen voraussichtlich weit jenseits der gegenwärtigen ideologischen Projektionen bewegen. Der → „Kapitalismus" wird viele seiner Merkmale verlieren; es wird immer weniger sinnvoll sein, diesen Begriff zu verwenden. Ebensowenig wird sich mit dem Begriff → „Sozialismus" eine klare Kennzeichnung gesellschaftlicher Gesamtzustände verbinden lassen. Mit einiger Wahrscheinlichkeit werden Unterschiede zwischen den einzelnen G.en, die sich aus nachwirkenden historischen Besonderheiten und aus aktuellen Entscheidungsdivergenzen ergeben, in den Vordergrund treten, wobei die Trennlinie zwischen den iG.en und den weniger entwickelten G.en an Bedeutung gewinnen wird. Außerdem werden die Tendenzen der *Regionbildung* zunehmen.

Auch die Welt der nachindustriellen G.en wird sich somit durch gemeinsame Trends wie durch divergierende Einzelzüge und Gesamtkonstellationen kennzeichnen. Wenngleich sich über den erwartbaren Grad der Konvergenz oder Divergenz gegenwärtig wenig Sicheres sagen läßt, ist doch klar, daß *keine „uniformierte" Welt* entstehen wird. Gemeinsame Standards und sorgsam verteidigte Besonderheiten werden koexistieren oder miteinander in Konkurrenz liegen. Insbesondere angesichts der fortdauernden Konfrontation mit der „armen" Welt werden sich Elemente eines gemeinsamen Bewußtseins der Hochentwickelten einstellen.

LITERATURHINWEISE

Aron, Raymond: Die industrielle Gesellschaft, Frankfurt/M. usw. 1964.
Dahrendorf, Ralf: Gesellschaft und Demokratie in Deutschland. München 1965.
von Krockow, Christian: Ost-West-Konvergenz? – Ein kritischer Literaturbericht. In: futurum 1/1971.

Luhmann, Niklas: Soziologische Aufklärung, Köln usw. 1970.
Rose, Günther: „Industriegesellschaft" und Konvergenztheorie. Berlin 1971.
Rostow, Walt W.: Stadien wirtschaftlichen Wachstums. Göttingen 1960.

HELMUT KLAGES

Inflation (I.)

→ *Außenwirtschaft, Konjunktur, Lohn, Magisches Mehreck, Verteilung, Währung, Wert, Zahlungsbilanz.*

1. BEGRIFF. – I. (lat. = Aufblähung) bezeichnet im ursprünglichen Wortsinn eine Vermehrung der umlaufenden *Geldmenge* mit einem daraus hergeleiteten allgemeinen *Anstieg der Preise* und dementsprechenden Kaufkraftverlust des Geldes. Unter Vermeidung des damit implizite ausgesprochenen, umstrittenen Kausalzusammenhanges zwischen Geldmengenvermehrung und Preisniveauanstieg, gilt heute zumeist die allgemeine „Teuerung" als Kriterium der I. gemessen an einem durchaus nicht unproblematischen „Preisindex für die Lebenshaltung".

Allgemeine Preissteigerungen als vorherrschendes Symptom der I. kennzeichnen allerdings nur eine ihrer Erscheinungsformen, die sog. offene oder Preis-I., die wiederum je nach dem Tempo des Preisanstiegs als „*schleichende*", „*trabende*" oder „*galoppierende*" (Hyper-I.) bezeichnet wird. Eine exakte Markierung dieser einzelnen Stufen ist freilich nicht ohne Willkür möglich. Sie ist indessen auch nicht erforderlich, wenn die Begriffe lediglich zur Abgrenzung der raschen, sich überschlagenden Geldentwertung in den Hyperinflationen nach dem Ersten Weltkrieg gegenüber den davon nicht nur graduell unterschiedenen Preissteigerungen verwandt werden, die gegenwärtig als langfristige Erscheinung in allen entwickelten kapitalistischen Ländern zu beobachten sind.

Diese schleichende I. unterscheidet sich von den einmaligen oder periodischen Phasen früherer Preissteigerungen u. a. durch die Permanenz des Preisanstiegs, der auch in Zeiten rückläufiger → Konjunktur bestenfalls gemindert, nicht aber durch Preissenkungen korrigiert wird, eine Erscheinung, die zugleich mit einem Wandel der Konjunkturzyklen verbunden ist, deren Rezessionsphasen in den 50er und 60er Jahren ein verlangsamtes Wachstum, in der Regel aber keinen absoluten Produktionsrückgang zur Folge hatten.

Die Dauer des in den letzten Jahren deutlich beschleunigten I.-Prozesses rechtfertigt es, von einer „*säkularen I.*" zu sprechen, deren Beginn Werner Hofmann auf die Jahrhundertwende datiert, während andere Autoren (z. B. Heinz Haller) sie als ein Phänomen der letzten zwanzig Jahre deuten. Der Unterschied erklärt sich nicht zuletzt daraus, daß Hofmann die säkulare I. als einen Prozeß definiert, in dem sich das Preisniveau langfristig von dem Preistrend entfernt, welchen die Zunahme der *Arbeitsproduktivität* erwarten ließe; er spricht also auch bei gleichbleibenden oder fallenden Preisen dann von *(relativer)* I., wenn das Preisniveau nicht in dem Ausmaß sinkt, wie es einer Weitergabe der Produktivitätsgewinne in den Preisen entspräche. I. trotz gleichbleibender Preise herrscht schließlich auch dann, wenn ein allgemeiner Nachfrage-(Kaufkraft-)überhang infolge administrierter Stoppreise (Höchstpreise) zu Warenmangel und der Entstehung schwarzer Märkte führt *(„zurückgestaute“* I.).

2.0. I.-THEORIEN. Dem komplexen Charakter des I.prozesses und seinen unterschiedlichen historischen Erscheinungsformen entspricht eine Vielzahl von Theorien und Erklärungsansätzen, die sich z. T. nur darin unterscheiden, daß sie von jeweils verschiedenen Kreislaufkomponenten als I.-„Ursache“ ausgehen. Soweit sie damit zu scheinbar monokausalen „Erklärungen“ gelangen, unterliegen sie der Gefahr eines mechanistischen Zirkelschlusses, wenn nicht zugleich die sozioökonomischen und -politischen Triebkräfte, Interessen und Bedingungen des I.-Prozesses berücksichtigt werden. Erst in diesem Zusammenhang erhalten die teilweise unverbunden nebeneinanderstehenden I.-Theorien Relevanz für eine über ökonomische Wirkungszusammenhänge hinausgehende Deutung der I. – Die Erklärungsansätze können im wesentlichen unter den drei Aspekten der geldmengen-, nachfrage- und angebotsinduzierten I. subsumiert werden, wobei die jeweils unterschiedliche Deutung über die wissenschaftliche Diskussion hinaus entscheidenden Einfluß auf das geld- und konjunkturpolitische Instrumentarium hat.
2.1. Der *quantitätstheoretische* Ansatz, der einen Kausalzusammenhang zwischen Geldmengenerhöhung und I. konstatiert, hat neuerdings durch die sog. Chicagoer Schule (Milton Friedman u. a.) wieder erhebliches Gewicht erlangt. Umstrittenster Punkt dieser Theorie ist der behauptete, komplizierte „Transmissionsmechanismus“ zwischen Geldmenge, Einkommensverwendung und Preisniveau sowie die der Quantitätstheorie immanente Vernachlässigung aller nichtmonetären Bestimmungsgründe ökonomischen Handelns. Die Kritiker der „Monetaristen“ sehen daher nach wie vor in der Geldmengenausweitung eine allenfalls notwendige, nicht aber hinreichende Bedingung der I.
2.2. Ebenfalls von der Einkommensverwendung her, aber ohne monokausalen Bezug zur Geldmenge, erklärt der – wesentlich auf Keynes zurückgehende – Ansatz der *nachfrageinduzierten I.* Preissteigerungen als die Folgen einer das gesamtwirtschaftliche Angebotspotential (bei Vollbeschäftigung) übersteigenden Nachfrageausweitung. Im Mittelpunkt stehen hierbei die inländischen Verbrauchs- und Investitionsentscheidungen, die Staatsausgaben und die außenwirtschaftliche Nachfrage. Das Konzept der nachfrageinduzierten I., auf deren Bekämpfung u. a. die Instrumente des „Stabilitätsgesetzes“ im wesentlichen zugeschnitten sind (→ magisches Mehreck), entspricht damit zwar weitgehend den konjunkturabhängigen zyklischen Preisschwankungen sowie der aus Leistungsbilanzüberschüssen resultierenden Form der importierten I. (→ Zahlungsbilanz); es versagt aber, für sich genommen, im Hinblick auf das Phänomen der säkularen I., d. h. gegenüber Preissteigerungen, die auch bei Arbeitslosigkeit, rückläufiger Nachfrage und Stagnation andauern.
2.3. Im Hinblick auf diese, häufig als *„Stagflation“* bezeichnete Situation haben I.-Erklärungen an Beweiskraft gewonnen, die den I.-Prozeß letztlich

als ein Resultat des Verteilungskampfes zwischen den gesellschaftlichen Gruppen unter den Bedingungen oligopolistischer Markt- und Machtformen deuten und die damit zugleich über den Rahmen modellhafter, makroökonomischer Erklärungsansätze hinausgreifen. Diese, von der Einkommensentstehung ausgehenden Konzepte werden zumeist mit dem nicht eindeutigen Begriff der *angebotsinduzierten I.* umschrieben, der sowohl autonome gewinninduzierte als auch lohn-(kosten-)induzierte Preisniveausteigerungen als Ergebnis des Verteilungskampfes einschließt. Die Möglichkeiten zu autonomen Preiserhöhungen sind dabei um so größer, je höher der Grad der Vermachtung auf der Anbieterseite ist (→ Konzentration). Die dadurch entstehenden Preiserhöhungsspielräume erlauben es den Unternehmen, auch bei sinkender Nachfrage die Preise so weit heraufzusetzen, daß sie ihre geplanten Gewinne aufrechterhalten können.

In die gleiche Richtung wirken die erwähnten, nicht in Preissenkungen weitergegebenen *Produktivitätsgewinne.* Die Starrheit des Preisniveaus nach unten (sog. Sperrhakeneffekt der Preise) trägt dazu bei, daß auch solche Lohnerhöhungen mit Preissteigerungen einhergehen, die sich im Rahmen des gesamtwirtschaftlichen Produktivitätsanstiegs halten und daher zunächst als kosten- und preisniveauneutral gelten (→ Lohn). Der Sperrhakeneffekt verhindert, daß der lohnbedingte Preisanstieg in den Branchen unterdurchschnittlichen Produktivitätswachstums (z. B. Dienstleistungen) durch Preissenkungen in Bereichen überdurchschnittlicher Produktivität (z. B. kapitalintensive Warenproduktion) ausgeglichen wird. Diese Tendenz, die auch im Vergleich der Komponenten des Preisindex für die Lebenshaltung im höheren Preisindex der Dienstleistungen hervortritt, wird durch einen Wandel der Beschäftigtenstruktur in Richtung auf ein überproportionales Anwachsen des Dienstleistungssektors verstärkt (z. B. öffentlicher Dienst).

Können somit bereits produktivitätsorientierte *Lohnsteigerungen* zu inflationären Preisreaktionen der Anbieter führen, so gilt dies erst recht für darüber hinausgehende Lohnforderungen, die von starken → Gewerkschaftsorganisationen um so eher durchzusetzen sind, je größer der Arbeitskräftemangel und der unternehmerische Preisspielraum ist. Eine auch von W. Hofmann hervorgehobene Tendenz zur inflationären Partnerschaft zwischen den Parteien des Arbeitsmarktes wird z. B. von Galbraith und Samuelson als Charakteristikum der bisher vor allem in den USA und Großbritannien zu beobachtenden langfristigen Stagflation hervorgehoben. Die I. als Resultat des Verteilungskampfes wirkt sich indessen nicht nur auf das Verhältnis von Löhnen und Gewinnen aus, vielmehr benachteiligt sie grundsätzlich alle diejenigen (schwächeren) Gruppen, die ihr Einkommen dem Preisniveauanstieg nicht rasch genug anpassen können (z. B. Rentner und Unterstützungsempfänger) oder die Wert- und Ertragsminderungen bei ihren Forderungen hinnehmen müssen, z. B. *Sparer.*

2.4. Steigende I.raten bewirken ohne einen entsprechenden Zinsausgleich wachsende Kaufkraftverluste der Spareinlagen. Die Zinssätze für Sparguthaben mit gesetzlicher Kündigungsfrist blieben in der BRD 1971/72 hinter

der I.rate zurück. Entsprechenden Verlusten unterliegen alle längerfristigen Geldforderungen, sofern sie nicht durch Wertsicherungsklauseln dem Preisniveauanstieg angepaßt oder durch eine Bindung an die Lohn- und Gehaltsentwicklung „dynamisiert" werden. *Wertsicherungsklauseln* erfordern in der BRD gem. § 3 des Währungsgesetzes die Genehmigung durch die Bundesbank, die diese u. a. zur Vermeidung von kumulativen Überwälzungseffekten („Preis-Schulden-Preis-Spirale") nur unter sehr restriktiven Bedingungen erteilt. Dagegen erfolgt seit 1959 in der Sozial- und Alterssicherung eine fortlaufende Anpassung der Renten und Pensionen an die vorangehenden Brutto-Lohn- und Gehaltssteigerungen, die bisher stets über den Kaufkraftverlust hinausgingen *(„Dynamische Rente")*.
Da die I. gleichzeitig die Sachwertbesitzer und Schuldner, also in der Regel die Unternehmer, begünstigt, fördert sie bei sinkender Geldillusion, d. h. zunehmendem *I.-Bewußtsein* die (kreditfinanzierte) „Flucht in die Sachwerte" (z. B. Bodenspekulation) und verstärkt dadurch den I.-Prozeß ebenso wie durch die Vorwegnahme erwarteter Preissteigerungen in den Preis- und Lohnforderungen der Marktparteien.

3.0. Die Antiinflationspolitik der Regierungen und Zentralbanken befindet sich angesichts der vielschichtigen, einander verstärkenden I.-Tendenzen

---

Preisindex für die Lebenshaltung. Der Index bemißt die preisbedingten Veränderungen der Ausgaben für einen im Zeitablauf konstant gehaltenen, repräsentativen Verbrauch an Gütern und Dienstleistungen („Warenkorb"). Die Gewichtung der einzelnen Preisreihen mit der Kaufstruktur des Basisjahres (Laspeyres-Index) läßt deren Änderung unberücksichtigt, so daß von Zeit zu Zeit eine Neubestimmung des Warenkorbes und damit eine neue Ausgangsbasis für den Index erforderlich wird. Ebenso werden Qualitätsveränderungen und neue Güter nur unvollkommen erfaßt. Ob daraus allerdings eine Überschätzung der Preisentwicklung im Index resultiert, ist umstritten. P. C.

Entwicklung der Verbraucherpreise in ausgewählten Ländern

Länder	Jährlicher Anstieg der Verbraucherpreise in v. H.				
	1962/68[1]	1969	1970	1971	1972
Belgien	3,4	3,8	3,9	4,3	5,5
Bundesrepublik	2,6	2,7	3,8	5,2	5,8
Frankreich	3,4	6,0	5,6	5,5	5,9
Großbritannien	3,5	5,4	6,4	9,4	7,1
Italien	4,2	2,7	4,9	4,9	5,7
Niederlande	4,6	7,5	4,4	7,6	7,9
Schweden	4,0	2,7	7,0	7,4	6,0
Schweiz	3,5	2,5	3,6	6,6	6,7
USA	2,4	5,4	5,9	4,3	3,3
Japan	5,5	5,3	7,9	6,2	4,6

[1] Jahresdurchschnitt.

Quelle: Deutsche Bundesbank. P. C.

nicht nur in einem Mehrfrontenkrieg, sondern zudem im Dilemma der Zielkonflikte (→ magisches Mehreck). 3.1. Die an der *Nachfrage-I.* orientierten traditionellen Mittel zur Inflationsbekämpfung, d. h. Maßnahmen zur Drosselung der privaten Konsum- und Investitionsausgaben, erweisen sich gegenüber gewinn- und/oder kosteninduzierten I.-Formen nur dann als „erfolgreich", wenn die Restriktionsmaßnahmen so dosiert werden, daß sie zu Arbeitslosigkeit und Investitionsrückgängen führen (BRD 1967!), die letztlich auch wieder das Wachstum vermindern. Das Dilemma der traditionellen Konjunkturpolitik wird vollends in Phasen der „Stagflation" sichtbar, die sich z. B. in der BRD als zyklische Erscheinung aus einem time-lag zwischen Mengen- und Preiskonjunktur ergeben: Die Preissteigerungen folgen dem Aufschwung mit Verzögerungen (BRD: 1–1½ Jahre) und halten daher noch an, wenn die Zuwachsraten des realen Sozialprodukts und die Kapazitätsauslastung wieder rückläufig sind. In einer solchen Situation drohen globale Konjunkturankurbelungsmaßnahmen zu weiteren Preissteigerungen, und preisdämpfende Maßnahmen in eine verschärfte Rezession zu führen.

3.2. Versuche, die aus dem Verteilungskampf resultierenden I.-Gefahren durch eine stabilitätsorienterte Verhaltensabstimmung zwischen Arbeitgeberverbänden, Gewerkschaften und Regierung zu bannen *(„Konzertierte Aktion")* haben bisher nicht zu den erhofften Erfolgen geführt. Die Annahme, daß durch rationale Einsicht auf der Grundlage unsicherer „Orientierungsdaten" zur wirtschaftlichen Entwicklung ein Interessenausgleich möglich sei, verkennt den Konfliktcharakter und unterstellt, daß Preisstabilität für die beteiligten Kontrahenten ein gleichermaßen vorrangiges Ziel sei. Dies ist indessen mehr als zweifelhaft, zumal die Durchsetzung von Gruppeninteressen unter den Bedingungen der schleichenden I. eher erleichtert wird. W. Hofmann spricht sogar von einer systemerhaltenden Notwendigkeit der I., in der er eine „Klammer der Wirtschaftsgesellschaft" sieht, ohne die „das eingespielte Verhältnis zwischen höheren Preisen und höheren Löhnen zusammenbrechen und der Gesellschaftskonflikt sich verschärfen (würde)" (Hofmann, S. 59).

3.3. Nicht zuletzt stellen sich unter den Bedingungen des kapitalistischen Weltwährungssystems binnenwirtschaftlichen Stabilisierungsmaßnahmen Schwierigkeiten entgegen, die aus dem *internationalen* Preisverbund resultieren („importierte I."). Das bedeutet, daß sich bei festen Wechselkursen und wachsender außenwirtschaftlicher Verflechtung I.-Tendenzen des Auslandes verstärkt auf die Binnenwirtschaft übertragen (→ Währung, Zahlungsbilanz). Maßnahmen zur „außenwirtschaftlichen Absicherung" (z. B. Aufwertung, Floating, Devisenbannwirtschaft), die diesen I.-Import unterbinden sollen, stoßen nicht nur auf den Widerstand der vom I.-Import begünstigten Gruppen (Exportindustrie, Kreditwirtschaft); sie haben vielmehr auch desintegrierende Effekte im Bereich der Außenwirtschaft, tangieren die Interessen anderer Länder und sind daher nur unter schwer absehbaren Risiken im Alleingang möglich.

3.4. Die Wirkungslosigkeit des konjunkturpolitischen Instrumentariums hat angesichts beschleunigter Preisteigerungen die Regierungen zahlreicher Länder zu befristeten *dirigistischen* Eingriffen in die Preis- und Lohnbewegung (Preis- und Lohnstopp bzw. -„kontrollen") veranlaßt, die freilich nur *kurzfristige* Bruhigungseffekte haben, sofern es nicht gelingt, außer den Symptomen auch die I.-Ursachen zu bekämpfen.

LITERATURHINWEISE

Ball, R. J. *Doyle*, Peter (Hrsg.): Inflation (= Penguin modern economics Readings). Harmondsworth/England 1969.
Bolz, Klaus (Hrsg.): Ist Inflation unser Schicksal? München 1972.
Bombach, Gottfried (Hrsg.): Stabile Preise in wachsender Wirtschaft. Tübingen 1960.
Gaettens, Richard: Inflationen – Das Drama der Geldentwertungen vom Altertum bis zur Gegenwart. München 1955.
Hofmann, Werner: Die säkulare Inflation. Berlin 1962.
Schmölders, Günter: Gutes und schlechtes Geld. Frankfurt/M. 1968.

PETER CZADA

Integration, regionale (rI.)

→ *Außenwirtschaft, Europäische Wirtschaftsgemeinschaft*

1. BEGRIFF. – Integration (I.) wird allgemein als Verbindung einzelner Elemente zu einem Ganzen und in bezug auf ein einzelnes Element als dessen Eingliederung in ein System verstanden. Entsprechend ist in der Kombination rI. mit *Region* nicht ein Gebiet innerhalb eines Landes gemeint, sondern ein größerer geographischer Raum, der mehrere Staaten umschließt. Im gesellschaftlichen und politischen Bereich wird der Begriff I. vielfältig verwandt. So heißt es etwa, bestimmte Bevölkerungsgruppen seien in einem gesellschaftlichen Gesamtsystem integriert, die NATO habe eine integrierte Kommandostruktur, oder es wird von der Westintegration der BRD gesprochen. Karl W. Deutsch bezeichnet als I. die Herausbildung einer „Sicherheitsgemeinschaft", die durch die Erwartung bestimmt ist, daß sich alle Konflikte in ihr ohne Gewaltanwendung größeren Ausmaßes regeln lassen. Im wirtschaftswissenschaftlichen Sprachgebrauch bedeutet I. ökonomische, speziell außenwirtschaftliche Verflechtung.

Ohne näher präzisiert zu sein, hat der Ausdruck rI. nach dem Zweiten Weltkrieg weite Verbreitung gefunden. Insbesondere soll er die Organisationsformen und Entwicklungen kennzeichnen, die mehrere westeuropäische Staaten in dem Bemühen um engeren wirtschaftlichen und politischen Zusammenschluß erreicht haben (→ Europäische Wirtschaftsgemeinschaft). Auf ähnliche, wenn auch weniger weit gediehene Bestrebungen anderer Staatengruppen wird der Begriff gleichfalls angewandt. Er wird gebraucht, sowohl um den Prozeß als auch um den Zustand der Verflechtung oder Verschmelzung zu bezeichnen.

Der Gegenbegriff ist *Desintegration.* Von ihr wird gesprochen, wenn ursprünglich miteinander verbundene Elemente sich voneinander lösen. Ein Beispiel ist die Desintegration der Weltwirtschaft zwischen den beiden Weltkriegen. Goldwährung, Freihandel und Kapitalverkehr und damit internationale Wirksamkeit des Marktmechanismus waren bis 1914 jahrzehntelang tragende

Prinzipien der Weltwirtschaft und hatten deren Verflechtung bewirkt; dieses System, infolge des Krieges bereits erheblich angeschlagen, brach in der Weltwirtschaftskrise zusammen. Der Welthandel schrumpfte absolut und in Relationen zum Produktionsumfang; Autarkiebestrebungen prägten die Außenwirtschaftspolitik.

2. Hauptprobleme. Soweit gegenwärtig ernsthafte Bemühungen um eine rI. bestehen, beziehen sie sich vor allem auf *wirtschaftliche* Vorgänge. Teilweise ist damit – zumindest offiziell – das Ziel einer *politischen* Verklammerung verbunden. Ohne die Beteiligung einer Hegemonialmacht haben Versuche, zu einer engeren rI. auf politischer Ebene zu gelangen, bisher nur zu lockeren Organisationsformen und bescheidenen Erfolgen geführt (wie beim Europarat und bei der Organisation für Afrikanische Einheit), wenn sie nicht mit wirtschaftlichen I.vorgängen verbunden waren. Selbst in letzterem Fall ist es bisher nur in einigen Sachgebieten und in beschränktem Maße zu einer Koordinierung oder Vereinheitlichung der Politik der beteiligten Staaten gekommen.

3. Formen. In der wirtschaftlichen rI. lassen sich Unterscheidungen nach mehreren Merkmalen treffen. – 3.1. Die Verflechtung kann von allen Beteiligten *beabsichtigt* sein (was der Normalfall ist), oder aber von einer oder mehreren Seiten negativ bewertet werden. So stößt in Lateinamerika die ungleichgewichtige Kapital- und Handelsverflechtung mit den USA zunehmend auf Kritik; so trieb die → DDR die Aufspaltung des deutschen Wirtschaftsraumes voran und bemühte sich, zeitweilig unter dem Stichwort der „Störfreimachung", von Lieferungen aus dem übrigen Deutschland unabhängig zu werden.

3.2. Die *faktische* I. ist von den Verträgen und Institutionen, die zu ihr führen sollen, zu unterscheiden. Die Wirtschaftsbeziehungen müssen nicht um so intensiver sein, je stärkere rechtliche Bindungen bestehen. Z. B. war Österreichs Außenhandel mit der BRD schon vor dem Freihandelsabkommen der EWG mit der Rest-EFTA 1972 immer umfangreicher als der mit allen Ländern, mit denen Österreich in der EFTA verbunden war, zusammengenommen. – 3.3. Die organisierte Zusammenarbeit kann sich auf die Gesamtwirtschaft erstrecken oder auf einzelne *Sektoren* beschränken, wie dies etwa bei der Montanunion anfangs der Fall war. Hier interessiert vor allem die Frage, ob eine nur sektorale I. als Anstoß für eine Ausdehnung der I. auf andere Sektoren wirkt.

3.4. Die Rolle politischer Organe kann darauf begrenzt sein, durch Freihandel und Freizügigkeit *Rahmenbedingungen* für Arbeit und Kapital zu schaffen, während der eigentliche I.prozeß dem Marktmechanismus überlassen bleibt. Staatlichen oder überstaatlichen Leitungsgremien kann aber auch die Funktion zugewiesen werden, die I. durch eine gemeinsame Wirtschaftspolitik und Wirtschaftsplanung *direkt* zu steuern. I.formen des ersten Typs sind in mehreren Abstufungen am häufigsten anzutreffen. Ihre niedrigste Stufe, der Präferenzraum, war lange ein Merkmal des britischen Commonwealth; Freihandelszonen und Zollunionen sollen schrittweise erreicht werden oder bestehen schon in Westeuropa, Lateinamerika, Afrika und im Nahen Osten. Versuche des zweiten Typs haben sich als erheblich schwieriger erwiesen. Bemühungen in der EWG, über die Zollunion hinaus zu einer umfassenden Koordinierung der Wirtschaftspolitik zu gelangen, stoßen auf große Hindernisse, ganz zu schweigen von Überlegungen, Gemeinschaftsorganen bedeutende wirtschaftspolitische Befugnisse zu übertragen. Im Rat für Gegenseitige Wirtschaftshilfe ist der Versuch, eine überstaatliche Wirtschaftsplanung einzuführen, 1962 gescheitert. Die Volkswirtschaftspläne der Mitgliedsländer durch Verhandlungen zwischen Regierungsvertretern zu koordinieren, stellt ein kaum geringeres Problem dar.

4. rI. als Abgrenzung. Allen Bestrebungen um eine wirtschaftliche I. ist *ein Ziel* gemeinsam: Die Schaffung eines über die einzelnen Volkswirtschaften hinausreichenden Wirtschaftsraumes, die zu einer besseren Arbeitsteilung und Nutzung von Standortvorteilen führen und damit der Gesamtwirtschaft der Region zu höherer Leistung verhelfen soll. So wünschenswert dieses Ziel auf den ersten Blick erscheint, sind doch mögliche negative Auswirkungen nicht zu übersehen. Regionalisierung muß nicht nur Zusammenfassung von Teilgebieten, sie kann auch *Abgrenzung gegenüber anderen Räumen* bedeuten. Es wird von dem Außenverhalten der Zusammenschlüsse abhängen, ob die rI.n Fortschritten in der Arbeitsteilung und dem ungehinderten Handelsaustausch zwischen allen Völkern, woran – ausreichende Rücksichtnahme auf ihre Lage vorausgesetzt – nicht zuletzt die → Entwicklungsländer großes Interesse haben, entgegenstehen oder gar eine Desintegration der Weltwirtschaft bewirken werden.

5. Stand der theoretischen Diskussion. Das zuletzt genannte Problem hat in der wirtschaftswissenschaftlichen Diskussion wenig, in der politikwissenschaftlichen so gut wie gar keinen Raum eingenommen. Politologische Arbeiten zur rI., die einigen theoretischen Anspruch erheben, erschienen fast aus-

---

Stufen regionaler Wirtschaftsintegration
Präferenzraum (z. B. Britische Commonwealth): Die beteiligten Staaten gewähren sich gegenseitig günstigere Handelsbedingungen, insbesondere niedrigere Einfuhrzölle, als sonstigen Handelspartnern.

Freihandelszone (z. B. EFTA): Mehrere Staaten verzichten untereinander auf die Erhebung von Zöllen und beseitigen sonstige Hemmnisse, die den Warenaustausch zwischen ihnen behindern. In der Handelspolitik gegenüber dritten Ländern ist jeder Staat autonom.

Zollunion (z. B. Deutscher Zollverein): Im Handelsverkehr zwischen den Mitgliedsstaaten gibt es weder Zölle noch – zumindest grundsätzlich – andere Handelserschwernisse. Gegenüber Drittländern wird eine gemeinsame Handelspolitik betrieben.

Wirtschaftsunion (z. B. Belgisch-Luxemburgische Wirtschaftsunion): Mehrere Länder schließen sich zu einem einheitlichen Wirtschaftsraum zusammen, in dem nicht nur die Handels-, sondern auch die übrige Wirtschaftspolitik vereinheitlich wird. J.-O. S.

schließlich in den USA und Großbritannien. Zwei Aspekte werden dabei besonders betont: das Verhältnis zwischen wirtschaftlicher und politischer I. und der Versuch, I.vorgänge quantitativ zu erfassen. Daß Relevanz und Aussagekraft der *Meßverfahren* häufig anfechtbar erscheinen – als Beispiel sei der von Karl W. Deutsch angewandte „Index der relativen Beziehungsdichte" genannt –, spiegelt die allgemeinen Schwierigkeiten wider, komplexe gesellschaftliche Vorgänge quantifizierend zu analysieren. Interessanter ist die Diskussion über den anderen Aspekt. Die früheren Arbeiten über die westeuropäische I. waren überwiegend durch die These bestimmt, die Ernst B. Haas in seinen Untersuchungen über die Montanunion – in Übereinstimmung mit deren politischen Konstrukteuren – entwickelt hat: Mit der I. eines zwar begrenzten, doch bedeutenden Wirtschaftssektors, bei der nationale Kompetenzen auf überstaatliche Organe übertragen werden, komme ein Prozeß in Gang, in dessen Verlauf die I. von einem Sektor auf andere übergreife; der *Funktionszusammenhang* zwischen allen Wirtschaftssektoren erfordere diese Entwicklung. Angesichts der fortschreitenden Übertragung von Befugnissen auf überstaatliche Institutionen würden die nationalen Gruppen ihre Erwartungen, Aktivitäten und Loyalitäten zunehmend auf die neue Gemeinschaft verlagern, wodurch der wirtschaftliche Verschmelzungsprozeß auch zu einer politischen Einigung führen werde. Darin liege die „expansive Logik des Funktionalismus". In der theoretischen Diskussion wurde dieser *„funktionale* I.-Ansatz" meist als erfolgversprechender angesehen als der *„föderative"*, dessen Vertreter für eine umgekehrte Reihenfolge plädieren: zuerst Schaffung gemeinsamer politischer Institutionen, deren Aufgabe es wäre, die realen I.-Prozesse auf den verschiedenen Sachgebieten zu organisieren.

Soweit es nur um die Sachlogik geht, spricht die Entwicklung der EWG für die Überlegungen der „Funktionalisten". Der Stand der Handelsverflechtung zwischen den Mitgliedstaaten läßt es in der Tat erforderlich erscheinen, die Währungs-, Finanz- und übrige Wirtschaftspolitik der Partnerländer zu koordinieren. Als Konsequenz wird dann die Bildung neuer politischer Strukturen auf Gemeinschaftsebene notwendig. Die Entwicklung der EWG macht freilich auch deutlich, daß wirtschaftliche Sachlogik allein noch keinen Zwang bedeutet, ihr entsprechend politisch zu handeln; denn neben den wirtschaftlichen stehen konkurrierende Ziele. Haas u. a. haben dies zum Anlaß genommen, ihre Thesen zu relativieren. Politische I., so läßt sich der Erkenntnisstand zusammenfassen, ist ein vielschichtiger Prozeß. Allein auf ökonomische Faktoren gestützt, ist sie weder real zu verwirklichen, noch theoretisch zu erklären. Der Deutsche Zollverein etwa trug zwar erheblich dazu bei, in seinen Mitgliedstaaten das Interesse an der Bildung eines gemeinsamen Bundesstaates zu fördern. Doch läßt sich nicht übersehen, daß weitere Faktoren – Stärke des Nationalstaatsgedankens, Machtstellung Preußens, Bismarcksche Staatskunst, internationale Konstellation – wesentlichen Anteil an der Reichsgründung hatten. Allgemein sprechen die Erfahrungen für die Annahme, wirtschaftliche I. sei eine notwendige, jedoch nicht ausreichende Bedingung für regionale Einigungsprozesse, die zu greifbaren Ergebnissen führen.

LITERATURHINWEISE

Deutsch, Karl W. (u. a.): Political Community and the North Atlantic Area. 2. Aufl. Princeton 1968.
Kohler, Beate (Hrsg.): Erfolge und Krisen der Integration. Köln 1969.
Krämer, Hans R.: Formen und Methoden der internationalen wirtschaftlichen Integration. Tübingen 1969.
Kruse, Alfred: Außenwirtschaft. 2. Aufl. Berlin 1965.
Lindberg, Leon N., und *Scheingold,* Stuart A. (Hrsg.): Regional Integration. Cambridge, Mass., 1971.
Ziebura, Gilbert (Hrsg.): Nationale Souveränität oder überstaatliche Integration? Berlin 1966.

JÖRG-OTTO SPILLER

Internationale Organisationen (IO.)

→ *Außenwirtschaft, Entwicklungspolitik, Imperialismus, Währung*

1.0. BEGRIFF UND GESCHICHTE. – IO. bedeuten den von gouvernementalen oder privaten nationalen Repräsentanten unternommenen institutionalisierten Versuch, verschiedenartige nationale, gesellschaftliche Tendenzen aufeinander abzustimmen in der Erwartung, sie zu fördern oder zumindest zu behaupten. Äußerlich ist eine IO. durch die Zugehörigkeit von mindestens zwei nationalen, staatlich oder gesellschaftlich legitimierten Mitgliedern auf vertraglicher Grundlage und das Bestehen eines ständigen Sekretariats bestimmbar, wobei in der Regel noch ein aufsichtsführender Rat und eine Vollversammlung hinzukommen.

1.1. Ihr Ursprung und ihre wirksamste *Triebkraft* reichen zurück auf das dem Kapitalismus inhärente Streben nach Realisierung eines nationalstaatliche Beschränkungen überwindenden Weltmarktes. Akut wird ihre Bildung, als die Verstärkung von Arbeitsteilung zwischen Gesellschaften verschiedener Staaten nur durch ein Mindestmaß kontinuierlicher Kooperation der Staatsapparate und privater Gruppen ohne kostenreiche Friktionen oder gar kriegerische Konflikte zu gewährleisten ist. In diesem Sinn sollen die 51 bis zu Beginn des Ersten Weltkrieges entstandenen gouvernementalen IO. technische Reglements für die Kommunikation von Personen, Waren und Nachrichten sicherstellen helfen: so 1815 die Kommission für die Rheinschiffahrt und 1856 die Kommission für die Donau, 1865 die I. Telegraphenunion, 1874 der Allgemeine Postverein (heute Weltpostverein), 1883 die I. Vereinigung (Konvention) für den Schutz des gewerblichen Eigentums, 1890 das Zentralbüro für den I. Eisenbahnverkehr.

Die zunehmende Internationalisierung der Produktivkräfte läßt zwar in der überwiegenden Zahl der Fälle eine allseitige Nutzenerwartung zum Initiator intergouvernementaler Kooperation werden, begründet jedoch auch *Rivalitäten,* die zumeist gegen Dritte gerichtet, zusätzlich zur Bildung von IO. führen (z. B. die Panamerikanische Union 1890). Ein solcher Antagonismus begründet IO. insbesondere seit dem Entstehen des ersten antikapitalistischen

Staates, der UdSSR 1917, und hat seit der Vermehrung sozialistischer Staaten sogar zur Bildung rivalisierender IO. geführt (z. B. NATO und Warschauer Pakt, OEEC/OECD und RGW). Schließlich ermöglicht die Erwartung schon partiellen Nutzens auch bei Fortwähren von nationalstaatlichen und gesellschaftlichen Gegensätzen die gemeinsame Mitgliedschaft („friedliche Koexistenz") bei IO. (Völkerbund und Internationale Arbeitsorganisation IAO, UN-System).

Während vor dem Ersten Weltkrieg die Aktivität der IO. von den Staaten Europas bestimmt wurde, trat nach *1945* ein grundlegender *Wandel* ein. Zahl der IO., ihre Mitglieder und Zwecke haben sich vervielfacht, ihre europäische Zentrovertiertheit löste sich auf. Über die Notwendigkeit technischer Kooperation hinaus wurden IO. zu Agenturen eines globalen „crisis management", das von der Erfüllung karitativer Aufgaben bis zur Eingrenzung sozialer Widersprüche, von der Stützung bedrohter sozioökonomischer Strukturen bis zur Isolierung sozialrevolutionärer Tendenzen reicht. Durch Parlamentarisierung und Judifizierung, wie sie sich in der Anerkennung formaler Unabhängigkeit früherer Kolonialgebiete ausdrückt, spiegeln und fördern sie zugleich das Bemühen um die Stabilisierung des sozialen status quo und die fortgesetzte Abhängigkeit zwischen Ländern ungleicher Entwicklung.

1.2. Neben den gouvernementalen Einrichtungen entstehen schon vor dem Ersten Weltkrieg *private* IO. mit Duldung, Billigung oder Förderung nationaler Regierungen. Da sie meistens von den gleichen gesellschaftlichen Kräften getragen werden, auf die sich auch die Regierungen stützen, hat eine strikte Unterscheidung zwischen gouvernementalen und nichtgouvernementalen IO. in der überwiegenden Zahl der Fälle nur ein rechtliches Interesse. Die Vermischung privater mit staatlicher Tätigkeit ist in der Gegenwart noch offenkundiger, weil in vielen IO. staatliche und nichtstaatliche Repräsentanten vertreten sind (z. B. in der IAO) oder private Organisationen von staatlichen einen institutionalisierten Status verliehen erhalten haben (z. B. auf Grund Art. 71 der UN-Charta zum UN-Wirtschafts- und Sozialrat: I.Handelskammer, Ernährungs- und Landwirtschafts-O., Luftverkehr-O., I. Fernmeldeverein, Welthandelskonferenz); in einigen Fällen verfügen beide sogar über gemeinsame Büros. Schließlich ist eine Unterscheidung zwischen privat und gouvernemental bei den meisten Staaten, besonders den sozialistischen, auf Grund ihrer gesellschaftlichen Struktur von vornherein irrelevant.

Die *Zahl der privaten* IO. wird für die Zeit vor dem Ersten Weltkrieg schon auf 500 geschätzt, allerdings beruhen solche Angaben auf wenig verläßlichen Materialien, die noch weniger vergleichbare Aussagen über ihre Bedeutung zulassen; Anerkennung gewann u. a. das I. Komitee vom Roten Kreuz (1863). Eine Ausnahmestellung nimmt die *Sozialistische Internationale* ein, weil sie sich in ausdrücklicher Opposition zu allen damaligen Regierungen befand. Ebenso wie bei den gouvernementalen wuchsen die Zahl, Zielsetzung und Lokation der nichtgouvernementalen IO. Unter dem gegenwärtig auf 2500 bis 3000 geschätzten IO. nehmen die wirtschaftlichen Interessenorganisationen, vor allem die an den Europäischen Gemeinschaften und an der OECD orientierten, den größten Anteil an. Zu den bekanntesten nichtstaatlichen IO. gehören die I. Handelskammer, der I. Bund Freier Gewerkschaften, der Weltgewerkschaftsbund, der Europäische Bauernverband, die Europäische Industriellenvereinigung, der I. Luftverkehrsverband, die Interparlamentarische Union, die Afro-Asiatische Solidaritäts-O., der Weltkongreß der Juden und der Weltkirchenrat.

1.3. Eine spezifische Form von IO. stellen die auf der Grundlage steigender Kapitalkonzentration enstandenen → *Multinationalen Konzerne* und die angesichts eines Überangebots gebildeten weltweiten Rohstoff- und Produktionskartelle sowie Warenabkommen dar. Zu nennen sind die Abkommen für Kaffee, Kakao, Weizen und Zucker, die durch die Regierungen von Erzeuger- und Verbraucherländern abgeschlossen mit einem verbindlichen Quotensystem feste Preise garantieren sollen. Ähnliche Vereinbarungen haben die ölproduzierenden und ölverbrauchenden Länder getroffen. Die wachsende Zahl solcher Kartelle erstreckt sich von den Rohstoffen (z. B. Pottasche, Kupfer) bis zu Fertigprodukten (z. B. Glühbirnen, Schienen, Stahlröhren). Manche Kartellvereinbarungen gelten nur für bestimmte Regionen (z. B. Zink, Nickel, Stickstoff, Zement, Papier, Seide).

2.0. UN-System. – Unter allen IO. verdient das UN-System deswegen die größte Aufmerksamkeit, weil es explizit das Verlangen seiner Mitglieder nach der Veränderung einer Weltgesellschaft manifestiert, deren Geschichte durch Kriege und Ausbeutung markiert ist. Im Vergleich zu seinem Vorgänger, dem Völkerbund und der IAO, haben sich seine Aufgaben ständig ausgeweitet, was einen Ausdruck in der Bildung zahlreicher Sonder-O. fand. Üblicherweise werden die sechs Hauptorgane der UN (Sicherheitsrat, Generalversammlung, Wirtschafts- und Sozialrat, Treuhandschaftsrat, I. Gerichtshof und Sekretariat), die vielen Kommissionen und Unterkommissionen (z. B. regionale Wirtschaftskommissionen, Menschenrechtskommissionen) und die durch Vertrag mit dem Wirtschafts- und Sozialrat und der Generalversammlung verbundenen 15 Sonder-O. (wie Weltbank, I. Währungsfonds, IAO., Ernährungs- und Landwirtschafts-O., Industrielle Entwicklungs-O., Welthandelskonferenz, Weltgesundheits-O.) als „*UN-Family*" oder UN-System zusammengefaßt. Ohne ihre „Friedensbewahrungskräfte" beschäftigt das UN-System etwa 20 000 Angestellte – fünfzehnmal mehr als der Völkerbund. Während seine Operationen 1930 etwa 13 Mill. Dollar kosteten, gab es 1972 rund 213 Millionen Dollar aus. Mit der Ausnahme der Weltbank, die ihre Geschäfte durch Kapitalgewinne bestreitet, sind die IO. der UN auf verschiedenartige Formen der *Finanzierung* durch ihre Mitglieder angewiesen, z. B. die Budgetzuweisungen auf Grund einer beschlossenen Beitragsformel, oder die Finanzierung von Notstandsmaßnahmen auf Grund von speziell getroffenen Vereinbarungen mit und unter den Regierungen, oder durch freiwillige Zuwendungen auch von Nichtmitgliedern und Förderern. Finanzierung und Verausgabung führten nicht nur zu gelegentlich spektakulären Kontroversen zwischen den Großmächten, sie bildeten auch ein stilles Instrumentarium der kapitalkräftigen gegen die armen Länder und deren Wünschen nach Entwicklungsfonds und anderen Sonder-O., die ihnen mehr Einfluß einräumen könnten.

2.1. *Die Internationale Arbeitsorganisation (IAO)* weist eine wegen der Struktur ihrer Mitgliedschaft von der üblichen Norm der IO. abweichende Zusammensetzung auf. In ihr werden die gesellschaftlichen Widersprüche nicht durch eine eindimensionale gouvernementale Repräsentanz zugedeckt, sondern mittels einer nationalen *Triplizität* aus Delegierten der Regierungen, Gewerkschaften und Unternehmen sogar hervorgehoben. Freilich zeigt die Entwicklung der in einer Krisenphase des Kapitalismus 1919 gegründeten IAO, daß Ausbreitung und Verstärkung internationaler Arbeitsstandards und sozialer Gerechtigkeit (Lohngleichheit, Mindestlohn, Arbeitszeitbegrenzung, Kinderarbeitsverbot, Altersfürsorge), also sozialreformerische Ziele, zu einer institutionalisierten Proklamation erstarren können, die noch dazu die Verschleierungsfunktion für die Stabilisierung des sozialen Status quo erfüllt. Während die IAO in den ersten Jahren ihres Bestehens auf einem eng definierten sozialen Tätigkeitsfeld isoliert zu werden drohte und deshalb ihr Sekretariat stets das Postulat der Untrennbarkeit von Sozial- und Wirtschaftspolitik erhob, führte die schließlich gewonnene erweiterte Kompetenz zu einer Subordination der Arbeitsgesetzgebung unter die Förderung wirtschaftlichen Wachstums. In der Periode der Weltwirtschaftskrise fand ohnehin fast jede Maßnahme Billigung, wenn sie sozialen Umsturz durch Überwindung der Depression vermeiden half. Während der vierziger Jahre gelang es unter den Bedingungen des Krieges gegen den Faschismus, wohlfahrtsökonomische und pragmatisch-gewerkschaftliche Programme für die Nachkriegszeit zu proklamieren („national reconstruction and social democracy"); ihnen wurde allerdings die Grundlage entzogen, als die Konferenz der UN in San Franzisko 1945 den Kompetenzanspruch der IAO für die gesamte Wirtschafts- und Sozialpolitik überging, und sie außerdem dem Wirtschafts- und Sozialrat als eine Sonderorganisation unterordnete.
Nach dem Zweiten Weltkrieg verstärkte sich die Relativierung sozialer Normen zugunsten anderer Prioritäten, als unter US-amerikanischem Einfluß die Erhöhung des Lebensstandards durch Industrialisierung und Produktivitätszuwachs zum Ziel deklariert wurde, was schließlich in Programme der *Technischen Hilfe* für die → Entwicklungsländer mündete. US-Administration, -Gewerkschaftsbund und -Unternehmerverband waren hier wie bei vielen ähnlich gelagerten Problemen der Rekonstruktionsperiode gemeinsam einer Lösung zugetan, die eine Nachfrage nach nordamerikanischen Waren hervorzurufen, die Beschäftigung in den USA damit zu steigern und soziale Revolutionen zugunsten einer Koexistenz von „progressive labor and progressive capital" zu verhindern half. An Hand einer Vielzahl von Programmen mit größer werdender finanzieller Ausstattung wurde die – potentiell kontroverse – soziale Problematik subsumiert unter die Ziele von Vollbeschäftigung,

Förderung produktiver Arbeit, – maW. Wirtschaftswachstum; in diesen Rahmen konnten sich nicht nur die seit 1953 mitwirkenden sozialistischen Länder Osteuropas (UdSSR seit 1934), sondern auch die Delegationen aus der Dritten Welt einfügen.

Gegen den Widerstand der IAO wurde 1965 mit der Industriellen Entwicklungs-O. eine konkurrierende, kompetenzbedrohende UN-Institution geschaffen, in der nur die nationalen Regierungen vertreten sind. Die Drohung der (gewerkschaftlichen) US-Delegation, die IAO zu verlassen und die Zuwendungen einzustellen, weil die UdSSR der Sekretariatsarbeit mehr Aufmerksamkeit zuwendet, signalisiert nicht nur antikommunistische Relikte, sondern auch die Fragilität des sozialen Formelkompromisses.

2.2. *Die Weltbank*, 1944 auf der Konferenz von Bretton Woods geplant, 1946 eröffnet, ist Teil einer Gruppe, zu der noch die I. Finanzgesellschaft und die I. Entwicklungsgesellschaft gehören und die im wesentlichen gemeinsam verwaltet wird. Durch diese multilateralen Institutionen wollen ihre Mitglieder im weltweiten Umfang Kapital aufbringen lassen, um den Wiederaufbau der durch den Krieg zerstörten Wirtschaft und eine Entwicklung der armen Länder zu finanzieren. Die Bank wird *geschäftsmäßig* betrieben, d. h. Schenkungen sind ausgeschlossen, und zu den üblichen Zinssätzen werden Anleihen aufgenommen und Kredite gewährt. Da solche Geschäftsbedingungen nicht den Notwendigkeiten einer stets größeren Zahl von → Entwicklungsländern entsprach, wurde 1960 die I. Entwicklungsgesellschaft zur Gewährung zinsloser langfristiger Kredite geschaffen, deren Leistung allerdings durch die mangelnde Bereitschaft der kapitalkräftigen Länder beschränkt ist. Die 1956 geschaffene I. Finanzgesellschaft dient der Förderung des privaten Unternehmertums bei der wirtschaftlichen Entwicklung.

Mit der Ausnahme Jugoslawiens gehören die *sozialistischen* Länder nicht der Bank an, während die meisten *Entwicklungsländer* mit ihrer Aufnahme in die UN-Generalversammlung auch Mitglied der Bank wurden. Die Bank wird von wenigen kapitalkräftigen Mitgliedern kontrolliert, allein die USA verfügen über mehr als ein Viertel der Stimmen unter den Exekutivdirektoren. Die Bank hat mehr als die Hälfte aller multilateralen Kreditzusagen an die Entwicklungsländer aufgebracht, was einem Zehntel aller gouvernementalen und privaten Kapitalhilfe entspricht. Mit weniger rigorosen Bedingungen könnte die Leistung der Bank größer sein. Die Kredite werden für Projekte gewährt, deren Durchführung von ihr überwacht wird. Dabei handelte es sich vor allem (in abnehmender Rangfolge) um die Finanzierung von Verkehrsanlagen, Elektrizitätswerken, Rohstoff- und Verarbeitungsindustrien sowie Landwirtschaftsprojekten. Solche infrastrukturelle Vorhaben können bessere Vorausetzungen für die Anlage privaten Kapitals schaffen. Die Kredite wurden mit wirtschaftspolitischen *Auflagen* verknüpft, deren Rationale auf kapitalistischen Prämissen beruht und manchmal nur den multilateral eingekleideten Interessen eines Geberlandes entsprechen. Anträge auf Kredite für staatseigene Industrien sowie Entwicklungsbanken hat die Weltbank abgelehnt. Sie war auch nicht bereit, den Embargo-Beschlüssen der UN-Generalversammlung gegen Portugal und Südafrika durch Kreditsperren zu folgen.

2.3. *Auch der Internationale Währungsfonds* (IWF) ist das Ergebnis der Bretton Woods Konferenz von 1944 (→Währung). Er soll kurzfristige Liquidität für Länder gewähren, die in vorübergehende Zahlungsbilanzschwierigkeiten geraten sind. Anfang der sechziger Jahre gab der Fonds unter der Kritik der Regierungen der Dritten Welt seine bis dahin geübte Vernachlässigung der besonderen *Entwicklungsproblematik auf*. Wenn Länder entdecken, daß ihre Exporteinnahmen wegen eines Preisverfalls unter dem erwarteten Niveau bleiben – eine säkulare Situation der Rohstoffländer –, können sie spezifische Stützungsmaßnahmen durch den IWF beanspruchen. Allerdings hat der Fonds in Entwicklungsfragen eine monitaristische Position bezogen und sich auf Preisstabilität versteift, womit er sich allen Argumenten der Entwicklungsländer verschloß, die zwischen → Wachstum und → Inflation einen Zusammenhang sehen. Ebenso führte das Beharren des Fonds auf freier Konvertibilität von Währungen bei festen Wechselkursen und auf freiem Handel zu Kontroversen, weil viele Entwicklungsländer im Schutz ihrer schwachen Industrien eine Voraussetzung ihres Wachstums erkennen. Hinter diesen Gegensätzen verbirgt sich auch beim Fonds eine internalisierte Präferenz für die Ausbreitung der *kapitalistischen* Produktionsweise als die den Interessen der führenden Mitgliedsländer adäquate Entwicklungsstrategie.

2.4. *Ziel des Allgemeinen Handels- und Tarifabkommens (GATT)* (1947) ist die *Liberalisierung* des Welthandels durch die Erweiterung von Kontingenten und vor allem den Abbau von Schutz- und Präferenzzöllen; die Unterzeichner des Abkommens räumen sich multilateral die Meistbegünstigungsklausel ein. Gemessen am Ziel eines globalen Freihandels sind die Erfolge des GATT allerdings bescheiden, weil ein fester Bestandteil der „vitale Interessen" beschützenden Handelsbeschränkungen unauflösbar blieb. Neben Tarifschranken stellten sich andere Hindernisse in den Weg zum Freihandel: Unter- oder überbewertete Währungen und Kontingentierungen ihres Austausches, Schutz der Landwirtschaft, die vom GATT faktisch ausgenommen blieb, sicht- und unsichtbare Subventionen und Dumping-Praktiken, Präferenzen z. B. für Entwicklungsländer, die Steuerung der Ein- und Ausfuhr durch → Multinationale Konzerne, Kartellabsprachen, Lizenzbeschränkungen etc. Außerdem beeinflußten die Freihandelszonen, Präferenzabkommen und Preisstabilisierungsvereinbarungen für spezifische Waren (Getreide, Milcherzeugnisse, Baumwollprodukte) sowie Schutzmaßnahmen der Entwicklungsländer einen ungehinderten Fluß von Gütern. Erst seit 1963 (der sog. Kennedy-Runde) wurden auch Nicht-Tarif-Schranken in die Verhandlungen des GATT – allerdings ohne große Resultate – aufgenommen. Obwohl sich Mitglieder des GATT immer wieder mit Klagen über Verletzungen oder Umgehungen von Tarifkonzessionen durch andere Mitglieder an die zuständigen Organe wandten, konnten sich diese noch niemals zu Sanktionen entschließen.
Die *Schwäche* des GATT liegt vor allem in seiner Inkompetenz für die Ent-

wicklung von Währungsdisparitäten, die die „terms of trade" beeinflussen. Während der letzten Jahre haben Kanada, Großbritannien und vor allem die USA mit Importzusatzabgaben zu einseitigen Maßnahmen gegriffen, die im Widerspruch zu den GATT-Reglements stehen. Hier überschneiden sich die Zuständigkeitsbereiche von IWF und GATT, ohne daß eine ausreichende Koordination für Entscheidungen gegeben ist. – Aus der Sicht der *Entwicklungsländer* ist das GATT eine Institution zur Förderung des Handels der entwickelten Industriegesellschaften, weil das Freihandelsprinzip keine Rücksicht auf die spezifische Situation der rückständigen Länder nimmt. Erst in jüngster Zeit sind die GATT-Regeln wenigstens insoweit geändert worden, daß Präferenzabkommen zugunsten der Entwicklungsländer unter Umständen zugelassen werden können.

2.5 Die 1964 begründete *Welthandels- und Entwicklungskonferenz* (UNCTAD) markiert den Beginn einer neuen Periode mit der globalen Konfrontation der Regierungen von Industrie- und jenen von Entwicklungsgesellschaften, die durch 2000 Delegierte aus 119 Ländern eine ständige, den Entwicklungsländern dienende Institution schufen. Sie war eine Gründung gegen den Widerstand der kapitalistischen Staaten, die bis zu Beginn der sechziger Jahre in den sozioökonomischen IO. dominierten. Die Konferenz entwickelte sich zu einem Forum, das ein Ende der Entwicklung der Unterentwicklung nur durch umfassende spezifische Maßnahmen für möglich erklärte, wie z. B. einseitige Zollpräferenzen. Aber die hohen Erwartungen der Entwicklungsländer haben sich nach den Konferenzen von Neu-Delhi (1968) und Santiago de Chile (1972) nicht erfüllt und sind zunehmender Erbitterung gewichen. Die Versprechen der Industrieländer blieben unverbindlich und die Mehrheitsbeschlüsse der Konferenzen folgenlos.

Literaturhinweise

Yearbook of International Organizations, hrsg. v. d. Union of International Associations. Vol. XIII, Brüssel 1970/71.
The Europe Yearbook 1972. A World Survey. Vol. I, London 1972.
Yearbook of he United Nations. Vol. XXII 1968, New York 1971.
International Organization. Vierteljahreszeitschrift. Madison/Wisc. Bd. 1, 1946 ff.
Münch, Fritz u. Gert *von Eynern:* Internationale Organisationen und Regionalpakte. Köln 1962.

Kurt P. Tudyka

Kapital (K.) und Profit (Pr.)

→ *Arbeit, Lohn, Macht, Verteilung, Wachstum, Wert*

1. Nichts wäre erstaunlicher, als wenn sich die zentrale Kategorie der politischen Ökonomie „K." auf eine einhellige Definition bringen ließe. Daß vielmehr eine Unmasse einander vielfach widersprechender und sich durchkreuzender K.-Theorien existiert, verdankt sich nicht einfach nur dem subjektiven Unvermögen ihrer Autoren, sondern dem spezifisch verkürzten Erkenntnisinteresse einer rein ökonomischen Theorie, die die realen *Klassengegensätze* der kapitalistischen Gesellschaft nicht wahrhaben will. Der Versuch, diese zu eskamotieren, K. als etwas rein Technisches zu fassen, zeitigt als intellektuellen Reflex des Klassengegensatzes die Widersprüche in der Theorie.
Alle „positiven Theorien" des K. versuchen einen Kapitalbegriff zu formulieren, der dartun soll, daß es sich bei K. um einen Inbegriff von dinglichen *Sachen* (den realen „K.gütern" des Anlage- und Umlaufvermögens) handelt, die sich durch Bewertung mit adäquaten Preisen zu einem Geldausdruck zusammenfassen lassen, der die Größe des profitbringend investierten Nettovermögens ausdrückt. Das findet seinen anschaulichen Ausdruck in jeder *Unternehmensbilanz*, deren Aktivseite die heterogenen Kapitalgüter zusammenstellt; deren Passivseite ihren zusammenfassenden Geldausdruck – getrennt nach den Eigentumsverhältnissen – als Eigen- und Fremdk. ausweist. Schon in dem Schema einer Bilanz deuten sich jedoch die theoretischen Probleme der K.theorie an: auf der Passivseite figuriert – als einzige Stromgröße unter all den Bestandsgrößen der Bilanz – das Einkommen *Profit* (Pr.), der Zuwachs des Nettovermögens durch Investition.

2. Dieser Umstand zeigt ein Doppeltes: (1) daß die seit J. B. Clark und K. Wicksell immer wieder getroffene Unterscheidung zwischen den konkreten Kapitalgütern (Real-K. als Inbegriff der produzierten Produktionsmittel) und der abstrakten K.disposition (Geldk. als Wertausdruck des rentierenden Vermögens) das Pr.-Problem nicht ausklammern kann; daß also K.theorie immer auch *Distributions*theorie einschließt; (2) daß die Mehrzahl der Distributionstheorien vulgärökonomisch genannt werden muß, wenn und weil sie so tun, als lägen die beiden Einkommen, Pr. und Lohn, logisch und faktisch auf einer Ebene. Hinter der Tatsache, daß die Stromgröße Löhne und Gehälter, die Arbeitseinkommen also, nur in der Aufwands- und Ertragsrechnung als Kosten wie Abschreibung und Material erscheinen, die Stromgröße Pr., das Besitzeinkommen, jedoch auch in der Bilanz, steckt ein für die K.theorie wesentlicher Umstand: nur der Pr., nicht aber das Arbeitseinkommen, stellt ein Nettoeinkommen in dem Sinne dar, daß von *Einkommen* überhaupt erst dann gesprochen werden kann, wenn das investierte Vermögen durch Abschreibung und Reinvestition erhalten geblieben ist.
Kapitalistische Produktion bedeutet nicht einfach Produktion mittels produzierter Produktionsmittel, sondern „*Verwertung*" des K.: Erhaltung und Ver-

mehrung des investierten K.s. In der Bilanzpraxis der Unternehmung wie in der Investitionsrechnung der Betriebswirtschaftslehre stellt sich der reale Verwertungsprozeß des K.s als bloße Bewertungsschwierigkeit dar. Versucht die *volks*wirtschaftliche Theorie jedoch, von dem solcherart bestimmten individuellen K. zu einem gesamtwirtschaftlichen K.begriff oder zur Berechnung des volkswirtschaftlichen K.stocks zu gelangen, so zeigt sich, daß die Preise der einzelnen K.güter ebensowenig wie der Wert des K.s oder die Rentabilität der einzelnen Investitionsprojekte unabhängig sind von der sog. Faktorpreisrelation (Verhältnis von Lohnsatz zu Pr.rate), also der *Einkommensverteilung*.

3. Nun will aber die K.theorie gerade zeigen, daß die Einkommensverteilung unabhängig von der Art des Gesellschaftssystems zwangsläufig aus den technischen Bedingungen der Produktion hervorgeht *(Grenzproduktivitätstheorie)*. Dieser ideologische Erklärungsanspruch hat sich in der großen k.theoretischen Debatte der modernen Wachstumstheorie als unhaltbar herausgestellt (vgl. Harcourt). Die alternativen Produktionstechniken und Investitionsprojekte lassen sich lediglich in dem unrealistischen Trivialfall, daß nur ein Gut existiert (z. B. Ricardos „corn", das zugleich – als Lohnfonds – K.gut und Konsumgut ist), in eine eindeutige Rangordnung bringen. Damit kann nicht von einer gegebenen Technik gesprochen werden, die Wahl der optimalen Technik ist selbst ein ökonomisches Problem, dessen Lösung voraussetzt, daß die Pr.rate – theoretisches Kriterium wie praktisches Regulativ der kapitalistischen Produktion – exogen bestimmt ist. Oder allgemeiner formuliert: Das vollständige Gleichungssystem aller Mengen und Preise weist einen Freiheitsgrad auf, der zum Rückgriff auf ein „außerökonomisches Datum" *Macht* zwingt. K. ist so wenig wie Geld ein wie auch immer geartetes physisches Ding, dessen Preis sich aus seiner Knappheit erklären ließe.
Damit ist jede K.theorie der Reinen Ökonomie über die Pr.theorie auf eben die beiden sozialwissenschaftlichen Disziplinen Soziologie und Politologie verwiesen, die sie in ihrem Abstieg von der Politischen Ökonome zur Reinen Ökonomie aus sich ausschied. Fatalerweise, aber wahrlich nicht zufällig, vermögen aber weder Soziologie noch Politikwissenschaft „Macht" so zu bestimmen, daß die K.- und Pr.theorie daran anknüpfen könnte.
Das ist der Grund dafür, daß die einzelnen K.theorien der Reinen Ökonomie immer wieder versuchen, die Pr.rate – den „Preis des K.", der freilich als dimensionsloser Prozentsatz nie Preis einer ganz bestimmten Kapitalmenge sein kann – immanent zu bestimmen. Pointierend läßt sich sagen, daß sich die einzelnen Versionen dadurch unterscheiden, welchen Teil des Mehrwerts (Profit, Zins, Rente) sie zum Prototyp von K.ertrag deklarieren.

4.1. In den *statischen* Produktions*mittel*modellen des K.s, die unter K. einen *Produktionsfaktor* wie Arbeit und Boden sehen wollen, folgt die Pr.erklärung im großen und ganzen dem Schema, das erstmals Ricardo zur Erklärung der Grundrente heranzog: Es existiert kein auf einem Klassengegensatz beruhendes Besitzeinkommen Pr., es gibt lediglich die auf technische Produktivitätsunterschiede zurückgehenden Differentialgewinne. Deshalb heißt seit Marshall der Pr. in einem grotesken quid pro quo „Quasirente", obwohl Samuelsons Analyse des ricardianischen Modells gezeigt hat, daß die Fixierung der Bebauungsgrenze, von der her die Differentialrenten allein bestimmt werden können, ein ökonomisches Problem ist, das die Pr.rate schon als gegeben voraussetzt.

4.2. In den *dynamischen* Produktionsperiodenmodellen des K.s, die seit Böhm-Bawerk K. nicht als Produktionsfaktor auffasssen, sondern als Inbegriff aller Zwischenprodukte, die einen „Ausreifungsprozeß" von den originären Produktionsfaktoren Natur und Arbeit zu genußreifen Konsumgütern durchlaufen, gibt der *Zins* das Erklärungsmodell für Pr. ab.

Lag die gravierende Unzulänglichkeit dieser „österreichischen K.theorie" in ihrer ersten Fassung bei Böhm-Bawerk in dessen fehlerhafter Kreislauftheorie, so liegt die zentrale Schwäche der modernen Fassungen dieser Akkumulations- und Kapitaltheorie in der unausweichlichen Unterstellung, daß zu jedem Zeitpunkt ein Produktionsprozeß existieren muß, der in dem strikten Sinne a-kapitalistisch ist, daß in ihm nur Arbeit, keinerlei K. aufgewandt wird. Diese Annahme ist für die Erklärungsabsicht dieser K.theorie – jede gesellschaftliche Produktionsweise, die Maschinen oder Werkzeuge kenne, sei unabhängig von den Eigentumsverhältnissen kapitalistisch; es handele sich immer um historisch invariante, rein ökonomische Gesetze – desaströs.

Darüber hinaus zeigen Pasinetti und Joan Robinson, daß die in den dynamischen K.theorien vorgenommene Gleichsetzung von Zinssatz (Rendite des Geldkapitals, Einkommen aus der abstrakten K.disposition) und Pr.rate (Rendite des in tatsächlicher Warenproduktion angelegten „Realk.s") unzulässig ist. Vollends vernichtend für diese Version einer positiven Theorie des K.s ist schließlich das Eingeständnis Samuelsons, daß der postulierte eindeutige Zusammenhang zwischen Konsumverzicht (Sparen = K.bildung), Zinssatz, Mehrergiebigkeit der so ermöglichten „Produktionsumwege" und höherem Pro-Kopf-Konsum in der Zukunft – darauf stützen sich alle Theorien, die die Existenz eines von Null verschiedenen Zinssatzes aus „Warten", „Abstinenz", „Zeitpräferenz" und „Minderschätzung" abzuleiten suchen – nicht notwendig und eindeutig existiert.

4.3. Bleiben die K.theorien, die die Pr.rate direkt aus der *permanenten Existenz von Pr.* herleiten wollen. Eine *erste* Version (die neokeynesianische Verteilungstheorie vor allem Kaldors) will die Dauerexistenz von Pr. aus dem volkswirtschaftlichen Einkommenskreislauf dartun. Sie muß dazu auf klassenspezifische Unterschiede der Sparneigung rekurrieren und vermag auch dann nur Gleichgewichtssituationen zu beschreiben. Die *zweite* Version hebt unausdrücklich die entscheidende Voraussetzung der vollkommenen Konkurrenz auf allen Märkten auf und führt die Existenz von Pr. auf die von Monopolen zurück. Sie macht also gar nicht mehr den Versuch, den Pr. in der Produktionssphäre zu erklären, sondern fällt mit dieser Verlagerung des Problems in die Zirkulationssphäre hinter die klassische Theorie zurück, de facto – trotz des imponierenden mathematischen Apparats, bei Krelle etwa – also auf Steuarts Vorstellung vom „profit upon alienation".

Die *dritte* Version stellt nicht auf die Monopolisierung von Märkten ab, sondern auf das Quasimonopol (Preiser) der Produktionsmittelbesitzer gegenüber den besitzlosen Lohnarbeitern. Aber auch diese nichtmarxistischen Klassenmonopoltheorien des Pr.s können die Höhe der Pr.rate nicht bestimmen. Das gilt für Oppenheimers Abzugstheorie (Pr. ist ein Abzug vom natürlichen Lohn; hier bleibt die Höhe dieses Abzugs unbestimmt) wie für die von H. Peter und E. Preiser vertretene Aufschagstheorie (Pr. ist ein Aufschlag auf die Lohnkosten, also eine Überhöhung des natürlichen Warenpreises; hier bleibt die Höhe des Aufschlags unbestimmt).

5. Das Zentralproblem der K.theorie – der Wert des K.s kann nur angegeben werden, wenn die Höhe der Pr.rate gegeben ist, dazu bedarf es einer konsistenten Pr.theorie – erfährt in der mathematisch ausgefeiltesten → *Wachstumstheorie* eine aufschlußreiche Wendung:
„In einer kapitalistischen wie in einer sozialistischen Wirtschaft ist der Begriff ‚Wert des Kapitals' zur Festlegung der besten Produktionstechnik nicht erforderlich. In der politischen Ökonomie des Kapitalismus ist dieser Begriff jedoch unabdingbar, weil er hier zwei grundlegende Rollen spielt, eine praktische und eine ideologische.
In der Praxis wird die Bewertung von Maschinen unterschiedlicher Art und unterschiedlichen Alters erforderlich, um die Transaktionen zwischen kapitalistischen Firmen zu regeln, nämlich um den Wert des Exklusivrechtes, Maschinen zu nutzen, festzulegen und ebenso den Preis der Papierstücke, die dieses Recht verbriefen. Der Begriff ist erforderlich, um die Einkommensverteilung bestimmen zu können, nicht die zwischen Habenichtsen und Besitzenden, sondern zwischen den Besitzenden.
Die ideologische Funktion von ‚Wert des Kapitals' besteht darin, mittels dieses Begriffes die tatsächliche Verknüpfung zwischen der zeitlichen Struktur der Arbeitsinputs und der zeitlichen Struktur des Outputs aufzubrechen, eine Verknüpfung, als die jede Technologie sich auffassen und analysieren läßt, und an deren Stelle eine Beziehung zwischen laufendem Output und laufender Arbeit zu setzen. Dazu ist der Gegenwartswert des Kapitalbestandes erforderlich – eine mythische Konstruktion, mittels deren Vergangenheit und Zukunft der ganzen Wirtschaft teleskopisch in die Gegenwart zusammengezogen werden. Die Aufmerksamkeit gilt nicht der vergangenen Arbeit, sondern dem Gegenwartswert der Vergegenständlichungen dieser vergangenen Arbeit. Seine gegenwärtige Produktivität dient zur Rechtfertigung der Aneignung des über die Lohnkosten hinausgehenden Mehrprodukts durch diejenigen, die sich die Vergegenständlichungen der vergangenen Arbeit angeeignet haben, wodurch zugleich die Basis für alle künftigen Aneignungen gelegt ist.
In einer sozialistischen Planwirtschaft sind die einzigen Parameter der Konsum pro Kopf und dessen Entwicklung im Zeitablauf, wenn technische Änderungen auftreten oder kein gleichgewichtiges Wachstum vorliegt – und die Zuwachsrate der Beschäftigung. Der ‚Wert des Kapitals' wird weder zur Wahl der richtigen Technik noch zur Bestimmung der Einkommensverteilung zwischen

den Individuen benötigt. ‚Kapital' kann aus dem Instrumentenkasten der sozialistischen Planer so restlos wie aus ihrem ökonomischen Wortschatz beseitigt werden." (D.M.Nuti).

6. Gelangt die moderne Wachstums- und K.theorie mit diesen Analysen bis an die Schwelle der in „Das Kapital" entfalteten Kritik der politischen Ökonomie, so bleibt doch offen, auf welche Weise die Produktionsmittelbesitzer sich das über die Lohnkosten hinausgehende *Mehrprodukt* aneignen. Will man nicht permanenten Raub und Verletzung des Äquivalententauschs stipulieren, dann muß gezeigt werden, wie unter Ausschluß von Betrug und Übervorteilung, also gerade durch die Geltung des uneingeschränkten Wertgesetzes die Klasse der freien Lohnarbeiter laufend unbezahlte Mehrarbeit leistet, Mehrwert produziert, der sich in einem Mehrprodukt vergegenständlicht. Dieser Nachweis ist freilich nicht zu führen, wenn K. letztlich doch dinglich – als direktes oder über Wertpapiere vermitteltes Recht der Maschinennutzung – begriffen wird. Es kommt vielmehr darauf an, den Produktions- und Verwertungsprozeß des K.s als *Herrschaftsverhältnis* zwischen K. und Lohnarbeit nachzuweisen, das auf dem Privateigentum an den gesellschaftlich notwendigen Produktionsmitteln beruht und über das Rechtsinstitut des freien Arbeitsvertrages laufend reproduziert wird. Soll diese These nicht ihrerseits bloße Floskel bleiben, dann muß sich die Analyse freilich der Naivität entschlagen, die Warenform der Arbeitsprodukte für etwas Naturwüchsiges, Geld für eine Sache, Wert für etwas Metaphysisches und Ausbeutung für ein moralisches Problem zu halten: eine K.- und Pr.theorie, die die Marxsche Analyse des K.s im allgemeinen und der daraus hervorgehenden Verwertungskonkurrenz der individuellen Kapitale, der Ableitung der Pr.rate aus der Mehrwertrate glaubt ignorieren zu können, bleibt was Schumpeter sie nannte, ein Polizeiskandal in der Nationalökonomie.
Es dürfte einleuchten, daß – wenn die positiven K.theorien schon ihrem Hauptproblem nicht gewachsen sind – die per Analogie gebildeten Begriffskonstruktionen des *„Sozialk.s"* (das kollektive Konsumvermögen der öffentlichen Hand – Sachen in Gemeingebrauch und Verwaltungsvermögen –, das nicht rentierend investiert ist) und des *„human capital"* (individuelle und kollektive Investitionen in die Qualifizierung der Arbeitskraft) wenig zur Erhellung der Zusammenhänge beitragen können. Die Theorien über „human capital" vermögen zwar die interindividuelle Verteilung der Arbeitseinkommen näher zu analysieren, nicht jedoch die ihnen logisch vorgelagerten Probleme der K.theorie an sich. Läßt sich kein Begriff „K." ohne „Pr." bilden, so landet man mit „human capital" bei der These, daß Pr. ein Differentiallohn sei. Von hier ist es nur noch ein Schritt zu der „Theorie", die in brutaler Interessiertheit allen Mehrwert als Leistungseinkommen der spezifichen Unternehmerbegabung ausgibt. Dergleichen fällt nicht nur aus dem Rahmen der K.theorie, es ist jenseits aller Theorie.

LITERATURHINWEISE

HdSw, Kapital I (*Weinberger*) und II (Hans *Peter*).
Harcourt, G. C., und *Laing*, N. F.: Capital and Growth. Selected readings. Harmondsworth 1971.
Harcourt, G. C.: Some Cambridge Controversies in the Theory of Capital. Cambridge 1972
Marx, Karl: Das Kapital. MEW.
Preiser, Erich: Der Kapitalbegriff und die neuere Theorie. In: ders., Bildung und Verteilung des Volkseinkommens. 3. Aufl. Göttingen 1963.
Reichelt, Helmut: Zur logischen Struktur des Kapitalbegriffs bei Karl Marx. Frankfurt/M. 1970.

GERHARD HUBER

Kapitalismus (K.)

→ *Spätkapitalismus*

1. BEGRIFF: K. bezeichnet ein Wirtschafts- und Gesellschaftssystem, in dem die Produktion und Verteilung auf der Grundlage des Privateigent•ms an den Produktionsmitteln mit dem Ziel des höchstmöglichen Profits geregelt wird. Der K.-Begriff geht von dem sekundären Produktionsfaktor „Kapital" aus. Die Anwendung von produzierten Produktionsmitteln (Kapital) im Produktionsprozeß (Fabriksystem) entwickelte sich aus der Arbeitsteilung, dem Handel, dem Verkauf von überschüssigen „Waren" gegen Geld über einen Markt und aus der primären Akkumulation. „Kapital" in diesem Sinn wird von seinem Eigentümer unternehmerisch verwertet, um größeren Gewinn zu erzielen.

1.1. Je mehr sich eine kapitalwirtschaftliche Produktionsweise durchsetzt, wird das Eigentum an diesen Produktionsmitteln zur Determinante für das Kräfteverhältnis zwischen den verschiedenen Gruppen in der Gesellschaft. Die arbeitende Bevölkerung ist von den Arbeitsmöglichkeiten, die die Fabriken bieten, und von den Löhnen, die von den Fabrikinhabern gezahlt werden, *abhängig*. Das Fehlen einer Alternative für die Lohnarbeiter, Arbeit zu finden, begründet nicht nur eine sachliche, sondern auch eine persönliche und damit eine politisch-gesellschaftliche Abhängigkeit. Da das Kapital seit Beginn der Industrialisierung im Besitz von Privateigentümern war, die mit dem Ziel der Gewinnerhöhung wirtschafteten, weitete sich die Abhängigkeit der Lohnarbeiterschaft zu einer wirtschaftlichen und politischen Unterordnung unter die Gewinnzwecke der Eigentümer an den Produktionsmitteln aus. In derjenigen Gesellschaft, in der die Wirtschaftsweise auf dem Privateigentum an den Produktionsmitteln beruht, stehen sich daher zwei gesellschaftliche *Hauptklassen*, die der besitzenden Unternehmer und die der einfachen, nichts als ihre Arbeitskraft besitzenden Lohnarbeiter, gegenüber.
Der K.-Begriff ist primär ein *kritischer* Begriff, der die gesellschaftlichen Verhältnisse moralisch angreift. Er ist zugleich ein historisch-systematischer Begriff, der das Ganze des sozialen, wirtschaftlichen und politischen Lebens des K. abdecken soll.

1.2. Die Vokabel „kapitalistisch" (k.) erscheint schon bei den Frühsozialisten. *Marx* verwendet den Begriff „k." in Sinne von „bürgerlich-k." als Ausdruck des soziologischen Verhältnisses von Lohnarbeit und Kapital. Die Substantivierung des Begriffs verbreitet sich erst in der sozialistischen Sekundärliteratur.

In die nicht-sozialistische Wissenschaft wurde der K.-Begriff hauptsächlich durch *Max Weber* und *Werner Sombart* eingeführt – freilich unter Verlust seines kritischen Gehalts. Während Marx den soziologischen Kapital-Begriff zum hauptsächlichen Inhalt des Begriffs machte, hat Sombart den K. subjektiv-psychologisch, auf der Grundlage der nach seiner Meinung typischen gewinnsüchtigen Geisteshaltung definiert. Dieser k.e Geist durchdringt nach Sombart schließlich die gesamte Gesellschaft.

Max Weber hat den K. als massenmäßige Marktproduktion gesehen, als unregulierte Verkehrswirtschaft und als Wirtschaft mit angewandter hochentwickelter Technik. Die besondere Ausbreitung des Erwerbsprinzips führte Weber auf das protestantische Berufsethos zurück, das die Menschen von den Schranken des jenseitsorientierten Dienstes für das Seelenheil zum Dienst im Diesseits, am materiellen Wohl, frei gemacht habe *(Calvinismus)*.

Joseph *Schumpeter* dagegen stellte die Figur des k.n → Unternehmers in den Mittelpunkt und definierte den K. als dynamischen Prozeß der „schöpferischen Zerstörung". Der K. richte sich durch die permanente Zerstörung (Krisen) selbst zugrunde und gehe so notwendig in den Sozialismus über. Die national-ökonomische Theorie für die Entfaltung des K. hatte *Adam Smith* geliefert, als er die Gesetzmäßigkeiten der unternehmerischen Konkurrenzwirtschaft entdeckte. Seine Nachfolger stellten die These von einer „prästabilierten Harmonie" auf, nach der die ungehemmte Entfaltung der Initiativen jedes einzelnen zum Wohle aller führen werde.

2. STADIEN DES K. Der K.-Begriff als historische Kategorie grenzt den K. von dem vorangegangenen System (Feudalismus) und dem nachfolgenden System (Sozialismus) ab. Mit Sombart unterscheidet man gemeinhin drei Phasen des K.: → merkantilistischer *Früh*-K. (ab 1500), liberaler *Hoch*-K. (ab 1800) und monopolistischer → *Spät*-K. (ab 1875). Das gegenwärtige Stadium des K. (ab 1930) wird in bürgerlicher Sicht oft als Neo-Merkantilismus oder → Sozialstaat bezeichnet.

Die *marxistische* Lehre teilt die Entwicklung ähnlich ein. Zunächst besteht die k.e *Manufaktur*, in der noch das Handwerk dominiert und sich eine handwerkliche Lohnarbeiterschicht herausbildet. Darauf folgt der *industrielle K.* mit drei selbständigen Phasen: Die *erste* Phase ist der freie K.: In ihm werden die Fesseln des Feudalismus gesprengt, das Wertgesetz (Regulierung der Preise durch Angebot und Nachfrage am Markt) bildet sich heraus, die Produktivkräfte entwickeln sich (Industrialisierung) und die Ausbeutung der Lohnarbeiter führt zum Kampf der Arbeiterbewegung gegen das Privateigentum an den Produktionsmitteln. Die *zweite* Phase ist der → Imperialismus oder monopolistische K.: In ihm wachsen Konzentration und Zentralisation des Kapitals, der Widerspruch zwischen den Produktivkräften und den Produktionsverhältnissen steigt und der K. verwandelt sich von einer fortschrittlichen Kraft, die das Wohl der Bevölkerung gegenüber dem Feudalismus erhöhte, in eine reaktionäre Kraft, die zur weltweiten Ausbeutung übergeht. Die *dritte* Phase ist der Staatsmonopolistische K.: In ihm verhindert die Verbindung der Staatsmacht mit dem Kapital eine fortschrittliche Entwicklung, jedoch werden durch Wirtschaftswachstum, Produktivitätssteigerung und Erhöhung des Lebensstandards die materiellen Grundlagen des Sozialismus gelegt.

3. Das System des K. – 3.1. *Wirtschaftssystem.* Produktion und Verteilung gehen im K. von der Initiative der kapitalbesitzenden Unternehmer aus. Die Motivation liegt im Gewinn, der primär zur Akkumulation von Kapital verwendet wird; sie liegt aber auch im Prestige, das nach der Leistung im Produktionsbereich verteilt wird.
In der k.en *Unternehmung* wird Arbeitsteilung planvoll organisiert. Die Produktion wird über den Markt „anarchisch" durch Angebot und Nachfrage verteilt. Das Prinzip des Marktes ist der Wettbewerb (in reiner Form der Leistungswettbewerb), der die dezentralen Entscheidungsinstanzen in den Einzelwirtschaften zur Innovation (technischer Fortschritt) durch Rationalisierung und zur Intensivierung des Kapitaleinsatzes zwingt (Produktivitätssteigerung). Die Arbeitsverfassung beruht auf der freien Lohnarbeit. In der Konsumsphäre besteht freie Konsumwahl – je nach der verfügbaren Kaufkraft.
In der *anonymen Kapitalgesellschaft,* die nicht mehr vom Kapitaleigner selbst, sondern von Managerteams geleitet wird, verwirklicht sich das ökonomische Prinzip des K. (Rentabilität durch Rationalität) und das Wachstum des Kapitals als Prinzip. Die Großunternehmung ist zu einer sozialen Institution geworden, die das beherrschende Moment der heutigen Gesellschaft darstellt.
Die k.e Wirtschaftsweise hat eine charakteristische *Wachstumsdynamik.* Der Akkumulations- und Wachstumsprozeß verläuft nicht kontinuierlich, sondern hat zyklischen Charakter. Die → Konjunkturen und Krisen sind endogene Störungen. Zur Abwehr dieses Risikos schließen sich die Unternehmen zusammen. Diese Zentralisation und → Konzentration des Kapitals führt zu Monopolen und Oligopolen in der Form von Kartellen und Trusts.
Da schließlich die Selbstheilungskraft des Marktmechanismus versagt (Weltwirtschaftskrise!) bzw. nur unter unermeßlichen sozialen Opfern funktioniert, übernimmt der *Staat* mehr und mehr die Verantwortung für die Funktionsfähigkeit der Wirtschaft. Im Spät-K. unterliegt der Wirtschaftsprozeß weitgehend der politischen und bürokratischen Steuerung. Die Grundwidersprüche des K. werden zwar damit gemildert, aber nicht abgeschafft.
3.2. *Politisches System.* Die soziale Stellung des einzelnen bestimmt sich im K. nach seiner Stellung am Markt und im Produktionsprozeß. Die Polarisierung im Produktionsprozeß zwischen Befehlenden und Ausführenden, Privilegierten und Unterprivilegierten führte zur Herausbildung zweier *Klassen,* deren Kohärenz auf den Gemeinsamkeiten der marktvermittelten Lebenschancen beruht. Dem individuellen Spiel der Kräfte in der k.en Wirtschaft unter der

Führung der bürgerlichen Unternehmer entsprach zunächst die individualistische bürgerliche Demokratie unter Führung der bürgerlichen Honoratioren (und dem Adel), deren politische Legitimierung in der Garantie des privaten → Eigentums und des freien Tausches lag.
Diesem System trat die proletarisierte Klasse der Lohnarbeiter mit der Forderung nach Abschaffung des Privateigentums und geregelter Wirtschaft gegenüber. Die Arbeiter organisierten sich in Arbeiter-Massenparteien und → Gewerkschaften und entwickelten als *Arbeiterbewegung* eine politische und ökonomische Gegenmacht zum K. Die Arbeiterbewegung gewann im Rahmen der liberal-k.en Institutionen und mit genuin liberal-k.en Mitteln – Aufbau einer Gegenmacht als Verhandlungsmacht mit Loyalitätsverweigerungspotential (→ Streik) – zunächst bescheidene, in der Summe aber doch entscheidende Erfolge.
Nur im Rahmen von Kriegsereignissen und nationalen Befreiungskämpfen gewann die Arbeiterklasse – im Bündnis mit der Bauernschaft – in einigen Ländern die ganze *politische* Macht. In der Mehrheit der Länder etablierte sich die Arbeiterbewegung als integrales Element der sozialen Reform innerhalb des K.; der offene Konflikt wurde durch das Tarifvertragssystem institutionalisiert und zugleich kanalisiert und damit in einen latenten Konflikt verwandelt. – Mit zunehmender Entwicklung der Produktion und erweiterter gesellschaftlicher Arbeitsteilung differenzierte sich die Klassenstruktur durch Bildung von neuen gesellschaftlichen Schichten und Gruppierungen. Eine eindeutige Bestimmung des Begriffs „Klasse" wird heute schwieriger.
Parallel zur Oligopolisierung in der Wirtschaft organisierten sich die sich differenzierenden Interessen zu Parteien und *Interessengruppen* (→ Verbände). Diese Kollektivierung führte zu einer Bürokratisierung und Oligarchisierung des öffentlichen und gesellschaftlichen Lebens (Robert Michels); sie erlaubte es den Führern der Gruppen, eigenständige Machtausübung zu entfalten. Die liberal-k.e Demokratie und der liberal-k.e Staat wandelten sich zum Parteienstaat und zum Vorsorgestaat, die den Zugang zur Macht nur über das Filtersystem der Parteien und Verbände gestatten und dadurch die unpolitische Masse weiter in einer unpolitischen Haltung halten.
Die *neue Herrschaftsstruktur* („Techno-Struktur" – J. K. Galbraith, „Machtelite" – C. W. Mills), die sich mit der Herrschaftsstruktur des K. überlagert, legitimiert sich nicht mehr durch den freien Tausch, sondern durch die Rationalität der Verwaltung, den Sachzwang des Wirtschaftswachstums und durch eine – die Massenloyalität wahrende – Verteilung des Sozialprodukts. Im Rahmen der Organisation der Parteien zu „Volksparteien" verflüchtigt sich die „ideologische Orientierung" der Parteien.
Die neuen Formen der Herrschaftsausübung können nicht mehr allein mit den Mitteln der Politischen Ökonomie analysiert werden, sondern müssen *auch* mit den Mitteln der Psychologie, Entscheidungstheorie und Organisationstheorie untersucht werden. Auch wenn die Unterprivilegierten primär aus der proletarischen Klasse stammen, ist doch heute Unterprivilegierung nicht mehr eindeutig an diese Klasse gebunden. Daher verwandelt sich die objektive

Klassenlage heute nur noch schwer in ein subjektives Klassenbewußtsein. Neben der allgemeinen Wachstumskrise treten Strukturkrisen und Disparitätskonflikte schärfer hervor.
3.3. *Staat und K.:* So wie der → Staat im Früh-K. gleichsam als Geburtshelfer des K. fungierte (→ Merkantilismus), so tritt er in der Spätphase des K. in die Funktion des Arztes am Krankenbett (Krisen-Management). Das Neutralitätspostulat des Staates im Hoch-K. wurde durch die soziale Dynamik des K. überholt. – Die Vermeidung von Krisen und die Abwehr der Forderungen der Arbeiterschaft führten zu einem Wiedereingreifen des Staates in die Ordnung und den Ablauf des Wirtschaftsprozesses. Seit der Weltwirtschaftskrise wird dieses Eingreifen planvoll und systematisch vollzogen. Sowohl die neoliberale Theorie der Wirtschaftsordnung („soziale Marktwirtschaft") als auch die moderne Theorie des Wirtschaftsablaufs (→ Keynesianismus) setzen einen starken Staat zur Abwehr der selbstzerstörerischen Kräfte des K. voraus. Mit der permanenten Steuerung des Wirtschaftsprozesses wird die alte Trennung von Staat und Wirtschaft obsolet. Damit werden auch staatliche und wirtschaftliche Eliten austauschbar (→ Mobilität). Das Interesse der Kapitaleigner an der Aufrechterhaltung des Systems entspricht dem Interesse der bürokratischen Eliten.
An der *Verteilungsfunktion* des Staates nehmen primär jene Gruppen teil, die organisierbare Interessen vertreten und durch Loyalitätsverweigerung auf sich aufmerksam machen können. Da die Kapitaleigner die Hauptagenten des Wachstums sind und zugleich den größten Schaden durch „Investitionsstreiks" anrichten können, werden ihre Interessen primär berücksichtigt. Dieser Einfluß kompensiert jedoch die Machteinbuße, die sie durch die staatlichen Regulierungen hinnehmen mußten, nur teilweise.
Die *Sozialreform* wird im Spät-K. nach den Kräfteverhältnissen der Gruppen vorangetrieben, deren emanzipative Teile ihre Ideale weiterhin aus der Latenz des Klassenkonflikts und von den (modifizierten) sozialistischen Gegenmodellen beziehen. Bleibt die Reformfähigkeit des Systems hinter den Erwartungen der Massen, besonders der Arbeiterschaft, zurück, kann latenter Klassenkonflikt gleichwohl wieder zum offenen Konflikt führen.

4. Die marxistische Kritik. Grundlagen der traditonellen marxistischen Kritik am K. sind: (1) die materialistische Interpretation der Geschichte, nach der der Stand der Produktivkräfte den Stand der Produktionsverhältnisse bestimmt und die Geschichte sich als Abfolge von Klassenkämpfen darstellt, und (2) die Mehrwertlehre: Die Lohnarbeiter werden nicht entsprechend ihrem Wertbeitrag entlohnt (Arbeitswerttheorie) und verfügen daher langfristig nicht über die finanziellen Mittel, um sich den durch die Produktivitätssteigerung vermehrten Konsumgüterfonds anzueignen (Unterkonsumtionstheorie). Dieser langfristige Krisentrend des K., der sich als Verwertungsproblem des Kapitals äußerst (Überakkumulationstheorie), wird verstärkt durch den (langfristigen) tendenziellen Fall der Profitrate, der durch die Veränderung der organischen Zusammensetzung des Kapitals bestimmt ist (Wachstum des fixen

Anlagekapitals gegenüber dem variablen Kapital, den Kapital-Vorschüssen in Form von Löhnen).
Zur Behebung der Verwertungsschwierigkeiten des Kapitals, insbesondere in dem Stadium der Monopole und Oligopole *(„Staatsmonopolistischer K.")*, bedient sich das Kapital (zunehmend) des Staatsapparates, der in die Funktion des monopolistisch denaturierten Marktsystems tritt und die Profite garantiert. Das Wirtschafts- und Gesellschaftssystem verwandelt sich zu einem einzigen staatsmonopolistischen Unternehmen, in dem die Profite durch Rüstung, Verschwendung, „Einkommenspolitik", „Wachstumspolitik", „Wirtschaftsprogrammierung" etc. zugunsten der Monopole gesichert werden. Statt die Güter, die vermehrt produziert werden, frei zu verteilen, hält sich der K. durch künstliche Organisierung von Knappheit im Überfluß aufrecht. Die Widersprüche des K. werden dadurch jedoch nur verschärft; der Übergang zum Sozialismus wird verschoben. Die Sozialreform innerhalb des K. gilt als Verschleierung der Machtverhältnisse, als letztlich vergebliche Maßnahme zur Verhinderung des Untergangs des K. und zur Verhinderung des Übergangs zum Sozialismus.
Neben der hier nachgezeichneten Theorie des staatsmonopolistischen K. wird diese Diagnose des Spät-K. – mit einigen Verschiebungen – auch in den Theorien des „organisierten K." (Hilferding), des „Vergeudungs-K." (Kozlik), des „Monopol-K." (Baran/Sweezy), des „formierten" (Joachim Hirsch) oder des „Neo-K." (Mandel) aufrechterhalten.

5. K. UND → SOZIALISMUS. Das Kriterium für den Übergang des K. zum Sozialismus liegt in der Überwindung des als entscheidend definierten Merkmals des K.
5.1. Die *klassische marxistische* Theorie sieht das entscheidende Kriterium in der privaten Verfügungsmacht der Kapitaleigner, so daß die Therapie die Sozialisierung der Produktionsmittel in Staats- bzw. Gemeineigentum ist. Damit beginnt der „Übergang zum Sozialismus".
5.2. Die *neuere marxistische* Theorie (Bettelheim, Mandel, Varga) geht über diese These hinaus und sagt, daß die Sozialisierung der Produktionsmittel nur die Möglichkeit des Sozialismus schaffe. Die eigentlichen Ziele des Sozialismus seien jedoch: Verwirklichung von Humanität, Verteilung nach den Bedürfnissen, freie Assoziation der Individuen, Aufhebung der entfremdeten Arbeit, Aufhebung der Entfremdung des Menschen von seinem Produkt und des Menschen vom Menschen. Diese Ziele würden trotz der Sozialisierung der Produktionsmittel durch die Weiterexistenz der „Warenwirtschaft" – Arbeitsteilung und Produktion von „Waren" für einen anonymen Markt – verhindert. Auch die Existenz von Elementen wie: Geld, Kredit, Zins, Preis und materieller Anreiz widerspreche den Zielen des Sozialismus. Die stalinistische These, daß diese Elemente im Sozialismus nur als neutrale ökonomische Elemente bestehen bleiben, wird als undialektisch zurückgewiesen, da die Form nicht in dieser einfachen Weise vom Inhalt getrennt werden dürfe. – Diese Argumentation läuft darauf hinaus, daß der K. durch den bestehenden Sozia-

lismus noch nicht abgelöst sei oder daß sich der Sozialismus teilweise wieder auf einen k.en Weg begebe.
5.3. *Andere marxistische* Kritiker des bestehenden Sozialismus (Petrović, Stojanović) meinen, daß sich der Sozialismus in sozialistischen Staaten wie der UdSSR (ausgenommen Cuba, China) eher als Staats-K. präsentiere, in dem eine bürokratische Oligarchie herrsche, die sich den Mehrwert aneigne. Die Bürokratie-Herrschaft müsse durch eine unmittelbare Demokratisierung der Produktionssphäre und durch den Übergang zur tatsächlichen Vergesellschaftung des Eigentums abgelöst werden (Selbstverwaltung, Commune-Organisation, Rotation der Amtsträger). So wie die Widersprüche im K. letztlich auf die Existenz der Warenproduktion zurückgehen, seien die Probleme im bisherigen Sozialismus ein Spiegelbild der weiterbestehenden Warenwirtschaft.
5.4. *Wieder andere* Theoretiker des Sozialismus (Sik) sehen das zentrale Problem der modernen Wirtschaft (mit einem Käufermarkt) nicht nur in dem Konflikt zwischen Lohnarbeit und den Kapitaleignern. Ebenso wichtig seien der Konflikt zwischen den Wünschen der Produzenten (hohe Löhne) und den Bedürfnissen der Konsumenten (preiswerte Güter) und der Konflikt zwischen den Notwendigkeiten der Produktionsunternehmen (Rentabilität) und den Zielen der Gesamtwirtschaft (Bedarfsdeckung). Für diese Konflikte seien in den bisher praktizierten sozialistischen Modellen (Sozialisierung plus zentrale Planwirtschaft) keine dem K. überlegenen Mechanismen gefunden worden. Die alte Antwort: „Expropriation der Expropriateure" sei daher für den Aufbau einer sozialistischen Gesellschaft nicht ausreichend. Die Konflikte zwischen den Produktivkräften und den Produktionsverhältnissen erforderten eine größere Anpassungsfähigkeit und ein breiteres Konfliktlösungspotential des Gesamtsystems, die nur eine mit Planwirtschaft verbundene sozialistische Marktwirtschaft und eine stärkere Demokratisierung leisten könnten. – Inwieweit dadurch jedoch neue – überwunden geglaubte – Mißstände auftreten können, ist noch ungewiß.

LITERATURHINWEISE

Bettelheim, Charles: Ökonomisches Kalkül und Eigentumsformen. Rotbuch, Bd. 12, Berlin 1970.
Mandel, Ernest: Marxistische Wirtschaftstheorie. Frankfurt/M. 1968.
Marx, Karl: Das Kapital. MEW 23–26.
Schumpeter, Joseph A.: Kapitalismus, Sozialismus und Demokratie, 2. Aufl. München 1950.
Sombart, Werner: Der moderne Kapitalismus. München usw. 1902 ff.

GERHARD HIMMELMANN

Keynesianismus

→ *Inflation, Konjunktur, Wohlstand*

1. KONZEPTION. – Das Problem, ob in einem System mit Privateigentum an Produktionsmitteln dauernde Vollbeschäftigung gesichert werden kann, ist von entscheidender Bedeutung für die Beurteilung der Stabilität des Kapita-

lismus. In allen kapitalistischen Systemen wird die Aufrechterhaltung eines hohen Beschäftigungsgrades als zentrale wirtschaftspolitische Aufgabe gewertet. Die Vertreter der *klassischen* Wirtschaftstheorie (Smith, Say, Ricardo) formulierten als Hauptthese die der systemimmanenten Harmonie eines kapitalistischen Systems. Diese These besagt, daß ein System mit Privateigentum an Produktionsmitteln bei funktionierendem Marktmechanismus zu Vollbeschäftigung bei angemessenem Wachstum tendiert. Arbeitslosigkeit ist lediglich kurzfristig möglich, aus einer Krise ergibt sich auf Grund der Selbstheilungskräfte des Marktes selbständig ein neuer Aufschwung. Bewußte Vollbeschäftigungspolitik des Staates ist daher unnötig. Der Staat sollte vielmehr lediglich ordnungspolitische Aktivitäten entwickeln und so die Funktionsfähigkeit des Marktmechanismus sicherstellen.

Spätestens mit der *Weltwirtschaftskrise* 1929/32 wurde deutlich, daß die klassische Harmoniethese mit der historischen Entwicklung nicht übereinstimmte. Eine lange und hohe Arbeitslosigkeit konnte nicht mehr als kurzfristige Schwankung abgetan werden. Vielmehr zeigte sich, daß ein System mit Privateigentum an Produktionsmitteln, Marktsteuerung und lediglich ordnungspolitischen Staatseingriffen eben nicht jene Stabilität aufweist, die von den Vertretern der klassischen Wirtschaftstheorie behauptet wurde. Die von *J. M. Keynes* vertretene zentrale These läßt sich dahingehend formulieren, daß unter privatwirtschaftlichen Produktionsverhältnissen Unterbeschäftigung automatisch durch den Marktmechanismus nicht aufgehoben wird. Zur Erreichung und Aufrechterhaltung eines hohen Beschäftigungsgrades ist vielmehr eine bewußte Konjunkturpolitik durch staatlichen Eingriff notwendig. Keynes, der oft als „Retter des Kapitalismus" apostrophiert wird, fordert daher ein marktkonformes Verhalten der wirtschaftspolitischen Willensträger mit dem Ziel, durch eine quantitative Steuerung der wirtschaftlichen Aktivitäten das Vollbeschäftigungsniveau zu sichern. Gleichzeitig ist jedoch sicherzustellen, daß die Produktionsentscheidungen dem „freien Spiel der Kräfte" überlassen bleiben.

2. Modell. – Das Ziel der keynesianischen Überlegungen besteht in dem Versuch der Formulierung wirtschaftspolitischer Steuerungsmaßnahmen zur Stabilisierung eines hohen Beschäftigungsgrades, und damit des kapitalistischen Systems selbst. Zur Lösung dieser Aufgabe ist eine Untersuchung der Bestimmungsgründe für die Höhe der Produktion und des Beschäftigungsgrades notwendig. Die methodischen Voraussetzungen der keynesschen Überlegungen sind wie folgt zusammenzufassen:

Bei gegebener gesellschaftlicher Struktur (u. a. Verteilung des Privateigentums an Produktionsmitteln, Präferenzordnung der Konsumenten, Wettbewerbsordnung) werden im Rahmen einer kurzfristigen Analyse Menge und Qualität der technischen Produktionsmittel und des Arbeitsangebotes als gegeben und unverändert angenommen. Zwischen Produktionsquantität und Höhe der Beschäftigung besteht ein eindeutiger Zusammenhang. Bestimmend für den

Produktionsumfang ist das Ausmaß der gesamten Nachfrage: Je höher sie ist, desto höher ist die Produktion und umgekehrt.
Die *gesamte Nachfrage* wird wie folgt bestimmt: Die Konsumfunktion beschreibt die monetäre Nachfrage nach Konsumgütern in Abhängigkeit vom Volkseinkommen bei gegebenen weiteren Einflußfaktoren wie etwa der psychologisch bestimmten Grenzneigung zum Verbrauch. Da lediglich ein Teil des Einkommens nachfragewirksam wird, bedeutet Sparen Nachfrageausfall, der zwar durch die Investitionsgüternachfrage ersetzt werden *kann*, aber *nicht muß*. Reicht die durch Gewinnerwartungen bestimmte Investitionsgüternachfrage nicht aus, die Lücke zwischen Gesamtproduktion und Konsumgüternachfrage zu schließen, kommt es ohne das Eingreifen des Staates zu einer Krise mit Produktionsrückgang und Unterbeschäftigung. – Beschäftigungsgradsteigerungen und inflatorische Prozesse werden mit ähnlichen Argumenten erklärt.
Eine bestimmte geplante Produktionsquantität kann bei dem herrschenden Preisniveau dann abgesetzt werden, wenn die gesamte Nachfrage dem gesamten Angebot an Gütern gerade entspricht. Dieser Zustand eines *Gleichgewichtes* kann ebenso *bei Unterbeschäftigung* als auch bei Vollbeschäftigung bestehen. Vollbeschäftigung ist lediglich ein Spezialfall, der zwar zufällig möglich, aber nicht die Regel ist. Mit dieser Argumentation ist das Theorem der klassischen Ökonomie – Übereinstimmung von Gleichgewicht und gesellschaftlichem Optimum, hier verstanden als Realisierung der maximal möglichen Produktion – widerlegt.

3. Wirtschaftspolitische Konsequenzen. – Da die „unsichtbare Hand" des Marktes Vollbeschäftigung nicht sicherstellt, wird von Keynesianern der bewußte Eingriff wirtschaftspolitischer Willensträger zur Stabilisierung des Beschäftigungsgrades gefordert. In dieser Konsequenz liegt die eigentliche Bedeutung der keynesschen Theorie. Bei Unterbeschäftigung wird eine Politik der Nachfragesteigerung und bei inflatorischen Prozessen eine Politik der Nachfragedrosselung gefordert. Auf Grund der von Keynesianern vermuteten mangelnden Effizienz der Geldpolitik wird dabei eindeutig auf die Einnahme- und Ausgabepolitik des Staates abgestellt.
Die Konzeption der *antizyklischen Finanzpolitik* beinhaltet eine Politik der Budgetüberschüsse und Budgetdefizite. So werden zur Anhebung des Beschäftigungsgrades eine Ausweitung der staatlichen Ausgaben, eine Politik der Investitionsförderung durch steuerliche Maßnahmen und Steuersenkungen zur Steigerung der Konsumgüternachfrage gefordert: Bei sinkenden Staatseinnahmen und steigenden Staatsausgaben ist das entstehende Defizit durch Staatsverschuldung zu decken (deficit spending). Entsprechendes gilt bei inflatorischen Entwicklungen: Nachfragedrosselung bei inflatorischen Prozessen bedeutet Einschränkung von staatlichen Ausgaben, Steuererhöhungen zum Zwecke der Senkung der Konsumgüternachfrage und steuerpolitische Maßnahmen zur Einschränkung der Investitionsgüternachfrage; der entstehende Budgetüberschuß wird gespart, also dem Kreislauf entzogen und stillgelegt.

Diese wirtschaftspolitischen Implikationen des K. finden sich u. a. deutlich in der Konzeption der *Globalsteuerung*, in der auf die Beeinflussung der aggregierten Größen wie Nachfrage nach Investitions- und Konsumgütern, gesamtwirtschaftliche Ersparnis und Staatsausgaben abgestellt wird. Dabei wird auch deutlich, daß lediglich quantitativ gesteuert werden soll, ohne die privaten Entscheidungen im Mikrobereich direkt zu berühren. Dies entspricht den Vorstellungen des Keynesianismus, der die Allokation über den Marktmechanismus geregelt wissen will.

4.0. Ideologie und Metaphysik. – 4.1. Der K. stellt deutlich auf ein gegebenes gesellschaftliches System – den Kapitalismus – ab. Eben diese Beschränkung ist zugleich Leistung und Mangel des Keynesianismus: *Leistung*, da eine Theorie der ökonomischen Steuerung jedenfalls in Grenzen abgeleitet wird; *Mangel*, da eine Theorie der gesellschaftlichen Entwicklung auf Grund dieses methodischen Ansatzes nicht formuliert werden kann. Dabei scheint die Beschränkung auf eine kurzfristige Analyse von geringerer Bedeutung, da die keynessche Theorie durchaus zu einer Theorie des wirtschaftlichen Wachstums entwickelt werden kann (→ Wachstum). Von entscheidender Bedeutung ist vielmehr der methodische Ansatz, der auf gegebene gesellschaftliche Bedingungen und Trennung zwischen wirtschaftlichem Prozeß und gesellschaftlichem System abstellt.

4.2. Die pragmatische Wendung der keynesschen Ökonomie zum Problem der Steuerung eines kapitalistischen Systems hat weitreichende gesellschaftspolitische Konsequenzen. Methodisch rekurriert der K. auf die Ableitung wirtschaftspolitischer Mittel bei einem gegebenen → *Wohlstandskriterium.* Mit der Setzung von Vollbeschäftigung als vorrangiges Ziel der Wirtschaftspolitik wird das Wohlstandskriterium jedoch unzulässig eingeengt. Die Reduktion des Wohlstandskriteriums auf die Beschäftigungsproblematik führt zu einer wirtschaftspolitischen Konzeption, bei der der „produktive" Einsatz von Arbeitskräften Ziel an sich zu sein scheint, ohne daß die mögliche größere Produktion auf die gesellschaftliche Bedeutung untersucht werden kann. Rüstungsausgaben oder der Bau von Pyramiden (ein bekanntes, von Keynes ironisch gemeintes Beispiel) scheinen von gleicher Bedeutung zu sein wie der Bau von Krankenhäusern, Schulen oder Wohnungen. Wird als Wohlstandskriterium lediglich das Vollbeschäftigungsziel formuliert, läßt sich jede Produktionsausweitung auch dann als sinnvoll begründen, wenn der gesellschaftliche Nutzen Null ist. Keynes selbst beschränkt sich darauf zu verweisen, daß die staatlichen Entscheidungsträger jedenfalls vernünftig handeln würden, also jene Produktion stimulieren, die von gesellschaftlicher Bedeutung ist. Wird jedoch auf der Grundlage eines auf die Beschäftigungsproblematik eingeschränkten Wohlstandskriteriums argumentiert, ist der erste Schritt zu einer Rechtfertigung jeder Allokationsentscheidung auf der Grundlage des privatwirtschaftlichen Rentabilitätskalküls getan.

Die wirtschaftspolitische Konzeption des K. und das unternehmerische Interesse an einer störungsfreien Kapitalakkumulation erweisen sich als durchaus kompatibel. Marxistische Ökonomen weisen daher auch auf den *Klassencharakter* des K. hin. Der Staat – so wird argumentiert – ist eben nicht der neutrale Mittler, sondern er dient dem Interesse des Kapitals an einer störungsfreien Kapitalverwertung.

4.3. Ähnliche Argumente gelten für die Einkommensverteilung. Jede durch Stabilitätspolitik entstehende Einkommenserhöhung kann verschiedenen Einkommensempfängern zufallen. Bei der Betrachtung lediglich aggregierter Größen – wie des Gesamteinkommens – bleibt offen, welche Klasse von einer Einkommenserhöhung profitiert. Wird zwischen Gewinnempfängern und Beziehern von Einkommen aus unselbständiger Tätigkeit unterschieden, zeigt eine differenzierte Analyse, daß bei einer Politik der Nachfrageerhöhung eine Umverteilung zugunsten der Bezieher von Gewinneinkommen vollzogen wird. Zielkonflikte zwischen sozialer Symmetrie einerseits und Stabilität andererseits sind die Folge (→Verteilung) und werden bei der geschilderten Prioritätensetzung eindeutig gelöst.

4.4. Mit diesen Argumenten kann auch das Versagen des K. als Lösungsverfahren für aktuelle wirtschaftspolitische Probleme in den westlichen Industriegesellschaften begründet werden. Der K. bietet Verfahren des Krisenmanagements für Rezessionen. Mit dem Einsatz der vom K. empfohlenen Instrumente werden jedoch Disparitäten im Allokations- und Verteilungsbereich induziert. Hier versagt das Rezept des K. Dies gilt nicht nur in inflatorischen Situationen bei Vollbeschäftigung, sondern in verstärktem Maße in einer Stagnation bei Inflation. Die in der „*Stagflation*", bestehende Unvereinbarkeit zwischen Preisniveaustabilität und Vollbeschäftigung ist letztlich nur Ausdruck eines gesellschaftlichen Konfliktes, der weniger in Beschäftigungsproblemen

---

Systemüberblick: Bei gegebener Menge und Qualität der technischen Produk-

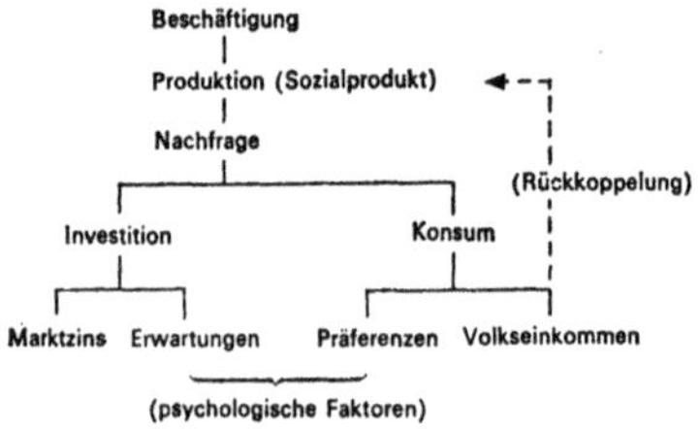

tionsmittel besteht ein bestimmter Zusammenhang zwischen Höhe der mengenmäßigen Produktion und dem Beschäftigungsgrad. Die gesamtwirtschaftliche Nachfrage bestimmt die Höhe der Produktion. In einer Volkswirtschaft ohne staatliche Aktivität und ohne Auslandsbeziehungen setzt sich die gesamte Nachfrage aus den Komponenten Konsumgüternachfrage und Investitionsgüternachfrage zusammen. Konsumfunktion und Investitionsfunktion beschreiben die Bestimmungsgründe dieser Nachfragekomponenten. M. B.

Sparen ist für die Klassiker Verlagerung der Nachfrage von Verbrauchsgütern auf Kapitalgüter. Der **Zins** führt zu einem Ausgleich zwischen geplanter Investition und geplanter Ersparnis. Das gesparte Geldeinkommen wird nicht gehortet, sondern zum Kauf von zinstragenden Forderungs- und Eigentumsrechten verwendet. Keynes dagegen zeigt, daß Horten möglich ist, da **Geld** eine eigenständige Wertaufbewahrungsfunktion besitzt. Der Nutzen der Kassenhaltung resultiert aus der Liquidität des Geldes. Eben diese Liquiditätspräferenz ist ein wesentlicher psychologischer Faktor im keynes'schen System. M. B.

bei zu geringer Gesamtnachfrage besteht als vielmehr durch die genannten Disparitäten auch im politischen Bereich ausgelöst ist. Gesellschaftliche Probleme dieser Qualität übersteigen das Begriffssystem des K. Dem K. gelingt es lediglich, für bestimmte historische Situationen Verfahren zur Lösung des Beschäftigungsproblems in kapitalistischen Systemen zu liefern. Gesellschaftliche Entwicklungen kann der K. in ihrer Komplexität weder erfassen noch steuern.

LITERATURHINWEISE

Bljumin, Izrail G.: Die Krise der modernen bürgerlichen politischen Ökonomie. Berlin 1962.
Hansen, Alvin H.: Keynes ökonomische Lehren. Stuttgart usw. 1959.
Hansen, Alvin H.: Keynes nach 30 Jahren. In: Gegenstand und Methoden der Nationalökonomie, Hrsg. Reimut Jochimsen und Helmut Knobel. Köln 1971.
Harris, Seymour E. (Hrsg.): The New Economics. Neudruck London 1949.
Lowe, Adolph: Politische Ökonomik. Frankfurt/M. usw. 1965.
Robinson, Joan: Doktrinen der Wirtschaftswissenschaften. München 1965.

MICHAEL BOLLE

Konjunktur (K.)

→ *Budget, Inflation, Keynes, Statistik, Wachstum*

1. ERSCHEINUNGSBILD. – Die wirtschaftliche Entwicklung kapitalistischer Systeme ist durch die Abfolge von Phasen raschen Wachstums und Rezessionen gekennzeichnet. Diese Folge von Expansions- und Kontraktionsprozessen findet ihren Ausdruck in zyklischen Veränderungen von Größen wie Beschäftigungsgrad, Auslastungsgrad der Produktionsmittel, Volkseinkommen, Löhnen und Gewinnen. Diese Merkmale sind indessen weder erschöpfend noch für jeden Zyklus zutreffend. In der Begriffsbestimmung der einzelnen K.phasen wird daher unterschiedlich argumentiert. So wird die Gültigkeit des klassischen Zyklus mit Aufschwung, Rezession, Depression und Erholung bei absolutem Rückgang des Volkseinkommens in der Rezession für entwickelte Volkswirtschaften zugunsten einer Erklärung von *„growth cycles"* mit schnellem und langsamem Wachstum bestritten. Aus diesem Grunde erfolgt die begriffliche Bestimmung von Rezessionen und Boom-Perioden nicht über das Sozialprodukt (fallend/steigend), sondern über andere Erscheinungsformen. So wird etwa in einem Ansatz des „Sachverständigenrats" eine Rezession als Phase mit niedrigem Auslastungsgrad des Produktionspotentials und entsprechend der Aufschwung als Phase mit hohem Auslastungsgrad gekennzeichnet. Wird von der These ausgegangen, daß sich konjunkturelle (k.) Entwicklungen durch Veränderungen bestimmter Größen ausprägen und ankündigen, kann versucht werden, *K.-Indikatoren* zu formulieren. Aus sich regelmäßig wiederholenden Veränderungen bestimmter Größen wird auf eine mögliche Systematik geschlossen, die – als „measurement without theory" – Anhaltspunkte für die Beurteilung der k. Entwicklung gibt. Variable werden danach systema-

tisiert, ob ihre Veränderung dem Zyklus vorausgeht, mit ihm gleichläuft oder ihm nachfolgt.
Die *K.Analyse* versucht, periodisch erfolgende Bewegungen aus der Systemstruktur der kapitalistischen Wirtschaft zu erklären. Dieser Ansatz erfordert ein umfassendes Verständnis des kapitalistischen Systems. In den im folgenden umrissenenen K.theorien wird allerdings eher auf einzelne Ursache-Wirkungs-Zusammenhänge aufmerksam zu machen sein, die als besonders wesentlich zur Erklärung des K.zyklus erachtet werden.

2.0. Erklärungsversuche. – 2.1. In der *klassischen* Ökonomie wird eine allgemeine Theorie des K.Zyklus nicht formuliert. Die Gültigkeit des Sayschen Theorems – Übereinstimmung von Gesamtangebot und Gesamtnachfrage – impliziert einen störungsfreien Ablauf. Die in der Realität auftretenden Krisen werden daher entweder auf partielle Gleichgewichtsstörungen oder auf periodisch auftretende exogene Impulse zurückgeführt (Sonnenflecken, Schwankungen der Erwartungen der Wirtschaftssubjekte). Die auf exogene Ursachen zurückgeführte Erklärung des Zyklus wurde jedoch zunehmend auch deswegen aufgegeben, da ein Ansatz zur Steuerung der K. mit dem Ziel der Systemstabilisierung nicht formulierbar war. Gerade aus dieser Zielsetzung folgt der Versuch, eine methodische Konzeption zu entwickeln, die K.bewegungen aus dem Zusammenwirken von monetären und realen Faktoren bei Berücksichtigung von Handlungsmustern der Wirtschaftssubjekte faßt.
2.2. Die Einsicht, daß entgegen der Auffassung der klassischen Ökonomie Geld nicht „neutral" ist, sondern die realen Wirtschaftsabläufe beeinflußt, findet ihren Niederschlag vor allem in der *monetären* K.theorie. Dieser Ansatz stellt die Kreditschöpfung des Bankensystems als wesentliches Element der K.erklärung heraus. Danach wird die Versorgung des Unternehmensbereiches mit Finanzierungsmitteln auch bei Steuerung durch die Zentralbank in Aufschwungphasen soweit ausgedehnt, daß auf Grund der übermäßig expandierenden Investitionsgüterproduktion *(monetäre Überinvestitionstheorie)* die gesamte Nachfrage das Angebot übersteigt. Die Überliquidisierung führt zu Kosten- und Preiserhöhungen, die den Umschwung einleiten. Die Kontraktion wird durch Einschränkung des Kreditspielraumes ausgelöst, so daß die Unternehmen auf Grund fehlender Finanzierungsmöglichkeiten die Investitionen und Produktion einschränken.
Die *realen Investitionstheorien* stellen stärker auf die Unsicherheit bei Investitionsentscheidungen ab. Mit der Investitionsentscheidung wird ein zukünftiger Bedarf geschätzt. Weicht der tatsächliche Bedarf von den erwarteten Größenordnungen ab, sinkt die Rentabilität und löst einen Rückgang der Investitionen aus. Im Aufschwung wird daher eine übermäßige Wachstumsrate der Investitionsgüterproduktion zu Disproportionalitäten mit der Konsequenz führen, daß die Kapazitäten in der Zukunft nicht ausgelastet sind. Dies wiederum löst eine starke Einschränkung der Investitionen und damit den Umschlag in eine krisenhafte Entwicklung aus.

Eine spezielle Form der Disproportionalitätsthese wird von der *Unterkonsumtionstheorie* formuliert. In dieser Konzeption führt eine zu geringe Nachfrage nach Konsumgütern zu nicht ausgelasteten Kapazitäten, die wiederum den Umschlag in die Kontraktion zur Folge haben. Die zu geringe Nachfrage nach Konsumgütern wird dabei auf einen zu geringen Anstieg der Löhne im Verhältnis zum Anstieg der Gewinne zurückgeführt. Die Ursachen für die Disproportionalität liegen daher in der ungleichen Einkommensverteilung begründet.

Marx wendet sich scharf gegen die isolierende Betrachtung der Unterkonsumtionstheorie. Die Marxsche Krisentheorie erklärt Krisen und Zyklen aus dem *Kapitalverwertungsargument.* Der Expansionsdrang des Kapitals löst über die steigende organische Zusammensetzung des Kapitals bei gleicher Mehrwertrate ein Sinken der Profitrate aus.

Die sinkende Profitrate ist Ausdruck der zunehmenden Verwertungsschwierigkeiten des Kapitals. Diese Schwierigkeiten führen zu periodischen Krisen, die sich auch als Realisierungskrisen, also nicht marktmäßiger Realisierung des Mehrwerts, äußern. Marx stellt damit scharf auf die innere Expansionsschranke der Verwertung ab. Der Widerspruch zwischen der notwendigen Kapitalakkumulation und den Kapitalverwertungsschwierigkeiten ist damit letzter Grund für Zyklen und Krisen.

2.3. In der *mathematisch-ökonomischen* K.theorie wird überwiegend auf Modelle abgestellt, die auf der Grundlage → keynesianischer Argumente als dynamische Ungleichgewichtsmodelle formuliert sind. Die Dynamisierung erfolgt durch die Aufgabe von Gleichgewichtsbedingungen und die Formulierung zeitlicher Verzögerungen (time-lags) in Verhaltensfunktionen. Damit ist unterstellt, daß ökonomische Aktivitäten Zeit erfordern und k. Bewegung aus Anpassungsverzögerungen an neue Daten erklärt werden können. Strategische Variable in diesen Modellen ist die Nachfrage nach Investitionsgütern, die auf der Grundlage des *Akzelerator*prinzips über Veränderungen der Gesamtnachfrage erklärt werden kann. Die Hypothese lautet, daß Investitionen bei ausreichendem Arbeitsangebot und normalem Auslastungsgrad der Produktionsmittel durch Veränderungen der Gesamtnachfrage induziert werden, da die Unternehmer ihre mengenmäßige Produktion an die Nachfrage zur Realisierung von Gewinnchancen anpassen werden.

Die Formulierung eines Modells, das geeignet ist, zyklische Schwankungen ökonomischer Größen zu beschreiben, erfolgt durch Verknüpfung des „*Multiplikators*" mit dem Akzelerationsprinzip. Durch die Veränderung eines Parameters (exogener Schock) wird eine Abweichung des Systems vom Gleichgewicht hervorgerufen. Eine Erhöhung der Gesamtnachfrage löst entsprechend dem Akzelerationsprinzip eine Erhöhung der Investitionen aus. Diese Investitionen führen zu einer Veränderung des Volkseinkommens, die auf Grund des Multiplikators größer ist als die ursprüngliche Investition. Mit dieser Einkommenserhöhung wird abermals die Gesamtnachfrage erhöht, da die zusätzlich geschaffenen Einkommen verausgabt werden. Die Nachfrage-Erhöhung induziert wiederum Investitionen, die erneut zu einer Erhöhung des

Volkseinkommens führen. Der Prozeß entwickelt sich in dieser Form weiter. In dieser Konzeption werden Instabilitäten des Prozesses einer kapitalistischen Volkswirtschaft durch die Konsum-Entscheidungen der Haushalte und die Investitionsentscheidungen der Unternehmer bei *Reaktionsverzögerungen* und bestimmten technischen Koeffizienten wie Kapitalproduktivität erklärt. Je nach den Parameterwerten (Konsumquote, Struktur der time lags) folgen für die zeitliche Entwicklung des Sozialprodukts unterschiedliche Verläufe: Sta-

---

Der **Akzelerator** betrifft die Wirkungen einer Verbrauchsänderung auf die Investitionen. Das A-Prinzip weist auf bestimmte Instabilitäten kapitalistischer Systeme hin.
Wenn die Nachfrage nach einem Konsumgut steigt, ist zur Deckung dieser Nachfrage eine sprunghafte Erhöhung der Produktion von Maschinen und anderen Investitionsgütern, die für seine Herstellung gebraucht werden, notwendig. Stagniert die Konsumgutnachfrage dann auf dem erhöhten Niveau, so sinkt aus technischen Gründen der Bedarf an Maschinen usw. wieder auf den zum Ersatz abgenutzter Maschinen benötigten Stand (Ersatzvestitionen) zurück.

Der **Multiplikator** betrifft die Wirkungen von Investitionsänderungen auf das Volkseinkommen; er weist auf die große Bedeutung der Investitionsentscheidungen der Unternehmer und des Staates hin. – Zusätzliche Investitionen (und zusätzliche Staatsausgaben oder zusätzliche Exporte) bewirken eine Einkommenserhöhung in der ersten Periode in gleicher Höhe. Diese Einkommen werden, soweit sie nicht gespart werden, für Konsumgüter ausgegeben. Die so bewirkte Nachfragesteigerung induziert in der nächsten Periode wiederum eine Einkommenserhöhung, und so fort. Eine Investition (oder Erhöhung der Staatsausgaben) hat also in der Regel eine **vielfache** Erhöhung des Volkseinkommens zur Folge, und zwar um so mehr, je kleiner die Spraquote ist.

Der Indikator für die Gesamtentwicklung der Volkswirtschaft, den der „Sachverständigenrat" errechnet, setzt sich aus zwölf Einzelindikatoren zusammen, z. B. Auftragseingänge, industrielle Produktionswerte, Lohnsummen je Arbeitsstunde, Geldvolumen. Für die Einzelindikatoren werden Normwerte und untere und obere Toleranzwerte festgesetzt. Beim Gesamtindikator wird ein oberer und ein unterer Gefährdungsbereich unterschieden. Diese Bereiche sollen mögliche Fehlentwicklungen frühzeitig angeben, so daß vorbeugende politische Maßnahmen getroffen werden können. M. B.

Reales Wachstum des Bruttosozialprodukts in der BRD *

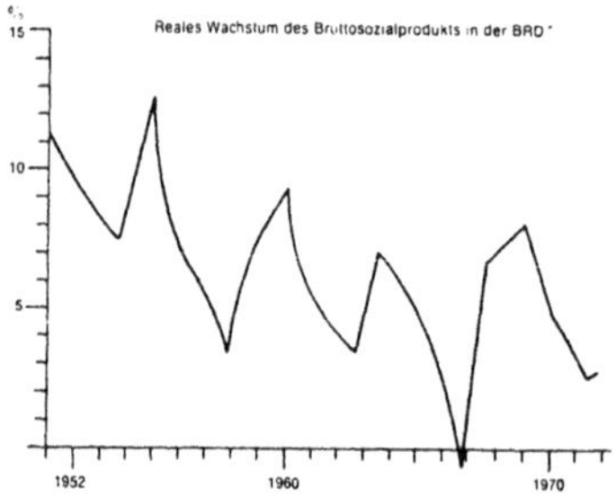

* Jährliche Wachstumsrate des BSP in konstanten Preisen (bis 1967 in Preisen von 1954, dann in Preisen von 1962).
Quelle: Statistische Jahrbücher der BRD.
M. B.

Zahlen:

1951	10,9	1959	6,9	1966	2,3
1952	9,0	1960	8,8	1967	–0,1
1953	7,9	1961	5,3	1968	7,2
1954	7,2	1962	4,1	1969	8,0
1955	12,0	1963	3,5	1970	4,7
1956	7,0	1964	6,6	1971	2,8
1957	5,8	1965	5,6	1972	3,0
1958	3,3				

bile Entwicklungen werden durch asymptotische Anpassungen an oder durch gedämpfte Schwingungen um den Gleichgewichtswert beschrieben, instabile Bewegungen durch explosive Schwingungen oder exponentielle Entwicklungen vom Gleichgewichtswert weg.
Die Bedeutung dieser Ansätze besteht darin, durch empirische Schätzung der Parameter ökonomischer Modelle mit dem Ziel zu formulieren, K. Prognosen und Entscheidungshilfen für die K.politik zu liefern. Dabei werden zunehmend komplexere Modelle formuliert, die der Simulation auf elektronischen Rechenanlagen zugänglich sind. Die Simulation ökonomischer Prozesse liefert dann Entscheidungshilfen über die zukünftige k. Entwicklung und die Wirkungen alternativer Stabilisierungsstrategien. Diese pragmatische Orientierung der K.theorie entspricht der instrumentellen Ökonomie, in der auf die unmittelbare Verwendbarkeit der Ergebnisse zum Zwecke der Steuerung des kapitalistischen Systems abgestellt wird.

3.0. K.Politik – 3.1. Die k.politischen *Mittel* setzen entsprechend der keynesschen Analytik an der Nachfrageseite an. Von besonderer Bedeutung ist die antizyklische *Finanzpolitik* (→ Budget), wobei über Erhöhung der Staatsausgaben und Steuersenkungen in der Rezession (deficit spending) bzw. Einschränkungen der öffentlichen Ausgaben und Steuererhöhungen im Boom (surplus saving) zumindest das Ausmaß und die Länge k.er Phasen beeinflußt werden soll. Diese Vorstellung ist besonders scharf im „Stabilitätsgesetz" der BRD formuliert. Der rechtzeitige Einsatz dieses Instrumentariums wird dabei durch zeitliche *Verzögerungen* erschwert. Diese Verzögerungen entstehen zwischen Einsetzen der Störung und Diagnose auf Grund der Informationsbeschaffung, zwischen Diagnose und politischer Entscheidung auf Grund der Entscheidungsstruktur, und zwischen Entscheidung und Auswirkung der Maßnahmen. Da diese Verzögerungen beträchtlich lang sein können, muß das rechtzeitige „timing" von Informationsbeschaffung, -auswertung und politischer Entscheidung ausgebaut werden. Noch konsequenter im Sinne der timing-Problematik ist die Forderung, punktuelles wirtschaftspolitisches Handeln generell zugunsten eines *regelgebundenen* Verhaltens einzustellen. Diese Konzeption entspricht dem kybernetischen Prinzip, durch einen ständigen Vergleich eines Sollwertes mit dem Istwert eine *automatische* Stabilisierungsreaktion auszulösen. Als Beispiel hierfür sind Budgetveränderungen zu nennen, die bei Abweichungen der Arbeitslosenquote von einem bestimmten Normwert automatisch, also ohne neue politische Entscheidung zu erfolgen haben. Dieser Ansatz entspricht der Konzeption der automatischen Stabilisatoren (built-in-stabilizers, etwa: progressives Steuersystem und Arbeitslosenversicherung).
3.2. Die *Kritik an der Effizienz der Fiskalpolitik* zum Zwecke der k. Stabilisierung wird schärfer durch Betonung des *monetären* Einflusses gefaßt. Anknüpfend an die mangelnde Effizienz der Fiskalpolitik zur Dämpfung der Inflation werfen die Neo-Quantitätstheoretiker (u. a. *Milton Friedman)* den Keynesianern falsche Strategien auf Grund falscher Analyse vor. In der Ver-

sion der Monetaristen ist die dauernde Preiserhöhung in entwickelten Volkswirtschaften auf inflatorische Preiserwartungen der Untrnehmer zurückzuführen, die wiederum durch eine ständige Ausdehnung der Geldmenge mit Überliquidisierung der Wirtschaft bedingt sind. Die Unternehmer werden daher mögliche Preiserhöhungsspielräume nutzen können. Ist diese Analyse richtig, erscheint die Fiskalpolitik zur Dämpfung einer monetär ausgelösten und ständig steigenden Inflationsrate ungeeignet. Die Monetaristen argumentieren daher auch gegen eine auf Stabilisierung des Preisniveaus und Beschäftigungsgrades gerichtete Fiskalpolitik zugunsten einer *Geldpolitik*, die ihrerseits auf punktuelle Eingriffe verzichtet und die Wachstumsrate der Geldmenge der Wachstumsrate des Sozialproduktes verstetigt. Diese Position entspricht im Ansatz der *neoliberalen* Konzeption mit der besonderen Betonung der Geldmengensteuerung.

3.3. *Die politische Bedeutung* der unterschiedlichen Analysen und der daraus folgenden K.politik ist nicht zu übersehen. Inflations- und Beschäftigungsgrad führen zu Konflikten, die das Überleben der kapitalistischen Gesellschaft bedrohen. Trotz unterschiedlicher Akzentuierung sind die Vertreter der instrumentellen Variante der Ökonomie jedoch durchaus *optimistisch*, da die Verstetigung des Wachstums bei tolerierbarem Preisniveauanstieg auch auf der Grundlage eines kapitalistischen Systems als realisierbar gesehen wird. Zweifel über die Steuerbarkeit dieser Systeme betreffen eher die Frage nach der Vereinbarkeit unterschiedlicher Zielsetzungen wie Umverteilungsziele und außenwirtschaftliche Normen.

In der *marxistischen* Ökonomie wird dagegen eine andere Konsequenz formuliert. Der Widerspruch zwischen Lohnarbeit und Kapital drückt sich in periodisch auftretenden Krisen aus, die von dem tendenziellen Fall der Profitrate ausgelöst und begleitet werden. Krisen sind durch politisch-ökonomische Steuerungsinstrumente nur in Grenzen einzudämmen. Da die Instabilität des kapitalistischen Systems durch die Existenz von Privateigentum an Produktionsmitteln selbst erklärt wird, kann die Beseitigung der Ursachen der Instabilität nur in der Abschaffung des Privateigentums an Produktionsmitteln bestehen.

LITERATURHINWEISE

Duerr, Ernst (Hrsg.): Probleme der Konjunkturpolitik. Freiburg 1968.

Ott, Alfred (Hrsg.): Wachstumszyklen. Berlin 1973.

Preiser, Erich: Das Wesen der Marxschen Kriesentheorie. in: Wirtschaft und Gesellschaft, Festschrift für Franz Oppenheimer, Frankfurt 1924.

Weber, Wilhelm (Hrsg.): Konjunktur- und Beschäftigungstheorie. NWB 14, Köln usw. 1967.

Rolshausen, Claus (Hrsg.): Kapitalismus und Krise. Frankfurt/M. 1970.

Jahresgutachten des *Sachverständigenrats* zur Begutachtung der gesamtwirtschaftlichen Entwicklung.

MICHAEL BOLLE

Konvergenz (K.)

→ *Industriegesellschaft, Systemwandel, Übergangsgesellschaft, Wachstum*

1.0. Begriff. – Der Begriff K. (Gegensatz: Divergenz) bedeutet allgemein „*Annäherung*". Er erhält seine besondere Bedeutung durch die Einordnung in spezielle wissenschaftliche Systematiken (Biologie, Meereskunde, Mathematik, Medizin, Völkerkunde), in denen die Anwendung des Begriffs K. eine berechtigte wissenschaftliche Tradition hat. 2.1.1. Auf die *sozioökonomische und politische* Einordnung des Begriffs K. hat die inhaltliche Bestimmung der K. in der Biologie die stärkste Anziehungskraft ausgeübt. In diesem Umkreis bezeichnet K. die Erscheinung, daß systematisch entfernte Lebewesen auf Grund gleichartiger ökologischer Anforderungen „konvergente" Organe ausgebildet haben, die sich durch gleiche Funktionsabläufe auszeichnen (z. B. Stridulationsorgane, die bei den unterschiedlichsten Gattungen einen gleichen Aufbau aufweisen). Die Übertragung der Komparabilität „konvergenter" Organe auf die Erklärung von *gesellschaftlichen* Strukturen und Entwicklungstendenzen wurde durch den Einbruch organologischer und morphologischer Betrachtungsweisen in die Sozialwissenschaften vorbereitet, der dazu beitrug, Sozialordnungen als Realisierung eines Leistungsplans zu interpretieren, d. h. eine funktionale Finalität sozialer Koordination, sozialen Wandels und sozialer Differenzierung als Vermittlung einer industriellen Reichtumsvermehrung zu unterstellen. Die Evolution zur Industriegesellschaft schien einerseits die Bedingung der gleichen ökologischen Umwelt zu erfüllen und andererseits universelle und invariante soziale Elemente und Institutionen hervorzubringen, die als „konvergent" definiert werden konnten. Das ermöglichte erst – analog zur Biologie – nach den ökologischen Bedingungen und gleichen Funktionsabläufen industriell hochorganisierter Gesellschaften zu fragen. Der K.begriff transformierte sich zu einem sozialen Struktur- und Epochenbegriff, der die Basis unterschiedlicher Varianten der K.theorie wurde. 1.1. Von diesen theoretischen Voraussetzungen ist die *politische Bedeutung* der K. zu unterscheiden. „Der Ausdruck ‚Konvergenz' wurde zum Orientierungsbegriff des westlichen politischen Denkens in den späten fünfziger und in den sechziger Jahren. Im engeren Sinne sieht man das als ‚Konvergenz' bezeichnete Phänomen im Hinblick auf die beiden größten Industriegesellschaften der Welt, die USA und die UdSSR, gegeben. Die Konvergenzthese besagt, daß beide Gesellschaften sich nicht nur ähneln, sondern sich auch – durch den technischen Fortschritt, den sozialen und organisatorischen Wandel, die wachsende Differenzierung und Pluralisierung bedingt – allmählich einander annähern, um sich schließlich auch in ihren politischen Systemen immer ähnlicher werden." (P. C. Ludz: Konvergenz, Konvergenztheorie. In: SDG, Bd. 3, Sp. 890.)

Unmittelbarer Ausgangspunkt der K.theorie waren nicht philosophische Globalentwürfe – obwohl sie letztlich den Entwicklungsaspekt der K.theorie (Symbiose von „Wachstumstheorie" und Annäherungsthese sowie Begriff der

synthetischen Gesellschaft) vorbereiteten –, sondern *vergleichende Analysen* der industriellen Entwicklung in den USA und der UdSSR, welche die Erforschung der sozioökonomischen und institutionellen Wandlungen unter den Bedingungen einer weltpolitischen Herausforderung auf ökonomischem Gebiet (friedlicher Wettbewerb der Systeme) zum Gegenstand hatten. Die K.theorie ist folglich eine spezielle Theorie des Systemvergleichs und ein Ausdruck für den Verlust des Industriemonopols der westlichen Zivilisation. Es geht letztlich um die Frage, ob die technisch-wirtschaftliche Dynamik der Industrialisierung die Divergenz zwischen den USA und der UdSSR verstärkt oder zur Konvergenz führen wird, d. h. es geht darum, ob der Kommunismus eine zukunftsträchtigere Anpassung an die Industrialisierung ist als die westliche Gesellschaft oder ob sich jenseits der ideologischen Fixierung systemneutrale Sachverhalte durchsetzen, die die Bedingung der Typensetzung erfüllen.
Typisch für die K.theorie ist der Einsatz technisch-ökonomischer, systemneutraler Phänomene und nicht werthafter Klassifikationen, wie sie der Marxismus und Neoliberalismus – als schärfste Kritiker der K.theorie – bevorzugen. Die eindeutige Absicht, der marxistischen Doktrin von der zwangsläufigen Transformation aller industriellen Gesellschaften in den Kommunismus eine gleichwertige perspektivische Theorie der einheitlichen Industriegesellschaft (W. W. Rostow und R. Aron) entgegenzusetzen, brachte den K.begriff in das Schwerefeld der ideologischen Auseinandersetzung von Ost und West. Die *politisch-ideologischen* Aspekte der K.theorie verschränken sich – trotz eigener Fragestellungen – mit den ökonomisch-soziologischen. Die politischen Aspekte der K.theorie wurden in einer bemerkenswerten und einflußreichen Studie entfaltet:
„Das Ziel dieses Buches ist, die politischen Systeme der Vereinigten Staaten und der Sowjetunion miteinander zu vergleichen. Es will eine Antwort auf folgende drei Fragen geben: (1) Welches sind die wichtigsten Ähnlichkeiten und Unterschiede zwischen den beiden politischen Systemen? (2) Welches sind die Stärken und welches sind die Schwächen eines jeden Systems? (3) Werden die beiden Systeme einander ähnlicher oder unähnlicher?" (Z. K. Brzezinski u. S. P. Huntington: Politische Macht. 1966, S. 15 f.)
1.3. Die Entfaltung der K.theorie erfolgte auf der Grundlage einiger *Basisthesen.* Erste Verallgemeinerungen waren die Thesen von der neuen Rolle der *Manager* – die Marx bereits in seinem „Kapital" skizziert hatte – (J. Burnham 1941), von der sich anbahnenden *tertiären Zivilisation* (J. Fourastié 1949) und von der revolutionierenden Wirkung der *Massenproduktion* (P. F. Drucker 1950), so daß der Gedanke an Raum gewinnen konnte, das Gesetz der Rationalität sei Träger einer Annäherung der Systeme und stärker als die politisch-ideologische Divergenz. Diese würde durch Entwertung der kommunistischen Ideologie an prägender Kraft für die Handlungen der politischen Führung in der UdSSR verlieren und ihre Repräsentanten zwingen, auf der Basis von „konvergenten" Spielregeln zu handeln; d. h. K. mache den Verhaltensspielraum transparent durch „konvergente" Funktionsabläufe in den Entscheidungsprozessen. Eine Zusammenarbeit auf „konvergenten" Pro-

blemfeldern schien möglich, zumal die militärische Aufhebung der Divergenz unmöglich wurde. Die weltpolitische „Komplicenschaft" der Großmächte USA und UdSSR scheint auf tatsächlichen „konvergenten" Phänomenen zu beruhen, die einer theoretischen Klärung bedurften.

2.0. DIE BAUSTEINE DER KONVERGENZTHEORIE. – 2.1. Die Theorie der *Stadien wirtschaftlichen Wachstums (W. W. Rostow,* 1960) ist der Hintergrund des entwicklungstheoretischen Aspekts der K.theorie, da sie eine zwangsläufige Ausprägung der sowjetischen Industriegesellschaft prognostiziert, die die USA bereits erreicht haben. Der ideologische Gegensatz von Ost und West wird durch das Niveau der technisch-ökonomischen Entwicklung überlagert und in einen Gegensatz von Nord und Süd transformiert. Konvergent ist in diesem Fall das historische Schicksal beider Systeme. Entscheidend ist die dritte Phase des „take off", d. h. der wirtschaftliche Aufstieg eines Landes, der zwei Phasen (die traditionelle Gesellschaft und Voraussetzungen des wirtschftlichen Aufstiegs) historisierend vorgelagert werden. Die Einordnung der einzelnen Länder geschieht folgendermaßen:

Land	Dritte Phase Wirtschaftl. Aufstieg	Vierte Phase Reifestadium	Fünftes Stadium Beginn des Massenkonsumzeitalters
England	1785–1805	um 1850	1933
Frankreich	1830–1860	um 1910	1948
USA	1845–1860	um 1900	1921
Deutschland	1850–1873	um 1910	1948
Japan	1878–1900	um 1940	1953
UdSSR	1890–1914	um 1950	.
Argentinien	1935–1953	.	.
China	1952	.	.

nach Rostow, a.a.O., S. 14.

2.2. Die Theorie der *synthetischen Gesellschaft* kommt vom globalen Zuschnitt her der Stadientheorie am nächsten. Sie enthält aber wesentlich soziologische und ökonomische Komponenten, die alle Bereiche der Gesellschaft in ihrer K. zu einem „gemischten soziokulturellen Typ von Gesellschaft " strukturieren. *P. A. Sorokin* (The Basic Trends of Our Times, 1964) konstatiert die K. von USA und UdSSR an Hand folgender Merkmale: Naturwissenschaft und Technik, Sozialwissenschaften und Philosophie, Ethik und Strafrecht, Bildung, Sport und Erholung, bildende Kunst und Religion sowie Ehe und Familie, schließlich die sozialen Beziehungen, das ökonomische und politische System. Nach Sorokin wird die zukünftige Gesellschaft eine integrale sein, ein „Zwischending zwischen Kommunismus und Kapitalismus". Dieser Prozeß verwirkliche sich a) durch eine Überwindung der Mängel innerhalb eines jeden

Systems und b) durch die Übernahme der positiven Züge des anderen Systems. Diese Auffassung wird getragen von der Idee der *Lernfähigkeit* sozialer Systeme, durch die sie sich gegenseitig beeinflussen und in gewisser Weise die „Vernunft der Rationalität" realisieren.

2.3. Die Theorie der einheitlichen Industriegesellschaft leitet über zur *ökonomischen* K.theorie. *R. Aron* (Die Entwicklung der Industriegesellschaft und der sozialen Stratifikation, 1962) gilt als Begründer der k.theoretischen Auslegung dieser Theorie. Sein Hauptgedanke ist, daß Wissenschaft und Technik die soziale Struktur, Stratifikation, Lebensweise, Bildungsstruktur und Verhaltensweise bestimmen und in beiden Systemen der „Fünfte Stand", die Intelligenz, die entscheidende Produktivkraft wird. Aus den Zwängen der Industriegesellschaft folge weiterhin eine gleiche Organisation und Planung gesellschaftlich relevanter Bereiche, die die Interessen der Manager und Technokraten vereinheitlicht und organisiert. Diese Aspekte erstrecken sich einerseits auf die gesamte Gesellschaft und andererseits auf Organisation und Funktionsweise großer Industriekomplexe. Der Ansatz der Managertheorie wird weitergeführt zur neuen Bestimmung des Eigentums sowie der Wirtschaftsordnung, die in beiden Systemen ähnlich sei.

3.0. Die Argumente der ökonomischen K.theoretiker. – 3.1. Eine Angleichung der Wirtschaftsordnung wird gesehen in einer Zunahme der *staatlichen Aktivität* in der Wirtschaftspolitik, in einer Ausdehnung des öffentlichen Sektors, in der restriktiven Wirkung der Steuern auf Großunternehmen in westlichen Volkswirtschaften bei gleichzeitigem Abbau der zentralistischen Tendenzen, in der Ausdehnung der Entscheidungsbefugnis der Betriebsleiter sowie im Einbau rationaler gesamtwirtschaftlicher und betriebswirtschaftlicher Organisations- und Planungstechniken in den kommunistischen Ländern (J. Tinbergen) sowie in der Anwendung gleicher Techniken und Verfahren bei der Ausbildung der Wirtschaftsmanager. Schließlich sehen die K.theoretiker im Einbau von Marktelementen, Profitkriterien und Rentabilitätskennziffern in den kommunistischen Ländern einen Zug zur K. der Systeme.

„Großangelegte Organisation setzt Autonomie voraus. Die Einmischung eines Außenstehenden, Uneingeweihten ist immer schädlich. In den nicht-sowjetischen Wirtschaftssystemen bedeutet das den Ausschluß des Kapitalisten von der eigentlichen Macht. Dieselben Imperative haben aber auch in der sozialistischen Wirtschaft Gültigkeit. Dort bemüht sich das Unternehmen um eine Verringerung oder Ausschaltung des Einflusses der Bürokratie. Die Autonomie des Unternehmens ist eines der wichtigsten Ziele der von den modernen Theoretikern geforderten Reform. (J. K. Galbraith: Die moderne Industriegesellschaft, 1968, S. 430.)

Von entscheidender Bedeutung ist das Argument, daß zwischen Industriegesellschaft und Marktwirtschaft, dezentraler Entscheidungsbefugnis und Rationalität sowie führender Stellung der Intelligenz eine unabdingbare Korrelation bestehe.

3.2. K. wird weiterhin begründet mit Tendenzen zur Realisierung einer *Konsumgesellschaft*, die durch wachsende Einkommen – bei gleichzeitiger Einkommensangleichung – der Massen getragen wird und die den Durchbruch „*materieller Anreize*" zur Leistungssteigerung auch in kommunistischen Ländern bedeute.

4.0. Die Kritik der Konvergenztheorie. – 4.1. Obwohl die K.theorie in den *westlichen* Industrieländern entwickelt wurde, blieb sie hier nicht unwidersprochen. Sie wurde von jenen Sozialwissenschaftlern angegriffen, die von einem *qualitativen Systembegriff* ausgehen, d. h. sie gehen davon aus, daß sich „Kapitalismus" und „Kommunismus" durch qualitative Merkmale wie Freiheit, Demokratie, Marktwirtschaft, soziale Schichtung voneinander unterscheiden, wogegen die angeführten konvergenten Phänomene der rationaleren Planungsmethoden, der Berücksichtigung der Konsumenten und größeren Autonomie von Unternehmensführern bislang nicht automatisch zum Liberalismus und zur Demokratie geführt haben. Ein wesentlicher Ansatz der Kritik an der K.theorie wird von der *neoliberalen Ordnungstheorie* geleistet, die davon ausgeht, daß die eine Wirtschaftsordnung konstituierende Art und Weise der Koordination der Wirtschaftsprozesse eine unverwechselbare, sich ausschließende Planlogik realisiert, auf die zwei Formen der Wirtschaftsrechnung basieren. Indem diesen „Planungssystemen" kombinierbare Vermittlungen zugewiesen werden (Ordnungsformen), findet das Phänomen der Ähnlichkeit bestimmter Formen eine theoretisch saubere Auflösung. Die wirtschaftswissenschaftliche Diskussion der K.thesen führte zu einer differenzierten Einordnung der Angleichungsphänomene (Wiles, Tuchtfeld, Thalheim), die sich damit der Auffassung von *Hensel* annähern:

„Die marktwirtschaftlichen Ordnungen in den östlichen und den westlichen Ländern sind gleicher und ungleicher Art. Gleicher Art sind sie hinsichtlich der Systeme der Prozeßplanung und weitgehend auch hinsichtlich der Anreize und Kontrollen von Leistungen und Interessen. ... – Der wirtschaftspolitisch vielleicht wichtigste Unterschied dürfte in der Orientierung der staatlichen Prozeßpolitik liegen ... Alles in allem: Wer Konvergenz sagt, sucht sich der tatsächlich gegebenen Divergenz von Wirtschaftssystemen und damit der Entscheidung für dieses oder jenes Grundsystem zu entziehen. Wirtschaftssysteme haben Wertbedeutung. Politische Gestaltung wirtschaftlichen Gemeinlebens bedeutet, sich für Wertprinzipien, die es zu realisieren gilt, zu entscheiden. Wer sich dem Konvergenzdenken hingibt, sucht sich der hier liegenden Verantwortung zu entziehen" (K. P. Hensel: Annäherung der Wirtschaftssysteme? In: Deutsche Studien, Heft 27 (1969), S. 243.)

4.2. Die *marxistische* Kritik an der Konvergenztheorie stützt sich auf die materialistische Geschichtsauffassung, nach der die gesellschaftlichen Ordnungen unterschieden werden nach der vom Eigentum an den Produktionsmitteln geprägten sozialökonomischen Struktur. Die Produktionsweisen materieller

Güter sind sich historisch entwickelnde Vermittlungen für die Entwicklung der Produktivkräfte. Daher gehe die historische Tendenz dahin, daß sich der Kapitalismus in den Sozialismus transformiere, weil letzterer den Produktivkräften einen größeren Entwicklungsspielraum gebe. Es handelt sich hier nicht um die These einer Annäherung, sondern um die einer zwangsläufigen *Transformation.* Die von den K.theoretikern angeführten Phänomene für K., die auf die technisch-ökonomische Entwicklung zurückzuführen sind, werden nicht bestrittten, d. h. *Analogien* auf dem Gebiete systemindifferenter Organisations- und Planungstechniken *werden nicht abgelehnt;* aber ihre soziale Bewertung in Richtung auf K. von Gesellschaftsordnungen wird als ideologische Diversion beurteilt.

LITERATURHINWEISE

Becker, J. C.: Hypothesen zur Konvergenz der Wirtschaftsordnungen in Ost und West. Diss. Hamburg 1968.

Blaich, F., *Bog,* J., *Gutmann,* G., und *Hensel,* K. P.: Wirtschaftssysteme zwischen Zwangsläufigkeit und Entscheidung. Stuttgart 1971.

Körner, H.: Hypothesen über die Konvergenz von Wirtschaftssystemen. In: Schmollers Jb. für Wirtschafts- und Sozialwiss. (1970), S. 593–603.

Ludz, P. C.: Art. Konvergenz, Konvergenztheorie. In: SDG.

Meißner, H.: Konvergenztheorie und Realität. Frankfurt/M. 1971.

Rose, G.: Konvergenz der Systeme. Köln 1970.

LUDWIG BRESS

Konzentration (K.)

Aktiengesellschaft, Konjunktur, Konzerne, Macht, Presse-Konzentration, Verteilung, Wachstum, Wettbewerb

1. BEGRIFF. – K. ist die Zusammenfassung wirtschaftlicher Einheiten in einer Hand. Maschinen, Produktionsbänder usw. werden in einem Betrieb *(Betriebs-K.),* Betriebe und Unternehmen (durch Fusion, Verflechtung oder Vereinbarung) in Unternehmen, Konzernen und Kartellen *(Unternehmens-K.)* und Einkünfte resp. Geld- und Sachwerte bei Einzelpersonen oder Familien *(Einkommens- und Vermögens-K.)* zusammengefaßt. Bei der räumlichen Ballung von Einwohnern oder Industriebetrieben wird von *Agglomeration* und bei der Zusammenfassung von Angebot und Nachfrage auf dem Arbeitsmarkt von *Faktor-K.* gesprochen. Die Einkommensk. ist ähnlich wie die Vermögensk. zum einen Folge der Unternehmensk. und zum anderen die Folge der durch die räumliche Ballung progressiv ansteigenden Grundstückspreise. Beide beeinflussen die Einkommensverteilung zugunsten einer kleinen, sich u. U. noch dazu verringernden Zahl von Wirtschaftssubjekten.

Der Begriff der K. hat sich im Laufe der Zeit gewandelt. *Charles Fourier* (1808) hat erstmals den zur Unternehmensk. führenden Verdrängungswettwerb beobachtet. *Karl Marx* hat den Begriff K. in Zusammenhang mit seiner Erklärung der kapitalistischen Produktionsweise eingeführt. Ursache der „Akkumulation" ist jedoch nicht nur die Ausbeutung der Arbeiter, sondern sind auch unternehmerische Leistungen wie die Einführung neuer Waren und Produktionsverfahren. Die K. „bereits gebildeter Kapitale“ („Zentralisation“) ist nicht nur die Folge der „Expropriation von Kapitalist durch Kapitalist“, sondern geht in der Gegenwart weit häufiger im Wege freiwilliger Kartell- und Fusionsvereinbarungen vor sich. Heute wird daher der Begriff K. unabhängig vom marxistischen Lehrsystem verwendet und umfaßt alle Tatbestände, in denen wirtschaftliche Größen zusammengefaßt werden. Dabei ist zwischen dem eingetretenen Tatbestand und dem Prozeß – und damit zugleich der Dynamik der K. – zu unterscheiden. Im Vordergrund des Interesses steht unverändert die Betriebs- und Unternehmensk., auf die sich dieser Beitrag im wesentlichen beschränkt.

2.0. Betriebs- und Unternehmensk. – Die K. läßt sich nach folgenden Kriterien unterscheiden:
2.1. *nach der Richtung*, in die konzentriert wird:
a) *Horizontale* K. als Vereinigung von Betrieben oder Unternehmen gleicher Produktionsstufe (z. B. zu marktbeherrschenden Unternehmen, Horizontalkonzernen oder Kartellen);
b) *Vertikale* K. (Integration) als Vereinigung von Betrieben oder Unternehmen aufeinanderfolgender Produktionsstufen;
c) *Diagonale* K. als Vereinigung von Betrieben oder Unternehmen, deren Erzeugnisse sowohl produktions- als auch absatzmäßig nichts oder fast nichts miteinander zu tun haben. Derartige *„conglomerates“* entstehen vielfach durch Spekulation, dienen aber auch der Risikominderung wie der K. von Macht.
2.2. *nach dem Gegenstand*, der konzentriert wird:
a) K. der *Produktionsmittel* im Betrieb (K. im Betrieb): Die Betriebsgröße wächst, die Serien oder Auflagen nehmen zu. Diese K. ist vielfach technisch bedingt.
b) K. *der Betriebe im Unternehmen* (K. der Betriebe): In einem Unternehmen werden mehrere Betriebe zusammengefaßt, z. B. Filialen oder Werke in verschiedenen Orten.
c) K. *von Unternehmen:* Mehrere Unternehmen werden wirtschaftlich oder rechtlich vereinigt. Bei der *direkten* K. werden mehrere Unternehmen durch Verschmelzung zu einer wirtschaftlichen Einheit zusammengefaßt, wobei der Schleier rechtlicher Selbständigkeit aufrechterhalten werden kann (Konzern, Trust) oder nicht (Fusion). Bei der *indirekten* K. üben Unternehmen die Kontrolle über andere Unternehmen aus, an denen sie keine Eigentumsrechte haben und die nach außen als wirtschaftlich selbständig erscheinen, im Innenverhältnis aber derart abhängig sind, daß sie den Weisungen des beherrschenden Wirtschafters zu folgen haben (→ Wirtschaftliche Macht).
d) K. der *Verfügungsmacht:* Manager und Aufsichtsratsmitglieder können Unternehmen kontrollieren, an denen sie nicht beteiligt sind. Manager von Banken sind häufig bei mehreren anderen Firmen Mitglied des Aufsichtsrates.
2.3. *nach den Ursachen:*
a) *Technisch bedingte K.:* Infolge der technischen Entwicklung können sich

optimale Betriebs-, Serien- und Absatzgrößen ergeben. Nach dem „Gesetz der Massenproduktion" führt die technisch bedingte K. durch Einsparen von Produktionsfaktoren je Produkt- oder Absatzeinheit zu privat- und volkswirtschaftlichen Kostensenkungen. Die technische Entwicklung kann aber auch, wie sich bei der Ersetzung von Metall durch Kunststoff gezeigt hat, die optimale Betriebsgröße senken. Außerdem sind auch die Absatzchancen maßgebend. Eine vollautomatisierte Fabrik arbeitet unrentabel, wenn sie nur einen Teil ihres möglichen Ausstoßes absetzen kann.

b) *Risikobedingte K.:* Ein Unternehmen verringert sein Risiko gegenüber Nachfrageschwankungen, wenn es mehrere Produkte herstellt. Wenn ein Unternehmen die Produktion von inferioren und superioren Gütern (z. B. kleineren und größeren Automodellen) oder von verschiedenartigen Produkten (z. B. Radiogeräten und Elektrorasierern) in sich vereinigt, wird sein Absatzrisiko geringer (Diversifikation).

c) *Marktstrategisch bedingte K.:* Die K. des Angebots ermöglicht höhere Preise im Verkauf, die K. der Nachfrage niedrigere Preise im Einkauf. Die Zusammenfassung von Angebot oder Nachfrage führt zur Marktbeherrschung und damit zur Erzielung von *Monopol*gewinnen. Die Zusammenfassung von Märkten (z. B. durch die → EWG) verringert den Grad der marktstrategisch bedingten K., ermöglicht vielfach eine bessere Ausnutzung der Technik, regt aber auch zu neuen K.prozessen an.

d) *Machtbedingte K.:* Eine Person oder Gruppe kann Unternehmen, die sich teilweise oder völlig im Eigentum anderer befinden, unter ihre Kontrolle bringen, um sich Sondervorteile zu verschaffen. Aus den kontrollierten Firmen können nicht nur Gewinne, sondern auch Vermögensteile auf die Inhaber der Kontrolle übertragen werden, ohne daß sich – bei fehlendem Rechtsschutz – abhängige Firmen oder entmachtete Eigentümer hiergegen wehren können. Ein völliger Vermögenstransfer ist auf diese Weise möglich.

e) *Spekulationsbedingte K.:* Selbst große Konzerne sind nicht durch unternehmerische Leistung, sondern durch spekulative Käufe resp. Verkäufe von Aktienpaketen und Unternehmen entstanden.

2.4. *Nach der Produktivität:*

a) Die *produktive* K. senkt die Kosten, verbessert den Lebensstandard und erhöht die Konkurrenzfähigkeit eines Landes, weil sie die Ausnutzung moderner Produktions- und Absatzverfahren ermöglicht.

b) Die *nichtproduktive* K. rentiert sich privatwirtschaftlich selbst dann, wenn sie volkswirtschaftlich eine Abnahme der Bedarfsdeckung bewirkt. Marktbeherrschende Unternehmen oder Kartelle beschränken Investitionen, verlangsamen den technischen Fortschritt, erhöhen den Preis und setzen die Haltbarkeit der Produkte herab.

2.5. *Nach dem Wirtschaftsraum:*

a) *Regionale K.* ist auf einen bestimmten Teil des Staates beschränkt. – b) *Nationale K.* ist die K. innerhalb eines Landes; c) *Internationale K.* ist die Ausdehnung von Unternehmensverflechtungen über mehrere Volkswirtschaften. → Multinationale Konzerne und Kartelle teilen die Welt unter ihre Mitgliedsfirmen auf. Nationale Wettbewerbsbeschränkungen lassen sich durch Senkung der Zollschranken bekämpfen, internationale nicht.

3.0. MESSUNG DER K. – Infolge der vielfältigen Ursachen und Wirkungen ist eine *quantitative Messung* der K. nur bedingt möglich. Die K. der Verfügungsmacht ist quantitativ überhaupt nicht faßbar. Ob eine K. technisch bedingt ist, kann ebenfalls nicht mit Hilfe von Statistiken festgestellt werden. Das gleiche gilt für die Frage, ob es sich um markt- oder machtbedingte K. handelt.

3.1. Nur soweit es auf die sichtbaren Größen oder Größenunterschiede und damit auf die sichtbare „Struktur" ankommt, ist K. statistisch meßbar *(formale K.analyse)*. Die Verringerung der Zahl der Merkmalsträger (z. B. der Unternehmen), die nicht von einer gleichen starken Verringerung der gesamten Merkmalsmenge (z. B. Größe des Umsatzes) begleitet ist, kennzeichnet eine Erhöhung der *absoluten K.* Das Ergebnis täuscht, wenn statt der wirtschaftlichen Einheiten rechtliche gemessen werden. Verwandelt sich ein Einheitsunternehmen in einen Konzern, in dem es Abteilungen rechtliche Selbständigkeit verleiht, so vermehrt dies zwar die Zahl der rechtlichen Einheiten, aber verringert nicht die wirtschaftliche K.

Die *relative* K., die sich auf den Umfang der Abweichungen von der Gleichverteilung der Merkmale bezieht, wird mit Hilfe der *Lorenzkurve* dargestellt und vor allem durch den Gini-Koeffizienten gemessen. Die Gleichverteilung ist jedoch kein geeigneter Maßstab. Werden die kleineren Unternehmen von den größeren vom Markt verdrängt, so verringert sich der Unterschied der Unternehmensgrößen und damit die Abweichung von der Gleichverteilung. Treten kleine Firmen auf, wo bisher nur große Unternehmen bestanden, so nimmt die Abweichung von der Gleichverteilung zu. Es liegt jedoch im ersten Fall keine Abnahme und im zweiten Fall keine Zunahme der K. vor.

Der Anteil der größten Unternehmen am gesamten Merkmalsbetrag – z. B. dem Umsatz einer Branche – kommt in den *„concentration ratios"* zum Ausdruck. Mit ihnen wird die Marktstellung von Firmen ermittelt. So werden z. B. für die einzelnen Branchen und Produktgruppen die Anteile der 4, 8, 20 oder 50 größten Produzenten an dem Gesamtumsatz gemessen. Nimmt dieser Anteil zu, so steigt der K.grad. Ein Nachteil der concentration ratios ist, daß sie homogene Güter voraussetzen und Abhängigkeiten nicht erfassen.

3.2. Der Umfang der → *wirtschaftlichen Macht* und die sich aus ihr ergebenden Verhaltensweisen und damit die für gesetzliche Reformen relevanten Tatbestände, wie monopolistische Praktiken oder Mißbrauch von Abhängigkeiten, lassen sich nur bei einer *materiellen* K.analyse ermitteln, bei der das Verhalten der Wirtschaftssubjekte im Vordergrund steht. Eine materielle K.analyse setzt nicht nur eine Kenntnis der relevanten K.arten, sondern auch eine Kenntnis der Aktionsparameter der wirtschaftlichen Macht voraus. Als Mittel der materiellen K.analyse eignen sich außer eigenen Beobachtungen und Presseberichten *Hearings*, in denen die Beteiligten – insbesondere die Eigentümer und Manager der Unternehmen – vorgenommen werden. Hearings finden sich bei Enquêten, die zur Information der Gesetzgeber in größeren Zeitabständen oder – wie in den angelsächsischen Ländern – fortlaufend durchgeführt werden. Sie können parlamentarischen Ausschüssen oder Institutionen (etwa der Federal Trade Commission) übertragen werden. Das Recht, lediglich Unterlagen anzufordern (wie bei der deutschen Untersuchung von 1961/63), reicht angesichts der Kompliziertheit der Vorgänge nicht aus und zeigt entweder Unkenntnis oder schlechten Willen.

4.0. WIRTSCHAFTLICHE WIRKUNGEN. – 4.1. *Wettbewerb und Wirtschaftsordnung.* – K. und Wettbewerb beeinflussen sich wechselseitig. Die K. kann eine Folge der Konkurrenz sein, aber diese auch aufheben. Die Wirtschaftsordnung ändert sich, wenn Monopolstellungen und Beherrschungsverhältnisse entstehen und in Ausleseprozessen, sofern sie überhaupt noch stattfinden, anstelle der Leistungsfähigeren sich die Mächtigeren durchsetzen. Der Wettbewerb wird verfälscht, wenn ein Unternehmer Vorteile, die er auf anderen Märkten oder durch Ausbeutung seiner Vertragspartner erzielt, gegenüber Konkurrenten zu ruinöser Preisunterbietung verwendet. Der Markt verliert seine Funktion, das Angebot auf die Nachfrage abzustimmen, soweit die Anbieter nicht mehr konkurrieren.
Internationale Konzerne, deren ausländische Tochtergesellschaften sich in Preisen, Produktion, Kreditaufnahme etc. nach dem Diktat der Muttergesellschaft zu richten haben und deren Gewinne und Verluste von der Muttergesellschaft bestimmt werden, sind ein *planwirtschaftliches* Element in privater Hand in einer auf Wettbewerb beruhenden weltwirtschaftlichen Ordnung. Analoges gilt für internationale Kartelle (→ Wirtschaftliche Macht).
Wirtschaftliche K. gibt es in jedem Wirtschaftssystem. Während jedoch jede (dezentrale) Wettbewerbswirtschaft zumindest durch ein Übermaß von K. in ihrer Funktionsfähigkeit gefährdet wird, kann in jeder Art von zentraler Planwirtschaft die Konzentration Mittel staatlicher Lenkung sein.
4.2. Kosten und technischer Fortschritt. Die K. der Produktionsmittel im *Betrieb* kann – wie beim Übergang vom Handwerk zur Fabrik, zum laufenden Band oder zur Automation – technisch bedingt sein und demgemäß Kostensenkungen ermöglichen. Die K. der Betriebe im *Unternehmen* kann eine Einsparung von Transportkosten, Werbungskosten u. dgl. zur Folge haben. In beiden Fällen erhöht sich die volkswirtschaftliche Produktivität. Die K. von Unternehmen in *Konzernen* ist regelmäßig nicht produktionstechnisch bedingt. Den kostensenkenden Wirkungen der K. ist die – im Vergleich zu früheren Jahrhunderten – hohe *Bedarfsdeckung* in der Gegenwart zu verdanken. Die technisch bedingte K. hat einen doppelten Effekt: Sie ermöglicht eine Reduzierung der Güterpreise wie eine Erhöhung der Löhne. Ohne technisch bedingte K. wäre das hohe Lohnniveau in den Industriestaaten nicht möglich. Jede wirtschaftliche Entwicklung wird insofern von einem K.prozeß begleitet. Umfang und Richtung der technischen Entwicklung werden jedoch nicht nur durch die Unternehmensgrößen beeinflußt. Der Wankelmotor z. B. ist in

einem kleinen Unternehmen entwickelt worden, und das die Stahlerzeugung revolutionierende Sauerstoff-Blasverfahren hat erstmals bei den kleinsten Stahlproduzenten Anwendung gefunden. K. ist nicht zwangsläufig mit Kostensenkungen oder Qualitätsverbesserungen verbunden. Die K. der Produktionsmittel im Betrieb kann Folge eines Prestigedenkens oder nichtrationeller Betriebsführung sein. Die Unternehmens-K. gewährt Gewinnchancen, die nicht auf Kostensenkungen beruhen, sofern wirtschaftliche Macht zu Lasten anderer Wirtschaftssubjekte (z. B. von Minderheitsaktionären) eingesetzt wird.

Auch gibt es Formen der K., die den technischen Fortschritt *hemmen*. Unternehmen können sich zu Gruppenmonopolen zusammenschließen, um durch Verlangsamung der technischen Entwicklung sowohl Forschungsausgaben als auch vorzeitige (d. h. nicht abnutzungsbedingte) Erneuerungen des Maschinenparks zu vermeiden. Von Konzernen und anderen großen Unternehmen werden nicht selten Patente dazu verwendet, Konkurrenten an der Entwicklung billigerer Produktionsverfahren oder an der Einführung besserer Produkte zu hindern (Schubkastenpatente). Horten Unternehmen Patente, ohne sie zu verwenden, so schlägt der Zweck des Patents, den Fortschritt zu fördern, in sein Gegenteil um. Endlich kann die Neigung von Firmen – insbesondere von Horizontalkonzernen –, aus Gründen der Risikoverteilung auf möglichst vielen Märkten zu operieren, mit der Konservierung kleiner Betriebsgrößen auch den technischen Fortschritt ungünstig beeinflussen. Ob Mehrproduktunternehmen oder Konzerne die Rationalisierung fördern oder nicht, bedarf daher von Fall zu Fall der Überprüfung. Ebenso wird jeweils zu untersuchen sein, ob etwaige Kostensenkungen an die Haushalte weitergegeben werden. Marktbeherrschende Unternehmen zwingt kein Wettbewerb hierzu.

4.3. *Wachstum und Konjunkturverlauf*. Es gibt, von Grenzfällen abgesehen, kein volkswirtschaftliches → *Wachstum* ohne K. Andererseits wird das Wachstum ungünstig beeinflußt, wenn die K. bewirkt, daß sich nicht mehr der Leistungsfähigere, sondern der Rücksichtslosere am Markte durchsetzt. Entsprechendes gilt, wenn marktbeherrschende Unternehmen oder Kartelle die Investitionen beschränken, um das Angebot knapp zu halten, oder Produktivitätssteigerungen verhindern, um die Kosten für den vorzeitigen Ersatz veralteter Produktionsanlagen zu sparen.

Durch Verhinderung von Überinvestitionen kann ein Monopol (z. B. ein Kartell) den → *Konjunkturverlauf* auf seinem Markt verstetigen. Die konjunkturelle Widerstandsfähigkeit eines Unternehmens nimmt zu, wenn es verschiedene Produkte erzeugt (risikobedingte K.). Der Ablauf von Anpassungsprozessen – und damit zugleich der Konjunkturverlauf – kann aber auch durch die K. ungünstig beeinflußt werden: (1) Eine Monopolisierung kann eine Starrheit der Preise bewirken. Bei einem Rückgang der Nachfrage sinken die Preise mit Verzögerung oder überhaupt nicht. Volkswirtschaftliche Anpassungen des Angebots werden hierdurch verhindert oder verzögert und Perioden der Unterbeschäftigung verstärkt bzw. verlängert. – (2) Der Einsatz wirtschaftlicher Macht erhöht zwar die Krisenfestigkeit der beherrschenden, schwächt aber die Krisensicherheit der abhängigen Unternehmen. Das Konjunkturrisiko verlagert sich von den beherrschenden auf die abhängigen Firmen. Endlich kann die mit der Unternehmensk. regelmäßig einhergehende Einkommens-K. Arbeitslosigkeit hervorrufen.

4.4. *Beschäftigung.* Die K. kann aus zwei Gründen Ursache von Unterbeschäftigung sein: (1) weil bei einem Übergewicht der Kapitalisten die Löhne nicht mit der Arbeitsproduktivität steigen und hierdurch eine Nachfragelücke entsteht, die eine „industrielle Reservearmee" (Marx) zur Folge hat – oder weil (2) Gewerkschaften und Unternehmen soviel Macht konzentriert haben, daß sie ohne Rücksicht auf Arbeitslosigkeit und Absatzkrise Löhne und Preise erhöhen können *(Stagflation).*

5.0. K.POLITIK. – Aufgabe der K.politik ist es, jene K. zu *fördern,* die durch Kostensenkungen eine Reduzierung der Preise ermöglicht, und zu *verhindern,* daß durch die K. der Wettbewerb ausgeschaltet oder die mit ihr entstehende Macht zur Ausbeutung verwendet wird. K.politik ist daher nicht, wie es bisweilen geschieht, mit Entflechtung oder Zerschlagung von Großunternehmen gleichzusetzen. Ebensowenig ist sie nur ein Teilbereich der Wettbewerbspolitik, da sie sich nicht allein auf Beziehungen zwischen Konkurrenten, sondern auch auf Beziehungen zwischen Vertragspartnern (z. B. zwischen Kunden und Lieferanten oder zwischen Kreditnehmern und Kreditgebern) erstreckt.

5.1. Der Staat kann die K. bewußt bzw. planvoll beeinflussen (*direkte* K.politik). Er kann aber auch durch Gesetzgebung, Rechtsprechung und Verwaltung auf ihre Gestaltung und ihr Wachstum einwirken, ohne daß sich die Träger der öffentlichen Gewalt dessen bewußt zu sein brauchen *(indirekte* K.politik). So ist z. B. die Entwicklung der K. in Deutschland u. a. durch das Steuerrecht, durch die Rechtsprechung zu Kartellvereinbarungen oder zur Organschaft vorangetrieben worden, ohne daß man sich immer über den K.effekt im klaren gewesen ist.

5.2. Die K.politik kann (1) die *Struktur* unmittelbar beeinflussen: durch Entflechtung (z. B. Auflösung von Konzernen), durch Begünstigung von Gegenmacht, Überführung konzentrierter Industriezweige, in Städten gelegener Grundstücke u. dgl. in Gemeineigentum. Sie kann (2) auf die *Verhaltensweisen* der Gruppen einwirken, die über wirtschaftliche Macht verfügen, indem z. B. Mißbrauchstatbestände strafrechtlich verfolgt, zivilrechtliche Schadensersatzprozesse erleichtert oder durch Hearings Mißbrauchspraktiken bloßgestellt werden. Im ersten Fall werden die Voraussetzungen für das Entstehen privater Macht verändert, im zweiten Fall wird primär der Mißbrauch von Macht berührt.

Eine Überführung in Staatseigentum ändert nicht notwendig wirtschaftliche Verhaltensweisen. Staatliche wie private Monopole sind häufig gleichermaßen technischem Fortschritt abgeneigt. Staatskonzerne, die mit privaten Unternehmen konkurrieren, haben regelmäßig auch die gleiche Preispolitik. Gegenmacht wiederum kann zur Übermacht werden: Selbsthilfeorganisationen wie → Genossenschaften haben sich im Laufe der Zeit zu Trägern wirtschaftlicher

Macht entwickelt. Und die Entflechtung eines Konzerns kann Ursache für die Übermacht eines anderen werden.

5.3. Eine K.politik wird nur dann langfristig Erfolg haben, wenn sie auf die angestrebte Gesellschaftsordnung Rücksicht nimmt. In einer Marktwirtschaft bedeutet dies Erhaltung eines funktionsfähigen Wettbewerbs und in einem Rechtstaat die Ersetzung von Macht durch Recht auch in der Wirtschaft. Die K.politik ist daher sowohl ihren Aufgaben wie ihren Wirkungen nach *komplex*. Sie muß Zielkollisionen berücksichtigen und verschiedene Arten von Mitteln einsetzen. Zielkollisionen entstehen z. B., wenn der K.prozeß nicht nur zu Kostensenkungen, sondern auch zur Entstehung eines Monopols führt, das diese Kostensenkungen nicht an die Konsumenten weiterleitet, oder wenn eine Steigerung des Sozialproduktes durch eine ökonomisch wie soziologisch als unerwünscht angesehene K. von Einkommen und Vermögen in der Hand weniger Wirtschafter erkauft wird.

5.4. Der Vorbereitung der K.politik dienen *Enquêten und Hearings*. Im Interesse der Wahrheitsfindung ist es ratsam, eidliche Vernehmungen durchzuführen. Der Aufklärung der Wähler dienen Hearings nur, wenn sie öffentlich vor sich gehen.

5.5. Bei der Durchsetzung der K.politik können auch spezielle *K.gerichte* eingesetzt werden, denen angesichts der Schwierigkeit der Materie die Entscheidung über Tatbestände des Mißbrauchs wirtschaftlicher Macht u. dgl. übertragen wird. Auch kann erwogen werden, Zivilprozesse auf öffentliche Kosten und von Amts wegen durchzuführen, weil es den Betroffenen, z. B. privaten Haushalten, vielfach an der Legitimation oder, wie ausgebeuteten Unternehmern, an den finanziellen Mitteln zur Durchführung der Prozesse fehlt.

Mit Hilfe der K.politik kann die heimische Wirtschaft vor Übergriffen ausländischer Firmen geschützt werden. Innerhalb der Gemeinschaft wie der EWG ist eine Abstimmung der K.gesetzgebung wie generell der K.politik notwendig.

LITERATURHINWEISE

Arndt, Helmut (Hrsg.): Die Konzentration in der Wirtschaft. 2 Bde., Berlin (1960) 1971[2].
Dirlam, Joel B., und *Kahn*, Alfred E.: Fair Competition. Westport 1970.
Edwards, Corwin D.: Control of Cartels and Monopolies. New York 1967.
Grosser, Dieter (Hrsg.): Konzentration ohne Kontrolle. Köln usw. (1969) 1970[2].
Lenel, Hans Otto: Ursachen der Konzentration. Tübingen (1962) 1970[2].
Zehn Jahre Bundeskartellamt. Köln 1968.

HELMUT ARNDT

Konzerne, multinationale (MK.)

→ *Außenwirtschaft, Entwicklungspolitik, Gewerkschaften, Konzentration, Tarifpolitik.*

1. Begriff und Geschichte. – Als MK. werden private Unternehmen der kapitalistischen Welt bezeichnet, deren zentral geleitete und kontrollierte Tochtergesellschaften oder Filialen auf mehr als einem nationalstaatlichen Territorium ansässig sind. In der Gegenwart verstärken MK. die Internationalisierung von Produktivkräften und Arbeitsteilung sowie die Zentralisation und → Konzentration von Kapital durch ihre Größe und Ausbreitung, ihr Eindringen in Wachstumsbranchen, die Art ihrer Kapitalaufbringung und ihre technischen und organisatorischen Verfahren zur Integration von Finanzierung, Produktion und Vertrieb – mit als bedrohlich empfundenen Folgen für die am Nationalstaat orientierten gesellschaftlichen Gruppen („Überfremdung“).

MK. sind jedoch keine neue Erscheinung. *Erstens* sind sie nur eine Nebenform nationaler Konzerne, mit denen sie ein Großteil genereller Aspekte gemeinsam haben, wie Kapitalkonzentration, Monopolisierung, gesellschaftliche Machtstellung. Und dort, wo ihre Besonderheit liegt, in ihrer Funktion für die Integration der Weltwirtschaft, sind sie, *zweitens*, Ausdruck einer objektiven Tendenz, der Internationalisierung der Produktivkräfte. Multinational wurden Unternehmen *schon im Frühkapitalismus*, seit Bestehen des Nationalstaates, betrieben. Zuerst als Kolonialkompanien, Plantagen- und Handelshäuser, dann als Reedereien, Banken, Speditionen haben sie vor allem in der Landwirtschaft, im Handels- und Dienstleistungsgewerbe eine Tradition, die sich *jüngst* im multinational betriebenen Service von Hotel- und Restaurantsketten, Fluggesellschaften, Planungs-, Beratungs-, Finanzierungs- („Leasing“-), Verleih- und Werbefirmen fortsetzt. Früh begann die „Multinationalisierung“ im Rohstoff- und Energiesektor mit der Ausbeutung von Mineralien, Kohle und Öl durch englische, französische, deutsche und andere Gesellschaften in Osteuropa, im Balkan und den Regionen der späteren Dritten Welt. Die nationale Akkumulation und Zentralisation des Kapitals im Verarbeitungssektor schloß schnell auch ausländische Fertigungsstätten und Filialen ein und führte zur Bildung von internationalen Konzernen bereits im 19. Jh., die in der Gegenwart MK. genannt werden.

2. Multinationalität. – Ein MK. unterscheidet sich von einem nationalen K. zunächst nur darin, daß zwischen den in verschiedenen Regionen ansässigen Unternehmenseinheiten eine Staatsgrenze verläuft. Besitzverhältnisse und Leitung werden durch eine *Muttergesellschaft* kontrolliert, die ihre soziale Verankerung meistens in einem Land, gewöhnlich dem Ursprungsland des Stammunternehmens, hat. „Natürliche“ Ausnahmen bilden binationale Unternehmensfusionen z. B. Royal Dutch/Shell, Agfa/Gevaert, Hoogoven/Hoesch. Gegenwärtig sind nicht nur die Eigentums- und Verfügungstitel der meisten

MK. in einem Land konzentriert, auch ihre wirtschaftliche Tätigkeit hat dort noch ihr Schwergewicht: Der Inlandsanteil von Produktion, Investitionen, Profit, von Zulieferern und Beschäftigten ist noch größer als der entsprechende Auslandsanteil. Eine wiederum „natürliche" Ausnahme bilden die Erdöl- und anderen Rohstoffkonzerne; neben ihnen besitzen Unternehmungen der Automobil-, Nahrungsmittel- und Pharmazie-Branche einen höheren Auslands- als Stammlandsanteil. Ideologische und apologetische Erhöhung erfährt der Begriff MK. dort, wo das Attribut die Transzendenz nationalstaatlichen Versagens und Rivalität mit dem Aufstieg eines neuen Systems von hoffnungsvollen Perspektiven für eine prosperierende, harmonischere Zukunft suggeriert.

3. URSACHEN UND FORMEN. – Die *Ursachen* für die MK.-Bildung sind substanziell nicht verschieden von denen anderer Konzerne: Anlage und Verwertung von Kapital, Profiterwartung, Ausnutzung von Standortvorteilen, Verfügung über Ressourcen, Sicherung bzw. Erweiterung der Marktstellung. Nationalstaatlich ungleichartige Regionalwirtschaften akzentuieren allerdings solche Gründe, wie sie zur Bildung von MK. führen: Ausschluß von Zöllen, Kontingenten und anderen Importrestriktionen (→ Außenwirtschaft), Ausnutzung nationaler Lohngefälle, Investitionsanreize und anderer Steuerprivilegien, Umgehung von Währungsschwellen und sonstiger Notenbankregulierungen, Ausweichen vor Steuer-, Sozial-, Anti-Trust und anderen Wettbewerbsgesetzen.
Auch die *Formen* (Neugründung, Fusion, Erwerb – vertikale, horizontale, diagonale Konzentration) der Konzernbildung gleichen sich national und multinational, wobei allerdings der Kapitalexport für Investitionszwecke durch die Eigenheiten nationaler Währungskontrolle eine spezifische Bedeutung gewinnt.

4.0. WIRKUNGEN. – 4.1. Zwischen den *generellen* Wirkungen von Konzerntätigkeit und den *speziellen* Folgen der MK.-Bildung ist zu unterscheiden. Gemeinsam ist der Entwicklung zum Großunternehmen die Standardisierung des Warenangebots, der Trend zum Oligopol wenn nicht Monopol, die Kontrolle über Patente und Lizenzen als Ergebnis hoher Aufwendungen für Forschung und Entwicklung, große Liquiditätsreserven, Steuerungsfähigkeiten regionaler Entwicklungen durch Investitionsentscheidungen, Angleichung von Arbeitsprozessen an Normen der Muttergesellschaft durch Umgruppierung der Beschäftigten, Entstehen neuer Arbeitsteilung, Tätigkeitsmerkmale, Lohngruppierungen und -formen, neue Anforderungen an die Qualifikationsgliederung der Beschäftigten, d. h. Veränderung qualitativer Arbeit auf dem lokalen Arbeitsmarkt mit der Auslösung von Wanderungsbewegungen, Umschulung, Veränderung des sozialen Status der Lohnabhängigen.
4.2. Die Folgen, die *speziell* vom MK. verursacht werden, müssen in ihrem Verhältnis zur Institution des Staates als einer Schöpfung des nationalen Bürgertums und in ihrem Verhältnis zu den Lohnabhängigen und den Gewerkschaften, als nationalstaatlich orientierten Bezugsgruppen, gesehen werden.

4.2.1. Zwischen den Ansprüchen des nationalen Staatsapparates und den seine geographische Beschränkungen transzendierenden Bedürfnissen der MK. besteht ein ambivalentes Verhältnis. *Einerseits* bieten die MK. durch Investitionen lokales Wachstum und Beschäftigung mit der Aussicht auf weitere Entwicklung und Stabilisierung der sozioökonomischen Strukturen. Die Konzerne ihrerseits empfangen als Investitionsprämien Steuerprivilegien und Subventionen. Ferner sind sie gewöhnlich in hohem Grade an öffentlichen Aufträgen (nicht zuletzt Rüstung) beteiligt.

Andererseits können die staatlichen Institutionen, zumal unter den Verheißungen einer Keynesschen Wohlfahrtsökonomie, nicht auf den Einsatz von Mitteln verzichten, die Arbeitslosigkeit bzw. Geldentwertung vorbeugen oder gar eine gleichgewichtige, sich auf alle Sektoren und alle Regionen erstreckende Entfaltung der Produktivkräfte versprechen. Solche gouvernementale Globalsteuerung beinhaltet u. U. Kontrollen und Restriktionen, Eingriffe durch Fiskal-, Kredit- und Währungsmaßnahmen, deren Absichten der auslandsorientierten Konzernräson der jeweiligen Niederlassung zuwiderlaufen können. In diesem widersprüchlichen Verhältnis stehen nicht nur ausländische sondern auch inländische MK. Durch Preisveränderungen ihrer Importe und Exporte können sie z. B. Finanzmittel unter Umgehung offizieller Geld- und Währungsrestriktionen über die Grenzen transferieren und damit das System der Regulierungen von Bretton Woods in Frage stellen. Ferner können sie die nationale Souveränität dadurch aushöhlen, daß sie die Wirtschaft ihres Landes von zusätzlichen Einfuhren oder von unsichtbaren auswärtigen Einkommen in der Form von Zinsen, Profiten und Dividenden abhängig machen. Wenn eine Regierung ihren Regelungen Gehör verschaffen will, so wird allerdings ceteris paribus ein Konzern, dessen Schwerpunkt auf ihrem Territorium liegt, ihrem Einfluß mehr nachgeben müssen, als die Konkurrenz mit dem Schwerpunkt im Ausland. Umgekehrt wird jenes Unternehmen besser befähigt sein, sich des Staatsapparates zu seinem Vorteil zu bedienen.

Eine besondere Akzentuierung erhält der Widerspruch zwischen nationalstaatlicher Planung und MK.-Expansion in den *Peripherien* der kapitalistischen Welt, in denen die m. Öl- und Rohstoffkonzerne sich auf die Ausbeutung der Ressourcen beschränken, während sie die Verarbeitung und die Verteilung an die Verbraucher den *Zentren* übertragen haben. Der Wachstumseffekt, der bei Perpetuierung der Abhängigkeit von den Zentren in den peripheren Regionen durch Penetration der MK. erreicht werden kann, ist in seiner Bedeutung für die Entwicklung der Dritten Welt kontrovers. Schließlich werden die Widersprüche zwischen nationalstaatlicher Souveränität und globalen MK.-Tendenzen noch verstärkt durch das Verlangen des jeweiligen nationalen Bürgertums an seinen Staat, eine eigenständige Entwicklung (in Verfügungstiteln, Forschung, Wissenschaft etc.) zu gewährleisten und zu schützen, sowie durch die Ausbreitung antikapitalistischer Bewegungen mit ihren Forderungen nach gesellschaftlicher Kontrolle und gleichen Verteilungsbedingungen für alle (z. B. Chile seit 1971).

4.2.2. Die *Gewerkschaften* sehen sich vor eine Situation gestellt, in der sich das asymmetrische Verhältnis von Lohnarbeit und Kapital weiter zu ihren Ungunsten verschoben hat. Der zunehmenden Konzentration von Kapital steht eine in intra- und internationale Fraktionierungen divergierende Gewerkschaftsbewegung gegenüber. Verstärkt werden diese Barrieren durch Rechtsvorschriften, die Sympathiekundgebungen, wie Warnstreiks, Boykotte und andere Demonstrationen der Solidarität untersagen, so daß sich Arbeiter über nationalstaatliche Grenzen hinweg kaum demonstrativ verbinden können, um sich gegen Entscheidungen zu wehren, die für Kollegen in einem anderen Betrieb von unmittelbarer Bedeutung sind.

Die einzelnen Gewerkschaften finden sich mit der MK.-*Strategie* konfrontiert, die darauf abzielt, Anlagen dort zu errichten, Montage zu betreiben oder einfache Fabrikationsgänge durchzuführen, wo das Lohnniveau besonders niedrig und die Gewerkschaften schwach sind. Über den direkten Nutzen hinaus induzieren die MK. damit durch Rückexport der produzierten Waren Arbeitslosigkeit im Ausgangsland, was vor allem die US-amerikanischen Gewerkschaften beklagen; maW. die MK. exportieren durch Investitionen an der Peripherie Arbeitsplätze und bedrohen damit die gewerkschaftliche Basis in den Zentren. Zu der insbesondere von den westeuropäischen Gewerkschaften befürchteten Konzernstrategie gehört, daß in ein Land, wo Betriebe bestreikt werden, Produkte aus einem anderen Land geschafft werden, die dort durch Überstunden produziert wurden. Lange Streiks müßten daher mit niedrigen Ergebnissen beendet werden, weil mögliche Verluste des MK. durch den Streik, wie Ausfall von Aufträgen durch Importe von einem Konzernbetrieb aus anderen Ländern ausgeglichen werden können. Allerdings können solche Wirkungen nur dann eintreten, wenn die Leitung des MK. auf eine durchgehende Spezialisierung und Differenzierung der Produktion in allen Betrieben verzichten würde. Eine andere Bedrohung ihrer Einflußnahme schreiben die Gewerkschaften den Möglichkeiten der MK. zu, *Bilanzen* durch Kostentransfer und Verrechnungspreise so zu frisieren, daß regionale Gewinne gegenüber starken Gewerkschaften gering erscheinen und damit die Ausgangslage für Tarifverhandlungen zugunsten der MK. verschoben wird.

Die Gewerkschaften sind besonders davon betroffen, daß wichtige Entscheidungen über Investitionen, Lohnhöhe, Arbeitsbedingungen, Beschäftigungsgrad von den Vorständen und Aufsichtsräten der Muttergesellschaften übernommen werden. Das gilt auch für die Regelung interner Arbeitsbeziehungen, die Lohngliederung und die Systeme zur Arbeitsplatzklassifizierung, die Bestimmungen für soziale Sicherheit usw., und zwar besonders, wenn sie vorher lokal außerhalb von allgemeinen Abkommen festgelegt worden waren. Solche an zentraler Stelle entworfenen Pläne können in der Anwendung von den örtlichen Gewerkschaften kaum auf ihre Konsequenzen durchschaut oder gar überwacht werden. Hinzu kommt, daß die Adressaten der lokalen Gewerkschaften bei etwaigen Verhandlungen von Entscheidungen abhängig sind, die an anderer Stelle getroffen wurden, so daß nicht ungewöhnlich wäre, wenn wenig rentabel erscheinende Betriebe ohne Einfluß der lokalen Geschäftsleitung geschweige der lokalen Gewerkschaften stillgelegt oder verlegt werden.

Die den MK. zugeschriebenen gewerkschaftsfeindlichen Tendenzen veranlaßte die Gewerkschaften, Aktionsprogramme zu entwerfen, die über eine verbesserte Kommunikation und Kooperation auf Aktionseinheit weisen. Ein Anfang wurde gemacht durch Erfahrungsaustausch, Informationssammlung, Konzernanalyse, Verweigerung von Mehrarbeit, Gründung zentraler multinationaler Konzernausschüsse u. a. Dabei kommt eine besondere Kompetenz den internationalen Branchensekretariaten zu, z. B. dem Internationalen Metallarbeiterbund. Neben der Forderung an sich selbst, durch den Aufbau gewerkschaftlicher *Gegenmacht* der Überlegenheit der MK. entgegenzutreten, steht der Appell vor allem der im Internationalen Bund Freier Gewerkschaften (IBFG) organisierten Gewerkschaftsbünde an Regierungen und Internationale Organisationen (ILO, Gatt, OECD, UNCTAD), durch multilaterale Übereinkommen, die MK. an einen Kodex wirtschaftlichen und sozialen Verhaltens zu binden.

LITERATURHINWEISE

Burtis, David, *Laripour*, Farid, *Ricciardi*, Steven, *Sauvant*, Karl P. (Hrsg.): Multinational Corporation – Nation-State Interaction. An Annotated Bibliography. Pennsylvania 1971.

Institut für Marxistische Studien und Forschungen Frankfurt/M. (Hrsg.): Internationale Konzerne und Arbeiterklasse. Frankfurt/M. 1972.

Rolfe, Sydney S.: Das Internationale Wirtschaftswachstum (Hrsg.: Internationale Handelskammer). Verl. Dt. Wirtschaftsdienst, o. O. 1969.

Nehls, Katja: Kapitalexport und Kapitalverflechtung. Berlin 1970.

KURT P. TUDYKA

Wachstum der direkten Auslandsinvestitionen der USA von 1929 bis 1970

	Mrd. Dollar			in Prozent		
	1929	1950	1970	1929	1950	1970
Insgesamt	7,5	11,8	78,1	100,0	100,0	100,0
davon						
Kanada	2,0	3,6	22,8	26,7	30,5	29,2
Lateinamerika	3,5	4,6	14,7	46,7	39,0	18,8
Europa	1,4	1,7	24,5	18,7	14,4	31,4
Mittlerer Osten und Afrika	0,1	1,0	5,1	1,3	8,5	6,5
andere Regionen	0,5	0,9	11,0	6,6	7,6	14,1
Bergbau	1,2	1,1	6,1	16,0	9,3	7,8
Erdöl	1,1	3,4	21,8	14,7	28,8	27,9
Verarbeitung	1,8	3,8	32,2	24,0	32,2	41,2
Sonstige	3,4	3,5	17,9	45,3	29,7	23,0

Beträge sind die Buchwerte zum Jahresende. Die Angaben für 1970 sind vorläufig; sie enthalten nicht Osteuropa in der Europa-Zeile.
Quelle: Survey of Current Business, Oktober 1970 und 1971.

K. T.

Die direkten Auslandsinvestitionen der OECD-Länder hatten Ende 1966 (letzte vergleichbare Angaben) einen Buchwert von 90 Mrd. Dollar. Davon war ein Drittel in Entwicklungsländer angelegt, und zwar 12. Mrd. bei der Erdölgewinnung, 8 im Verarbeitungssektor und weniger als 3 im Bergbau. Rund 60 % der Investitionen (54,4 Mrd.) kamen aus den USA, 16 Mrd. aus Großbritannien; dann folgten Frankreich mit 4, Kanada mit 3,2, die BRD mit 2,5 Mrd. (davon 845 Mill. in Entwicklungsländern) und Japan mit 1,0 Mrd. Dollar. K. T.

Landwirtschaft (L.)

→ *Entwicklungspolitik, EWG, Genossenschaft, Physiokratie, Sozialismus, Verbände*

1. L. UND INDUSTRIEGESELLSCHAFT. – *Bis zum 18. Jh.* ist das gesellschaftliche Leben in Europa agrarisch bestimmt. Die überwältigende Masse der Bevölkerung lebt auf dem Lande, wirtschaftet zumeist nach der Dreifelderwirtschaft und produziert fast alle Gegenstände des täglichen Bedarfs, Kleidung, Arbeitsgeräte und Gebäude selbst.

1.1. *Die industrielle Revolution* ändert diese Situation von Grund auf. Die Industrien ziehen ländliche Arbeitskräfte ab; der Nahrungsmittelbedarf der Industriearbeiter wie allgemein das stürmische Bevölkerungswachstum schaffen neue Absatzmärkte für Agrarprodukte und ermöglichen den Übergang von der Selbstversorgung zur Warenproduktion. Die L. wird ein wichtiger Abnehmer für Kunstdünger, Maschinen und andere Industrieerzeugnisse. Durch die Industrielöhne wird auch die Höhe der in der L. gezahlten Löhne beeinflußt, da ohne eine gewisse Angleichung kaum noch jemand freiwillig zur Landarbeit bereit wäre. Damit wird die Rationalisierung auch der Agrarproduktion unvermeidlich. Die *agrarische Revolution* ist folglich nicht als Parallele, sondern als integrierter Bestandteil der industriellen Revolution zu betrachten.

Es entspricht der *konservativen Mentalität* der Landbevölkerung, daß dieser Wandel nur unter stärkstem Druck akzeptiert wird. Eine gesamtwirtschaftliche Betrachtungsweise der landwirtschaftlichen Probleme vermag sich nie so recht durchzusetzen; die isolierte Sicht des Sektors L. aber führt häufig zu Fehleinschätzungen und zu hilflosem Kurieren an Symptomen. Man denke nur an die Fideikommißgesetze und die Zwangsmaßnahmen zur Eindämmung der „Landflucht" im Kaiserreich. Die unzähligen konservierenden Maßnahmen für die L. mögen soziale Spannungen zeitweise vermindern. Durch die bewußte Abschwächung des ökonomischen Zwangs zur Strukturveränderung jedoch fällt die L. in den meisten Industriestaaten hinter die allgemeine Wirtschaftsentwicklung zurück und entwickelt die Mentalität eines stets Benachteiligten. Der Hinweis auf ein unterdurchschnittliches Einkommen scheint ihr die Berechtigung zu geben, immer neue *staatliche Hilfsmaßnahmen* zu verlangen. Und da diese in der Hauptsache aus Erhaltungssubventionen (und nicht etwa aus degressiv abnehmenden Anpassungsbeihilfen) bestehen, verhindern sie die Angleichung an die wirtschaftliche Gesamtentwicklung.

1.2. *Theorie der kapitalistischen L.* Im Gegensatz zu England setzt sich das liberale Gedankengut diesseit des Kanals in der L. kaum durch. Selbst in der Agrarwissenschaft erfolgt nur eine begrenzte Rezeption, auch bei sonst eng an der klassischen Nationalökonomie orientierten Forschern wie Thaer, Thünen und Roscher. Die scharfsinnigste theoretische Analyse der L. im kapitalistischen Zeitalter stammt von *Marx und Engels*, die davon überzeugt sind, daß kein prinzipieller Unterschied in der Entwicklung von Industrie und L. besteht: In beiden wird sich der kapitalistische Großbetrieb durchsetzen; der Kleinbetrieb mit seiner unrationellen Arbeitsweise ist nur durch Überarbeit und Unterkonsumtion des Besitzers und seiner Familie noch eine Zeitlang lebensfähig. In der sozialistischen Gesellschaftsordnung soll der genossenschaftliche Großbetrieb die optimale Betriebsform der L. darstellen.

2. Politische Bedeutung im 19. Jh. Obwohl die Landbevölkerung zu Beginn des 19. Jh. über 80 % der deutschen Gesamtbevölkerung ausmacht, fällt sie politisch kaum ins Gewicht. Mit dem Ende der Bauernkriege ist sie in einen Zustand der Apathie versunken, der es den adeligen Grundherren erlaubt, ihre Ansprüche auf Hofdienst und Fronarbeit voll durchzusetzen. Die Landesherren lassen ihr eine gewisse Förderung zuteil werden, um sich ihr ergiebigstes Soldatenreservoir zu erhalten.

2.1. Trotz des liberalen und nationalen Schwungs, der die Stein-Hardenbergschen Reformen beflügelt, bleibt die „*Bauernbefreiung*" im napoleonisch besetzten Preußen eine Reform von oben, die recht zweifelhafte Ergebnisse zeitigt: Zwar werden die Bauern juristisch frei, ihre Dienstverpflichtungen müssen sie jedoch durch hohe Zahlungen und Landabtretungen an die ehemaligen Grundherren ablösen. Hundertausende müssen den Hof aufgeben oder geraten in neue, wirtschaftliche Abhängigkeiten durch Schulden und den Zwang zu zusätzlicher Lohnarbeit beim Großgrundbesitz. Dieser verbucht erhebliche Landgewinne und geht gestärkt aus der „Bauernbefreiung" hervor. *Politisch* behält der Adel seine Schlüsselstellung im preußisch-deutschen Obrigkeitsstaat bis 1918 voll aufrecht. Seine Führungsposition in Heer und Beamtentum bleibt ebenso unangefochten wie sein selbstherrliches Regiment in den ländlichen Gebieten Ostelbiens.

2.2. Bei der zahlenmäßigen Bedeutung der in der L. Beschäftigten, die um 1850 in Preußen noch fast zwei Drittel der Gesamtbevölkerung ausmachen, kann es sich in der zweiten Jahrhunderthälfte keine *politische Gruppierung* mehr leisten, dieses *Potential* dem Gegner zu überlassen. Obwohl Liberale und Sozialdemokraten überwiegend „städtische" Parteien sind, schreiten auch sie zur Land-Agitation, bei der ihnen jedoch nur begrenzte Erfolge beschieden sind. Nach Marx' und Engels' Ansicht ist die Macht im Staate gegen den Widerstand der Landbevölkerung kaum zu erringen, keinesfalls zu halten. Um den Landarbeiter, den „natürlichen Verbündeten des Industrieproletariats", zu gewinnen, ist der Widerstand des ostelbischen Junkertums zu überwinden, das es bisher verstanden hat, die Landarbeiter durch Indoktrination in Schule und Kirche und durch Abschirmung von der geistigen Welt von einem Nachdenken über ihre Klassenlage abzuhalten. Da Marx und Engels davon ausgehen, daß das selbständige Bauerntum dem Untergang geweiht ist, lehnen sie eine Garantie des bäuerlichen Eigentums entschieden ab. Sie sehen nur den einen, dornenvollen Weg, die Bauern als Verbündete im Kampf für den Sozialismus zu gewinnen: sie davon zu überzeugen, daß ein isolierter Kleinproduzent keine Chance mehr hat und sein Heil im *Zusammenschluß* zu großen Produktionsgenossenschaften suchen muß. Während die *Sozialdemokratie* offiziell den marxistischen Standpunkt vertritt, stellt der vor allem aus den süddeutschen Kleinbauerngebieten hervorgegangene *revisionistische Flügel* der Partei in den neunziger Jahren die These von der Überlegenheit des Kleinbetriebes – vor allem in der Viehzucht – auf und behauptet, daß die Vorteile des Großbetriebes durch die aufkommenden → Genossenschaften (Raiffeisen) auch dem Kleinbetrieb zugänglich gemacht werden können. Das revisionistische Bauernprogramm wird jedoch 1895 auf dem Breslauer Parteitag von der marxistischen Mehrheit so brüsk zurückgewiesen, daß es den Gegnern der Partei leicht fällt, die Sozialdemokratie als bauernfeindlich abzuqualifizieren.

2.3. *Die konservativen Kräfte* halten es zunächst nicht für nötig, um die bäuerlichen Massen zu werben. Sie sind ihrer völlig sicher, trotz der Rücksichtslosigkeit, mit der der Großgrundbesitz im Rahmen der „Bauernbefreiung" Bauernland in seine Hand bringt, und trotz der Bodenspekulation, in deren Verlauf in wenigen Jahrzehnten 80 % der großen Güter ihren Besitz wechseln und die in zahlreichen Pleiten endet. Während die Großgrundbesitzer in den fünfziger und sechziger Jahren, in denen der Getreideexport ins europäische Ausland floriert, überzeugte *Freihändler* sind, schwindet ihr Vertrauen zum Wirtschaftsliberalismus rasch dahin, als Mitte der siebziger Jahre billiges Getreide aus Rußland und Übersee zu Preiszusammenbrüchen führt. Ihre Forderung nach Agrarzöllen wird 1876 vom Bismarckschen Staat prompt erfüllt. Da die *Schutzzollpolitik* von Freihändlern immer in Frage gestellt wird und sich die L. in eine Minderheitsrolle gedrängt sieht, wird der Ruf nach einer Konzentration ihrer Kräfte immer lauter. Als Antwort auf die Zollsenkungen der Caprivi-Ära kommt es 1893 zur Gründung des *Bundes der Landwirte* (BdL), der wie keine andere Interessenorganisation Einfluß auf das politische Kräftefeld im wilhelminischen Deutschland gewinnt. Dem vom Großgrundbesitz völlig beherrschten Verband gelingt es dank seiner militanten Führung, seine radikalen Forderungen in Parlament und Verwaltung weitgehend durchzusetzen. Obwohl er mit seinem Verlangen nach höheren Getreidezöllen eine typische Großbetriebspolitik verfolgt, die den auf Futterzukauf angewiesenen Kleinbetrieben kaum nützt, schafft er es, den größten Teil des Bauerntums in sein Schlepptau zu nehmen. Den Strategen des BdL gelingt es, ihre Vorstellungen von nationaler Autarkie, sozialethischem Versorgungsdenken, Mittelstandspolitik, sowie die romantischen Schwärmereien vom Bauern als „Kraftquell der Nation" systematisch gegen kapitalistisches Profitstreben und sozialistisches Umstürzlertum auszuspielen. Eine übersteigerte Eigentumspropaganda suggeriert selbst dem unterbezahlten Landarbeiter, daß sein Glück in einem Stück eigenen Landes liege.

2.4. Die umfangreichen Maßnahmen des Kaiserreichs zur *„inneren Kolonisation“* (Rentengütergesetze 1890/91) haben mit den ursprünglichen Forderungen der Bodenreformer wenig zu tun; sie dienen primär *nationalpolitischen* Zielen. Gegen Ende des Jh. hat die Abwanderung aus den Ostgebieten infolge schlechter Bezahlung, nur saisonaler Beschäftigung und rechtlicher Knebelung so zugenommen, daß nur noch ausländische Arbeitskräfte (meist Polen) zu gewinnen sind. Da die Großgrundbesitzer eine zügige Industrialisierung des Ostens u. a. aus Angst vor Lohnsteigerungen ablehnen, bleibt nur die Möglichkeit der bäuerlichen Siedlung mit Hilfe erheblicher Staatszuwendungen, um die Entleerung dieser Gebiete von Deutschen zu verhindern. Die Erfolge sind jedoch minimal.

3.1. Der stärkste Bruch in der europäischen L. vollzieht sich 1917 mit der *russischen Oktoberrevolution.* Obwohl die Kommunisten die Nationalisierung des Bodens proklamiert haben, kommt es spontan zur Aufteilung der Güter unter der Parole „Alles Land in Bauernhand“. Indem sich die Bolschewiki hinter diese Aktion stellen und ökonomische Mißerfolge in Kauf nehmen, sichern sie den Sieg ihrer Revolution. Erst 1929 setzen die massenhafte *Zwangskollektivierung* und die Liquidierung der größeren Bauernhöfe ein. Das Land wird zu Riesenbetrieben (Sowchosen und Kolchosen) zusammengefaßt, wobei den Bauern ein Stückchen Land zur Eigenbewirtschaftung bleibt. Das Ergebnis sind Großbetriebsstrukturen, wie sie Marx und Engels vorschwebten; der bei ihrer Einführung ausgeübte Zwang liegt dagegen kaum in deren Sinne.

3.2. *Zwischenkriegszeit.* Die deutsche Revolution von 1918 bringt die Aufhebung der Fideikommisse sowie der Ausnahmegesetze gegen die Landarbeiter und die Bewohner der Gutsbezirke insgesamt. Von einem durchgreifenden Wandel kann dennoch keine Rede sein. Zwar hat sich die revisionistische Bauernpolitik in der *Sozialdemokratie* 1919 so weit durchgesetzt, daß das Reichssiedlungsgesetz unter ihrer maßgeblichen Beteiligung zustandekommt; zwar bekennt sich die Partei 1927 im Kieler Agrarprogramm nachdrücklich zum Kleinbauerntum. Doch trotz dieses Tributs an die bäuerliche Mentalität gelingt der SPD auch jetzt nicht der Einbruch in bäuerliche Wählerschichten. Den dominierenden Einfluß in der L. übt nach wie vor der nunmehr im *Reichslandbund* (früher BdL) organisierte Großgrundbesitz aus. Dieser Organisation gehört immer noch die Masse der selbständigen Bauern an. Er bleibt ein Hort antidemokratischer Reaktion und ist der entscheidende Motor für die Radikalisierung der Bauern in der Spätphase der Weimarer Republik. Dennoch gelingt es ihm in der Krise, gerade für die oft hochverschuldeten und heruntergewirtschafteten östlichen Gutsbetriebe das *„Osthilfeprogramm“* zu erwirken, das überwiegend republikfeindlichen Großagrariern zugute kommt. Die besonders für die finanzschwachen Schichten folgenschwere Abschirmung der deutschen L. vom Weltmarkt mit Hilfe von Zöllen und Kontingenten wird von allen großen Parteien – einschließlich der Sozialdemokratie – gebilligt.

Geschlossener als andere Bevölkerungsgruppen reiht sich die L. in die Reihen des Nationalsozialismus ein. Im staatlichen Kontrollsystem des „*Reichsnährstandes*“, der nur scheinbar ein Selbstverwaltungsorgan ist, fühlt sie sich sicher vor Wettbewerb und Preisschwankungen sowie ideell emporgehoben durch die „Blut- und Boden“-Ideologie und die Erbhofgesetzgebung.

3.3. *Bodenreform nach 1945.* Nach dem zweiten Weltkrieg verlangen die Besatzungsmächte eine durchgreifende Bodenreform in Deutschland, die vor allem der Entmachtung des hitlerfreundlichen Großgrundbesitzes dienen soll. In der *sowjetischen Besatzungszone* wird die Reform konsequent durchgeführt. Die großen Güter werden – analog dem sowjetischen Beispiel – zunächst in 5–7 ha große Kleinbauernhöhe aufgeteilt, was infolge von Umstellungsschwierigkeiten auch hier zu Erntekatastrophen führt. Zu Beginn der fünfziger Jahre verstärkt sich in der DDR der Druck auf die verbliebenen Mittel- und Großbauern, später auch Kleinbauern, sich zu Produktionsgenossenschaften zusammenzuschließen. 1960 wird die Aktion mit der fast vollständigen *Zwangskollektivierung* und der Bildung genossenschaftlicher Großbetriebe abgeschlossen. Bei aller Kritik an der Art der Durchführung ist anzuerkennen, daß die neue Agrarstruktur für die Genossenschaftsbauern durchaus Vorteile hat (Einsatz technischer Hilfsmittel, geregelte Arbeitszeit, gute Sozialleistungen). Eine der DDR ähnliche Entwicklung machen die meisten anderen sozialistischen Staaten durch, wobei durchgehend die Tendenz zu immer größeren Betriebseinheiten zu beobachten ist.

Von den großen Parteien der *Westzonen* tritt nach 1945 die SPD aus politischen und sozialen Gründen am entschiedensten für die Bodenreform ein. Sie fordert nicht nur die Enteignung des Großgrundbesitzes, der allerdings im Westen nur spärlich vertreten ist, sondern auch bedeutende Landabgaben der Groß- und Mittelbauern. Die bürgerlichen Parteien sorgen für weniger drastische Bestimmungen; eine geschickte Hinhaltetaktik der Landbesitzer führt zu weiteren Aufweichungen, so daß die „Reform“ schließlich auf freiwillige Kompromisse zwischen Eigentümern und Siedlungsstellen hinausläuft. Da fast nur Kleinsiedlungen geschaffen werden, vor allem für Flüchtlinge, sind bis 1958 immerhin über 100 000 Siedlungsverfahren eingeleitet worden. Ökonomisch ist die Aktion ein völliger Fehlschlag, da viele Betriebe infolge zu geringer Größe und schlechter Bodenqualität schon bald in Existenzschwierigkeiten geraten und aufgeben. Psychologisch aber erleichtert eine noch so geringe Landzuweisung – und sei es nur zum Nebenerwerb – vielen bäuerlichen Flüchtlingen das Einleben in der Bundesrepublik.

4.1. Trotz des permanenten Rückganges der in der L. Beschäftigten ist der Interesseneinfluß der L. auch in der Bundesrepublik erstaunlich groß. Der *Deutsche Bauernverband* besitzt eine fast konkurrenzlose Position. Mit rigorosen Forderungen und Methoden setzt er Parlament und Regierung unter Druck. Als besonders wirkungsvoll erweist sich bei den von ihm präferierten bürgerlichen Parteien die Drohung mit dem Entzug von Wählerstimmen. Die politische Orientierung der Landbevölkerung bleibt konservativ. Trotz ihrer konsequenten Bauernpolitik gelingt der *SPD* kein Einbruch in bäuerliche Kreise; ihr Stimmenreservoir bleibt auf Teile der Arbeiterbauern und der – übrigens drastisch reduzierten – Landarbeiterschaft beschränkt. Um so weniger ist zu verstehen, daß die Partei sich zu keiner progressiven Agrarpolitik durchringen kann. Das wird bereits deutlich an ihrer Zustimmung zum *Landwirtschaftsgesetz* (1955), das die Grundlage für die „Grünen Pläne" der Folgezeit bietet. Hauptziel dieses Gesetzes ist es, die soziale Lage der in der L. Tätigen an die vergleichbarer Berufsgruppen anzugleichen. Die Begründung für die Disparität, die u. a. in den „naturbedingten und wirtschaftlichen Nachteilen gegenüber anderen Wirtschaftsbereichen" gesucht wird, ist ökonomisch ebenso dubios, wie es die angebotenen Heilmittel (Handels-, Steuer-, Kredit- und Preispolitik) sind. Die Strukturpolitik wird nicht einmal erwähnt. Diese völlig *statische Sicht* läßt deutlich die Handschrift der konservativen Funktionäre des Bauernverbandes erkennen. Die Agrarpolitik der BRD bleibt im Gegensatz zur liberalen Wirtschaftspolitik auch gegen den Widerstand Erhards *dirigistisch*. Sie ist gekennzeichnet durch eine fragwürdige Hochpreis- und Subventionspolitik, gegen die keine bedeutende politische Gruppierung zu opponieren wagt. Dennoch kommt es zu begrenzten Strukturmaßnahmen, da man einsehen muß, daß auch ohne (und selbst gegen) staatliche Maßnahmen gewaltige Änderungen in der *Agrarstruktur* stattfinden. Stimulans hierfür ist die Disparität zwischen gewerblichen und landwirtschaftlichen Einkommen, die sich überwiegend auf die katastrophale Lage der einkommensschwächsten 20–30 % der Betriebe zurückführen läßt. Hierdurch und durch die unattraktiven Arbeitsbedingungen wird die *Abwanderung* aus der L. in Gang gehalten. Neueste Statistiken deuten darauf hin, daß das Disparitätsproblem in jüngster Zeit an Brisanz verloren hat. Gerade in den oberen Einkommenskategorien sind landwirtschaftliche Haushalte überproportional vertreten (s. Tabelle S. 444).

4.2. Der Beitritt der Bundesrepublik zur *EWG* ist gerade für die L. von höchster Bedeutung. Die Agrarpolitik der Gemeinschaft beruht auf dem Prin-

Erwerbspersonen in Land- und Forstwirtschaft

		in Mill.	in v. H.
Deutsches Reich	1882	7,1	42,3
	1907	8,6	34,0
	1925	9,8	30,5
	1933	9,3	28,9
	1939	8,9	26,1
Bundesrepublik Deutschland	1950	5,2	23,7
	1960	3,5	13,9
	1971	ca. 2,2	ca. 8,0

Quelle: Stolper/Häuser/Borchardt: Deutsche Wirtschaft seit 1870. Tübingen 1964, S. 28. Zahlen für 1971 geschätzt aufgrund des Agrarberichts 1972. HA. K.

zip eines nach außen durch Einfuhrschleusen abgeschirmten Binnenmarktes, verbunden mit Preis- und Abnahmegarantien sowie verschiedenen Subventionen. Während die BRD mit ihrem hohen Einfuhrbdarf früher die heimische Produktion ohne Schwierigkeiten aufnehmen und zugleich noch die Importwünsche des Auslandes weitgehend befriedigen konnte, stimuliert die EWG-Hochpreispolitik die Produktion der Mitgliedstaaten derart, daß hohe Überschüsse (vor allem an Getreide und Milch) entstehen, die unter Zahlung enormer Exportsubventionen zu Dumpingpreisen auf den Weltmarkt geworfen oder auf ähnlich kostspielige Weise „denaturiert" bzw. vernichtet werden.
4.3. Immer wieder taucht die Frage auf, ob die riesigen Agrarüberschüsse der Industriestaaten nicht an die *Entwicklungsländer* verschenkt werden sollten. Von Hilfen in akuten Notfällen abgesehen, ist eine derartige Politik unrealistisch, da sie nicht nur die eigene Agrarproduktion dieser Länder bedrohen, sondern auch ihre totale wirtschaftliche und politische Abhängigkeit von den Lieferländern mit sich bringen würde. Den Entwicklungsländern ist daher nur an Hilfe zur Selbsthilfe gelegen, wenn nicht gar an eigenen Agrarexportmärkten in den Industrieländern.

LITERATURHINWEISE

Dams, Theodor, *Gerl*, Franz, *Kötter*, Herbert, und *Strecker*, Otto (Hrsg.): Agrarpolitik in der EWG. München 1968.
Franz, Günther (Hrsg.): Deutsche Agrargeschichte. 5 Bde., Stuttgart 1963.
von Frauendorfer, Sigmund, und *Haushofer*, Heinz: Ideengeschichte der Agrarwirtschaft und Agrarpolitik im deutschen Sprachgebiet. 2 Bde., Bonn 1957/58.
Gerhardt, Eberhard, und *Kuhlmann*, Paul (Hrsg.): Agrarwirtschaft und Agrarpolitik. Köln 1969.
Puhle, Hans-Jürgen: Agrarische Interessenpolitik und preußischer Konservativismus im wilhelminischen Reich. Hannover 1967.
Teichmann, Ulrich: Die Politik der Agrarpreisstützung. Köln 1955.

HORST-ALBERT KUKUCK

Liberalismus (Ls.)

→ *Demokratie, Industriegesellschaft, Kapitalismus, Pluralismus, Sozialstaat, Staat, Wachstum*

1.0. URSPRÜNGE. Der politische Ls. und der ökonomische haben sich zwar, besonders in deutschen Landen, recht verschieden entwickelt; aber beide – zwei Seiten derselben Bewegung – haben die gleichen geistigen und gesellschaftlichen Ursprünge: das Ideengut des Humanismus und das „Bürgertum".
1.1. *Der philosophisch-ideologische* Ls. entfaltete sich mit der Überwindung des Mittelalters. Humanisten, Reformatoren und ihre Nachfolger proklamierten Eigenverantwortung des Individuums und Glaubensfreiheit, Menschenwürde und Recht auf freie Entfaltung der Persönlichkeit, also auf Kritik: Menschenrechte sind vorstaatliches Naturrecht. Der diesem Individual-Ls.

zugrundeliegende Optimismus setzte sich in der Aufklärungsepoche als die Überzeugung fort, daß der freie Mensch von seiner Vernunft stets einen „richtigen" Gebrauch machen werde.
In der *Wirtschaftstheorie* fand dieses Menschen- und Gesellschaftsbild eine wesentliche Ergänzung durch die Harmonielehre der „klassischen" Nationalökonomie. Die Gesetze der Wirtschaftswelt sind danach so göttlich-genial gestaltet, daß gerade dann, wenn die einzelnen Menschen nach nichts anderem als ihrem eigenen Vorteil streben, für die Gesamtheit das beste herauskommt: Die freie Marktwirtschaft ist die natürliche Ordnung.
1.2. Diese Geistesströmung war wechselseitig aufs engste mit dem Zerfall der feudalen Strukturen und dem *Aufstieg des Bürgertums* verbunden. Vor allem in Frankreich erkämpfte die „bourgeoisie" – der dritte Stand der Handwerker und Händler – ihre Emanzipation in hartem Kampf gegen Adel und Geistlichkeit. Sie schrieb die „liberté" auf ihre Fahnen: Freie Bahn dem Tüchtigen! Indessen sollte die „égalité" nur für sie selbst gelten, keineswegs auch für den (anfangs noch schwachen) Vierten Stand, das Proletariat, oder gar für die Kolonialvölker. Wie die in England, Preußen und anderen Staaten eingeführten „liberalen" plutokratischen Wahlsysteme zeigen, grenzten sich die „Leute von Besitz und Bildung", die Unternehmer, nach unten schärfer ab als nach oben.

2.0. DER POLITISCHE LS. – 2.1. *Der Dritte Stand.* Ein symbolischer Höhepunkt des Emanzipationskampfes der französischen Bourgeoisie war 1789 die Erklärung des Dritten Standes, er repräsentiere die ganze Nation. Mit der Konstituierung als Nationalversammlung nahm er das Monarchenwort „L'état c'est moi" für sich in Anspruch. Die liberale Essenz der nun durchgesetzten bürgerlichen „Demo-Kratie" war die doppelte Forderung (1) so wenig Staat, so viel Freiheit wie möglich, (2) Partizipation der Gewaltunterworfenen – soweit es Staatsgewalt noch geben muß – an der Bildung des politischen Willens, damit dieser Wille den Interessen des unternehmerischen Bürgertums entspreche und damit er möglichst klar als eigener, nicht fremder Wille empfunden werden könne. Parlamentarismus, Rechtsstaat, Gewaltenteilung und – wo die Monarchie bestehen blieb – konstitutionelle Bindung des Königs an die Beschlüsse der „Volks"vertretung, das waren die organisatorischen Konsequenzen dieses politischen Lb., des „Freisinns", der den Frühkapitalismus zum liberalen Hochkapitalismus wandelte.
2.2. Doch ging diese Entwicklung in den einzelnen Ländern sehr *unterschiedlich* vor sich: In den USA relativ schnell (Jefferson–Jackson), in England in einem Jahrhunderte währenden erstaunlich kontinuierlichen Prozeß, in Frankreich trotz erfolgreicher Revolutionen mit schweren Rückschlägen (Napoleon I und III), in den *deutschen* Territorien nur mit großer Verspätung: politisch war hier das ganze 19. Jh. bis in die Weimarer Republik hinein durch mißglückende Revolutionen, Restauration und Reaktion, andauernd starke Position des Adels geprägt. Da es keine Reichseinheit gab, die Liberalen aber neben der Autonomie des Individuums auch die der Nation forderten, verband

sich in Deutschland der rationale Ls. mit dem emotionalen, ja romantischen *Nationalismus:* Die „National-Liberalen" unterstützten Bismarcks Innen- und Außenpolitik. Und später, als breite Teile der „Mittelschichten" (der Nachfolger des Bürger-Standes) durch Inflation und Wirtschaftskrise vom ökonomischen Niedergang bedroht waren, unterstützten sie die Nationalsozialisten als Bollwerk gegen die Kommunisten.

3.0. Der ökonomische Ls. entwickelte sich in Deutschland ganz anders, rascher und gewissermaßen als Kompensation für den geringen politischen Einfluß des Bürgertums.
3.1. Noch der merkantilistische aufgeklärte Preußenkönig Friedrich II. hatte geglaubt, den „Pöbel" (das Bürgertum) „an Nasen und Ohren zu seinem Vorteil schleifen" zu müssen. Aber zu Beginn des 19. Jh. bewirkten aufgeklärte Staatsmänner (wie Stein und Hardenberg) – unter dem Eindruck der französischen Revolution – die Beseitigung mittelalterlicher Bindungen *„von oben":* Gewerbefreiheit, Freizügigkeit, Bauerbefreiung, Freihandelspolitik. Diese Maßnahmen gaben den bürgerlichen Unternehmern – nicht den Bauern, nicht den Arbeitern – breite Felder wirtschaftlicher Aktivitäten frei: „Industrielle Revolution".
3.2. Aber zugleich eröffneten sie alle Möglichkeiten zum *Mißbrauch* der Freiheit. Die sogenannte „Bauernbefreiung" gab den Bauern zwar juristische, individuelle Freiheiten – sie durften nun tun, was sie konnten – doch keine ökonomische, keine soziale Befreiung, denn sie konnten nicht tun, was sie wollten. Besitz und Macht der unternehmerischen feudalen Gutsherrn im Osten verfestigten sich, überall siegte im Zeichen der „Freiheit" das Recht des Stärkeren. Mit dem Motto „Vertragsfreiheit" wurde die Freiheit selbst eingeengt (Kartelle, Konzerne); wirtschaftliche Macht wurde mit liberaler Ideologie scheinbar legitimiert. Dieselbe Ideologie diente aber zugleich dazu, Arbeiter-Koalitionen als freiheits- und marktsystemwidrig zu verbieten – nicht nur in Deutschland, sondern z. B. auch in den USA, wo Gewerkschaften bis 1914 als Verstöße gegen das Kartellverbot des Sherman Act verfolgt wurden.
3.3. Das bedeutet: Der Ls. war den Problemen des Spätkapitalismus, *der „sozialen Frage", nicht gewachsen.* Der „verwegene Gedanke" (Eduard Heimann), Freiheit bewirke von sich aus Ordnung, erwies sich als falsch. Die ehrenwerten Versuche, Probleme der Industriegesellschaft durch freiheitliche Genossenschaften zu meistern, blieben Palliativmittel. Indem (1878) der feudale ostelbische Junker seine „Ehe" mit der rheinisch-westfälischen Schwerindustrie schloß – Übergang zur Schutzzollpolitik; Wandlung des liberalen Hoch- zum neomerkantilistischen Spätkapitalismus –, und indem das Übergewicht der anti-freiheitlichen Schwerindustrie innerhalb der Gesamtwirtschaft erhalten blieb, war der *Staat* tatsächlich der Interessenvertreter der kapitalistischen Schichten. Und als in der Großen Depression 1930 der Kapitalismus in Existenznot geriet, wurde definitiv das laissez-faire-Prinzip preisgegeben, der Staat in die Wirtschaft zurückgerufen. Zwar konnte der *Neo-Liberalismus* nach 1948 – als Reaktion auf die Zwangswirtschaft der NS-Zeit,

in der „liberalistisch" genau so ein Schimpfwort geworden war wie „demokratisch" – eine neue Kraft entfalten: Er gab dem Staat die Aufgabe, künstlich ein Wettbewerbssystem zu organisieren; er bewirkte ideologisch („soziale Marktwirtschaft") und faktisch geradezu „Wunder"; und er brachte die Notwendigkeit, dem Individuum einen Freiheitsraum vor dem ständig zugreifenden Staat zu bewahren, ins Bewußtsein. Aber er legte auch bloß, daß der Ls. im 20. Jh. die soziale *Ungleichheit konserviert,* also „konservative" Züge trägt.

Faktisch ist der Staat, objektiv und im Bewußtsein der Öffentlichkeit, heute für die ganze Wirtschaft verantwortlich, für ihr stetiges Wachstum und ihre soziale Gestaltung; „die" Wirtschaft selbst fordert einen starken Staat. Die Frage, ob „der" Staat seine Mittel zur Stabilisierung oder zur Überwindung und Wandlung des kapitalistischen Systems einsetzen wird, ist die Kernfrage der Zeit.

LITERATURHINWEISE

Locke, John: Two Treatises of Civil Government (1690)
Marx, Karl, und *Engels,* Friedrich: Das kommunistische Manifest (1848)
Mill, John Stuart: On Liberty (1859); deutsch u. a. Zürich 1945
Ordo-Jahrbücher für die Ordnung von Wirtschaft und Gesellschaft. Düsseldorf usw. 1948 ff.
Rüstow, Alexander: Das Versagen des wirtschaftlichen Liberalismus. Bad Godesberg usw. 1950

GERT VON EYNERN

Lohn (L.)

→ *Arbeit, Arbeiter, Gewerkschaften, Kapital, Sozialismus, Streik, Tarifpolitik, Verelendung, Verteilung, Wert, Wettbewerb.*

1.0. IN DER VERGANGENHEIT sind die Probleme der L.bildung überwiegend von den *Wirtschaftswissenschaften* behandelt worden. Im Mittelpunkt der Diskussion stand die Frage, ob „Macht oder ökonomisches Gesetz" (Böhm-Bawerk) die Bestimmungsfaktoren der L.bildung sind. Heute werden politische und ökonomische Faktoren nicht mehr als polare Kräfte angesehen. Dennoch wird die L.theorie auch weiterhin von diesen Gegensätzen beherrscht, weil sich hier politische Interessen leicht als „ökonomische Sachzwänge" ausgeben können.

Drei Fragenkomplexe stehen in der L.theorie im Vordergrund: (1) Von welchen Faktoren hängt die Höhe des Lohnes ab? (!) Welche Faktoren bestimmen die L.struktur (L.pyramide)? (3) Wodurch wird die L.quote bestimmt?

1.1. Die *älteren L.theorien* gehen auf Smith zurück, der allerdings die Ansätze der Existenzminimum-, L.fonds-, Produktivitäts-, Ausbeutungs- und Machttheorie unverbunden und nicht ausformuliert nebeneinander stehen läßt. Damit ist das Spektrum der älteren L.theorien bis zum Aufkommen der modernen Kreislauf- und Verhandlungstheorien genannt. Ebenso leistete Smith einen heute noch aktuellen Beitrag zur Bestimmung der L.struktur, die er u. a. in Bildungsunterschieden, Prestigebedürfnissen und Arbeitsbedingungen begründet und die einer Tendenz zum L.ausgleich entgegenwirken.

1.2. Hauptvertreter der *Existenzminimumtheorie* ist Ricardo. Seine Arbeiten galten übergeordneten Fragen der Verteilung von Einkommen auf Löhne (Arbeit), Profite (Kapital) und Renten (Boden). Die Bestimmung der Löhne leitete er aus seiner Arbeitswertlehre ab. Der „natürliche L." entwickelt sich aus dem Warencharakter der Arbeit, deren Kosten durch die Erhaltung der menschlichen Existenz bestimmt sind. Bei vollständiger Konkurrenz ist der Preis der Arbeit (der L.) gleich deren Kosten. Von diesem natürlichen L. kann der „Markt-L." nur kurzfristig abweichen. Langfristig entwickelt sich der Bevölkerungszuwachs stärker als der Bodenertrag und der Kapitalstock. Dadurch wird das L.niveau auf das physische Existenzminimum gedrückt. Populär wurde diese Theorie unter dem von Lassalle geprägten Begriff des „ehernen L.gesetzes".

1.3. Beurteilt man die L.theorien nur nach ihrem Ergebnis, kann man auch die Ausbeutungs- und → *Verelendungstheorie* von *Marx* als eine Existenzminimumtheorie verstehen. Im Gegensatz zu den mehr biologischen und ökonomischen Einflüssen bei Ricardo treten nun soziologische Machtkomponenten in den Vordergrund, die durch die kapitalistischen Besitzverhältnisse charakterisiert sind. Der durch die Mechanisierung hervorgerufene Überschuß an Arbeitskräften („industrielle Reservearmee") drückt das L.niveau auf das Existenzminimum (Diese Interpretation verkürzt allerdings die Marxsche Aussage um wesentliche Elemente). – Der methodische Ansatz, die *Herrschaftsverhältnisse* für die L.bildung verantwortlich zu zeichnen, wird auch heute von den Marxisten vertreten. Grundlage hierfür ist die in eine normative Soziologie eingebaute Arbeitswertlehre Ricardos. In der Theorie der absoluten Tauschwerte wird die *Arbeit zur Substanz des Wertes:* „Der Wert der Ware Arbeitskraft wird, gleich dem jeder anderen Ware, bestimmt durch die zur Reproduktion dieses spezifischen Artikels notwendigen Arbeitszeit" (Marx). Hieraus wird der *Mehrwert* abgeleitet, der den vom Kapitalisten einbehaltenen Überschuß des Gebrauchswertes der Arbeit über ihren Tauschwert beschreibt. Die Mehrwertrate – das Verhältnis vom Mehrwert zum variablen Kapital, das für L.zwecke zur Verfügung steht – zeigt den Grad der Ausbeutung an.

Die Gründe für die Existenz des Mehrwertes liegen in den *kapitalistischen Produktionsbedingungen:* (1) Durch die Akkumulation des Kapitals wird eine technologische Arbeitslosigkeit geschaffen, die in einem ständigen Konkurrenzkampf die Löhne senkt. (2) Die Unternehmer haben durch die privatrechtliche Ordnung der Gesellschaft die Möglichkeit, den Arbeiter als Ware zu einem festen L.satz auszuzahlen. Dagegen sind die vom Arbeiter erzeugten Werte (der Gebrauchswert) größer als der ausbezahlte L. Dieser Mehrwert bildet den Profit des Kapitalisten. Um die Mehrwertrate zu vergrößern, halten die Ka-

pitalisten den L. möglichst niedrig, wodurch die L.summe und damit der Konsum sinkt. Hier liegt nach Marx der grundlegende Widerspruch des Systems, das den Einkommens- und Nachfrageeffekt des Lohnes nicht berücksichtigt und sich mit dem ständig sinkenden L. selbst den Boden – Absatz – entzieht. Die Ausbeutung der Arbeiter führt zu einer Verelendung, die schließlich zu einer sozialistischen Revolution führt.
Die aktuelle Bedeutung dieses Beitrages liegt vor allem in dem Versuch, soziologische und ökonomische Verflechtungen zu erfassen. Die Nicht-Verelendung der Arbeiter westlicher Industrieländer wird durch die von Rosa Luxemburg entwickelten → *Imperialismustheorien* erklärt, nach der der Arbeiter seinen Lebensstandard auf Kosten der Arbeiter in den Kolonien bzw. → Entwicklungsländern hebt. Mit dieser Erweiterung der Marxschen Theorie argumentieren noch heute die Marxisten. Andere L.theoretiker lehnen diese Theorie wegen ihrer monokausalen und deterministischen Erklärungsweise ab und betrachten sie als empirisch widerlegt.
1.4. Die *neoklassische Grenzproduktivitätstheorie* (→ Arbeit) bleibt hinter den Ansätzen der klassischen und marxistischen Theorie zurück, da sie ausschließlich ökonomische Bestimmungsgründe heranzieht. Wegen ihrer formalen Eleganz und rechnerischen Operationalität aber beeinflußt sie auch heute noch das Denken vieler Ökonomen. – Ihr Ausgangspunkt ist die Frage, was den Unternehmer veranlaßt, Arbeitskräfte einzustellen und Löhne zu zahlen. Unter der Voraussetzung des Gewinnmaximierungsprinzips wird der Unternehmer zu einem bestimmten L.satz nur so viele Arbeiter einstellen, daß die dadurch verursachten Kosten geringer sind als die damit zu erzielenden Gewinne. Gilt das Gesetz vom abnehmenden Ertragszuwachs – wonach die steigende Einsatzmenge eines Produktionsfaktors zunächst steigende und nach einem Maximum nur noch abnehmende Ertragszuwächse erbringt –, werden soviele Arbeiter eingestellt, bis die Kosten des zuletzt eingestellten Arbeiters gleich seinem produktiven Beitrag (Grenzprodukt) sind. Der L.satz, der gleich der Grenzproduktivität der Arbeit ist, wird als gerecht (natürlich) empfunden. Eine „Ausbeutung" findet nicht statt: der L. entspricht ja dem Beitrag zum Gesamtprodukt (Zurechnungstheorie). Wird diese mikroökonomische Betrachtungsweise auf die Gesamtwirtschaft übertragen, so bestimmt sich die L.höhe nach dem Grenzprodukt des „letzten" Arbeiters, der gerade noch zur Produktion herangezogen wird. Der Marktautomatismus führt immer zu einem Ausgleich von Angebot und Nachfrage, zur Vollbeschäftigung; denn ständig spielt sich ein L. ein, bei dem das gesamte Angebot nachgefragt wird. Abgesehen von ihrem ideologischen Nutzwert hat die Grenzproduktivitätstheorie als L.theorie keine Bedeutung mehr. Soziologische und soziale Elemente, die hinter Angebot und Nachfrage stehen und damit die Löhne und Preise beeinflussen, werden von ihr völlig vernachlässigt. Sie unterstellt, die Arbeiter würden jeden L. akzeptieren, der zur Vollbeschäftigung führt. Den L. sieht sie nur unter Kostengesichtspunkten; der Einkommenseffekt wird nicht berücksichtigt. Vor allem vermittelt sie den Eindruck, daß sie das Zurechnungsproblem gelöst habe: Das Produktionsergebnis, das durch das gleich-

zeitige Zusammenwirken mehrerer Faktoren entstanden ist, ließe sich demnach den Beiträgen der einzelnen beteiligten Faktoren genau zuordnen. Sie leitet hieraus ihren Anspruch der Leistungsgerechtigkeit ab. Mittlerweile glaubt die Betriebswirtschaft beweisen zu können, daß das Zurechnungsproblem überhaupt nicht lösbar ist. Dann aber ist die L.bildung im Rahmen der Grenzproduktivitätstheorie willkürlich.

1.5. Außerhalb der marxistischen Schule entwickelten sich eine ganze Reihe von *Machttheorien* des Lohnes. Die meisten sind im Gegensatz zu der von Marx optimistischer Natur. Sie erwarten durch staatliche oder gewerkschaftliche Einflüsse eine Verbesserung der Situation des Arbeiters. Sie werden deshalb häufig als *sozialpolitische* Theorien bezeichnet, die einen gesetzmäßigen Automatismus bestreiten.

Der erste Ansatz, von Sismondi entwickelt, sieht die L.bildung hauptsächlich durch institutionelle Macht bedingt. Eine sich selbst überlassene Marktwirtschaft wird durch die Konkurrenz der Arbeiter untereinander und durch Handelskrisen einen ständigen Druck auf den L. ausüben; es entsteht eine Zwei-Klassen-Gesellschaft, die nur Reiche und verarmte Arbeiter kennt. Für Abhilfe sollen staatliche Eingriffe sorgen, die eine Vereinigung von Besitz und Arbeit herbeiführen.

Die *„Kathedersozialisten"* (Wagner, Brentano, Schmoller u. a.) verlangten eine Selbsthilfe der Arbeiter durch Gewerkschaften, um die Unterlegenheit des Arbeiters bei L.verhandlungen aufzuheben. Soziale Risiken sollten durch Pflichtversicherungen aufgefangen werden. Tugan-Baranowsky bestreitet eine Analogie der L.bildung zur übrigen Preisbildung und leugnet jeglichen ökonomischen Einfluß. Er sieht den Verteilungskampf nur durch die soziale Macht der Arbeiterklasse entschieden.

Ein weiterer Ansatz, die *Quasimonopoltheorie* (Oppenheimer, Preiser), will das preistheoretische Instrumentarium nicht aufgeben. Er setzt an die Stelle des Konkurrenzmodells eine Marktmacht der Unternehmer, deren „Klassenmonopol" an Produktionsmitteln sich bei der L.bildung „quasi" wie die Preisbildung im Monopol auswirkt. Somit bestimmt die personelle Vermögensverteilung die L.bildung.

Ein dritter Ansatz zeigt mit dem Modell des *bilateralen Monopols* den Versuch, auch die Angebotsseite als ein Monopol aufzufassen: Die Gewerkschaften treten wie ein Unternehmen als „Verkäufer von Arbeit" dem Monopol der Arbeitsnachfrage gegenüber (John T. Dunlop). Die Marktform des bilateralen Monopols läßt unterschiedliche Verhaltensweisen zu; damit überläßt sie die Bestimmung der L.höhe dem Verhandlungsgeschick der beiden Parteien. Aber selbst amerikanische Gewerkschaften können nicht als Monopole des Arbeitsangebots betrachtet werden. Die Konkurrenz um Arbeitsplätze wird nicht beseitigt. Ebenso kann eine Identität von Mitglieder- und Funktionärsinteressen nicht angenommen werden. Insbesondere fehlen den Gewerkschaften die zwei typischen Aktionsparameter eines Monopolisten, der sowohl den Preis als auch die Menge variieren kann. Die Einkommensmaximierungsthese von Dunlop, die er den Gewerkschaften als Zielgröße unterstellt, kann deshalb nicht

aufrechterhalten werden. Die Gewerkschaften haben keine Maximierungs-, sondern eine Optimierungsaufgabe, d. h. sie müssen für ein optimales Verhältnis von L.höhe und Beschäftigung sorgen.
Hier wird das *Dilemma* der modernen L.theorien deutlich: Sie können wählen zwischen der Erklärung der L.höhe und der Erklärung des L.bildungsprozesses und der Gewerkschaftsaktivitäten. Der Versuch von Külp, eine Synthese durch Rückgriff auf den Willensbildungsprozeß innerhalb der Gewerkschaften zu bilden, ist noch nicht gelungen.

2.0. Die Verhandlungstheorien (collective-bargaining) versuchen, den Verhandlungsspielraum auszufüllen, den die Theorie des bilateralen Monopols aufgezeigt hat.
2.1. Die größte Bedeutung ist der Theorie von J. R. Hicks beizumessen. Seine

---

Lohn-Arten. Lohn ist das vertragsbestimmte Entgelt für unselbständige Arbeit. Der zahlenmäßige Geldbetrag – der **„Nominal-L."** – sagt noch nichts darüber aus, welche Mengen an Gütern und Dienstleistungen sich der „Arbeitnehmer" dafür kaufen kann; dies hängt mit vom Preisniveau ab. Der **„Real-L."** kennzeichnet die Kaufkraftentwicklung bei als konstant angenommenem Preisniveau. Er wird berechnet durch Division des Nominallohns durch den Preisindex der Lebenshaltung. Steigen die Preise rascher als die Nominallöhne, so sinkt der Reallohn.
Der dem Arbeitnehmer frei zur Verfügung stehende Lohn ist der **„Netto-L."**. Zählt man die vom Arbeitnehmer zu leistenden L.steuer- und Sozialversicherungsbeiträge hinzu, die der „Arbeitgeber" vorweg abzieht und an das Finanzamt bzw. die Sozialversicherungsträger abführt, so erhält man den **„Brutto-L."**. Aus verschiedenen Gründen, vor allem wegen der Progression der L.steuersätze, steigt der Brutto-L. tendenziell stärker als der Netto-L.
Die in **Tarifverträgen** festgelegten L.sätze sind Mindestlöhne. Die tatsächlich gezahlten **„Effektiv-Löhne"** sind in Zeiten der Voll- oder gar Überbeschäftigung oft höher als die Tarif-Löhne; ihre Höhe zuverlässig zu ermitteln, ist bisher nicht recht gelungen. Die Differenz zwischen Effektiv- und Tarif-Löhnen wird als **„L.drift"** bezeichnet.

Lohnquote. Den Anteil aller Löhne (L.summe) am Volkseinkommen (Nettosozialprodukt) bezeichnet man als L.quote. Die amtliche Statistik verwendet die „Brutto-L.quote", d. h. den Anteil des Bruttolohns am Volkseinkommen. Der Nettolohn in Relation zum Volkseinkommen ergibt die „Netto-L.quote". Eine Unterscheidung der beiden Quoten ist z. B. relevant, wenn sich die Steuerbelastung bei Selbständigen anders entwickelt als bei Unselbständigen.
Da die Zahl der Selbständigen – relativ zur Gesamtzahl der Erwerbstätigen und sogar absolut – in der BRD sinkt, kann die oben definierte L.quote steigen, während das Einkommen je Kopf der Unselbständigen relativ sinkt. Um die L.quoten zu verschiedenen Zeitpunkten miteinander zu vergleichen, ist eine **„bereinigte L.quote"** zu berechnen, die fiktiv einen konstanten Anteil der Unselbständigen an den Erwerbstätigen unterstellt.
Im Jahre 1971 betrug die Brutto-L.quote in der BRD rd. 69 %; 1950 lag sie bei rd. 57 %. Die bereinigte Brutto-L.quote (Basisjahr 1960) betrug 1960 rd. 61 %; 1971 lag sie bei rd. 64 %. (Jahresgutachten 1972 des Sachverständigenrates.)
Diese Angaben sagen nur wenig aus über die personelle Verteilung der Einkommen, da z. B. durch die Einkommen der kleinen Einzelhandelskaufleute auf seiten der Selbständigen, und der Manager und leitenden Angestellten auf seiten der Unselbständigen, eine Angleichung vorgetäuscht wird, die sich aber nur auf die funktionelle Einkommensverteilung bezieht. J. K.

Untersuchung gilt der Frage, wovon die *Stärke der Verhandlungsmacht* von Gewerkschaften und Arbeitgebern abhängt. Die Bereitschaft der Arbeitgeber, L.erhöhungen zuzustimmen, kennzeichnet Hicks durch eine „Konzessionskurve"; sie steigt, je größer die erwartete Streikdauer im Konfliktfall eingeschätzt wird. Die Arbeitgeber fixieren für sich einen Höchst-L., über den sie nicht hinausgehen werden, weil dann die Verluste durch L.erhöhung höher eingeschätzt werden als die durch Streiks. Unterhalb dieses Höchstlohns hängt ihre Verhandlungsmacht ab von der Stärke der Gewerkschaften, der erwarteten Streikdauer, den Konventionalstrafen bei Nichterfüllung von Aufträgen, der Gewinn- und Finanzsituation, der öffentlichen Meinung und der zu verkraftenden Dauer einer Betriebsstillegung.
Die „Widerstandskurve" der Gewerkschaften kennzeichnet die Bereitschaft, ihren L.forderungen mit einem Streik Nachdruck zu verleihen, also den Unternehmern Schaden zuzufügen. Der Schnittpunkt der Widerstandskurve mit der Konzessionskurve entspricht dem Ergebnis der Tarifverhandlungen. Die Reaktionskurven von Hicks haben nur Modellcharakter und sind kaum quantifizierbar. Die L.höhe bleibt weiterhin unbestimmt. Die komplexe Anzahl von Einflußfaktoren auf den L.bildungsprozeß wird jedoch deutlich.
2.2. Abhängigkeiten der Gewerkschaften und der Arbeitgeberverbände von ihrer Mitgliederstruktur und unterschiedliche Interessen zwischen den Verhandlungsführern und den Mitgliedern werfen die Frage auf nach den Entscheidungsprozessen innerhalb der Verbände und deren Auswirkungen auf die Entscheidungsprozesse zwischen den Verbänden. Die L.theorie bedarf somit der Verfeinerung durch eine *Organisationstheorie* (Walton, McKersie). Sie widmet dem Einfluß des organisatorischen Zusammenhangs, in dem Verhandlungen stattfinden, ebensoviel Aufmerksamkeit wie dem Verhandlungsziel. Sie berücksichtigt ein Maximum an Einflußfaktoren auf den L.bildungsprozeß. Es wird jedoch immer schwieriger, etwas über die L.höhe auszusagen.
2.3. Anhänger ökonomischer L.theorien wenden ein, daß die Verhandlungs- und Organisationstheorien zwar den Tarif-L. erklären, nicht aber die nachträgliche *Korrektur durch Marktkräfte* berücksichtigen. Eine Korrektur aber wird möglich durch anschließende Preissteigerungen, die den Realwert der vereinbarten nominalen L.höhe mindern, und durch einen vom Tarif-L. unabhängigen *Effektiv-L.*, der weiterhin unter ökonomischen Gesichtspunkten festgelegt wird. In der Tat besteht im Effektiv-L. ein Handlungsspielraum, mit dem Gewerkschaftsforderungen unterlaufen werden könnten. Külp weist allerdings nach, daß der Tarif-L. direkt den Effektiv-L. beeinflußt (Aufstockungsthese). Er sieht die Ursachen der gleichgerichteten Entwicklung von Tarif- und Effektiv-L. in dem Bedürfnis der Betriebe, L.differenzierungen als Leistungsanreize aufrechtzuerhalten.

3.0. LÖHNE UND PREISE. Eine nachträgliche L.korrektur können die Unternehmer evtl. durch Preiserhöhungen, die durch eine Oligopolisierung der Märkte erleichtert werden, und/oder durch Einschränkung der Investitionen erreichen. Die Auswirkungen auf Wachstum, Preisniveau und Beschäftigung

– von der *Kreislauftheorie* analysiert – stellen nunmehr die L.verhandlungen in einen gesamtwirtschaftlichen Zusammenhang. Die Frage wird aufgeworfen, welche *L.politik* im Zielkatalog des „Stabilitätsgesetzes" „neutral" ist. Sie zielt darauf ab, den L. als Mittel zur Erreichung der Preisstabilität einzusetzen. Vorgeschlagen wird eine produktivitätsorientierte oder kostenniveauneutrale L.politik.

3.1. Die *produktivitätsorientierte L.politik* geht von der Annahme aus, daß Einkommenserhöhungen nur bei steigendem Volkseinkommen realisiert werden können. Der L. muß sich deshalb an der Produktivität und am Realwachstum orientieren. L.erhöhungen, die über die Produktivität hinausgehen, gefährden von zwei Seiten die Preisstabilität: als steigende Kosten, die das Unternehmen belasten, und als steigende Nachfrage, der kein entsprechendes Angebot gegenübersteht. Wenn L. und Gewinn in einem prozentual gleichen Verhältnis wie die Arbeitsproduktivität ansteigen, können die Preise nach dieser Theorie stabil gehalten werden, da sich die L.kosten je Produkteinheit nicht ändern.
An welchem *Produktivitätsmaß* soll jedoch der L. orientiert werden: an der Betriebs-, Branchen-, gesamtwirtschaftlichen oder regionalen Produktivität? Die allgemein verwendete gesamtwirtschaftliche Durchschnittsproduktivität setzt voraus, daß Betriebe mit unterdurchschnittlicher Produktivitätsentwicklung ihre Preise erhöhen, was kompensiert wird durch Preissenkungen von Betrieben mit überdurchschnittlicher Produktivität. Preise wie Löhne aber sind nach unten relativ starr. Das Preisniveau kann nicht stabil bleiben. Hinzu kommen Preissteigerungen, die aus anderen als aus L.gründen induziert werden.
Es zeigt sich ein weiteres Problem: Soll der *Nominal- oder der Real-L.* an der Produktivität orientiert sein? Bleibt die Preisstabilität angestrebtes Ziel, muß der Nominal-L. gewählt werden, der bei einer schleichenden Inflation eine sinkende L.quote bewirkt. Bei dem Real-L. dagegen entsteht ein Konflikt mit dem Stabilitätsziel.
Wäre theoretisch die Preisniveaustabilität mit Hilfe einer solchen L.politik zu erreichen, muß die bestehende *Einkommensverteilung* akzeptiert werden: Die Interessenbedingtheit der produktivitätsorientierten L.politik wird offensichtlich. Von den Gewerkschaften wird verlangt, sich mit jeder augenblicklich bestehenden L.quote zufrieden zu geben. Es erstaunt daher nicht, daß die Gewerkschaften auf die „*expansive* L.politik" (L.forderungen, die über den Produktivitätsanstieg hinausgehen) nicht verzichten wollen (→ Tarifpolitik).

3.2. Eine andere Lösungsmöglichkeit besteht in der Einführung von *Investiv-L.* bzw. Gewinnbeteiligungskonzeption. L.erhöhungen, die über den Produktivitätsanstieg hinausgehen, brauchen nicht zu einer Preissteigerung zu führen, wenn diese L.teile gespart und der Nachfrage entzogen werden. Den Unternehmern wird demnach eine Überwälzung auf die Preise erschwert. Eine *Kombination* von produktivitätsorientierten L. und Investiv-L. könnte somit eine L.politik sein, die sowohl die Ziele des „Stabilitätsgesetzes" als auch das

Bedürfnis der Gewerkschaften berücksichtigt, die Einkommensverteilung zugunsten der Arbeitnehmer zu verändern. Sie setzt die politische Machtentscheidung voraus, eine solche L.politik staatlich abzusichern.

LITERATURHINWEISE

Bolz, Klaus (Hrsg.): Ist eine gerechte Einkommensverteilung möglich? Grundfragen moderner Wirtschaftspolitik, Bd. 3, München 1972.

Himmelmann, Gerd: Lohnbildung durch Kollektivverhandlungen. Berlin 1971.

Hofmann, Werner: Einkommenstheorie – vom Merkantilismus bis zur Gegenwart. Sozialökonomische Studientexte, Bd. 2, Berlin 1965.

Krelle, Wilhelm: Art. „Lohn (I)" im HdSw.

Külp, Bernhard: Lohnbildung im Wechselspiel zwischen politischen und wirtschaftlichen Kräften. Volkswirtschaftliche Schriften, Heft 84. Berlin 1965.

Skiba, Rainer: Die gewerkschaftliche Lohnpolitik und die Entwicklung der Reallöhne. Köln 1968.

JOHANNES KRAMER

Macht, allgemein (M.)

1. Der Stellenwert des BEGRIFFS M. ist bei den Politologen in ähnlicher Weise umstritten wie der Begriff → „Wert" bei den Ökonomen. Im Anschluß an Max Weber erblicken viele Politologen das Wesen der Politik im Erwerb, Gebrauch, Mißbrauch und Verbrauch von M., und als das entscheidende Kriterium für den Staat wird sein Monopol zur legitimen Anwendung von physischer Gewalt betrachtet. Doch zeigen andere Definitionen der Politik, z. B. „Kampf um die rechte Ordnung" und erst recht: „Gestaltung des öffentlichen Lebens", daß nicht M. schlechthin sondern nur die auf bestimmte Ziele gerichtete M. das Wesen der Politik bestimmt; besonders die politologische „Freiburger Schule" (Arnold Bergsträsser) ist der einseitigen Machttheorie der Politologie entgegengetreten.

Von den verschiedenen allgemeinen M.-Begriffen hat sich der von Max Weber – M. als die Chance, seinen Willen gegen den widerstrebenden Willen anderer durchzusetzen – als besonders praktikabel erwiesen.

2. MORALISCH ist M. dubios („absolute Macht korrumpiert absolut") und bedarf jeweils besonderer Rechtfertigung und *Begrenzung*. Ein wichtiges Mittel, die Spannung zwischen politischer Macht und individueller Freiheit zu lockern, ist die Streuung (Dispersion, Dezentralisierung) der M.:

2.1. Nach dem – angeblich „naturrechtlichen" – *Subsidiaritätsprinzip* sollen möglichst viele Entscheidungen in kleineren, überschaubaren, freieren Kreisen (in Familie, Dorf, Stadt, Kirchengemeinde, freien Wohlfahrtsverbänden usw. → Pluralismus) getroffen werden; die zentrale Staatsgewalt soll diese Gruppen unterstützen, auch finanziell, aber selber nur subsidiär tätig werden. Realisiert ist dies Prinzip in der BRD z. B. im Sozialhilfegesetz und im Jugendwohlfahrtsgesetz.

2.2. Durch die *„klassische" Gewaltenteilung*, zu der sich formell auch das GG bekennt (s. aber → Parlamentarismus, Rätesystem) werden die drei großen

Staatsfunktionen – Gesetzgebung, Verwaltung, Rechtsprechung – auf drei verschiedene Staatsorgane verteilt.
2.3. Durch *regionale* Gewaltenteilung werden Staatsfunktionen auf drei Ebenen von Gebietskörperschaften verteilt: Bund, Länder („Föderalismus" → Bundesstaat) und → Gemeinden.

2.4. Nach dem Prinzip der M.streuung *(Dispersion)* werden öffentliche Funktionen aus der Staatsorganisation ausgegliedert und (mehr oder weniger selbständigen) Institutionen übertragen: Zentralbank-Autonomie, gewerbliche und kulturelle → Selbstverwaltung, → öffentliche Bindung von Unternehmen, → Tarifpolitik der „Sozialpartner" (s. aber → Arbeitsrecht). Dies kann bis zur ineffektiven „Polykratie" gesteigert werden.

3. M. HAT VIELERLEI GESTALT, z. B. physischen Zwang, psychische Beeinflussung (→ Werbung), wirtschaftlichen Druck oder wirtschaftliche Verlockung. Breite Felder der Politischen Ökonomie beschäftigen sich mit den Erscheinungsformen der → wirtschaftlichen M. und mit den Interdependenzen wirtschaftlicher und politischer M.:
3.1. Die Behauptung, *Märkte* des freien → Wettbewerbs seien machtfrei, unterliegt starkem Ideologieverdacht. Auf einem freien Arbeitsmarkt ist z. B. die eine Marktpartei, die der Anbieter von Arbeitskraft, *nicht elastisch* sondern starr: der Arbeiter muß bei Strafe des Verhungerns seine „Ware" Arbeitskraft notfalls zu einem äußerst niedrigen Preis anbieten; der Unternehmer („Arbeitgeber") ist ihm dadurch grundsätzlich überlegen (→ Arbeit, Arbeitsrecht, Gewerkschaft, Lohn). Über weitere Formen ökonomischer M. auch bei Wettbewerb, erst recht in Monopolsituationen vgl. wirtschaftliche Macht.
3.2. *Die Beziehungen zwischen politischer und wirtschaftlicher M.* umfassen hauptsächlich zwei Tatbestände: Erstens besitzen Reiche meistens auch politische M. (→ Parteienfinanzierung, Verbände), und politische M.haber nutzen ihre Position regelmäßig zur Reichtumsmehrung aus (→ Entwicklungspolitik, Imperialismus). Zweitens verbergen sich hinter der politischen M. häufig wirtschaftliche Interessen und Kräfte – ein altes Problem, zu dessen neuerer Behandlung der Neomarxismus beträchtliche Anstöße gegeben hat (→ Staat aus marxistischer Sicht, Spätkapitalismus).

GERT VON EYNERN

Macht, wirtschaftliche (w.M.)

→ *Allgemeine Geschäftsbedingungen, Gewerkschaften, Imperialismus, Konzentration, Parteien-Finanzierung, Verbände, Verteilung, Werbung, Wettbewerb.*

1.0. WESEN. – W.M. ist die Fähigkeit eines Wirtschafters, die Voraussetzungen des Wirtschaftens und die Wertungen anderer Wirtschafter zu verändern und hierdurch deren Verhaltensweisen und Zielsetzungen zu beeinflussen. Aus der Sicht der „reinen" Wirtschaftstheorie, die sowohl die Voraussetzungen des

Wirtschaftens wie die Wertungen der Wirtschafter als „Daten" unterstellt, läßt sich auch definieren: W.M. verwandelt Daten in Variable.

Wer über w.M. verfügt, verändert die *Voraussetzungen*, wenn er Gesetze oder Verwaltungsakte – z. B. durch → Verbände – beeinflußt, oder wenn er die ökonomischen Produktionsbedingungen und die auf die Märkte kommenden Produkte variiert. Dabei kann er erstens auf die „Rahmenbedingungen des Wirtschaftens" (z. B. auf den Inhalt des Gesetzes gegen Wettbewerbsbeschränkungen) Einfluß nehmen, und er kann zweitens auf den „Gegenstand des Wirtschaftens", d. h. auf Produktion, Vertrieb usw. einwirken.

Er beeinflußt die *Wertungen*, wenn er die von ihm abhängigen Wirtschafter dazu nötigt, ihre Leistungen und Güter, z. B. die „angemessene" Entlohnung, niedriger als bisher, – oder umgekehrt die von ihm angebotenen Leistungen höher als zuvor – zu schätzen. Dann variiert er die subjektiven „Grenznutzen-" oder „Grenzleid"-Vorstellungen, die von der Grenznutzenschule als konstant und unbeeinflußbar unterstellt werden.

W.M. kann im Eigeninteresse auf Kosten anderer, aber auch zugunsten anderer Wirtschafter verwendet werden. Problematisch ist allein der *Mißbrauch* w.M. Dabei ist zu beachten, daß w.M. sowohl gegenüber einzelnen Wirtschaftssubjekten (Haushalten, Unternehmen) als auch gegenüber Volkswirtschaften mißbraucht werden kann.

2.0. Aktionsparameter der w.M. – Die Aktionsparameter, mit denen die Inhaber w.M. Gewinn, Vorteil oder Bequemlichkeit maximieren können, lassen sich in drei Gruppen zusammenfassen:

2.1. Erstens Aktionsparameter, die auf die *staatliche Aktivität* und damit auf die Rahmenbedingungen des Wirtschaftens einwirken („Umsetzung" wirtschaftlicher in *politische* Macht). Dabei kann eine solche Einwirkung auch in der Verhinderung staatlicher Aktivitäten, z. B. in der Verhinderung einer Novellierung des Gesetzes gegen Wettbewerbsbeschränkungen, bestehen.

2.2. Zweitens Aktionsparameter, die den „*Gegenstand* des Wirtschaftens", nämlich die Güter und Leistungen sowie deren Herstellung und Vertrieb beeinflussen. Parameter dieser Art können von Unternehmen oder Unternehmensgruppen eingesetzt werden, die einen Markt beherrschen, z. B. durch Verschlechterung des Kundendienstes oder durch Reduzierung der Haltbarkeit der Produkte. Hierher gehören auch jene Maßnahmen, die – etwa mit Hilfe von Sperr- und Schubkastenpatenten – andere Wirtschafter hindern, durch Verbesserung oder Verbilligung ihrer Produkte den Wettbewerb zu intensivieren.

Zum anderen haben Mehrproduktunternehmen („*conglomerates*", „Tausendfüßlerkonzerne"), die in mehreren Märkten tätig sind, die Macht, Konkurrenten durch ruinösen Wettbewerb zur Fusion zu zwingen oder zu eliminieren. Sie können Gewinne, die sie auf einem Markt erzielen, auf anderen Märkten zu Preisunterbietungen einsetzen. – Endlich sind auch jene Aktionsparameter hierher zu rechnen, die „schöpferische Unternehmer" einsetzen, wenn sie mit neuen oder besseren Produkten oder Produktionsverfahren ihren Marktanteil zu vergrößern oder gar einen neuen Markt zu begründen trachten. Die w.M. eines schöpferischen Unternehmers verdient jedoch im Rahmen dieses Artikels nur insoweit eine Behandlung, als sie dazu verwendet wird, durch ruinöse Preisunterbietungen u. dgl. eine beherrschende Stellung am Markt zu konservieren.

2.3. Drittens Aktionsparameter, die sich auf *Wertungen anderer Wirtschafter* beziehen, um diese zu variieren, oder um umgekehrt Wertänderungen, z. B. höhere Reallöhne, nicht zuzulassen, die infolge einer Variation der objektiven Voraussetzungen, z. B. einer Produktivitätssteigerung, andernfalls vor sich gehen würden.

In seiner Abhandlung „Macht oder ökonomisches Gesetz" war Böhm-Bawerk (1914) des Glaubens, mit Hilfe der Modellprämissen der reinen Theorie bewiesen zu haben, daß sich w.M. gegenüber den Gegenkräften „rein wirtschaftlicher Natur" nur in Ausnahmefällen durchsetzen kann. Tatsächlich hat er jedoch, wie die vorstehenden Überlegungen zeigen, nur bewiesen, daß die Prämissen der reinen Theorie ungeeignet sind, um die w.M. zu analysieren.

3.0. Die Reichweite w.M. – 3.1. *Die Beeinflussung staatlicher Aktivität.* – Der Inhalt staatlicher Gesetze, die Ausgestaltung staatlicher Institutionen wie der Erlaß von Verwaltungsakten kann durch die Wirtschafter (auch mit Hilfe von → Verbänden) beeinflußt werden. Diese Einwirkungen können *kontinuierlich sein wie bei „Küchenkabinetten", die aus nicht gewählten und nicht* beamteten Beratern des Regierungschefs bestehen, oder wie bei „Clubs", in denen Abgeordnete mit Interessenvertretern diskutieren. Oder sie können *fallweise* auftreten, z. B. in der Beeinflussung von Gemeinderatsmitgliedern bei der Grundstückbeschaffung oder der Infrastrukturplanung für ein neues Werk.

Sie können mehr oder minder illegal (Affären), paralegal (wie bei den „Clubs") oder sogar gesetzlich sanktioniert sein. In der „Gemeinsamen Geschäftsordnung der Bundesministerien" Teil II ist in § 23 vorgeschrieben, daß zur Beschaffung von Unterlagen zwecks Vorbereitung von Gesetzen die Bonner Vertretungen von Verbänden („Fachkreisen") heranzuziehen sind, wobei lediglich Vorsorge dafür zu treffen ist, daß diese Fühlungnahme nicht in einer Weise erfolgt, „die dem Kabinett die Entscheidung erschwert". Nicht selten ist sogar eine Regierung oder ein Bürgermeister gezwungen, sich der Zustimmung von Interessengruppen zu versichern, um in den Abstimmungsgremien eine Mehrheit zu erreichen. Selbst das – oft als „Magna Charta des Wettbewerbs" bezeichnete – Gesetz gegen Wettbewerbsbeschränkungen ist weitgehend von interessierten Kreisen geprägt worden. Als die parlamentarische Mehrheit für dieses Gesetz fragwürdig wurde, hat sich der Staatssekretär im Bundeswirtschaftsministerium mit den Vertretern der Industrie zusammengesetzt, um einen Kompromiß zu erarbeiten, der im Bundestag und im Bundesrat akzeptiert werden konnte. Auch bei der Zusammensetzung von Untersuchungsgremien wie der Federal Trade Commission in den USA oder der Pressekommission in der BRD spielen Einflüsse der w.M. eine Rolle.

Der Grad der Einflußversuche – wenn auch nicht notwendig der Grad der tatsächlichen Einflußnahme – schwankt mit der wirtschaftlichen Relevanz der Maßnahmen. Gesetze, die für bestimmte Kreise Subventionen (z. B. für die Erweiterung oder Stillegung von Bergwerken oder für die Landwirtschaft) vorsehen, sind den Einflüssen der Interessen stärker ausgesetzt als Gesetze, die den bargeldlosen Zahlungsverkehr zum Gegenstand haben.

3.2. *Die Beeinflussung des „Gegenstands des Wirtschaftens"*. – Unternehmen, deren w.M. darauf beruht, daß sie den Wettbewerb anderer Firmen ausgeschlossen haben, können nicht nur die von Cournot und Frisch beschriebenen Parameter der Preis- oder/und Mengenvariationen einsetzen, sondern auch die objektiven Bedingungen verändern, von denen ihre Kosten oder ihr Absatz abhängt. – Ist der Beherrschende – Unternehmen oder Unternehmensgruppe – ein *Anbieter,* so kann er seine *Kosten* senken, indem er die Qualität der Güter durch Verwendung minderwertiger Rohstoffe oder Zutaten oder durch Rückgriff auf billigere Arbeitskräfte oder Arbeitsweisen (Pfuscharbeit) reduziert, oder indem er den Kundendienst einstellt, den er nach Ausschaltung der Konkurrenz nicht mehr nötig hat. Er kann die Zahlungsbedingungen verschlechtern, Risiken oder Haftungen (z. B. für eine Gefährdung Dritter) auf Kunden überwälzen, und durch Verringerung des Sortiments die Auswahl der Konsumenten auf die für ihn günstigste Weise reduzieren u. dgl. mehr.

Er kann seinen *Absatz* erhöhen, indem er die Lebensdauer seiner Güter verringert. So hat z. B. das internationale Glühbirnenkartell den Absatz seiner Mitglieder wiederholt dadurch erhöht, daß es die Brenndauer der Glühbirnen reduzierte. Der von einer Verringerung der Lebensdauer ausgehende Absatzeffekt kann die Mengenwirkung von Preiserhöhungen überkompensieren, so daß der Monopolist trotz gestiegener Preise mehr als vorher verkauft – was ebenfalls unter den Modellprämissen der „reinen" Theorie nicht möglich ist. – Ein marktbeherrschender Anbieter kann außerdem durch eine Einstellung seiner Lieferungen oder durch bloße Androhung derselben einen Kunden zwingen, ihm seine Produktionsstätten zu einem Schleuderpreis zu überlassen, oder ihn zu überhöhten Preisen nötigen.

Ist der Marktbeherrschende ein *Nachfrager,* so kommt seine w.M. im allgemeinen nicht dadurch zum Ausdruck, daß er – entsprechend der aus den Prämissen Cournots gezogenen Schlußfolgerung – die einzukaufende Menge reduziert, um einen niedrigeren Preis zu erhalten. Denn ein Fabrikant müßte mit der Verringerung der eingekauften Rohstoffmengen auch seine eigene Produktion herabsetzen, ein Warenhaus müßte seinen Umsatz reduzieren.

Ein Nachfrager besitzt auch nicht die gleichen Möglichkeiten wie ein Anbieter, Kosten und Absatz zu variieren. Er kann zwar ebenso wie dieser Risiken überwälzen und bessere Zahlungsbedingungen durchsetzen. Aber da er das Gut nicht produziert, kann er Qualitätsänderungen u. dgl. nicht selbst vornehmen, sondern nur seine Geschäftspartner veranlassen, ihm bessere Produkte zu liefern.

3.3. *Die Beeinflussung relevanter Wertungen.* – Ein Wirtschafter kann die Macht besitzen, die Wertungen anderer Wirtschafter zu variieren. Er kann dies tun, wenn es für den anderen ratsamer ist, sich seinem Diktat zu beugen, statt sich zu widersetzen und an seinen alten Wertvorstellungen (z. B. über „angemessene" Bezahlung) festzuhalten. Diese Art der w.M. tritt in zwei Formen auf:

3.3.1. Ein *Monopolist oder Monopsonist* kann durch vorübergehende Einstellung seiner Lieferungen (oder Bezüge) die von ihm abhängigen Geschäftspartner zwingen, den Wert ihres Unternehmens zu überdenken. So hat John D. Rockefeller sen. seinerzeit versucht, Carnegie, der das Erz für seine Stahlwerke über die amerikanischen Seen bezog, durch Anmietung bzw. Aufkauf aller verfügbaren Schiffe mattzusetzen. Hätte Rockefellers Schachzug Erfolg gehabt, so hätte er den Markt für Erztransporte auf den Seen beherrscht, und Carnegie wäre kaum etwas anderes übrig geblieben, als seine Stahlwerke zu jedem von Rockefeller gebotenen Preis zu verkaufen. In vergangenen Jahrhunderten sind Praktiken dieser Art besonders bei lebensnotwendigen Gütern zu beobachten gewesen. Auch die Hansa und Kartelle wie das internationale Chininkartell haben diese Methoden der Gewinnmaximierung angewendet. Im allgemeinen ist heute der Einsatz dieser Art der w.M. – zumindest in parlamentarisch regierten Ländern – nur mehr beschränkt möglich, da lebensnotwendige Güter in Notzeiten rationiert werden und auf anderen Märkten eine Mißbrauchsaufsicht Praktiken dieser Art zu unterbinden sucht.

3.3.2. Bilaterale Beherrschungs-Abhängigkeits-Verhältnisse, vereinfacht *Abhängigkeiten* genannt, betreffen in der Regel nur zwei Kontrahenten, einen Beherrscher und seinen Abhängigen. Abhängigkeiten kommen in allen Lebensbereichen vor. Während früher Abhängigkeiten auf Transport-, Kredit- und Arbeitsmärkten vorherrschten, sind in jüngster Zeit Abhängigkeiten auf Gütermärkten stärker in den Vordergrund der Diskussion getreten.

Abhängigkeiten entstehen, wenn – ohne daß eine Marktbeherrschung vorliegt – ein Wirtschafter auf einen anderen derart angewiesen ist, daß er sich dessen Forderungen nicht entziehen kann, ohne größere Verluste in Kauf zu nehmen oder gar seine Existenz zu gefährden. Ein Supermarkt, der einem Lieferanten sogenannte Mengenrabatte von 25 %, Barzahlungsskonti von 3 % bei Vierteljahreszahlung, Qualitätskontrollen usw. vorschreibt und für die Aufnahme von Artikeln in eine neue Filiale Kostenbeiträge u. dgl. verlangt, beherrscht nicht die Märkte, auf denen er dergestalt agiert; er konkurriert vielmehr mit anderen Supermärkten, Warenhauskonzernen, Einkaufszentralen und mit zahlreichen Spezialgeschäften. Ähnlich steht es mit der Abhängigkeit, in die Schuldner geraten, wenn sie im Augenblick der Fälligkeit einen Kredit nicht zurückzahlen können. Es hilft z. B. dem Bauer nichts, daß er demnächst, nach Verkauf der Ernte, wieder zahlungsfähig ist.

Auch die *Ausbeutung der → Arbeiter* im 18. und 19. Jh. läßt sich mit Hilfe bilateraler Abhängigkeits-Verhältnisse erklären, obschon die Gesamtheit der unqualifizierten Arbeiter hiervon betroffen war. Zwar diktierte der Kapitalist seinen Arbeitern sowohl Lohn wie Arbeitszeit; aber die Ursache seiner Überlegenheit war keine Monopolstellung – fast stets konkurrierten auf den Arbeitsmärkten zahlreiche Fabrikanten – sondern das staatliche Koalitionsverbot, das den einzelnen Arbeiter dem Lohndiktat auslieferte. Allein die nach Erlaß der Koalitionsverbote wachsende Abhängigkeit erklärt, warum ausgerechnet im Verlauf der „industriellen Revolution", in der die Arbeitsproduktivität stark anstieg, die realen Löhne auf das „physiologische Existenzminimum" reduziert werden konnten. Unter dem Druck der Not waren die Arbeiter bereit, umzuwerten.

Auf Gütermärkten geben Abhängigkeitsverhältnisse dem *Anbieter* u. a. die Macht, a) den Nachfrager zu zwingen, eine größere Menge zu einem gegebenen Preis abzunehmen, wie dies z. B. in Depressionszeiten amerikanische Automobilkonzerne bei ihren Vertragshändlern durchgesetzt haben; b) höhere Preise ohne Reduzierung der Menge durchzusetzen, wie dies z. B. Ölgesellschaften bei abhängigen Tankstellen erreicht haben; c) schlechtere Produkte ohne Reduktion von Preis und Menge abzusetzen, wie dies z. B. von Rauschgifthändlern gegenüber Süchtigen praktiziert wird; d) Zahlungsbedingungen zu diktieren u. dgl. mehr.

Die *Nachfrager* können von ihren abhängigen Lieferanten in Anspruch nehmen a) Preisnachlässe, b) höhere Qualitäten, c) bessere Konditionen, d) die Übernahme von Risiken sowie bestimmten Kosten (Einführungskosten, Regalmieten bis hin zu den Kosten für das eigene Jubiläum des Nachfragers); d) Meistbegünstigung, um an zusätzlichen Preisvergünstigungen, die anderen Kunden gewährt werden, zu partizipieren; f) einen „Gewinnausgleich", weil der abhängige Lieferant angeblich zu viel und der beherrschende Nachfrager zu wenig verdient hat. Sie können auch ihre Lieferanten zwingen, Kalkulationen und Steuerbilanzen herauszugeben oder ihren Mitarbeitern jederzeit und unangemeldet „Betriebskontrollen" zu gestatten u. dgl. mehr.

Ausbeutung von Abhängigkeit – dies gilt ganz *allgemein* – ist möglich, soweit der Staat den Schwächeren nicht schützt (oder sich die Schwächeren nicht zwecks Bildung von Gegenmacht zusammentun).

4. DIE GESELLSCHAFTLICHEN WIRKUNGEN. – 4.1. *Die Beeinflussung staatlicher Aktivitäten* im Interesse mächtiger Gruppen führt – zumindest tendenziell – zur Verhinderung notwendiger Reformen und kann zur Ursache revolutionärer Entwicklungen werden. Der Erlaß wie die Aufrechterhaltung des Koalitionsverbotes war Ursache der Verelendung der Arbeiter wie von Arbeiterrevolutionen.

4.2. *Marktbeherrschende Wirtschafter* haben selbst in Zeiten von Arbeitslosigkeit und Absatzkrise die Möglichkeit, Preise und Löhne zu erhöhen, und können daher die Ursache für „Stagflationen" setzen. Auch werden sie aus Gründen der Gewinnmaximierung zumindest jene Arten des technischen Fortschritts aufhalten, die ihnen Kosten verursachen. So hat die amerikanische United Shoe Machinery Corp. lange Zeit die Herstellung moderner Schuhmaschinen hintertrieben und haben sich die Schauerleute in den englischen Häfen noch im Jahre 1972 gegen die Einsetzung von arbeitssparenden Containern gewandt. – Internationale Unternehmen (→ multinationale Konzerne) und internationale Kartelle setzen für ihren Bereich den Freihandel außer Kraft. Ihre Preiserhöhungen haben die Wirkungen von Zöllen und ihre Gebietsregelungen die Wirkung von Kontingenten.

4.3. Der *Mißbrauch von Abhängigkeiten* verfälscht den Wettbewerb, weil Händler wie Fabrikanten je nach ihrer Machtposition mit unterschiedlichen Preisen kalkulieren müssen. Sitzt der Handel am längeren Hebelarm, so mindern sich mit den Gewinnen der Fabrikanten auch die Rationalisierungsinvestitionen der Industrie, wodurch langfristig die internationale Wettbewerbsfähigkeit eines Landes in Mitleidenschaft gezogen wird. – Ausbeutung läßt sich auch weiterwälzen. In Japan lagen noch im letzten Jahrzehnt die Löhne in Zulieferbetrieben, die dem Diktat großer Industriekonzerne ausgesetzt waren, um 40 % niedriger als die Löhne in den Industriekonzernen. – Wirtschaftliche Macht kann in elementarer Weise auch die Verteilung beeinflussen. Nach der Einführung des staatlichen Koalitionsverbots fielen die Löhne trotz der – während der industriellen Revolution – stark ansteigenden Produktivität auf das physiologische Existenzminimum; erst durch das Gegengewicht starker Gewerkschaften wurden die Arbeiter an den Produktivitätssteigerungen beteiligt.

W.M. ist ein einfacherer Weg zum Erfolg als wirtschaftliche Leistung. Sie *demoralisiert* nicht nur jene, die ihr ausgeliefert sind, sondern auch diejenigen, die von ihr profitieren. Es ist daher Aufgabe der Wirtschafts- und Gesellschaftspolitik, w.M. soweit sie sich nicht beseitigen läßt, unter *Kontrolle* zu halten.

LITERATURHINWEISE

Arndt, Helmut: Ökonomische Theorie der Macht. In: Konzentration in der Wirtschaft. Berlin (1960) 1971², S. 99 ff.

Berle, A. A.: Economic Power and the Free Society. In: Shelley M. *Mark* (Ed.), Economics in Action, Belmont 1965.

Esser, Hans A.: Macht oder ökonomisches Gesetz. Köln 1971.

Houssiaux, J.: La position dominante et ses abus: critères d'analyse. In: Schw. Z. Vw. u. Stat., Bd. 104 (1968), S. 284 ff.

Marktmacht und Recht, ein Bericht des Expertenausschusses der OECD für wettbewerbsbeschränkende Praktiken, FIW-Dokumentation, Köln, 2 (1970).

HELMUT ARNDT

Magisches (M.) Mehreck

→ *Außenwirtschaft, Eigentum, Inflation, Konjunktur, Keynesianismus, Währung, Wohlstand, Zahlungsbilanz*

1.0. KOMPATIBILITÄTSPROBLEMATIK. – Kapitalistische Systeme bedürfen der wirtschaftlichen Steuerung. Diese Aussage wird aus dem Nachweis abgeleitet, daß auf Grund der Struktur dieser Systeme bestimmte *Ziele* nicht automatisch erreicht werden, sondern durch den Einsatz wirtschaftspolitischer Mittel realisiert werden müssen. Aus diesem methodischen Ansatz folgt unmittelbar die Notwendigkeit, die Vereinbarkeit der in dem Zielbündel zusammengefaßten Einzelziele zu überprüfen. Diese Kompatibilitätsprüfung zielt auf die

Frage, ob bei gegebener Systemstruktur und gegebenen politischen Instrumenten alle im Zielbündel zusammengefaßten Einzelziele simultan realisiert werden können, oder ob Widersprüche derart bestehen, daß bei Verwirklichung eines Zieles notwendig ein anderes Ziel verletzt wird.
Die Ursachen für Inkompatibilitäten sind daher als systemgebunden zu bezeichnen. Zielkonflikte lassen sich jeweils nur für bestimmte Gesellschaftsformationen formulieren. Dieser Aussage steht die etwa von Ott vertretene Auffassung gegenüber, daß auch unbedingte, also nicht an konkrete Systemstrukturen gebundene Zielkonflikte ableitbar sind.

2.0. Zielkonflikte bei gegebener Systemstruktur. – 2.1. Werden Ziele als Ecken eines Polygons abgebildet, kann die Zielkonfliktproblematik mit dem Ausdruck *„magisches Mehreck"* belegt werden. Dieser Ausdruck weist auf die Existenz von Zielkonflikten hin, die bei gegebener Systemstruktur unlösbar erscheinen. Je nach der Zahl wird zwischen magischen Dreiecken, Vierecken usw. unterschieden. In dem vom Wissenschaftlichen Beirat beim Bundeswirtschaftsministerium 1956 untersuchten magischen Dreieck wird auf die Zielsetzungen Vollbeschäftigung, Preisniveaustabilität und Zahlungsbilanzgleichgewicht abgestellt. So entsteht ein m. Viereck, wenn außerdem die Forderung nach einer angemessenen Wachstumsrate (Konzeption des „Sachverständigenrates"), berücksichtigt wird, ein m. Fünfeck, wenn auch die Zielsetzung „sozial befriedigende → Verteilung der Einkommen" in den Katalog aufgenommen wird. Es können weitere, auch politische Ziele formuliert werden.
2.2. Das *„m. Zweieck"* drückt dem Zielkonflikt zwischen Vollbeschäftigung und Preisniveaustabilität aus, ein Konflikt, der mit der modifizierten *Phillips-Kurve* beschrieben wird. Diese Kurve ist aus empirischen Untersuchungen abgeleitet und beschreibt den Zusammenhang zwischen Arbeitslosenquote und Inflationsrate. Danach ist ein geringes Maß an Arbeitslosigkeit mit einer hohen Inflationsrate und eine hohe Arbeitslosenquote mit niedriger Inflationsrate verbunden. Die simultane Realisierung von Vollbeschäftigung und stabilem Preisniveau erscheint demnach unmöglich. Vielmehr muß bei annähernder Vollbeschäftigung eine gewisse Inflationsrate akzeptiert werden oder bei annähernd stabilem Preisniveau eine entsprechend hohe Arbeitslosenquote.
Für die politischen Willensträger würde sich demnach die Aufgabe stellen, durch Festlegung der Präferenzen eine second-best Lösung zu finden. Hier wird die Systemgebundenheit des Zielkonfliktes deutlich: Mit dem Hinweis auf die Notwendigkeit des Abwägens zwischen Arbeitslosigkeit und Inflation wird der der Phillips-Kurve zugrundeliegende Kausalzusammenhang akzeptiert. Dieser Zusammenhang ist für das marktwirtschaftliche System bei Anerkennung der Autonomie von Preis-, Lohn- und Produktionsentscheidungen formuliert. Der genannte Zielkonflikt ist daher erst dann als unlösbar zu erklären, wenn eine Entscheidung zugunsten der Aufrechterhaltung des gegebenen Systems getroffen ist und Maßnahmen auf systemkonforme Mittel eingeschränkt werden.

2.3. Der mit dem „*m. Dreieck*" beschriebene Zusammenhang stellt auf die Inkompatibilität zwischen binnenwirtschaftlichem und *außen*wirtschaftlichem Gleichgewicht ab. Bei festen Wechselkursen und uneingeschränkter Konvertierbarkeit der Währungen stellt sich der Konflikt wie folgt: In einer Situation, die durch Überschüsse in der Zahlungsbilanz bei Vollbeschäftigung und Preisniveauanstieg gekennzeichnet ist, könnte die Zentralbank versuchen, durch Kreditverknappung die Nachfrage auf das Maß zu senken, das Preisniveaustabilität bei Vollbeschäftigung sichert. Entsteht mit dieser Politik des teuren Geldes ein positives Zinsgefälle zwischen Ausland und Inland, so strömt ausländisches Geld in die heimische Volkswirtschaft. Auf Grund dieses Kapitalimportes entstehen zusätzliche Zahlungsbilanzüberschüsse, so daß die Zielsetzung der ausgeglichenen Zahlungsbilanz verletzt wird. Betreibt die Zentralbank andererseits eine Politik des billigen Geldes, wird zwar bei negativem Zinsgefälle auf Grund des Kapitalexportes ein Ausgleich in der Zahlungsbilanz erreicht, gleichzeitig jedoch durch zusätzliche Investitionen der Preisauftrieb verstärkt. Entsprechendes gilt in Situationen mit Zahlungsbilanzdefiziten und Unterbeschäftigung.
Diese Inkompatibilität entsteht auf Grund der Doppelfunktion des Zinses als Steuerungsmittel für das binnenwirtschaftliche Gleichgewicht und Lenkungsmittel der internationalen Kapitalbewegungen. Eine simultane Realisierung aller drei Ziele ist durch geldpolitische Maßnahmen allein nicht zu erreichen. Diese Aussage kann dahingehend präzisiert werden, daß für drei Ziele lediglich ein Mittel zur Verfügung steht und damit der Grundsatz der gleichen Zahl von Zielen und Mitteln verletzt ist. Aus diesem Argument folgt der Versuch, durch Spaltung des Zinses (etwa: Zinsverbot für ausländisches Kapital) oder anderen, außenwirtschaftlich absichernden geldpolitischen Maßnahmen (etwa: Bardepotgesetz in der BRD) unerwünschte Kapitalbewegungen abzuwehren.
Weiter wird auf die Notwendigkeit verwiesen, neben geldpolitischen Mitteln auch fiskalpolitische Instrumente einzusetzen. Dabei ist über die Zuordnung

---

Phillips-Kurve. Eine modifizierte Phillips-Kurve kann graphisch wie folgt veranschaulicht werden: Auf der Abszisse wird die Arbeitslosenquote, auf der Ordinate die Wachstumsrate des Preisniveaus abgetragen. Die Kurve bezeichnet dann alle für einen bestimmten Zeitraum ermittelten Kombinationen dieser beiden Größen, die realisierbar waren.
Nach Berechnungen von Solow und Samuelson entspricht in den USA einer Arbeitslosenquote von 1 % eine Inflationsrate von 12 %. Für die BRD wäre im Zeitraum 1958/1966 nach Enke ein stabiles Preisniveau mit einer Arbeitslosenquote von etwa 3 % vereinbar gewesen. M. B.

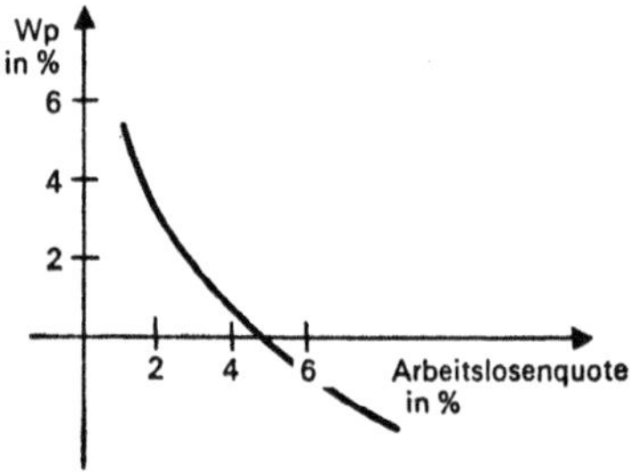

von Mitteln und Zielen (etwa: geldpolitische Mittel zur Abwehr außenwirtschaftlicher Störungen, fiskalpolitische Mittel zur Steuerung des binnenwirtschaftlichen Gleichgewichtes) und die Koordination zu entscheiden. Unkoordinierte Entscheidungen über den Einsatz geldpolitischer Mittel (Autonomie der Bundesbank) führen in der Regel zu nicht optimalen Resultaten.
Selbst wenn ein abgestimmter Mitteleinsatz zwischen Fiskalpolitik und Geldpolitik erreicht werden kann, erscheint der im „magischen Dreieck" formulierte Zielkonflikt unter den o. g. Bedingungen nicht lösbar, da Inflationsraten im Ausland bei festen Wechselkursen in das Inland übertragen werden (importierte Inflation). Maßnahmen, die zu einer Stabilisierung des Geldwertes im Inland führen, sind bei anhaltenden Inflationsraten im Ausland längerfristig unwirksam, da die Lücke zwischen ausländischem und inländischem Preisniveau bei festen Wechselkursen ständig größer wird. Auf Grund eines steigenden Exportes bei stagnierendem oder sinkendem Import entstehen zunehmende Zahlungsbilanzüberschüsse und erneute Preisauftriebstendenzen. Eine autonome Konjunkturpolitik ist daher bei festen Wechselkursen nicht möglich, sondern in ihrer Wirkung self-defeating (Albert Hahn). Erneut wird die Systemgebundenheit des Zielkonfliktes deutlich: Mit der Aufgabe von festen Wechselkursen und einer Neuordnung des gegenwärtigen Weltwährungssystems wird eine autonome Konjunkturpolitik bei außenwirtschaftlichem Gleichgewicht möglich.
2.4. Bei Einbeziehung der Forderung nach einer gerechten *Einkommens- und Vermögens-* → *Verteilung* in das Zielbündel kann die Konfliktproblematik erweitert werden. Bei einkommenspolitischen Maßnahmen sind negative Wirkungen auf das Preisniveau (Überwälzungsproblematik) ebenso zu erwarten, wie – insbesondere bei vermögenspolitischen Maßnahmen – negative Wirkungen auf den Beschäftigungsgrad und das Wachstum (sinkende Ertragserwartungen führen zu einer Verringerung der Investitionsneigung bzw. zu Kapitalflucht). Auch dieser Konflikt ist auf wertbezogene Grundentscheidungen zurückzuführen.

3. KONFLIKTLÖSUNGEN. – Zielkonflikte entstehen auf Grund bestimmter Systembedingungen. Diese Systembedingungen finden in der Zielformulierung, der Instrumentenauswahl und der Entscheidungsstruktur ihren Ausdruck. Als Konfliktlösungen – also Änderung der Systembedingungen – können daher zwei Möglichkeiten unterschieden werden:
(a) *Neuformulierung der Ziele:* Kriterium für die neue Zielformulierung bzw. die Beschränkung auf die second-best-Lösung ist die Akzeptierung der gegebenen gesellschaftlichen Struktur.
(b) Änderungen der *Systemstruktur.* Revisionen der Systemstruktur können sich auf Schaffung neuer Instrumente (in der BRD z. B. das Stab.ges.), Veränderung der Entscheidungsorganisation (z. B. Einschränkung der Autonomie der Bundesbank, Begrenzung der Tarifautonomie) oder auf konstitutive Elemente des Gesellschaftssystems selbst beziehen.
Mit dem letzten Argument wird die Problematik der Argumentation deutlich.

Diese Argumentation geht von möglichen Lösungen aus und verweist auf die Wertbezogenheit von Entscheidungen. Die Politiker werden als autonome gesellschaftliche Gruppen gefaßt, die zielbezogen entsprechend einem den gesellschaftlichen Wohlstand ausdrückenden Kriterium handeln. Damit kann die Interdependenz zwischen politischem Interesse und ökonomischer Struktur nicht begriffen werden. Diese Kritik des methodischen Ansatzes der Theorie der Wirtschaftspolitik und eine alternative Konzeption wird von der *marxistischen* Ökonomie formuliert, wobei eine ursächliche Verknüpfung von Zielkonflikten, wirtschaftspolitischen Strategien und gesellschaftlichem System gesucht wird. Danach entstehen Zielkonflikte aus systemimmanenten Widersprüchen des kapitalistischen Systems, die durch wirtschaftspolitische Strategien lediglich kurzfristig überdeckt, längerfristig jedoch deswegen nicht gelöst werden können, da die Auflösung dieser Widersprüche die Auflösung der kapitalistischen Produktionsverhältnisse selbst erfordert. Ersichtlich werden die Politiker nicht als autonome Entscheidungsinstanzen gesehen. Da das Ziel wirtschaftspolitischen Handelns letztlich in der Erhaltung des kapitalistischen Systems besteht, sind wirtschaftspolitische Entscheidungen als Konfliktvermeidungsstrategien zu werten.

LITERATURHINWEISE

Baumgarten, Peter, und *Mückl,* Wolfgang: Wirtschaftspolitische Zielkonflikte in der Bundesrepublik Deutschland, Tübingen 1969.

Böhret, Carl, und *Grosser,* Dieter (Hrsg.): Interdependenzen von Politik und Wirtschaft, Festgabe für Gert von Eynern. Berlin 1967.

Myrdal, Gunnar: Das politische Element in der nationalökonomischen Doktrinenbildung. 2. Aufl. Hannover 1963.

Ott, Alfred E.: Magische Vielecke. In: Ott (Hrsg.), Fragen der wirtschaftlichen Stabilisierung, Tübingen 1967.

Tinbergen, Jan: Economic Policy; Principles and Design. Amsterdam 1956.

Wirtschaftspolitische Zielkonflikte und katholische Soziallehre. Hrsg. Katholisch-soziales Institut der Erzdiözese Köln. Köln 1968.

MICHAEL BOLLE

Merkantilismus (M.)

→ *Außenwirtschaft, Physiokratie, Staat, Zahlungsbilanz*

1. Unter dem DACHBEGRIFF M. werden i.a. die volkswirtschaftlichen Lehrmeinungen und Anschauungen sowie die vorherrschenden wirtschaftspolitischen Bestrebungen und die gleichzeitig entstehenden neuen frühkapitalistischen Produktionsverhältnisse und -formen und Wirtschaftsbeziehungen zur Zeit des *Absolutismus* (16.–18. Jh.), besonders in Mittel- und Westeuropa, zusammengefaßt. Der Begriff wurde post festum geprägt und setzte sich erst seit dem letzten Viertel des 19. Jh. durch. Vorher sprach man vom „Mercantilsystem" und übernahm damit die Begriffsbildung von Adam Smith, der sich aus freihändlerischer Sicht kritisch mit dem „mercantile system" auseinandergesetzt hatte.

Diese Begriffsgeschichte hat zu der noch heute strittigen Frage geführt, ob die Verwendung des „*System*"-Begriffs und die Subsummierung verschiedenartiger, wenn auch vielfältig miteinander verflochtener Bereiche und Sachverhalte unter einen Dachbegriff nicht fälschlich den Eindruck haben entstehen lassen, daß der M. ein internationales, homogenes ökonomisches System mit einer entsprechend konsistenten Theorie und Praxis darstelle. Ein so konstruierter „europäischer" M. würde die oft tiefgreifenden Unterschiede in der politischen Ordnung wie auch in der sozioökonomischen Struktur der einzelnen Territorien weitgehend unberücksichtigt lassen. Diese unterschiedlichen Voraussetzungen und Ausgangspositionen beeinflußten jedoch als Rahmenbedingungen in erheblichem Maße die jeweiligen Zielvorstellungen, die zu ihrer Realisierung eingesetzten Mittel und damit letztlich auch die konkreten Erscheinungsformen und Auswirkungen. Die Spannung zwischen allgemeinem Begriff und realer Struktur hat zwar bisher eine allgemein anerkannte räumlich-inhaltliche Abgrenzung und Definition des M.-Begriffs unmöglich gemacht, gleichzeitig aber ungemein anregend auf die Forschung gewirkt.

2.0. Grundlagen und Voraussetzungen. Eine entscheidende Voraussetzung für den M. war der Übergang vom mittelalterlichen Personenverbandsstaat zum neuzeitlichen Flächenstaat mit dauerhafter, rationaler Verwaltung.

2.1. Mit dem Wandel vom geistig-religiös fundierten Universalismus des Mittelalters zum räumlich begrenzten, nach Vereinheitlichung und machtpolitischer Konzentration strebenden *Fürstenstaat* stellte sich die Frage nach der Legitimation für die Souveränität dieser neuen Gebilde und deren Verhältnis zueinander. Während Niccolo Machiavelli den Staatszweck mit machtpolitischen Nützlichkeitserwägungen und pragmatischen Erfolgsaussichten begründete und damit dem Staat eine moralische Rechtfertigung absprach, betonten Thomas Morus und Johannes Althusius die sittlich-religiösen Bindungen von Staat und Politik. Aus diesen unterschiedlichen Positionen entwickelte sich dann zusammen mit der durch den Humanismus angeregten Rezeption römisch-rechtlicher Ideen die *naturrechtliche Staatslehre* der frühen Neuzeit, deren Kernstück die Vertragstheorie bildete (Jean Bodin und Thomas Hobbes): Aufgabe des Staates und damit zugleich Legitimation seiner Souveränität sei es, den „natürlichen" Egoismus der Individuen zu überwinden und Gerechtigkeit, Frieden und Einheit nach innen und außen zu wahren. Zu diesem Zweck hätten sich die Menschen auf einen Souverän geeinigt. Der vertragliche Ursprung des Herrschaftsrechts beinhaltete aber auch die prinzipielle Anerkennung des *Widerstandsrechts*. Während jedoch Samuel Pufendorf dieses Recht auf extreme Notlagen beschränkt wissen wollte, vertraute John Locke, der ansonsten die Treuhänder-Funktion des Landesfürsten und seine Bindung an Recht und Gemeinwohl betonte, letzten Endes auf die Macht der Vernunft und die Identität von öffentlichem und recht verstandenem privaten Interesse.

2.2. Zu den Voraussetzungen der so theoretisch begründeten neuen Herrschaftsformen gehörten auch tiefgreifende Veränderungen in der *ökonomi-*

schen Struktur. Durch die seit der 2. Hälfte des 15. Jh. in Europa einsetzende Bevölkerungszunahme wuchs das Arbeitskräftepotential, und da der landwirtschaftlich nutzbare Boden nur begrenzt vermehrbar war, stieg vor allem im gewerblichen Bereich (Bergbau, Textilhandwerk) der Anteil derer, die de facto als Lohnabhängige, als „arbeitsame Arme" oder gar als Bettler leben mußten, weil die überlieferten Produktionsverhältnisse (Zunfthandwerk) erstarrt waren und neue Organisationsformen (Verlag) sich nur langsam und partiell durchsetzten. Gleichzeitig führte die überseeische Expansion und die Ausbeutung der Edelmetallschätze in den Kolonien seit der Mitte des 16. Jh. zu einer Erhöhung des Geldumlaufvolumens, wodurch die ohnehin vorhandenen, von der Nachfrage induzierten inflatorischen Tendenzen noch verstärkt wurden (Preisrevolution). Gleichzeitig ergab sich eine starke Kapitalkonzentration in den Händen einer den damaligen Geld- und Kapitalmarkt entwikkelnden und ihn beherrschenden Kaufmannsschicht (Fugger/Welser), die wiederum maßgeblich dazu beitrug, den Geldbedarf des neuzeitlichen Staates für militärische und administrative Zwecke zu decken. Dadurch blieb das ökonomische Kernproblem des 16. Jh., durch die Investition von Handelskapital im Produktionsbereich die ökonomische Basis zu verändern und zu verbreitern, ungelöst.

2.3. Dieses Verhältnis von Staat und Wirtschaft veränderte sich grundlegend in der 1. Hälfte des 17. Jh. und erhielt regional differenzierte spezifische Ausprägungen. *Deutschland* verlor im Dreißigjährigen Krieg etwa ein Drittel seiner Bevölkerung; ein erheblicher Teil der Produktionsmittel wurde zerstört, und das Handelskapital wanderte ab (vor allem nach Amsterdam und London), soweit es nicht durch Kriegseinflüsse vernichtet wurde. Auch für *Frankreich* brachte der Krieg starke Belastungen. Die Generalstaaten *(Holland)* und *England* waren dagegen weit weniger betroffen. Sie konnten ihre überseeische Expansion forcieren, ihre Wirtschaft ausbauen und profitierten als Lieferanten von Kriegsmaterial und Auffangstation für zahlreiche Flüchtlinge und abwanderndes Kapital vom Kriege. Entsprechend unterschiedlich gestaltete sich nach dem Westfälischen Frieden das Verhältnis von Staat und Wirtschaft in den einzelnen Ländern.

3.0. Ziele. Die wirtschaftliche und finanzielle Rekonstruktion bildete nach 1648 vor allem in den deutschen Territorialstaaten, aber auch in Frankreich eine vordringliche Aufgabe. Sie wurde in erster Linie vom Staate wahrgenommen, weil für langfristige Investitionen im Infrastruktur- und Produktionsbereich nicht genügend privates Kapital zur Verfügung stand und die Landesherren bestrebt waren, ihre Souveränität nach innen und außen zu festigen. Politische Zielsetzung und ökonomische Notwendigkeit trafen hier zusammen und führten zu einem vom Staat wesentlich beeinflußten und gelenkten Wirtschaftspolitik.

3.1. Generelles Ziel dieser Politik war eine möglichst *aktive Handelsbilanz*, um den Reichtum des eigenen Landes (mindestens im Vergleich zu anderen Staaten) zu vermehren. Damit erhielt der Außenhandel eine Schlüsselfunktion. In Deutschland und Frankreich veranlaßte der Staat die Gründung von Handelskompanien, die er mit Privilegien ausstattete, gelegentlich auch finanziell unterstützte und kontrollierte. Sie sollten den Export von Fertigwaren besorgen und die nötigen Rohstoffe importieren. Hohe Zölle für ausländische Fertigwaren und niedrige Zölle für Rohstoffimporte, Ausfuhrverbote für Edelmetall und Bargeld, Abbau der Binnenzölle, Verbesserung der Verkehrswege (Chaussee- und Kanalbau) stellten flankierende Maßnahmen für den Außenhandel dar und dienten zugleich der einheimischen Gewerbeförderung. Der Staat gründete selbst *Manufakturen* oder veranlaßte private Gründungen durch Privilegien, Investitionshilfen (Kredite, Sachgüter, zeitlich begrenzte Steuerfreiheit) und Abnahmegarantien. Er sorgte durch eine aktive *Bevölkerungspoliti*k („Peuplierung") und Lockerung des Zukunftszwanges, aber auch durch die Einführung des Arbeitszwanges (in Zucht- und Arbeitshäusern) für ein wachsendes Arbeitskräfteangebot und damit für ein niedriges Lohnniveau und eine Vermehrung der Schicht von „arbeitsamen Armen", ohne daß es aber damals schon zur Herausbildung eines Proletariats im modernen Sinn kam. Auch bei der Einführung neuer Produktionszweige spielte der Staat eine wesentliche Rolle. Gleichzeitig erfolgte der Aufbau einer zentralen staatlichen Wirtschafts- und *Finanzverwaltung*, deren Personal an den Universitäten in den „*Kameralwissenschaften*" ausgebildet wurde: An der Universität Halle/S. entstand 1727 der erste Lehrstuhl für „Cameralia und Oeconomia".

3.2. Diese *Führungsrolle des Staates* hat in Deutschland und Frankreich zur Schaffung einheitlicher Wirtschaftsräume und zur allmählichen Überwindung der Kriegsfolgen beigetragen und vor allem im Gewerbe mit der Förderung neuer Produktionsformen und -zweige sowie im Bildungswesen durch die Verbreitung wirtschaftlicher Kenntnisse manche positive Entwicklung eingeleitet und manche Voraussetzungen für den *Industriekapitalismus* im 19. Jh. geschaffen, ohne indes die überwiegend *agrarische* Struktur prinzipiell zu überwinden; noch am Beginn des 19. Jh. lebten ca. 80 % der Bevölkerung Deutschlands und Frankreichs von der Landwirtschaft.

Die *Kehrseite* der staatlichen Präponderanz bildeten Eingriffe in die Wirtschaft zugunsten fiskalischer und machtpolitischer Ziele und die Tendenz zu einem kleinlich-bürokratischen Dirigismus. Colbert ließ z. B. den französischen Manufakturen eine umfassende Hilfe zuteil werden, deren Wirkungen aber vielfach paralysiert wurden durch eine Fülle staatlicher Reglements mit bis zu 250 Artikeln. Private Initiativen wurden so auf längere Sicht eher gelähmt als angeregt, zumal der Fürst die Ergebnisse seiner Maßnahmen für seine Machtpolitik benutzte und daher kein dauerhaftes Wirtschaftswachstum induzieren konnte. Damit aber fehlten dem politischen System langfristig die zur Durchsetzung seiner Ziele nötigen ökonomischen Mittel. Dieser innere Widerspruch trug wesentlich zum Niedergang des Absolutismus bei.

4. Formen und Wandlungen. Grundsätzlich anders verlief die Entwicklung in *England* und in den nördlichen *Niederlanden*. In beiden Ländern hatte sich nach langen dynastischen, konfessionellen und machtpolitischen Konflikten

ein Dualismus herausgebildet (in England: Krone – Parlament; in den Niederlanden: Statthalter – Generalstände); die damit gegebenen Konfliktmöglichkeiten (in England Bürgerkrieg und Glorius Revolution, in den Niederlanden Abschaffung der Statthalterschaft) schufen langfristig immer wieder Raum für neue Entwicklungen, deren Dynamik durch diesen Dualismus zugleich ermöglicht und in Grenzen gehalten wurde. Damals waren diese beiden Staaten die führenden Handelsnationen. Eine ökonomische Führungsschicht, in deren Händen das *Handelskapital* akkumuliert war, wußte ein dauerhaftes Übergewicht des Staates zu verhindern und sich selbst einen beträchtlichen politischen Einfluß zu sichern. In den niederländischen Generalstaaten spielte die Provinz Holland mit dem Zentrum Amsterdam eine dominierende Rolle. Die zahlenmäßig recht geringe Repräsentanz Londons im House of Commons wurde mehr als kompensiert durch die engen finanziellen und personellen Verflechtungen zwischen gentry und bürgerlicher Kaufmannschaft in England.

Der institutionelle Dualismus fand seine Entsprechung im Verhältnis von *Politik und Wirtschaft.* Einerseits beruhte z. B. die Existenz der Handelskompanien auf den ihnen von der politischen Gewalt gewährten Privilegien; andererseits stellten die dafür und bei jeder Verlängerung von den Kompanien zu zahlenden (und kaum jemals getilgten) Anleihen eine wichtige Einnahmequelle des Staates dar. Im Verhältnis von Politik und Wirtschaft besaß daher der Außenhandel eine zentrale Bedeutung, der die überseeischen Absatzmärkte für einheimische Fertigwaren und die Beschaffung billiger Rohstoffe gewährleisten sollte (Nordamerika/Indien). Auf dem Binnenmarkt konnten sich dagegen – mindestens in England – die Marktkräfte unbehindert entfalten, weil die Verflechtung von Adel und Kaufmannschaft dem Handelskapital Investitionsmöglichkeiten im Gewerbe eröffnete und den Staat auf sporadische und insgesamt erfolglose sozialpolitische Maßnahmen beschränkte.

Das Dogma von der aktiven Handelsbilanz, die den Reichtum eines Landes bestimme, entstand nicht zufällig gerade in England, um von dort auf dem Kontinent rezipiert zu werden. Die zeitweise im englischen Parlament vorgebrachte Kritik an den Handelskompanien richtete sich im Prinzip weniger gegen diese Gesellschaften an sich, sondern war eher in der Sorge begründet, der König könnte sich auf diese Weise außerparlamentarische Einnahmequellen verschaffen. Ebensowenig kritisierte Adam Smith prinzipiell den Außenhandel, sondern vielmehr die mit der Handelsbilanz-Theorie verbundenen monetaristischen Auffassungen (denen er seine Arbeitswert-Lehre entgegensetzte) und die starken Einflußmöglichkeiten des Staates auf die Wirtschaft. Während jedoch Thomas Mun in naiv anmutender Gleichsetzung von öffentlichem und privatem Wohl den „edlen Beruf des Kaufmanns" pries, sahen *deutsche* Schriftsteller wie Johann Joachim Becher und sein Schwager Philipp Wilhelm v. Hörnigk das Verhältnis von Gemeinwohl und Einzelinteresse als Problem wesentlich klarer. Sie kamen daher auch zu differenzierteren Folgerungen für das Verhältnis von Staat und Wirtschaft, wobei sie dem Lan-

desfürsten gesamtwirtschaftlich eine stärkere Führungs- und Lenkungsfunktion zugestanden.
Dieses Kernproblem des M. hat heute wieder an Aktualität gewonnen, wie der Begriff *Neo-M.* zeigt. Seiner Genesis nach beinhaltet er das Problem von privatem Reichtum und öffentlicher Armut, von individueller Freiheit und staatlichem Dirigismus, auch wenn er in der Gegenwart als Etikett für wirtschaftspolitische Einzelmaßnahmen, die an jene Epoche zu erinnern scheinen, benutzt wird, was ein Anzeichen für einen Mangel an historisch fundiertem Problembewußtsein sein könnte.

LITERATURHINWEISE

Cole, Charles W.: Colbert and a Century of French Mercantilism. 2 Bde., New York 1939 (Rep. 1964).
Coleman, D. C. (Hrsg.): Revisions in Mercantilism. London 1969.
Facius, Friedrich: Wirtschaft und Staat. Boppard 1959.
Heckscher, Eli F.: Merkantilismen. 2 Bde., Stockholm 1931 (dt.: Der Merkantilismus, 2 Bde., Jena 1932).
Schmoller, Gustav: Umrisse und Untersuchungen zur Verfassungs-, Verwaltungs- und Wirtschaftsgeschichte, besonders des preußischen Staates im 17. und 18. Jahrhundert. Leipzig 1898.

REINHARD HILDEBRANDT

Mitbestimmung (M.)

→ *Demokratie, Gewerkschaften, Rätesystem*

1.0. WESEN. Unter M. oder „Wirtschaftsdemokratie" werden in der BRD alle Bemühungen verstanden, den Arbeitnehmern auf der Ebene des Betriebes und des Unternehmens sowie im gesamtwirtschaftlichen Bereich eine organisierte Mitwirkung zu ermöglichen. Dabei umfaßt dieser Begriff im allgemeinen Sprachgebrauch nicht nur eine gleichberechtigte (paritätische) M., sondern auch alle anderen Intensitätsgrade, wie einfache Information, Anhörung, Mitsprache, Mitberatung, Zustimmung und Mitwirkung.
1.1. Den gewerkschaftlichen M.forderungen liegen mehrere *Zielvorstellungen* zu Grunde.
Die *gesellschaftspolitischen* Ziele folgen aus der Forderung nach Gleichberechtigung von Kapital und Arbeit sowie aus der Überlegung, daß in einem demokratischen Staat auch die Wirtschaft demokratisch strukturiert sein sollte: Der bisher noch formale Staatsbürger soll über den Weg des aktiven Wirtschaftsbürgers dann auch aktiver Staatsbürger werden.
Bei den *sozialpolitischen* Zielen gilt es zum einen, materielle Verbesserungen zu erzielen, z. B. durch Erhöhung des Einkommens, Alterssicherung und Sicherheit des Arbeitsplatzes; zum anderen ist die immaterielle Seite zu berücksichtigen: Arbeitsplatzgestaltung, Arbeitssicherheit und Schutz vor Willkür der Vorgesetzten.

Bei den *wirtschaftspolitischen* Zielen geht es vor allem um eine wirksame Kontrolle wirtschaftlicher → Macht, die auf drei Ebenen wirksam wird: (1) im Betrieb als Mißbrauch der Befehlsbefugnis („Herr-im-Hause-Standpunkt"); (2) im Unternehmen als Wirtschaftsmacht: Ihr Mißbrauch kann sich auf dem Warenmarkt (Preispolitik) und dem Arbeitsmarkt (Lohnpolitik) zeigen, besonders in Wirtschaftsbereichen mit starker Konzentration; (3) im gesamtwirtschaftlichen Bereich als politische und gesellschaftliche Macht: Ihr Mißbrauch kann sich zeigen in unmittelbarer politischer Beeinflussung der Belegschaft durch die Abhängigkeit ganzer Städte oder Landkreise von bestimmten Großunternehmen oder Unternehmensgruppen; auf Länder- und Bundesebene durch die Finanzierung bestimmter Parteien, durch Druck auf Parlamente und Regierungsorgane, durch Beeinflussung der öffentlichen Meinung.

1.2. Wie die wirtschaftliche Macht kann auch die *M. auf mehreren Ebenen* wirksam werden: (1) als betriebliche M. durch den Betriebsrat; (2) als unternehmerische M. im Aufsichtsrat und Vorstand; (3) als gesamtwirtschaftliche M. in bestimmten Wirtschaftszweigen, im Staat oder in internationalen Gebilden, z. B. durch die Wahrnehmung von Selbstverwaltungsaufgaben in „Kammern" (Industrie- und Handelskammern, Handwerkskammern), durch M. in Räten wie „Kohlenrat", „Energierat" oder „Wirtschaftsrat" oder im Wirtschafts- und Sozialausschuß der EWG. – *Träger* der M. können Belegschaftsmitglieder, die zuständigen Einzelgewerkschaften oder die Dachverbände (DGB) sein.

2.0. Kritiker der westdeutschen Gewerkschaften sehen in der M. wichtige Ursachen dafür, daß diese sich zu einem *Ordnungsfaktor* innerhalb des bestehenden Systems entwickelt haben (→ Gewerkschaften). Danach ist die integrative Ordnungsfunktion der M. zum einen auf die – teilweise historisch bedingte – partnerschaftliche M.theorie (Gleichberechtigung von „Kapital" und „Arbeit") und die sich daraus ergebende praktizierte M.politik der Gewerkschaftsbewegung zurückzuführen; zum anderen ist es die rechtliche und institutionelle Ausgestaltung der M. selbst, die bisher einer M.politik unter dem Gesichtspunkt einer systemüberschreitenden Strategie Grenzen gesetzt hat.

2.1. Auf *betrieblicher* Ebene führen vor allem gesetzliche Bestimmungen des BetrVG – insbesondere Friedenspflicht, Schweigepflicht, vertrauensvolle Zusammenarbeit zum Wohle des Betriebes – zu einer sozialpartnerschaftlichen Anpassung des *Betriebsrats,* der auch bei einer vollen Ausnutzung seiner rechtlichen Möglichkeiten – trotz einiger Verbesserungen im Gesetz von 1971 – nur wenige M.rechte besitzt. Von wesentlicher Bedeutung für seine Praxis und für sein Vertreterbewußtsein ist es, daß er keine gewerkschaftliche Institution darstellt. Obwohl weit über 80 % aller Betriebsräte Mitglieder einer DGB-Gewerkschaft sind, ist das Betriebsratsmitglied neutralisierter Amtsträger und hat nach dem BetrVG die Interessen *aller* Belegschaftsmitglieder, also auch der Nichtorganisierten, zu vertreten. Seine Pufferstellung zwischen Belegschaft und Management sowie die oftmalige Ausnutzung seiner starken persönlichen Stellung im Betrieb (Informationsträger) zum eigenen Vorteil (Sicherung der Wiederwahl) hat in vielen Betrieben zu einer Entfremdung zwischen Betriebsrat und Belegschaft geführt.

2.2. Ähnlich einschränkende Bestimmungen finden sich bei der M. im *Unternehmen.* So wie der Betriebsrat sind auch die *Aufsichtsratsmitglieder* als M.träger an das Wohl des Unternehmens, also an die Zwecke des kapitalistischen Unternehmens, die Profitmaximierung, und nicht an Aufträge und Weisungen derer, die sie vorgeschlagen, gewählt und entsandt haben, juristisch gebunden. Sie unterliegen einer gesetzlichen Treue- und Schweigepflicht, die vor allem Betriebs- und Geschäftsgeheimnisse sowie Investitions- und Finanzierungspläne umfaßt.

In besondere Rollenkonflikte in den Kohle- und Stahlwerken kommt der *Arbeitsdirektor,* der im Rahmen seiner Gesamtverantwortung für die Unternehmenspolitik die personellen und sozialen Fragen verwaltet und dadurch *kein* Beauftragter oder Interessenvertreter einer Gruppe ist. Der in der spezifischen Institution „Arbeitsdirektor" angelegte Konflikt zwischen den Interessen des Kapitals und denen der Arbeiterschaft ist bisher fast regelmäßig zu Lasten der Letzteren gelöst worden und hat daher auch zu einer Entfremdung dieses gewerkschaftlichen M.trägers von der Basis geführt.

Andere einschränkende Bestimmungen des BetrVG sind die Verminderung der M.rechte für *Tendenz*betriebe, zu denen vor allem → Presseunternehmen gehören, und die starke Betonung von *Gruppenrechten:* Arbeiter und Angestellte (nach dem PersVG auch Beamte) müssen entsprechend ihrem zahlenmäßigen Verhältnis im Betriebsrat (Personalrat) vertreten sein, was dazu führen kann, daß Gruppeninteressen gegenüber dem gemeinsamen Interesse aller Lohnabhängigen stärker betont werden; auf leitende Angestellte findet das BetrVG v. 1971 fast keine Anwendung, obwohl sie zu großen Teilen auch zur Arbeitnehmerschaft gehören.

2.3. Der Mangel an systemverändernder M.theorie wird von Kritikern besonders auf die historische Entwicklung gewerkschaftlicher M.forderungen zurückgeführt. Nach der Revolution von 1918 haben sich weniger die auf sozialstrukturelle Veränderungen zielenden Ansätze, sondern stärker die sozialpartnerschaftlichen Vorstellungen des reformistischen Flügels der Arbeiterbewegung durchgesetzt. Die im Hamburger Kongreß des Allgemeinen Deutschen Gewerkschaftsbundes (ADGB) von 1928 verabschiedete Resolution „Verwirklichung der Wirtschaftsdemokratie" war ein Kompromiß beider Richtungen, an dem sich nach 1945 auch wirtschaftsdemokratische Vorstellungen der organisierten Arbeiterbewegung in den Westzonen Deutschlands orientieren. In den folgenden Jahren gelang es der Arbeitnehmerschaft durch die selbständige Wiederaufnahme der Produktion und durch Aktionen für die paritätische M. (1947 eintägiger Generalstreik der Bergarbeiter), Machtpositionen zu erringen; doch wurden diese Erfolge durch eine Besatzungspolitik, die die gewerkschaftlichen Bemühungen um eine Neuordnung ablehnte, wieder eingeschränkt. Im Grundsatzprogramm des DGB von 1949 war die Forderung

nach M. Teil eines Programms, dessen weitere zentrale Punkte – Wirtschaftsplanung und Vergesellschaftung der Schlüsselindustrien – die M. absichern sollten. Im Programm von 1963 ist diese Einheit nicht mehr beibehalten worden; Wirtschaftsplanung z. B. wird jetzt im Rahmen einer grundsätzlich am Wettbewerb orientierten Ordnung gesehen.
Dem vorausgegangen war 1951 der erfolgreiche Kampf um die Aufrechterhaltung bereits erkämpfter M.rechte und 1952 der mit einer Niederlage endende „Kampf" um die Verabschiedung eines arbeitnehmerfreundlichen Betriebsverfassungsgesetzes; diese Niederlage hat die integrationistische Gewerkschaftspolitik nach 1952 entscheidend geprägt.
2.4. Wie mehrere Untersuchungen (u. a. Blume und Biedenkopf) festgestellt haben, ist M. seit 1951 *fast nie gesellschaftsverändernd* begriffen worden: Konzentrationsprozesse sind nicht verhindert worden, da die gewerkschaftlichen Vertreter ihnen nicht grundsätzlich ablehnend gegenüberstanden; das Rentabilitätsstreben und die „Rationalität" des Entscheidungsprozesses sind nicht in Frage gestellt worden; Aufsichtsratssitzungen verlaufen meistens glatt, nur selten gibt es Kampfabstimmungen zwischen den Gruppen; die betrieblichen Vertreter und die Vertreter der Einzelgewerkschaften verhalten sich eher betriebsegoistisch bzw. branchenegoistisch als klassensolidarisch. – So ist M. als neues Mittel der friedlichen Integration anzusehen; neben die Sozialpartnerschaft im Bereich der Verteilung des Sozialprodukts ist die Zusammenarbeit von Kapital und Arbeit im Bereich der Produktion getreten.
2.5. Wenn die Unternehmer sich dennoch gegen eine Ausweitung der M. wenden, so geschieht dies hauptsächlich deswegen, weil sie befürchten, daß es den Gewerkschaften gelingen könnte, ihre M. in eine *gewerkschaftliche Gegenmacht* einzubauen und über M. autonome Machtpositionen in Betrieb und Gesellschaft zu erreichen. Ansetzen könnte solche eine M. auf der Ebene des Betriebes, als *M. am Arbeitsplatz*, um hier die soziale Frontstellung zu verdeutlichen und das gesellschaftliche Bewußtsein und die Aktionsbereitschaft der Arbeitnehmer zu wecken. Träger dieser basisorientierten M. könnten die gewerkschaftlichen Vertrauensleute sein, wenn sie im Gewerkschaftsstatut verankert, direkt von der betrieblichen Basis gewählt und wieder abberufbar sind und als Kontrollinstanz bzw. Unterbau des Betriebsrats fungieren. Aufbauend auf die M. am Arbeitsplatz bekämen dann auch die M. auf den anderen Ebenen und die gewerkschaftlichen Forderungen nach ihrer Ausweitung einen anderen Stellenwert.
2.6. Die *Ausweitung der Mitbestimmung* ist eine der wesentlichsten Forderungen im Aktionsprogramm 1972 des DGB. Gefordert wird u. a.: (1) Die Erweiterung der Rechte der Gewerkschaften in Betrieben und Verwaltungen; (2) die M. der Betriebs- und Personalräte bei allen wirtschaftlichen, sozialen und personellen Entscheidungen; (3) eine Ausdehnung der M. nach dem Montanmodell auf alle Großunternehmen, wenn zwei von folgenden drei Voraussetzungen erfüllt sind: 2000 Arbeitnehmer, 75 Mill. DM Bilanzsumme, 150 Mill. DM Jahresumsatz; (4) die Einrichtung paritätisch besetzter Aufsichtsorgane in Unternehmen der öffentlichen Hand unter Wahrung der

Verantwortlichkeit der parlamentarischen Körperschaften; (5) die Verwirklichung der M. im gesamtwirtschaftlichen Bereich durch die Errichtung paritätisch besetzter Wirtschafts- und Sozialräte; (6) die Schaffung paritätisch besetzter Aufsichtsorgane für multinationale Unternehmen innerhalb der Europäischen Gemeinschaften. Zu der letzten Forderung ist jedoch anzumerken, daß die M.forderungen der westdeutschen Gewerkschaften bei den meisten Gewerkschaften der anderen EWG-Länder – vor allem in Frankreich und Italien – abgelehnt werden.

LITERATURHINWEISE

Biedenkopfbericht (Drucksache VI/334 des Deutschen Bundestages vom Februar 1970: Mitbestimmung im Unternehmen, Bericht der Sachverständigenkommission zur Auswertung der bisherigen Erfahrungen bei der Mitbestimmung).
Blume, Otto, *Potthoff*, Erich, *Duvernell*, Helmuth: Zwischenbilanz der Mitbestimmung, Tübingen 1962.
DGB-Bundesvorstand: Mitbestimmung der Arbeitnehmer – ein Leitfaden. Düsseldorf 1970.
Deppe, Frank u. a.: Kritik der Mitbestimmung. Frankfurt/M. 1969.
Schneider, Dieter, *Kuda*, Rudolf F.: Mitbestimmung. dtv-report. München 1969.

BERND-DIETRICH BENSCH

Mobilität (M.)

→ *Bildungsökonomie, industrielle Gesellschaft*

1.0. BEGRIFF. – *Das Wort* M. hat sich seit der Veröffentlichung des Buches „Social Mobility“ von Pitrim A. Sorokin im Jahre 1927 in die Fachsprache eingebürgert. Es wird heute von Anhängern unterschiedlichster Wissenschaftskonzeptionen und gesellschaftstheoretischer Orientierungen gleichermaßen – wenn auch in teilweise unterschiedlicher Absicht – verwendet. In der Regel wird dabei von sozialer M. gesprochen.

Der Begriff soziale M. geht von der Vorstellung aus, daß gesellschaftliche Zusammenhänge in Analogie zu einem räumlichen Gebilde beschrieben und analysiert werden können, innerhalb dessen sich verschiedene „Orte“ voneinander unterscheiden lassen. Sobald Individuen von einem derartigen „Ort“ zu einem anderen überwechseln, hat man es mit sozialer M. zu tun. Dementsprechend definiert Bolte (Sozialer Aufstieg und Abstieg, S. 8): „In allgemeinster Formulierung wird unter Mobilität die Bewegung von Personen aus einer Position in eine andere Position in jeder möglichen Gliederung einer Gesellschaft verstanden. Je nach der Art der zugrunde gelegten Gliederung – Beruf – Wohngemeinde – Konfession usw. – läßt sich die Berufsmobilität von der regionalen, der Konfessionsmobilität und anderen unterscheiden. Es gibt so viele ‚spezielle Mobilitätsvorgänge‘, wie sich Gliederungen bilden lassen, innerhalb derer wir Bewegungen von Position zu Position oder von Einheit zu Einheit verfolgen können.“

Selbstverständlich wird nicht allen „speziellen Mobilitätsvorgängen“, die prinzipiell unterschieden werden könnten, die gleiche Aufmerksamkeit geschenkt. Die bisherige Forschung hat sich vornehmlich mit vertikaler M., daneben insbesondere auch mit Arbeits-M. und mit regionaler M. befaßt.

1.1. Von *regionaler M.* spricht man, wenn Individuen (oder Gruppen, Betriebe usw.) ihren dauerhaften Wohnsitz oder Standort verlegen. Vollzieht sich regionale M. über bestimmte relative Grenzen oder Entfernungen hinweg, handelt es sich um Migrationen; vollzieht sie sich innerhalb der jeweils zugrundegelegten räumlichen Einheit, spricht man von Binnenwanderungen.

1.2. Der Begriff der *Arbeits-M.* wird gebraucht, wenn Erwerbstätige ihre Position im Erwerbsleben verändern. Arbeitskräftefluktuation liegt vor, wenn sie ihre Arbeitsstelle wechseln. Mit Berufs- bzw. Tätigkeits-M. hat man es zu tun, wenn sich die Art der Erwerbstätigkeit (bzw. der „Beruf") von Personen ändert.

1.3. Von *vertikaler M.* kann gesprochen werden, wenn ein Individuum (bzw. eine Gruppe oder Kategorie von Individuen) von einer sozialen Position in eine andere überwechselt, die aus dem Blickpunkt der Beteiligten oder des Forschers als „höher" oder „tiefer" gestellt gelten kann. Die wichtigsten Kriterien hierfür sind in zeitgenössischen Industriegesellschaften: Macht, Einkommen und Besitz, Ausbildungsniveau und Sozialprestige. M.-Vorgänge, die nicht als Auf- oder Abstiege in diesem Sinne anzusehen sind, weil sie sich zwischen Positionen von gleichwertigem Status abspielen, werden als *horizontale M.* bezeichnet.

1.4. M.-Prozesse können entweder als *Intra-Generations-M.* erforscht werden, indem man Veränderungen innerhalb des Lebenslaufes bestimmter Personen betrachtet; oder sie werden als *Inter-Generationen-M.* analysiert, indem man die im Vergleich zwischen Kindern und Eltern auftretenden Positionsveränderungen untersucht.

Mobilitätsart:	Vertikale M.	Regionale M.	Arbeits-M	
Strukturelle Dimension:	Ungleichheitsstruktur	Räumliche Gliederung	Gesellschaftliche Arbeitsorganisation	
Gliederungseinheit:	Klasse, Schicht, Statusgruppe	Wohnort, Staat	Arbeitsstelle, Betrieb	Beruf, Tätigkeit
M. zwischen den Einheiten:	Auf- oder Abstieg	Migration	Arbeitskräftefluktuation	Berufs-M.
M. innerhalb einer Einheit:	Horizontale M.	Binnenwanderung	Arbeitsplatzwechsel	Karriere-M.

Mehrere Mobilitätsarten können ohne weiteres gemeinsam erforscht werden (z. B. vertikale Berufs-M. oder regionale Arbeitskräftefluktuation); sobald jedoch die analytische Unterscheidung zwischen den jeweiligen strukturellen Dimensionen aufgegeben wird, können theoretische Fehler und ideologische Verzerrungen auftreten.

2.0. Gesellschaftstheoretische Implikationen. Der Begriff soziale M. ist so formal definiert, daß er prinzipiell zur Analyse jedweden Gesellschaftstyps herangezogen werden könnte. Als gesellschaftspolitisch relevantes Problem hat die Frage nach Art und Ausmaß sozialer M. aber erst mit dem Einsetzen des Industrialisierungsprozesses Bedeutung gewonnen.

2.1. Schon im *vorindustriellen* Europa hat es soziale M. gegeben. So können Völkerwanderungen, Vertreibungen ganzer Volksgruppen (z. B. Juden) oder Auswanderungsbewegungen (z. B. von Europa nach Amerika) durchaus als regionale Mobilität gedeutet werden. Wandernde Scholaren, „fahrendes Volk" oder Bettelmönche sind weitere Beispiele für regionale M., während die Wanderschaft der Handwerksgesellen gleichzeitig als eine Frühform der Arbeitskräftefluktuation angesehen werden könnte. Vertikale M. fand beispielsweise statt, wenn Unfreie durch Dienst bei Hofe zu Ministerialen und schließlich Rittern wurden, wenn Bauernsöhne kirchliche „Karrieren" machten, wenn reiche Bürger geadelt wurden oder wenn günstige Heiraten zu sozialem Aufstieg verhalfen. Umgekehrt konnte z. B. eine Mesalliance, Verarmen, politischer oder militärischer Mißerfolg zu sozialem Abstieg führen. – Ungeachtet dieser Beispiele war aber im vorindustriellen Europa die soziale Stellung der übergroßen Mehrzahl der Menschen von Geburt an unveränderbar festgelegt. Für mindestens vier Fünftel der Bevölkerung, die als unfreie Bauern lebten, bestand weder rechtlich noch faktisch die Möglichkeit, ihre *Schollenbindung* zu lösen, um mobil zu werden und ihre Lebensumstände zu verändern. Unter den damaligen Verhältnissen war deshalb das Phänomen der Berufs-M. praktisch unbekannt: Die vorindustrielle Gesellschaft ist eine weitgehend immobile, von Standesgrenzen geprägte, „geschlossene Gesellschaft".

2.2. *Im 19. Jahrhundert* begann sich dieser Zustand zu verändern. Die gesellschaftlichen Verhältnisse wurden immer deutlicher von den Erfordernissen industrieller Produktion und kapitalistischer Verwertung beeinflußt. Das Entstehen industrieller Massenfertigung wäre ohne ein „mobiles" Heer von Arbeitskräften nicht möglich gewesen. Folgerichtig mußten die vorindustriellen Ordnungsprinzipien der Schollenbindung und des Zunftzwanges den liberalen Ideen der Gewerbefreiheit und der Freizügigkeit weichen. Beträchtliche Veränderungen in der Erwerbs- und Qualifikationsstruktur sowie Wanderungsbewegungen vom Land in die Stadt und vom agrarischen Osten in den sich schneller industrialisierenden Westen Europas waren sichtbare Begleiterscheinungen dieser Entwicklung. – Aber nicht nur Migration, Arbeitskräftefluktuation und Berufs-M. sind Kennzeichen des beginnenden Industriezeitalters – auch die *vertikale M.* gewann an Bedeutung. Denn für jenen aktiven Teil des Bürgertums, der den Industrialisierungs- und Kapitalisierungsprozeß in der Gesellschaft unmittelbar vorantrieb, waren wirtschaftliche, soziale und politische Erfolgsmöglichkeiten nur in dem Maße gegeben, wie es gelang, das Leistungsprinzip und den freien Wettbewerb an die Stelle der starren ständischen Gesellschaftsordnung zu setzen, in der politische und soziale Spitzenpositionen nicht primär auf Grund von „Leistung", sondern auf Grund von Geburt und Herkunft vergeben wurden.

In der liberalen Leitvorstellung von der *„offenen Gesellschaft"*, von „Freiheit und Gleichheit", fand die Interessenlage des aufstrebenden Bürgertums einen adäquaten Ausdruck. Freilich war dabei weniger an „soziale Gleichheit für alle" gedacht, als vielmehr an formelle Rechts- und Chancengleichheit. Die Idee der „offenen Gesellschaft" beinhaltet demnach seit ihrer Entstehung zweierlei: Zum einen richtet sie sich gegen die mit adeliger und zünftiger Geburt verbundenen Privilegien, um Aufstiegsmöglichkeiten für den „tüchtigen" Bürger zu schaffen; insofern zielt sie auf vertikale M. ab. Zum anderen fordert sie möglichst große Freizügigkeit und Flexibilität für alle Arbeitskräfte; damit zielt sie primär auf regionale und Arbeits-M. ab. Unberührt von der Idee der offenen Gesellschaft aber bleibt das Fortbestehen *sozialer Ungleichheit* – ja, eine soziale Ungleichheitsstruktur, die gewährleistet, daß jeweils die Mehrheit der Bevölkerung in wenig begünstigten Positionen lebt, ist geradezu eine Existenzbedingung der am Leitbild der „offenen Gesellschaft" orientierten Industriegesellschaft. Wenn also vom „hohen Mobilitätsgrad moderner Industriegesellschaften" die Rede ist, ohne daß hinreichend zwischen vertikaler M., regionaler M. und Arbeits-M. unterschieden wird, ist *Ideologieverdacht* am Platze, weil so Ungleichheitsverhältnisse verschleiert oder beschönigt werden können.

3.0. Vertikale Mobilität und Immobilität. Seit den 20er und 30er Jahren dieses Jahrhunderts begannen amerikanische und westeuropäische Soziologen, sich eingehender mit sozialer M. zu befassen. Ihr Anknüpfungspunkt war das Problem der „offenen Gesellschaft" – das sie mitsamt seiner Hypothek begrifflicher Unklarheiten vom liberalen Erbe übernahmen:

3.1. *Marxistisch* konnte soziale M. nur als gesellschaftliches Oberflächenphänomen verstanden werden, weil das Hauptaugenmerk bei der Analyse nichtsozialistischer Gesellschaften auf den Klassenantagonismen und nicht auf den individuellen Bewegungen zwischen oder innerhalb von Klassen lag. In der *nicht- oder anti-marxistischen* Soziologie westlichen Zuschnitts war eine verbreitete These, daß zunehmende Industrialisierung zu einem steigenden Mobilitätsgrad führe. Solange diese These auf *regionale M.* und vor allem auf *Arbeits-M.* bezogen wird, kann sie zwar als allzu pauschal kritisiert, aber doch nicht als völlig unzutreffend verworfen werden: Direkte Berufsvererbung von den Eltern auf die Kinder ist in industriellen Gesellschaften die Ausnahme, mehrmalige Tätigkeits- oder Berufswechsel während eines Arbeitslebens werden immer häufiger, schon allein aus dem Grunde, weil Berufsstruktur, Tätigkeitsmerkmale und Qualifikationsanforderungen sich von Jahrzehnt zu Jahrzehnt verändern. Ebenso erhöht sich im Zeitalter flexibler Arbeitsmärkte und internationaler Freizügigkeit („Gastarbeiter") die allgemeine Fluktuations- und Migrationshäufigkeit.

3.2. Hinsichtlich des Umfangs *vertikaler M.* läßt sich ein ähnlicher Zusammenhang hingegen nicht ohne weiteres postulieren. Gerade in den USA, also in dem Lande, wo der Aufstiegsmythos „Vom Tellerwäscher zum Millionär" und vom „Land der unbegrenzten Möglichkeiten" die größte Bedeutung hat,

gab die ernüchternde Erfahrung der *Weltwirtschaftskrise* den Anstoß, den liberalistischen Glauben an einen automatischen Zusammenhang zwischen Industrialisierungsgrad und zunehmender Chancengleichheit in Zweifel zu ziehen. Die Folge war eine bis heute andauernde, z. T. mit erheblichem forschungstechnischen und methodischen Aufwand geführte Debatte über Art und Ausmaß vertikaler Mobilität in unterschiedlichen Industriegesellschaften. Zunehmend verschob sich dabei allerdings das Forschungsinteresse auf das höchst spezielle, dem Denkstil der Marktforschung nahestehende Problem der vertikalen *Berufs-Prestige-M.* Hatte bereits die vorwissenschaftlich entstandene Frage nach dem Grad der „Offenheit" einer Gesellschaft den theoretischen Zugang zur weitgehend ökonomisch und politisch bedingten gesellschaftlichen Ungleichheitsstruktur nicht gerade begünstigt, so wurde durch die Bevorzugung des sozialen Oberflächenphänomens „Prestige" die Selbstreflexion der sozialwissenschaftlichen Mobilitätsforschung weiter erschwert.
Abgesehen von einer Vielfalt von (teils theoretisch fruchtbaren, teils trivialen, in jedem Falle aber heterogenen(Detailbefunden über Ursachen, Begleiterscheinungen und Folgen unterschiedlicher Mobilitätsprozesse ist der bisherige Forschungsertrag im Hinblick auf das Verständnis gesamtgesellschaftlicher Strukturzusammenhänge denn auch eher bescheiden: Es besteht weithin Einigkeit darüber, daß die vertikale Mobilitätshäufigkeit in *allen* Industriegesellschaften höher ist als in vorindustriellen Gesellschaften, daß aber (zumindest in westlichen Industriegesellschaften) trotz aller Veränderungen der Berufs- und Qualifikationsstruktur seit geraumer Zeit keine signifikante Erhöhung der vertikalen Mobilitätshäufigkeiten mehr zu verzeichnen ist. (Über *sozialistische* Gesellschaften sind keine ausreichenden Daten verfügbar.)
3.3. Obwohl forschungstechnische, terminologische und theoretische Verschiedenartigkeiten den Vergleich der gesamtgesellschaftlichen Mobilitätsstudien äußerst erschweren, kann man in einer vorsichtigen *Zusammenfassung* sagen, daß unter Erwerbstätigen in westlichen Industriegesellschaften grob gerechnet die *Hälfte* im Inter-Generationen-Vergleich vertikal immobil bleibt, während näherungsweise ein Viertel als Auf- und ein Viertel als Absteiger einzuordnen ist. Von diesen, gemessen am Leitbild der „offenen Leistungsgesellschaft" keineswegs dramatischen M.-Bewegungen sind die Angehörigen der sozialen Unterschichten weniger betroffen als die der Mittelschichten: Für *Arbeiterkinder,* die in allen Industriegesellschaften ca. 50 % der Erwerbstätigen ausmachen, besteht nach wie vor nur eine sehr geringe Wahrscheinlichkeit, aus dem Arbeiterdasein ausbrechen und gesellschaftlich aufsteigen zu können.
Trotz relativ hoher regionaler und Arbeits-M. sind zeitgenössische (westliche) Industriegesellschaften also noch immer von *vertikaler Immobilität* geprägt. Das Ausmaß der vertikalen M. hält sich in den Grenzen, die von den – nach wie vor kaum veränderten – Konturen der sozialen Ungleichheitsstruktur vorgezeichnet sind. Solange vertikale Mobilität sich in den skizzierten Größenordnungen bewegt, übt sie keineswegs egalisierende, sondern eher ungleichheitserhaltende Funktionen aus – und sei es nur, weil sie dem Trugbild von der „offenen" Leistungsgesellschaft Vorschub leistet.

Im Zuge der in den letzten Jahre intensivierten theoretischen und ideologiekritischen Selbstreflexion der Sozialwissenschaften gewinnen derartige Überlegungen an Einfluß. Die Aufmerksamkeit konzentriert sich nicht mehr ausschließlich auf Mobilitätsprozesse, sondern auch auf Immobilität und *mobilitätshemmende* Mechanismen. Wichtige Impulse in diese Richtung gehen z. Z. vor allem von der Bildungs- und Sprachsoziologie, aber auch von der ökonomischen Einkommens- und Verteilungstheorie aus.

LITERATURHINWEISE

Bolte, Karl M.: Vertikale Mobilität. In: *König*, René (Hrsg.): Handbuch der empirischen Sozialforschung, Bd. II, Stuttgart 1969.
Glass, David V, und *König*, René (Hrsg.): Soziale Schichtung und soziale Mobilität. Sonderheft 5 der „Kölner Zeitschrift", 4. Aufl., Köln usw. 1970.
Kleining, Gerhard: Struktur- und Prestigemobilität in der Bundesrepublik Deutschland. In: Kölner Zeitschrift für Soziologie und Sozialpsychologie, 23. Jg., 1971.
Kreckel, Reinhard, *Brock*, Ditmar und *Thode*, Hartwig: Vertikale Mobilität und Immobilität in der BRD. Bericht einer Untersuchung im Auftrag des Bundesministeriums des Innern. Bad Godesberg 1972.
Lipset, Seymour M., und *Bendix*, Reinhard: Social Mobility in Industrial Society, London und Berkeley 1959.
Smelser, Neil J, und *Lipset*, Seymour M. (Hrsg.): Social Structure and Mobility in Economic Development. Chicago 1966.
Vanberg, Monika: Kritische Analyse der Wanderungsforschung in der BRD. Berlin 1971.

REINHARD KRECKEL

Nationaleinkommen (NE.), Volkseinkommen (VE.)

→ *DDR, Statistik*

1. BEGRIFF. Das NE. ist eine in den volkswirtschaftlichen Gesamtrechnungen der Länder des Rats für gegenseitige Wirtschaftshilfe enthaltene gesamtwirtschaftliche Kennziffer, welche die Summe der während einer Periode in einer Volkswirtschaft neu geschaffenen Werte als Geldbetrag ausdrückt. In der Terminologie des Standardsystems der OECD steht dem NE. das Nettosozialprodukt zu Marktpreisen (VE.) begrifflich nahe. Die Unterschiede ergeben sich aus den die verschiedenen Wirtschaftsysteme stützenden Theorien.

2.0. DIE STATISTISCHE ERMITTLUNG des NE. kann – ebenso wie die Berechnung des VE., in drei Formen erfolgen: als produziertes, als verteiltes (und umverteiltes) sowie als verwendetes NE.
2.1. *Produziert* wird das NE. in den Wertschöpfungsbereichen, die als Wirtschaftsbereiche (Industrie, Landwirtschaft, Verkehr usw.) als Eigentumsformationen (staatlich, genossenschaftlich, privat) oder als Wirtschaftsregionen definiert werden können.
2.2. *Verteilt* wird das NE. unter Gruppen von Einkommensbeziehern, die funktional (primäre Arbeitseinkünfte, Einkünfte der Kolchose, Gewinne der Staatsbetriebe, Reineinkommen des Staates) oder personal (Nettoein-

künfte der privaten Haushalte, der Kolchose, der Staatsbetriebe oder des Staatshaushaltes) definiert werden können. Verbunden sind funktionale und personale Einkommensverteilung in erster Linie durch den Staatshaushalt, über den der weitaus größte Teil der Einkommens-Umverteilung erfolgt.

2.3. Die *Verwendung* des NE. kann – im Ausland oder Inland – für gesellschaftlichen oder privaten Konsum, für Anlageinvestitionen oder die Erhöhung der Lagerhaltung oder den Erwerb von Forderungen gegenüber dem Ausland erfolgen.

2.4. Produziertes, verteiltes und verwendetes NE. (und VE.) sind definitionsgleiche statistische Summen; infolgedessen muß jede der alternativen Summierungen zu dem nämlichen Resultat führen. In der statistischen Praxis ist das jedoch aus zwei Gründen nicht der Fall: wegen der bei der Sammlung und Verarbeitung von statistischen Informationen unvermeidlichen Ungenauigkeit und wegen der – mit dem zunehmenden Anspruch an die Genauigkeit wachsenden – Kosten. Deshalb konzentrieren sich die statistischen Verwaltungen der RGW-Länder auf die detaillierte Ermittlung des produzierten NE.

3. Betrachtet man das in der → DDR angewendete Verfahren als *repräsentatives Beispiel*, so ergeben sich folgende Zahlen für das Jahr 1971 (Statist. Jb. der DDR 1972, S. 41) in Mrd. Mark:

Von dem *Bruttoprodukt* (290 Mrd. Mark) entfällt der überwiegende Teil (196) auf Industrie und produzierendes Handwerk; ferner 26 auf die Bauwirtschaft, 27 auf Land- und Forstwirtschaft, 15 auf Verkehr und Post, 22 auf den Binnenhandel und 3 Mrd. Mark auf „sonstige" produzierende Zweige, z. B. Verlage, Wäschereien, Rechenbetriebe, freiwillige Leistungen im Nationalen Aufbauwerk.

Zieht man vom Bruttoprodukt den *„Produktionsverbrauch"* in Höhe von 172 Mrd. ab – 13 für Abschreibungen und Pachten, 159 für den Verbrauch von Material und produktiven Leistungen –, so bleibt das *„Nettoprodukt* der Wirtschaftsbereiche" übrig (118); davon sind noch 4 Mrd. *„Verrechnungen* für den Produktionsverbrauch" (s. u.) abzuziehen, um das „produzierte Nettoprodukt" (NE.) von 114 Mrd. Mark zu erhalten.

Zur *Erläuterung* der Begriffe führt das Stat. Jahrbuch u. a. folgendes an (Auszug): Das *Bruttoprodukt* wird als Summe der Bruttoprodukte der zum produzierenden Bereich der Volkswirtschaft gehörenden Betriebe ermittelt. Das schließt zum Beispiel für den Bereich Industrie ein: die industrielle Bruttoproduktion, nichtindustrielle produktive Leistungen (zum Beispiel Bau- und Montageproduktion, Transportleistungen, Handelserlöse der Industrieläden) und Leistungen des produzierenden Handwerks (Produktion aus eigenem Material und aus Kundenmaterial, Reparaturen, Erträge aus dem Umsatz fertig bezogener Handelsware). Nicht einbezogen sind das Bauhandwerk und das dienstleistende Handwerk. Das Bruttoprodukt wird errechnet aus der abgesetzten Warenproduktion zu Industrieabgabepreisen, den Bestandsveränderungen an unfertigen und fertigen Erzeugnissen bzw. Leistungen zu Gesamtselbstkosten sowie den nicht in der Warenproduktion enthaltenen produktiven Leistungen zu Abgabepreisen usw. ... Der „*Produktionsverbrauch*" ist die Gesamtheit der materiellen Produktionsaufwendungen der Volkswirtschaft. Er setzt sich zusammen aus den von den Betrieben auf Grund von Normen berechneten Abschreibungen für die Abnutzung an Grundmitteln sowie den Mieten, Pachten und Nutzungsentgelten für die Nutzung fremder Grundmittel, sowie dem Verbrauch von Material und produktiven Leistungen. – „*Verrechnungen*" sind Preisstützungen, die vom Staatshaushalt für bestimmte Erzeugnisse ... bezahlt werden. Der abnehmende Betrieb zahlt nicht den vollen Preis für die gelieferten Erzeugnisse. In der Summe aller produzierenden Betriebe wird dadurch die Größe des Nettoproduktes um die Preisstützungen zu hoch ausgewiesen. Deshalb wird zur Berechnung des produzierenden NE. das Nettoprodukt der Wirtschaftsbereiche um die Preisstützungen vermindert und der Produktionsverbrauch entsprechend erhöht.

4.0. Probleme der Berechnung des NE. Probleme, welche die statistischen Verwaltungen der RGW-Länder bei der Ermittlung des NE. lösen müssen, betreffen – ebenso wie bei VE.-Berechnungen in westlichen Staaten – die Erfassung, Abgrenzung und Bewertung der einzelnen Wertschöpfungsbeiträge und den Grad von Genauigkeit bei der Sammlung und Verarbeitung der Informationen.

4.1. Solche Probleme stellen sich *insbesondere* in bezug auf a) die Abgrenzung gegenüber dem Ausland (Leistungen von Inländern im Ausland und umgekehrt, Beteiligung an internationalen Militärausgaben, Ausgleich der Differenzen zwischen Inlandspreisen und Weltmarktpreisen, einseitige Wertübertragungen); b) unentgeltliche naturale Leistungen (Kindererziehung, Wehrpflicht, freiwillige Mitarbeit im nationalen Aufbauwerk usw.); c) den Selbstverbrauch (besonders in der Landwirtschaft); d) die Ausschaltung von Doppelzählungen; e) die Abschreibungen für den technischen und den moralischen Verschleiß der Produktionsanlagen; f) die Behandlung unfertiger Anlagen; g) die Berücksichtigung von Fehlinvestitionen; h) Veränderungen der Lagerhaltung (z. B. Bildung strategischer Rohstoffreserven, oder Ansammlung schwer absetzbarer Konsumgüter); i) die Behandlung von Verteidigungsleistungen, und -investitionen; j) Veränderungen der Forderungen und Verbindlichkeiten gegenüber dem Ausland; sowie k) die Unterscheidung von primären Einkünften (aus „produktiver" Arbeit) und sekundären Einkünften (aus „nicht-produktiver, wenn auch gleichwohl nützlicher Arbeit").

4.2. Während sich die Probleme a) bis j) in prinzipiell gleicher Form auch den Statistikern westlicher Staaten stellen, handelt es sich bei der Unterscheidung zwischen produktiver und *zwar nützlicher aber nicht-produktiver Arbeit* um eine für die RGW-Länder typische Besonderheit. Sie hat zur Folge, daß die Nettowertschöpfung einiger Wirtschaftsbereiche, die im Standardsystem der OECD in die Summierung zum Nettosozialprodukt (zu Marktpreisen) eingeht, im produzierten NE nicht enthalten ist. Erläutert am Beispiel der DDR handelt es sich um jene Wirtschaftsbereiche, die in dem oben unter 3 wiedergegebenen Schema nicht erscheinen. Solche, in den VE.-Berechnungen der OECD-Länder enthaltene und gemäß der statistischen Terminologie der RGW-Länder „nicht-produktive" Wirtschaftsbereiche sind vor allem: der Staat (Bund, Bundesstaaten und Gemeinden), die Kreditinstitute und das Versicherungsgewerbe, die Wohnungsvermietung, private Haushalte und private Organisationen ohne Erwerbscharakter, und Dienstleistungen der freien Berufe, der Publizistik, privater Bildungsanstalten usw. Im wesentlichen ist es also die Wertschöpfung des tertiären Sektors (insbesondere des Staates), die bei der Ermittlung des produzierten NE. in den RGW-Ländern unberücksichtigt bleibt.

Begründet ist diese Unterscheidung zwischen „produktiver" und „nützlicher aber nichtproduktiver" Arbeit in der marxistischen → Arbeitswertlehre. Sowohl für die nationale volkswirtschaftliche Gesamtrechnung als auch für zwischenstaatliche Einkommensvergleiche ist sie – ungeachtet verbreiteter, gegenteiliger Meinungen in Ost und West – prinzipiell *gleichgültig*.

4.3. Praktische Probleme ergeben sich freilich daraus, daß es im Einzelfall ziemlich schwierig ist, die alternativen Volkseinkommensbegriffe ineinander *umzurechnen*. Zur Illustration der Größenordnungen, um die es dabei geht, ist im folgenden das Ergebnis eines solchen Versuches für die USA (1963), die UdSSR (1962) und die BRD (1962) wiedergegeben:

	USA 1963	UdSSR 1962	BRD 1962
	Nationaleinkommen = 100		
Nationaleinkommen (produziertes Nettoprodukt)	100	100	100
plus Abschreibungen (auf Nationaleinkommen)	10	7	11
plus Nettowertschöpfung der „nicht-produktiven" Wirtschaftsbereiche	34	14	26
ergibt *Bruttosozialprodukt* zu Marktpreisen	144	121	136
minus Abschreibungen (auf Bruttosozialprodukt)	13	10	13
ergibt Nettosozialprodukt zu Marktpreisen	131	111	123
minus indirekte Steuern plus Subventionen	14	16	19
ergibt *Volkseinkommen* (Nettosozialprodukt zu Faktorkosten)	118	95	104

Die Statistiker der RGW-Länder machen – ebenso wie die entsprechenden Verwaltungen in den westlichen Staaten – keine Angaben über den *Genauigkeitsgrad* ihrer Berechnungen. Es gibt jedoch nach der unter westlichen Beobachtern vorherrschenden, wenn auch bestrittenen Meinung keinen zureichenden Grund für die Vermutung, daß er niedriger läge als bei entsprechenden westlichen Rechnungen. Angesichts der Komplexität solcher Rechnungen erscheint es als realistisch, bei der absoluten Höhe der NE.- (bzw. VE.) Ziffern mit einem möglichen Fehler von ± 10 % und bei Angaben über ihre jährlichen Veränderungen mit einer Ungenauigkeit von ± 2 % zu rechnen.

5. ZWECKE DER BERECHNUNG DES NE. Sieht man von – freilich keineswegs unwichtigen – Erwägungen der politischen Opportunität ab, so sind die Lösungen, welche die statistischen Verwaltungen der RGW-Länder für die genannten Probleme wählen, hauptsächlich eine Funktion der Zwecke, denen diese Kennziffer dienen soll. Als derartige Zwecke kommen in Betracht: a) die Messung des Wirtschaftswachstums durch intertemporale Vergleiche; b) die Bestimmung des relativen Entwicklungsstandes durch internationale Vergleiche; c) die Einsicht in die interindustrielle, klassenmäßige und regionale Struktur der Wertschöpfung und deren zeitliche Veränderungen; d) die Einsicht in die Struktur der Einkommensverteilung und die Wirkungen der Einkommensumverteilung sowie die zeitlichen Veränderungen beider; e) die Einsicht in die Struktur der Einkommensverwendungen und deren zeitliche Veränderungen.
Diese Zwecke gleichen im wesentlichen denen, die auch für westliche Sozialproduktsberechnungen wichtig sind. Die hervorstechendsten Besonderheiten der Ermittlung des NE. in den RGW-Ländern sind die Herausstellung der Klassenstruktur der Wertschöpfung (die im Westen fehlt) und der starke Nachdruck, welcher auf der Ermittlung (möglichst hoher) gesamtwirtschaftlicher Wachstumsraten liegt.

LITERATURHINWEISE

Becker, Abraham S.: Soviet National Income 1958/1964. Berkeley usw. 1969.
Bergson, Abram: The Real National Income of Soviet Russia since 1928. Cambridge, Mass., 1961.
Stiemerling, Karl-Heinz: Wachstumsprobleme des Nationaleinkommens in der DDR. Berlin 1968.

ERICH KLINKMÜLLER

Öffentliche Bindung (öB.)

→ *Allgemeine Geschäftsbedingungen, Eigentum, Gemeinwirtschaft, Macht, öffentliche Unternehmen, Selbstverwaltung, Staat*

1.0. BEGRIFF. 1.1. *Eine öB. liegt vor,* „wenn in einem grundsätzlich marktwirtschaftlichen System die Unternehmen eines Wirtschaftszweiges hoheitlichen Sondervorschriften unterworfen sind, welche die Freiheit ihrer wirtschaftlichen Betätigung in einer gewissen Intensität für eine gewisse Dauer einschränken, und wenn die Einhaltung dieser Vorschriften und ihre Konkretisierung der Kontrolle durch bestimmte Stellen unterliegt" (von Eynern, a.a.O., S. 6). Der Bereich der öB. wird in der Literatur auch abweichend mit staatlicher Fachaufsicht, Kontrolle, Regulierung u. ä. umschrieben, auch ist der Sprachgebrauch bei dem Begriff öB. nicht immer einheitlich.
In der Geschichte des Tatbestandes der öB. hat sich als einer der ersten Ökonomen ein Klassiker der Gemeinwirtschaft, Emil Sax, ausführlich mit den „staatlich regulierten Unternehmen" auseinandergesetzt. Während der De-

batte um eine Verstaatlichung der Eisenbahnen empfahl er entgegen den Nationalisierungstheoretikern eine öB. der damals privaten Bahnen. Das Konzept der öB. trat bald hinter der weitergehenden Lösung durch Verstaatlichung zurück, so daß erst in der Mitte des 20. Jh. die Diskussion wieder aufgenommen wurde. Der Terminologie-Ausschuß der Gesellschaft zur Förderung der öffentlichen Wirtschaft bezog 1954 die Unternehmen der öB. in den Bereich gemeinwirtschaftlicher Unternehmen ein. Orientiert am angelsächsischen Beispiel empfahl auch Karl Kühne für die BRD vom öffentlichen Eigentum an Produktionsmitteln abzugehen und statt dessen verstärkt eine öB. privater Unternehmen anzustreben, weil „generell die öffentliche Kontrolle eine Kombination der positiven Eigenschaften privater Wirtschaftsführung mit öffentlichen Interessengesichtspunkten erlaubt" (a.a.O., S. 33). Theo Thiemeyer widerspricht beiden Positionen, da öffentliche Bindung die Realisierungsmöglichkeiten erwerbswirtschaftlicher Ziele lediglich einengt, nicht aber in gemeinnützige umwandelt. „Die öB. ändert an dem privatwirtschaftlichen ‚Sinn', d. h. für die große Mehrzahl der Unternehmen also: am Ziel der Gewinnmaximierung, nichts" (a.a.O., S. 215).

1.2. Folgende *Kriterien* ermöglichen eine Abgrenzung. Die öB. umfaßt *alle* Unternehmen einer Branche; sie kann also gleichermaßen Unternehmen in privatem wie in öffentlichem oder freigemeinwirtschaftlichem Besitz treffen (wie es bei Banken, Bausparkassen usw. geschieht). Dennoch ist es erforderlich, zumindest von einem relevanten Anteil nicht-öffentlicher Unternehmen auszugehen, da sonst die öB. durch direktere Formen des Staatseinflusses ersetzt würde. Damit ist der Begriff der öB. nur im privatwirtschaftlichen Wirtschaftssystem sinnvoll anwendbar.

Als Konstitutiv für öB. muß weiterhin anzusehen sein, daß nicht etwa die Gesamtökonomie in ihrem wirtschaftlichen Gestaltungsraum eingeengt ist (z. B. durch das HGB), sondern daß *einzelne Wirtschaftszweige* einer spezifischen, intensiven und dauerhaften Fachaufsicht unterworfen sind. Für die Ausübung dieser Fachaufsicht sind *häufig Kontrollstellen* eingerichtet worden: In der BRD der Exekutive untergeordnete „Aufsichtsämter", in den USA (von allen Staatsgewalten unabhängige) Regulierungskommissionen: Independent Regulatory Commissions.

Wichtig ist weiterhin, daß sich die öB. auf die ökonomischen Dispositionen der Unternehmen auswirkt. Ob sie aber primär wirtschaftliche Ziele haben muß, oder diese sich auch als Folgewirkung anderer z. B. technischer Vorschriften ergeben und also diese einschließt, wird in der Literatur unterschiedlich behandelt.

2.0. Fälle von öB: 2.1. *Typische Bereiche* der öB. in der *BRD* sind das Banken- und Versicherungswesen, die Bausparkassen, die Energie- und z. T. die Wohnungswirtschaft sowie nahezu alle Verkehrsbereiche außerhalb von Bundesbahn, Bundespost und den kommunalen Verkehrsunternehmen: Kraftverkehr, nicht-bundesbahneigene Bahnen, Binnenschiffahrt, Luftverkehr. Diese Wirtschaftsbereiche werden in ähnlicher Weise in fast allen Ländern mit marktwirtschaftlicher Ordnung einer ähnlichen öB. unterworfen, es sei denn, sie sind verstaatlicht. Im Bereich der Montanindustrie haben die Länder der Montanunion 1952 eine Bindung durch die Hohe Behörde in den Bereichen Preisbildung, Investitionen, Produktion und Außenhandel akzeptiert.

2.2. Die enge Wechselbeziehung zwischen öB. und *Verstaatlichung* wird besonders am Beispiel der *USA* deutlich. Dort sind alle Bereiche, die sich in Westeuropa generell in öffentlicher Hand befinden wie Eisenbahnen, Rundfunk-, Fernseh- und Telefonnetze, in privater Hand verblieben; die einzige Ausnahme ist das Postwesen. Zusätzlich besteht eine öB. in den für die BRD genannten Bereichen mit Ausnahme der Wohnungswirtschaft. Das angelsächsische Recht hat eine lange Tradition der Unterstellung von Netzmonopolen (so in vorindustrieller Zeit bereits Kanäle) als sog. „public utilities", d. h. für die Öffentlichkeit arbeitende Versorgungsbetriebe, unter öffentliche Kontrolle entwickelt. Im Regelfall werden monopolartige, private Versorgungsbetriebe von unabhängigen Regulierungskommissionen auf Bundesebene oder von einzelstaatlichen Public Utilities-Kommissionen beaufsichtigt. Die Unabhängigkeit von allen Staatsgewalten soll den Kommissionen die quasi-richterliche Position einer Jury geben, die in sich die divergierenden Interessen von Staat, Gesellschaft und Unternehmen integriert.

2.3. Anders als in den USA tendierten in *Großbritannien* starke politische Kräfte nach 1945 zur Nationalisierung von Schlüsselindustrien, so daß Industriezweige, die vorher öffentlich gebunden waren, z. B. Eisenbahnen, Elektrizität, Gas, in öffentliches Eigentum überführt wurden. Der weitgehend nationalisierte Bereich des Straßengüterverkehrs wurde in den fünfziger Jahren reprivatisiert und damit in das Stadium der öB. zurückgeführt.

2.4. Neben den genannten lassen sich *weitere Ausprägungen* von staatlicher Aufsicht über die Wirtschaft feststellen, ohne daß eine genaue Übereinstimmung mit der genannten Definition vorläge. In diesen Randbereich gehören insbesondere die *Zentralbanken*, deren Aktivitäten teilweise hoheitlichen Charakter haben, z. B. die Mindestreservenpolitik oder Zinsfestsetzungen wie sie bis 1967 in der BRD erfolgten. Zu einem wesentlichen Teil wirkt aber ihr Instrumentarium nur indirekt, geschäftsmäßig und damit nicht hoheitlich auf den Geld- und Kreditbereich ein, so bei der Offenmarkt- und der Diskontpolitik. Weiterhin ist vorgeschlagen worden, das Verfahren der staatlichen *Zwangsschlichtung*, wie es in der Weimarer Republik praktiziert wurde, als öB. im Lohn- und Arbeitsbereich zu bezeichnen.

3.0. Ziele: Hauptziel der öB. ist es – allgemein gesagt – in einen begrenzten Bereich mit hoheitlicher Gewalt dann ordnend einzugreifen, wenn der Marktmechanismus versagt bzw. Fehlentwicklungen den betroffenen Wirtschaftsbereich oder die Allgemeinheit belasten. Dabei ist öB. die dem privatwirtwirtschaftlich-kapitalistischen System eigene Interventionsform des Staates, da sie das Grundprinzip des privaten Eigentums nicht infrage stellt.

3.1. Als Voraussetzungen für die *Notwendigkeit* einer öB. werden genannt: (1) die Ordnung von technisch bedingten Netzmonopolen (Strom, Gas, Telefon, Schienenwege u. a.), welche die Gefahr einer monopolistischen Ausbeutung in sich tragen; (2) die Sicherung von Bereichen, die für die Gesamtökonomie bzw. für jedes Wirtschaftssubjekt von essentieller Bedeutung sind und deren Versagen schweren Schaden verursachen würde (Grundstoffindustrien, Banken, Versicherungen, Transportmittel u. a.); (3) die Durchsetzung der Wirtschaftspolitik der Regierung (z. B. Inflationsbekämpfung); (4) der Schutz von Kunden vor Übervorteilung; (5) die Entmachtung von Schlüsselindustrien, deren wirtschaftliche und politische Einflußmöglichkeiten unter Kontrolle gebracht werden sollen.

3.2. *Gegenstand* der öB. sind am häufigsten die Preise und Tarife von Netzmonopolen; die Vergabe von Lizenzen; das Erstellen von Konditionen; die Leistungsverpflichtung (der „Kontrahierungszwang" bindet Monopolunternehmen, nach allgemeinen Tarifen jeden Kunden zu bedienen); die Genehmigung von Investitionen; die Festsetzung von Kontingenten. Während bei Netzmonopolen eine Vorschriftensetzung sehr unterschiedlicher Art durch den Staat (häufig die Kommunen) von Anbeginn an zwingend war – für die Kunden hätte sonst die Gefahr der Ausbeutung, für das Unternehmen die der Fehlinvestition bestanden – ist die öB. in den Bereichen potentieller Konkurrenz zumeist erst nach schwerwiegenden Fehlentwicklungen errichtet worden.

4.0. Würdigung. Die „öffentliche", also öffentlich-rechtliche, hoheitliche Bindung darf nicht einer Bindung in einem kaum definierbaren öffentlichen Interesse gleichgestellt werden. Vielmehr kann die Durchsetzbarkeit gemeinwirtschaftlicher Gesichtspunkte gegenüber bindungsunterworfenen Privatunternehmen nur im Zusammenhang mit den politisch-ökonomischen Verhältnissen des zu regulierenden Wirtschaftszweiges gesehen werden.

4.1. In aller Regel fallen Bindungsentscheidungen im kleinen Kreis der unmittelbar *Betroffenen,* also der Beaufsichtigten, der Beaufsichtigenden sowie möglicherweise der industriellen Abnehmer von Leistungen. Selten wird der Konsument Einfluß nehmen können. In die behördliche Anordnung von Preisen usw. wird deshalb immer die erwerbswirtschaftliche Widmung der Unternehmen eingehen, z. B. in den USA ein Gewinnanspruch der Beaufsichtigten, der Bestandteil jeder Kalkulation ist.

Zu niedrig angesetzte Leistungsentgelte kämen einem enteignungsnahen Eingriff in die private Unternehmerautonomie gleich, doch sind solche Ausprägungen der öB. von keiner praktischen Bedeutung. Die politische Konstellation bei Entstehung und Durchführung der öB. ließ jeweils keine Verstaatlichungen zu (vgl. z. B. Deutschland und die USA nach der Weltwirtschaftskrise; anders Großbritannien nach 1945), sondern regelte Aufsichtsprobleme gerade unter Hinzuziehung privatwirtschaftlicher Instrumentarien. Diese politische Kräfteverteilung verhindert enteignungsnahe Eingriffe und läßt die öB. als Kontrollverfahren gegen wirtschaftliche Macht als ungeeignet erscheinen. Hier liegt der Hauptgrund dafür, daß die gebundenen Unternehmen zumeist ihren Status der völligen Unkontrolliertheit und damit verbundenen Krisenanfälligkeit vorziehen.

4.2. In der Praxis finden sich starke Elemente der *Selbstbeaufsichtigung* und -verwaltung. Dabei übernimmt die Bindung auch die Aufgabe, Erschütterungen von dem Markt, z. B. durch Neuankömmlinge oder Preisbrecher, abzuhalten. Die netzmonopolistischen Unternehmen erhalten mit der öB. eine Monopolgarantie. Aber auch die Nicht-Monopolisten erwarten einen entsprechenden Schutz; so ordnen z. B. die Beaufsichtigungsorgane des Güterkraftverkehrs in der BRD und den meisten anderen Ländern Kontingente an, die einen Preisverfall durch Überangebot verhindern sollen.

4.3. Dem Interesse vieler Wirtschaftszweige an einer hoheitlich-abgesicherten, aber weitgehend ihren Vorstellungen entsprechenden Selbst-Regulierung kommen die *amerikanischen* Kommissionen mit ihrer weitgehenden *Unabhängigkeit von jeder politischen Kontrolle* in fast idealer Weise entgegen. Ihre vom Präsidenten auf Zeit ernannten und nicht abrufbaren Kommissionsmitglieder – ihre Auswahl erfolgt unter starkem Interessendruck der betroffenen Industrie – halten engen Kontakt zu den Wirtschaftszweigen der öB., in denen sie häufig nach Ablauf ihrer Amtszeit hohe Positionen übernehmen. Die Möglichkeiten einer Einflußnahme der Staatsführung sind gering, so daß beispielsweise der schienengebundene Personenverkehr in den USA trotz öB. in den letzten zwei Jahrzehnten verfiel und die Anlagen heute nur mit hohen sozialen Kosten saniert werden könnten. Zweifellos stehen die Aufsichtsämter der BRD und anderer europäischer Länder unter viel direkterem Einfluß der politischen Führung; doch überwiegt auch hier häufig die abschirmende gegenüber der intervenierenden Funktion.

4.4. Durch die öB. bleibt nicht nur das *Eigentum* als Institution unangetastet, es wird zudem mit dem Interesse der Staatsbürokratie verzahnt und somit im Austausch gegen Verfügungseinschränkungen gerade in von Verstaatlichungen bedrohten Bereichen garantiert. Die Kontrollstellen können gleichzeitig zu institutionalisierten Klientel-Bürokratien innerhalb des Staatsapparates werden, die im Zweifelsfall zugunsten der Kontrollierten tätig sind, wobei ihnen keine nennenswerte gesellschaftliche Kraft entgegensteht. Die öB. erscheint so als die dem organisierten Kapitalismus eigene Organisationsform von netzmonopolistischen oder anderen für die Ökonomie essentiell wichtigen Wirtschaftszweigen, in denen als erwerbswirtschaftliche Alternative zur Nationalisierung staatliche Kontrollstellen mit starkem Selbstverwaltungscharakter eine überwiegend im Eigeninteresse liegende Bindung mit dem Ziel ausüben, eine Funktions- und Gewinnabsicherung zu gewährleisten. Während die Befürworter der öB. häufig kapitalismuskritische Argumente vorbringen, erweist sie sich also in der Praxis als eine dem Sicherheitsbedürfnis der Großunternehmen entgegenkommende staatliche Abschirmungs- und Garantiepolitik.

Literaturhinweise

Bernstein, Marver H.: Regulating Business by Independent Commission. Princeton, N. J., 1955.

Eynern, Gert von: Das öffentlich gebundene Unternehmen. In: Archiv für öffentliche und freigmeinwirtschaftliche Unternehmen, Bd. 4, 1958.

Kühne, Karl: Sinn und Verantwortung der öffentlichen Kontrolle. In: Gewerkschaft ÖTV (Hrsg.): Handbuch der öffentlichen Wirtschaft. Stuttgart 1960.
Smead, Elmer D.: Governmental Promotion and Regulation of Business. New York 1969.
Thiemeyer, Theo: Gemeinwirtschaftlichkeit als Ordnungsprinzip. Berlin 1970.

HANS J. KLEINSTEUBER

Öffentliche Unternehmen (öU.)

→ *Gemeinde, Gemeinwirtschaft, Genossenschaft, Mitbestimmung, öffentliche Bindung, Wohlstand*

1. BEGRIFF. – öU. sind Einzelwirtschaften, deren Eigentümer (Träger) die öffentliche (öff.) Hand ist. Abgrenzungsprobleme ergeben sich einerseits zum nichtöff. Bereich, und zwar bei solchen Unternehmen, bei denen neben der öff. Hand auch private Eigentümer beteiligt sind („gemischt-wirtschaftliche Unternehmen"). Auf der anderen Seite sind die Grenzen zur „Hoheitsverwaltung" fließend. Der Begriff „Unternehmen" wird im folgenden sehr weit gefaßt und meint nicht nur die öff. Erwerbsunternehmen, sondern alle Betriebe, einschließlich der defizitären, die häufig als „Anstalten" bezeichnet werden (z. B. Theater, Krankenhäuser). Unter öU. wird hier also – unabhängig von der Rechtsform – der gesamte Bereich zwischen den öff. Eigengesellschaften (Gesellschaften in privatrechtlicher Rechtsform) bis hin zu den „Regiebetrieben" verstanden. In jedem Falle werden ökonomisch knappe Leistungen bei rationalem Mitteleinsatz gegen Entgelt (Preis, Tarif, Gebühr, Beitrag) angeboten.
Unter „*sozialisierten* Unternehmen" werden teilweise nicht die verstaatlichten öU. verstanden, sondern solche U., die der gemeinsamen Aufsicht durch Arbeitnehmer, Konsumenten (Abnehmer) und Vertreter des Staates unterstellt sind. (Vgl. die Konzeptionen von Otto Bauer, Harald Kochs „Sozialgemeinschaften", die französische „gestion tripartite"). Ob, wie in Frankreich, wegen des Übergewichts der Vertreter des Staates (als Kapitalgeber) eine Transformation in den reinen Staatsbetrieb zwangsläufig ist, bleibt ungeklärt.

2. DIE RECHTSFORMEN der öU. in der BRD sind vielgestaltig. Neben den Formen des *Privatrechts* (zumal AG und GmbH; die Zulässigkeit der Beteiligung an Personengesellschaften ist wegen der unbeschränkten Trägerhaftung umstritten) bieten sich Formen des *öff.* Rechts mit eigener Rechtspersönlichkeit an: die öff. rechtliche Anstalt (z. B. Kreditinstitute), die öff. rechtliche Körperschaft, die im Gegensatz zur Anstalt (Zwangs- oder freiwillige) Mitglieder hat (z. B. Landschaft, Stadtschaft) und die öff. rechtliche Stiftung. Mehr in die allgemeine Verwaltung integriert sind Unternehmen in der Form des öffentlichen Rechts *ohne* eigene Rechtspersönlichkeit, wobei vor allem den „verselbständigten" Regiebetrieben große Bedeutung zukommt: Zu ihnen gehören die öff. rechtlichen Anstalten ohne Rechtspersönlichkeit, auf der kommunalen Ebene vor allem die Eigenbetriebe und schließlich die „*autono-*

men Wirtschaftseinheiten", die auch ohne eigene Rechtsperson weitgehende Autonomie genießen (in der BRD Bahn, Post; in Österreich Bahn). Auch zahlreichen Regiebetrieben kommt nach der hier vertretenen – nicht allgemein akzeptierten – Auffassung Unternehmenscharakter zu, zumal bei sog. Gebarungserleichterungen, die beispielsweise – als Ausnahme von den allgemeinen Bestimmungen – die Zuführung von Haushaltsresten an Rücklagen und die Verwendung von Mehreinnahmen, die den Voranschlag überschreiten, im Betrieb selbst erlauben. Die Ausgliederung des Betriebsvermögens als „Sondervermögen" (in der BRD z. B. bei kommunalen Eigenbetrieben, auch D.B. Bahn) läßt keinen Schluß auf die Bindung der Unternehmenspolitik an die Hoheitsverwaltung zu. *Bruttobetriebe*, die mit allen Einnahmen und Ausgaben im öff. Haushalt erscheinen, sind in der Regel mehr in die Verwaltung integriert als *Nettobetriebe*, die nur mit dem Rechnungsüberschuß oder -defizit im öff. Haushalt aufscheinen. Die Ausstattung mit eigener Rechtspersönlichkeit läßt keinen Rückschluß auf die Intensität der öff. Einflußnahme zu. Zumal die öff. rechtlichen Anstalten können durch die dienstrechtliche Bindung der Organe in die öff. Verwaltung integriert sein. Auch die privatwirtschaftliche Rechtsform schließt eine → öff. Bindung nicht aus, die somit nicht nur ein Instrument zur Regulierung privatwirtschaftlicher U., sondern auch zur formalrechtlichen Bindung der öff. AG oder GmbH wird (z. B. österr. oder schweiz. Nationalbank als AG).

3. Die Aufgaben (der „Sinn") der öU. sind umstritten. Die bisher üblichen Spekulationen über → „Gemeinwirtschaftlichkeit", „öff. Interesse", „Daseinsvorsorge" oder „Solidaritätsprinzip" bieten einer ökonomischen Theorie keine operationalen Anhaltspunkte. Um Nüchternheit bemüht, entwickelt die neuere Theorie „*Zielkataloge*" tatsächlicher oder möglicher Ziele. Aus dieser Perspektive sind öU. Instrumente der Wirtschaftspolitik regionaler Körperschaften. Die Frage, ob und inwieweit ein öU., verglichen mit anderen Instrumenten, das effizientere ist, ist weitgehend ökonomischer Analyse zugängig, unterliegt aber in der Praxis starken politischen Vorurteilen.
ÖU. dienen (1) *raumordnungs*politischen Zielen (→ Regionalplanung, Stadtplanung) sowohl auf gesamtstaatlicher Ebene (z. B. Kristallisationseffekt des Angebots der Versorgungsbetriebe für Industrieansiedlung; Entfernungsstaffel, Wertstaffel, Ausnahmetarife bei Eisenbahngütertarifen; Spezialkreditinstitute zur Förderung der Industrieansiedlung; Sparkassen auf Grund ihrer dezentralen Organisation), als auch im kommunalen Bereich (Versorgungsunternehmen, Nahverkehrsunternehmen). Bei (2) *branchenstruktur*politischen Zielen liegt das Schwergewicht auf Maßnahmen öff. (Spezial-)Kreditinstitute. ÖU. als Instrumente der (3) → Konjunkturpolitik spielen in der neueren Diskussion eine bedeutende Rolle. Allerdings sind die Möglichkeiten einer anti-zyklischen Konjunkturpolitik bei der Auftragsplazierung, der betrieblichen Finanzierungs- und Investitions-, vor allem aber der Preispolitik umstritten. Die breite Öffentlichkeit erwartet vor allem die Verwirklichung (4) *sozial*politischer Ziele. Dabei kommt allerdings den öU. als „sozialpoli-

tischen Musterbetrieben" in den entwickelten Industriestaaten nur eine bedingte Bedeutung zu. Das Schwergewicht der sozialpolitisch gemeinten Maßnahmen liegt auf der Seite der Angebotspolitik (z. B. bei Personentarifen der Eisenbahn, defizitären Tarifen im Nahverkehr, einheitlicher Tarifierung im Raum trotz unterschiedlicher Kosten z. B. in der Energieversorgung und bei der Post). Zu beachten ist allerdings, daß manche als „sozialpolitisch" bezeichnete Maßnahme sich auch unter privatwirtschaftlichen Erwägungen als optimal erweisen würde.
Von zahlreichen Ökonomen ist immer wieder der Einsatz der öU. als (5) Instrumente der *Wettbewerbspolitik* gefordert worden („Hechte im Karpfenteich" auf oligopolistischen Märkten). Während frei-gemeinwirtschaftliche, zumal → genossenschaftliche Unternehmen auf diesem Gebiete große Erfolge aufweisen, hat sich zumindest in der BRD der Staat dieses Instruments nicht bedient oder die öU. haben – aus keineswegs primär ökonomischen Gründen – versagt.
Weiter dienen öU. (6) *fiskalischen* Zielen, d. h. der Alimentierung des öff. Haushalts. Während öU. im vergangenen Jahrhundert in breitem Umfang zu den Einnahmen der Haushalte beitrugen, entfallen diese Einnahmen mit dem Übergang zum Steuerstaat weithin. Nur bei den Gemeinden spielen Überschüsse der kommunalen Unternehmen noch eine gewisse Rolle. ÖU. können schließlich in vielen Fällen 7) *gesellschaftsordnungs*politischen und *verfassungs*politischen Zielen insofern dienen, als sie Zentren ökonomischer Macht öffentlicher Kontrolle unterstellen bzw. – zumal gegenüber privaten Interessen des Auslandes – die Aushöhlung der Staatssouveränität durch „Überfremdung" verhindern. Der letzte Hinweis macht abermals deutlich, daß für Aussagen über Zweck und Ziel öU. das politische Vorverständnis maßgebend ist. – Auch ein noch breiter aufgefächerter Zielekatalog, als er hier geboten wurde, kann nie den Anspruch auf Vollständigkeit erheben, noch soll er der Meinung Vorschub leisten, als ob alle öffentlichen Unternehmen alle Ziele zu verfolgen hätten.
Die gegenüber den privatwirtschaftlichen U. grundsätzlich anderen Ziele der öU. führen zu tiefgreifenden *betriebswirtschaftlichen Besonderheiten,* die von der bisherigen Betriebswirtschaftslehre, die bis in die Gegenwart fast ausschließlich „Privatwirtschaftslehre" war, nicht beachtet worden sind. Diese Besonderheiten betreffen alle Betriebsprozesse von der (1) *Beschaffungspolitik* (u. a. Lieferantenselektion nach regionalen, strukturpolitischen, beschäftigungspolitischen Gesichtspunkten) über die (2) *Finanzierung* (u. a. Verbindung zum öff. Haushalt, neben der rechtlich-formellen auch informelle Gewährsträgerhaftung der öff. Hand: Rückgriffsprinzip der Finanzierung), den (3) *betrieblichen Kombinationsprozeß* (u. a. wirtschaftspolitisch motivierte Entscheidung für bestimmte Rohstoffe oder Vorprodukte und damit bestimmte Produktionsverfahren: z. B. kalorische Kraftwerke; bei regionaler oder genereller Unterentwicklung evtl. Entscheidung für arbeitsintensive Verfahren) bis zu – und hier liegt das Schwergewicht – den (4) *absatzpolitischen* Maßnahmen (u. a. Kundenselektion, Abnahmepflicht, Anschlußzwang, vor

allem aber preispolitische Maßnahmen: Preisdifferenzierung, interne Subventionierung eines Teilmarktes durch den anderen, defizitäre Preisbildung, Grenzkosten-Tarifierung, Null-Tarif). Auch (5) das *Rechnungswesen* (z. T. kameralistisch) und (6) die *Kontrolle* (durch Rechnungshöfe) weist gegenüber privaten Unternehmen wichtige Unterschiede auf.

Schließlich wird man (7) die *personalpolitischen* Besonderheiten und (8) die vielfältigen *politischen* Einflüsse als Tatsache hinnehmen und empirisch untersuchen müssen, um sie in Hinsicht auf die Ziele der öU. beurteilen zu können.

Ist der makroökonomische Zweck (der „Sinn") eines öU. auf die betriebswirtschaftliche (mikroökonomische) Ebene übertragen, kann man von der „*Leistungskonzeption*" des öU. sprechen. Die *Finanzierungs*konzeption gibt die finanzielle (Neben-)Bedingung an, unter der die Leistung erstellt werden soll. Als Nebenbedingung kann eine Überschußerzielung oder ein Mindestgewinn geplant sein; in der Regel wird aber auf Gesamtkostendeckung (einschließlich Eigenkapitalverzinsung) abgestellt. Auch die (geplant) *defizitäre* Betriebsführung kann durchaus Instrument einer rationalen Angebotspolitik sein. Defizitäre Betriebsführung muß kein Zeichen von Mißwirtschaft sein noch muß die (geplante) Subventionierung, sei es des Unternehmens, sei es besonderer Leistungen, Mißwirtschaft begünstigen. Die moderne Betriebswirtschaftslehre stellt hinreichend wirksame Verfahren zur Effizienzkontrolle zur Verfügung (Betriebsvergleich). Die Cost-Benefit-Analyse (wenn man sie von einer Investitionsrechnung in eine periodengebundene Kosten-Leistungs-Rechnung transformiert) liefert zusätzliche Informationen, ist aber zu vage, um einen zuverlässigen Erfolgsindex zu liefern. Das Verfahren der „*Abgeltung der gemeinwirtschaftlichen Last*" (zumal im Verkehrssektor) geht von der realitätsfremden Fiktion aus, als ob der Eigentümer seinem eigenen U. für die Leistung, zu deren Erstellung er das U. führt, wie ein außenstehender „Marktpartner" ein Entgelt zahlen müsse. Betriebswirtschaftlich handelt es sich um die Erstellung einer geplant defizitären Leistung, die subventioniert wird. Allerdings leistet das Wort „Abgeltung" der Illusion der Eigenwirtschaftlichkeit Vorschub (i. S. von Gesamtkostendeckung über Entgelte), die – aus der Sicht marktwirtschaftlicher Modellanalyse – die Gewähr für die Rationalität des Mitteleinsatzes zu liefern scheint.

Für prinzipiell marktwirtschaftlich-privatwirtschaftlich organisierte Ordnun-

---

In öffentlicher Hand sind in den USA einige Gemeindebetriebe und die Bundestpostverwaltung, in (West-)Europa hingegen i. d. R. auch die Eisenbahnen, die meisten Luftverkehrsunternehmungen, in Frankreich und Großbritannien auch der Kohlenbergbau, ferner fast überall die Elektro-Energieunternehmen und die sonstigen (meist kommunalen) Verkehrs- und Versorgungsbetriebe. Außer den Zentralbanken sind in Frankreich die drei größten Geschäftsbanken in Staatsbesitz, in der BRD zahlreiche weitere Kreditinstitute, sei es in der Hand des Bundes, der Länder, der Gemeinden oder freigemeinwirtschaftlicher Stellen. Außerdem gibt es eine Fülle von Unternehmungen anderer Wirtschaftszweige, die ganz oder partiell („gemischtwirtschaftlich") in öffentlichem Besitz sind.

Ey

gen gilt als Grundsatz, daß öU. nur insoweit tätig werden sollen, als privatwirtschaftliche Unternehmen die betreffenden Aufgaben nach Meinung der politisch maßgeblichen Kräfte nicht ebensogut erfüllen können („*Lückenbüßertheorie*", Schäffle, Sax; ähnliche Bestimmungen in den Gemeindeordnungen der Länder der BRD). ÖU. erscheinen aus dieser Perspektive einerseits als Voraussetzung der Funktionsfähigkeit des Systems („Infrastruktur") oder als Instrument zur Korrektur von Fehlentwicklungen. Versuche, die Grenze zwischen öff. und privatem Bereich durch vermeintlich objektive Kriterien abzugrenzen (seien es Eigenschaften der zu deckenden Bedürfnisse, seien es Eigenschaften der zu produzierenden Güter), sind zahlreichen Einwänden ausgesetzt.

4. Die Frage der Ausdehnung des Bereichs der öU. – Verstaatlichung (Nationalisierung) einerseits, Privatisierung andererseits – hat nicht nur wirtschaftspolitische, sondern auch gesellschaftspolitische Aspekte. Von den Begründern einer modernen Theorie der Gemeinwirtschaft vertrat Adolph *Wagner* die Auffassung, daß sich der Bereich der öU. ständig ausdehnen werde („Gesetz der zunehmenden Staatstätigkeit"), während Albert Schäffle von der Annahme ausging, daß der privatwirtschaftliche Bereich zunehmend bisher gemeinwirtschaftliche Aufgaben übernehmen könne (die Auffassung, Schäffle sei „Planwirtschaftler", ist entgegen herrschender Meinung irrig). Während die *liberale* Auffassung in jeder Verstaatlichung eine Einschränkung des individuellen Freiheitsspielraums sieht, neigen viele *sozialistische* Richtungen zu der Auffassung, daß die individuelle Freiheit vielmehr durch die private Aneignung des Gewinns (Profits), die private Kapital-Akkumulation und die damit verbundene → Macht am meisten gefährdet sei, woraus sich die Forderung nach Kontrolle wirtschaftlicher Macht ableitet. Allerdings dürfte es eine zu große Vereinfachung sein anzunehmen, daß in einem demokratischen Staat durch die öffentliche Trägerschaft die Bindung der Unternehmenspolitik an das „öffentliche Interesse" a priori gesichert sei. Die Forderung nach *Mitbestimmung* schöpft ihre Berechtigung nicht zuletzt aus solchem Zweifel.
Aus *marxistischer* Sicht dienen die staatlichen Unternehmen im staatsmonopolistischen Kapitalismus der Sicherung des Monopolprofits und der Erhaltung der kapitalistischen Ordnung. Sofern aber die Verstaatlichung Niederschlag ökonomischer Zwangsläufigkeit ist, so „bedeutet sie, auch wenn der heutige Staat sie vollzieht, einen ökonomischen Fortschritt, die Erreichung einer neuen Vorstufe zur Besitzergreifung aller Produktivkräfte durch die Gesellschaft selbst" (Engels MEW 1972). Auch nach heutiger marxistischer Auffassung bietet die Verstaatlichung (Nationalisierung) eine günstige Voraussetzung gesellschaftlichen Eigentums und läßt die Überflüssigkeit des Privateigentums an den Produktionsmitteln wie der Klasse der Kapitalisten überhaupt zutage treten.
Die theoretische Behandlung der *Betriebswirtschaftslehre* der öU. ist unbefriedigend. Unter modellanalytischem Aspekt, der sich auf den für die kapitalistische Ordnung typischen privatwirtschaftlich-erwerbswirtschaftlichen Un-

ternehmenstyp konzentriert, erscheinen öff. Betriebe als *Fremdkörper*. In kurzschlüssiger Übertragung der Modellanalyse ins politische Programm erscheinen dann die öU. bei anderen Autoren als unvereinbar mit dem marktwirtschaftlichen System („liberale Fremdkörpertheorie").
Ob man in einer Gesellschaft, in der wettbewerbliches Entgeltdenken alle Lebensbereiche bis in den Konsum hinein durchdringt, noch von der Annahme ausgehen darf, daß der gemeinwirtschaftliche Erfolg der öU. die Wirksamkeit eines *Dienstgedankens* oder des *Gemeinsinns* voraussetzt, muß dahingestellt bleiben. Immerhin richten sich an die Leitungen öU. seitens der Öffentlichkeit bestimmte Rollenerwartungen, in denen sich ganz konkrete Vorstellungen von „Gemeinnützigkeit" manifestieren und die sich im formalen politischen Prozeß oder aber auch im offenen Protest (Nahverkehr!) artikulieren. Die Gemeinnützigkeit als Regulativ unternehmerischen Verhaltens im öff. Bereich setzt sich in Grenzen also auch dann durch, wenn man von der Wirksamkeit eines „nur" ethisch begründeten Dienstmotivs absieht.

LITERATURHINWEISE

Eichhorn Peter: Struktur und Systematik kommunaler Betriebe. Stuttgart usw. 1969.
Oettle, Karl: Über den Charakter öffentlich-wirtschaftlicher Zielsetzungen. In: ZfbF, 18. Jg., 1966.
Püttner, Günter: Die öffentlichen Unternehmen, Bad Homburg usw. 1969.
Ritschl, Hans: Art. Unternehmungen, öffentliche. In: HdSW.
Thiemeyer, Theo: Gemeinwirtschaftlichkeit als Ordnungsprinzip. Berlin 1970.
Wenger, Karl: Die öffentliche Unternehmung. Wien 1969.

THEO THIEMEYER

Parlamentarismus (P.)

→ *Demokratie, Pluralismus, Räte, Staat, Verbände*

1. DIE DEFINITION des P. ist wissenschaftlich kaum gesicherter als seine Wirklichkeit. Konstitutives Merkmal des P. im weitesten Sinne ist die bloße Existenz von Versammlungen, die als Vertretungskörperschaften einer größeren Zahl von Menschen organisiert sind, mehr oder minder regelmäßig tagen und unter anderen Institutionen eines politischen Systems mit unterschiedlichen Befugnissen tätig sind. P. ist nach solchem Verständnis nicht nur in demokratischen, sondern ebenso in feudalen oder autoritären, ja sogar in totalitären Gesellschaftsordnungen möglich.
Die *Unschärfe* eines so weiten Begriffes ist nicht zu übersehen. Lenin differenzierte: „Ohne Vertretungskörperschaften können wir uns eine Demokratie nicht denken, auch die proletarische nicht; ohne Parlamentarismus können und müssen wir sie uns denken, soll die Kritik an der bürgerlichen Gesellschaft für uns nicht ein leeres Gerede sein." Entsprechend setzen liberale Verfassungstheorien für P. positiv, aber auch Rätetheorien, wenngleich mit anderer Deutung und negativ abgrenzend, sowohl eine *eigenständige* und *maßgebliche*

Beteiligung der Vertretungskörperschaften an der Willensbildung im jeweiligen System, als auch deren Zustandekommen auf der Grundlage *freier Wahlen* mit konkurrierenden *Parteien* voraus (L. O. Epstein). Dieser Auffassung des P. werden „*dualistische*" Regierungssysteme, in denen Parlament und Regierung als Institutionen auf unabhängige Organe verteilt sind (präsidentielle Systeme in den Varianten konstitutioneller Monarchie, amerikanischer Republiken, Schweizer Direktorial-Verfassung) ebenso zugerechnet wie „*monistische*" Systeme, in denen die beiden Gewalten rechtlich eng miteinander verbunden sind (z. B. Großbritannien, skandinavische Staaten, BRD).
Dieser „allgemeine", von Lenin benutzte und im deutschen Sprachgebrauch übliche Begriff des P. wird durch einen „*speziellen*" (W. Steffani) weiter eingeengt. Das spezielle Verständnis des P. geht von den monistischen Systemen aus und ist auf jene Formen bezogen, in denen dem Parlament das Recht zur Abberufung von Regierung bzw. Regierungschef gesichert ist. P. wird hier synonym für „parlamentarisches Regierungssystem" verwendet. Großbritannien gilt als das „Mutter- und ... Musterland" (G. A. Ritter) dieser Staatsform, für die der politische Dualismus einer Konfrontation zwischen Regierung und „deren" Mehrheit im Parlament einerseits sowie der *Opposition* andererseits konstitutiv ist.

2. Geschichte. P. ist weder übergeschichtlich unwandelbares Prinzip noch historisch als bourgeoise Herrschaftsform des Liberalismus auf die Zwischenzeit vom Ende des Feudalismus bis zur bonapartistischen Autokratie oder proletarischen Revolution zu begrenzen. Die Ursprünge des Parlamentarismus sind im hochmittelalterlichen Feudalstaat zu finden, er existierte im liberalen „Nachtwächterstaat" und er erweist sich lebensfähig auch unter den Ansprüchen eines intervenierenden „Leistungsstaates".
2.1. Die ersten *englischen parliaments* waren rechtspflegerische Beratungsgremien der Krone, die sehr bald durch Beteiligung am Richterspruch neues Recht zu setzen begannen. Aus dieser politischen Beteiligung entwickelte sich der Rechtsgrundsatz, daß Finanzhilfen nicht ohne Zustimmung des Rates zu erheben waren, wodurch die Magnaten (hohe Prälaten und Adelige) die Gewährleistung ihrer materiellen Interessen gesichert sahen, weil sie die *Steuerbewilligung* und Verfügung über die bewilligten Mittel (→ Budgetrecht) von Zugeständnissen der Krone gegenüber ihren Beschwerden *(Petitionen)* abhängig machten. Je mehr Geld die Krone, vornehmlich zur Kriegführung, benötigte, desto häufiger war sie gezwungen, die „Commoners" der reicher werdenden Gemeinden zu berücksichtigen und deren Vertreter einzuberufen. 1295 wurden Vertreter der Ritter und der reichen Kommunen erstmals nicht durch die Krone, sondern aus ihren eigenen Reihen *(Wahl)* bestimmt. Seit 1311 sind die Commoners ständig parlamentarisch vertreten. Von 1340 an werden regelmäßig *Gesetzentwürfe* eingebracht, seit dem 16. Jahrhundert wird darüber abgestimmt. Während die Magnaten zunächst nur für sich selbst sprachen, setzte sich allmählich der Gedanke durch, daß jeder Engländer von den Mitgliedern des Parlaments „vertreten" werde *(Repräsentation)*.

Dennoch blieb es wegen des *Zensuswahlrechts* bis zur Mitte des 19. Jahrhunderts beim oligarchisch-aristokratischen Charakter des P. in England. Court and Country, später Whigs und Tories, die Vorläufer der Liberalen und Konservativen, sind als „Parlamentscliquen" bezeichnet worden, deren Mitglieder z. T. nicht nur gegenseitig (später: *Fraktions*wechsel) und durch den zunehmend vom Vertrauen des House of Commons abhängigen Premierminister, sondern auch durch große Kapitalgesellschaften wie die East India Company zu „kaufen" waren *(Ämterpartonage,* → Verbände). Unter dem Regime Walpole bürgerte sich die Kennzeichnung dieses Systems als „government by corruption" ein; die Phase von 1832–1868, die Zeit des „klassischen P.", gilt als „plutokratische Phase". Die *Wahlrechtsreformen* markieren den Übergang von ständischer zu demokratischer Repräsentation nach dem Grundsatz „one man, one vote, one value". Sie erweiterten den Kreis der Wahlberechtigten und ermöglichten damit den Einzug des Bürgertums in das Unterhaus. Im Parlament wurde der dominierende Einfluß der bürgerlichen Oberschichten nach dem Ersten Weltkrieg von der 1918 zur stärksten Oppositionspartei angewachsenen Labour-Party bestritten. Von 1932 an gab es einen vergleichsweise regelmäßigen *Wechsel im Regierungsamt.*

2.2. *Deutschland* übernahm nach 1830 in einigen süddeutschen und verstärkt nach 1848 in allen übrigen Staaten Elemente des britischen Vorbildes. Nur im groß-agrarischen Mecklenburg galt bis 1918 noch eine ständische Verfassung. Die meisten deutschen Parlamente sind jedoch auf der Grundlage eingeschränkten Wahlrechts zustande gekommen; im feudalkonservativen Preußen wurde bis 1918 nach dem *Dreiklassenwahlrecht* gewählt. Obwohl erst nach England von der industriellen Revolution erreicht, führte Deutschland (im Reich 1871) noch vor England das allgemeine, *gleiche* und geheime Wahlrecht ein. Entscheidend für Reich und Einzelstaaten aber blieb, daß die *Regierungen* nicht vom Vertrauen der Parlamente abhängig waren; sie blieben eine „schwache Einbruchstelle der ‚Gesellschaft' in den durch das monarchische Prinzip sich legitimierenden Staat" (Steffani). In diesem aber waren Adel und Bürgertum vorherrschend in Militär, Verwaltung und Justiz; in dem Maße, wie der „Vierte Stand" sich artikulierte (Marx) und zu organisieren begann (SPD), verbündeten sich diese an der Erhaltung ihrer sozialen Stellung interessierten Schichten auch im Reichstag mit dem um seinen Besitzstand fürchtenden Bürgertum („Gespenst des Kommunismus", Sozialistengesetz, Verweigerung von Diäten im Reich, Aufrechterhaltung der Dreiklassenwahl in Preußen), um parlamentarisch verantwortliche Regierungen zu verhindern. Seither wird gefragt, welchen Beitrag der P. zur Emanzipation der Lohnempfänger in der modernen Industriegesellschaft zu leisten vermag.

3. Die geistesgeschichtliche Fundierung des P. baut auf das kontinentaleuropäische Vertrauen des Rationalismus in die Kraft des materiell *unabhängigen Gedankens,* in Argument und Gegenargument, aus denen schließlich ein konstruktiver Kompromiß hervorgehe. Die parlamentarische Debatte soll die Probleme in das Licht des Öffentlichen stellen, wo sie in

weiterer Diskussion durchleuchtet werden, bevor die gebildete Elite des Volkes in dessen Vertretung die für alle vernünftigste Lösung im Parlament beschließt. Die Repräsentation des „*ganzen* Volkes" kann nur funktionieren, wenn die Abgeordneten „an Aufträge und Weisungen nicht gebunden und nur ihrem Gewissen unterworfen" sind (GG 38). Gemessen an solchen Stilisierungen des P. scheitern selbst die frühliberalen Parlamente, auf welche sie bezogen waren. Ideologiekritische Analysen offenbaren das Interesse des liberalen Bildungsbürgertums an einer derartigen Idealisierung des P. ebenso, wie sozialgeschichtliche Untersuchungen die materielle Bedingtheit des Mandats sichtbar machen. Angelsächsische Theoretiker (Locke, die Federalists) haben zwar Elemente dieses Gedankengutes übernommen, aber keineswegs geleugnet, daß P. zu verstehen ist als eine konkrete Form der materiellen Interessenwahrnehmung; diese wollten sie zur Diskussion, zur Kontrolle und zur Kompromißfindung gestellt wissen.

4. Seit Mitte des 19. Jahrhunderts wird ein bedeutsamer „Strukturwandel der modernen Demokratie" beobachtet; die „radikal-egalitäre Demokratisierung der Volkswahlen" hat zur Entstehung des *Parteienstaates* geführt; „Parteidisziplin, Fraktionsdisziplin, imperatives Mandat . . ., Verantwortung des Abgeordneten gegenüber den Parteien sind Ausdruck dieser Entwicklung" (G. Leibholz). Daraus wurden unterschiedliche Konsequenzen gezogen. Das GG räumt den Parteien ein Privileg, kein Monopol, „bei der politischen Willensbildung des Volkes" ein (GG 21). *Eine* Richtung der Kritik des P. zielt auf die Beschränkung bzw. Aufhebung des freien Mandats, weil der „Volkswille" nur so, im Surrogat der Parteien, unmittelbar wirksam werden könne (G. Leibholz, U. Bermbach). Eine *zweite* Richtung stemmt sich in hegelianisch-obrigkeitsstaatlicher Tradition gegen jede Ausweitung des interessenverbandlichen und parteipolitischen Einflusses auf den „Staat" (Werner Weber, E. Forsthoff); sie sieht im freien Mandat einen wünschenswerten Filter zur „Herausläuterung des richtigen Volkswillens" (H. Krüger). Eine *dritte* Richtung betont die Schutzfunktion des freien Mandats für den Abgeordneten, in der sie eine Garantie für innerparteiliche und innerparlamentarische Demokratie und damit für die Offenheit des Einflusses konkurrierender Interessen erblickt (H. Säcker).

5. Inhalt und Funktionen der Repräsentation sind zum Gegenstand schwerwiegender Fragen nach der sozialen Leistungsfähigkeit des P. geworden. Für unsere Zeit ist die Frage wieder aufzunehmen, was der P. zur Vertretung der großen Mehrheit der *Lohnempfänger* zu leisten vermag. Die Probleme werden deutlich an Hand des klassischen Bagehotschen Funktionenkataloges für die Vertretungskörperschaften parlamentarischer Systeme: Wichtigste Aufgabe ist (1) die *elective function*, die Wahl und ggf. Abberufung der Regierung. Engels sah im allgemeinen Stimmrecht eine der „schärfsten Waffen" der Arbeiter, mit deren Hilfe sie „zur Herrschaft . . . unter der Form der demokratischen Republik" gelangen könnten. Lenin kam zu dem Schluß,

„daß die Beteiligung an den Parlamentswahlen ... unbedingte Pflicht" sei, solange die Alternative zum P., die → Rätedemokratie, nicht zu verwirklichen sei. Obwohl die Arbeiterparteien in England und in Deutschland um die Jahrhundertwende stärkste Parteien wurden und kräftig an Mandaten dazugewannen, haben sie doch in Deutschland noch nie und in England erst nach dem Zweiten Weltkrieg nur zweimal allein regiert. Bei Wahrung historischer Perspektiven sieht es trotz allem so aus, als seien die Arbeiterparteien in Skandinavien, England und Deutschland nicht mehr nur „Gäste in der Macht" (La Palombara), die sich der „Neigung des Systems" (J. Meynaud) willig beugten. Indessen blieb ihnen der Vorwurf der opportunistischen Anpassung, des Arbeiterverrates und der Verschleierung der Herrschaftsverhältnisse nicht erspart. Der tiefsitzende Argwohn kommt in dem Wort zum Ausdruck, es gebe „mehr Gemeinsames zwischen zwei Parlamentariern, von denen der eine Kommunist ist, als zwischen zwei Kommunisten, von denen der eine Parlamentarier ist".

Die (2) *expressive function* des Parlaments besteht darin, den Willen des Volkes zu artikulieren; die (3) *teaching* function darin, das Volk darüber zu belehren, was die Gesellschaft zum Besseren verändert; die (4) *informing* function vornehmlich darin, die Bevölkerung über Mißstände zu unterrichten und dadurch die Exekutive zu kontrollieren. Engels erkannte in diesen Funktionen eine Chance zur Mobilisierung der öffentlichen Meinung: „Was half der Regierung ihr Sozialistengesetz, wenn die Wahlagitation und die sozialistischen Reichstagsreden es fortwährend durchbrachen?" Im diametralen Gegensatz zu Lenins – von Bismarck übernommenen – Kennzeichnung des Parlaments als einer „Schwatzbude" steht sein Appell zum „Kampf auf der Parlamentstribüne ..., um die unentwickelte, geduckte, unwissende Masse aufzurütteln und aufzuklären".

6. Hier wird die SOZIALE AMBIVALENZ des P. – hier Herrschaftsinstrument der besitzenden Minderheit und dort Emanzipationsfaktor – deutlicher noch als in der legislative function, wie immer man die Sozialgesetzgebung seit 1918 beurteilen mag. Die taktischen Nutzanweisungen dürfen jedoch keineswegs als eine unmittelbare Apologie des P. durch den Marxismus-Leninismus mißbraucht werden. Die Beteiligung an Wahlen und die Nutzung der Parlamentstribüne *schließt nicht den Verzicht auf die Revolution* und damit Abschaffung des P. ein. Denn der P., so lautet auch der Einwand der Neuen Linken, werde die entscheidende Voraussetzung einer herrschaftsfreien Gesellschaft nicht verwirklichen können: die Aufhebung der privaten Verfügung über Produktionsmittel. Das Parlament habe nur heute die Aufgabe, den gesellschaftlichen Grundwiderspruch zum Zwecke der Domestizierung der Lohnempfänger zu verschleiern. Diesem Einwand wird das Beispiel der parlamentarisch beschlossenen Sozialisierungen nach 1945 in England sowie das → Sozialstaatspostulat des GG relativierend entgegengehalten.

Vor allem die – nunmehr doch Jahrhunderte trotz schwerwiegender Unterbrechungen währende – *Legitimierung von Herrschaft* durch Parlamente und die Gewährung von Loyalität gerade auch durch Lohnabhängige begründet Skepsis gegenüber der These vom Parlament als ausschließlich manipulativem „Transmissionsriemen der Entscheidungen politischer Oligarchien“ (Agnoli). Ralph Miliband hat die soziale Doppelwertigkeit des P. auf die Formel gebracht: „Die gesetzgebenden Körperschaften mögen dazu beitragen, das Schema der Klassenherrschaft zu mildern, aber sie bleiben auch eines ihrer Mittel“. Eine *positive* Wertung des P. könnte von einer Umkehrung dieser Formel ausgehen: „Parlamente mögen Mittel der Klassenherrschaft sein, aber sie tragen auch dazu bei, das Schema der Klassenherrschaft zu mildern“. Das Ausmaß, in dem die Entscheidungen der Parlamente befolgt werden, das Ausmaß auch, in dem aus proletarischen Vereinigungen sozialdemokratische „Volksparteien“ wurden, kann als Argument gegen die These vom unaufweichlichen „Schema“ des Klassenantagonismus vorgebracht werden, in das sich die Parlamente zwangsläufig als Repressionsinstrumente der herrschenden Klasse einfügten.

Während die Rätetheorie von der Möglichkeit der gänzlichen Aufhebung menschlicher Herrschaft über den Menschen ausgeht, ist als *Universalität der Herrschaft*, geboren aus der unaufhebbaren Unvollkommenheit des Menschen, Prämisse des P. Die wachsende Verantwortung des „Staates“ für das materielle und immaterielle Lebensniveau steigert auch die Gefahren technokratisch-autokratischer Herrschaft. Die Theorie des P. begnügt sich mit der Eindämmung und Balancierung von Herrschaft, weil sie in allen weitergehenden Versuchen die Gefahr einer *Potenzierung* von Herrschaft sieht. Über die Garantie von Minderheitenrechten wird den im P. zu kurz gekommenen Interessen die Chance der Artikulation und den Mehrheiten das Recht auf Realisierung ihrer Interessen gesichert. Diese Garantie ist verbunden mit der Annahme einer naturrechtlich vorgegebenen freiheitssichernden Grundrechtszone des einzelnen, die auch – aber nicht ausschließlich und nicht unbeschränkt – durch den Anspruch des einzelnen auf → Eigentum begründet ist.

Die besondere Konstruktion des P. besteht darin, soziale *Konflikte* einerseits zu akzeptieren und wegen der Verpflichtung auf das Gesamtinteresse eine *Dynamik* der sozialen Entwicklung zu erzeugen, gleichzeitig aber eine gewisse „Entbrutalisierung“ (G. A. Ritter) jenes unumgänglichen Kampfes zu gewährleisten, der sich aus widersprüchlichen Interessen ergibt.

Literaturhinweise

Agnoli, Johannes, und *Brückner*, Peter: Die Transformation der Demokratie. Frankfurt/M. 1968.

von Beyme, Klaus: Die parlamentarischen Regierungssysteme in Europa. München 1970.

Kremendahl, Hans: Parlamentarismus und marxistische Kritik. In: Aus Politik und Zeitgeschichte, Beilage zur Wochenzeitung Das Parlament, vom 5. Aug. 1972.

Loewenberg, Gerhard: Parlamentarismus im politischen System der Bundesrepublik Deutschland. Tübingen 1969.

Röhring, Hans-Helmut, und *Sontheimer*, Kurt: Handbuch des Deutschen Parlamentarismus. München 1970.

Steffani, Winfried (Hrsg.): Parlamentarismus ohne Transparenz. Köln usw. 1971.

Uwe Thaysen

Parteien-Finanzierung (PF.)

→ *Demokratie, Parlamentarismus, Staat, Verbände, Werbung*

1. Parteifinanzen. Parteien (P.) benötigen für die Unterhaltung ihres Apparates und die Propagierung ihrer Ziele in Wahlkämpfen erhebliche finanzielle Mittel. Im 19. Jh. konnten die bei der Vorbereitung von Wahlen anfallenden Unkosten, die infolge der ehrenamtlichen Tätigkeit der Wahlkomitees äußerst gering waren, durch gelegentliche Spenden von Mäzenen gedeckt werden. Mit der Entwicklung der Honoratioren-P. zu *Massen-P.*, der Demokratisierung des Wahlrechts und der Anerkennung der P. als politisch-(im GG auch verfassungsrechtlich-)relevante Organisationen mit zentralen Funktionen im parlamentarischen Regierungssystem (→ Parlamentarismus) wurde der Finanzbedarf der P. ständig größer. Da die Eigenmittel – Aufkommen aus Mitgliederbeiträgen und Vermögen – nicht im gleichen Umfang stiegen, waren die P., besonders die mitgliederärmeren, in wachsendem Umfang auf *Spenden* von finanzkräftigen Interessenten (Unternehmen, → Verbänden, Einzelpersonen) angewiesen, die als Gegenleistung Einfluß auf Partei und/oder Regierung verlangen.

Als Erfahrungsgrundsatz kann dabei gelten, daß, je größer der tatsächliche Einfluß des Geldes und damit die Abhängigkeit der Partei vom Spender ist, desto weniger darüber zu erfahren ist. Auch unter diesem Gesichtspunkt muß z. B. die These beurteilt werden, „die“ Industrie habe „die“ NSDAP finanziert und damit die Machtergreifung Hitlers erst ermöglicht (Fritz Thyssen: „I paid Hitler“). Sicherlich finanzierten Kreise der Schwerindustrie Hitler und seine Partei. So ist erwiesen, daß Hitler neben (z. T. über) Hugenberg und die DNVP Millionenspenden (1932 auf Kredit) erhielt. Gesicherte Forschungsergebnisse lassen allerdings nur die Aussage zu, daß Hitler massive finanzielle Unterstützung erst erhielt, *nachdem* er Reichskanzler geworden war. Vor dem 30. 1. 1933 wurden die Gelder aus der Industrie auf alle den Spendern „nahestehenden“ P. verteilt.

Die Behauptung, Moskau halte die SED nicht nur ideologisch-politisch am Gängelband, sondern habe die „Bruderpartei“ auch finanziell in totale Abhängigkeit gebracht, läßt sich nicht beweisen. Immerhin ist beim Verhältnis der SED zur KPdSU zu berücksichtigen, daß die Staatspartei der DDR die „führende Rolle“ der sowjetischen Bruderpartei in ihren Statuten und in ihrer praktischen Politik anerkennt. Der Verdacht finanzieller Hilfe liegt insofern nahe.

2. Spenden. In der Hoffnung, kapitalkräftige Spender in Zukunft von der Unterstützung radikaler P. abhalten zu können – das Ende der Weimarer Republik als abschreckendes Beispiel vor Augen –, statuierte der *Parlamentarische Rat* in GG 21 die Pflicht der P., über die Herkunft ihrer Mittel öffentlich Rechenschaft zu geben. Die Realisierung dieser Bestimmung scheiterte über Jahre hinweg an Interessengegensätzen, die aus einer unter-

schiedlichen finanziellen Situation der P. resultierten. CDU, CSU und FDP waren infolge ihrer relativ niedrigen Mitgliederzahl in hohem Maße von Spenden abhängig, die von industriellen und mittelständischen Unternehmern, von Berufsverbänden der Wirtschaft und finanziell potenten Interessenten aufgebracht wurden. Zur rationelleren Abwicklung und besseren Verschleierung der Transaktionen – Sorge, eine Namensnennung könnte die Spender von weiteren Zahlungen abhalten – wurden *„Fördergesellschaften“* gegründet, über die (unter der Bedingung, daß die Partei sich an einer bürgerlichen Regierungskoalition beteilige und die Wirtschaftspolitik Erhards unterstütze) die von 1954 bis 1958 steuerlich absetzbaren Spenden verteilt wurden. Es muß überraschen, daß die in der Öffentlichkeit weithin bekannte Finanzierung der bürgerlichen P. durch die Wirtschaft, angesichts der akuten Gefahr eines Abhängigkeitsverhältnisses von den Geldgebern, nie zu nennenswerten Stimmeneinbußen der betroffenen P. geführt hat. Erst die Wahl 1972 läßt eine gegenteilige Tendenz sichtbar werden: Die massive, durch Strohmänner und Scheinfirmen getarnte Finanzhilfe gewisser Wirtschaftskreise für die Union wurde von vielen Wählern als unzulässiger Versuch politischer Einflußnahme betrachtet; CDU und CSU mußten deshalb u. a. aus diesem Grund Stimmenverluste hinnehmen.

Im Gegensatz zu den bürgerlichen P. verfügt die *SPD* über beachtliche Eigenmittel aus dem Beitragsaufkommen der Mitglieder und aus Gewinnen des nach 1945 z. T. restituierten Parteivermögens. Die Behauptung, der Deutsche Gewerkschaftsbund lasse der SPD insbesondere vor Wahlkämpfen finanzielle Hilfe zukommen, pflegt der DGB strikt zu bestreiten. Auch in den „Rechenschaftsberichten“ der SPD finden sich für eine derartige „finanzielle Verflechtung“ keine Anhaltspunkte. Allerdings bieten die Einnahmekategorien in der Rechnungslegung (z. B. „Spenden“, „Kredite“, „sonstige Einnahmen“ und die nicht rechenschaftspflichtigen „Sach-, Wert- und Dienstleistungen, die der Partei nahestehende Organisationen zur Verfügung stellen“) auch genügend Umgehungsmöglichkeiten. In Großbritannien dagegen wird von niemandem bestritten, daß die Labour Party weitgehend von den Gewerkschaften finanziert wird.

3. Staatszuschüsse. – 3.1. Auf Antrag der hessischen Regierung erklärte das *BVerfGer.* am 24. 6. 1958 die steuerliche Abzugsfähigkeit von Spenden an P. für verfassungswidrig. Da infolge der steuerlichen Progression die Bezieher hoher Einkommen als Spender in größerem Masse als kleine Steuerzahler begünstigt würden, sei die Chancengleichheit der P. verletzt. Zudem hätten, so machte das BVerfGer. geltend, diejenigen P., die sich programmatisch und in ihrem politischen Handeln besonders an finanzkräftige Kreise wendeten, größere Aussichten auf finanzielle Unterstützung.

Da die Spendenfreudigkeit durch den Wegfall des steuerlichen Anreizes spürbar nachließ, nahmen die P. Rekurs auf die *direkte* Finanzierung aus öffentlichen Mitteln. 1959 wurden erstmals 5 Mill. DM als Zuschuß für die im Bundestag vertretenen P. in den *Haushalt* eingesetzt. Die Zweckbindung der

Mittel (für politische Bildungsarbeit) fiel 1963 weg. 1962 wurde die Zuweisung auf 20 Mill., 1964 auf 38 Mill. DM erhöht. Wiederum auf Antrag Hessens entschied das BVerfGer. am 19. 7. 1966, es sei verfassungswidrig, die dauernde finanzielle Unterstützung für die P. zu einer Staatsaufgabe zu machen und den P. Zuschüsse aus Haushaltsmitteln für ihre gesamte Tätigkeit zu gewähren. Zulässig sei lediglich, die Aufwendungen im Rahmen angemessener Wahlvorbereitungen zu ersetzen. Nun gab die SPD ihren Widerstand gegen die staatliche PF. auf; CDU/CSU und FDP stimmten einer Offenlegungspflicht zu (P.-Gesetz v. 24. 7. 1967). – Der etatisierte Wahlkostenersatz, je Wahlberechtigten mit 2,50 DM pauschaliert – 1970/1972: 103,5 Mill. DM – wird auf die P. im Verhältnis der von ihnen erreichten Zweitstimmen verteilt, sofern mindestens 0,5 % der abgegebenen Zweitstimmen gewonnen wurden. Als Abschlagszahlungen auf die Erstattungssumme können 60 % schon in den drei Jahren vor der Wahl abgerufen werden; der Restbetrag wird nach der Wahl ausgezahlt bzw. (bei Überzahlung) zurückgefordert.

3.2. Die P. haben jährlich einen *Rechenschaftsbericht* zu veröffentlichen, in dem die Einnahmen, aufgeschlüsselt nach Kategorien, offenzulegen sind. Spenden im Gesamtwert von über 20 000 DM müssen mit Name und Anschrift des Spenders gekennzeichnet sein. Beiträge und Spenden bis zu einer Gesamthöhe von jährlich 600 DM sind steuerlich absetzbar. Die meisten Bundesländer haben inzwischen das Modell des Bundes (Wahlkampfkostenerstattung und Pauschalierung mit 2,50 DM je Wahlberechtigten) übernommen.

3.3. Neben der offenen Staatsfinanzierung und der „verschleierten" PF. aus öffentlichen Kassen („Öffentlichkeitsarbeit" zugunsten der Regierungsparteien aus Verfügungsfonds) haben die P. *weitere Möglichkeiten*, ihren Finanzbedarf aus Steuergeldern zu decken: (a) *Fraktionszuschüsse*. Ein Teil der an die Fraktionen aus Parlaments-Etats in Bund und Ländern gezahlten Zuschüsse fließt in die Parteikassen. Erfahrungsgemäß wird etwa die Hälfte der Mittel (1972 für die Bundestagsfraktionen 19,5 Mill. DM), die laut Etat für die Finanzierung der Fraktionsarbeit bestimmt sind, von den P. zur Deckung der laufenden Kosten verwandt. Die Umgehung der haushaltsrechtlichen Zweckbindung ist offensichtlich.

(b) *Abgaben der Amts- und Mandatsträger*. Partei und Fraktion verlangen von ihren Abgeordneten die Abtretung eines gewissen Teils der parlamentarischen Entschädigung. Die Mandatsinhaber zahlen außer ihrem Mitgliedsbeitrag einen bestimmten Prozentsatz der Diäten (bei der SPD Bundestagsfraktion z. B. 20 % der Aufwandsentschädigung in Höhe von 1972 3090 DM) an die Fraktion sowie zusätzlich nicht geringe Beträge an Parteigliederungen auf Bundes-, Landes- und Ortsebene. Da diese Sonderabgaben in § 24 (2) Nr. 2 P.Ges. als Einnahmequelle aufgeführt sind, praktizieren die P. die „Besteuerung" ihrer Mandatsträger nach wie vor. Es steht jedoch außer Frage, daß dieses Verfahren höchst anrüchig ist; fließen doch die Beträge, die dem Fiskus infolge der Steuerfreiheit der Diäten entgehen, in die P.Kassen. Mag dies noch zu Zeiten der Ämter- und Pfründenvergabe gegen einen bestimmten Zins („Spoil-System") angängig gewesen sein, so ist doch festzustellen, daß gemäß GG 48 (3) die politische Unabhängigkeit des Abgeordneten – gerade auch gegenüber P. und Fraktion – und seine finanzielle Sicherstellung durch die Diätenzahlung gewährleistet werden soll.

4. Kritik. Den P. kann der Vorwurf nicht erspart bleiben, daß sie im Bereich der PF. das Recht der Gesetzgebung immer wieder zum eigenen Vorteil genutzt haben. Es bedurfte wiederholter Interventionen des BVerfGer., um die von den P. gewünschte Regelung rechtsstaatlich zu korrigieren. Zur derzeit in der BRD praktizierten staatlichen PF. ist kritisch anzumerken:
4.1. Der vom BVerfGer. nur grob abgesteckte Rahmen einer Erstattung der *„notwendigen Kosten eines angemessenen Wahlkampfes“* wird je länger desto weniger eingehalten. Es ist nicht ersichtlich, wie der in allen P. verbreiteten Neigung, den Wahlkampf im Stil kostenintensiver, aber zunehmend inhaltsloser Propagandaschlachten zu führen, ein Riegel vorgeschoben werden kann. Zudem hat sich gezeigt, daß die P. die Abgrenzung der laufenden Kosten (zur Unterhaltung des Apparates) von den Wahlausgaben nicht einhalten.
4.2. Die *Offenlegungspflicht* für Spenden über 20 000 DM pro Jahr hat sich als Fehlschlag erwiesen. Die Zuwendungen an P. von seiten finanzkräftiger Gruppen werden nun entweder in Form nicht publizitätspflichtiger Sach- und Dienstleistungen erbracht oder aber über Fördergesellschaften geleistet, deren Mitglieder weiterhin im Dunkeln bleiben. Selbst Großspender mit der gesetzwidrigen Kennzeichnung „anonym“ führen die P. in ihren Rechnungslegungen auf.
4.3. *Die Gefahr einer Zementierung* der Kräfteverhältnisse innerhalb der einzelnen P. und zwischen den P. ist nicht zu verkennen. Als Folge der Alimentierung der P. durch Spenden und Wahlkostenerstattung ist es zu einer Stärkung der Parteibürokratie und zu einer Machtkonzentration an den Spitzen der P. gekommen. Die Parteiführungen können, da sie finanziell nun nicht mehr so stark wie früher auf die zahlenden Mitglieder angewiesen sind, weitgehend auf die Partizipation der Basis verzichten. Die innere Struktur der P., die laut GG 21 demokratischen Grundsätzen entsprechen muß, ist nicht im Sinne größerer Mitbestimmung der Parteimitglieder und ehrenamtlichen Parteifunktionäre fortentwickelt worden; vielmehr sind Bestrebungen, die innere Ordnung der P. demokratischer zu gestalten, durch die staatliche PF. konterkariert worden.
4.4. Zudem werden die *Variationsmöglichkeiten* im Parteiensystem der BRD auf Grund der Dotierung der P. im Verhältnis der einmal abgegebenen Stimmen entscheidend eingeschränkt. Da die Durchsetzung neuer P. gegen das bestehende Kartell äußerst schwierig ist, sind CDU/CSU, SPD und FDP als *„Arrivierte“* gegen Konkurrenz weitgehend geschützt. Nur die bei der letzten Wahl „erfolgreichen“ P. können öffentliche Mittel in respektabler Höhe beanspruchen, die ja wiederum eine der Voraussetzungen für eine erfolgreiche Bewerbung bei der nächsten Wahl darstellt. Mithin bedeutet der Verteilungsmodus faktisch eine Sperre (zu vergleichen etwa mit der Fünf-Prozent-Klausel) gegen das Auftreten von „Neulingen“. Damit ist auch einer inner-

parteilichen Opposition der Ausweg in die Neugründung einer Partei so gut wie verschlossen, die Anpassung an die politische Linie der Parteiführung ein Selbsterhaltungsgebot.

5. VORSCHLÄGE. Der Kritik am geltenden System der PF. wird mit einigem Recht entgegengehalten, die niedrige Zahl der Mitglieder, besonders bei CDU und FDP, mache es den P. derzeit unmöglich, ihren Finanzbedarf ausschließlich aus Eigenmitteln zu bestreiten. Es bleibe also nur die Wahl zwischen Fremdfinanzierung durch kapitalkräftige Spender einerseits, Fremdfinanzierung durch den Staat andererseits. Es fragt sich aber, ob nicht Möglichkeiten gefunden werden könnten, den P. eine sachgerechtere Erfüllung ihrer Aufgaben zu gewährleisten, ohne die innerparteiliche Demokratie und die freie Konkurrenz zwischen den P. zu schädigen. Es läge z. B. nahe, daß die öffentliche Hand (ähnlich wie in Frankreich) allen konkurrierenden P. gleichermaßen kostenlose Dienstleistungen zur Verfügung stellt. Denkbar wäre daneben die Einführung eines *Bürgerbeitrages* für die P., eine Art „Parteisteuer" mit gleichem Pro-Kopf-Betrag, bei der jeder Wahlberechtigte die Partei, der diese Steuer zufließen soll, selbst bestimmt. Es ist auch vorgeschlagen worden, eine ausgewogene Finanzstruktur der P. durch *administrative* Maßnahmen anzustreben: Durch öffentliche Kontrolle wäre sicherzustellen, daß die P. je ein Drittel ihrer Einnahmen aus Eigenmitteln, Spenden und öffentlichen Zuschüssen deckten.

Über solche systemimmanenten Innovationen hinaus ließe sich bei einer Modifizierung der bestehenden Gesellschaftsordnung in Richtung auf eine Egalisierung der Einkommen und Vermögen das Problem, daß anonyme Interessenten allein vermöge ihrer finanziellen Mittel indirekt politische Macht gewinnen, in einem umfassenderen Sinne lösen.

LITERATURHINWEISE

Flechtheim, Ossip K. (Hrsg.): Dokumente zur parteipolitischen Entwicklung in Deutschland seit 1945. 8 Bde., Berlin 1962 ff.

Heidenheimer, Arnold J., and *Langdon*, Frank C.: Business Associations and the Financing of political parties. The Hague 1968.

Kaack, Heino: Geschichte und Struktur des deutschen Parteiensystems. Opladen 1971.

Liermann, Eberhard: Modelle der Parteienfinanzierung und ihre Verfassungsmäßigkeit. Jur. Diss. München 1967.

Wellner, Walter: Parteienfinanzierung. München 1971.

Wildenmann, Rudolf: Gutachten zur Frage der Subventionierung politischer Parteien aus öffentlichen Mitteln. Meisenheim a. G. 1968.

HARTMUT KLATT

Physiokraten (Ph.)

→ *Merkantilismus, Nationaleinkommen, Steuer*

1. Les Économistes. Die Theoreme und vor allem die finanzpolitischen Vorstellungen der französischen Ph. – sie nannten sich selbst „les économistes" – gelten heute leicht als bloße dogmengeschichtliche Kuriosa. Das ist eine massive Verkennung ihrer wissenschaftsgeschichtlichen Stellung. Der Wert ihrer Einsichten bemißt sich nicht an der Dauer ihrer Schule (etwa 1757–1770), nicht nur daran, wie sie die Späteren beeinflußten, auch nicht danach, ob in einem kruden Sinne ihre Vorstellungen richtig waren, sondern daran, daß die in erster Linie von ihrem Hauptautor François Quesnay formulierten Vorstellungen bis heute zu den entscheidenden Grundbegriffen der Politischen und der Reinen Ökonomie zählen. Oder anders gewandt: Ihre Theorie konstituiert die Ökonomie überhaupt erst als systematische Wissenschaft.
Aber nicht nur im innertheoretischen Sinne stellen die von den Ph. erstmals artikulierten Begriffe Kreislauf, gesellschaftliches Nettoprodukt, Produktion, Klasse, Investition und Konkurrenz Paradigmata dar – in seltener Reinheit ist die Formierung der Physiokratie selbst ein Musterbeispiel für die dialektische Verschränkung von *Realgeschichte* und Theorieentwicklung. Philosophisches Wissenschaftsprogramm, theoretische Erkenntnis, praktisch vermeinte politische Empfehlungen und der reale Prozeß des Aufstiegs des Bürgertums vom tiers état zur herrschenden Klasse bilden *einen* Komplex. Darüber hinaus läßt sich an den Ph. sehen, wie die Intentionen der Theoretiker sich unwissentlich in ihr Gegenteil verkehren und zur → Ideologie werden können.

2.0. Der zentrale Begriff der Ph. ist der des *„ordre naturel"*. – 2.1. Dieser „‚ordre naturel et social, fondé sur la nécessité physique et sur la force irrestible de l'évidence', ist die von Gott ... gewollte Ordnung, die zu verwirklichen dem vernünftig handelnden Menschen überlassen ist." (Bürgin). Darin, im Gegensatz zum „ordre positif" des Ancien Régime, drückt sich die für das aufsteigende Bürgertum wegweisende Vorstellung aus, daß die richtige gesellschaftliche Ordnung nicht utopisch erfunden werden muß, sondern real freigelegt werden kann, wenn die hemmenden Institutionen und die verfehlte merkantilistische Wirtschaftspolitik der Monarchie – zu ihrem eigenen Besten – unter Rückgriff auf die „ewigen" Gesetze der Gesamtreproduktion reformiert werden.
2.2. Diese Gesetzmäßigkeiten liegen in der Arbeitsteilung und dem daraus resultierenden Zwang zum Austausch begründet, in der Interdependenz von Ware und Geld, die sich makroökonomisch zeigt in der *Kreislaufanalyse* des berühmten *„tableau économique"*.
Es zeigt den Zusammenhang der drei großen Klassen, wie er durch deren funktionale Stellung zum gesellschaftlichen Nettoprodukt („produit net") konstituiert wird. Während bis dato alle Analysen von den juristisch definierten Ständen ausgingen, tritt damit der ökonomische Klassenbegriff in den

Vordergrund. Die primäre, an der Produktivität der Tätigkeit orientierte Unterscheidung ist die der „classe productive", der Landbebauer, und der „classe stérile" aller sonstigen Gewerbe. Sekundär und orientiert zum einen am Kriterium der Grundlageninvestitionen, zum anderen am Kriterium des Einkommensbezuges ist die dritte Klasse der Grundbesitzer, der „classe des propriétaires", zu der auch König und Klerus zählen.

2.3. Wichtiger als die Detailanalyse des „tableau" ist die Frage, weshalb die Ph. ausschließlich der *Landwirtschaft* Produktivität zusprachen. Darin überblenden sich drei Vorstellungen: (1) Allein die organische Produktion trägt ein Mehr an Stoff ein: den Überschuß der Ernte über den Samen. (2) Wann immer eine nicht-landwirtschaftliche Bevölkerung existiert, trägt offensichtlich die Arbeit des Landbebauers mehr ein als seinen eigenen Lebensmittelbedarf. (3) Nur die *Grundrente* stellt ein Einkommen dar, das nicht zur Aufrechterhaltung der Reproduktion unumgänglich wieder investiert werden muß. Die Grundrente ist das gesellschaftlich frei verfügbare Nettoeinkommen; sie kann als Luxus oder in Kriegen verbraucht werden, ohne daß der ökonomische Kreislauf schrumpfte. Während alle anderen, eben deshalb „steril" genannten Produktionen nur Stoffumwandlungen bewirken und nur die in ihrer Produktion verauslagten Kosten ersetzen, muß der Prototyp des damaligen Besitzeinkommens, Rente als die historisch dominierende Form von Mehrwert, nicht als Input verwandt werden.

In dieser systematischen Verzerrung bekundet sich die Verschränkung von Theorie und *damaliger Realität.* Quesnay mußte in der Grundrente die einzige Reichtumsquelle sehen, weil er – in Bekämpfung der Colbertschen Manufaktur- und Handelspolitik – davon ausging, daß bei Wegfall aller Privilegien und Monopole die Profite der gewerblichen Produktionen durch die Konkurrenz verschwänden und sich zeigen würde, daß nur die Agrarproduktion einen wirklichen Überschuß abwirft. Angesichts der katastrophalen Lage sowohl der Staatsfinanzen wie der Kleinbauern und Halbpächter mußte es das Bestreben der Ph. sein, den nationalen Reichtum durch die Förderung der kapitalistischen „grande culture" zu erhöhen. Nur so ließe sich die Stellung Frankreichs wieder verbessern, nicht jedoch – wie die → Merkantilisten versuchten – durch einen Außenhandelsüberschuß. Denn Wert und Reichtum entstehen nicht durch den Außenhandel, die Zirkulation, sondern allein durch die *Produktion,* die im Inneren des Landes vor sich geht. Das gesellschaftliche Nettoprodukt ist nicht das Goldäquivalent des Außenhandelsüberschusses, sondern die Grundrente.

3. STEUERN UND ZINSEN. Die Theorie der Ph. ist ein geschlossenes System: auch die Frage nach den Einnahmen der Monarchie, also die → *Steuerprobleme,* werden vom Begriff des „produit net" her formuliert. Es ist falsch, mittels vielfacher Steuern die Staatseinnahmen erzielen zu wollen; das bedingt nur Einschränkungen der produktiven Arbeit und Korruption auf seiten der mächtigen Steuerpächter. Letztlich kann der Staatsapparat nur aus dem Nettoprodukt „stipendiert" werden; also ist ausschließlich an der einzigen

Steuerquelle anzusetzen: Der „impôt unique" soll allein auf die Grundrente gelegt werden.
Darin drückt sich wider Willen und Wissen des politischen Anhängers der aufgeklärten Monarchie ein tief *Bürgerliches* aus. Wird nämlich nur das feudale Besitzeinkommen besteuert, so bleibt nicht nur der Akkumulationsfonds der kapitalistischen Pächter in der Landwirtschaft unbelastet, sondern vor allem der *Profit* der industriellen Kapitalisten, von deren Akkumulation die Durchsetzung des wirklichen Interesses des Bürgertums abhängt.

Die Basis dieser Argumentation – die alleinige Produktivität der Landwirtschaft – ist freilich unhaltbar. Die These, die Grundrente entspringe der unentgeltlichen Mitwirkung der Natur, ist systematisch ein Sekundäres. Der wirkliche Gegenstand der Analyse des gesellschaftlichen Nettoprodukts sind alle Besitzeinkommen, ist der Mehrwert. Bei Turgot, einem anderen großen Physiokraten, drängt das schon zur Oberfläche: Er versucht, das zweite Besitzeinkommen, den *Zins*, aus der Grundrente zu erklären: Zins als Rendite von Geldkapital existiert einfach deshalb, weil ja immer die Möglichkeit besteht, die fragliche Summe im Ankauf von Boden zu investieren und damit Grundrente zu beziehen. Aber auch Turgot bricht vor der Analyse des Profits ab und wird zum Erfinder jenes berüchtigten Ertragsgesetzes, das noch heute in der Preistheorie beweisen soll, daß bei vollständiger Konkurrenz kein Profit existiere.
So sind die Ph. heute ebenso bedeutsam wegen der von ihnen artikulierten Grundbegriffe wie wegen der ideologischen Verzerrungen, die ihnen dabei unterlaufen mußten. Aus beidem hat die Politische Ökonomie zu lernen.

LITERATURHINWEISE

Bürgin, Alfred: Ein Streiflicht auf die Anfänge der Nationalökonomie in Frankreich. In: Kyklos, Fasc. 1 (1967).
Blaug, Mark: Systematische Theoriegeschichte der Ökonomie, Bd. I. München 1971.
Mann, Fritz Karl: „Physiokratie". In: HdSw.
Meek, Ronald L.: The Economics of Physiocracy. Cambridge (Mass.) 1963.
Quesnay, François: Ökonomische Schriften. Hrsg. Marguerite Kuczynski. 2 Bde., Berlin (DDR) 1971 ff.

GERHARD HUBER

Planung in der BRD (Pl.)

→ *Beratung, Bildungsökonomie, Demokratie, Budget, sozialistische Planung, Prognose, Regionalplanung, Stadtplanung*

1. BEGRIFF. Nichtsozialistische Pl. hat es schwer, zu einem einheitlichen PL.begriff zu kommen. *Normativ* scheint immerhin Einigkeit über den Zusammenhang der Pflichten des politischen Systems zur Zukunftsbewältigung und Pl. zu bestehen. Freilich ist dann gleich streitig, ob Zukunft Fortsetzung der Gegenwart (extrapolativer Pl.begriff) oder Bruch, vor allem Systembruch,

mit der Gegenwart ist (utopischer Pl.begriff), oder ob und wie Gegenwartsstruktur und Zukunft – als bewußt utopischer bzw. systemändernder Entwurf – im Rahmen der Pflichtenerfüllung zusammenzuführen sind. Streitig ist auch, wieweit im Rahmen demokratischer Verfassungen die Pflicht zur Zukunftsbewältigung in der Weise erfüllt werden darf, daß wesentliche Teile der Plandatenkränze als ein die folgenden Regierungen bindendes fait accompli *festgeschrieben* werden; diese Gefahr besteht besonders im infrastrukturellen Bereich (Verkehrssysteme, Raumordnung, Bildung). Streitig ist schließlich, ob die Intuition, der extrapolierte Bedarf, bedarfsunabhängige Ziele oder ob und welche anderen Parameter Normbasis der Pl. sein können.
Formal deutet sich Einigkeit darüber an, daß Pl. ein dynamischer Entscheidungsprozeß mit Rück- und Vorwärtskopplung ist, bei dem zeitlich der Pl.auftrag an einen Pl.träger, dessen Informations- und Kommunikationsprozesse, der Planentwurf, dessen Anbindung an Fortschreibungsmechanismen, und Plandurchführung und Plankontrolle aufeinander folgen. Hinter dieser formalen Fassade können sich freilich große Variationsbreiten von „Pl." verbergen, angefangen mit Pl. als rationaler Strategie (*strategischer* Pl.) – z. B. die Rahmenpl. nach GG 91 a – bis hin zur Pl. als ablauftechnischer Organisation (*instrumentale* Pl.) – z. B. dem Montageplan für einen Behördenbau aus Fertigteilen. Streitig ist, welche formalen Einzelphasen diesen Grundstrukturen hinzuzufügen sind. Ein Maximalkonzept würde umfassen: 1. Auftragsfindung; 2. Auftragserteilung; 3. Datenphase; 4. Problemphase; 5. Alternativphase; 6. Entscheidungsphase; 7. Modellphase; 8. Korrekturphase; 9. Einführungsphase; 10. Plankontrolle und Plananalyse mit dem Ziel auch der Fortschreibung.
Inhaltlich wird als „Plan" eine große Variationsbreite von Phänomenen des politischen Systems bezeichnet, vom „Großen Hessenplan" (einem strategischen Zukunftsgemälde) über den „Haushaltsplan" (einem formellen Gesetz für die kurzfristige Dimension) bis hin zum „Bundesverkehrswegeplan", einer konkreten Niederlegung der zukünftigen Verkehrswege in der BRD, und bis hin zu den „Bebauungsplänen" einer Gemeinde.

2. Dynamik. Das inhaltliche Substrat des Pl.prozesses (Pl.objekte) stellt die Pl.träger (Pl.subjekte) in Gesellschaften westlichen Typs mit sich rasch wandelnden regionalen, sektoralen und funktionalen Strukturen vor fast unlösbare Probleme, zumal „Pläne" als vermutete Sicherung vor ungewissen Zukünften ausweislich der nahezu 30 Berichte der Bundesregierung im Jahre 1972 wie Pilze aus dem Boden schießen.
2.1. Unstreitig ist für die quantitativen und qualitativen Strukturvariablen, daß sie sich schnell verändern, so daß die *sechs kritischen Felde*r des Entscheidungsdenkens bei Pl. – nämlich Wahrscheinlichkeit, Nutzen, Risiko, Kosten, Entscheidungs-Eigenkomplexität, Interdependenzen (Entscheidungs-Fremdkomplexität) – immer schwerer mit den etwa im GG vorgesehenen horizontalen und vertikalen Entscheidungsstrukturen zeitnah bewältigt werden können. Dies zeigt sich deutlich im Bereich der *Aufgaben*-Pl. (Ressorts

oder Bundeskanzleramt oder Bund-Länder-Gemeinde-Komission?), der *Finanz*-Pl. (stärkere Berücksichtigung der → Gemeinden?) und der ökonomischen *Projektionen* (z. B. ihrer europäischen Rückkoppelung und deren rechtlicher Verbindlichkeit).

2.2. In der *Wirklichkeit* zeigt sich immer wieder, daß ein der Pl.dynamik angemessenes Verhalten der Gebietskörperschaften nur schwer zu erreichen ist. Die mehrjährige Finanzpl. – im Finanzbericht 1968 entsprechend den optimistischen Erwartungen der Troeger-Kommission als Überwindung des kurzfristigen Anpassungsverhaltens des Staates gefeiert – hat in Wirklichkeit zu einem der Dynamik nicht Rechnung tragenden Eisbergeffekt mittelfristiger Festschreibung geführt. Daneben stehen heute nahezu unverbunden die verschiedenen ökonomischen Projektionen, bezogen auf die Kurz-, Mittel- und Langfrist einerseits, und die verschiedenen Versuche der sog. Aufgabenpl. andererseits: (1) Pl.abteilung des Bundeskanzleramtes, Pl.beauftragte der Ministerien, Staatssekretärausschuß und einzelne Projektgruppen; (2) Bemühungen nach § 51 Abs. 2 des Haushaltsgrundsätzegesetzes, wenigstens für große Grundaufgaben aller Gebietskörperschaften zu einheitlichen Sichten der Prioritäten zu gelangen.

2.3. Eines der größten Probleme ist der Einbau von planerischen Elementen neben die herkömmlichen Instrumentarien der Intervention von Regierung und Bundesbank in das System einer *Marktwirtschaft*, wenn auch das BVerf.-Ger. nicht die Ansicht Nipperdeys teilt, die „soziale Marktwirtschaft" sei die vom Grundgesetz allein vorgeschriebene Wirtschaftsordnung der BRD. Nach weitgehender Akzeptierung der Empfehlungen von → Keynes zur makroökonomischen Stabilisierung durch Staatsintervention (Stabilitätsgesetz!) geht der Streit heute darum, welche planerischen Schritte der demokratische Staat, insbesondere in den infrastrukturellen Engpässen, seinen Bürgern zur Sicherung eines menschenwürdigen Daseins („Lebensqualität") schuldet. Dabei argumentieren die einen vom marktwirtschaftlichen Modell her, die anderen von einem ökonomisch interpretierten Wachstumsziel her, die dritten aus Galbraiths Sicht vom sozialen Ungleichgewicht zwischen privatem Reichtum und öffentlicher Armut, und wieder andere von einer als notwendig unterstellten Zielsetzung des Nullwachstums her. Das Patt zwischen diesen Richtungen spiegelt sich in den Parteiprogrammen wider, die keine Richtung zu verprellen wagen („Gefälligkeitsdemokratie"); es handelt dem marktwirtschaftlichen System den Vorwurf ein, zu systemüberwindenden Reformen unfähig zu sein (Unfähigkeit zu innovatorischer Pl.).

3. Pl.komplexität. Unter dem *Transparenzgebot*, das aus dem Rechtsstaatsprinzip für alles staatliche Tun abgeleitet wird, trägt der Willensbildungsprozeß schwer an einer gegen unendlich strebenden Konstanten- und Variablenzahl der Pl.objektbereiche. Häufig wird das Transparenzgebot dadurch verletzt, daß nicht einsichtig wird, auf welchem Weg die Selektion derjenigen Konstanten und Variablen erfolgt, die in den Pl. entscheidungsprozeß einbezogen werden (*Latenzvorwurf*).

Im Bundesstaat BRD korrespondiert der *Realitätskomplexität* eine *Trägerkomplexität* (Bund, Länder, Gemeinden), wobei jede Ebene ihre eigenen Prämissensysteme, Aufbau- und Ablaufvorstellungen an die Eigenkomplexität derselben Pl.objektbereiche heranträgt. Dies führt zu langwierigen Aushandlungsprozessen, bei denen oft Finanzausgleichsfragen einen die Sachfragen überdeterminierenden Einfluß haben. Durch Verzögerungen veralten außerdem die den Empfehlungen zugrunde gelegten Pl.Datenkränze schnell, und es diskreditiert sich das freiheitlich-demokratische System selbst. Das oft zitierte Beispiel der polizeilichen Pl.koordination ist in diesem Sinne eigentlich viel weniger problematisch als das wenig zitierte Beispiel der mehr als 300 Bund-Länder-Ausschüsse. Eine verbreitete, durch § 51 Abs. 2 des Haushaltsgrundsätzegesetzes auch normativ abgestützte Meinung geht daher dahin, man könne in der BRD nur auf der Basis eines Werte und Basisdaten umfassenden *föderativen „Grundkonsenses“* planen.

4. PL.PLURALITÄT. Die verschiedenen Funktionen staatlichen Handelns führen zu einer originären, von vornherein eine illusionslose Sicht erzwingenden Pl.pluralität der Funktionen und ihrer Träger. Hierbei neigen die Planer der *Ordnungsfunktion* als die Setzer der Rahmenbedingungen zu extremer Inflexibilität, während umgekehrt die Planer der *Funktionsfunktion (= Erhaltung* sozialer Mindeststandards) unter dem Druck, sozioökonomische Mindestleistungen gewährleisten zu müssen, zu überproportionaler Flexibilität neigen, besonders in Wahlzeiten. Die *Entwicklungsfunktion* – langfristig angelegte Weiterentwicklung des Gesamtsystems – wird von vielen hinter die *Dienstleistungsfunktion* – Versorgung der Bürger mit öffentlichen Gütern – eingereiht oder gar ausschließlich als durch die *Redistributionsfunktion* – Umverteilung von Einkommen, Vermögen usw. – miterfüllt angesehen.
Die zu bewältigende Pl.pluralität ist darüber hinaus eine solche der *Maßstäbe*, wo den technischen Maßstäben (Effektivität) der Wirtschaftlichkeit und Leistungsfähigkeit in Pl.prozessen die politischen Maßstäbe (Integrationswert) der Festigung der Demokratie und der Sicherung der Rechtmäßigkeit gegenüber stehen.
Sie ist schließlich eine solche der *Pl.sektoren*, weil nicht nur dort, wo das GG – wie etwa bei der Koalitionsfreiheit in Art. 9 – die weitgehende Freiheit eines Pl.sektors von staatlichen Interventionen garantiert, sondern auch auf Grund der allgemeinen Freiheitsrechte Pl.sektoren zur autonomen Strukturierung durch die betroffenen Partner (sachliche, räumliche, zeitliche und persönliche Teilmärkte „gehören“ der Branche oder dem Einzelunternehmen) beansprucht werden.

5. KOORDINATION. – 5.1. Alle komplexen → Systeme, auch die BRD, müssen insgesamt und für ihre Subsysteme im *Zeitablauf* (Dimension 1) die Leistung vollbringen, innerhalb der jeweils relevanten *Regionen* (Dimension 2) eine bestimmte Menge von *Gütern* (Dimension 3) durch Verrichtung von *Personen und Sachen* (Dimension 4) in den Dienst bestimmter *Ziele* (Dimen-

sion 5) zu setzen. Mit der Koordination dieser fünf Dimensionen, die wiederum in sich tief gegliedert sein können, haben es alle staatlichen Planungen zu tun. Dabei ist das Gewicht der Dimensionen verschieden, je nachdem, ob es um die strategische Pl. geht, also die langfristige Festlegung von Aktivitätsfeldern, oder um die mittelfristige Strukturpl., innerhalb derer die großen Felder der strategischen Pl. schon für die einzelnen Funktionsträger präzisiert werden, oder um die kurzfristige Komponentenpl., in deren Ablauf es darum geht, die einzelnen Leistungen je Funktionsträger genau in ihren Qualitäten und Quantitäten festzulegen.

5.2. Dieses Koordinationsproblem wurde bis weit in die 60er Jahre für die BRD mit der einjährigen → *Budgetierung* angegangen, ab 1967 mit der mehrjährigen Finanzpl. zusätzlich. In den Folgejahren wurde dieses System ergänzt durch verschiedene Pl. der Ressorts, die mehr oder weniger durch Rückgriff auf das *PPBS-*System der USA und seine drei Phasen gekennzeichnet sind: Zielformulierung (Planning), Programmauswahl (Programming) und Finanzpl. im Hinblick auf die ausgewählten Programme, die Staatsverschuldung und den Einnahmepl. des Staates insgesamt (Budgetierung). Beispiele für Ressortpläne sind die Programmhaushalte des B.Min. für Bildung und Wissenschaft, das Sozialbudget und die Pl. im Verteidigungsministerium.

5.3. Die *Haushaltssystematik* des Bundes, die mit Einschränkungen das Grundgerüst auch für die mehrjährige Finanzpl. hergibt, versucht, im Hinblick auf den Koordinationsbedarf der unter 5.1 angegebenen fünf Dimensionen mit dem finanziellen Spielraum und der gesamtwirtschaftlichen Entwicklung *drei Grundforderungen* zu erfüllen: (1) einfaches und wirtschaftliches Haushaltsverfahren; (2) Haushaltswirkungen auf Gesamtentwicklung und Konjunkturablauf ausweisen; (3) Auskunft geben, in welchem Umfang einzelne öffentliche Aufgaben erfüllt werden.
Das *erste* Ziel wird durch das institutionelle Prinzip beim formalen Aufbau und die Gliederung der Einzelpläne in Kapital und Titel verfolgt. – Das *zweite* Ziel wird durch das Gruppierungssystem (Gruppierungsplan) verfolgt; dort werden die Einnahmen und Ausgaben möglichst so geordnet, daß eine Verbindung zur volkswirtschaftlichen Gesamtrechnung unmittelbar möglich ist. – Das *dritte* Ziel wird durch den neben den Haushaltsplan tretenden Funktionenplan zu erfüllen versucht, der für Bund und Länder einheitlich, im Haushaltsplan mit einer funktionalen Kennziffer entsprechend dem System der Finanzstatistik erscheint.
Vor dem Hintergrund der fünf Dimensionen ist dieses Koordinationsinstrumentarium noch unbefriedigend; deshalb gibt es viele Stimmen, die seine institutionelle Ergänzung um einen Wirtschafts- und Sozialrat und seine inhaltliche Ergänzung um – von allen Gliederungen der Gesellschaft verpflichtend akzeptierten – Elemente der französischen „*planification*" oder gar noch weiter verlangen.

6. Ideologien. Es gibt Gestalten von politischen Ideen, die sich an Pl. ent-

zündet haben, einerlei ob es sich um die je Institution beschriebene Mikropl. handelt oder um teil- oder gesamtgesellschaftliche Makropl.
Die Ideologie der *Rationalität* betrachtet Pl. allzu gern als ein reines Produkt der reinen Rationalität. Die nur noch wenig vertretene Ideologie der *Planlosigkeit* hat noch nicht zu einem Verständnis der Pflichten der politischen Führung gefunden, welches die Antizipation der Zukunft bei den Gegenwartsentscheidungen fordert. Das planerische *Prozeßdenken* geht von einem System mit- und ineinander verschränkter Gesetze des sozialen und politischen Lebens aus, welches die Quantifizierung und exakte Berechnung sozialer und politischer Vorgänge erlaubt. Hier wird mit einer Gleichsetzung der physischen mit der politisch-sozialen Welt gearbeitet.

LITERATURHINWEISE

Ellwein, Thomas: Politik und Planung. Stutgart 1968.
Kaiser, Joseph H.: Planung I ff. Baden-Baden 1965 ff.
Lompe, Klaus: Gesellschaftspolitik und Planung. Freiburg 1971.
Luhmann, Niklas: Zweckbegriff und Systemrationalität. Tübingen 1968.
Wagener, Frido: Neubau der Verwaltung. Berlin 1969.
Wittkämper, Gerhard W.: Analyse und Planung in Verwaltung und Wirtschaft. Bad Godesberg 1972.

GERHARD W. WITTKÄMPER

Planung (Pl.) in sozialistischen Ländern

→ *DDR, Eigentum, Planung in der BRD, Sozialismus, Übergangsgesellschaft, Wettbewerb*

Nach Anfängen in den Kriegswirtschaften des Ersten Weltkrieges wurde erstmalig in der UdSSR unter Stalin ein System umfassender zentraler staatlicher Wirtschaftspl. entwickelt. Dieses sowjetische (sowj.) Wirtschaftssystem, das nach dem Zweiten Weltkrieg in anderen Ländern Osteuropas und Asiens übernommen wurde, wird als direkte Fortsetzung und Verwirklichung der Lehren von Marx und Engels nach der dem Kapitalismus ein Ende setzenden sozialistischen (soz.) Revolution verstanden: es gilt als das System des Sozialismus (Soz.). Da vor allem in Jugoslawien und China andere Wirtschaftssysteme mit dem gleichen Anspruch aufgebaut wurden und andere soz. Modelle denkbar sind, ist es zweckmäßig, vom Planungssystem des *sowj. Sozialismus* zu sprechen. Abgesehen von dem marxistischen Selbstverständnis des sowj. Pl.systems wurden weite Bereiche dieses Systems eigenständig entwickelt, nicht zuletzt deshalb, weil die Klassiker in weiser Selbstbeschränkung nicht über die konkrete Realisierung des Soz. vorgelegt hatten.

1. GRUNDLAGEN. – 1.1. *Vergesellschaftung der Produktionsmittel.* Die soz. Eigentumsordnung – überwiegendes Staatseigentum (auch Volkseigentum genannt), daneben kollektivwirtschaftliches, d. h. genossenschaftliches Eigentum

besonders in der Landwirtschaft, Reste von Privateigentum – bildet nicht nur aus ideologischen Gründen, sondern weil mit den soz. Eigentumsformen die private Nutznießung und Verfügungsgewalt beseitigt ist, die Voraussetzung für eine umfassende Pl. durch zentrale Organisatioen. Aber die soz. Eigentumsordnung ist, nachdem sie als eine notwendige Bedingung für zentrale Pl. geschaffen worden war, heute von wenigen Ausnahmen abgesehen (z. B. Annäherung staatlichen und genossenschaftlichen Eigentums, Agrar-Industrie-Komplexe) eher zu einem statischen Element geworden. Jedenfalls kann aus der Entwicklung der Eigentumsordnung nicht mehr eine Entwicklung des Pl.systems abgeleitet werden.

Die soz. Eigentumsordnung ist eine wichtige Determinante der Sozialproduktsverteilung: Außer der Verzinsung von Sparguthaben und öffentlichen Anleihen sowie den Ausspielungen von Lotterien gibt es in der UdSSR, wo die Entwicklung diesbezüglich am weitesten fortgeschritten ist, keine Besitz- bzw. Vermögenseinkommen. Die einzige (von jenen Ausnahmen abgesehen) Einkommensquelle ist die Arbeit. „Wer nicht arbeitet, soll auch nicht essen". Dieser Satz der sowj. Verfassung von 1935 drückt aus, daß die Arbeit die einzige Legitimation für Einkommen sei; er stammt aus 2. Thess. Kap. 3, V. 10.

1.2. *Das Grundgesetz des Sozialismus* handelt von den Zielen der Pl. Während im Kapitalismus die privatkapitalistische Profitmaximierung das – nur wenig durch den vom Kapital beherrschten Staat korrigierte – Ziel der Gesellschaft sei, werde im Soz. auf Grund der Liquidation antagonistischer Interessengegensätze und der Einheit der gesellschaftlichen und persönlichen Interessen die Aktivität des Systems auf das Wohl der Menschen gerichtet.

Entscheidend aus theoretischer Sicht ist nicht so sehr, wie hoch der Lebensstandard und der Grad der Bedürfnisbefriedigung – etwa im Vergleich zu westlichen Ländern – tatsächlich ist; dies hängt entscheidend auch von dem Entwicklungsniveau eines Landes ab. Wichtig ist, *wie diese Bedürfnisse verstanden und ermittelt werden.* Es ist nicht an eine Summierung der individuellen Wünsche gedacht, sondern es wird von den gesellschaftlichen Bedürfnissen ausgegangen. Sie „umfassen die gesamten Anforderungen, welche die ‚volle und freie Entwicklung jedes Individuums' an den Aufbau der soz. Gesellschaftsordnung stellt." Dazu gehören auch solche, „welche die allseitige politische, ökonomische, militärische Stärke der soz. Gesellschaftsordnung" bedingen. (Politische Ökonomie des Sozialismus und ihre Anwendung in der DDR, Berlin 1969, S. 233). Die Verwirklichung des Grundgesetzes des Soz. durch zentrale Pl. und die Absage an eine individualistische Zielorientierung setzt die Planungsinstanzen in die Lage, unter den verschiedenen primär persönlichen, kollektiven und staatlichen Bedürfnissen in gewissem Umfang zu wählen. Das Grundgesetz des Soz. ist deshalb inhaltlich nicht präzisiert. Welche Zusammensetzung von Zielen, z. B. Steigerung des Lebensstandards, der Rüstungs- oder Bildungsausgaben, dem Grundgesetz entspricht, bleibt offen und wird durch die Entscheidungen von Partei und Staat ausgefüllt. Es bleibt eine – gesellschaftlich unkontrollierte – Norm an die Führenden übrig, die Ziele der Gesellschaft im Interesse der Menschen zu setzen.

2.0. Das Wirtschaftssystem. – 2.1. *Der Koordinationsmechanismus.* Üblicherweise wird die Pl. der soz. Länder der Marktwirtschaft der kapitalistischen Länder gegenübergestellt. Dies ist insofern zutreffend, als die zentrale staatliche Wirtschaftspl. des sowj. Soz. aus der Ablehnung der spontanen, mit zahlreichen sozialen Nachteilen und strukturellen Schwächen verbundenem marktwirtschaftlichen Koordinationsmechanismus entstanden ist. Auch theoretisch kann auf einer bestimmten Abstraktionsebene eine Koordination einzelwirtschaftlicher Aktivitäten durch volkswirtschaftliche Pl. einer solchen durch den Markt gegenübergestellt werden. So entspricht dem Modell der vollständigen Konkurrenz in seinem beschränkten Erklärungswert für Marktwirtschaften das Modell der Zentralverwaltungswirtschaft, in dem alle Planentscheidungen in einer Zentrale gefällt werden. Da das Wirtschaftssystem des sowj. Soz. sehr straff zentralisiert ist, straffer als irgendeine andere moderne Volkswirtschaft, ist oft der Eindruck entstanden, daß die Lehre von der Zentralverwaltungswirtschaft unmittelbar Realität sei, daß Befehls- und Zwangswirtschaft dafür adäquate Ausdrücke seien.

Der hohe Zentralisierungsgrad der Pl., der übrigens gewissen Schwankungen unterlag, kann nicht bestritten werden; unrichtig ist jedoch die Erklärung der soz. Pl. sowj. Typs allein aus der Lehre der Zentralverwaltungswirtschaft. Die Konsumentenfreiheit und die beschränkt freie Wahl des Arbeitsplatzes, aber vor allem der eigene Entscheidungsspielraum der Betriebe, der zwar durch die Pl. beschränkt, aber groß genug ist, um das Prinzip der materiellen Stimulierung und das Chozrasčet-Prinzip – Einrichtungen aus der stalinistischen Ära – zu verwirklichen, weisen in eine andere Richtung. Die nicht plangesteuerten Aktivitäten sind an subjektiven Zielsetzungen (Einkommensmaximierung, Prestige u. a.) orientiert und stellen prinzipiell marktwirtschaftliche Elemente dar. So ist die soz. Pl. mit nicht planwirtschaftlichen Elementen durchsetzt, die es gleichfalls als ein *gemischtwirtschaftliches* System erscheinen lassen. Das findet – längst bevor im Westen erkannt – auch im politökonomischen Selbstverständnis des sowj. Soz. seinen Ausdruck: Ware-Geld-Beziehung und Wertgesetz sind nach heute überwiegender Meinung nicht abgestorben, auch nicht nur Überbleibsel vorsozialistischer Wirtschaftsführung in Randbereichen, sondern ordnungsgemäße Bestandteile dieses Systems. Durch die Existenz der Ware-Geld-Beziehung werden die Betriebe zu soz. Warenproduzenten, die – über Qualität und Sortiment der Produktion, Liefer- und Absatzbedingungen, anzuwendende Technik im Detail – entscheiden; sie besitzen in beschränktem Umfang Einfluß auf die Preise und können kleine Investitionen selbst vornehmen. Zwar überwiegt das Pl.prinzip, aber das Wertgesetz gehört zu den im Soz. herrschenden Gesetzmäßigkeiten; es schafft darüber hinaus die Möglichkeit der „bewußten Anwendung des Wertgesetzes", d. h. über Preise, Löhne, Steuern, Prämien, Kredite u. a., die sog. *ökonomischen Hebel* kann die Wirtschaft indirekt gesteuert werden. So wird das direkte Planungsinstrumentarium durch indirekt wirkende Maßnahmen ergänzt.

2.2. *Mengen- und Finanzplanung.* Die soz. Pl. ist auf die Koordination der

gesamten Volkswirtschaft gerichtet; lediglich die Struktur der Konsumentenausgaben unterliegt nicht der direkten Pl. Das Kernstück dieser im wesentlichen auf die Produktion gerichteten Pl. ist sowohl aus historischen Anfängen als auch auf Grund des methodischen Ansatzes eine Pl. in naturalen Einheiten *(Mengenplanung).* Alle Arbeitskräfte, Produktionsmittel, Produktionskapazitäten, Vorräte usw. werden erfaßt; ihnen werden die gewünschten Ziele (Produktionsmengen, Investitionsvorhaben, Export usw.) und die dazu notwendigen Produktionsmittel gegenübergestellt. Dies geschieht in Form von „*Materialbilanzen*", die Aufkommen und Verwendung der einzelnen Produktionsmittel usw. ausweisen. Dabei werden im Wege der allmählichen Annäherung der ursprünglichen Ziele an die Produktionsmöglichkeiten die konkreten Planziele festgestellt und durch realisierbare Investitionen die Aufkommensseite verstärkt (vgl. Hensel, K. Paul: Theorie der Zentralverwaltungswirtschaft, Stuttgart 1954).
Diese Bilanzmethode ist ein Vorläufer der Input-Output-Methode, die seit 1959 in der Form der „*Verflechtungsbilanzen* der Volkswirtschaft" Anwendung findet. Eine der Hauptschwierigkeiten ist dabei der hohe Aggregationsgrad der Matrizen und die Beschränkung auf eine Summe konkreter Output-Ziele. Die Anwendung mathematischer Optimierungsmethoden – die ohne eine Recheneinheit nicht möglich ist – stößt auf technische, aber auch theoretische und politische Schwierigkeiten, z. B. der Formulierung einer gesellschaftlichen Zielfunktion. Ihre Anwendung ist bisher auf Teilsysteme (z. B. Verkehrsprobleme) beschränkt.
Eine reine Mengenplanung hat es in der UdSSR und den anderen osteuropäischen soz. Staaten niemals gegeben. Wenn auch die Pl. selbst bis in die Gegenwart auf naturalen Einheiten beruht und daraus naturale Planauflagen abgeleitet werden, so ist damit doch nicht die gesamte Pl.wirklichkeit erfaßt: Immer bedient sich die Pl. auch eines *Preissystems:* Neben den Mengenbilanzen werden *Wertbilanzen* erstellt, die ein weitergehendes Kalkül und eine makroökonomische Pl. erst möglich machen. Sowohl die Aggregation unterschiedlicher Produkte als auch Kosten und Ertragsvergleiche und ein Vergleich von Investitionsvarianten sind nur über eine Preisrechnung möglich.
Mit der Pl. in Werteinheiten ist eng ein spezifisch soz. *Finanzsystem* verbunden, das den Staatshaushalt, das Steuersystem, die Geld- und Kreditplanung sowie die staatliche Versicherung umfaßt. Es dient als eigenständiges Instrument der Planverwirklichung und vor allem als Mittel der Kontrolle geplanter Güterströme im Bereich der Finanzströme („Kontrolle durch den Rubel").

3.0 Der Planungsablauf. – 3.1. Zu Beginn des Planungsablaufs steht das *Informationsproblem.* Je umfassender die Koordinationsaufgabe, desto größer das notwendige Informationsvolumen. Die Statistik spielt deshalb eine unvergleichlich größere Rolle als in Marktwirtschaften. Sie ist zentral organisiert; die Betriebe bilden auf Grund des „einheitlichen Systems von Buchhaltung und Statistik" die entscheidenden untersten Glieder dieser Organisation. Aber die Qualität der Statistik wird durch die Verknüpfung von Planerfüllungsberichterstattung als Erfolgsnachweis und Planabrechnung als Basis künftiger Pl. beeinträchtigt.

3.2. Träger der Pl. ist eine umfangreiche *Verwaltungsorganisation*, die hierarchisch gegliedert ist. Zwischen den Betrieben und den Spitzen der Wirtschaftsverwaltung, die erst im Ministerrat und ZK zusammenlaufen, können mehrere Zwischenglieder, z. B. Trusts, Wirtschaftsvereinigungen, Hauptabteilungen, mit planenden und wirtschaftsleitenden Aufgaben betraut sein. Die sowj. Verwaltung wurde in verschiedenen Perioden nach verschiedenen Organisationsprinzipien gegliedert. Insbesondere steht dem Branchen- das Regionalprinzip gegenüber; daneben spielt die Funktionsgliederung eine Rolle. Nach 1965 wurde das Regionalprinzip weitgehend zugunsten des Branchenprinzips abgebaut, wodurch wieder eine Vielzahl von Branchenministerien entstand. Das staatliche Plankomitee (Gosplan) ist in der UdSSR die zentrale Pl.instanz. Die Geschichte sowj. Pl. ist durch häufige Änderungen der Organisationsstruktur gekennzeichnet; neben dem Gliederungsprinzip geht es dabei um die stärkere oder schwächere Zentralisierung der Entscheidungsbefugnisse. Zu Beginn der 70er Jahre überwiegen wieder Zentralisierungstendenzen.

3.3. *Der Pl.ablauf* vollzieht sich in einer Phasenfolge: Die Betriebe reichen die nach zentralen Anweisungen ausgearbeiteten Planvorschläge, die ihren Interessen entsprechen, an ihre übergeordnete Instanz. Die daraus sich ergebende erste Orientierung für die Volkswirtschaftspl. wird um die zentralen Informationen und Zielsetzungen korrigiert, so daß ein zweiter Planvorschlag für die untergeordneten Behörden und letztlich für die Betriebe ausgearbeitet werden kann. Diese können dazu wieder Stellung nehmen. Dieses Verfahren könnte durch Iteration unbegrenzt bis zur allseitig befriedigenden Abstimmung fortgesetzt werden. Praktisch ergeht die endgültige Plandirektive in Form von Fünfjahresplänen meist nach der zweiten Phase. Aus den Fünfjahresplänen werden unter Berücksichtigung inzwischen eingetretener Entwicklungen die Jahrespläne abgeleitet.

Wenn heute die Betriebe in den Planungsprozeß aktiv eingeschaltet sind, Gegenvorschläge vorbringen und eigene Initiative entfalten, so bleibt doch die letzte Entscheidung für die Pläne in den zentralen Planinstanzen. Gleichwohl darf der Einfluß der Betriebe nicht unterschätzt werden: auf Grund der besseren Betriebskenntnis können sie in den Plandiskussionen oft mehr „herausholen“ (sog. *weiche Pläne),* als unter gesamtwirtschaftlichen Aspekten zulässig wäre.

3.4. Die für den Betrieb verbindliche Planauflage besteht aus einer Vielzahl von *Kennziffern*, welche die konkreten Ziele und Bedingungen der Produktion ausdrücken. Die Kennziffern betreffen nicht nur die Produktion selbst (z. B. Tonnen, Stückzahl, „abgesetzte Warenproduktion“), sondern auch die Lieferverpflichtungen (z. B. Export), die Investitionen, Kosten- und Aufwandsnormen, Arbeitskräfte u. a. In den Reformen seit Mitte der 60er Jahre war man bemüht, die Zahl der Kennziffern einzuschränken und die Betriebe über wenige Kennziffern (meist jedoch Kennzifferngruppen!) zu steuern. Denn die in eine intensive Wachstumsphase eintretenden soz. Planwirtschaf-

ten mußten anstelle der groben Mengenkennziffern immer mehr qualitative Kennziffern anwenden, welche die ökonomische Leistung der Betriebe ausdrückten und als Grundlage einer „materiellen Stimulierung" durch Prämien zum Zwecke des Leistungsanreizes dienen konnten. Dabei wurde erstmals die *Rentabilität* (Verhältnis Gewinn zu eingesetzten Fonds) als eine Hauptkennziffer festgelegt. Mit den Tendenzen der Rezentralisierung nahm auch die Zahl der verbindlichen Kennziffern wieder zu.
So besitzen die Betriebe zwar nicht den Entscheidungsspielraum eines „Unternehmers", wohl aber eine operative Selbständigkeit, welche durch die engbegrenzten Freiräume, Lücken und Widersprüche der Pl. entsteht. Die „Wirtschaftliche *Rechnungsführung*" (Chozrasčet) ist eine Einrichtung von Regeln und Normen, welche die gesamte Tätigkeit des Betriebes an Leistungskriterien (z. B. früher Kostensenkung, heute u. a. Rentabilität) mißt und daran verschiedene Formen der materiellen Stimulierung knüpft. Sie verbindet die direkte Pl. im Interesse der Volkswirtschaft mit der an eigenen Interessen orientierten Tätigkeit der Betriebe.
3.5. Ein wichtiges Element der zentralen P. ist die *Kontrolle.* Sie begleitet die Plandurchführung und ist oftmals Anlaß für Planänderungen, wenn Verstöße oder Engpässe signalisiert werden. Die abschließende Plankontrolle dient – zeitlich sich meist überlappend – der Aufstellung der neuen Pläne. An der Kontrolle wirken eine Reihe von politischen (Partei) und staatlichen (Staatsanwaltschaft) Instanzen mit. Neben der Statistik und den übergeordneten Organen sind die Banken und Finanzverwaltungen auf Grund der laufenden Zahlungen die wichtigsten Kontrollinstanzen.
3.6. *Preise und Löhne* sind nicht den Marktkräften oder zweiseitigen Absprachen überlassen, sondern werden durch Staatsorgane festgelegt. Zwar ist auch hier keine vollständige Zentralisierung möglich, entscheidend ist jedoch, daß die Kompetenz bei Verwaltungsbehörden liegt und nur in seltenen Fällen bei den Betrieben – dann aber von jenen kontrolliert wird. Die *Preisfestsetzung* – theoretisch begründet mit der Marxschen Werttheorie – hat nicht eine Marktpreisbildung zu simulieren, sondern aktiv die staatlichen Planziele zu unterstützen. Sie war bis in die 60er Jahre stärker wirtschaftspolitisch als theoretisch begründet und hatte deshalb zu starken Disproportionen in den Relationen, insbesondere zwischen Produktionsmittel- und Konsumgüterpreisen, aber auch zwischen einzelnen Warengruppen geführt. Die Preise konnten nicht als rationale Entscheidungskriterien für Produktions- oder Investitionsalternativen dienen. Mit den Wirtschaftsreformen war daher eine Preisreform verbunden, welche in allen soz. Ländern den *Produktionspreis* als Preistyp einführte und damit eine stärker auf die Knappheit der Ressourcen zielende Bewertung der Güter verfolgte (ohne jedoch bisher eine Bodenbewertung einzubeziehen). Mit dem neuen Preistyp bleibt eine zu starke Orientierung an den Kosten, die nur ein langfristig stabiles Gleichgewicht ausdrücken kann; deshalb dient er nur als allgemeines Preisschema, das in der Praxis von verschiedenen Preisformen und Berechnungsmethoden überdeckt und nur stark modifiziert wirksam wird. Bis heute ist das Problem der An-

passung staatlich fixierter Festpreise an sich verändernde Produktions- und Nachfragebedingungen nicht befriedigend gelöst.
Die *Lohn*festsetzung fußt auf dem soz. Grundsatz der Leistungsentlohnung. Da es im wesentlichen nur Arbeitseinkommen gibt, bildet die Lohndifferenzierung nach der Leistung – die u. a. auch nach den staatlichen Bedürfnissen gemessen wird – die Grundlage der Lebensstandardunterschiede der Bevölkerungsgruppen. Die weitere Entwicklung der materiellen Stimulierung führte dazu, daß die erfolgsabhängige Prämiierung ausgebaut wurde und zu einer zusätzlichen Einkommensdifferenzierung geführt hat. Mit der leistungsorien-

---

Der Rat für Gegenseitige Wirtschaftshilfe (RGW; engl. Abkürzung üblich Comecon, offiziell CMEA) wurde 1949 auf Initiative der UdSSR gegründet. Er bildet heute den organisatorischen Rahmen für die multilaterale wirtschaftliche Zusammenarbeit zwischen den Ostblockstaaten. Er ist am ehesten mit der EWG vergleichbar. Die wichtigsten Unterschiede sind: (1) Im RGW existiert mit der UdSSR eine in jeder Hinsicht überragende Hegemonialmacht. (2) Das innere Gefüge des RGW war von Anfang an locker und wurde auch im Laufe der Jahre nicht fundamental gestärkt. Als Basis für eine intensivere, vor allem auch politische Integration war der RGW nicht wirksam. (3) Er funktioniert im wesentlichen als eine multilaterale wirtschaftliche Informationszentrale. Seine Haupttätigkeit liegt in der Arbeit seiner Ständigen Kommissionen, die jeweils für einen großen Wirtschaftszweig zuständig sind und deren Sitze auf die einzelnen Mitgliedstaaten verteilt sind. Der Handel zwischen den Ostblockstaaten wird durch ein System bilateraler Verträge geregelt. (4) Die Mitgliedstaaten befinden sich in sehr verschiedenen Entwicklungsstadien (DDR, CSSR versus Bulgarien und Mongolische VR). (5) Die ständigen Versuche, durch Koordination der Volkswirtschaftspläne die Arbeitsteilung innerhalb des RGW zu vertiefen, bringen für die UdSSR wegen der Größe ihres inneren Marktes und ihrer daraus resultierenden Autarkie-Begabung viel geringere Abhängigkeiten mit sich als für die kleineren Länder. (6) Die Arbeit des RGW wurde durch interne politische Spannungen (Albanien; Jugoslawien; Beobachterland China) erschwert. – Indessen ist es wahrscheinlich, daß die Erweiterung und Intensivierung der EWG Anstöße zu einer Intensivierung auch des RGW geben wird.
E. K.

Fonds sind materielle oder finanzielle Mittel, die für eine bestimmte Zeit zur Durchführung bestimmter Aufgaben zur Verfügung gestellt werden. Sie entsprechen häufig dem westlichen Kapitalbegriff.
F. H.

Kolchos: Im Unterschied vom Normaltyp westlicher Genossenschaften ist die sozialistische Genossenschaft, die Kollektivwirtschaft, ein Zusammenschluß der Einzelwirtschaften zu einer Großwirtschaft, wobei die Privatwirtschaften – mit Ausnahme des verbleibenden privaten Hoflandes – aufgegeben werden. Die Mitglieder, in Arbeitsbrigaden eingeteilt, werden aus den Erträgen entlohnt (heute garantierte Mindestentlohnung) und wirken in der Kolchosversammlung mit.
F. H.

Libermann, J. G.: Charkover Ökonomieprofessor, der durch seine Reformvorschläge 1962 auch im Westen Aufsehen erregt hat. Seine Vorschläge – insbes. Steuerung der Betriebe über Rentabilität – sind nicht verwirklicht worden; doch ging seine Grundidee, stark verwässert, in die Reformen ein.
F. H.

Sozialistischer Wettbewerb ist ein – i. d. R. durch Partei, Staat und Gewerkschaften organisierter – Wettbewerb um Planerfüllung, Steigerung der Arbeitsproduktivität usw. zwischen einzelnen Brigaden, Betrieben und anderen Einheiten. Er ist meist mit materiellen (Prämien) und immateriellen (Titeln, Fahnen) Auszeichnungen verbunden.
F. H.

tierten Lohnstaffelung (u. a. Akkordlohn) und mit den gewinnabhängigen Prämienzahlungen wird das individuelle Einkommensinteresse der Arbeiter und Betriebsleiter politisch akzeptiert und als *„Prinzip der materiellen Interessiertheit“* übernommen. Vom *chinesischen* Standpunkt aus liegt darin eine Hinwendung zu kapitalistischen Verhaltensweisen, die durch eine bewußtseinsändernde Kulturrevolution umgangen werden müßte. Eine für die Entwicklung zum kommunistischen Verteilungsprinzip besonders wichtige Einkommensform ist im *„Gesellschaftlichen Konsumtionsfonds“* zu sehen, an dem der einzelne in Form von freien oder subventionierten Sozialleistungen, Bildungs- und Gesundheitseinrichtungen teil hat.
3.7. *Die Investitionspl.* ist ein auf verschiedenen Ebenen zu lösendes Problem, das bei der Fixierung der volkswirtschaftlichen Sparquote beginnt und mit der Auswahl der Projekte und der Festlegung der Finanzierungsbedingungen bis zur Konkretisierung führt. In der ersten Phase der Industrialisierung waren die Investitionen durch die bei niedrigem Sozialprodukt, trotz hoher Sparquote, bescheidenen Mittel einerseits, durch die in den Industrialisierungsprogrammen vorgesehenen Schwerpunkte sowie die notwendigsten Ersatzinvestitionen andererseits begrenzt. Mit dem Übergang zu einem intensiven Wachstum entstand das Problem der rationellsten Verwendung der Investitionsmittel. Nach einer langjährigen Diskussion über die Auslesekriterien sind heute Nutzeffektsnormen, die dem *kalkulatorischen Zins* ähneln, Bestandteil der Methodik der Investitionspl. geworden. Im übrigen wird versucht, durch die Produktionsfondsabgabe und die Erhöhung der Soll-Bankzinsen die beschränkt selbständige Investitionstätigkeit der Betriebe auf rationale Verwendung zu steuern.

4. Die Entwicklung des soz. Pl.systems begann mit dem GOELRO-Plan – dem Leninschen Plan der Elektrifizierung – und als volkswirtschaftliche Gesamtpl. mit dem ersten Fünfjahresplan 1928. In der Stalinära ist das klassische, stark zentralisierte, sowj. Wirtschaftssystem entwickelt worden, mit dessen Pl.methode die erste Phase der Industrialisierung bewältigt und der Zweite Weltkrieg überstanden wurde. Nach dem Zweiten Weltkrieg ist, wie die Diskussionen der 50er Jahre zeigen, die Notwendigkeit einer Reform immer dringender geworden, weil die Aufgaben der Wirtschaftspl. mit den groben Methoden strikter zentraler Anweisungen nicht gelöst werden konnten. Chruschtschow hatte der Schwierigkeit überwiegend durch Umorganisation der Wirtschaftsverwaltung Herr zu werden versucht. Erst in der Mitte der 60er Jahre begannen tiefergreifende *Reformen*, welche einerseits die Methodik der zentralen Pl. verbesserten (mathematische Methoden, Entwicklung einer Perspektivpl., Prognosen u. a.) und andererseits die Selbständigkeit der soz. Betriebe anerkannten, ja noch etwas ausdehnten. Dies geschah nicht, um die zentrale Pl. einzuschränken, sondern um sie effizienter zu gestalten und die nicht durch Pl. erreichbaren Aktivitäten der Betriebe indirekt über Preise, Steuern, Zinsen, Prämien zu steuern. Dabei mußte auch die Produktion dem volkswirtschaftlichen Bedarf besser angepaßt werden, der nicht nur über

zentrale Pl., sondern auch über Nachfragebeziehungen erfaßt werden kann. Schließlich mußte auch aus Effizienzgründen die hohe Zentralisierung der Verwaltung gelockert werden. Diese Entwicklungen sind im Westen häufig *als Liberalisierung mißverstanden* worden. Tatsächlich wurde nur deutlich, daß soz. Pl. nicht dem Modell der Zentralverwaltungswirtschaft entspricht, daß übersteigerte Zentralisierung unrationell ist und daß das soz. Pl.instrumentarium unorthodox weiter entwickelt werden muß, soll es die Koordination bei einem komplizierten Stand der volkswirtschaftlichen Entwicklung erfüllen. Daß dabei auch einige Elemente einer marktwirtschaftlichen Regelung verarbeitet worden sind, bestätigt nur den gemischtwirtschaftlichen Ordnungstyp der soz. Pl., deren Schwergewicht nach wie vor bei Methoden der zentralen Pl. liegt. Aber das Pl.system des sowj. Soz. kann durch weiterreichende Reformen auch in diesem Kernstück verändert werden, wie die abgebrochenen Versuche in der ČSSR und die Weiterführung der Reformen in Ungarn zu einem stärker marktmäßig gesteuerten Sozialismus hin zeigen.

LITERATURHINWEISE

Ančiškin, Aleksander, *Solovev*, Nikolai: Die Wirtschaftsprojektion der Sowjetunion (Übers. aus d. Russ.). Berlin 1971.
Bergson, Abram: The Economics of Soviet Planning, New Haven usw. 1964.
Buck, Hannsjörg: Technik der Wirtschaftslenkung in kommunistischen Staaten, 2 Bde., Coburg 1969.
Lehrbuch Politische Ökonomie: Sozialismus (Übers. aus d. Russ.), Frankfurt/M. 1972.
Nove, Alec: Die sowjetische Wirtschaft. Wiesbaden 1962. 3. engl. Aufl., London 1968.
Zinn, Karl G.: Sozialistische Planwirtschaftstheorie. Stuttgart 1971.

FRIEDRICH HAFFNER

Pluralismus (Pl.)

→ *Demokratie, Gemeinwirtschaft, Genossenschaft, Sozialstaat, Staat, Verbände, Wohlstand*

1. DEFINITION. Unter Pl. ist das Vorhandensein einer *Vielzahl* verschiedener gesellschaftlicher Interessen und ihre organisierte Vertretung in der politischen Wilensbildung zu verstehen. Das Ringen um Einfluß erfolgt im Rahmen allseitig anerkannter Spielregeln. Solche Spielregeln sind etwa das verfassungsmäßig institutionalisierte politische System, aber auch gesetzliche Vorschriften oder vertragliche Vereinbarungen zwischen den beteiligten Kräften, z. B. über die Formen der Konfliktregelung in Arbeitskämpfen.

Der Pl. geht von der Feststellung aus, daß die Gesellschaft aus *heterogenen Gruppen* mit unterschiedlichen, oft einander widersprechenden Interessen besteht. Diese Divergenzen treten in den verschiedensten Bereichen auf; der Konflikt zwischen Lohnarbeit und Kapital – in Organisationen ausgedrückt: zwischen Gewerkschaften und Arbeitgeberverbänden – ist nur eines von vielen Beispielen; als weitere können Religionsgruppen, Berufs- und Standes-

organisationen sowie – auf der politischen Ebene – die Existenz eines Mehrparteiensystems genannt werden.
Die Heterogenität und die sich daraus ergebende Konfliktlage der gesellschaftlichen Interessen wirkt sich – in der Theorie des Pl. legitimerweise – auch bei der politischen Willensbildung aus. In der Politik vollzieht sich die Auseinandersetzung um Anteile am Sozialprodukt, Vor- und Nachteile bei der Gesetzgebung usw. Die staatlichen Institutionen haben die Funktion, bei ihrer Entscheidung die verschiedenen Interessen gegeneinander abzuwägen und im Wege des Kompromisses gesamtgesellschaftlich vertretbare, auf *Interessenausgleich* gerichtete Lösungen herbeizuführen. Hierbei geht die Pl.theorie von einer gegenseitigen Macht- und Einflußbegrenzung der Interessengruppen aus.
Sie begreift die Interessendivergenz als dauerhaft und trachtet nicht nach einer Homogenisierung des Staatswillens. Für sie ist *Gemeinwohl* keine angebbare, einheitliche Größe, im Sinne einer verbindlichen Zielkonzeption, für deren Erfüllung alle Kräfte in derselben Richtung mobilisiert werden müssen. Vielmehr ist Gemeinwohl lediglich ein Regulativ, um den inneren Zusammenhalt einer heterogen strukturierten Gesellschaft mit niemals endgültig lösbaren Konflikten zu gewährleisten. Gemeinwohl realisiert sich daher a posteriori als Ergebnis einer auf konkrete Sachfragen bezogenen Auseinandersetzung. Bedingung hierfür ist allerdings die Geltung eines – zumindest minimalen – *consensus* aller beteiligten Gruppen über den Austragungsmodus der Konflikte und über die Akzeptierung legal zustande gekommener Entscheidungen. Pl. ist somit dissens in vielen Einzelfragen, jedoch ebenso consens über einige Grundregeln und Grundinhalte.
Die Aspekte des *Konflikts* und der *Harmonie,* die beide im Pl. inbegriffen sind, erinnern an die These des laisser-faire-Liberalismus, die Konkurrenz aller habe im Endeffekt das Wohl der Gesamtheit zum Ergebnis. Bei einigen Pluralisten (vor allem in der amerikanischen Politologie) taucht die „invisible hand" des Adam Smith wieder auf, nur ist es diesmal nicht die individuelle, sondern die Gruppenkonkurrenz, die gleichsam naturhaft zu einem Gleichgewichtszustand führt. Andere Theoretiker (vor allem in der deutschen Pl.-theorie) begreifen den Interessenausgleich nicht als Automatismus, sondern als Ergebnis bewußten Handelns. Für sie gewinnt daher der *Staat* eine durchaus eigengewichtige Funktion gegenüber dem Gruppenkampf.

2. IDEENGESCHICHTE. Drei Stadien der Pl.theorie sind zu nennen: 2.1. Die *Genossenschaftslehre* Otto von Gierkes und ihre Rezeption in Großbritannien. Kern dieses um die Jahrhundertwende konzipierten Ansatzes ist die These von der „realen Verbandspersönlichkeit". Deren Inhalt, die Anerkennung legitimer Zusammenschlüsse von Menschen zu sozialen und weltanschaulichen Organisationen unterhalb der staatlichen Ebene hat zur Ausprägung sozialer und politischer Rechte wie Koalitionsfreiheit usw. beigetragen.
2.2. Der Pluralismusbegriff dieser frühen Phase wird zum Angriff auf den Souveränitätsanspruch des Staates. Der englische *Gildensozialismus* versucht,

durch Dezentralisierung von Entscheidungskompetenzen auf partikulare Bereiche und Organisationen eine bessere demokratische Fundierung der Willensbildung zu erreichen. Harold J. Laski formuliert seine – später von ihm selbst verworfene – Theorie von der Pluralität der Souveränitäten und Loyalitäten und stellt somit nicht nur den sozialen Omnipotenz-, sondern auch den juristischen Omnikompetenzanspruch des Staates radikal in Frage.
2.3. In bewußter Abgrenzung zu Laski, was die Einschätzung des Staates angeht, jedoch in Anlehnung an amerikanische Demokratietheorien (u. a. Truman, Dahl) wird nach 1945 in der BRD die Theorie des *Neopluralismus* formuliert. Ihr bedeutendster Vertreter ist Ernst Fraenkel. Hier geht es um eine theoretische wie praktische Integration von Pl. und staatlicher Souveränität. Die Gestaltungsfunktion des Staates in der Industriegesellschaft macht ihn zum Ort des pluralistischen Interessenausgleichs. Er wird nicht in partikulare Bereiche aufgelöst, sondern der Staatswille wird durch die Interaktion divergierender Gruppen gebildet. Das Verhältnis zwischen Gemeinwohl und Teilinteressen, zwischen consensus und Konflikt wird als permanentes dialektisches Spannungsfeld beschrieben. Der Neo-Pl. ist die *Antithese zum Totalitarismus* faschistischer wie kommunistischer Prägung: Pl. steht für Interessenvielfalt, a-posteriori-Gemeinwohl, Gruppenautonomie, Mehrparteiensystem, demokratische Willensbildung; Totalitarismus steht für eine alle Bereiche umfassende Ideologie, a-priori-Gemeinwohl, Gleichschaltung, Einheitspartei, politische Autokratie. Sicher ist der Totalitarismusbegriff – etwa in der Subsumtion von Faschismus und Kommunismus unter eine Kategorie – problematisch. Für die Pl.theorie erhält er jedoch die Funktion eines idealtypischen Gegenbildes zu bestimmten demokratietheoretischen Prinzipien.

3. Kritik. – 3.1. Der Begriff Pl. ist in Deutschland vor allem durch eine Kritik in die Diskussion gebracht worden, die hier – verkürzt – als „Pl.kritik *von rechts*" bezeichnet wird. Sie hat nicht nur das staatsrechtliche Denken entscheidend beeinflußt, sondern auch im Bewußtsein weiter Kreise der Bevölkerung nachhaltig gewirkt. Hauptvertreter sind Carl Schmitt, in seinem Gefolge u. a. Ernst Forsthoff, Werner Weber und Götz Briefs. Ihre zentrale These lautet, der Einfluß divergierender Gruppen führe zum *Zerfall des Staates:* Der Staat werde zum Beuteobjekt partikularer Interessen. Hierbei ist es gerade die Einsicht in die wachsende soziale und ökonomische Verteilungs- und Steuerungsfunktion des Staates, die zur Forderung nach einem starken, möglichst unbeeinflußt handelnden Staat führt. So verbinden sich konservative Sozialstaatsforderungen unschwer mit dem Wunsch nach „Bändigung" der interessenpolitischen Auseinandersetzung.
In der BRD sind derartige Überlegungen in dem unter der Kanzlerschaft Ludwig Erhards entwickelten Konzept der *„Formierten Gesellschaft"* für kurze Zeit Bestandteil offizieller Regierungspolitik geworden. Hinter dieser Auffassung steckt das Postulat der Trennung von Staat und Gesellschaft. In Anlehnung an *Rousseau* wird der Interessen-Pl. der gesellschaftlichen Ebene zugeordnet, der auf den Staat bezogene politische Wille des Volkes jedoch als

a priori homogen begriffen. Demokratie ist in diesem Konzept die Realisierung des „wahren", vorgegebenen, erkennbaren, einheitlichen Volkswillens, nicht ein Prozeß der Auseinandersetzung streitender Konzeptionen und der Regulierung widersprüchlicher Interessen. Kein Wunder, daß eine solche Theorie im Grenzfall zur Legitimation eines scheinplebiszitären Führertums benutzt worden ist. Der Neo-Pl. versucht demgegenüber, die Interessenauseinandersetzung als Bestandteil der Politik zu rechtfertigen und einer Vorstellung vom Staat als Gesamtorganisation der gesellschaftlichen Kräfte zum Durchbruch zu verhelfen.

3.2. „Pl.*kritik von links*" ist aktuell, seit die Neue Linke das ökonomische und politische System der kapitalistischen Demokraten in Frage stellt. Hauptthese ist, der Grundwiderspruch von Lohnarbeit und Kapital an der Basis der Gesellschaft kennzeichne die soziale Realität als einen *Antagonismus*, der durch den Interessen-Pl. im Bereich der Distribution lediglich verschleiert werde. In der BRD und vergleichbar entwickelten Staaten werde pluralistische Auseinandersetzung nur in Bereichen geduldet, wo sie für das Funktionieren des Gesamtsystems ungefährlich sei. Der Pl. verhindere die Mobilisierung von Klassenbewußtsein und schade der Lösung des Grundwiderspruchs der Gesellschaft.

Zentralproblem der linken Kritik ist die – durch das Privateigentum an Produktionsmitteln bewirkte – hierarchisch-autoritäre Struktur vieler gesellschaftlicher Teilbereiche, vor allem der Betriebe. Da die Vertreter des Großkapitals auf Grund ihrer Macht und ihrer Organisiertheit in mächtigen Verbänden die staatlichen Institutionen stark beeinflussen können, dienten politische Entscheidungen primär ihren Interessen, sei der Staat, seien die politischen Parteien letztlich Instrumente der Kapitalmacht. Der vom Pl. geforderte Minimalconsensus über die politischen Spielregeln führe zu einer *Integration der Opposition,* vor allem der Arbeiterparteien, in das System. In der Sicht der neomarxistischen Theorie des *„staatsmonopolistischen Kapitalismus"* dient Pl. nur zur Verschleierung und damit Befestigung der wahren Herrschaftsverhältnisse in einer Klassengesellschaft.

Andere Pl.kritiker von links weisen darauf hin, daß das pluralistische System lediglich *machtvolle* Interessen berücksichtigt, weite Bereiche jedoch vernachlässigt, in denen kein Druck auf politische Instanzen ausgeübt werden kann; hierbei bleiben unabweisbare gesellschaftliche Bedürfnisse unberücksichtigt. Der Pl. wird zwar als positive Überwindung des laisser-faire-Liberalismus verstanden, seine Aufhebung in einem das Gesamtinteresse besser sichernden Sozialismus jedoch als folgerichtig bezeichnet.

4. Pl. als Bedingung der Demokratie. Ist damit die Pluralismustheorie widerlegt?

4.1. Richtig ist, daß die kapitalistischen Produktionsverhältnisse den praktizierten Pl. *verzerren*. Das liegt erstens an „Sachzwängen" einer innerhalb des kapitalistischen Systems arbeitenden, an Wachstum und sozialer Sicherheit orientierten Politik; ihr sind Grenzen u. a. durch die Entscheidungsgewalt der

Unternehmer über Investitionen gesetzt. Zweitens sind die Interessengruppen des Großkapitals in der Lage, einen so erheblichen Druck auf die politischen Instanzen auszuüben, daß strukturpolitische Maßnahmen mit antikapitalistischer Tendenz (etwa: Mitbestimmung, Kartellgesetzgebung, Steuerreform) nur schwer – und oft sehr unvollständig – durchgesetzt werden können. Der etablierte Interessen-Pl. hat also auf Grund der ökonomischen Struktur ein Ungleichgewicht der Gruppen zur Folge. Immerhin gibt der Pl. auch den Gewerkschaften und anderen Verbänden die Chance der Einwirkung. Die Erfolge der *reformistischen Arbeiterbewegung* zeigen, daß der Pl. zumindest ambivalent, die Vorstellung vom Staat als einseitigem Herrschaftsinstrument des Kapitals so pauschal nicht zu halten ist.

4.2. Ein weiterer Aspekt liegt in der *oligarchischen Struktur* der gesellschaftlichen *Teilbereiche.* Nur schwer setzt sich die Einsicht durch, daß auch innerhalb eines Industriebetriebes, einer Schule, Universität usw. Interessenkonflikte und unterschiedliche Zielvorstellungen vorhanden sind, deren Repräsentanz im Entscheidungsprozeß eine legitime Forderung ist. Auch in diesen Bereichen findet „Politik“ statt, auch sie verlangen daher nach einer demokratisch geregelten Willensbildung. Es gilt also, den Prozeß pluralistischer

---

consensus bedeutet Übereinstimmung in jenen Teilen des politischen Lebens, in denen keine kontroversen Auseinandersetzungen stattfinden. Consensus zwischen den politischen und sozialen Kräften kann und soll etwa herrschen über Grundrechte, demokratisches System, Rechtsstaatlichkeit, Chancengleichheit im Bildungswesen. In einer pluralistischen Gesellschaft besteht ein Spannungsverhältnis zwischen notwendigem consensus und ebenso unabdingbarem dissensus. H. K.

Formierte Gesellschaft war der schlagwortartige Begriff für die staats- und gesellschaftstheoretische Konzeption Ludwig Erhards. Ihr Ziel war es, den Einfluß der Interessenverbände auf den Staat zu begrenzen; die Wirtschafts- und Sozialpolitik sollte stärker „gemeinwohlorientiert“ sein. War diesee Zielvorstellung ein über den Parteien und Gruppen stehender Staat, so versuchte die von Karl Schiller initiierte **Konzertierte Aktion,** im Dialog zwischen Staat und Verbänden makroökonomische Steuerungsfunktionen, vor allem in der Konjunkturpolitik, wahrzunehmen. H. K.

Reformismus (Revisionismus) bezeichnet eine Strategie der deutschen und englischen Arbeiterbewegung seit der Jahrhundertwende (Eduard Bernstein). Diese Bewegung verzichtet auf revolutionären Umsturz und versucht, durch punktuelle Reformen Veränderungen zu bewirken. Aus kommunistischer Sicht ist Reformismus ein Schimpfwort gegenüber der Sozialdemokratie; denn er kuriere nur an Symptomen und stärke letztlich den Kapitalismus. H. K.

Totalitarismus bezeichnet ein politisches System, in dem der Staat im Dienste einer einheitlichen Ideologie alle Lebensbereiche, auch Wirtschaft und Kultur, zu formen beansprucht. Sein Gegenbegriff ist der liberale Staat. Der Totalitarismus subsumiert anhand einiger Kriterien (Einheitspartei, Gleichschaltung, Propaganda usw.) Faschismus und Bolschewismus unter einen Oberbegriff. Er hatte eine große Bedeutung als Denkfigur des Kalten Krieges. H. K.

Auseinandersetzung von der staatlichen Ebene auf die der einzelnen gesellschaftlichen Bereiche auszudehnen. Gerade die Verbände und *Parteien* sind es bisher, die in ihrer Binnenstruktur Demokratie nur unvollkommen verwirklichen, bürokratisch erstarren und den Willen der Mitgliedschaft daher nicht authentisch von unten nach oben vermitteln. Der etablierte Pl. ist häufig ein Pl. der Oligarchien.

Dennoch: Die berechtigte Kritik an dem empirischen Pl. etwa in der BRD oder den USA widerlegt nicht das Pl.konzept als solches. Der Fehler der Pl.kritiker liegt darin, die Theoreme der Pluralisten vorschnell als Aussagen über die Realität in kapitalistischen Gesellschaften interpretiert zu haben. In dieser Sicht erscheint Pl. leicht als Verschleierungsideologie.

4.3. In der Intention der Pluralisten ist jedoch Pl. ein *demokratietheoretisches Konzept* und nicht unbedingt eine empirische Charakterisierung der westlichen Systeme. Kern dieser Theorie ist die Legitimation des politischen Konflikts, der als permanente Erscheinung aus der Heterogenität der Gesellschaft resultiert. Eine konfliktfreie Gesellschaft ist für den Pluralisten nicht denkbar. Ein Endziel der sozialen Entwicklung, das für alle verbindlich ist, existiert nicht. Es zu behaupten und seine Vertretung mit Ausschließlichkeitsanspruch zu betreiben, wäre zwanghafte Homogenisierung des politischen Willens.

4.4. In jüngster Zeit haben kritische Marxisten darauf hingewiesen, daß *auch sozialistische Gesellschaften,* in denen das Privateigentum an Produktionsmitteln weitestgehend abgeschafft ist, ein Bedürfnis nach pluralistischer Organisation der Willensbildung haben. Es sind vor allem die tschechoslowakischen Reformkommunisten des Jahres 1968 sowie jugoslawische Theoretiker, die aus der bürokratisch-etatistischen, vom Parteimonopol bestimmten Struktur der sozialistischen Länder Forderungen nach politischer Demokratie, Organisationsautonomie, Mehrparteiensystem, Verfassungsgerichtsbarkeit, betrieblicher Mitbestimmung u. a. ableiten.

Pl. als Demokratietheorie ist somit *nicht auf ein Gesellschaftsmodell festgelegt;* Interessengegensätze und divergierende Auffassungen existieren auch in den sozialistischen Ländern. Pluralistisch sind diese Länder z. Z. deshalb nicht, weil Konflikte nicht offen ausgetragen werden, Opposition als illegal verfolgt wird. Andererseits ist es gerade im Kapitalismus die pluralistische Organisationsautonomie, die unterprivilegierten Gruppen gewisse Einflußmöglichkeiten verschafft, eine totale Indienstnahme des Staates durch die ökonomisch Herrschenden also verhindert.

4.5. Das bloße Vorhandensein divergierender Interessengruppen und ihre kompromißhafte Berücksichtigung bei der Gesetzgebung und Etataufstellung ist allerdings nicht gleichbedeutend mit Demokratie. Denn über die *innere* Struktur der Gruppen, über die Machtverhältnisse, die ihre Chancen beeinflussen, ist damit noch nichts gesagt. Pl. ist keine hinreichende Bedingung der Demokratie. – Eine demokratische Gesellschaft ohne Pl. jedoch erscheint unvorstellbar. Wenn man das Postulat der Geltung eines einheitlichen „wahren“ Volkswillens als den Versuch der Legitimierung einseitiger Herrschaftsansprüche entlarvt, und wenn man die Vermittlung der gesellschaftlichen Heterogenität in die Politik als freiheitsichernde Notwendigkeit erblickt, bleibt man auf das Pl.konzept angewiesen. Die Ablehnung von Monismus, das Spannungsfeld von Konflikt und consens sind demokratische Minima. Pluralismus ist eine *notwendige Bedingung der Demokratie.*

LITERATURHINWEISE

Dahl, Robert A.: Pluralist Democracy in the United States. Chicago 1967.
Eisfeld, Rainer: Pluralismus zwischen Liberalismus und Sozialismus. Stuttgart 1972.
Fraenkel, Ernst: Deutschland und die westlichen Demokratien. Stuttgart 1968.
Klokocka, Vladimir: Demokratischer Sozialismus. Hamburg 1968.
Nuscheler, Franz, und *Steffani*, Winfried: Pluralismus: Konzeptionen und Kontroversen München 1972.

HANS KREMENDAHL

Politische Ökonomie (PÖ.)

1.0. WESEN. Es ist nicht ohne Bedeutung, daß die PÖ. neuerdings eine Renaissance erlebt und in den Mittelpunkt politologischer und ökonomischer Auseinandersetzungen rückt. Über Erkenntnisziel, Objekt und Methode der PÖ. besteht dabei keineswegs Einigkeit, was sich nicht zuletzt in einer semantischen Vielfalt ausdrückt: Politökonomie, Politische Ökonomik, Sozialökonomie, Politische Wirtschaftslehre, neue politische Ökonomie usw.; klar ist nur das Konzept, daß Wirtschaft und Politik – falls sie überhaupt gesonderte „Systeme" darstellen – nicht isoliert voneinander betrachtet werden können, sondern daß eine gesellschaftliche Vermittlung zwischen diesen beiden „Bereichen", möglicherweise sogar eine Integration zu erstreben ist. Gegenstand der *politischen* Ö. ist nicht ein ahistorischer homo oeconomicus, sondern das historische – also auch veränderliche – Verhältnis der gesellschaftlich produzierenden Menschen zueinander. Die PÖ. ist damit auf die bewegenden Kräfte und die *gestaltbare Zukunft* der Gesellschaft gerichtet: auf die historisch unterscheidbaren gesellschaftlichen Produktions-, Verteilungs- und Steuerungssysteme.

Dabei geht es ihr nicht nur um die Interdependenzen sozioökonomischer Vorgänge, sondern um die ursächliche Erklärung gesellschaftlicher Beziehungen, Strukturen, Wandlungen: um die Analyse und *Kritik* „dynamischer" Systeme. Nur in dieser Dimension ist PÖ. möglich; bloße Bestandserhaltung, die ihre Rechtfertigung aus dem Bestehenden bezieht, ist mit kritischer Gesellschaftswissenschaft unvereinbar. Kritik bedeutet, daß man die „gegebene" Struktur, deren Funktionen und Erklärung („Theorien") nicht einfach hinnimmt, sondern sie nach objektiven oder zumindest begründbaren subjektiven Maßstäben beurteilt, wobei auch die Prämissen der Kritik zugänglich bleiben müssen (Metakritik). Eine solchermaßen kritische PÖ. kann aber nicht bei der Aufdeckung der realen Verhältnisse von Produktion und Verteilung und damit bei der Grundfrage nach dem Charakter der Herrschaft stehen bleiben.

Solche Systemkritik ist vielmehr durch die *praxeologische* (d. h. handlungsbezogene) Aufgabe zu ergänzen, humanere Formen der Leistungserstellung durch bessere Organisation von Menschen und Sachen zu finden. In der Einschätzung der Veränderungsmöglichkeiten und in der Systemkritik unterscheiden sich die verschiedenen Ansätze der PÖ., die ihrerseits wieder historisch erklärbar sind. Deshalb spiegeln sich in der Geschichte der PÖ. ganz unterschiedliche Wissenschaftsauffassungen wider: emanzipatorische und revolutionäre, affirmative und apologetische stehen nebeneinander, wechseln sich ab.

2. Geschichte. Erkenntnisgegenstand und -interesse der PÖ. werden vom gesellschaftlichen Zustand, dessen Bedingungen und Entwicklungstendenzen bestimmt; schließlich geht es um die Klärung der eigenen Existenzbedingungen und Bedürfnisse der jeweiligen Gesellschaft. Die PÖ. untersucht theoretisch die bereits sichtbar gewordenen Probleme, ihre ideologischen Rechtfertigungen und ihre Wandlungsmöglichkeiten.

2.1. *Die Frühgeschichte* der PÖ. beginnt mit dem „Traité de l'Économie politique" des Franzosen Montchrétien 1615. Die früher einzelhauswirtschaftlich verstandene Oikonomiea (Aristoteles) wird in der frühkapitalistischen Periode vom absolutistischen *Fürsten* zum Wohle seiner Untertanen und zum eigenen Wohl administrativ durchgeführt (Merkantilismus); das kommerzielle Leben wird „staatlich", wird zum Teil der Politik. Als Reaktion hierauf entdecken die *Physiokraten* die „natürliche Ordnung" einer sich selbst überlassenen Wirtschaft, vor allem die Gesetze des makroökonomischen Kreislaufs, dessen Träger die nach ökonomischen Kriterien – nämlich nach ihrer Stellung im produktiven Wirtschaftsprozeß – unterschiedenen „Klassen" sind.

2.2. Die Kritik des aufstrebenden Bürgertums an den feudalen Herrschaftsschichten forderte eine neue PÖ. auf *liberaler* (ökonomischer, philosophischer und politischer) Basis. Nun wird die Lehre von der allein wertbildenden Kraft der menschlichen Arbeit zur Grundlage der Theorie vom freien Spiel der Kräfte und von der Selbstordnung der Märkte durch die „unsichtbare Hand". So entsteht die klassische „bürgerliche" PÖ. als Kampflehre des sich nun zu seiner Hochform entfaltenden Kapitalismus. Sie untersucht die Gesetzmäßigkeiten der Verteilung des Sozialprodukts auf die Bezieher von Arbeitslohn, Kapitalprofit und Grundrente. Die Volkswirtschaft löst sich von der Staatswirtschaft; Freiheit bedeutet in erster Linie Wirtschaftsfreiheit für die Unternehmer.

2.3. Doch nun brechen strukturelle und soziale Probleme auf. Massenelend der Arbeitenden, Konkurrenzkämpfe und Wirtschaftskrisen fordern heftige *Sozialkritik* heraus. Gegen die Ausbeutung der erst im Anfangsstadium der Industrialisierung befindlichen Staaten durch die englischen „Freihändler" wendet sich Friedrich *List:* dem Staat schreibt er besondere Schutzaufgaben zu. John Stuart *Mill* beschränkt die Geltung der ökonomischen Gesetzmäßigkeiten auf die Sphäre der Produktion und weist den Staat auf seine Verantwortung für die Sphäre der Verteilung hin. Schließlich gipfelt die Sozialkritik in dem radikalen „wissenschaftlichen" Sozialismus von *Marx und Engels.* War die klassische bürgerliche Ökonomie gegen die Feudalordnung gerichtet, so wendet sich die von Marx ausgehende „Kritik der (bürgerlichen) Politischen Ökonomie" nunmehr gegen die Bourgeoisie und wird so zur ideologischen und praktischen Grundlage des proletarischen Sozialismus und der Arbeiterbewegung wenigstens auf dem europäischen Kontinent. Ein Kernstück in dem vielfältigen soziologischen, ökonomischen und politologischen Gedankengebäude von Marx ist der den Kapitalismus kennzeichnende Widerspruch zwischen der gesellschaftlichen Produktion und der privaten Aneignung der Produkte durch die Klasse der Kapitalisten; damit verbunden ist das dynamische Kernstück: die Gesetzmäßigkeit der Entwicklung der kapitalistischen Gesellschaft mit ihrer Tendenz zur Transformation in eine neue, irgendwie geartete „sozialistische" Form.

2.4. Mit der Herausbildung der großindustriellen Produktionsweise verändert sich auch die PÖ. des etablierten Bürgertums. Immer mehr werden die Gesetze der eigenen Produktionsweise als selbstverständlich hingenommen. In den 80er Jahren entwickelt sich – nicht zuletzt in Gegenposition zu Marx – die *subjektive Wertlehre,* die als Grenznutzenschule den neuen Erscheinungen der großindustriellen Rationalität gerecht werden und zugleich alles Wirtschaften von den subjektiven Einschätzungen der Bedürfnisbefriedigung erklären will. Im Mittelpunkt der Ökonomie steht nun das *Individuum.* Zwar betont die Historische Schule – in personeller und inhaltlicher Verbindung mit Sozialreformern, u. a. den „Kathedersozialisten" – die geschichtliche Relativität und damit auch die Mängel des bestehenden Systems. Aber sie entwickelt unter den herrschenden Verhältnissen des „Hochkapitalismus" keine Durchsetzungskraft gegenüber den „neoklassischen" Lehren. Mit dem Verlust von Geschichte und gesellschaftlicher Anbindung entsteht eine isolierte, „reine", eine unpolitische Ökonomie. Ihr Schwerpunkt liegt in kunstvollen, mathematisierten Einzelanalysen. Sie stellt sich nicht den konkreten sozialen Aufgaben, verliert ihre kritische Funktion und bleibt entweder eine gesellschaftliche Rechtfertigungslehre oder wird zur reinen Handlungslehre (Praxeologie).

2.5. Der Weltwirtschaftskrise, der Großen Depression, kann eine solche Nationalökonomie nur hilflos gegenüberstehen. Die harmonische Selbststeuerung der Märkte, die als Axiom galt, hatte nun versagt. Keynes entwickelt eine der neuen Situation angemessene Theorie und Praxeologie. Er erklärt nicht nur, warum im gegebenen System Krisen entstehen, sondern auch, daß sie ein Dauerzustand sein können – „Gleichgewicht bei Unterbeschäftigung" –, wenn nicht der Staat die Kaufkraftlücke schließt, die durch die zu geringen Investitionen der Unternehmensleiter, durch (freiwilliges und) unfreiwilliges „Sparen" entstanden ist. Aufbauend auf Keynes entstehen theoretische Konzepte (zur Konjunktur- und Wachstumslehre) mit wirtschaftspolitischen Folgerungen (Globalsteuerung), die den Staat immer stärker zum Nothelfer und Garanten des prinzipiell marktwirtschaftlichen Systems machen. Methodisch ist damit die Stärkung der Statistik, die Herausbildung der Ökonometrie und eine Umfunktionierung der Wettbewerbskonzeption verbunden: Wettbewerb künstlich zu organisieren, wird zur Aufgabe des Staates.

2.6. Als Reaktion auf die politisch-ökonomischen Entwicklungen in der Sowjetunion und im Nazi-Deutschland entwickelt sich nach dem Zweiten Weltkrieg die *„Ordnungs"lehre der Neoliberalen.* Sie arbeitet die Interdependenz der wirtschaftlichen Ordnungen (Wettbewerbswirtschaft einerseits, Zentralverwaltungswirtschaft andererseits) und der politischen Systeme (Demokratie bzw. Totalitarismus) heraus und wird damit zur Rechtfertigungslehre für das Unternehmertum, das als Schöpfer und Träger des sog. Wirtschaftswunders überhöht wird.

2.7. Schließlich versuchen unterschiedliche Theorien der Industriegesellschaft – angestoßen oder getragen von „neomarxistischen" Ideen – die sozioökonomischen *Macht*fragen aufzugreifen und zugleich die Entwicklung zur gesamtwirtschaftlichen Steuerung und Planung voranzutreiben oder kritisch zu analysieren. Der „Verein für Socialpolitik", jahrzehntelang eine Vereinigung der die jeweilig herrschenden Theoriegebilde vertretenen Wissenschaftler, widmet seine Tagung 1972 dem Problem der wirtschaftlichen Macht und bezeugt damit wenigstens den guten Willen, zur PÖ. zurückzufinden. Im Gefolge der Wiederentdeckung der PÖ. kommt es zur Herausbildung mehrerer Richtungen, die von unterschiedlichen wissenschaftstheoretischen und -politischen Positionen bestimmt sind. Nur für den Marxisten gibt es dabei die trennende Einteilung in „bürgerliche Ökonomie" und (marxistische) „Kritik der PÖ."; für den Nicht-Marxisten ist das Feld vielfältiger – nicht zuletzt, weil auch innerhalb des marxistischen Zugangs zur PÖ. mehrere Ausprägungen vorhanden sind.

3.0. Marxistische Pö. – 3.1. *Rekonstruktion der Theorie:* „Kritik der PÖ." Die Wiederentdeckung der marxistischen Kritik der PÖ. soll die Marxsche Kritik der („bürgerlichen") Ökonomie „rekonstruieren", d. h. in der Untersuchung kapitalistischer Industriegesellschaften erproben („Realanalyse") und mit Hilfe der zentralen Marxschen Kategorien weiterentwickeln. Dabei wird der Untersuchung der Funktion des Staates eine zunehmende Bedeutung beigemessen, seine Rolle als „ideeller Gesamtkapitalist" betont. Das Schwergewicht liegt in der Kritik der gegenwärtigen Produktionsweise, des Klassencharakters der Gesellschaft und im Aufzeigen der inhärenten Gesetzmäßigkeiten der kapitalistischen Gesellschaft. Die „bürgerliche" Wirtschaftswissenschaft wird insbesondere wegen ihrer apologetischen Funktion und ihres mangelnden gesellschaftlichen Bezugs angegriffen. Ökonomische Prozesse und Instabilitäten werden wieder aus den Widersprüchen zwischen gesellschaftlicher Produktion und privater Aneignung erklärt; man versucht, die inhärenten Zerstörungskräfte des kapitalistischen Systems aus dem Fortwirken der Marxschen Entwicklungsgesetze zu bestimmen.

Hieraus ergibt sich als *Aufgabe,* (a) die Formen des gesellschaftlichen Produktions- und Reproduktionsprozesses zu untersuchen und dabei insbesondere (b) den Widerspruch von Lohnarbeit und Kapital aufzuzeigen, (c) die Bewegungsgesetze des kapitalistischen Systems zu erfassen (Akkumulation, Überproduktion, fallende Profitrate, Krise, Zusammenbruch etc.) und daraus Schlüsse für die jeweilige historische Situation zu ziehen, (d) die Periode des Übergangs zum Sozialismus und die besonderen Erscheinungsformen des „Spätkapitalismus" zu untersuchen.

Es geht also um die Aufdeckung und nähere Bestimmung von *Widersprüchen* in der historisch konkreten Produktionsweise und die Analyse der jeweils herrschenden systemstrukturellen Entwicklungsgesetze. Die Methode, der *historische Materialismus,* wird dabei untrennbar mit dem Gegenstand verknüpft verwendet.

Aus der Kritik der „bürgerlichen" Ö. und aus dem eigenen Anspruch folgt, daß die Marxsche PÖ. nicht nur eine Sozialtheorie ist, sondern zugleich die praktische Grundlage einer Theorie der *Revolution;* denn aus der Analyse der existierenden Produktionsweise führt der Weg zu Strategien für die Ablösung des kapitalistischen Systems einschließlich seiner staatlichen Entsprechungen. Nicht wenige Vertreter dieser Richtung der PÖ. verstehen deshalb ihre Bemühungen als wissenschaftliche Entfaltung eines parteilichen Standpunktes. PÖ. wird zur „Politischen Ökonomie des Proletariats" und des Klassenkampfes. Theorie und Praxis sind dialektisch vermittelt.

3.2. Ne*omarxismus.* Trotz Anwendung der auf Marx zurückreichenden radikalen Kritik der kapitalistischen Produktionsweise werden von den Neomarxisten spezifische Ausprägungen und Entwicklungsformen der Produktionsverhältnisse (z. B. die Fähigkeit des kapitalistischen Systems zur Ultrastabilität und die Nichtexistenz eines revolutionären Proletariats) anerkannt. Nach Baran/Sweezy sind die großen Unternehmen die eigentlichen Machtträger; der Staat erscheint als Agent des ökonomischen Systems. Die Entstehung und Verwendung des „*Surplus*" (der Differenz zwischen dem gesellschaftlichen Produkt und den Produktionskosten) steht hier im Mittelpunkt; er verbindet die ökonomische Basis mit dem politischen und ideologischen Überbau; den Rüstungsausgaben kommt eine nahezu konstitutive Bedeutung zu, weil die Surplusabsorption jenseits von Konkurrenzbedingungen ablaufen kann. Ernest Mandel arbeitet in seiner „Theorie des Spätkapitalismus" heraus, daß der Widerspruch zwischen wachsenden Produktivkräften und beharrenden Produktionsverhältnissen zu einer sich verallgemeinernden Krise führen wird; denn die Produktionsverhältnisse können in ihrer Struktur auch nicht graduell geändert werden. Die Überwindung der Widersprüche ist nur jenseits des Kapitalismus möglich. Gegenwärtig scheint der Staat des kapitalistischen Systems allerdings die Wellenbewegungen noch kontrollieren und glätten zu können. Die Parallelität von ökonomischer Rolle des Staates, Entpolitisierung der Arbeiterschaft und Mythos der technologischen Potenz kann deshalb – trotz Fortdauer der Entfremdung und Weiterexistenz von Herrschaft – noch einige Zeit währen.

3.3. *Die Theorie des staatsmonopolistischen Kapitalismus* („Stamokap.") ist eine Auseinandersetzung von marxistisch-leninistischen Theoretikern sozialistischer Länder mit neueren Theorien und Politiken in den kapitalistischen

Industriegesellschaften, insbesondere mit der Systemsteuerung. Die Besonderheiten dieser Gesellschaften werden aus der Entwicklung der ökonomischen Gesetze des Kapitalismus erklärt. Es handelt sich um eine z. T. recht differenzierende Auseinandersetzung mit den „neuen Wirtschaftspolitiken" (Rahmenplanung, Globalsteuerung), ohne daß dabei der selbstzerstörende Charakter der kapitalistischen Produktionsweise infrage gestellt würde: Der „Stamokap" – die enge Verflechtung der Monopole mit dem Staat – bewirkt bestenfalls eine längere Lebensdauer; auch die „Verstaatlichung" der bürgerlichen Wissenschaft wird diese Entwicklung nicht aufzuhalten vermögen. Die „bürgerliche" Theorie wird gegenwärtig ihrer Aufgabe gerecht, indem sie zwei Funktionen erfüllt: eine ideologisch-apologetische und eine wirtschaftspolitisch-praktische. Beide dienen der Stabilisierung des bestehenden Systems. Auch wenn verunsicherte bürgerliche Theoretiker dieses System immer weniger zu rechtfertigen versuchen, wird die „ideelle" Verbindung von Staat und kapitalistischer Wirtschaft immer enger.
Ob die Theorie des „Stamokap" auch zu einer Theorie der Klassenkämpfe erweitert werden kann – was einige meinen –, muß sich noch erweisen. Dann würde allerdings die *subjektive* Bereitschaft der Arbeiterklasse zur revolutionären Umgestaltung des kapitalistischen Systems und nicht mehr die Weiterentwicklung der Produktivkräfte die erste Bedingung des Übergangs zum Sozialsimus sein.
3.4. *Die PÖ. des Sozialismus* ist noch wenig entwickelt. Ob es überhaupt eine solche Theorie zu geben braucht, ist umstritten. Bedeutende Marxisten (Hilferding, Bucharin, Luxemburg) vertraten die Meinung, daß im Sozialismus nur noch technische und praxeologische Probleme auftreten würden. Die Reduzierung auf „Programmierungstechniken" ist aber offensichtlich auch für sozialistische Systeme nicht ausreichend, solange noch Entscheidungen über Prioritäten (Zielhierarchien) und Mittel (Ressourcen, Programme) zu fällen sind, die jenseits bloß technischer Gesetzmäßigkeiten liegen. Die sozialistische Revolution kann nicht das Ende der PÖ. als Wissenschaft bedeuten; denn die Ablösung des Kapitalismus ist nicht gleichbedeutend mit der Beseitigung aller Widersprüche bei der weiterhin erforderlichen Entwicklung der Produktivkräfte. Der Sozialismus garantiert noch nicht einen Prozeß, der automatisch in eine bestimmte Richtung läuft. Deshalb können politische Komponenten nicht ausgeschlossen werden, nicht zuletzt wegen der Verfestigungsgefahr der Leitungsapparate (Bürokratisierung), deren Realität von polnischen und jugoslawischen Ökonomen eindrucksvoll kritisiert wurde.
Wenn die PÖ. in sozialistischen Staaten solche Fehlentwicklungen nicht aufgreift, sondern sie *verwischt*, nimmt sie dieselbe apologetische Funktion ein, die sie der „bürgerlichen" Wirtschaftswissenschaft vorwirft. So braucht auch der Sozialismus nicht nur eine Theorie über die „Technik des Wirtschaftens", sondern auch eine *eigene* PÖ., welche Widersprüche in der sozialistischen Produktionsweise aufdeckt und ein Konzept zu ihrer Überwindung formuliert. So werden gegenwärtig noch der technisch-ökonomische Fortschritt und das Leistungsprinzip als notwendige Voraussetzungen für die Schaffung des

materiellen Überflusses („jedem nach seinen Bedürfnissen") und für die allseitige Entwicklung des sozialistischen Menschen bezeichnet. Im Sozialismus wirken zwar neue ökonomische Kategorien und Gesetze objektiven Charakters, wegen der noch aufrechterhaltenen Warenproduktion gilt indessen das *Wertgesetz* als kapitalistisches Relikt vorübergehend und eingeschränkt weiter.

Eine *progressive* PÖ. des Sozialismus müßte die Marxsche Theorie jedoch mehr als bisher auch auf die konkreten Probleme des gesellschaftlichen Wirtschaftens in sozialistischen Staaten anwenden, neu interpretieren und fortentwickeln, d. h. sie müßte zur Wissenschaft von der gesellschaftlichen Produktion gemäß den selbstbestimmten Interessen der Gesellschaftsangehörigen werden.

4.0. Neue politische Ökonomien. Die nicht-marxistische PÖ. neuen Stils stammt einerseits aus der Neubesinnung von Vertretern der Wirtschaftswissenschaft auf ihre eigene „Dogmengeschichte", andererseits (von der Marx-Renaissance angeregt) aus einer stärkeren Betrachtung der bisher in die „Randbedingungen" verlegten gesellschaftlichen Komponenten (Ziel des Wirtschaftens, Träger, Entscheidungs- und Austauschmechanismen). Adolph *Lowes* starker, die Wirtschaft am langen Zügel lenkender Staat ist eines der bedeutenden Beispiele für die neue Richtung. Seine „Politische Ökonomik" soll die praxeologische Wissenschaft einer staatlich gelenkten Wirtschaft sein.

4.1. *New Political Economy.* Für die – hauptsächlich aus dem angelsächsischen Raum stammende – „Neue PÖ". sind die *Analogien* zwischen ökonomischen und politischen Entscheidungsmechanismen und die Übertragung der isoliert-analytischen Methode der Wirtschaftstheorie charakteristisch. Bei diesen Ansätzen wird der „Wettbewerb" um Käufer wie um Stimmen zum sozialen Ordnungsprinzip (Sozialwahlmechanismen); auch die Gesellschaftsordnung scheint bestimmbar als freie Wettbewerbsordnung. Die Maximierung des (politischen und ökonomischen) Nutzens bei Minimierung der (politischen und ökonomischen) Kosten gilt als rationales Entscheidungskriterium; Geld und Stimmen (die in Geldgrößen ausdrückbar sind) können als vergleichbarer Maßstab verwendet werden. Auf dieser Grundlage kommen die – Komplexität reduzierenden – Gleichsetzungsketten „Wirtschaft/Markt, Politik/Wahlen und Verband/Kollektivverhandlungen" zustande, denen nach den am Maximierungskriterium orientierte Subjekte entsprechen: Unternehmer/Politiker/Funktionäre und Verbraucher/Wähler/Mitglieder. Anthony *Downs'* „ökonomische Theorie der Demokratie" gilt als Standardwerk: Die Regierung versucht für sich Wählerstimmen zu maximieren, während die Wähler als „Käufer" von Regierungsleistungen ihre Stimme so einsetzen, daß sie (gemessen an ihren Präferenzen) höchsten Nutzen erzielen. Der allgemeine Nutzen ist am größten, wenn das Regierungshandeln den Wählervorstellungen am nächsten kommt.

Eindimensionalität, verengter Rationalitätsbegriff und postulierte Kalkulationskapazität der Individuen ermöglichen der new political economy einen exakten Begriffsapparat, der jedoch die gesellschaftliche Wirklichkeit nur stark reduziert widerspiegeln kann. Prinzipiell ist die neue PÖ. wie die Wirtschaftstheorie ahistorisch und wie die institutionelle Politologie partikularistisch. Trotz unbestreitbarer methodischer Anregungen und trotz Anerkennung des begrüßenswerten Versuchs, ökonomische und politische Analyse zu reintegrieren, stellt sie wohl nicht einen vielversprechenden Ansatz zur Wiederbelebung einer umfassenden PÖ. als *Gesellschafts*wissenschaft dar.

4.2. *Kritische politische Ökonomik.* Indessen existieren durchaus Versuche, die Enge dieser new political economy zu sprengen und die Industriegesellschaften als historisch gewachsene Sozialsysteme und damit als mehrdimensionale dynamische Einheiten kritisch zu analysieren. *J. K. Galbraiths* Vorwurf, daß die herrschende Wirtschaftstheorie mit der prinzipiellen Rechtfertigung der Monopolinteressen eine ideologische Funktion wahrnehme und also Souveränität eigentlich nur bei einer Produzenten-Aristokratie und beim all das unterstützenden („planenden") Staat zu finden sei, weist der Wissenschaft die Aufgabe zu, „Gegenmacht" zu organisieren. Denn die (pluralistische) Gesellschaft kann – wegen des die Interessenverzahnung bewirkenden militärisch-industriellen-etatistischen Komplexes (Technostrukturen) – nicht mehr aus sich selbst heraus und auch nicht mit Hilfe des „vereinnahmten" Staates Gegenpositionen entwickeln und durchsetzen. Wenn sich solche Technostrukturen in allen Industriegesellschaften durchsetzen, lassen sich allerdings Begründungen für neue Formen der *Konvergenz* entwickeln.

Ähnlich wie Galbraith erkennt R. L. *Heilbroner* die Herausbildung eines generellen Produktionsstils auf der Basis gleichartiger Technologien und vergleichbarer Koordinations- und Kontrollmechanismen in Wirtschaft und Staat. Wandlungen des Kapitalismus in Form einer allmählichen Umstrukturierung des Systems deuten sich an. Weil die *politischen* Institutionen des liberalen kapitalistischen Systems besser funktionieren als die des autoritären Sozialismus, sollten sie beibehalten werden, wohingegen die *wirtschaftlichen* Institutionen des Sozialismus denen des Kapitalismus vorzuziehen sind. Hier werden Verbindungen zu neueren Konzepten einer sozialistischen Synthese von Plan und Markt („Marktsozialismus"), von selbstverwaltend organisierten sozioökonomischen Systemen (Jugoslawien) offenbar. Die notwendige Lösung von Widersprüchen in den gegenwärtigen sozialistischen wie kapitalistischen Systemen kann zu einer effektiveren Entwicklung der Produktivkräfte wie zu einem Abbau der Entfremdung führen *(Ota Šic).* Die *sozialistisch geplante Marktwirtschaft* will eine Harmonisierung dezentralisierter (Betrieb, Konsument) und zentraler gesellschaftlicher Ziele und schließlich über demokratischere Organisationsformen eine humanere Gesellschaft erreichen, in der Bedürfnisse nicht zentral gesetzt aber auch nicht erfunden werden sollen.

Diese kritischen Ansätze beziehen PÖ. wieder auf ihre gesellschaftlichen Grundlagen zurück. Ökonomische Teilprobleme treten in den Hintergrund; es geht um das Erkennen der Strukturen, Mängel und Entwicklungstendenzen der Industriegesellschaften. Der Unterschied zum marxistischen Ansatz besteht darin, daß der Kapitalverwertungsprozeß und der Grundwiderspruch zwischen Kapital und Arbeit als nicht allein bestimmend für die Entwicklung angesehen werden. Außerdem werden Lösungen jenseits der Versteinerungen von reinem Sozialismus und reinem Kapitalismus sichtbar; die „dritten Wege" heben die Gegensätze auf, die Synthesen sind qualitativ höherwertig, insbesondere humaner.

5.0. Politische Wirtschafts- und Gesellschaftslehre.

5.1. *Interdependenz-Ansatz.* Dem Vorwurf an die Wirtschaftswissenschaft, die politische Dimension der Ökonomie vernachlässigt zu haben, begegnet die durch Gert *von Eynern* begründete *Politische Wirtschaftslehre* (PWL) insbesondere mit der Interdependenztheorie. Als spezielle Politologie will sie mit den Fragestellungen der Politikwissenschaft ökonomische Probleme untersuchen, Mängel entdecken und insoweit Systemkritik üben. Dabei erweist es sich als notwendig, die ökonomischen Faktoren der Politik und die politischen Hintergründe des ökonomischen Geschehens zu erfassen. Dem Politologen war zu zeigen, daß in der Innenpolitik ebenso wie in den internationalen Beziehungen ein Ausklammern der ökonomischen Hintergründe bestenfalls verzerrte Analysen zu liefern vermag, und dem Ökonomen war die Bedeutung der „Politik" über ihre Funktion als „Randbedingung" hinaus zu verdeutlichen, was in der Formulierung erster Untersuchungsbereiche sichtbar wird: (1) Analyse von mittelbaren und unmittelbaren ökonomischen Einflüssen auf die Politik (z. B. Rolle des Privateigentums als Herrschaftsmittel); (2) Untersuchung des Zustandekommens politischer Entscheidungen, die auf die Stabilisierung und Veränderung ökonomischer Strukturen und Prozesse gerichtet sind; (3) Analyse der Interdependenzen zwischen ökonomischen und politischen Systemen. Ein Fernziel ist es, zu einer generellen ökonomischen Theorie der politischen Systeme vorzustoßen, wobei Unterschiede der „Subsysteme" Wirtschaft und Politik ebenso wie deren vielfältige Wechselbeziehungen erfaßt werden sollen. Es kann dabei nicht von vornherein von einer postulierten Einheit ökonomischer und politischer Systeme ausgegangen werden.

Dieser Ansatz ist noch immer von Bedeutung, wenngleich es zur Erläuterung des Stellenwertes der interdependenten Systeme noch erklärender dritter Größen (des gesamtgesellschaftlichen Zusammenhanges) bedarf. Der PWL ist es jedenfalls gelungen, Niemandsland zwischen Politologie und Volkswirtschaftslehre zu überwinden und das Bewußtsein für die Notwendigkeit einer *Politischen* Ö. als Gesellschaftswissenschaft vorzubereiten.

5.2. *Systemwissenschaftlicher Ansatz.* Hat die PWL im Interdependenzansatz die politische Dimension in die Analyse der ökonomischen Strukturen und Prozesse zurückgeholt, so will ihre systemwissenschaftliche Weiterentwicklung (a) noch mehr *gesamtgesellschaftlichen* Bezug der Wirtschaft herstellen und zugleich (b) *handlungs*orientiert (praxeologisch) ausgerichtet sein, wie auch (c) eine spezifische *Methode* entwickeln.

Ausgangspunkte sind: (1) moderne Industriegesellschaften sind probabilistische, hochkomplexe und komplizierte Systeme; (2) die Transformation solcher Systeme ist möglich, falls wünschenswerte (desiderative) Systemalternativen formuliert und ex ante von den Systemangehörigen legitimiert werden können; (3) solche Veränderungen werden durch Zeit- und Ressourcenbedarf, soziale und psychologische Schranken limitiert. Aus diesen Prämissen folgt, daß *Gegenstand* nicht nur (wie bei der PWL) das wirtschaftliche und politische Subsystem als vielfach interdependente, wenngleich trennbare Einheit ist, sondern die *spezifischen Ausprägungen der Gesellschaft* auf bestimmter historischer Stufe: Nicht die Entsprechungen und wechselseitigen Einflüsse von Politik und Wirtschaft, sondern die kapitalistische Industriegesellschaft wird vorrangig analysiert. Deshalb sind die Bedingungen für die Entfaltung der Produktivkräfte, für das gesellschaftliche Produzieren und Verteilen, die Systemsteuerung, die Planung von Systemveränderung wie verschiedenartige soziale Faktoren (Bedürfnis, Manipulation, Selbstbestimmung, Herrschaft) Bestandteile von Systemanalyse und -kritik. Dem Gegenstand direkt verbunden ist die *Methode:* ein systemtheoretischer Ansatz, der um die historische und eine auf zukünftig wünschbare Gesellschaft bezogene Dimension erweitert wird.

Gegenstandsbestimmung (Inhalte) und Methode zielen auf die Entwicklung einer politikökonomischen Theorie der umfassenden *Systemreform*, die im strategischen Bereich auf geplanten Systemwandel in Richtung auf flexible Zielsysteme ausgeht. Veränderungsmöglichkeit innerhalb bestehender Systeme und aus ihnen heraus wird unterstellt. Von marxistischer PÖ. unterscheidet sich der systemwissenschaftliche Ansatz weniger im gesamtgesellschaftlichen Bezug und in der Systemkritik als im strategischen Bereich, in der Zielgewinnung und in der Methode.

Bestandteile der systemwissenschaftlichen PÖ. sind: (a) die kritische Systemanalyse, die zugleich die historischen Ursachen, die inhärenten Gegensätze und die angelegten Entwicklungstendenzen eines abgegrenzten sozioökonomischen *Real*systems erfaßt, (b) die Ermittlung von gesellschaftlich wünschenswerten *Ziel*systemen (Struktur und Funktionen), die auf möglichst operational formulierte soziale Grundwerte hin (z. B. Emanzipation, Solidarität, Chancenöffnung) legitimiert werden; (c) die Entwicklung von flexiblen Handlungskonzepten *(Strategien)*, welche die akzeptierten Zielsysteme durch geplante und legitimierte Veränderung des kritisierten sozioökonomischen Realsystems (z. B. Umgestaltung von Produktionsverhältnissen) erreichen lassen.

Weil sich im Verlauf des aktiven Wandlungsprozesses auch Veränderungen in den Zielwerten ergeben, ist jedoch eine ständige *Rückkoppelung* zwischen den sich ihrerseits wandelnden Systemelementen (z. B. Unternehmen, Staat, Gruppen) und ihren Reaktionen (z. B. Machtbeziehungen) erforderlich, was zu neuen institutionellen Formen führt (z. B. Rotationsmodelle für den häufigen Austausch von Entscheidungsträgern im strategischen Bereich, Partizipationsmodelle im operativen Bereich). Mit ihrem umfassenden Ansatz und in der kritischen Analyse des Bestehenden wird die systemwissenschaftliche PÖ. wieder den Traditionen der PÖ. überhaupt gerecht: Sie dient nicht der

Rechtfertigung, sondern der Kritik der Unzulänglichkeiten des jeweils gegebenen sozioökonomischen Systems und der Ermittlung von Möglichkeiten der zielbezogenen Weiterentwicklung.

LITERATURHINWEISE

von Eynern, Gert: Grundriß der Politischen Wirtschaftslehre. 2. Aufl. UTB 152, Opladen 1972
Görlitz, Axel (Hrsg.): Handlexikon zur Politikwissenschaft. München 1970
Heimann, Eduard: Soziale Theorie des Kapitalismus. Tübingen 1929
Mandel, Ernest: Marxistische Wirtschaftstheorie. Frankfurt/M. 1968
Meißner, Herbert (Hrsg.): Bürgerliche Ökonomie im modernen Kapitalismus. Berlin 1967
Schumpeter, Joseph A.: Kapitalismus, Sozialismus und Demokratie. 2. Aufl. München 1950
HdSw
MEW

CARL BÖHRET

Pressefreiheit, innere (iP.)

→ *Presse-Konzentration, Mitbestimmung*

1. BEGRIFF. – iP. ist ein Schlüsselsymbol für die Anstrengungen, die innere Ordnung von Presseunternehmen und publizistischen Apparaten den durch die äußere P. postulierten Rechten anzugleichen, d. h. vor allem, die Einschränkung von Ideen vor oder nach ihrer Veröffentlichung zu verhindern (Zensurverbot). Kompetenzabgrenzung zwischen Verleger und Redaktion durch Vertrag, Regelung von Weisungsrechten, Mitsprache der Redaktion bei Bestallung des Chefredakteurs, Statute, Fixierung von Herausgeberpflichten, Verbot der Mehrfachfunktionen, Wahl von Reaktionsbeiräten sind Mittel, i. P. zu erlangen.

2.0. PROBLEMGESCHICHTE. – 2.1. Der im Jahr 443 v. Ch. in Rom bestellte *Censor* hatte darüber zu wachen, daß die im „Census" registrierten Bürger ihre Pflichten erfüllten. Im Laufe der Jahrtausende wurde Censor zur Bezeichnung dessen, der den Auftrag hat, die Verbreitung aufwieglerischer Ideen in Wort und Schrift und Bild zu verhindern. Gutenberg unterlag der Zensur des Kurfürsten von Mainz. Mit der durch die *Druckerpresse* mit beweglichen Lettern ermöglichten Massenproduktion von Texten und den Wechselwirkungen, die sie mit anderen Verkehrsformen (Postregal) einging, wurde die Zensur mehr und mehr zum Objekt, an dem sich neue Ideen erprobten. Noch heute ist das richterliche Verbot einer Druckschrift in aller Regel eine Garantie für deren Erfolg. – Die ersten Zeitungen wurden in den Zensurkampf von *Reformation* und Gegenreformation hineingezogen; das auf sie ausgedehnte Lizenz- und Privilegienwesen (1531) begünstigte einzelne Drucker in der

Konkurrenz und konnte zu lokalen Monopolen führen, was wiederum den Vertrieb auswärtiger Blätter anregte. Die personale Einheit von Drucker, Verleger, Redakteur und Autor ging mit der Ausdehnung des Gewerbes zurück.

2.2. Elger Blühm gibt die *Zahl* der für das europäische 17. Jahrhundert ermittelten Zeitungsnummern mit annähernd 50 000 an. In Paris und London gingen „Intelligenz-Comptoirs" dazu über, die zur Einsichtnahme aufliegenden Listen für An- und Verkäufe, Vermietungen, Stellenangebote, Dienstleistungen zu vervielfältigen und in Umlauf zu bringen. Den Intelligenzzetteln folgten *Intelligenzblätter* (1703, Wien), bald auch gemischten Inhalts. Preußen separierte 1727 das Anzeigenwesen und brachte es in ein staatliches Monopol (bis 1850) ein: Privilegierte Intelligenzblätter durften Anzeigen bringen, die anderen Zeitungen konnten sie nur von ihnen übernehmen. Bestimmte juristische und natürliche Personen wurden verpflichtet, Intelligenzblätter zu abonnieren *(Intelligenzzwang* bis 1810), denen bald neben Anzeigen auch belehrende und unterhaltende Artikel beigelegt wurden. Der Zensur und den Staatsjournalen gegenüber forderte J. G. A. Wirth 1832 *Volksjournale,* deren Redakteure in den Dienst des Volkes übergehen müßten; dagegen legte Franz A. Löffler hegelianisch die Privatheit des Journalismus dar.

In der Trennung des merkantilen Anzeigenwesens von Belehrung und Unterhaltung gründen noch die liberalen Postulate des *Vormärz,* wie dasjenige des Chefredakteurs der Rheinischen Zeitung, Karl *Marx,* 1842: „Die erste Freiheit der Presse besteht darin, kein Gewerbe zu sein. Dem Schriftsteller, der sie zum materiellen Mittel herabsetzt, gebührt als Strafe dieser inneren Unfreiheit die äußere, die Zensur, oder vielmehr schon seine Existenz ist seine Strafe" (MEW I, 71). Im Gegensatz zu Heinrich Heine, der an den französischen Journalen deren Käuflichkeit und die damit verbundene Disziplinierung von Redakteuren und Autoren beklagte, vertrat Marx später die Meinung, in den Zeitungsbüros müsse Diktatur, nicht das allgemeine Stimmrecht herrschen (MEW 30, 365). – Die wichtigste Einsicht der Epoche verdanken wir Alexis de Tocqueville, der 1835 die Verzettelung der *amerikanischen* Zeitungen für deren geringe Macht, die Ungeniertheit der Journalisten und die Zentralisierung auf wenige metropolitäre Organe für die Macht der *französischen* Presse verantwortlich nannte.

2.3. Ferdinand *Lassalle* war der erste, der das Verbot der Annonce wieder einführen wollte, um der „entsittlichenden Wirkung" des lukrativen Anzeigengeschäfts zu begegnen. Die großstädtische Presse in den Händen des Bank- und Börsenkapitals unterhalte „moderne Landsknechte von der Feder", die nicht nur ihre Zeit und Arbeit, sondern ihre Seele verkaufen: „Denn der Correspondent muß schreiben, wie der Redacteur und Eigenthümer will, der Redacteur und Eigenthümer aber, was die Abonnenten wollen und die Regierung erlaubt! Wer aber der ein Mann ist, würde sich zu einer solchen Prostitution des Geistes hergeben?" (1863). Damit war der Tenor angegeben, der die Kritik an Geschäftspresse, Generalanzeiger, Boulevardzeitungen,

Illustrierten in Deutschland für die nächsten hundert Jahre bestimmen sollte. Seitdem haben Publizisten unterschiedlicher Observanz immer wieder die Zensur der Textgestaltung durch Gewinnabsichten für unzulässig erklärt. Sozialisierung des Inseratenteils oder des gesamten Pressewesens in unterschiedlichen Formen, aber im wesentlichen unter Betonung der Lokalgebundenheit der Zeitung, Überführung in öffentlich-rechtliche Form, Pressestiftungen und neue Verlagskonstruktionen sollen den Widerspruch zwischen der auf Erkenntnis gerichteten Pressearbeit und der Profitorientierung lösen.

3. Aktuelle Stellungnahmen. – 3.1. Nach dem Ende der Naziherrschaft, in der Journalisten als „Offiziere der öffentlichen Meinung" (Goebbels 1933) bürokratisch reglementiert wurden, kam die Diskussion um neue Verlagskonstruktionen mit der *Lizenzvergabe* durch die Alliierten Militärregierungen wieder auf. Sie wurde in der SBZ durch Anwendung der Leninschen Maxime von der Zeitung als kollektivem Propagandist, Agitator und Organisator beendet, in den Westzonen von der Festigung der kapitalistischen Basis des „sozialen und demokratischen Rechtsstaats" verdrängt. Die Lizenzträger teilten idR. Verlags- und Redaktionsverantwortung auf, wobei das private Eigentümerverhältnis über die anvisierte Unabhängigkeit im öffentlichen Interesse obsiegte. Die öffentlich-rechtliche Organisation des föderalistischen *Rundfunks*, die ihm Unabhängigkeit vom Großkapital und vom Staat sichern sollte, lieferte ihn über die repräsentative Kontrollorganisation in einzelnen Ländern den politischen Parteien aus und demonstrierte dort, wie Textgestaltung durch politische Pression gebunden werden kann.
3.2. Mit dem Ende der Lizenzierung (1949) kamen Druckereibesitzer und Zeitungseigentümer, die der politischen Überprüfung durch die Besatzungsmächte nicht gewachsen gewesen waren, wieder auf. Eine Fülle von lokalen Zeitungen der *„Altverleger"* näherten die Zeitungslandschaft vorübergehend dem früheren Bild an, freilich ohne daß die lokalen Arbeiterzeitungen wiedererstanden wären, die bis 1933 eine wichtige Rolle gespielt hatten. Die iP. war

---

Pressefreiheit allgemein ist eine Freiheit, in periodischen Druckschriften zu veröffentlichen. Sie wird beschränkt

I. als **„äußere"** Pressefreiheit durch (1) politische Stellen (Regierung, Kirche, Staatspartei) als (a) Zensur (in Deutschland bis 1848) oder (b) als „Sprachregelung" (NS-Regime), sowie (2) wirtschaftliche Gruppen, nämlich (a) Inserenten und (b) Abonennten und andere Leser, sei es auf dem anonymen Markt, sei es durch organisierten Boykott;

II. als → **„innere"** Pressefreiheit durch den Einfluß des „Arbeitgebers" (Verlegers, öff.rechtl. Kontrollorgane) auf die angestellten Redakteure und die freien Mitarbeiter. Motive des Arbeitgebers sind (1) Weitergabe des äußeren Drucks (s. I.); (2) Kapitalinteressen; (3) der Wunsch, die eigene politische Meinung durchzusetzen (Hugenberg, Springer usw.).

Dieser Druck wird durch die → Pressekonzentration teils verstärkt teils geschwächt. Er wird nicht gemildert durch gesetzliche → Mitbestimmungsrechte, denn das BetriebsVerfGes. gilt nicht für „Tendenzbetriebe". Doch kann er durch „Redaktionsstatuten" gemildert werden.
H. P.

in dieser Restaurationsperiode kein beherrschendes Thema. Sie kam erst im Zug der → *Pressekonzentration* wieder hoch. Die dem Druck der Bedarfsweckungswirtschaft folgende Ausweitung des Inseratengeschäfts zu einer reichen Werbeindustrie und das Vordringen der elektronischen Industrie im „Medien-Verbund" von Presse und audiovisuellen Kommunikationsmitteln machten das *Inseratenwesen* zur Unruhe im Uhrwerk der „sozialen Marktwirtschaft", durch den Zuschuß der Bundespost zum Postzeitungsdienst subventioniert. Der Versuch der Verleger, die Werbeeinnahmen auf eigene Funk- und Fernsehkanäle zu leiten (1965), und die Debatten über „Wettbewerbsverzerrungen" lenkten die Aufmerksamkeit auf die Pressekonzerne. Parolen wie „Enteignet Springer!", dann „Es geht nicht nur um Springer" (1968) brachten die Fragen wieder auf, die seit Lassalle unbeantwortet blieben. Sie wurden hauptsächlich von einer in kleine Einheiten zersplitterten Publizistik erhoben; die Parteien bildeten „Medien-Kommissionen"; die DKP beginnt mit etwa 500 Publikationen die Marktlücke zu füllen, die das Nichtwiedererscheinen der lokalen Arbeiterpresse nach 1945 gelassen hat.

3.3. Die Diskussion über die iP. *vermischte* die Frage der Rentabilität und Macht mit der *Verantwortlichkeit* der Redaktion. Diese Vermischung ist im sog. *Tendenz*paragraphen des BetrVerGes 118 angelegt, der dem Kapitaleigner das Recht gibt, die Tendenz seines Organs zu bestimmen: Der Arbeitnehmer unterwirft sich mit dem Eintritt in die Redaktion der Betriebstendenz. Doch die Pflicht zur Fügsamkeit ist umstritten: „Der Verleger darf dem Redakteur ... nicht seine – von der Redaktionsmeinung abweichende – Verlegermeinung aufdrängen. Ferner darf der Verleger den Redakteur nicht anweisen, die Publikation einer verlegerkonträren Meinung zu unterlassen (vorausgesetzt, daß diese nicht tendenzwidrig, abredewidrig und betriebsschädlich ist). Allerdings muß der Redakteur in solchem Falle auf Verlangen des Verlegers kenntlich machen, daß es sich um seine eigene (Redakteurs-)Meinung, nicht um die Ansicht des Verlegers als Zeitungsunternehmers handelt" (Horst Neumann-Duesberg, in NJW 1964, 1967).

Der „Studienkreis für Presserecht" arbeitet daran, iP. als *Informationsfreiheit* für alle zu konstruieren. Ein „Arbeiterkreis für Pressefreiheit" bejaht zwar die grundsätzlich bestimmende Haltung der Verleger, fordert aber einen rechtlich fixierten Herausgeberstatus, ein Verbot der Mehrfachfunktionen eines Verlegers mehrerer Publikationen, Redaktionsbeiräte und ein Verbot von Einzelanweisungen: „Niemand darf gezwungen werden, gegen seine Überzeugung zu schreiben". Ein Landespressebeauftragter soll über die iP. wachen; andererseits soll der Tendenzbetrieb keineswegs „pluralisierend aufgelöst werden" (Ridder).

3.4. *Redaktionsstatuten.* Die unterschiedlichen wissenschaftlichen und politischen Positionen gehen in die innerbetrieblichen Auseinandersetzungen um juristische Verfassungen der Redaktionen (Statuten) ein. Die Anordnungsbefugnisse des Verlegers, die aus dem Eigentum abgeleitet sind, und die verschieden begründeten Rechte der Redakteure auf Entfaltung suchen einen *Kompromiß.* Die bisherigen Ergebnisse deuten auf Festigung der bestehenden

Grundsätze hin. Die Statuten versuchen lediglich, die auf geistigem und moralischem Gebiet liegenden Beziehungen zum redaktionellen Teil juristisch zu ordnen, wobei die Regelbarkeit durch Rechtsnormen umstritten bleibt.
Vom Standpunkt der Publizistik*wissenschaft* betrachtet, geht der Kampf um gewisse Amtsfreiheiten auf verschiedenen Stufen des Betriebes: Der Streit um Einzelanweisungen betrifft das bürokratische Prinzip der durchgehenden Weisungsbefugnis von oben nach unten. Wo die Statuten es zurückdrängen, stärken sie das ältere Modell der Hierarchie, das Entscheidungsbefugnisse auch an der Basis, wie in den aufsteigenden Rängen anerkennt. Insoweit die Minderheitensituation der redaktionellen Mitarbeiter abgesichert werden soll, besteht ein verdeckter Widerspruch zur Praxis der gesamtbetrieblichen → Mitbestimmung.

4.0. Kritik. – 4.1. Die aktuelle Diskussion über die iP. hat nicht über die historischen Argumente hinausgeführt. Ein Minimalkonsens zeichnet sich nicht ab. Soll aber iP. gegen die innere Zensur erreicht werden, dann ist es ein Unding, an der einseitigen Bestimmung der Tendenz durch den Kapitaleigner festzuhalten, wenn dieser nicht zugleich der publizistische Arbeiter ist. Tendenzbestimmung ist logisch, wenn auch nicht in der juristischen Terminologie, *Zensur*. Die Vereinigung beider Funktionen in Redakteursgesellschaften (Beispiel „Le Monde") zeigt einen Weg zur Auflösung des Widerspruchs zwischen Kapital und Arbeit. Diese Lösung schafft jedoch nur „Publizistenfreiheit"; sie besagt nichts über die *Qualität* der Zeitung, läßt also viele Fragen offen, die im Protest gegen die Geschäftspresse aufgeworfen wurden.
4.2. *Eine Sozialisierung* der Presse ist keine Garantie für iP. Diese wartet nicht schon an der Ecke, hinter der der Kapitalist verschwindet; dort warten andere Verfügungsgewaltige.
4.3. *These:* Das Problem liegt nicht auf der Ebene der Großorganisation, sondern des Mikro-Milieus. Keine Organisationsform wird der Pressearbeit gerecht, die nicht anerkennt, daß publizistische Arbeit auf Erkenntnis gerichtet ist und daß diese Erkenntnis vom einzelnen nur nach seiner individuellen Verfassung materialisiert werden kann. Offene Kommunikation wäre ein besseres Prinzip zur Textgestaltung als einseitige Kontrolle in bürokratischer Form oder in hierarchischer Abstufung.

Literaturhinweise

Kübler, Friedrich: Empfiehlt es sich, zum Schutz der Pressefreiheit gesetzliche Vorschriften über die innere Ordnung der Presseunternehmen zu erlassen? Gutachten zum 49. D. Juristentag. München 1972.
Pross, Harry: Die meisten Nachrichten sind falsch. Für eine neue Kommunikationspolitik. Stuttgart 1971.
Roegele, Otto B.: Pressereform und Fernsehstreit. Texte zur Kommunikationspolitik 1832 bis heute. Gütersloh 1965.
Skriver, Ansgar: Schreiben und schreiben lassen. Karlsruhe 1970.
Schmidt, Hendrik: Kommunikationspolitische Alternativen? Berlin 1972.
Schwoebel, Jean: Presse, Staat und Geld. Köln 1971.

Harry Pross

Pressekonzentration (PK.)

→ *Konzentration, Macht, Pressefreiheit, Wettbewerb*

1. Begriff und Umfang. – Unter PK. versteht man den Rückgang der selbständigen Presseerzeugnisse und das Entstehen von Großverlagen, die eine Vielzahl von Periodika herausgeben. In der Regel verringert sich bei der Tagespresse die Zahl der Redaktionen schneller als die Zahl der „Zeitungen", die sich zu einem erheblichen Teil nur durch unterschiedliche lokale Berichterstattung und ortsgebundene Anzeigen unterscheiden, während sie in den übrigen Sparten übereinstimmen.

Im Mai 1973 wurden in der BRD von 439 Verlagen rd. 1250 redaktionelle Ausgaben von politischen Tageszeitungen herausgegeben. Ihr allgemeiner und politischer Teil wird jedoch von nur 132 Vollredaktionen (den „Publizistischen Einheiten") zusammengestellt. Die PK. wird durch einen Vergleich mit 1954 deutlich: Von damals 624 Verlagen (als Herausgeber) mit 1500 Ausgaben wurden 225 „Publizistische Einheiten" unterhalten; bei Aufhebung des alliierten Lizenzzwanges 1949 – also vor der Wiedergründung der Zeitungen durch die sog. „Altverleger" – war die Zahl der Vollredaktionen mit 137 noch höher als heute. Die sich durch PK. verstärkende Ungleichgewichtigkeit zeigt sich auch darin, daß 43 Verlage bzw. Verlasgruppen Zeitungen mit je einer Auflage von mehrals 100 000 Stück und einer Gesamtauflage von etwa 12 Mill. Exemplaren herausgeben. Das bedeutet, daß auf knapp 10 % aller Zeitungsverlage fast ²/₃ der gesamten Auflage entfallen und sich 90 % aller Verlage in den restlichen Auflagenanteil von einem Drittel (= fast 6 Mill. Stück) teilen müssen. Mit 5 Tageszeitungen hat die Axel Springer Verlag AG als größtes Unternehmen einen Auflagenanteil von etwa 25 % an der gesamten Tagespresse.

Auch die „*Kooperation*" von Presseverlagen zwecks Kostensenkung oder zwecks Schutz vor Großverlagen kann zur Einsparung von Redaktionen oder einzelner Ressorts führen, an deren Stelle der Materbezug von Redaktionsgemeinschaften oder größeren Verlagshäusern tritt. So arbeiten 274 Verlage (rd. ²/₃ aller Zeitungsverlage im Bundesgebiet) in 26 Redaktionsgemeinschaften bzw. Zeitungsgruppen zusammen und sind von ihnen redaktionell abhängig.

Ein besonderes Problem ergibt sich durch „*lokale* Pressemonopole", die durch die Einstellung oder den Aufkauf vor allem kleinerer und mittlerer „Zweitzeitungen" entstanden sind, die dem Wettbewerbsdruck der lokal oder regional führenden Zeitung nicht standhalten konnten. Auch wenn überregionale Zeitungen und vor allem Hörfunk und Fernsehen zusätzliche Informationsquellen darstellen, können sie diesen Verlust an ortsgebundener Kommunikationsvielfalt nicht ausgleichen.

War 1954 in 84 Kreisen im Bundesgebiet jeder 12. Bürger ohne Auswahlmöglichkeit auf nur eine örtliche Zeitung angewiesen, so hat die Zahl der sog. „Ein-Zeitungs-Kreise" inzwischen (1972) 200 (rd. 38 % aller Kreise) über-

schritten: Vom örtlichen Zeitungsmonopol ist nunmehr weit mehr als jeder 5. Bürger betroffen. Diese Entwicklung setzt sich fort – analog zu der in vielen anderen Ländern (z. B. in den USA und Großbritannien), in denen nur eine einzige örtliche Zeitung als „kommunale Versorgungseinrichtung" ohne unmittelbare intramediäre Konkurrenz übrigbleibt. Markteintritts-Chancen bestehen fast nur noch für Objekte größerer, fest etablierter Unternehmen. In der BRD sind in den letzten 20 Jahren die wenigen Neugründungen von Zeitungen nur lokale Ableger oder Straßenverkaufsblätter bereits bestehender Zeitungsverlage gewesen.
Wirtschaftlicher Wettbewerb ist überdies selbst dort, wo er existiert, kein Instrument zur Steigerung publizistischer *Qualität.* Die auflagenstärksten Presseerzeugnisse sind keineswegs zugleich die qualitativ besten; vielfach zeigt sich sogar umgekehrt ein negativer Ausleseeffekt.

2. Ursachen der PK. Die PK. hat verschiedene Ursachen, deren Bedeutung im Zeitablauf wechselt. Sie ist *technisch* bedingt, soweit modernere Druckverfahren nur bei Massenauflagen rentabel sind. Sie ist *risikobedingt,* wenn das Risiko, das mit dem Vertrieb eines einzelnen Presseerzeugnisses verbunden ist, dadurch verringert werden soll, daß mehrere Produkte hergestellt werden. Dabei kann es sich um Objekte gleicher Art (z. B. verschiedene Tageszeitungen) oder ähnlicher Art (wie Tages- und Wochenzeitungen, Illustrierte), aber auch um die Kombination mit andersartigen Geschäftstätigkeiten handeln (Kombination mit Buchverlagen, Reisebüros, Filmproduktion und -vertrieb usw.). Die PK. ist *marktbedingt,* soweit örtliche Monopole entstehen, wenn infolge der geringen Größe des lokalen Absatzmarktes nur mehr eine Zeitung am Ort rentabel ist oder bei der Vergabe von Anzeigenaufträgen die auflagenstärkere Zeitung bevorzugt wird. Da der Anteil der Anzeigenerlöse gegenüber den Vertriebserlösen stark angestiegen ist, hat sich die Konjunkturempfindlichkeit der Presseverlage verstärkt. Sie gefährdet vornehmlich Existenz und Unabhängigkeit kleinerer Zeitungen.
Die PK. hat *marktstrategische* Ursachen, wenn große Verlage kleinere Konkurrenten durch ruinöse Preisunterbietungen verdrängen, wobei sie in ihrem Stammgebiet einen hohen Preis und in den strittigen Zonen einen niedrigen Kampfpreis verlangen. P.K kann auch *steuerlich* begünstigt sein, z. B. durch Steuerpräferenzen, die Großverlage stärker in Anspruch nehmen können als kleinere Konkurrenten. Endlich sind auch *machtstrategische* Gesichtspunkte von Bedeutung. In diesem Fall wird Pressemacht – wie etwa während der Weimarer Republik im Hugenberg-Konzern – mit der Absicht zusammengefaßt, auf die politische Meinungsbildung einzuwirken, wobei auch an eine Beeinflussung wirtschaftlich relevanter Gesetze und Verwaltungsakte gedacht sein kann. An politische Parteien gebundene PK.en gibt es auch; sie haben jedoch in letzter Zeit stark an Resonanz verloren.

3. Bedrohung der Pressefreiheit. PK. ist nicht nur ein wirtschaftliches und ein publizistisches, sondern vor allem auch ein *politisches* Problem, weil die

Verringerung der Zahl selbständiger Publikationen und ihre Zusammenballung in Großverlagen unmittelbar die → Pressefreiheit tangiert. Je weniger Titel existieren, um so weniger Auswahl hat der Bürger (z. B. bei den Illustrierten, wo in der BRD 1954 noch 15, heute nur noch 4 Titel angeboten werden); je mehr die verbleibenden Presseerzeugnisse in Großverlagen konzentriert werden, um so mehr entsteht die Gefahr der Meinungsbeeinflussung ($^4/_5$ der Unterhaltungszeitschriften kommen aus nur noch fünf Verlagsgruppen, unter denen die Gruppe Bauer und der mit der Bertelsmann-Gruppe verbundene Verlag Gruner & Jahr an der Spitze stehen). Im Extremfall verwandeln sich Presseorgane aus einem Mittel der Information in der Hand der Leser zu einem politischen, in der Verfassung nicht vorgesehenen Machtfaktor in der Hand ihres Verlegers.

Die → *wirtschaftliche Macht,* die mit der PK. entsteht, kann sowohl gegenüber anderen Presseverlagen als auch gegenüber Journalisten eingesetzt werden. Verlage mit konkurrierenden Presseorganen können im Vertriebs- und Anzeigenpreis unterboten und dadurch zur Einstellung ihrer Periodika oder zur Fusion gezwungen werden. Eine größere Rolle spielt jedoch die *„Abhängigkeit“.* Eine Methode, sich andere Verlage (und damit indirekt auch deren Redaktionen) zu unterwerfen, besteht z. B. darin, an die Druckerei eines anderen Presseunternehmens Großaufträge zu vergeben. Wird ein solcher Auftrag entzogen, so kann der Verlag zum Zwangsverkauf gezwungen sein. Abhängig wird ein Verlag jedoch bereits schon dann, wenn ihn der Auftraggeber spüren läßt, daß er ihn durch die Druckaufträge in der Hand hat.

Eine weitere Möglichkeit, die Verlage kleinerer Tageszeitungen in Schwierigkeiten zu bringen, haben große Zeitungsverlage durch die Gründung lokaler Konkurrenzblätter. Schon die Androhung oder auch die schlichte Andeutung einer solchen Absicht kann den Herausgeber der kleineren Zeitung dazu bewegen, sich den Interessen des Großverlages anzupassen. Da dieses Verfahren bei zahlreichen Lokalzeitungen zum Erfolg führen konnte, ist die Zahl der Leser, die indirekt in den Einflußbereich eines Großverlegers gerät, erheblich größer als die Zahl derer, die seine eigenen Presseerzeugnisse lesen. Der Einfluß eines Großverlages wächst somit überproportional zur Eigentumskonzentration.

Zunehmende PK. gefährdet außerdem die *Unabhängigkeit der Journalisten.* Die Abnahme der Zahl der Redaktionen beeinträchtigt ebenso die berufliche Mobilität wie den durch die Konkurrenz der Zeitungen untereinander gegebenen Leistungszwang. Überdies findet sich bei größeren Verlagen die Neigung, mehr Journalisten als notwendig zu beschäftigen. In diesem Fall wird es möglich, jederzeit ohne Zeitverlust einen Redakteur gegen einen anderen auszuwechseln.

Während die Pressefreiheit in totalitären Regimen wie in absoluten Monarchien primär durch den Staat beeinträchtigt ist, wird in einer parlamentarischen Demokratie die Pressefreiheit vor allem durch die PK. in den Händen der Verleger gefährdet. Die Väter der Verfassungen, auch des GG, haben nur an den ersten Fall gedacht, obwohl aus dem Wortlaut von Art. 5 GG auch die Forderung nach „innerer Pressefreiheit“ und damit die Freiheit gegenüber der Macht privater Wirtschafter abgeleitet werden kann. Gegen eine Bedrohung der Pressefreiheit durch die Konzentration der Presse in einer kleiner werdenden Zahl privatwirtschaftlicher Verlage ist bisher jedoch keine ausreichende Vorsorge getroffen worden. Eingriffe zum Schutze der Pressefreiheit werden vielfach nur als staatliche Maßnahmen gegen die Pressefreiheit angesehen. Die öffentliche Meinung hat die Änderung des Problems kaum erkannt. Selbst die Tätigkeit von staatlichen Pressekommissionen, z. B. der sog. Günther-Kommission in der BRD (1967), hat bisher nicht zu einer bewußten Kommunikationspolitik geführt.

4. Bekämpfung der PK. Zur Erhaltung der Pressefreiheit reichen angesichts der Kompliziertheit der Problematik isolierte Maßnahmen nicht aus. Als *Möglichkeiten kommunikationspolitischen Handelns* kommen in Frage: 1. steuerliche Erleichterungen zur Stärkung kleinerer Verlage; 2. progressive Auflagenbesteuerung bei Verlagen und Verlagsgruppen mit überdurchschnittlichen Marktanteilen; 3. Überwachung von Aufkäufen und Fusionen durch eine unabhängige Institution; 4. Verhinderung von Machtmißbrauch einschließlich des Mißbrauchs der Abhängigkeit anderer Zeitungsverlage durch unabhängige Pressekommissionen oder ein unabhängiges Pressegericht; 5. Reduzierung von Machtballungen durch Entflechtung von Presseunternehmen bei Überschreiten bestimmter Marktanteilsgrenzen, die unter Berücksichtigung des indirekten Einflusses auf abhängige Verlage festzulegen sind; 6. Verhinderung einseitiger Informationen bei lokalen Pressemonopolen (soweit dies ohne Verstoß gegen den Grundsatz der Pressefreiheit möglich ist), u. U. durch Einführung einer öffentlich-rechtlichen Organisationsform für die publizistischen Aufgaben bei Zeitungen mit örtlicher oder regionaler Alleinanbieterstellung; 7. Offenlegung der Eigentums- und Kapitalbeteiligungsverhältnisse aller Verlage; 8. Beibehaltung des Prinzips der „publizistischen Gewaltenteilung“ durch Ausschluß der Presse von Hörfunk und Fernsehen; 9. Gründung von Zeitungen in Monopolgebieten mit staatlicher Unterstützung, um Marktgegengewichte zu schaffen; 10. Die Unabhängigkeit der Journalisten kann außerdem gesichert werden durch besseren Kündigungs- und Altersschutz, Regelung der Mitbestimmung in Redaktionen und die Erleichterung von Zeitungsgründungen oder -übernahmen durch Journalisten.
Eine Umwandlung großer Presseverlage in gemeinnützige und unabhängige *Stiftungen* kann nur von Verlegern selbst ausgehen. Die *Enteignung* von Presseverlagen ist dagegen kein gangbarer Weg in einem Rechtsstaat, in dem die Pressefreiheit vor staatlicher Willkür zu schützen ist. Staatspresse und Pressefreiheit schließen sich aus.

Literaturhinweise

Aufermann, Jörg, *Heilmann*, Peter (Hrsg.): Pressekonzentration. München usw. 1970.
Dittrich Norbert: Pressekonzentration und Grundgesetz. München 1971.
Kaiser, J. H.: Presseplanung. In: Planungsstudien 1, Frankfurt/M. 1972.
Kunert, Wolfgang: Pressekonzentration und Verfassungsrecht (Diss.), Berlin 1971.

Schütz, Walter J.: Pressekonzentration. In: *Arndt,* Helmut (Hrsg.), Die Konzentration in der Wirtschaft. Berlin 1971[2].
Steinmann, Matthias F., und *Tuchtfeldt,* Egon: Über mögliche Maßnahmen gegen Pressekonzentration. In: Sieber, Hugo, und Tuchtfeldt, Egon (Hrsg.), Wettbewerbspolitik in der Schweiz, Bern usw. 1972.

HELMUT ARNDT/WALTER J. SCHÜTZ

Prognosen (Pr.)

→ *Beratung, Bildungsökonomie, Budget, Determinismus, Gesetz, Konjunktur, Planung, Städteplanung, Statistik, Systemwandel, Übergangsgesellschaft, Wachstum*

1.0. WESEN. – 1.1. *Begriff.* Pr. sind begründete und (auch zeitlich) hinreichend bestimmte Aussagen über zukünftige Ereignisse und Strukturen. Sie ermöglichen Vorhererkennen, also die Voraussage auf Grund von Erfahrung und Beobachtung mit Hilfe von Wahrscheinlichkeitsschlüssen, nicht aber absolute, zeitlich nicht fixierte Prophezeiungen.
Lediglich bedingte, stochastische Pr. – bei denen das Eintreten des vorausgesagten Ereignisses von dem noch offenen Eintreten der vorhergehenden Antezedensbedingungen abhängt – haben wissenschaftlichen Charakter. Es handelt sich um *„wenn – dann"-Aussagen,* unter der Voraussetzung sich nicht ändernder Randbedingungen oder unter Berücksichtigung kalkulierter Veränderungen. Die Randbedingungen ändern sich aber um so wahrscheinlicher, je länger der Pr.zeitraum ist. Die Voraussage muß deshalb durch eine Zeitangabe präzisiert werden; ein nur „irgendwann" stattfindendes Ereignis kann zwar nicht widerlegt werden, erreicht aber auch keine prognostische Aussagekraft.
Wissenschaftlichen Ansprüchen genügende Pr. müssen auf einer bewährten *Theorie* beruhen; denn bedingte Aussagen lassen sich nur machen, wenn die Grundlagen einer Theorie in dem Umfang-Zeit-Bereich gegeben sind, für den die Pr. gelten soll. Wenn sich die Bedingungen, auf denen die Theorie basiert, mehr oder weniger schnell ändern – wie im sozialen und ökonomischen Bereich üblich –, sind nur Pr. mit eingeschränkter Wahrscheinlichkeit möglich. Eine Theorie, die zu Pr. verwendbare Hypothesen enthält, ist nicht nur auf Grund bisheriger Erfahrungen, sondern auch hinsichtlich zukünftiger Beobachtungen *überprüfbar.* Je mehr Möglichkeiten durch die Theorie ausgeschlossen werden können, desto genauer wird die Pr. für den definierten Objekt-Zeit-Bereich. Erforderlich sind also mindestens zutreffende Beschreibungen der Ausgangssituation und der Randbedingungen. „Unbedingt" kann eine Pr. nur sein, wenn alle Bedingungen als erfüllt anzusehen sind (historische Prophezeiungen erfolgen hingegen „bedingungslos", z. B. ohne Zeitangabe). – *Erklärung* und Pr. sind symmetrisch: Bei Kenntnis von Gesetzmäßigkeiten kann aus dem Endzustand auf den Anfang geschlossen werden: Erklärung; vom Anfangszustand kann umgekehrt auf einen Endzustand gefolgert werden: Pr.

1.2. *Schwierigkeiten* für das Prognostizieren im sozioökonomischen Bereich ergeben sich vor allem daraus, daß (a) die zu erfassenden Phänomene komplex oder schnell veränderlich sind; (b) Fehler im Pr.-„modell" selbst liegen, z. B. wesentliche Variable nicht adäquat berücksichtigt sind; (c) der Pr.-Zeitraum zu groß ist: Wegen der bei abnehmender Information überproportional zunehmenden Anzahl von Randbedingungen verstärken sich die Fehlerquellen.

Obwohl also jede längerfristige Pr. an Wert verliert, ist weder ihr heuristischer Nutzen (z. B. bezüglich des Bestimmens neuer Randbedingungen) noch ihre Bedeutung für die Weiterentwicklung von Theorien zu bestreiten.

1.3. *Pr.-Arten.* – Pr. lassen sich unterscheiden nach (a) dem Pr.-*Umfang* (total, teilweise); (b) dem Pr.-*Zeitraum* (kurz-, mittel-, langfristig; z. B. Konjunkturprognosen als „Schwankungen um einen Trend"; langfristige Struktur- oder Wachstums-Pr. als Betrachtung *des* Trends); (c) der *Aussagekraft und Zuverlässigkeit* (definitive, stochastische Prozesse); (d) den *Bewertungs*indikatoren (realisierbar, wünschbar).

Bei der Erstellung von Pr. sind zu beachten (a) das bisher beobachtete *Verhalten* des Pr.objekts (regelmäßige Abläufe, gleichartige Wiederholungen, unregelmäßige Veränderungen, völlig neues Phänomen; (b) der notwendige Grad von *Reduzierung* der Wirklichkeit (Abzirkelung); (c) das eigentliche Pr.*verfahren* (s. 2); (d) das *feed back*, die Folge- und Rückwirkungen publizierter Pr. auf die Ereignisse und Strukturen und auf sich selbst (z. B. Selbstbestätigung).

An Sicherheit grenzende Aussagen, mit bestimmter Wahrscheinlichkeit eintreffende Vorhersagen und Aussagen über bloße Möglichkeiten („begründete Mutmaßungen") sind vom Pr.*zweck* aus bewertbar. Hier stellt sich die Frage nach dem Pr.Optimum: Sicherheit des Eintreffens steht häufig in umgekehrtem Verhältnis zum Pr.Umfang und zum Pr.Zeitraum.

2.0. Pr.Verfahren. – 2.1. Am bekanntesten ist die Methode der *Extrapolation:* Die Zukunftsgröße wird aus den Daten der Vergangenheit bestimmt. Hat sich z. B. die PKW-Produktion im zurückliegenden Zeitraum jährlich um 6 % erhöht, dann wird diese Zuwachsrate auch als für die nächsten Jahre geltend angenommen. Diese einfache Aussage ist allerdings höchst gewagt; denn solche lineare Verlängerung berücksichtigt nicht die vielen Randbedingungen, z. B. Verhaltensänderungen der Käufer, Sättigung des Marktes, konjunkturelle Umstände, Änderungen der Lebensdauer der Wagen. Ein Beispiel für eine Fehlvoraussage ist die Energie-Pr. des Reichswirtschaftsministerium von 1933: Unter dem Eindruck der großen Depression wurde eine Verdoppelung des Stromverbrauchs bis 1960 vorausgesagt; die faktische Erhöhung betrug ein Vielfaches. Um solche Fehler zu vermeiden, kann man mindestens einige Bestimmungsfaktoren des Pr.Objekts hinzuziehen, z. B. die wahrscheinliche Ausdehnung der energieabhängigen Industrie, die Zunahme der elektrischen Haushaltsgeräte usw.

2.2. *Verbesserungen* lassen sich manchmal durch die Kombination wahrschein-

lich interdependenter oder phasenverschobener Ereignisse erzielen. – 2.2.1. Aus der Abschätzung von *Bereichsentwicklungen* (z. B. Produktionsformen, Altersaufbau der Bevölkerung) sind induzierende Wirkungen in anderen Bereichen zu prognostizieren. So läßt sich etwa aus der Verbreitung der Automation abschätzen, welche Berufsarten in 10 oder 30 Jahren weniger nachgefragt sind. Die Fortschreibung des Altersaufbaus gibt Hinweise auf die in 10 oder 30 Jahren benötigte Anzahl von Altenwohnheimen, usw.
Wenn sich zwei Größen (z. B. Strukturen) im Prinzip gleichen, ihre Entwicklung aber mit *zeitlicher Verschiebung* abläuft, kann aus der Bewegung der voraneilenden Größe auf das phasenverschobene Nachziehen der anderen geschlossen werden. Erhöht sich z. B. in den USA der Pro-Kopf-Verbrauch von langlebigen Gebrauchsgütern, so kann gefolgert werden, daß diese Entwicklung innerhalb eines bestimmten Zeitraums in der BRD nachvollzogen wird. Solche Analogieschlüsse sind allerdings gewagt, wenn wesentliche Unterschiede z. B. in der Sozialstruktur, der Mentalität usw. nicht berücksichtigt werden.
2.2.2. Weitere Verfeinerungen lassen sich durch die Einbeziehung von *Indikatoren* und die Festlegung von „Schwellenwerten" erzielen. Wenn z. B. im Entwicklungsland A die Elementarschulbildung von 10 auf 15 % der Bevölkerung gesteigert werden kann, so hat das wahrscheinlich keine signifikante Auswirkung auf die Geburtenrate, während eine Erhöhung auf 65 % bei gleichzeitig wachsender Verstädterung eine deutliche Senkung der Geburtenrate bewirkt. Damit ist allerdings nicht gesagt, daß diese Entwicklung nun auch im Land B stattfinden wird.
2.3. Durch *Induktion* gewonnene Pr. sind oft problematisch. Ob ein Ereignis, das bisher regelmäßig wiederkehrte, auch weiterhin in gleicher Weise eintreffen wird, kann nur unter Beachtung einer schwer bestimmbaren Menge signifikanter Randbedingungen evaluiert werden. Das in den zwanziger Jahren entwickelte „Harvard-Barometer" wollte aus drei Zeitreihenkurven (Spekulation, Warenmarkt, Geldmarkt), deren Höhepunkte in wiederkehrendem Zeitabstand aufeinander zu folgen pflegten, die Konjunkturbewegungen voraussagen. Dieses „Barometer" konnte indessen die Weltwirtschaftskrise nicht prognostizieren; die Reihen registrierten zunächst nicht einmal die beginnenden Einbrüche. Offenbar waren die induktiv gewonnenen Relationen nur für einen raum-zeitlich begrenzten Bereich „zufällig" treffend gewesen.
Je mehr die Konjunktur-Pr. Verhaltensweisen einbeziehen, um so eher können Voraussagen von hinreichender Qualität erstellt werden. Test- und *Befragungsmethoden*, die sich vor allem auf die Investitionsvorhaben der Unternehmen (ifo-Test, Business Week) oder auf die Verbrauchereinstellungen (Katonas Ermittlung der Konsumentenkaufpläne) konzentrieren, haben brauchbare Ergebnisse für kürzere Zeiträume erbracht.
2.4. Zur Verbesserung der Pr.erstellungen wurden *weitere Methoden* entwickelt. Bei den hauptsächlich intuitiv gewonnenen Pr. werden die Delphi-Methode (iterative Expertenbefragungen), das Scenario-writing und Morphologie-Studien eingesetzt. Beim Extrapolieren werden auch Interdepen-

denzanalysen, input-output-Verfahren angewendet. Die projektiven – von Zielvorstellungen beeinflußten – Pr.arten finden im curve-fitting, in den Präferenzanalysen, in der Relevanzbaum- und Netzplantechnik sowie in der Simulation zusätzliche Hilfen. Hier ist auch der Übergang zu den sog. *„Pr.Systemen“* zu suchen, die sich gegenwärtig noch weitgehend als dynamisierte ökonometrische Modelle darstellen. Mit solchen, zumeist aufwendigen gesamtwirtschaftlichen Pr.systemen bzw. Modellen versucht man vor allem, die Folgen wirtschaftspolitischer Handlungen abzuschätzen.
So soll das „Brookings-Modell“ die gesamte US-Volkswirtschaft abbilden. Mit seinen über 300 Gleichungen ermöglicht es vierteljährliche Vorausschätzungen der makroökonomischen Entwicklung. Das Modell ist simulationsfähig, d. h. man kann das wahrscheinliche Verhalten des Wirtschaftssystems bei probeweiser Veränderung von Variablen oder Parametern (z. B. bei einer Änderung des Zinssatzes) voraussagen. In der BRD ist vor allem das Pr.Modell von W. Krelle bekannt geworden.
Indessen liefert keine einzelne Pr.Methode und keine Kombination mehrerer Verfahren sichere Voraussagen. Nach dem Thomasschen Theorem wird nämlich das Verhalten eines Individuums nicht nur durch objektive Gegebenheiten, sondern auch durch die Bedeutung, die das Individuum einer Situation beimißt, bestimmt. Außerdem bleiben immer exogene Unsicherheiten bestehen, auch wenn endogene Faktoren – z. B. durch planvolle Wirtschaftssteuerung – mindestens kurzfristig beherrscht werden.

3. Wirkungen. – Es ist nicht unwichtig, ob eine Pr. *veröffentlicht oder geheimgehalten* wird: Das publizierte Gutachten des „Sachverständigenrates“ hat eine andere Wirkung, als wenn es in den Schubladen der Regierung bliebe. Wird die Prognose bekannt, können nämlich die Beteiligten ihr Verhalten darauf einstellen. Die Pr. wird dann möglicherweise verwirklicht („self fulfilling prophecy“), etwa wenn die eigentlich falsche Pr. – der Preis des Gutes A werde steigen, oder: die Partei B werde die Wahl gewinnen – die Käufer

---

Zukunftsforschung (Futurologie, Gesellschaftsprognostik) = allgemeinste Bezeichnung für alle Bemühungen, wissenschaftlich begründete Vermutungen oder Aussagen über künftige, teilweise gestaltbare Ereignisse und Strukturen zu gewinnen. Dabei wird auch zwischen der eigentlichen Zukunftsforschung (als der generellen Erfassung der Entwicklungstendenzen, Zukunftsziele und -Aufgaben) und der Zukunftsgestaltung (Futurologisitik) als einer zur Zielverwirklichung beitragenden angewandten Wissenschaft unterschieden.
Der von Ossip K. Flechtheim Mitte der vierziger Jahre geprägte Begriff **„Futurologie“** wird in den „sozialistischen“ Staaten als Bezeichnung für die „bürgerliche“ Zukunftsforschung verwendet; einerseits wird diese dort wegen ihrer Ideologie- und Praxisfunktion, besonders ihrer prinzipiell „apologetischen“ Einstellung kritisiert. Andererseits wird ihr methodisch vielfältiger Ansatz und ihre empirisch-analytische Basis positiv hervorgehoben.
In den „sozialistischen“ Ländern wird die eigene Zukunftsforschung als **„Gesellschaftprognostik“** bezeichnet, worunter die auf der Basis des „wissenschaftlichen Sozialismus“ gesamt-gesellschaftlich orientierte Voraussage der sich „bewußt entfaltenden“ sozialistischen Gesellschaft verstanden wird.

bzw. Wähler veranlaßt, noch schnell Gut A zu kaufen, oder (Mitläufereffekt) tatsächlich B zu wählen. Statt der Selbstbestätigung ist aber auch eine Selbstaufhebung der Pr. möglich, z. B. wenn unentschiedene „Wechselwähler" durch die Pr. aus Mitleid veranlaßt werden, ihre Stimme der angeblich schwachen Partei C zu geben.
Auch bei geheimgehaltenen Pr. kann ein aufhebender oder bestätigender Effekt eintreten, z. B. wenn die Pr. Anlaß zu Interventionen gibt, weil sie mit den Zielvorstellungen der Regierung oder der Zentralbank nicht übereinstimmt.

4.0. SYSTEM-PR. – 4.1. Die bisher erwähnten Pr.ansätze sind Vorhersagen von Einzel- oder Bereichsentwicklungen. Daneben sind jene umfassenden Pr. von Bedeutung, die auf Grund konstatierter Entwicklungsgesetze, extrapolativ-retrospektiver Zukunftsanalysen oder desiderativ-retrograder Systemprojektionen Voraussagen für *längerfristige gesamtgesellschaftliche Entwicklungen* geben; sie entfalten zwischen mehr oder weniger ausgeprägten Zwangsläufigkeiten und Entscheidungsfreiräumen Vorstellungen über mögliche oder notwendige *Systemzustände.* Diese qualitativen Pr.-versuche gehören sowohl zur Zukunftsforschung (Futurologie, Gesellschaftsprognostik usw.) als auch zur Analyse des → Systemwandels. Gegenstand solch umfassender Sozial-Pr. ist die Gesellschaft als Ganzheit, aber auch der „Staat" oder die Wirtschaft. Daneben sind „Welt-Pr." zu erwähnen, z. B. einerseits die auf Beobachtungen beruhenden synthetischen Urteile de Tocquevilles (1835) und Lists (1842) über die zu erwartende Machtstellungen Amerikas und Rußlands, andererseits die aufwendigen (und methodisch problematischen) System-Simulationen von Jay W. Forrester (World Dynamics 1971/72) und von Dennis Meadow (Die Grenzen des Wachstums, 1972).

4.2. Zu den umfassenden Sozial-Pr. auf der Grundlage sozioökonomischer Gesetzmäßigkeiten gehört der von Marx und Engels begründete „WISSENSCHAFTLICHE SOZIALISMUS", dessen brisanteste Ausformulierung die Theorie des Zusammenbruchs des Kapitalismus und der folgenden Entwicklungen bis hin zum Kommunismus darstellt. Diese Gesellschafts-Pr. folgen aus → Gesetzen mit Tendenzcharakter, sind historisch-dialektisch und nicht naturwissenschaftlich-kausal zu begreifen (→ Determinismus); der Entscheidungsspielraum ist mindestens eng.
Die sozialistische „*Gesellschaftsprognostik*" geht von der Möglichkeit einer „wissenschaftlich" begründeten Sozialsystemanalyse aus, die auf einer Theorie der Gesellschaft als Ganzheit beruht. Sie bezieht sich dabei zwar auf menschliche, jedoch bestenfalls indirekt auf individuelle Handlungen. Vermittlungsglieder in die Zukunft sind die sozialen Klassen als Triebkräfte des Geschichtsprozesses.

4.3. Vertreter der auf einer Einteilung in „*Zivilisationstypen*" (statt ökonomischer Strukturen bzw. Klassen) aufbauenden „nachindustriellen Gesellschaft" (Kahn/Wiener, Daniel Bell u. a.) prognostizieren mittels Einschät-

zung wichtig erscheinender Entwicklungslinien die künftige Ausprägung der Gesellschaftssysteme auf verschiedenartig definierten Stufen; sie gelangen von hier aus außerdem zu → Konvergenztheorien (Rostow, Tinbergen, z. T. Galbraith). Die sich herausbildende *kritisch-desiderative* Zukunftsforschung will die Entwicklung nicht vorrangig aus den hauptsächlich technologisch fundierten zivilisatorischen Möglichkeiten her „fortschreiben", sondern fragt nach wünschenswerten Zukünften (Ossip K. Flechtheim, Robert Jungk, Pavel Apostol u. a.) und den Möglichkeiten ihrer Verwirklichung.
Es wird immer deutlicher, daß sich die retrospektiv-extrapolative und die „kritische" Futurologie, die sich mit Einzelerscheinungen befassende „technizistische" und die entwicklungsgeschichtlich oder desiderativ ausgerichtete Gesellschaftsprognostik eine arbeitsteilige *Verbindung* eingehen sollten. Es zeigt sich zugleich, daß Zukunftsforschung sich keinem primitiven Determinismus unterwerfen darf; denn soziale Systeme entwickeln sich *multidimensional*, es bieten sich zumeist mehrere alternative Entwürfe und Möglichkeiten, zwischen denen unter Beteiligung aller Gesellschaftsmitglieder legitimiert und ggf. iterativ gewählt werden muß.

LITERATURHINWEISE

Böhnisch, Alfred: Futurologie. Frankfurt/M. 1971.
Gehmacher, Ernst: Methoden der Prognostik. Freiburg 1971.
Flechtheim, Ossip K.: Futurologie. Köln 1970.
Lenk, Hans: Erklärung, Prognose, Planung. Freiburg 1972.
Bayer, Hans (Hrsg.): Wirtschaftsprognose und Wirtschaftsgestaltung. Berlin 1960.
Zeitschriften wie „Futurum", „analysen und prognosen. über die welt von morgen", „Futures", „Technological Forecasting and Social Change".

CARL BÖHRET

Räte (R.), Rätesystem (RSy.)

→ *Arbeiter, Demokratie, Gewerkschaften, Mitbestimmung, Parlamentarismus, Pluralismus, Sozialismus, Staat, Übergangsgesellschaft, Verbände*

1. BEGRIFF. – Eine allgemein gültige Definition des RSy. oder „Rätemodells" gibt es bisher nicht. Neben der Feststellung, daß R. eine Form radikaler direkter Demokratie darstellen, können sie idealtypisch und damit von der gesellschaftlich-historischen Realität abstrahierend auf Grund bestimmter formal-organisatorischer Elemente und gesellschaftlicher Prinzipien beschrieben werden:
(1) Die Urwählerschaft organisiert sich in *Basisgruppen* (Betrieb, Wohnbezirk, u. U. Truppeneinheiten). Da die Urwählerschaft die Vermutung totaler Kompetenzzuständigkeit für sich hat, sollen alle relevanten Entscheidungen in den Basisgruppen fallen.
(2) Über den Basisgruppen erhebt sich pyramidenförmig (z. B. abgestuft nach Gemeinde, Bezirk, Kreis, Region, Nation) und jeweils indirekt von unten nach oben gewählt ein System von Delegiertenkörperschaften, nämlich R.

(3) Die R. haben ein *imperatives Mandat* und unterliegen durch die Öffentlichkeit der Sitzungen und ihres jederzeit möglichen Rückrufs („recall") der permanenten Kontrolle der Basis. Alle öffentlichen Positionen, einschließlich die der Verwaltung und der Judikative, werden durch Wahl besetzt. Durch Ämterrotation sollen Machtkonzentration, Bürokratisierung und Korruption verhindert werden. Die auf diese Weise hergestellte Identität von Wählern und Delegierten (in den R. spiegelt sich die soziale Zusammensetzung der Wähler) macht Parteien und Verbände als Vertreter von Klasseninteressen überflüssig: Ein Höchstmaß sozialer Homogenität wird erreicht.
(4) Die *Gewaltenteilung wird aufgehoben:* Basisgruppen und R. üben die legislative, exekutive und judikative Gewalt aus; sie tagen „in Permanenz". Dadurch verlieren die bisherigen staatlichen Institutionen ihre Qualität als Herrschaftsinstrumente, und an die Stelle der Herrschaft von Menschen über Menschen tritt die Verwaltung von Sachen. Die gesamte Gesellschaft ist nach dem R.prinzip organisiert.
(5) Die R. arbeiten grundsätzlich *ehrenamtlich*, erhalten auf keinen Fall ein höheres Einkommen als den Durchschnittslohn eines Arbeiters.
Die Verwirklichung der Prinzipien eines „reinen" RSy. wäre letztlich mit der Realisierung der sozialistischen Gesellschaft identisch. In den historischen Erscheinungsformen von R. sind jeweils nur einige der genannten Elemente manifest geworden.
2.0. Historische Typologie. – 2.1. *Geistesgeschichtlich* steht der R.gedanke in der Tradition der direkten Demokratie, wie sie von Autoren der Aufklärung und des Liberalismus formuliert und in der organisierten deutschen Arbeiterbewegung als „Direkte Gesetzgebung durch das Volk" rezipiert wurde. *Sozialgeschichtlich* sind R. Ausdruck von auf Emanzipation gerichteten Protestbewegungen unterdrückter oder unterprivilegierter Klassen und Schichten in Industriegesellschaften. Der Versuch, eine Kontinuität von R.bewegungen zurück ins Altertum zu konstruieren, erscheint widersinnig, denn R. müssen aus ihrer gesellschaftspolitischen Motivation (industriell-bürokratisch bedingte Entfremdung) begriffen werden.

2.2. Nach ihrer Funktion können *drei Erscheinungsformen* von R. unterschieden werden.
2.2.1. *Erster Typ:* R. als *spontan* sich bildende *revolutionäre Kampforgane* unterprivilegierter Schichten oder Klassen, zumeist der Arbeiterschaft, aber auch des Kleinbürgertums oder der Bauern. Sie richten sich gegen die etablierten Institutionen, mit deren Hilfe die herrschenden Gruppen ihre Macht ausüben. Fünf soziale und politische Vorbedingungen waren in historischen Situationen gegeben, in denen sich R. spontan als Kampforgane gebildet haben.
(1) In der Arbeiterschaft war ein Mindestmaß an *gesellschaftspolitischem Bewußtsein* vorhanden. Die R.bewegungen in Rußland 1905/06 und 1917/18, in Deutschland und Österreich 1918/19, in Ungarn 1919/20 und 1956, in Polen 1956 und in der ČSSR 1968 sind ohne die vorhergehende Aufklärungsarbeit durch die organisierte Arbeiterbewegung nicht denkbar.

(2) R. sind dort entstanden, wo in einer sozialen und politischen Krise (Krieg, Bürgerkrieg, brutale Machtausübung stalinistischer Parteien) der unmittelbare *Druck auf die Bevölkerung*, besonders die Arbeiterschaft, so stark wurde, daß ein Gegendruck erzeugt wurde, der idR. in Streikkomitees seinen ersten Ausdruck fand.
(3) R. bildeten sich in jenen Staaten, in denen weder staatliche Institutionen noch Organisationen der Arbeiterbewegung diesen revolutionären *Massenaufschwung* zu absorbieren vermochten. Der Protest der R. richtete sich u. a. dagegen, daß sozialistische Parteien und Gewerkschaften – wie in Deutschland durch Abschluß des Burgfriedens im Ersten Weltkrieg oder in Ungarn, Polen und der ČSSR durch staatliche Gleichschaltung – die Interessen der Arbeiterschaft nicht mehr ausreichend vertraten. Das Integrationspotential der etablierten Institutionen ist dort besonders gering gewesen, wo feudale Strukturen bis weit in die Periode der Industrialisierung hineinwirkten und in denen das Bürgertum sich nicht voll politisch emanzipieren konnte.
(4) Die Krise spitzte sich jeweils so zu, daß den *Staats- und Militärorganen* die Macht aus den Händen zu gleiten drohte.
(5) Dadurch erweiterte sich jener *Spielraum* relativer Freiheit, in dem sich die Spontaneität der R. über den einzelnen Betrieb hinaus auswirken konnte, der jedoch bereits vorher – etwa durch die Durchbrechung des Burgfriedens in Deutschland, die Neue Ökonomische Politik in Rußland 1921, die „Tauwetterperiode" in Polen und Ungarn 1956 oder die Dubček-Ära in der ČSSR 1968 – vorhanden gewesen war.
2.2.2. *Zweiter Typ:* R. als *Klassenorganisationen* des Proletariats im → Übergang von der kapitalistischen in die sozialistische Gesellschaft *(Diktatur des Proletariats)*, als fundamentaldemokratische Alternativorganisationen gegenüber bürokratisch erstarrten und verselbständigten (stalinistischen) Staats- und Parteiapparaten, oder als *Organisationsmodell der sozialistischen* Gesellschaft.
2.2.3. *Dritter Typ:* R. als wirtschaftliche und sozialpolitische *Interessenvertretungen*, zumeist der Arbeiterschaft, aber auch der Angestellten und Beamten gegenüber den Arbeitgebern (Betriebs- und Personalräte, shop stewards, Arbeiterkammern).
In der Realität sind jeweils nur einige Elemente des „reinen" RSy. verwirklicht worden. Der zweite Typ kommt der oben idealtypisch gegebenen Definition von R. am nächsten, der dritte ist am weitesten von ihr entfernt.
2.3. Diese drei Erscheinungstypen korrespondieren in der Regel mit *drei Phasen des Revolutionsablaufs:*
2.3.1. *Spontane Phase:* R. entstanden spontan als Ausdruck einer allgemeinen, Demokratie fordernden Protestbewegung. Sie verstanden sich als Übergangsinstitutionen.
2.3.2. *Radikale Phase:* Unter dem Eindruck der sich anbahnenden Restauration der alten Herrschaftsgruppen (Deutschland 1919) oder der Etablierung neuer autoritärer Herrschaftsverhältnisse (Rußland 1919/20) und der allmählichen Entmachtung der R., wurden R.konzepte entwickelt, die als Modell

einer → sozialistischen Gesellschaft gelten. Zu deren wesentlichen Elementen gehören die Sozialisierung der Produktionsmittel und die Aufhebung des → parlamentarischen Regierungssystems. Der Verbalradikalismus der R. signalisierte in Wirklichkeit den Verlust ihrer Machtposition an die Staatsinstitutionen, Parteien und Gewerkschaften. Alle Versuche zur Realisierung von Rätemodellen scheiterten.

2.3.3. *Nachrevolutionäre Phase:* R. wurden aus dem politischen Bereich in die Betriebe und Verwaltungen abgedrängt und vertraten ausschließlich wirtschaftliche Interessen innerhalb eines vorgegebenen legalen Rahmens, oder sie wurden zu Transmissionsriemen der Parteidiktatur (Betriebsrätegesetz in Deutschland 1920, Kammern für Arbeiter und Angestellte in Österreich 1920, russische, ungarische und polnische R.). *Betriebs- und Personalräte* stehen u. a. in dieser Tradition. Angestellten- und Arbeiterausschüsse sind auf längere Zeit gewählte, zumeist durch Gewerkschaften nominierte, auf innerbetriebliche, sozialpolitische und tarifliche Aufgaben beschränkte Arbeitnehmervertreter; zu ihnen gehören der „shop steward" in den USA und Großbritannien, der „délégué du personnel" in Frankreich, das Mitglied der „Commissione Interne" in Italien. Außer wenigen formalen Ähnlichkeiten und einer inhaltlich meist gebrochenen Kontinuität haben diese nichts mehr mit einem RSy., zumal nicht den sozialrevolutionären Intentionen von R. gemein. Sie sind idR. zu Mitteln sozialer Harmonisierung geworden. Dies trifft ebenfalls auf das bundesrepublikanische → Mitbestimmungsmodell zu, dessen Affinität zu korporativ-harmonistischen Vorstellungen der katholischen Soziallehre enger ist als zum R.modell.

3.0. In sozialistischen Ländern. – 3.1. Obwohl die *UdSSR* den Begriff Räte = *Sowjets* in ihrem Namen führt, hat die dortige Praxis nichts mit einem RSy. zu tun. Vielmehr sind direkt-demokratische Struktur von R. und demokratischer Zentralismus, wie er von Lenin entwickelt und von den Bolschewiki angewandt wurde, unvereinbar. Die spontan in der Revolution entstandenen Sowjets degenerierten zu Transmissionsriemen und damit zu Harmonisierungsinstrumenten der von oben nach unten getroffenen und vollzogenen Entscheidungen der Partei .

3.2.0. Das *jugoslawische* Modell kommt einem „reinen" RSy. am nächsten. Es besteht seit über zwei Jahrzehnten und hat auf kapitalistische wie sozialistische Gesellschaften eine Stimulansfunktion gehabt. Es beruht auf einer pragmatischen Anpassung an innen- und außenpolitische, wirtschaftliche und geographische Bedingungen des Landes. Es entzieht sich weitgehend der oben versuchten historischen Typologisierung: R. wurden 1950 als innenpolitische Reaktion auf die außenpolitische Trennung des Staates vom Kominform von oben durch die kommunistische Partei, die Gewerkschaften und den Staat eingeführt, sie entstanden nicht spontan. 1954 wurden sie zu Instrumenten der proletarischen Selbstverwaltung, und sie sind seitdem mehrfach (zuletzt 1965 und 1968) grundlegend reformiert worden.

3.2.1. Die jugoslawische *Wirtschaft* beruht auf *drei Prinzipien:* (1) Gesellschaftliches Eigentum an Produktionsmitteln; (2) Gelenkte Marktwirtschaft; (3) Arbeiterselbstverwaltung in den Unternehmen.

3.2.2. In den Betrieben bestehen *vier Selbstverwaltungsorgane:* (a) Das *Arbeitskollektiv* als Basisgruppe, dem alle im Unternehmen tätigen Arbeiter angehören, fällt durch Mitgliederversammlung oder Referendum normsetzende Entscheidungen. – (b) Der *Arbeiterrat,* vom Arbeitskollektiv gewählt als Verwaltungsorgan, bestimmt mitelfristig die Geschäftspolitik. (c) Der vom Arbeiterrat gewählte *Verwaltungsausschuß* leitet die Unternehmensverwaltung als kollektives Exekutivorgan. (d) Der *Direktor,* heute gewählter Angestellter des Unternehmens und nicht mehr vom Staat eingesetzt, führt die täglichen Geschäfte.

Die *Wahl* zu allen Leitungspositionen im Betrieb ist obligatorisch, Abwahl jederzeit möglich. Die R. sind durch ein kompliziertes Vertretungssystem und im Rahmen eines Zwei-Kammer-Systems sowie der kommunalen und föderalen Struktur des Landes in Form des „Rates der Produzenten" an allen *politischen* Entscheidungen beteiligt.

3.2.3. Zu einem „reinen" RSy. stehen folgende Tatbestände in Jugoslawien in *Widerspruch:*

(1) Die Existenz der kommunistischen *Partei,* der Gewerkschaften und der staatlichen Bürokratie neben den R. ist Ausdruck dafür, daß divergierende gesellschaftliche Interessen fortbestehen. Diese Institutionen können – und dies geschah in verschiedenen Phasen der jugoslawischen Arbeiterselbstverwaltung – die R. mediatisieren.

(2) Die den RSy.n immanente *Dezentralisation* relevanter Entscheidungen und die technologisch und planwirtschaftlich bedingte *Zentralisation* sind in Jugoslawien bisher nicht vermittelt. Die staatlichen Wirtschaftspläne werden zentral von Partei und Bürokratie, nicht an der Basis erarbeitet und beschlossen.

(3) In den Unternehmen werden Entscheidungs- und Exekutivbefugnisse aus den Arbeitskollektiven in erheblichem Umfang in übergeordnete Gremien *delegiert.* Eine Trennung von Entscheidungskörperschaft („Legislative") und Verwaltung (Exekutive) und die damit verbundene Gefahr der innerbetrieblichen Bürokratisierung besteht fort.

(4) Die in den Arbeitskollektiven vorhandene *Apathie* konnte bisher nicht überwunden werden.

(5) Zu den *historischen Vorbelastungen* des Systems der Arbeiterselbstverwaltung gehören: (a) Jugoslawien hatte nach dem Zweiten Weltkrieg einen großen Nachholbedarf an Industrialisierung zu erfüllen und ist bis heute ein „mittelentwickeltes" Land mit strukturell-regionaler Ungleichheit. (b) Die Bevölkerung ist nach wie vor in Nationalitäten und Religionen fragmentiert.

4.0. Zur Problematik von RS.en. In der Auseinandersetzung mit den verschiedenen R.theorien und den geschichtlichen Erscheinungsformen der R. stellen sich Fragen, die nur schwer zu beantworten sind.

4.1. *R. und → Sozialismus.* Die Verwirklichung des „reinen" R.modells setzt

Bedingungen voraus, die nur im Sozialismus realisiert werden können. Die Grundsätze des Rätesystems müßten auch auf die Wirtschaftsleitung angewandt werden; d. h. die in einem System des Privateigentums bestehende Verfügungsgewalt der Kapitaleigner würde durch die Vergesellschaftung der Produktionsmittel beseitigt werden. Selbstverwaltung der Produzenten, Überwindung der Gewaltenteilung, Ämterrotation und imperatives Mandat bedingen ein hohes Maß an sozialer *Homogenität*, zu der die Vergesellschaftung der Produktionsmittel ein Schritt wäre. Ein voll ausgebildetes RSy. wäre nur dann funktionsfähig, wenn die Gegensätze von Stadt und Land sowie Individualismus und Kollektivismus, wenn die Arbeitsteilung und die Trennung von → Staat und Gesellschaft real überwunden und damit auch die Existenz von Parteien und Verbänden als Repräsentanten unvereinbarer gesellschaftlicher Interessen hinfällig geworden wären.

Ein funktionsfähiges RSy. erfordert auch den *„neuen“ Menschen* mit umfassender Ausbildung aller theoretischen und praktischen Fähigkeiten auf einem Niveau und in einer Breite, die in der bisherigen Geschichte unbekannt gewesen sind; denn der Arbeiter muß im RSy. den gesellschaftlichen Prozeß nicht nur durchschauen, sondern abwechselnd in ihm die verschiedensten Funktionen wahrnehmen können. Diese allumfassende Disponibilität würde die Differenzen zwischen Handarbeiter, Bürokrat und Intellektuellem beseitigen. Befürworter des RSy. argumentieren, daß Disponibilität auch durch Erziehung, durch einen kulturrevolutionären Prozeß zu erreichen sei. In R., die als Revolutionsorgane zunächst spontan gebildet werden, kann sich die Mehrheit der Arbeiter bewußt handelnd an der Einführung des Sozialismus beteiligen und zum Subjekt des revolutionären Prozesses werden.

So stellen die R. eine Organisationsform dar, in der die der kapitalistischen Gesellschaft immanente Entfremdung aufgehoben und die Selbstverwaltung der Produzenten organisiert werden soll.

4.2. *Organisationsprobleme im RSy.* Wird die Grundvoraussetzung für die Funktionsfähigkeit eines RSy., die Verwirklichung des Sozialismus, einmal als gegeben angenommen, stellt sich gleichwohl die Frage, ob nicht systemimmanente Widersprüche vorhanden sind.

4.2.1. Ungelöst erscheint das Problem, wie die *Identität von Urwählern und Räten* auf Dauer erhalten werden kann. Wie ist die spontan entstandene Massenbasis permanent, d. h. die kontinuierliche Partizipation des einzelnen zu erhalten? Widerspricht die indirekte Wahl der übergeordneten R. und die evtl. Einsetzung von Exekutivkomitees den Prinzipien der direkten Demokratie sowie der Aufhebung der Gewaltenteilung? Könnte die mittelbare Wahl der oberen R. und deren mögliche Entfremdung von der Basis zu einem verstärkten Bedarf an Legitimation der Spitze durch die Urwähler und damit zu einer Spielart plebiszitärer Oligarchie führen? Gibt es auch in RSy. ein Informations- und bürokratisches Erfahrungsgefälle zwischen der Spitze und der Basis, das in der Verselbständigung der Leitungsorgane und in der Verfestigung der Bürokratie resultiert?

4.2.2. Offen ist die Frage, wie *syndikalistische* Strukturen und zentralistische

Notwendigkeiten in einem Rätesystem vermittelt werden können. Wie sind die Interessen eines Betriebes oder Produktionszweigs mit den Gesamtinteressen der Produzenten und Konsumenten, wie die Interessen stagnierender und expandierender Wirtschaftsbereiche zu harmonisieren? Folgt einer – notwendigen – ökonomisch-technologischen Zentralisation zwangsläufig politische Konzentration?

4.2.3. Umstritten bleibt auch, ob die *Aufhebung von Fraktionen und Parteien* in einem RSy. möglich ist. Bedürfen Basisgruppen und Repräsentativorgane einer fraktionellen Gliederung, um Alternativen zu den Entscheidungen überhaupt erst formulieren zu können? Würde dies dann Parteibildung und damit

---

Anarchismus (A) kann zur Abgrenzung gegen andere, fundamentale Demokratisierung intendierende Protestbewegungen durch drei Kriterien eingegrenzt werden: (1) A. ist anti-institutionell (d. h. anti-staatlich, anti-parlamentarisch, anti-parteilich, anti-kirchlich etc.), insoweit Institutionen Instrumente der Herrschaftsausübung sind. – (2) Ziel des A. ist die herrschaftsfreie Gesellschaft, die Anarchie. Das menschliche Zusammenleben soll durch freiwillige Abrede der einzelnen untereinander, durch die funktionsgerechte, räumlich überschaubare, zeitlich begrenzte oder doch wenigstens auflösbare autonome Assoziation von unten nach oben strukturiert werden (Prinzip des „self-government", des Föderalismus und der Dezentralisation). – (3) Die Anarchisten unterscheiden sich vor allem in den Mitteln, die sie zur Erreichung der herrschaftsfreien Gesellschaft vorschlagen: Erziehung (Godwin), soziale Revolution (Proudhon, Bakunin), „Propaganda der Tat" durch Ausüben von Terror und Gewalt (zeitweilig Bakunin), Generalstreik (Syndikalisten). Anarchisten betonen die Notwendigkeit, in die Distributionssphäre einzugreifen, um die egalitäre Gesellschaft zu realisieren. – Geistesgeschichtlich steht der A. in der Tradition der Aufklärung und der Linkshegelianer. Sozialgeschichtlich konstituierte sich A. als Protest gegen die durch Industrealisierung und Kapitalismus bedingte Entfremdung: Kleinbürgertum, Kleinbauern und (Lumpen-)Proletarier wurden zu seinem sozialen Träger und begründeten seine politische Ambivalenz. Anarchistische Bewegungen entstanden in autoritär-zentralistischen Regierungssystemen.

Der **Syndikalismus** kann als eine Richtung im Anarchismus angesehen werden, die im 20. Jahrhundert in romanischen Ländern, vorübergehend auch in Deutschland und Rußland eine proletarische Massenbasis (in Spanien verbunden mit Kleinbauern und Landarbeitern) fand. Er betont stärker den Kollektivismus; sieht im Syndikat, der wirtschaftliche und politische Ziele verbindenden Einheitsbetriebsorganisation und der Gewerkschaft, die adäquate Organisationsform revolutionären Kampfes und der herrschaftsfreien Gesellschaft; postuliert den Generalstreik als Mittel der Revolution. Während der Anarchismus eher klasenindifferent auftritt, ist der Syndikalismus klassengebunden-proletarisch. Anders als die Marxisten sehen die Syndikalisten im Staat nicht das Exekutivorgan der herrschenden Klasse, sondern eine über der Gesellschaft verselbständigte, eigengesetzliche und zentralistisch-bürokratische Institution.

Arbeiterkontrolle. Im Unterschied zum RSy. kennzeichnen die Begriffe **„Arbeiterkontrolle"** und **„Arbeiterselbstverwaltung"** einen sozialen Zustand, in dem die Arbeiter nur einen Betrieb, einen Wirtschaftszweig oder Teilbereich einer nationalen Ökonomie kontrollieren oder in eigene Regie übernommen haben. Arbeiterkontrolle lehnt jede Mitverantwortung der Gewerkschaften oder Arbeiterdelegierten in der Verwaltung eines Unternehmens ab, verlangt ein proletarisches – zumeist die Arbeitsbedingungen betreffendes – Vetorecht. Arbeiterselbstverwaltung hingegen basiert – aus der frühsozialistischen Tradition kommend – auf der Idee der Selbstverwaltung der Produzenten.

die Gefahr von Hierarchien und schließlich der Mediatisierung der R. nach sich ziehen?

4.3. *Räte und → parlamentarisches System.* In den letzten Jahren hat sich in der BRD die Diskussion auf die Frage zugespitzt, ob parlamentarisches Regierungssystem und RSy. vereinbar seien. Dabei ist oft übersehen worden, daß bestimmte R.-Elemente auch in parlamentarischen (und präsidentiellen) Regierungssystemen vorhanden sind. Dazu gehören: (1) In keinem Regierungssystem ist die Trennung von legislativer, exekutiver und judikativer Gewalt strikt durchgeführt. Das britische Regierungssystem funktioniert gerade dadurch, daß Regierung und Parlament(smehrheit) praktisch eine Einheit bilden. (2) In der Schweiz und in den USA werden Richter direkt durch das Volk und auf Zeit gewählt. (3) In mehreren Staaten der USA gibt es die Möglichkeit des „recall", vergleichbar mit dem jederzeit durchführbaren Rückruf der R. durch ihre Wähler.

Tatsächlich sind „reines" RSy. und der Idealtyp des parlamentarischen Regierungssystems inkompatibel. Dies liegt nicht so sehr an formalen Regelungen des RSy., sondern vor allem an der Unvereinbarkeit von sozialistischer und *kapitalistischer* Gesellschaft, für die R. und parlamentarisches System jeweils den institutionellen Rahmen abgeben. Gleichwohl wäre eine Einengung der Diskussion auf die Alternative R. oder parlamentarisches System, „direkte Demokratie" oder „pluralistisch-repräsentative Demokratie" falsch; sie würde die von der Auseinandersetzung mit dem R.modell ausgehende Stimulansfunktion negieren. Vielmehr wäre die Rezeption von R.-Elementen zu prüfen, um das parlamentarische Regierungssystem funktionsfähiger zu machen. Das Rätekonzept zwingt zu Überlegungen, wie die Partizipation des Bürgers an ihn betreffenden Entscheidungen ermöglicht wird; wie Entscheidungsprozesse offengelegt werden; wie gewählte Repräsentanten verantwortlich gemacht werden können; wie innerparteiliche und innerverbandliche Demokratie sich zu konkretisieren hat.

4.4. RÄTE UND ANARCHISMUS. – Das Verhältnis von Anarchismus und R. ist bisher – trotz struktureller Affinitäten (Dezentralisation, Föderalismus, Basis-Demokratie) – kaum beachtet worden. Die Ideen der Pariser Kommunarden von 1871 entstammten teils den Programmen der Anarchisten Bakunin und Proudhon, teils dem Blanquismus und nur zu einem sehr geringen Teil dem Marxismus. Revolutionäre Syndikalisten und einige Rätekommunisten sind in unserem Jahrhundert zu Proudhons Ideen zurückgekehrt. Die Verwandtschaft der jugoslawischen Arbeiterselbstverwaltung mit anarchistischen genossenschaftlich-föderativen Gesellschaftskonzepten ist nicht zu übersehen. Auch im historischen Realprozeß bestand eine Affinität von Rätebewegung und Anarchismus: Die russische Revolution 1917–1920 durchlief eine Phase der syndikalistisch-anarchistischen Selbstverwaltung der Betriebe; anarchistische Tendenzen schlugen in den Räterepubliken München und Bremen 1919 durch.

5. R. UND KORPORATIVSTAATLICHE KONZEPTE. – Die sozialwissenschaftliche

Forschung hat die offenkundige strukturelle Affinität einiger R.Modelle mit korporativstaatlichen Ideen bisher nicht untersucht. In der *Weimarer Republik* fanden bestimmte Elemente des RSy. – Art. 165 der Reichsverfassung sah von Unternehmern und Arbeitnehmern besetzte Bezirkswirtschaftsräte und einen Reichswirtschaftsrat vor – die Sympathie von einigen *Konservativen* und von Repräsentanten der Spitzenverbände des Handwerks. Man hat hier den R.Gedanken mit der Forderung nach einer *berufsständischen* Vertretung gleichgestellt. Tatsächlich kamen selbst von sozialdemokratischer Seite einige R.Konzepte ständestaatlichen Vorstellungen nahe.

6. Für die Politologie interessant ist über die Feststellung der Stimulansfunktion des R.gedankens hinaus die Frage nach *Demokratisierungsstrategien.* Dabei ist das Kernproblem nicht, ob RSy.e undemokratisch seien, wie es eine politische Propaganda glauben machen will, sondern im Gegenteil, wie der hohe demokratische Anspruch von R.Modellen konkret einlösbar ist.

Literaturhinweise

Bermbach, Udo (Hrsg.): Theorie und Praxis der direkten Demokratie. Texte und Materialien. Opladen 1973.

Gutmann, Franz: Das Rätesystem. München 1922.

von Oertzen, Peter: Betriebsräte in der Novemberrevolution. Düsseldorf 1963.

Räte als politisches Organisationsprinzip. In: Probleme der Demokratie heute. PVS Sonderheft 2/1970, mit Beiträgen von Anweiler, Bermbach, Fijalkowski, Gottschalch, Lösche, Rabehl.

Roggemann, Herwig: Das Modell der Arbeiterselbstverwaltung in Jugoslawien. Frankfurt/M. 1970.

Tschudi, Laurent: Kritische Grundlegung der Idee der direkten Rätedemokratie im Marxismus. Basel 1952.

Peter Lösche

Rechtsprechung (R.), rechtsprechende Gewalt (rG.)

→ *Arbeitsrecht, Bundesstaat, Eigentum, Sozialstaat, Staat*

1.0. Herausbildung einer einheitlichen rG. – 1.1. R. als Entscheidung von bürgerlichen Rechtsstreitigkeiten und Strafsachen (Montesquieu, § 13 Gerichtsverfassungsgesetz 1877/1950 = GVG) bedeutet, falls auch der Staat der allgemeinen („bürgerlichen") Rechtsordnung untersteht, daß im Prinzip jeder Rechtsstreit gerichtlicher Austragung zugänglich ist. Prozeßkomplikationen und -kosten mindern freilich die Tragweite dieses – in Weiterbildung mittelalterlicher Prinzipien das anglo-amerikanische Recht beherrschenden – Grundsatzes. Auf dem europäischen Kontinent wird seit dem Absolutismus und ebenso im Dienst der Umgestaltung der Gesellschaft in der Französischen Revolution ein speziell den Staat als Träger öffentlicher Gewalt berechtigendes und verpflichtendes öffentliches Recht als dem „bürgerlichen" entgegengesetzt betrachtet und richterlicher Kognition entzogen.

1.2. Die *liberalen* Rechtsschutzpostulate leiten demgegenüber aus der Gewaltentrennung als Mittel zur selbständigen Regelung von Konflikten der bürgerlichen Gesellschaft die organisatorische Verselbständigung und Unabhängigkeit der nur dem Gesetz – also keinen Weisungen oder Eingriffen in die richterliche Zuständigkeit – unterworfenen Gerichte ab (Abschaffung der „Kabinettsjustiz"). Auch in seiner persönlichen Rechtsstellung soll der Richter vor Eingriffen der Exekutive geschützt werden. Der Konstitutionalismus verwirklicht diese Postulate; jedoch bleiben Ressortverwaltungen und R. verbunden. Die derart als Garantin des Rechtsstaats konzipierte rG. soll möglichst umfassende Zuständigkeiten besitzen: zur Kontrolle der Regierung durch Ministeranklage, der Legislative durch richterliches Prüfungsrecht auch gegenüber förmlichen Gesetzen, der Verwaltung durch Ausdehnung des Bereichs „bürgerlicher Rechtsstreitigkeiten", also durch Entscheidung auch über Eingriffe der öffentlichen Gewalt in private (insb. Vermögens-)Rechte (Fiskustheorie, Verwaltungsrechtspflege durch die ordentlichen Gerichte, vgl. Paulskirchenverfassung 1849, Otto Bähr 1864).

1.3. *Konservative Gegenkräfte* wie auch *Spannungen im entwickelten Liberalismus* modifizieren jedoch das Ideal der unabhängigen, einheitlichen und umfassenden rG.

1.3.1. So wurden Reste der gutsherrlichen Gerichtsbarkeit erst 1877, der Strafrechtspflege der Verwaltung erst nach dem 2. Weltkrieg beseitigt. Die Entscheidung von Streitigkeiten über die *Auslegung der Verfassung* wurde wegen ihres politischen Charakters teils gerichtlicher Klärung entzogen (Preußen, Reichsverfassung 1871), teils besonderen Verfassungsgerichten übertragen (Reichsstaatsgerichtshof 1921; dennoch volles richterliches Prüfungsrecht vom Reichsgericht ab 1925 beansprucht).

1.3.2. Für Streitigkeiten zwischen Bürger und Verwaltung führte das Postulat einer speziellen Sachnähe, die zugleich das Bürgertum mit der (Selbst-) Verwaltung verbinden sollte, zu einer der Verwaltung angegliederten speziellen *Verwaltungsgerichtsbarkeit* unter Beteiligung gewählter Bürger (Rudolf Gneist, 1872). Dem folgten für spezielle Verwaltungsmaterien entsprechende Spezialverwaltungsgerichte bei den Verwaltungsbehörden, insb. im Abgabenrecht (Erzbergersche Finanzreform, 1919).

1.3.3. In *sozialpolitisch* relevanten Bereichen führten entsprechende Bestrebungen zum Versuch der Lösung der sozialen Frage durch Integration der sozial schwachen Schichten mittels der sozialen Selbstverwaltung seit der Bismarckschen Sozialgesetzgebung. Das war das Vorbild für die Herauslösung der Arbeitsgerichtsbarkeit aus der Justiz durch paritätische Beteiligung von Laienrichtern aus dem Kreis der Arbeitgeber und Arbeitnehmer, sowie durch vereinfachtes und billigeres Verfahren (Arbeitsgerichtsgesetz 1926).

1.3.4. Da der strafrechtliche Schutz der Weimarer Republik durch ihr ablehnend gegenüberstehende Strafgerichte ungenügend erschien („politische Jusitz", Otto Kirchheimer), wurde 1922 einem „Staatsgerichtshof zum Schutze der Republik" die Beurteilung bestimmter politischer Straftaten übertragen. Während konservative und liberale Juristen dies kritisierten, führten nach 1933 zahlreiche Eingriffe in die richterliche Unabhängigkeit und die Schaffung von Sonderzuständigkeiten dieses Problem zum Exzeß.

2.0. Die Stellung der rG. in der BRD. – 2.1. Nach 1945 stand daher die Neuordnung in einem *Zielkonflikt:* Die R. sollte eine überzeugendere politische Legitimation erhalten und auf den „Geist der Demokratie und des sozialen Verständnisses" (Hess. Verf.) verpflichtet werden. Dies führte in der *SBZ* zur fast vollständigen personellen Neubesetzung des Justizapparats und zu einer ideologischen Festlegung, die seit dem GVG 1952 (DDR) auf den „Aufbau des Sozialismus" konkretisiert wurde, in vielen *westdeutschen* Ländern und im Bund zur Berufung der Richter durch Richterwahlausschüsse sowie zur Möglichkeit der Richteranklage vor dem BVerfG. *Andererseits* erschien als dringendste Aufgabe, die R. als Hüterin der verfassungsmäßigen Ordnung und der Rechtsidee vor allen Angriffen staatlicher und gesellschaftlicher Mächte zu schützen. Dieser als Reaktion auf den Nationalsozialismus und die ostdeutsche Lösung zu erklärende Bestrebung, die zugleich die gerichtliche Konfliktlösung im Rahmen des marktwirtschaftlichen Aufschwungs garantierte, erwies sich als stärker. Sie machte die R. der BRD zur heute wohl mächtigsten der Welt.

2.2. Gesichert wird der Wirkungsbereich der R.verfassungsfest zunächst durch die *Rechtsweggarantie,* die Möglichkeit der Anrufung eines Gerichts immer, wenn „jemand durch die öffentliche Gewalt in seinen Rechten verletzt" wird (GG 19 IV). Damit ist eine umfassende Verwaltungsgerichtsbarkeit gesichert, die Möglichkeit „gerichtsfreier Hoheitsakte", ausgeschlossen; erst die Notstandsverfassung, durch BVerfGE 30, 1 geschützt, durchbrach diesen Grundsatz zugunsten der Telefonkontrolle. Ferner können Grundrechtsverletzungen (in der Regel nach Erschöpfung des Rechtswegs) durch Verfassungsbeschwerde des Bürgers beim BVerfG gerügt werden. Die weite Auslegung des Rechts auf freie Entfaltung der (auch wirtschaftlichen) Persönlichkeit (BVerfGE 6, 32) und des Gleichheitssatzes sichern einen zwar subsidiären, aber umfassenden Verfassungsrechtsschutz gegen Staatseingriffe.

2.3. Aber die R. ist nicht auf die herkömmliche (1.3.) Justiz und Verwaltungsgerichtsbarkeit beschränkt, sondern alle „R. ist den Richtern anvertraut" (GG 92). Der Inhalt dieses einheitlichen *materiellen* R.Begriffs ist freilich umstritten. Fest steht heute etwa, daß die Verwaltung nicht auf Kriminalstrafen erkennen (keine Strafgewalt der Finanzämter, BVerfGE 22, 49), sondern nur Sanktionen wegen Ordnungswidrigkeiten (Bußgelder) verhängen darf, die in wirtschaftlich wichtigen Fällen hoch (100 000 DM und mehr) sein können, aber nicht den Makel der Vorstrafe auferlegen. Freiheitsentziehungen stehen zusätzlich unter besonderem Richtervorbehalt. Weniger geklärt ist dagegen bisher die Sicherung des R.Monopols z. B. gegenüber wirtschaftlichen und gesellschaftlichen Kräften (Verbandsgerichtsbarkeit, Betriebsjustiz).

2.4. Dies zeigt die *immanenten Grenzen der R.* – 2.4.1. *Wo kein Kläger, da kein Richter* (anders z. T. in sozialistischen Ländern). Daß Prozeßführung bei den meisten Prozeßarten teuer ist (Anwaltskosten) und auch bei guten Aussichten lange dauert (Contergan-Prozeß!), hindert die Rechtsverfolgung durch Unbemittelte. Eine großzügige Handhabung des Armenrechts und – in qualifizierten Fällen des Konflikts einzelner mit wirtschaftlicher Machtkonzentration (Wettbewerbsrecht, gewerblicher Rechtsschutz, Aktienrecht) – eine Herabsetzung des maßgeblichen Streitwerts mildern dieses Problem, aber lösen es nicht.

2.4.2. Kommt es zum Urteil, so ist *der Richter dem Gesetz unterworfen* und damit der bestehenden, statischen Rechtsordnung, die er mit allen von ihr geduldeten Ungleichheiten und Unbilligkeiten durch verbindliche Rechtsfeststellung verfestigt, ja durch ständige R. *(„Richterrecht")* zementiert. Er kann, anders als die Verwaltung, nicht im Rahmen der Gesetze die Gesellschaft gestalten, sondern ist darauf beschränkt, subjektiv-rechtlich begründete Ansprüche zuzuerkennen. Diese sind etwa gegenüber Planungsentscheidungen entweder nicht gegeben, oder bewirken eine unverhältnismäßige Störung eines kohärenten Planungsprozesses. Diese Probleme verschärfen sich, wenn die Unabhängigkeit des Richters und die Garantie des gesetzlichen Richters nicht nur als Abschirmung gegen rechtswidrige Einflüsse, Manipulationen und Pressionen, sondern als Isolierung der Gesetzesunterworfenheit und Freisetzung von politischer Verantwortung im Rahmen einer formal als Ausgrenzung privater (Macht-)Sphären gedeuteten Verfassung verstanden werden.

2.5. Doch ist dies *nicht* das R.Modell des → *sozialen Rechtsstaats.* Der Richter ist Gesetz und Recht, vor allem auch unmittelbar der Verfassung unterworfen und hat die Rechtsanwendung im Sinn einer Verfassungskonkretisierung fortzubilden. Das Richterrecht enthebt ihn weder der Rechtsbindung, noch der Verantwortung für den Einzelfall, sondern ist legitim nur als kontinuierliche Normkonkretisierung in einem Verfassungssystem, das auf die soziale Wirklichkeit rekurriert und daher deren Berücksichtigung bei der Rechtsanwendung fordert. Auf die Verwirklichung einer solchen verfassungskonformen Auslegung muß sich etwa die Rechtsfortbildung im Arbeitsrecht, die richterliche Herausarbeitung des Persönlichkeitsrechts, die Frage der Abwägung von politischem Boykott und Meinungsäußerungsfreiheit (BVerfGE 25, 256) befragen lassen. Ergibt die Verfassungskonkretisierung einen Widerspruch zwischen Verfassung und Gesetz, so hat der Richter die Verfassung anzuwenden (richterliches Prüfungsrecht), wobei er bei parlamentarischen (nachkonstitutionellen) Gesetzen die Entscheidung des BVerfG einholen muß, das verfassungswidrige Gesetze mit Gesetzeskraft für nichtig erklären kann (konkrete Normenkontrolle).

3.0. Organisation und Bedeutung der rG. Die Einheitlichkeit der R. im → Bundesstaat wird durch Bundesgesetzgebung über Gerichtsverfassung und Verfahren sowie durch Trägerschaft des Bundes für das BVerfG und die fünf (unter sich durch einen Gemeinsamen Senat koordinierten) Obersten Gerichtshöfe des Bundes als letztinstanzliche Gerichte für die einzelnen Gerichtszweige gesichert, während die unteren Gerichte Landesorgane sind.

3.1. Das *BVerfG*, dessen Richter vom Bundestag und vom Bundesrat gewählt werden und das außer für die (2.1., 2.2., 2.5., → Bundesstaat 2.3.) erwähnten Verfahren insb. für abstrakte Normenkontrolle, Streitigkeiten zwischen obersten Staatsorganen und Parteiverbote zuständig ist, trägt als Verfassungsorgan und durch die Kontrolle über die anderen Gerichte maßgeblich zur Verfassungskonkretisierung bei und nimmt eine Sonderstellung ein. Es hat auch die wirtschaftspolitischen Leitlinien der BRD mit geprägt: Zunächst (1952–54) durch Sicherung der Gestaltungsfreiheit des Gesetzgebers im Interesse des Sozialstaats im Weg der Begrenzung der Eigentumsgarantie (E. 1, 264, vgl. 24, 367), der Distanzierung von nationalsozialistischen Verpflichtungen (E. 3, 58) und der Erklärung der wirtschaftlichen Neutralität (4. E, 7); dann (um 1957) durch liberale Begrenzung aller Staatseingriffe (E. 6, 32), vor allem Durchsetzung des Verhältnismäßigkeitsprinzips bei allen Berufsregelungen (E. 7, 377); bald jedoch (ab ca. 1961) durch Anerkennung herkömmlicher (E. 13, 97; 17, 232; vgl. jedoch E. 19, 330; 26, 246) oder im Interesse wirtschaftlicher Konzentration auch auf Kosten der schwächeren Konkurrenten erforderlicher Wirtschaftsstrukturen (E. 14, 263; 25, 1). Dabei ist nach Festigung der Grundstrukturen eine gewisse Zurückhaltung (E. 21, 12; 33, 303) und Beschränkung auf Detailkorrekturen (z. B. E. 23, 208) festzustellen, die freilich im einzelnen nach wie vor wichtig sind.

3.2. Demgegenüber sind die *ordentlichen Gerichte („die Justiz")* weitgehend in herkömmlicher Gestalt dem Rechtsschutzsystem des GG als Zivil- und Strafgerichte eingefügt. Dies prägt auch die R. des Bundesgerichtshofs, die oft symptomatisch zu der des BVerfG kontrastiert (z. B. Entscheidungen des BGH in Zivilsachen, BGHZ, 13, 265, Juristenzeitung 1964, S. 95). Wirtschaftlich bedeutsam ist die neben vielen anderen Spezialzuweisungen (u. a. über Beschwerden in Kartellsachen) der Justiz vorbehaltene R. zur Enteignungsentschädigung. Sie hat entscheidend zur Konsolidierung des → Eigentumsbegriffs in der BRD beigetragen (BGHZ 6, 270). Auch die *Staatsanwaltschaft*, obwohl nicht Teil der rG. und von ihr getrennt, hängt organisatorisch, laufbahnmäßig und personell eng mit der Justiz zusammen. Dagegen ist die Arbeitsgerichtsbarkeit aus sozialpolitischen Gründen von der Justiz getrennt und als durchgängig selbständiger Gerichtszweig ausgestaltet (→ Arbeitsrecht).

3.3. Gegenstück zu diesen beiden, bürgerliche Rechtsstreitigkeiten entscheidenden Gerichtszweigen ist die Entscheidung öffentlich-rechtlicher Streitigkeiten nichtverfassungsrechtlicher Art durch die drei Zweige der *Verwaltungsgerichtsbarkeit.* Diese gehört jetzt, anders als vor 1945 (1.3.2.), voll zur rG., wenn auch Reste laufbahnmäßiger Verknüpfungen und die Sachnähe die R. zuweilen etwas verwaltungsfreundlicher erscheinen lassen. Dennoch hat vor allem die (allgemeine) Verwaltungsgerichtsbarkeit zur Anpassung des Verwaltungsrechts an den sozialen Rechtsstaat und zum Grundrechtsschutz viel beigetragen. Für abgabenrechtliche Streitigkeiten mit Ausnahme der Gemeindesteuern besteht eine besondere Finanzgerichtsbarkeit, für Sozialversicherungsstreitigkeiten eine der Arbeitsgerichtsbarkeit ähnliche Sozialgerichtsbarkeit.

4.0. DIE STELLUNG DES RICHTERS. – 4.1. Die Bedeutung der R., die den Rechtsstaat des GG als *„Richterstaat"* erscheinen läßt, macht zur entscheidenden – in *Ostdeutschland* nach 1945 durch eine vollständige personelle Umbesetzung des Justizapparats beantworteten – Frage, wer Träger des Richteramtes ist.

4.1.1. Zwar gestattet das GG und kennen sämtliche Gerichtszweige zumindest in den unteren Instanzen die Beteiligung *ehrenamtlicher* Richter. Aber deren praktische Hauptbedeutung liegt in der Vertretung sozialer Gegensätze (Beisitzer aus den Kreisen der Sozialpartner in der Arbeits- und Sozialgerichtsbarkeit) und in der speziellen, standesgeprägten Sachkunde (in Handelssachen), während das eigentliche Laienelement an Gewicht verloren hat. Meist überwiegen in den Spruchkörpern die Berufsrichter zahlenmäßig und erst recht auf Grund ihrer Kenntnisse.

4.1.2. Die Stellung der „hauptamtlich und planmäßig endgültig angestellten Richter" (GG 97 II) ist weitgehend entsprechend den hergebrachten Grundsätzen des *Berufsbeamtentums* geregelt, wenn auch im Deutschen Richtergesetz (1961/72) spezifiziert: Nach dem Erwerb der Befähigung zum Richteramt (die zugleich zu den sonstigen typischen Juristenberufen befähigt) sowie einer Probezeit ist der Richter auf Lebenszeit ähnlich wie in einer Beamtenlaufbahn angestellt. Zur Sicherung der persönlichen Unabhängigkeit ist er noch stärker gegen Versetzung und Entlassung geschützt als der Beamte. Entgegen standespolitischen Postulaten der Richterverbände hat er auch nicht als „Verfassungsorgan" eine den Parlamentariern oder Ministern vergleichbare Rechtsstellung. Einzig die Richter des BVerfG stehen in einem dem Ministeramt vergleichbaren Amtsverhältnis.

4.2. Als Korrelat der erhöhten politischen Verantwortung des Richters haben sich *Reformen* wie die Richteranklage als bedeutungslos, die Richterwahlausschüsse im Bund und etwa der Hälfte der Länder als nur begrenzt wirksam erwiesen. Auch die Durchbrechung des Laufbahnprinzips durch Übernahme von Juristen aus anderen Berufen ist selten. Die interne Mitbestimmung der Richter in den Gerichten und die Annäherung ihrer Rechtsstellung (Amtsbezeichnungen) verbessern zwar die Position des einzelnen Richters, aber höchstens indirekt seine politische Legitimation. Die Lockerung der Dienstaufsicht der Ressortministerien, oft verbunden mit ihrer Konzentration beim Justizministerium, mag die Unabhängigkeit und Entscheidungsfreiheit im Einzelfall steigern, verändert aber die verfassungsmäßige Stellung und Verantwortung kaum.

4.3. Diese bleibt dadurch bestimmt, daß die Kompliziertheit und Spezialisierung der heutigen Rechtsordnung, der Umfang des Rechtsschutzes und letztlich das Prinzip des Rechtsstaats die Existenz von etwa 14 000 Berufsrichtern in der BRD und damit praktisch den Laufbahnrichter als Regelfall erfordern. Die Frage nach der *politischen Funktion und Legitimation* der rG. wird damit zur Frage nach sozialer Herkunft und Ausbildung der Richter. Dies kennzeichnet die Bedeutung der gegenwärtigen Bemühungen um die Reform der Juristenausbildung und der Ausbildungsförderung, freilich auch der Ergebnisse der *Richtersoziologie* (Wolfgang Kaupen), wonach der Erfolg dieser Bemühungen bisher gering, die Rekrutierung der Richter aus Beamten- und ähnlichen Mittelschicht-Familien überwiegend und ein gesellschaftspolitisch einseitiges Vorverständnis der Richter häufig ist. Insofern bleibt der *Bruch* zwischen Aufgabe und Legitimation der rG. problematisch, auch wenn diese Problematik bisher in der BRD noch nicht zu so schweren Krisen geführt hat wie in der Weimarer Republik.

LITERATURHINWEISE

Görlitz, Axel: Verwaltungsgerichtsbarkeit in Deutschland. Neuwied usw. 1970.
Heyde, Wolfgang: Die Rechtspflege in der BRD. 3. Aufl. Bielefeld 1972.
Kaupen, Wolfgang/*Rasehorn*, Theo: Die Justiz zwischen Obrigkeitsstaat und Demokratie. Neuwied usw. 1971.
Kern, Eduard: Gerichtsverfassungsrecht. 4. Aufl. München usw. 1965.
Schefold, Dian: Zum deutschen Verwaltungsrechtsschutz. Basel usw. 1969.
Wassermann, Rudolf: Der politische Richter. München 1972.

DIAN SCHEFOLD

Regionalplanung (RP.)

→ *Bundesstaat, Landwirtschaft, Planung, Stadtplanung, Wachstum*

Unter RP. werden zwei grundsätzlich zu unterscheidende aber zusammenhängende Phänomene gefaßt: (1) Planungen des Bundes und der Länder, die die regionalen Disparitäten in der Wirtschaftskraft – und damit in der Bevölkerungsverteilung – zum Gegenstand haben: „regionale Strukturpolitik"; (2) die gemeinsame Planung der Entwicklung einer Region durch in ihr liegende oder durch besonders geschaffene Verwaltungseinheiten: „Regionalplanung i. e. S."

1.0. REGIONALE STRUKTURPOLITIK. – 1.1. *Die räumliche Verteilung* von Industrieproduktion und gewerblicher Tätigkeit ist in der BRD sehr unterschiedlich. Diese Disproportionen resultieren aus den Anfängen der Industrialisierung, als sich die ersten Industriezentren in Rohstoffgebieten (Kohle, Erz) bildeten und ihnen die verarbeitenden Industrien in günstigen Transportentfernungen zugeordnet wurden; daraus entwickelten sich *Ballungsgebiete.* Ihnen stehen *Entleerungsgebiete* oder industrielle Problemgebiete gegenüber, die durch einen hohen Anteil der Landwirtschaft und unterdurchschnittliche Wachstums- und Produktivitätsraten gekennzeichnet sind. Der Strukturwandel der Landwirtschaft und der Mangel an gewerblichen Arbeitsplätzen in ländlichen Räumen führte zu einer immer noch andauernden Land-Stadt-Wanderung.
Die aus der Industrialisierung hervorgegangenen Agglomerationen zeigen in kapitalistischen Wirtschaftssystemen eine *sich selbst verstärkende Tendenz.* Diese beruht auf den Agglomerationsvorteilen für die privaten Unternehmer (räumliche Nähe von Zulieferern, Abnehmern, Reparaturbetrieben, private wie öffentliche Dienstleistungen, differenzierter Arbeitsmarkt etc.), wobei die überproportional steigenden Infrastrukturinvestitionen (z. B. Verkehrssy-

steme), die für die Betriebe zu weiteren Vorteilen werden, sich in enormen Kostensteigerungen der öffentlichen Hand niederschlagen. Der Stadt-Land-Gegensatz stellt sich also heute als Gegensatz zwischen den großen Ballungsgebieten und den rückständigen ländlichen Gebieten dar. Diese ungleiche Verteilung von Wirtschaftskraft und Bevölkerung schafft viele soziale und ökonomische Probleme, die Gegenstand der regionalen Strukturplanung sind.

1.2. In der Raumwirtschaftslehre werden für den staatlichen Eingriff *alternative Konzepte* angeboten: a) die *passive* Sanierung der wirtschaftlichen Problemgebiete, d. h. Förderung der Abwanderung und Entleerung der überwiegend agrarisch strukturierten Gebiete; b) die *aktive* Sanierung, d. h. die Verhinderung der Abwanderung und die Initiierung von Kapitalzufluß zur Schaffung von industriellen Arbeitsplätzen. Dabei wird größtenteils die passive Sanierung für das gesamtwirtschaftlich kostengünstigere Konzept angesehen, da sich die öffentlichen Infrastrukturinvestitionen ganz auf die Agglomerationsräume konzentrieren könnten und die unterdurchschnittlich produktive Anwendung von Produktionsfaktoren durch den eisernen Besen der Konkurrenz verhindert werde. Diese Ansicht ist jedoch keineswegs gesichert, da über die optimalen Größenordnungen von Agglomerationsräumen noch wenig Klarheit besteht. Unberücksichtigt sind dabei auch die sozialen Probleme, die als soziale Kosten bzw. politische Krisenursachen in die Entscheidung über die Alternative eingehen müssen.

Die *Bundesregierung* verfolgt langfristig das Ziel der aktiven Sanierung. Diese Politik ist einerseits gesellschaftspolitisch begründet (soziale Gerechtigkeit, gleiche Lebenschancen auch in ländlichen Gebieten); andererseits ist es Ziel dieser Politik, die noch in unterdurchschnittlich profitablen Bereichen angewandte Arbeitskraft wachstumsintensiven Branchen zuzuführen. Auch sollen politisch bedingte Nachteile, z. B. im Grenzgebiet zur DDR, kompensiert werden. Verglichen mit den Aufwendungen für die Agglomerationsräume hat die auf ländliche Gebiete gerichtete regionale Strukturpolitik jedoch bisher nur ein minimales Gewicht.

1.3. *Die Instrumente* dieser Politik sind vor allem finanzielle Anreize für ansiedlungsbereite Unternehmen: Investitionszuschüsse, Krediterleichterungen, Steuernachlässe usw. Die Fördergebiete sind Gegenstand der 21 „Regionalen Aktionsprogramme", die im „Ersten Rahmenplan zur Verbesserung der Regionalen Wirtschaftsstruktur" der Bundesregierung zusammengefaßt sind. In diesen Regionen, die nach ihrem Beitrag zum Bruttoinlandsprodukt und nach Wachstumsquoten abgegrenzt wurden, werden an einzelnen Schwerpunkten Industrieansiedlung und kommunale Infrastrukturinvestitionen, soweit sie der Industrieansiedlung förderlich sind, von Bund und Ländern finanziell unterstützt. Diese Regelung löste 1971 – ermöglicht durch das Gesetz über die „Gemeinschaftsaufgabe Verbesserung der Regionalen Wirtschaftsstruktur" – die bis dahin bestehende ungezielte Förderung nach dem Antragssystem ab. Daß diese Form von RP. durch die Änderung des Art. 91 GG in den Rang einer „*Gemeinschaftsaufgabe*" erhoben wurde, zeigt, welche Bedeutung Bund und Länder dem Problem der regionalen Disparitäten beimessen.

2.0. REGIONALPLANUNG I.E.S. – 2.1. Zwei Probleme in der *Entwicklung innerhalb von Regionen* erfordern eine überlokale gemeinsame Planung: (a) die Tatsache, daß in großstädtischen Verdichtungsräumen Wohnbevölkerung und Produktionsbetriebe des sekundären Sektors (industrielle Verarbeitung) aus der Kernstädten in die umliegenden Randzonen wandern, während sich in den Stadtkernen Institutionen des *tertiären Bereichs* (Dienstleistung) konzentrieren. Die Kernstädte übernehmen damit Versorgungsfunktionen für das Umland, wo sich vor allem die expandierenden Steuerquellen (Industrie) befinden. Finanz-, Verkehrs- und Investitionsprobleme lassen sich deshalb nicht länger von isolierten Verwaltungseinheiten angehen (→ Stadtplanung). (b) Gemeinden in unterdurchschnittlich entwickelten, vor allem agrarischen Gebieten versuchen, durch *Industrieansiedlung* Anschluß an den Wirtschaftsaufschwung zu finden. Die Konkurrenz der → Gemeinden durch finanzielle Vorleistungen an ansiedlungsbereite Unternehmen führt dabei zu erheblichen Einnahmeverlusten und zu unkoordinierten Landschaftszerstörungen (Zersiedlung). Außerdem vermag kaum eine Gemeinde diejenigen Infrastrukturinvestitionen allein zu leisten, die sie als Industriestandort attraktiv machen würde. Daher führt die gemeinsame Industrieansiedlungspolitik von räumlich benachbarten Gemeinden zu einer gemeinsamen RP.

2.2. Diese beiden Entstehungsursachen für die *Institutionalisierung* von RP. haben zu ganz verschiedenen institutionellen Regelungen in den einzelnen Bundesländern geführt. Die Gebietsabgrenzung für die RP. deckt sich selten mit der Verwaltungsgliederung. Im vertikalen Verwaltungsaufbau ist die RP. zwischen der lokalen Ebene (Kommunen und Landkreise) und der Landesebene (Regierungsbezirke und Ländergrenzen) angesiedelt. Für die RP. wurden daher in den letzten Jahren neue Verwaltungsinstanzen geschaffen, die z. T. kommunale Kompetenzen, z. T. hoheitliche Rechte von den Ländern übertragen bekamen. So wurde das Gebiet der Länder Rheinland-Pfalz und Hessen in Planungsregionen eingeteilt, in denen gesetzlich legitimierte regionale Träger in staatlichem Auftrag überlokale Planungskompetenzen wahrnehmen. Baden-Württemberg hat durch eine Vergrößerung der Verwaltungseinheiten auf Kreisebene neue Institutionen geschaffen, die die RP. durchführen sollen.

In den großstädtischen *Verdichtungsräumen* entstanden zuerst regionale Planungsinstitutionen: der Siedlungsverband Ruhrkohlenbezirk, der das gesamte Ruhrgebiet umfaßt, schon im Jahre 1920. Als einzige funktionierende Planungsinstanz existiert in Niedersachsen der „Großraumverband Hannover", in dem die Stadt Hannover und umliegende Landkreise zusammengeschlossen sind. In unterschiedlichen Formen planen weitere Verbände regionale Entwicklungen, z. B. Kiel-Umland, Rhein-Neckar, Großraum München. Ausgangspunkt für die regionale Koordinierung ist dabei oft das Verkehrsproblem.

2.3. Kann man die Planungsbemühungen in den Agglomerationsräumen als Anpassung an die Entwicklungen, die durch das private Kapital bestimmt werden, charakterisieren, so muß die RP. in *ländlichen Gebieten* als der Versuch gekennzeichnet werden, den Kapitalzufluß erst einmal in Gang zu bringen. Entwicklung einer Region heißt immer: Entwicklung der Industrie, also einen Prozeß in Gang setzen, mit dessen Folgen es die RP. in den Verdichtungsräumen zu tun hat. Der autonomen Planung der regionalen Entwicklung sind dabei die „natürlichen" Grenzen der kapitalistischen Produktion gesetzt: um Unternehmen in die Region zu ziehen, muß die Regionalplanung deren Präferenzen übernehmen, da in diesem System nur eine „indikative" Planung, d. h. eine Planung durch Anreize möglich ist.

2.4. Im regionalen *Entwicklungsplan* werden ausgewiesen: angestrebte Einwohnerzahl, Umfang der Arbeitsplätze, öffentliche Einrichtungen, Wohn-, Industrie-, Landwirtschafts- und Erholungsbereiche, Systeme des Verkehrs- der Ver- und Entsorgung. Die Durchführung dieser Pläne hängt vom privaten Kapital in doppelter Weise ab: Die Ansiedlung von Industrie unterliegt nicht öffentlicher Disposition, und die öffentliche Ausstattung mit Infrastruktureinrichtungen hängt – wegen des Steueraufkommens – eben von dieser Ansiedlung wieder ab. So geben die Pläne oft mehr Wunschvorstellungen als die tatsächlich berechenbare Entwicklung wieder.

3. ERFOLGE. Wesentliche Verminderungen der regionalen Diparitäten haben die verschiedenen Maßnahmen bisher *nicht* erbracht. Sowohl auf die Förderungsprogramme der regionalen Strukturpolitik als auch auf die Angebote lokaler RP. reagieren vor allem mittlere Betriebe, die einen hohen Anteil variablen Kapitals, vor allem unqualifizierte Arbeit, verwerten. Für technologisch moderne und wachstumsintensive Produktionsbranchen sind die Verwertungsmöglichkeiten vorläufig in den Industriezentren erheblich günstiger. Generell sind die Möglichkeiten, die bestehenden regionalen Disparitäten auszugleichen, sehr beschränkt; denn es gibt keine allgemeingültigen Aussagen darüber, von welcher Größenordnung an die Agglomerationskosten die Vorteile übersteigen. Erst eine Klärung dieses Problems könnte den Staat legitimieren, mit schärferen Maßnahmen in die privatwirtschaftlichen Standortentscheidungen einzugreifen.

Gegenwärtig erhalten sich die Disparitäten auf Grund folgender Faktoren: (a) Die *Agglomerationsvorteile* wirken uneingeschränkt weiter, solange die Infrastruktur der ländlichen Gebiete nicht überproportional ausgebaut wird; das kann nicht geschehen, weil ein enormer Finanzaufwand zur Bereinigung von Engpässen gerade in den Ballungsgebieten notwendig ist. (b) *Konjunkturelle Krisen* wirken in den *Verdichtungsräumen* bereinigend in bezug auf unterdurchschnittlich profitabel arbeitende Betriebe, die deshalb aufs Land wandern und dort die Wachstumshemmungen verstärken. (c) Umgekehrt haben konjunkturelle Krisen für die Bevölkerung der *weniger entwickelten* Gebiete erheblich drastischere Folgen als für die in den Industriegebieten: in den großen Verdichtungsräumen betrug die Arbeitslosenquote Ende März 1967 1,8 %, in wirtschaftsschwachen Räumen dagegen bis zu 14 %. (d) Jüngere und qualifizierte *Arbeitskräfte* werden von den höheren Verdienstmöglichkeiten der Industriegebiete angezogen; die ohnehin geringeren Bildungsmög-

lichkeiten auf dem Lande kommen so in ihren Ergebnissen auch noch den Ballungsgebieten zugute; (e) das *Steuersystem* wirkt verstärkend: wo Kapital konzentriert ist, besteht eine relativ hohe Finanzkraft bei der Kommunalverwaltung, diese kann dadurch die Attraktivität des Gebietes als Standort steigern und zieht damit weiter Industrie und Gewerbe an.
Längerfristige *Prognosen* für die ökonomische Gesamtstruktur sagen aus, daß künftig die Zunahme der Beschäftigtenzahlen vor allem in den Folgebereichen (tertiärer Sektor) auftreten wird. Da Folgeleistungsbetriebe in ihrer Standortwahl auf das Vorhandensein von Betrieben der Grundbereiche angewiesen sind, ist eine großräumige Korrektur der gegebenen Verteilung zukünftig immer schwieriger.

LITERATURHINWEISE

Akademie für Raumforschung und Landesplanung: Methoden und Praxis der Regionalplanung in großstädtischen Verdichtungsräumen (Abhandlungen Bd. 54). Hannover 1969.
Bundesminister des Inneren (Hrsg.): Informationsbriefe für Raumordnung. Stuttgart usw. (o. J.).
Bundesregierung: Raumordnungsberichte. BT-Drucksachen V/1155; V/3958; VI/1340; VI/3793.
Jochimsen, Reimut, und *Simonis,* Udo E. (Hrsg.): Theorie und Praxis der Infrastrukturpolitik. Schriften des Vereins für Socialpolitik, NF Bd. 54. Berlin 1970.
Schneider, Hans K. (Hrsg.): Beiträge zur Regionalpolitik. Berlin 1968.

HARTMUT HÄUSSERMANN

Rüstung (R.)

→ *Budget, Entwicklungspolitik, Sozialstaat*

1. Zur Zeit werden jährlich zwischen 180 (Quelle: SIPRI, S. 53) und 200 Mrd. Dollar (Quelle: United States Arms Control and Disarmament Agency [Acda]: World Military Expenditure 1970) für R. in der Welt ausgegeben (in jeweiligen Preisen). In dieser Größenordnung repräsentieren die *Weltgesamtausgaben* für militärische Zwecke mehr als 40 % des Sozialprodukts aller Entwicklungsländer zusammen. Die Tatsache, daß über 4/5 der militärischen Ausgaben von den entwickelten Industriestaaten aufgebracht werden, verdeutlicht die expansiv-*imperialistische Funktion* von R. und der dazugehörigen militärisch-industriellen Komplexe im Zusammenhang mit jener asymmetrischen Entwicklung, die die Schere zwischen den reichen und den armen Ländern zugunsten der reicheren immer weiter öffnet.
Allein die USA wandten 1970 77,8 Mrd. Dollar für R.zwecke auf. Addiert man zu dieser Summe die 26,5 Mrd. Dollar der restlichen *NATO*-Pakt-Staaten, ergibt dies einen Betrag von 104,3 Mrd. Dollar (SIPRI, S. 53). Verglichen mit den 50,1 Mrd. Dollar Gesamtausgaben der *Warschauer-Pakt-Staaten* für 1970 reproduziert sich in dieser Relation nicht nur die relative r.wirtschaftliche und -technologische „Unterentwicklung" der Warschauer-Pakt-Staaten im Verhältnis zur NATO (das 2 : 1-Verhältnis ist für die beiden

Blöcke sozus. historisch immer konstitutiv gewesen), sondern gleichzeitig das R.-Gesamtpotential jenes weltumspannenden *Krieg-Frieden-Syndroms,* dessen Ausdruck und Ursache die beiden militärischen Blockbildungen sind. Demgegenüber betrugen die Nettoaufwendungen des öffentlichen und privaten Sektors an *Entwicklungshilfe* der 16 DAC-Staaten für 1970 lediglich 15,6 Mrd. Dollar (Jahresbericht des Development Assistance Committee, DAC, der OECD, Paris 1972).

In den USA lag Anfang und Mitte der 60er Jahre der Anteil der R.ausgaben an den Staatsausgaben (ohne Gebietskörperschaften) nie unter 40 %. In der BRD hielt er sich zwischen 32 % und 39 %. In den USA verringerte er sich erstmals 1970 – nach dem Höhepunkt ihres Engagements in Vietnam – auf 36,0 % und ging ein Jahr später (vorläufiges Ergebnis) auf 34,0 % zurück. In der gleichen Zeit pendelte er sich in der BRD auf die 30%-Marke ein. Bezogen auf das BSP zu Faktorkosten wandten demnach die USA kontinuierlich zwischen 8 und 10 % für R.ausgaben auf, die BRD ebenso beständig 4,4 bis 6,5 % (Weißbuch 1971/72, S. 169).

Daß etwa 7 % des Welt-BSP (nach verläßlichen Schätzungen) ausschließlich für R. verplant werden, bedeutet, in Klartext übersetzt, daß produktive Ressourcen unermeßlichen Ausmaßes für die Erzeugung von *Destruktionsmitteln* aufgewandt werden, deren „Gebrauchswert" insofern vergeudet ist, als er weder der unmittelbaren Reproduktion der menschlichen Arbeitskraft noch der Erweiterung der gesellschaftlichen Produktionsmittel und Grundstoffvorräte zugutekommt. Darüber hinaus wird durch derart unproduktiven Staatsverbrauch die direkte private Konsumnachfrage erheblich eingeschränkt, was sich besonders gravierend in jenen Regionen auswirkt, wo der erzwungene Konsumverzicht den Massen ohnehin unterentwickelter Gesellschaften zugemutet wird. Denn auch in den sogen. Entwicklungsländern beträgt der Anteil der R.ausgaben am BSP nicht weniger als 4 % (Acda, 1970, Washington 1971, S. 10). R.ökonomie als eine „*Ökonomie des Todes*" (Barnet) entfremdet die Wirtschaft ihren humanen Zwecken, denn R.kosten schmälern den möglichen output von Regierungen und Regierungssystemen: Sie drücken das Niveau der erwarteten Lebensqualität und die objektiv mögliche Verbesserung der Lebenschancen einer Bevölkerung um ein nicht unbeträchtliches Maß.

2. Das Argument, R.ausgaben reduzierten die Arbeitslosigkeit und garantierten langfristig möglicherweise auch die *Vollbeschäftigung* (R. als → konjunkturpolitisches Steuerungsinstrument), läßt sich empirisch widerlegen. In den USA beispielsweise sank trotz Überrüstung zu Overkillkapazitäten die Arbeitslosenrate seit 1953 nie mehr unter die 3 %-Grenze. Außerdem bietet das vom Regelfall (hoher Industrialisierungsgrad = hohe R.ausgaben) abweichende *japanische* Beispiel den Beweis dafür, daß ein geringes Ausmaß an R.ausgaben (in Japan stieg ihr Anteil nie über 1% des BSP) einer hohen volkswirtschaftlichen Wachstumsrate nicht im Wege steht, sondern sie geradezu bedingt. In Japan betrug sie (in Prozent des outputs pro Beschäftigten) zwi-

schen 1950 und 1965 im Schnitt 7,7 % gegenüber 2,4 % für die USA und 5,3 % für die BRD.

Auch der *westdeutsche* Wirtschaftsaufschwung der beiden letzten Jahrzehnte ist nicht wesentlich von forcierten R.aufträgen der öffentlichen Hand verursacht worden. Die Notwendigkeit (und Rentabilität) eines r.politischen Engagements der Privatwirtschaft mußte der ökonomischen Elite von den innen- und außenpolitischen Entscheidungsträgern der BRD erst einmal verdeutlicht und gesamtpolitisch plausibel gemacht werden. Andererseits belaufen sich die R.ausgaben des Bundes (1970, nach NATO-Kriterien) auf rund 25,8 Mrd. (Ist), im Ansatz von 1972 sogar auf 32,7 Mrd. DM (Soll), was jeweils rund 30 % des Bundeshaushalts entspricht. Sie erreichen damit – absolut und relativ –, die Höhe der gesamten → Sozialausgaben des Bundes. Dabei sind diesen „NATO"-Ausgaben (incl. Berlin-Hilfe) noch nicht einmal jene R.ausgaben zugeschlagen, die im einzelnen 136 Mill. DM für die Notstandsplanung des Innenministeriums (Einzelplan 36), 600 Mill. DM für „Verteidigungsforschung" und militärische Aspekte der Weltraum- und Raketenforschung des Wissenschaftsministeriums (Einzelplan 31) sowie 72 Mill. DM Ausgaben für zivilen Ersatzdienst (Einzelplan 11) und 1 Mrd. DM Eventualhaushaltsmittel umfassen (Voranschlag für 1972).

Darüber hinaus zählt die Bundeswehr mit rund 177 000 zivilen *Beschäftigten* – ohne Soldaten – neben Bundespost und Bundesbahn und neben Daimler-Benz, AEG/Telefunken und der Ruhrkohle-AG zu den größten Arbeitgebern in der BRD. Allein im Bereich der Rüstungsverwaltung verfügt sie über 21 600 Dienstposten (1971). Wollte man den Gesamtumfang der personellen Verflechtungen und Abhängigkeiten erfassen, müßten mindestens die rund 460 000 Soldaten und die Personalkörper der rüstungswirtschaftlichen „Annex"-Industrien noch hinzugerechnet werden.

3. R.ausgaben gehören zu jenen Steuerungsinstrumenten, mit denen in erster Linie *strukturpolitische* Effekte (Verbesserung der Infrastruktur) erzielt werden. Das zeigt sich vor allem daran, daß sich die r.wirtschaftlichen Investitionsausgaben des Staates zugunsten jener kapitalintensiven *Wachstumsindustrien* auswirken, deren Aufträge, im Falle der Luft- und Raumfahrtindustrie zu über 80 %, überwiegend aus dem militärischen Bereich stammen. Überhaupt verschränken sich kapitalistische Warenproduktion und das System der organisierten Gewaltanwendung um so intensiver, je mehr der *technische* → *Fortschritt* zum alles bestimmenden Aktionsparameter des R.wettlaufs wird (qualitativer R.wettlauf). Er substituiert nicht nur die vorhandenen Waffensysteme durch gleichartige bzw. komplementäre neue, sondern erweitert und destabilisiert damit die technologische Basis, auf der sich das Gleichgewicht des Schreckens jeweils einzupendeln sucht, indem er selbst zum Initiator waffentechnologischer Durchbruchsstrategien wird. Die über den technischen Fortschritt vermittelte Eskalation der organisierten Massenvernichtung erweist sich in dieser Perspektive als die eigentliche Kehrseite der kapitalistischen Produktion: Wissenschaft und Technik als zentrale Produktivkraft ent-

falten sich ineins zur entscheidenden Destruktionskraft. In der Verlagerung der R.ausgaben von der Güterproduktion auf die forcierte (waffentechnische) *Forschung und Entwicklung* drückt sich diese Ambivalenz am deutlichsten aus.
In der Tat sind gerade die absoluten und relativen Ausgaben für militärische Forschung und Entwicklung zwischen 1952 und 1971 in den USA von 3,4 Mrd. Dollar auf nahezu das Doppelte angewachsen, nämlich auf 6,6 Mrd,. ausgedrückt in konstanten Preisen (1963 = 100); gleichwohl sind sie seit 1967 rückläufig. Die BRD steigerte ihre Ausgaben für militärische Forschung und Entwicklung von 1957 bis 1971 auf mehr als das zwanzigfache, nämlich von 10 Mill. Dollar auf 232 Mill. Dollar (ausgedrückt in Preisen von 1963) (Quelle: SIPRI, S. 224 f.).
Selbst wenn man davon ausgehen muß, daß der Großteil der in militärische Forschung und Entwicklungsvorhaben investierten finanziellen Mittel ausschließlich militärischen Zwecken zugute kommt – jedenfalls kurzfristig –, so sind doch die 30,6 % (USA 1970) und die 8,3 % (BRD 1970), die von sämtlichen nationalen Forschungs- und Entwicklungsausgaben für militärische Vorhaben abgezweigt werden, *indirekt auch für zivile Interessen* von Belang: sie bieten nicht nur den forschungs-, d. h. kapitalintensiven Schlüssel- und Wachstumsindustrien staatliche Rentabilitätsgarantien, sie antizipieren nicht nur die Sozialisierung der Verluste bei ausbleibender „Raum-Rendite" etwa, sondern fungieren auch als Anti-Rezessions-Ausgaben, und gelegentlich fällt zivil verwendbarer technischer Fortschritt als Abfallprodukt von R.forschung an.

4. In welcher Weise über *R.aufträge* staatsinterventionistische Infrastrukturpolitik vermittelt wird, geht z. B. aus der Tatsache hervor, daß innerhalb eines Jahres (1967/68) die Nixon-Administration allein an „prime military contracts" über 9,16 Mrd. Dollar an Kalifornien vergab, dessen Wirtschaft ohnehin als hochgradig „defenseminded" gilt. Derartige, gezielt eingesetzte Infrastrukturmaßnahmen, die außerdem politisch „verteilt" werden nach dem Grad der Einflußnahme führender Politiker, worin wiederum die Interessenverfilzung politischer Entscheidungsträger mit rüstungsökonomischen Interessen zum Tragen kommt, spielen eine nicht unbeträchtliche Rolle im wirtschaftlichen Leben eines Landes.
So vergibt die Bundeswehr nicht nur Milliarden-Aufträge (1971 rund 4,5 Mrd. DM) an die gewerbliche Wirtschaft zwecks Errichtung militärischer Anlagen, sie bestreitet aus diesem Ansatz auch die direkten *Darlehen und Zuschüsse* für Erschließung und Folgemaßnahmen *an Länder und Gemeinden* für den Ausbau des inneren und überörtlichen Straßennetzes, der Wasser- und Energieversorgung usw.
Zwei Faktoren sind dabei besonders in Rechnung zu stellen: Während der Baudurchführung stimulieren die Infrastruktur- und Folgemaßnahmen die regionale Wirtschaft; zweitens kommen die für den Betrieb der militärischen Anlagen zu vergebenden Beschaffungs- und Dienstleistungsaufträge vorwie-

gend dem gewerblichen *Mittelstand* der bevorzugten Wirtschaftsregion zugute. Das hat zur Folge, daß die kleineren und mittelständischen Betriebe in ihrer Rolle als Zulieferer, wenn auch nur partiell, zum Appendix des militärisch-industriellen Komplexes und seiner Infrastrukturpolitik werden, als dessen Nutznießer und Kostgänger sie in Erscheinung treten. Über die interessierten Anhängsel verstärkt sich nicht nur dessen Legitimationsgrundlage, sondern auch der in ihm angelegte konservative Entscheidungshang zum *„over-design*", d. h. jeden Gedanken an die Notwendigkeit und Möglichkeit einer Minderung des militärischen Potentials als eine fundamentale Bedrohung (politisch und ökonomisch) weit von sich zu weisen (Rationalisierung von Partialinteressen).
Ein vitales Interesse an *Herrschaftsstabilisierung* verbindet sich schließlich auf unzertrennliche Weise mit konjunktur- und strukturpolitischen Funktionen von R.ausgaben. So erteilte Präsident Nixon den Auftrag zur Entwicklung eines wiederverwendbaren Raumgleiters an die NASA unmittelbar vor dem Wahltag zur Präsidentschaft 1972; desgleichen gab er den Bau des strategischen Bombers B 1 sowie der Luftüberlegenheitsjäger F 14 und F 15 eindeutig in der Absicht frei, seine Bemühungen um die Wählerschicht der technischen Intelligenz, die solchen Regierungsaufträgen nahezu ausschließlich ihren Arbeitsplatz verdankt, augenfällig zu beweisen.
Derartige Beschäftigungsprogramme en gros der Zentralregierung werden von der mit der Luft- und Raumfahrtindustrie eng liierten *Presse* in der Regel überaus beifällig aufgenommen, wobei in den seltensten Fällen (so das amerikanische Beispiel) der Hinweis unterblieb, Nixons Gegenkandidat, McGovern, würde nicht nur die Verteidigungsaufgaben der Nation, sondern auch die notwendige technologische Entwicklung „bis auf die Knochen" vernachlässigen, sollte er gewählt werden.

5. *Das Syndrom* aus innenpolitischer *Angst* vor Arbeitslosigkeit, außenpolitisch motivierten Bedrohtheitsvorstellungen und gekränktem Stolz, die tatsächliche oder nur eingebildete technologische Überlegenheit einzubüßen (technologischer Militarismus), desgleichen die generelle Angst vor politischen „Neuerern" und Experimenten, d. h. die eingefleischte Instinktreaktion zugunsten bewährter Modi der Machthandhabung und etablierter Verhaltensweisen, – all dies amalgamiert die globalen Sicherheitsinteressen einer Nation mit den partikularen Interessen individueller und interessenspezifischer Art unmittelbar.
Dabei konvergieren gerade im R.sektor zwei zentrale Funktionen der staatlichen Zentralinstanzen: mittels r.politischer Grundsatzentscheidungen und gezielter sektorieller Privilegierung wirtschaftliche Produktivitätszuwächse zu garantieren, zum anderen über manipulativ erzeugte Sicherheitsbedürfnisse den Käufermarkt für die Güter der R.produktion so zu stimulieren, daß er nicht eines Tages unverhofft zusammenbricht. Auf der Basis demonstrativer Machtentfaltung mit ausreichend „pluralistisch" diversifizierten Identifikationsmöglichkeiten im einzelnen *stabilisiert sich* damit das repressive System

bürokratisch vermittelter Herrschaft zwecks Sicherung seiner Einflußsphären nach innen und außen auf der Grundlage manipulierter Massenloyalität.
Infolgedessen müßte eine Analyse der R.dynamik fehlgehen, wenn sie nur die politisch-ökonomischen Funktionen von R.komplexen berücksichtigen, nicht jedoch den *„subjektiven Faktor“* in Rechnung stellen würde. Tatsächlich wäre es verfehlt, auf der Basis eindimensionaler oder gar monokausaler Erklärungsversuche das interdependente, hochgradig vermittelte System nationaler und globaler R.interessen und -komplexe, die über komplizierte Rückkopplungsprozesse miteinander verbunden sind, interpretieren zu wollen. Gerade eindimensionale Erklärungsversuche machen sich jener Wirklichkeitsverzerrung schuldig, die ihrerseits konstitutiv ist für die *Pathologie des Wettrüstens.*
In Wirklichkeit hat man sich darüber im klaren zu sein, daß die Produktion von Sicherheit, wie sie als militärische Notwendigkeit im Osten wie im Westen je unterschiedlich politisch legitimiert wird, infolgedessen der Aufbau von R.komplexen, die diese sicherstellen sollen, ein Syndrom darstellen, in dem nicht nur rüstungspolitische Profitinteressen, relativ verselbständigte „politische“ Zielvorstellungen, sicherheitspolitische Orientierungen und militärische Feindbilder, sondern auch pervertierte Perzeptionsmuster von Interessen, rationale und irrationale Lagebeurteilungen sowie eigenständige globale Handlungsorientierungen wie Systemerhaltung und Systemkonkurrenz ineinander verschränkt sind.
6. *Gesamtgesellschaftlich gesehen,* besteht demnach die Funktion von Abschreckungspolitik und ihrer Manifestation als international wirksame Drohpolitik darin, diesen Wettlauf zu sanktionieren und – zu forcieren. R. und R.politik schaffen ihrerseits das materielle Substrat, auf dem die Glaubwürdigkeit und Geltung der Abschreckungsstrategie beruhen.
Tatsächlich zwingt der internationale R.stand alle beteiligten Staaten in das Dilemma, wenn sie internationale Katastrophen, die sich nicht friedlichschiedlich regeln lassen, vermeiden bzw. ihnen entgehen wollen, professionalisierte und hochtechnisierte R.- und Militärapparate (r.politischer Autismus) aufzubauen, die in einer Art self-fulfilling-prophecy erst die Gewaltsamkeit, die sie nach außen bändigen sollen, binnengesellschaftlich institutionalisieren und dadurch potenzieren (sozialpsychologischer Militarismus).
Am Krieg-Frieden-Syndrom, insonderheit am R.sektor, wird damit deutlich, inwieweit die *politische Gewalt* zu einem integralen Bestandteil sowohl der Produktions- als auch der Reproduktionsverhältnisse geworden ist, handle es sich um kapitalistische Gesellschaften oder um die mit ihnen konkurrierenden des bürokratischen Sozialismus.
In der länderübergreifenden Integration der mächtigsten Staaten der Welt, sei sie erzwungen oder freiwillig geleistet, in militärische, sicherheitspolitisch begründete und r.wirtschaftlich dominierte Bündnissysteme lassen sich infolgedessen nicht nur Tendenzen eines allgemeinen grenzüberschreitenden Kapitalverkehrs identifizieren, sondern auch – als dessen Sonderfall – solche eines grenzüberschreitenden Verkehrs der politischen Gewalt. Sie bilanziert in den Rüstungspotentialen der Welt.

Per Saldo läßt sich ihre Liberalisierung nur herbeiführen, wenn systematisch Strategien entwickelt werden, die R.wirtschaften der Staaten auf Friedenswirtschaft umzustellen. Ein (denkbarer) Übergang vom expansiven zum intensiven Wachstum hätte jedoch nur dann Erfolg, wenn er von der Erkenntnis seinen Ausgang nähme, daß unter den gegenwärtigen Bedingungen allein der Krieg der Feind aller ist.

LITERATURHINWEISE

Melman, Seymour (Hrsg.): The War Economy of the United States. New York 1971.
Rilling, Rainer: Kriegsforschung und Vernichtungswissenschaft in der BRD. Köln 1970.
Senghaas, Dieter: Rüstung und Militarismus. Frankfurt/M. 1972.
SIPRI Yearbook 1972: World Armaments and Disarmament. Stockholm 1972.
Vilmar, Fritz: Rüstung und Abrüstung im Spätkapitalismus. 6. Auflage, Reinbek bei Hamburg 1973.
Yarmolinsky, Adam (Hrsg.): The Military Establishment. New York 1971.

OTWIN MASSING

Selbstfinanzierung (SF.)

→ *Konjunktur, Steuern, Verteilung, Wachstum*

1. UNTER SF. VERSTEHT MAN die F. der Unternehmen aus nichtentnommenen (nichtausgeschütteten) Gewinnen, die im Unternehmen selbst reinvestiert werden (Kapitalakkumulation). Man spricht von „F. über den Preis". Umfang und Bedeutung der SF. hängen hauptsächlich von der Wirtschaftsordnung, vom Zustand des Kapitalmarktes und vom Betriebstyp ab. Da das → Wachstum der westdeutschen Wirtschaft nach 1948 zu einem erheblichen Teil aus nicht entnommenen Gewinnen finanziert wurde, spielen die mit der SF. verbundenen → Verteilungsprobleme ökonomisch und politisch eine wichtige Rolle.

2. VERTEILUNGSPOLITISCHE ASPEKTE. – Die Abnehmer, letztlich die Konsumenten, erstatten im Preis nicht nur die zur Herstellung der Produkte erforderlichen Kosten, sondern ermöglichen durch einen Zuschlag, der – sieht man von den zum Zwecke des Unternehmerkonsums entnommenen Gewinnanteilen ab – der Investition dient, die Bildung von Produktionsmitteleigentum. Die Konsumenten werden also „über den Preis" *zum Sparen im volkswirtschaftlichen Sinne gezwungen.* Sie leisten Konsumverzicht; die durch diesen Konsumverzicht ermöglichte Vermögensakkumulation ist jedoch – im Gegensatz zum „freiwilligen" Sparen – ihrem Einfluß entzogen und fällt in den Unternehmen, idR. also bei den bisherigen Kapitalbesitzern an. Aus dieser Perspektive erscheint der SF.-Prozeß als *„Ausbeutungs"prozeß.*

Die SF. ist konstitutiv für das marktwirtschaftliche System. Bei formaler Betrachtung der Marktprozesse bedeutet das Anfallen von Gewinnen, daß in dem gewinnträchtigen Unternehmen bzw. Wirtschaftszweig investiert werden soll zur Vergrößerung des Angebots, wodurch – im Modell – die Preise auf die Kosten gesenkt werden. Die Reinvestition muß jedoch nicht – zumal bei monopolistischen Marktformen – der Erweiterung des Güterangebots an eben jenen Gütern dienen, die die SF. ermöglichen, sondern die aus SF. gewonnenen Mittel stehen auch zur Investition in anderen Bereichen zur Verfügung.

Einige *vermögenspolitische Pläne* versuchen, unter Beibehaltung des SF.-Prozesses den mit diesem verbundenen Prozeß der einseitigen Vermögensakkumulation durch investive Gewinnbeteiligung (u. a. über Fonds) zu korrigieren. Erweisen sich diese Pläne – z. B. infolge systemimmanenter Zwangsläufigkeiten – als nicht realisierbar, so ist die einseitige Kapital-(Vermögens-)akkumulation – also die „Ausbeutung" – für das marktwirtschaftliche System ebenfalls konstitutiv. Aus der gesellschaftspolitischen Analyse des SF.Prozesses hat sich eine *„Ausbeutungstheorie"* entwickelt, die Ausbeutung nicht als vorenthaltenen Arbeitslohn, sondern als durch den erzwungenen Konsumverzicht im nachhinein gekürztes Arbeitseinkommen betrachtet.

3. Betriebswirtschaftliche Aspekte. – 3.1. *SF. im engeren S.* (als Kapitalbeschaffung) schlägt sich bei Einzelfirmen und Personalgesellschaften im variablen Kapitalkonto, bei Kapitalgesellschaften mit (in Deutschland stets) fixen Kapitalkonten und bei Genossenschaften hauptsächlich in den (bilanziellen) Rücklagen nieder (*offene* SF.). Von *verdeckter* SF. spricht man, wenn Gewinne infolge Unterbewertung der Aktiva bzw. Überbewertung der Passiva nicht erscheinen. Diese verdeckte SF. ist teilweise eine Folge gesetzlicher Vorschriften (Niederstwertprinzip zum Zwecke des Gläubigerschutzes: Bewertung zu Anschaffungs- oder Herstellkosten oder niedrigerer Marktwert bei Gütern des Umlaufvermögens; teilweise ist sie gesetzlich zulässig (Grundsatz der kaufmännisch-vorsichtigen Bewertung); teilweise wird sie staatlich gefördert, vor allem dadurch, daß die Einkommen- und Körperschaftsteuergesetze hohe *Abschreibungen* zulassen. In entscheidendem Umfang ist die verdeckte SF. aber auch Ergebnis willkürlicher Bilanzmanipulationen aus steuertaktischen und bilanztaktischen Erwägungen. Die Bildung stiller Reserven führt unter steuerlichem Aspekt zu einer Gewinnverlagerung auf spätere Jahre. Denn Abschreibungen mindern den Gewinn und damit die Steuerlast in der Gegenwart, haben aber eine rechnerische Gewinnerhöhung in künftigen Perioden zur Folge; die Steuerlast wird also gestundet, und zwar zinslos. Das bedeutet eine privatwirtschaftliche Finanzierung aus öffentlichen Mitteln oder gar einen ständigen Steuerentzug, da bei Auflösung der stillen Reserven neue gebildet werden, die bei wachsender Kapitalausstattung absolut zunehmen.

3.2. *SF. im weiteren S.* umfaßt nicht nur die Beschaffung von zusätzlichem Eigenkapital (in betriebswirtschaftlicher Bedeutung), sondern allgemein die Bereitstellung von Zahlungsmitteln zur Durchführung von Investitionen einschließlich der Mittel aus Vermögensumschichtungen, z. B. F. der Investitionen aus Abschreibungen oder aus dem Cash-Flow (vereinfacht: Gewinne + Rücklagen + Abschreibungen + Rückstellungen). Die F. aus Abschreibungen ist vor allem wegen des sog. *Kapazitätserweiterungseffektes* von Bedeutung (Lohmann-Ruchti-Effekt), der dadurch entsteht, daß jährliche Abschreibungen auf ein Investitionsgut bereits anfallen, bevor die Ersatzinvestition fällig ist. Die (verdienten) Abschreibungen können also zwischenzeitlich anders verwendet, u. U. – ohne daß zusätzliches Kapital erforderlich wäre – reinvestiert, d. h. zur Erweiterung des Produktionsmittelbestandes verwendet werden.

4. Die Diskussion um die betriebs-, wirtschafts- und gesellschaftspolitische Bedeutung betrifft fast ausschließlich die SF. i.e.S. Aus der Perspektive des *Managements* hat die SF. den Vorzug der Unabhängigkeit von Kapitalgebern; die Investition kann ohne zeitliche Bindung erfolgen, vor allem entfallen – im Vergleich zum Fremdkapital – fixe Zins- und Tilgungszahlungen. Die verallgemeinernde Behauptung, daß keine F.kosten anfielen, ist insofern irreführend, als bei rationaler Betriebsführung *kalkulatorische Zinsen* berücksichtigt werden müßten, was indes nur für die in offener SF. gewonnenen Mittel durchführbar ist. Die *systemimmanente Kritik* beschränkt sich auf den Einwand, daß innerbetrieblich der Zwang zur strengen Kalkulation beim Kapitaleinsatz fehle und daß volkswirtschaftlich die Ausschaltung des Kapitalmarktes Fehlinvestitionen begünstigen müsse. Ob der Einwand berechtigt ist, bleibt umstritten. Die *sozialistische Kritik* sieht in der SF. einen zentralen Mechanismus privater Kapital- und damit Machtakkumulation.
Bei *öffentlichen Unternehmen* – sofern sie überhaupt in Bereichen tätig werden, die das Erzielen von Überschüssen zulassen – ist die Überschußerzielung zum Zwecke der SF. bedenklich, da es sich – auch wenn es nicht um die fiskalistische Erwirtschaftung von Gewinnen zur Alimentierung der öffentlichen Haushalte, sondern um die unmittelbare Verwendung von Gewinnen zu gemeinwirtschaftlichen Aufgaben geht (interne Subventionierung, z. B. interner Verkehrslastenausgleich) – um einen besteuerungsähnlichen Vorgang handelt. SF. als Besteuerungsvorgang entzieht sich der öffentlichen Diskussion, ist daher verteilungspolitisch bequem, aber idR. unmotiviert. Bei *freigemeinwirtschaftlichen* Unternehmen dürfte Überschußerzielung häufig mit ihrem Zweck unvereinbar sein. Bei Genossenschaften, zumal Konsumgenossenschaften, bewirkt der Zwang zur Erhaltung des Marktanteils mangels anderer F.quellen den Übergang zur SF., woraus sich eine Konvergenz zu privatwirtschaftlich-erwerbswirtschaftlichem Betriebsgebaren ergibt (→ Genossenschaften).

LITERATURHINWEISE

Arndt, Helmut (Hrsg.): Lohnpolitik und Einkommensverteilung. Berlin 1969
Cox, Helmut: Möglichkeiten und Grenzen der Politik der Vermögensverteilung. In Schmollers Jb. 1968, S. 171 ff.
Oettle, Karl: Art. Selbstfinanzierung. In Handwörterbuch der Betriebswirtschaftslehre. Stuttgart 1960
Thiemeyer, Theo: „Ausbeutung" und Vermögenspolitik. In Gewerkschaftliche Monatshefte 1968, S. 663 ff. und S. 768.
Gewerkschaftliche Monatshefte, 1972, Heft 2 (mehrere Beiträge)
Das Mitbestimmungsgespräch 1972, Heft 2/3

Theo Thiemeyer

Selbstverwaltung, kommunale (SV.)

→ *Demokratie, Gemeinde, Industrielle Gesellschaft, Macht, Stadtplanung*

1. BEGRIFF. SV. ist die Wahrnehmung öffentlicher, eigentlich staatlicher Aufgaben durch körperschaftliche Zwangsverbände, die ihre Geschäfte mit hoheitlichen Mitteln in eigenem Namen durch eigene Organe unter der Aufsicht des Staates verwalten. *Berufliche* SV.körperschaften sind z. B. Industrie- und Handelskammern, Ärztekammern usw., in früheren Zeiten die Zünfte; *kulturelle* SV.körperschaften sind z. B. Universitäten; *soziale* die Sozialversicherungsträger; *politische* vor allem die → Gemeinden (G.). Obgleich das *Subsidiaritätsprinzip* (s. S. 221) nicht ausdrücklich im GG genannt ist, läßt sich sein Niederschlag als politisches und gesellschaftliches Ordnungsprinzip auch in den Bestimmungen über die SV. feststellen.
Die SV. ist den G. zwar durch GG 28 im Prinzip garantiert; der Gesetzgeber kann sie ausformen, darf sie aber nicht in ihrem Wesensgehalt antasten. Doch ist die verfassungsrechtliche Stellung der G. weit schwächer als die der Länder, die im Bundesrat ein eigenes Verfassungsorgan besitzen. Die G. hingegen sind häufig, um ihre – öffentlichen – Interessen politisch zur Geltung zu bringen, auf dieselben pressure-group-Formen angewiesen wie private Unternehmen (→ Verbände). Die Zersplitterung in drei Verbände (Spitzenverbände: Städtetag, Städte- und Gemeindebund sowie Landkreistag) ist anachronistisch.

2. ENTWICKLUNG DER KOMMUNALEN SV. Die preußische Städteordnung von 1808 hat einem Teil der Städte das Recht der SV. verliehen. Mit ihr versuchte *Freiherr vom Stein* eine Erneuerung des vom Absolutismus zerstörten Gemeingeistes des Mittelalters; er wollte durch Gewährung persönlicher Freiheitsrechte und Erziehung zur Selbständigkeit die Voraussetzungen für die Mitarbeit der Bürger am staatlichen Leben schaffen. Ökonomisch bedeutete die Städteordnung die Abwälzung finanzieller Lasten des im Kriege verarmten preußischen Staates auf das Bürgertum.
Die Stein-Hardenbergschen Reformen beruhten auf bereits damals überholten geistigen und sozialen Voraussetzungen. Als *„SV. der Besitzenden"* ging die Reform nicht von demokratischen, sondern liberalen Intentionen aus. Das nach drei Steuerklassen gestufte Wahlrecht sicherte einer kleinen Oberschicht beherrschenden Einfluß in den G.vertretungen. Der bürgerliche → Liberalismus als Träger der SV. war somit ausgesprochen antidemokratisch. Das liberale Bürgertum machte die SV. in der Zeit der Restauration in einem konservativ feudalen Milieu zu einer *Bastion gegen den Staat;* es betrachtete sie als Ersatz für die gescheiterten Bemühungen um einen parlamentarisch regierten Staat.
Mit dem Übergang zur *Demokratie 1918* verloren die G. einen Teil der Sonderstellung, die sie in der Monarchie als „demokratische" Gebilde gegenüber der herrschaftlich organisierten Staatsverwaltung hatten. Gleichwohl blieb ein

gewisser Antagonismus zwischen Staat und kommunaler SV. bestehen. Seine Ursachen waren der Fortbestand des Berufsbeamtentums, mangelhafte Einordnung der Idee der SV. in die neue Staatsvorstellung und ein großer Zuwachs an Aufgaben für die G. infolge der industriellen Entwicklung. – Der Nationalsozialismus hat die SV. weitgehend beseitigt.

Nach 1945 wurde die SV. unter Anknüpfung an traditionelle Vorbilder und teilweise unter starkem Einfluß der Besatzungsmächte, besonders der britischen, wiederhergestellt. Ihre Bedeutung wurde jetzt stärker erkannt, nicht zuletzt auf Grund der Einsicht, daß auch demokratische Gemeinwesen obrigkeitliche Herrschaft ausüben. Die Garantie der kommunalen SV. zielt auch heute überwiegend auf die Sicherung der *Autonomie* der G. ab. Sie richtet sich damit gegen den staatlichen Gesetzgeber und die staatliche Exekutive, die teils als Staatsaufsicht, teils über die Verteilung der finanziellen Mittel tief in die kommunale SV. eingreifen können.

3. INHALT DER SV. Träger der SV. sind die G. und G.verbände (Kreise). Nach GG 28 regeln die G. alle Angelegenheiten der örtlichen Gemeinschaft im Rahmen der Gesetze in eigener Verantwortung. Diese SV.-Aufgaben sind teils freiwillige (z. B. Theater, Volkshochschule, Bäder), teils Pflichtaufgaben, d. h. Angelegenheiten, zu denen die G. gesetzlich verpflichtet sind, die sie aber selbständig erledigen (z. B. Meldewesen, Fürsorge, Straßen, Volks- und Berufsschulen).

Als unterste Stufen der Staatsverwaltung erledigen die G. und Kreise außerdem *Auftragsangelegenheiten* unter der Fachaufsicht des Staates. Dabei spielen zwar die in den G.ordnungen der Länder vorgesehenen Zwangsmittel – z. B. Kommissarbestellung – in der Praxis nur eine geringe Rolle; aber über Genehmigungsvorbehalte bei Darlehen, bei der Festlegung der Steuersätze, bei Kassenkrediten usw. üben die Aufsichtsbehörden doch einen starken Einfluß auf die SV.organe aus.

Die *G.verfassungen der Länder* in der BRD weichen erheblich voneinander ab. Die Grundformen der Rats-, Bürgermeister- und Magistratsverfassung unterscheiden sich a) nach der Funktionentrennung oder Funktioneneinheit

---

Gemeindeverfassung in der BRD:

1. Süddeutsche Ratsverfassung (Bayern und Baden-Württemberg): Der Bürgermeister wird von der Bevölkerung gewählt; er ist Vorsitzender des Rates, Leiter der Verwaltung und Repräsentant der Stadt.
2. Norddeutsche Ratsverfassung (NRW und Niedersachsen): Der ehrenamtliche Bürgermeister ist Vorsitzender des Rates und Repräsentant der Stadt; hauptamtlicher Verwaltungsleiter ist der Stadtdirektor.
3. (Rheinische) Bürgermeisterverfassung (Rheinland-Pfalz und Saarland): Der Bürgermeister wird vom Stadtrat gewählt und ist Vorsitzender des Rates, Leiter der Verwaltung und Repräsentant der Stadt.
4. „Unechte" Magistratsverfassung (Hessen und Schleswig-Holstein): Der Magistrat ist Vollzugsorgan des Rates; der Bürgermeister ist Vorsitzender des Magistrats – nicht des Rates – und hat als solcher eine dem Leiter der Verwaltung angenäherte Stellung; er ist Repräsentant der Stadt.

bei Beschlußfassung und Ausführung, b) darin, ob der G.vorstand durch den Bürgermeister oder ein Kollegium (Magistrat) gebildet wird. Die Gründe für die verwirrende Vielfalt liegen in der historischen Entwicklung. Ihre Problematik ergibt sich aus der Tatsache, daß die G. drei Viertel aller Bundesgesetze auszuführen haben: Das Interesse des Bundes an einer möglichst einheitlichen Anwendung seiner Gesetze ist evident.

4. Die heutige Wirklichkeit der SV. wird dadurch bestimmt, daß die kommunalpolitischen Grundsatzentscheidungen weitgehend *vom Bund getroffen* werden. Auch hängt die Funktionsfähigkeit der SV. stark von der finanziellen Ausstattung der G. ab. Die partielle Einbeziehung der G.finanzen in das konjunkturpolitische Instrumentarium des Bundes und die Finanzierungskompetenz für G.aufgaben nach GG 104 a bedeuten staatliche Kontrollen über die gemeindlichen Investitionen. Auch das Bundesraumordnungsgesetz brachte (1965) tiefe Eingriffe in das kommunale Planungsrecht. Zudem verpflichtet das Stabilitätsgesetz (1967) die G., die Erfordernisse des gesamtwirtschaftlichen Gleichgewichts zu beachten.
Umgekehrt haben die G. *nur geringen Einfluß* auf die Formulierung politischer Entscheidungen des Bundes und der Länder, von denen sie betroffen werden. Das entspricht keineswegs der Bedeutung ihrer Leistungen für die Daseinsvorsorge, für den Gesetzesvollzug und ihren Aufgaben beim Städtebau und bei der Raumordnung.
Die *Gebietsreform* (→ Gemeinde) erstrebt eine Verbesserung der Voraussetzungen kommunaler SV. Dazu sollen die nicht mehr funktional aufeinander bezogenen Institutionen der kommunalen SV. und die tatsächlichen Entscheidungsräume wieder in Übereinstimmung gebracht werden. Gebietsreform bedeutet für viele Gemeinden das Aufgehen in größeren Einheiten. Die Neugliederung verletzt nicht das Recht auf SV; denn die Gemeinde darf zwar nicht institutionell, aber individuell beseitigt werden.
Inwieweit angesichts der vielfältigen – teilweise auf Sachzwängen beruhenden – Einschränkungen der SV. das Postulat von den G. als der „Basis des Staates“ und der SV. als der „Schule der Demokratie“ für die Zukunft gelten wird, hängt wesentlich von der Wahrnehmung der *Demokratisierungschancen* ab. Vielfach entspringen die gegenwärtigen Klagen – sowohl von konservativer wie von sozialistischer Seite (Juso-Programm) – bewußt oder unbewußt einer romantisierenden Sicht von SV., die theoretisch über den Gegensatz Staat/kommunale SV., wie er bis 1918 der Wirklichkeit entsprach, nicht hinausgekommen ist. Ein an den gegenwärtigen Verhältnissen orientiertes Leitbild der SV. fehlt. Daß an die Stelle der klassischen Obrigkeit die moderne Bürokratie getreten ist, und daß die Macht der Apparate kontrolliert werden muß, ist alleine keine ausreichende Begründung für ein Festhalten an der SV. im traditionellen Sinne.
Angesichts der offenkundigen Tendenz der Entwicklung zur „Versorgungsgemeinde“, die den Anforderungen nur als Großgemeinde gewachsen sein wird, und angesichts der Diskrepanz zwischen der Konzeption des GG und

der politischen Wirklichkeit läßt sich sagen, daß der tiefgreifende Wandel in unserer Welt auch neue Antworten auf die Frage nach einer zeitgemäßen Form und einem angemessenen Inhalt der kommunalen SV. finden muß. Dazu gehört u. a. die inhaltliche Ausgestaltung des in der Selbstverwaltungsidee enthaltenen Potentials für eine weitere Demokratisierung der Gesellschaft durch verstärkte Selbst- und Mitbestimmung der Bürger, z. B. auch durch „*Bürgerinitiativen*".

LITERATURHINWEISE

Eschenburg, Theodor: Mythos und Wirklichkeit der kommunalen Selbstverwaltung. In: Zur politischen Praxis der Bundesrepublik, Bd. II. München 1966.
Göb, Rüdiger: Die Zukunft der kommunalen Selbstverwaltung. In: Die öffentliche Verwaltung, 1969, H. 23–24.
Köttgen, Arnold: Kommunale Selbstverwaltung zwischen Krise und Reform. Stuttgart 1965.
Loschelder, Wilhelm: Die Gemeindeordnungen in der Bundesrepublik Deutschland. Stuttgart 1965.
Ders.: Die Kommunalverfassung in ihrer Bewährung. In: Die öffentliche Verwaltung, 1969, H. 23–24.

HERMANN HILTERSCHEID

Sozialismus (S.)

→ *Arbeit, Arbeiter, Demokratie, Gemeinwirtschaft, Genossenschaft, Gewerkschaft, Gesetz, Industriegesellschaft, Kapitalismus, Keynesianismus, Konzentration, Rätesystem, Übergangsgesellschaft, Wert, Wohlstand*

Zwei Wege führen zum Begriff des S.: Einmal wird er als politische Richtung verstanden, die evtl. in einen sozialistischen (soz.) Zustand mündet, zum anderen als eine theoretische Konzeption. Die theoretische Doktrinbildung hat – außer in den mehr pragmatischen angelsächsischen Länern – für die Bildung der soz. Parteien eine entscheidende Rolle gespielt.

1.0. S. ALS GESELLSCHAFTLICHER ZUSTAND. – Heute präsentiert sich der S. hauptsächlich in vier Varianten:
1.1. Die erste Variante ist die Identifizierung von Sozialisierung der Vermögenswerte mit dem S. Sie ist umfassend im *Bolschewismus* verwirklicht. Dieser sieht den S. zwar nicht als Endstufe an, wohl aber als eine totalitär konzipierte Zwischenstufe (→ Übergangsgesellschaft). Lenins Schlagwort „Sozialismus ist Elektrifizierung plus Rätesystem" ist in seiner ersten Hälfte Aufstiegswille eines Entwicklungslandes, in seiner zweiten unerfüllte Konzeption einer Basis-Demokratie. Zwar kennt das bolschewistische System Privateigentum an Konsumgütern, selbst Häusern, und im Agrarbereich auch an Produktionsmitteln (Kolchose); dennoch ist hier das Prinzip des Gesellschaftseigentums weitgehend realisiert. Offiziell ist dieser S. ein → Übergangsstadium, da in ihm noch der Grundsatz gilt „Jeder nach seinen Fähigkeiten, jedem nach seiner Leistung", während in der „höheren Stufe", dem „Kommunismus", der Grundsatz gelten soll: „Jeder nach seinen Fähigkeiten (oder Neigungen),

jedem nach seinen Bedürfnissen". Der Kommunismus in diesem Sinne streift den *Utopismus* (s. S. 350). Das bolschewistische System beruht offiziell auf der „Diktatur des Proletariats", die praktisch in der einzigen Partei ihr Symbol findet. Die Partei beherrscht den bürokratischen Überbau und wird ihrerseits von der Parteispitze (Politbüro) beherrscht.

1.2. Die zweite Variante legt den Hauptton neben dem Kollektiveigentum auf die Mitbestimmung der Beschäftigten in den Unternehmen; sie ist am klarsten in *Jugoslawien* verwirklicht. Dieses System wird somit von syndikalistischen Gedankengängen (s. S. 322) beeinflußt; der weitgehenden Autonomie der Betriebe im Rahmen eines lockeren Planungssystems entspricht ein lockeres föderalistisches Staatsgefüge. Die Partei, der „Bund der Kommunisten", behält die beherrschende Stellung, und Fraktionsbildung wird kaum geduldet. Dies System versteht sich *nicht* als Übergangserscheinung (→ Rätesystem).

1.3. Es bedarf der Klärung, inwieweit nach der „Kulturrevolution" in *China* ähnliche Tendenzen zur Mitbestimmung der Massen unter Zurückdrängung der Parteiherrschaft noch bestehen. Das chinesische System als dritte Variante kombiniert stark konzentriertes agrares Kollektiveigentum („Volkskommunen") mit weitgehend sozialisierter Industrie, die aber auch noch Privateigentum kennt.

1.4. Die vierte Variante ist die des *demokratischen Sozialismus.* Er ist noch nirgends realisiert worden, kam aber in zeitweilig regierenden Tendenzen zum Ausdruck. Ein solches System müßte eine Synthese darstellen von a) einem Überwiegen des Kollektivinteresses über privates Eigentum, mit breiten öffentlichen Sektoren (Grundstoff-, Investitionsgüter und lebenswichtige Konsumgüterindustrien), ohne jedoch totalitären Charakter zu bekommen; b) einer Sicherung von Mitbestimmung auf allen Stufen des wirtschaftlichen und gesellschaftlichen Lebens, evtl. unter Anknüpfung an das Rätesystem; c) einer Erhaltung pluralistischer Elemente im politischen und im gewerkschaftlich-verbandsmäßigen Leben.

Ein solcher „dritter Weg" zwischen Kapitalismus und Kommunismus würde vielfältige Elemente vergangener S.-Definitionen in sich vereinen: die Substitution der unbewußten Menschheitsentwicklung durch die bewußte (Marx), die Übereinstimmung von Produktivkräften und Produktionsverhältnissen (Marx-Engels), den Ausgleich der Einkommens- und Vermögensunterschiede (Janet), das Überwiegen der → Gemeinwirtschaftlichkeit (Schäffle, Adolph Wagner), die Übernahme des wesentlichen Teils der Produktionsinstrumente durch die Gemeinschaft (Engels), das Gleichheitsprinzip zur Befriedigung der Bedürfnisse aller (William Morris), gleiche Entfaltungsmöglichkeiten für alle Individuen unter Verhinderung jeder Ausbeutung (Bakunin), Aufhören aller sozialen Konflikte (Henry Smith).

2.0. S. ALS THEORETISCHE KONZEPTION. – Als theoretisches Gedankengebäude läßt sich der S. in mindestens sechs Hauptkomponenten gliedern: 1. Makro-Utopien, 2. Mikro-Utopien, 3. voluntaristischer S., 4. ricardianischer S., 5. Marxismus, und 6. Fabier-S. Der *Anarchismus* (s. S. 322) kann nicht mehr als S. angesehen werden, zumal er in einigen Varianten (Max Stirner) sogar einer Eigentumsvergottung zuneigt.

2.1. *Makro-Utopien.* Die älteste Form soz.en Denkens fand ihren Ausdruck in Staatskonzeptionen, bei denen das Schicksal des einzelnen dem Willen einer auf Gemeineigentum beruhenden Gemeinschaft untergeordnet wird. Frühestes Beispiel ist Platos Idealstaat, der von „Philosophen" regiert wird. War diese Konzeption auf dem Elite-Gedanken aufgebaut, so basiert der nächste gleichwertige Versuch, die „Utopia" von Thomas Morus (1516), im Gegenteil auf der Gleichheit aller. Campanellas „Sonnenstaat" (1620) und Thomas Harringtons „Oceana" (1640) verzerren demgegenüber den Gleichheitsgedanken – im Einklang mit Plato – durch die Befürwortung der Weibergemeinschaft. Allen diesen Utopien gemeinsam ist die Tendenz, die Lenkung der Gesellschaft in die Hände einer wissenschaftlich ausgebildeten Theokratie zu legen – was von den Jesuiten in ihrem Paraguay-Staat (1645–1768) teilweise verwirklicht wurde. Die wissenschaftliche Ausbildung der Führungselite zwecks „sittlicher und gesellschaftlicher Ordnung der Massen" steht auch im Vordergrund eines Fragments „Nova Atlantis" von Francis Bacon (um 1624 geschrieben). Beseitigung des Privateigentums und Planung der Gesellschaft sind die Grundgedanken von Morellys „Code de la Nature" (1755), der das Eigentum als den Krebsschaden der Gesellschaft erklärt und in zwölf Gesetzen die Grundzüge des Kommunismus festlegt. Diese „Gesetze" enthalten die früheste konsequente Definition des extremen Kommunismus: kein Privatbesitz außer an den Gegenständen des täglichen Gebrauchs; Arbeit für alle; Verteilung der Güter, Verbot jeden Privathandels; Arbeitszwang; Erziehungshaus bis zum zehnten Jahr; Rätesystem. – Alle „Makro"-Utopien beziehen die ganze Gesellschaft in ihr Ordnungssystem ein.

2.2. *Mikro-Utopien.* Sicherlich ist es kein Zufall, daß die engeren – den Großfamilien ähnelnden – Gemeinschaftspläne mit dem Aufkommen des Bürgertums verknüpft sind, das nicht in Staats-, sondern Betriebseinheiten denkt. Die Zeit der Experimente beginnt mit dem ausgehenden 18. Jahrhundert. Zwei Versuche, die theoretisch untermauert waren, stehen im Vordergrund:

2.2.1. *Robert Owens* Grundgedanke war die Abschaffung des Profits, sein Ziel nicht die Enteignung der Kapitalisten, sondern die Schaffung neuer Gemeinschaftskapitalien. Um 1825 gründete er in den USA die erste kommunistische Kolonie. Sein Weg geht in den „Kooperationismus" über: sein Ziel war die Vollgenossenschaft, die freiwillige Assoziation im Gemeineigentum (→ Genossenschaft). Er sieht sich als Sozialist.

2.2.2. *Charles Fourier* will hingegen – und fand dennoch das Lob von Marx – nicht das Eigentum abschaffen, sondern gemeinsames Eigentum im „Phalanstère", dem Vorbild der israelischen Kibbuz, entstehen lassen; dessen Erträge sollen zu ungefähr gleichen Teilen Arbeit, Kapital und „Talent" (Wissenschaft) zufließen; die Arbeit soll attraktiv werden. Seine Produktions- und Verbrauchsgenossenschaften sind eine Art Hotel. Er nahm viele moderne Ideen voraus, z. B. den Antimilitarismus und die Idee der Kindergärten (Fröbel war sein Schüler).

2.3. *Voluntaristischer Früh-Sozialismus.* Die früheste Manifestation theoretisch untermauerten politisch-soz. Geistes dürfte das Werk des Pazifisten und Agrarrevolutionärs Gerrard Winstanley sein, dessen „Law of Freedom" eine frühe Version der Ausbeutungstheorie enthält. Seine Anhänger, die *„Diggers"*, glaubten an die Effizienz von Grundstücksbesetzungen; sie erlagen Cromwells Soldaten. – Den Grafen Saint-Simon, der den Sieg des Industrialismus über die Feudalepoche erkannte, hat man den „Vater des Sozialismus" genannt: man sagte ihm nach, seine Lehre sei schlimmer als die des Kommunismus, weil sie die Verfügungsgewalt über Personen und Sachen einem unfehlbaren Industriepapst überlasse. St. Simon will, daß die Klassen verschwinden: Die nationale Gesellschaft soll „wie eine industrielle Unternehmung, wie eine große Werkstatt funktionieren".
Babeufs „Klub der Gleichen" ist ein Versuch zur praktischen Durchführung von Morellys Theorien, der 1797 scheitert. Die St. Simonisten, Louis Blanc, der Syndikalist Sorel und manche anderen „Frühsozialisten" haben gemeinsam, daß sie das Kollektivdenken pragmatisch in der modernen Gesellschaft durch bewußte Massenaktion realisieren wollten.
2.4. *Ricardianischer Sozialismus.* – Eine neue ökonomische Komponente zum theoretischen S. hat David Ricardos → Werttheorie beigesteuert (1817). Nach ihr ist die Arbeit alleinige Quelle des „Wertes". Daraus folgt, daß der Gewinn ein Residuum, ein Abzug vom Arbeitsprodukt ist. Konsequent proklamierte William Thompson das Recht auf den vollen Arbeitsertrag, und Thomas Hodgskin formulierte 1825 den Gedanken, daß das Kapital in seinem Profitstreben eine Schranke der Produktion sei. Der ricardianische Früh-S. beschränkte sich also nicht auf eine Kritik an der Verteilung, sondern setzte zur Kritik des ganzen kapitalistischen Produktionsprozesses an.
2.5. *Marxismus.* Karl Marx, der mit Friedrich Engels im „Kommunistischen Manifest" 1848 das zündende Fanal des „wissenschaftlichen " S. lieferte, war von Ricardo und von Hegel ausgegangen. Die „Verwirklichung des Menschen" manifestiert sich in der gesellschaftlichen Entwicklung, der die technisch-wirtschaftliche Entwicklung als Substratum zugrunde liegt. Die bisherige Geschichte war eine Folge von Ausbeutungssystemen, Klassenkämpfen: Der antiken Sklavenwirtschaft und dem Feudalismus – die beide mit direkter Gewalt aus den Massen Mehrwert preßten – ist der Kapitalismus gefolgt, der die proletarischen Massen mittels Lohnarbeit und Warensystem ausbeutet. Doch auch der Kapitalismus ist eine vergängliche Struktur; im → Konzentrationsprozeß und in den Krisen zeichnet sich bereits die Transformation zum S. ab: Sie sind die Vorboten dafür, daß die Expropriateure ihrerseits expropriiert werden und die klassenlose Gesellschaft der Zukunft entsteht. Dabei ist die Gewalt die Geburtshelferin einer alten Gesellschaft, die mit einer neuen schwanger geht. Doch hat der alternde Marx auch die Möglichkeit einer Eroberung der Macht durch das Stimmrecht gesehen; „Wir leugnen nicht", erklärte er in der Rede über den Haager Kongreß – 1872 in Amsterdam, „daß es Länder gibt, wie Amerika, England, und wenn mir Eure Institutionen besser bekannt wären, würde ich vielleicht auch Holland hinzufügen, wo die Ar-

beiter auf friedlichem Wege zu ihrem Ziel gelangen können. Wenn das wahr ist, müssen wir auch anerkennen, daß in den meisten Ländern des Kontinents der Hebel unserer Revolution die Gewalt sein muß ..." (MEW, Bd. 18, S. 159 ff.). Entscheidend ist die Überzeugung, daß die neue Gesellschaft erst entstehen kann, wenn in der alten die Voraussetzungen für sie herangereift sind; der bloße Wille zum Neuen genügt nicht, sondern es bedarf eines Reifeprozesses, dem es – auch intellektuell – nachzuhelfen gilt (→ Determinismus, Gesetz).

Im „Kapital" hat Marx den S. als Zukunftsbild nur grob umschrieben; er spricht vom „Verein freier Menschen" (I, 1) von der „kommunistischen Gesellschaft" (II, 16), von der „Gesellschaft, die Arbeitskräfte und Produktionsmittel verteilt" (II, 18), die „die Kontrolle über die gegenständlichen Mittel ihrer eigenen Reproduktion gewinnt" (II, 20), von „assoziierten Produzenten" (III, 6), von der „Gesellschaft als bewußter und planmäßiger Assoziation", die die Produktion unter planmäßiger Kontrolle hält (III, 39); es sei eine „höhere Formation", in der das Privateigentum an Produktionsmitteln „ganz so abgeschmackt sein werde wie das an einem anderen Menschen" (III, 46); der „vergesellschaftlichte Mensch" werde die Verteilung der Arbeit auf Produktionszweige und die „volkswirtschaftliche Buchführung" durchführen. Im S. diene die Mehrarbeit „zur Bildung eines Assekuranz- und Reservefonds" und zur „Erweiterung der Reproduktion": Vom Arbeitslohn wie vom Mehrwert „bleiben nur die Grundlagen, die allen gesellschaftlichen Produktionsweisen gemeinschaftlich sind" (III, 51). Vom „sozialistischen Programm" spricht Marx praktisch nur in seinen „Randglossen" zum Erfurter Programm der SPD; in den „Randglossen zu Adolph Wagner" sagt er aber, daß er „niemals ein sozialistisches System aufgestellt habe" („Das Kapital", Anhang zum 1. Buch, 1953).

Der *Bolschewismus* konzipierte in seinen führenden Theoretikern (Plechanow) den S. in erster Linie als Vergesellschaftung des Eigentums, später als zentrale

---

Sozial-Utopien sind Modelle möglicher künftiger Zustände, sei es als positive Schilderung idealer konfliktfreier Leitbilder, sei es als negative, abschreckende „Gegen-Utopien" (z. B. Orwell „1984"). Sie enthalten mehr Elemente der Phantasie als die „futurologischen" Modelle wahrscheinlicher Entwicklungen. In Karl Mannheims Terminologie ist eine „Utopie" die Kritik einer aufwärtsstrebenden Schicht an den Gegenwartszuständen, während eine „Ideologie" die Rechtfertigung des herrschenden Establishments darstellt. – Technische Ideen spielen in Sozialutopien häufig eine Rolle: Maschinen, Atomenergie und -bombe, Nahrungspille, Überfluß. Doch den Kern bilden ökonomische und politische Faktoren: eine demokratische Gesellschaft mit oder ohne Elite, Sklaven; Stadt- und Landleben; Eigentumsordnung, Verteilung; Bedarfsdeckung, womöglich ohne Geld, politische Ordnung womöglich ohne Staatsgewalt; vollkommener Wettbewerb oder totalitäre Zentralverwaltungswirtschaft, Freiheit und Friede, – alles dies meist im Rahmen eines von der übrigen Welt abgeschirmten „geschlossenen Handelsstaats" (Fichte) oder einer Insel „Utopia". – Wegen ihrer oft romanhaften Form haben Utopien oft eine größere publizistische und politische Wirkung als Theorien und Parteiprogramme. Ey.

Planung. Lenin und Bucharin sahen in der „Diktatur des Proletariats" unter Führung der Partei eine Übergangserscheinung; aber das echte → Rätesystem verschwand aus dem theoretischen Konzept mit dem Ende der Periode des „Kriegskommunismus".

Die *Wandlung des orthodoxen Marxismus*, wie sie um die Jahrhundertwende von Kautsky repräsentiert wurde, erfolgte nach zwei Richtungen hin: Bernstein sah nicht mehr den sicheren Trend einer Entwicklung zum S. und predigte den Voluntarismus; Rosa Luxemburg akzeptierte das Diktaturkonzept des Bolschewismus nicht und Trotzki griff im Alter und Exil auf seine „menschewistischen" Anfänge von 1917 zurück, wenn er – wie auch seine Anhänger – einen politischen → Pluralismus im S. für möglich erklärte. Dem entspricht die Fortsetzung des Rätegedankens seit der Mitte des 20. Jh. bei Neomarxisten wie Gorz und Mallet.

Einen anderen Vorläufer des *Neomarxismus* bildete der *Austro*-Marxismus, der in Hilferding und Otto Bauer die Theoretiker einer langsamen Transformation des K. hervorgebracht hatte. In Deutschland fand der Neomarxismus einen anderen Höhepunkt in der Frankfurter Soziologenschule. Neomarxistische Massentendenzen wie die Studentenbewegung, die Jungsozialisten in der BRD usw. knüpfen teils an den Rätegedanken an, teils an soziologische Schulen, zum geringeren Teil auch an ökonomische Kritiker des Kapitalismus, nämlich an Links-Keynesianer, die die Unstabilität des Kapitalismus, und an gemäßigte Marxisten (wie Oskar Lange), die seine Strukturverhärtung herausstellen.

2.6. *Fabianismus, Revisionismus, Neo-S.* – Seit Bernstein und Tugan-Baranowsky um die Jahrhundertwende Tempo und Richtung des von Marx vorausgesagten Niedergangs des Kapitalismus in Zweifel zogen, schwenkte die soz. Bewegung in den Industrieländern mehr in die Linie der „Revision" des Marxschen Denkens ein, wobei die grundsätzliche Kritik an der Lebensfähigkeit und -würdigkeit des Kapitalismus zu verstummen drohte. Diese Tendenz wurde dadurch verstärkt, daß in England seit den Webbs die evolutionäre, nicht-marxistische Richtung in den Vordergrund rückte, die in Deutschland in den zwanziger Jahren den Gedanken der „Wirtschaftsdemokratie" (Naphtali) entwickelte.

Heute beginnt sich eine „Synthese" aus voluntaristischem Frühsozialismus und Neomarxismus abzuzeichnen. Soweit in den gemäßigten soz. Parteien von einer Theorie die Rede sein kann, schöpft sie aus vielen Quellen. Ein Amalgam aus keynesianischer Beschäftigungstherapie, vorsichtiger Wiederaufnahme des Rätegedankens in den Betrieben und gewerkschaftlicher Mitbestimmung, Streben nach Konfliktfreiheit (auch international: Anti-Militarismus), Umverteilungsdenken, Korrektur von Ungleichheiten im Sinne der preußischen Staatssozialisten (Rodbertus, Lassalle) und der Kathedersozialisten, Gemeinwirtschaftskonzeptionen, ethisches Rechtsdenken (Nelson), Ansätze zu indikativer Planung: das sind die Grundlagen für eine noch zu entwickelnde Theorie des modernen, pragmatischen S.

LITERATURHINWEISE

Blaug, Mark: Economic Theory in Retrospect. 2. Auf., London 1968.
Gray, Alexander: The Socialist Tradition. London usw. 1947.
Kühne, Karl: Ökonomie und Marxismus. Bd. I: Zur Renaissance des Marxschen Systems. Neuwied usw. 1972. Bd. II: Zur Dynamik des Marxschen Systems. Neuwied 1973.
Lichtheim, George: Ursprünge des Sozialismus. Gütersloh 1969.
Smith, Henry: The Economics of Socialism Reconsidered. London usw. 1962.

KARL KÜHNE

Sozialstaat (S.)

→ *Bildungsökonomie, Gemeinwirtschaft, Staat, Steuern, Verteilung, Wohlstand*

1. „DRITTER WEG". – Wortverbindungen wie „soziale Demokratie", „sozialer Rechtsstaat", „soziale Volkspartei" bis hin zu der Programmformel vom „demokratischen Sozialismus" umschreiben eine der kennzeichnendsten Signaturen im Verfassungswesen der Industriegesellschaft westlicher Prägung. Unter der nüchternen Flagge des S.s, dessen ideelle Ausstrahlungskraft heute so gering ist wie je, suchen sich die freiheitlich-demokratisch verfaßten Gemeinwesen des ausgehenden 20. Jahrhunderts ihren (dritten) Weg zwischen den extremen Alternativen: dem totalen, Eigeninitiative und Selbstverantwortung abdrosselnden Wohlfahrts- und Versorgungsstaat auf der einen, dem ungezügelten, vom Recht des ökonomisch Stärkeren beherrschten Kapitalismus auf der anderen Seite. Die Erkenntnis, daß der menschlichen Freiheit „heute strengere, sozial gebundenere Formen zukommen als zur Zeit unserer Väter und Großväter, da ihre Parole das ‚Laisser-faire, laisser-aller' war", hat in der Zwischenkriegszeit auf Begriff und Wesen westlicher Demokratie unmittelbar und bleibend eingewirkt. „Wir fühlen, daß heute in der Verbindung von Freiheit und Gleichheit das Schwergewicht sich nach der Seite der Gleichheit und der ökonomischen Gerechtigkeit, vom Individuellen also nach der Seite des Sozialen verlagert. Die soziale Demokratie ist heute an der Tagesordnung – nur in dieser geistigen Form und Verfassung, als eine zum Sozialen gereifte Freiheit, die gerade durch freundwillige Zugeständnisse an die Gleichheit die individuellen Werte rettet, als ökonomische Gerechtigkeit, die alle ihre Kinder fest an sie bindet, kann die Demokratie dem Ansturm eines entmenschenden Gewaltgeistes standhalten und ihre große konservative Aufgabe erfüllen: Wahrerin zu sein des christlichen Fundaments abendländischen Lebens". In dieser bündigen Merkmalbestimmung, die wir *Thomas Mann* (Das Problem der Freiheit, 1939) verdanken, ist vom geistigen Ursprung bis zur pragmatischen Motivation alles enthalten, was die Idee des S. konstituiert. Nimmt man *Hermann Hellers* Diktum hinzu, daß die soziale Idee die folgerichtige Fortführung der politischen zur wirtschaftlichen Demokratie impliziere, ist der Rahmen aktueller Forderungen und Kontroversen vor dem Hintergrund dieses Begriffs bereits abgesteckt. Der Staatsrechtslehrer Heller war es auch, der die

Verwandlung des liberalen in einen sozialen Rechtsstaat als Notwendigkeit erkannte, wenn man nicht „eines Tages um der Erhaltung wirtschaftlich privilegierter Gruppen willen auf Rechtsstaat und Demokratie“ schlechthin verzichten wolle.

2. Das Grundgesetz. – Ausgangs- und Bezugspunkt für die Diskussion um die S.lichkeit der BRD ist die positive Verfassungsentscheidung in GG 20 (1): „Die Bundesrepublik Deutschland ist ein demokratischer und sozialer Bundesstaat“, und GG 28 (1): „Die verfassungsmäßige Ordnung in den Ländern muß den Grundsätzen des republikanischen, demokratischen und sozialen Rechtsstaates im Sinne dieses Grundgesetzes entsprechen“. Wiewohl Inhalt und Tragweite dieser „S.klausel“ nach wie vor rechtlich wie politisch umstritten sind, besteht über ihr *Ziel* doch Einigkeit: jedem ein menschenwürdiges Dasein zu ermöglichen. Auf eine negative Formel gebracht ist mit dem Bekenntnis zum S. das Verbot einer unsozialen Sozialordnung ausgesprochen. Dieses Verbot stellt sich nach der insoweit eindeutigen Formulierung von GG 28 zugleich als inhaltliche Qualifizierung des *Rechtsstaates* dar, dessen historisch überkommene, von der Reaktion auf die Epoche des Absolutismus geprägte Erscheinungsform des *liberalen* Rechtsstaates damit verabschiedet wird.

3. Kontroversen. – Zu bestimmen, was *im konkreten Fall* sozial und was unsozial ist, kann mit vergleichbarer Eindeutigkeit und Allgemeinheit nicht gelingen. Diese vornehmlich der gesetzgebenden und der richterlichen Gewalt gestellte Aufgabe zu meistern, mußte sich frühzeitig als um so schwieriger erweisen, als die S.Klausel sich seit Jahren in einer ideologisch aufgeladenen Zwei-Fronten-Kontroverse gegenüber einem doppelten Vorwurf zu behaupten hat:

(1) Einerseits wird die auf gesellschaftliche Veränderung angelegte Hebelkraft des Sozialstaatspostulats als *Gefahr* empfunden. Seine Dynamik widerstreite dem höherrangigen, im Grundsatz primär verankerten *Rechts*staatsprinzip, das „in hohem Maße an den gesellschaftlichen status quo gebunden“ (Forsthoff) sei.

(2) Andererseits wird die *Schwäche* der Sozialstaatsklausel beklagt. Sie laufe angesichts der (un)sozialen Wirklichkeit der BRD und ihrer ökonomischen Strukturen in eklatanter Weise leer, was dem traditionellen Rechtsstaatsdenken, dem geringen materiell-verfassungsrechtlichen Gehalt dieser Klausel, vor allem aber den verfestigten „Verhältnissen der industriewirtschaftlichen Realität“ (Hartwich) zuzuschreiben sei.

Heftigkeit und Intensität dieses Streites, in dem juristische und sozialpolitische, weltanschauliche und ökonomische Argumente ins Feld geführt werden, lassen sich durch die Unbestimmtheit der S.klausel nur partiell erklären. Die grundlegenden gesamtgesellschaftlichen Ziel- und Strategiekonflikte, die den Streit beherrschen, böten sich gewiß auch ohne das lakonische Bekenntnis des GG zum S. in der Sache wie in der Form unverändert und ungemildert dar.

Sie müssen in jeder offenen Gesellschaft immer aufs neue zur Diskussion gestellt werden.

4. Besssere Lebenschancen. – Die S.klausel ist als normative Staatszielbestimmung unmittelbar geltendes Verfassungsrecht und nicht etwa nur ein rechtlich unverbindlicher Programmsatz. Sie nimmt als eines der elementaren Konstitutionsprinzipien der freiheitlich-demokratischen Grundordnung an dem Unabänderlichkeitsschutz des GG 79 teil.
Daraus folgen das Recht und die Pflicht der Staatsorgane zu sozialgestaltender *Tätigkeit* in allen Bereichen, in denen das freie Spiel pluralistischer Kräfte soziale Gerechtigkeit, soziale Strukturen und sozialadäquate Problemlösungen nicht zu gewährleisten vermag. Staatliche Sozialpolitik im rechtverstandenen Sinne betrifft damit die Wirtschaftspolitik ebenso wie die Rechts- und Kulturpolitik. „Moderne Sozialpolitik handelt nicht mehr nur davon, die Furcht vor materieller Not und sozialem Abstieg zu beseitigen. Sie strebt nach mehr Gerechtigkeit, und sie will bewirken, daß in unserer Gesellschaft mehr reale Freiheit herrscht" (Willy Brandt). Neben die Herstellung von Bedingungen des sozialen Friedens (z. B. durch Vermögensumverteilung) und neben die soziale Sicherheit herkömmlicher Art (z. B. im Alter, bei Krankheit und Invalidität, für Hinterbliebene) ist damit die langfristig geplante, im Zusammenwirken mit nicht-staatlichen Einrichtungen angestrebte *Erweiterung und Verbesserung der Lebenschancen* aller getreten. Daß gleiche → Bildungschancen eine der wesentlichsten Voraussetzungen für den Erfolg dieses Programms sind, wurde in der BRD zu spät erkannt.

5. Kosten. – Die Finanzierung der zum Ausbau des S.s notwendigen Leistungen, inneren Reformen und technologisch aufwendigen Vorkehrungen (z. B. Umweltschutz) ist zu einem zentralen Problem der s.lichen Daseinsvorsorge geworden. Damit gewinnt auch die Frage nach dem rechten Verhältnis von Staat und Wirtschaft neue Aktualität. Alle gegenwärtig im Bundestag vertretenen Parteien sind in dem Willen einig, die 1948 eingeführte, als *„soziale Marktwirtschaft"* apostrophierte Wirtschaftsordnung und mit ihr das freie Unternehmertum zu erhalten (was eine – gegebenfalls interventionistisch verordnete – Anpassung an zeit- und situationsbedingte Entwicklungen und Erfahrungen selbstverständlich nicht ausschließt). Ausreichende soziale Sicherheit ist ohne ausreichende und – nach einem in Ost und West gleichermaßen gültigen Credo – stetig *expandierende* Wirtschaftskraft nicht zu realisieren, soll eine Senkung des Lebensstandards vermieden werden. Der leistungsfähige S. setzt diese Wirtschaftskraft, nicht aber eine bestimmte Wirtschafts*verfassung* voraus. Es wäre deshalb verfehlt, die sozialistische Planwirtschaft oder auch nur Sozialisierungsmaßnahmen, wie sie GG 15 ausdrücklich gestattet, als natürliche Attribute des konsequent zu Ende gedachten S. zu betrachten.
Die immensen *Kosten* der in der BRD gesetzlich verbürgten sozialen Sicherheit lassen sich aus den Haushalten von Bund, Ländern und Gemeinden ablesen. Mit einem Anteil von 32 % rangierte das Paket der Sozialen Sicherung

auch 1972 an der Spitze der Ausgaben des Bundes (vor der Verteidigung mit 25,5 %). Das gesamte, aus den Beiträgen der öffentlichen wie der privaten Hand gebildete Sozialbudget, das 1965 rund 110 Mrd. DM betrug, überschritt 1972 die 200-Mrd.-Grenze und wird sich – nach dem amtlichen Sozialbericht 1972 – im Jahre 1976 auf fast 300 Mrd. belaufen. Im selben Zeitraum steigt die auf das BSP bezogene Sozialleistungsquote von 24,0 über 25,7 auf 26,4 % an.
Schlüsselt man die Sozialleistungen nach ihren *Finanzierungsquellen* auf, so ergibt sich folgendes Bild: Bund, Länder und Gemeinden brachten 1972, etwa im Verhältnis 3 : 2 : 1, knapp die Hälfte der sozialen Milliarden auf. Der Anteil der Sozialversicherten lag bei 20 %, der Anteil der Unternehmungen, die aber diese Kosten selbstverständlich auf die Verbraucher abzuwälzen pflegen, bei 30 %. Daß die Arbeitnehmereinkommen durch (progressiv gestaffelte) Steuern und (proportionale) Sozialversicherungsbeiträge zunehmend belastet werden – die Abzüge liegen 1972/73, in Prozent des Bruttoarbeitsentgelts berechnet, genau doppelt so hoch wie 1950 – gehört wohl zu den unvermeidlichen Folgen des erhöhten s.lichen Engagements.

6. GEGENWARTSPROBLEME. – S.lichkeit darf sich nicht in einem wohlassortierten Sozialbudget erschöpfen. Die gesellschaftliche Dimension der S.problematik ist in der politischen Praxis der BRD bislang weithin negiert worden. Die polemische Reduktion des Spannungsverhältnisses von Rechtsstaat und Sozialstaat auf den toten Punkt einer Unvereinbarkeit, die ein Entweder-Oder, zumindest aber klare Prioritäten erfordere, hat den Blick für das *beiden* Prinzipien im Rahmen der Verfassungsordnung sinnvoll Aufgegebene verstellt. Überdies ist der Nachweis, daß es wohl eine bürgerlich-liberale, aber keine sozial akzentuierte Rechtsstaatlichkeit gebe und geben könne, nicht zu führen. S.lich intendierte Entscheidungen sind in der Rechtsprechung namentlich des BVerfG und der obersten Gerichtshöfe des Bundes bei aller Scheu des Richters, sich auf das S.prinzip zu berufen, nicht selten; sie lassen erkennen, daß dieses Prinzip ohne Beeinträchtigung der rechtsstaatlichen Ordnung praktikabel ist.
Es erregte Aufsehen, als Gerhard *Leibholz,* langjähriger Richter am BVerfG, 1971 Mißstände in der Eigentumsordnung, insbesondere dem Bodenrecht, als verfassungswidrig anprangerte und dabei im Blick auf die S.klausel von einem „ungenutzten Spielraum der Verfassung" sprach. Ihn zu nutzen, müsse der Richter seine neue Funktion, die der „sozialen Steuerung" erkennen und annehmen. Das S.gebot zwinge zu einer über die traditionelle Formel des GG 14 (2): „Eigentum verpflichtet. Sein Gebrauch soll zugleich dem Wohle der Allgemeinheit dienen" hinausgehenden Bindung des privaten Eigentümers. Auf der anderen Seite muß bedacht werden, daß eine Verabsolutierung und Dogmatisierung des S.Postulats im Sinne *sozialistischer* Gemeinwohlvorstellungen Risiken birgt, die letztlich auf Kosten der persönlichen Freiheit aller, auch der wirtschaftlich Schwachen, gehen. An gesamtgesellschaftlichen Planungen orientierte Beschränkungen der Berufswahlfreiheit sind dafür ein

Beispiel. Die unerläßliche Neuordnung dessen, was der liberale Rechtsstaat „an sozialem Chaos angerichtet" hat (Herbert Krüger), muß die Gefahr einer perfektionistischen Instrumentierung s.licher Politik vermeiden. Bislang überwiegt freilich der Eindruck, als seien Bedeutung und Aktualität der S.Klausel in wichtigen Bereichen staatlicher Daseinsvorsorge noch kaum bemerkt worden. Dies gilt namentlich für den mit dem Modewort der zu sichernden „*Lebensqualität*" bezeichneten Problemkreis: von der Fragwürdigkeit des großstädtischen Individualverkehrs bis hin zur drohenden Zerstörung der noch intakten Natur durch den Bau von Zweitwohnungs-Hochhäusern in Erholungsgebieten ist entschlossenes s.liches Handeln nicht nur legitim, sondern ein dringliches Gebot der Stunde.

LITERATURHINWEISE

Abendroth, Wolfgang: Antagonistische Gesellschaft und politische Demokratie. Neuwied 1967.
Forsthoff, Ernst (Hrsg.): Rechtsstaatlichkeit und Sozialstaatlichkeit. Darmstadt 1968.
Hartwich, Hans-Hermann: Sozialstaatspostulat und gesellschaftlicher status quo. Köln usw. 1970.
Leibholz, Gerhard: Mehr Freiheit durch den Sozialstaat. In: Die Zeit Nr. 21/1971.
Werner, Fritz: Sozialstaatliche Tendenzen in der Rechtsprechung. In: Recht und Gericht in unserer Zeit, Köln usw. 1971.
Weyer, Willi: Rechtsstaat – Sozialstaat. Stuttgart usw. 1972.

HARTMUT JÄCKEL

Spätkapitalismus (SpK.)

→ *Kapitalismus, Räte*

1 DER SPK. bildet, aus marxistischer Sicht, eine neue dritte Phase der Entwicklung der kapitalistischen (k.)Produktionsweise. Diese Phase ist eine Fortführung der von Lenin-Hilferding analysierten imperialistischen Epoche des Monopol-K., die ihrerseits eine Fortführung der von Marx analysierten Entwicklungsstufe des K. der freien Konkurrenz darstellt. Diese Feststellung ist wichtig, weil u.E. die grundlegenden Widersprüche und Bewegungsgesetze des K. für die Gesamtgeschichte dieser Produktionsweise ihre Gültigkeit behalten, und die Hauptzüge des von Lenin analysierten Monopol-K. heute weiter wirken. Die Theorie des SpK. beinhaltet nur, daß diese Analysen erweitert werden müssen, um neue Erscheinungen in ihrem allgemeinen Rahmen einzubauen.

2. SPEZIFISCHE KENNZEICHEN. Die wichtigsten dieser *neuen Erscheinungen* sind: eine auf Grund der dritten technologischen Revolution erreichte höhere Form der objektiven Vergesellschaftung und Verwissenschaftlichung der Arbeit; die tendenzielle Beschränkung wenn nicht Ausschaltung der lebendigen Handarbeit aus dem Produktionsprozeß (Halbautomation, Automation), bei gleichzeitig bedeutendem Wiedereinschleusen geistiger Arbeit in den Produktionsprozeß; eine generelle Beschleunigung der Innovation, u. a. auf

Grund einer systematisch organisierten Forschungs- und Entwicklungstätigkeit, die sich als besondere Form von Kapitalanlage ausbreitet; eine Verkürzung der Umschlagszeit des fixen Kapitals und dementsprechend ein Zwang zur konzerninternen Finanzierungs-, Investitions- und Kostenplanung; dementsprechend eine Neigung zur gesamtwirtschaftlichen Programmierung; eine höhere Form der internationalen Zentralisation des Kapitals durch das Aufkommen der → multinationalen Konzerne, die permanente → Inflation, vor allem Kreditgeldinflation, die zeitweilig die Realisierungs- und Verwertungsschwierigkeiten des Kapitals zu überbrücken sucht; die wachsende Intervention des bürgerlichen Staats in der Wirtschaft, in der Form von Subventions- und Stimulierungstätigkeit, mit dem Ziel, die ökonomischen und gesellschaftlichen Gegensätze abzuschwächen und schärfste Explosionen zu vermeiden.

Die wichtigsten *theoretischen Kontroversen*, die sich durch diese Analyse entwickeln, beziehen sich auf den Stellenwert des SpK. in der klassischen Sicht der Grenzen der k.en Entwicklung, sowie auf die langfristige Entwicklungstendenzen des SpK., d. h. der Fähigkeit der Selbstdisziplin der Großkonzerne und des Staatsinterventionismus, die Bewegungsgesetze des Kapitals endgültig abzubauen. Die dem Marxismus-Leninismus geläufige Ansicht sah spätestens mit dem Ausbruch des Ersten Weltkriegs den Höhepunkt der weltweiten Entwicklung des Kapitals erreicht. Von diesem Punkt an gleite der K. in seine *Niedergangsperiode* (Varga, Trotzki), d. h. sei die Welt reif für eine sozialistische Umgestaltung. Wir halten diese Auffassung für richtig, vertreten jedoch die Ansicht, daß die Niedergangsperiode nicht notwendigerweise permanent einem absoluten Niedergang der Produktivkräfte gleichzusetzen sei. Periodische Beschleunigung des Wachstums steht nicht im Widerspruch zu dem Begriff der Niedergangsperiode des K., der u. a. in einer wachsenden Vergeudung von Produktivkräften (nicht nur durch ihre Nicht-Benutzung, sondern auch durch ihre Benutzung zu menschengefährdenden und -vernichtenden Zwecken) zum Ausdruck kommen kann.

3. Ursprung des SpK. – Die Ablösung der k. durch eine höhere Wirtschaftsordnung kann nicht automatisch, durch rein-ökonomische Mechanismen, gewährleistet werden. Diese können nur die materiellen Voraussetzungen für diese Ablösung schaffen. Das Übrige hängt vom Ausgang der *Klassenkämpfe* ab. Der K. kann nur durch bewußte Aktion der Arbeiterklasse (der Lohnabhängigen) gestürzt werden.

Endet eine ganze Epoche solcher Klassenkämpfe, wie wir sie in dem Zeitabschnitt 1917–1938 gekannt haben, mit entscheidenden Niederlagen des Proletariats, so wird ein neuer zeitweiliger Aufschwung der k.en Produktion möglich. Gerade diese Niederlagen können durch eine plötzliche *Erhöhung der Mehrwertrate* die Profitrate in die Höhe treiben, was den Prozeß der Akkumulation des Kapitals, d. h. unter k.en Bedingungen des Wachstums, entscheidend beschleunigt. Faschismus und Zweiter Weltkrieg, später zusätzlich gewaltige Erweiterung der industriellen Reserve-Armee in der BRD

(Flüchtlinge), in Japan, Italien und Frankreich (Landflucht), und in den USA (Landflucht und wachsende Berufstätigkeit der Frauen), haben diese Wirkung gehabt.

Eine gesteigerte Profitrate genügt jedoch nicht, um eine bedeutsame Expansion der Akkumulation des Kapitals zu gewährleisten. Hinzu muß noch eine Expansion der *Absatzmärkte* kommen. Obwohl nach dem Zweiten Weltkrieg sich der Absatzmarkt für k.e Warenproduktion geographisch einengte (Aufhebung des K. in Osteuropa, China, Kuba, Nordkorea, Nordvietnam), hat er sich quantitativ bedeutsam ausgedehnt, vor allem durch die dritte technologische Revolution (vollständige Erneuerung des Maschinenparks), durch die sprunghafte Erweiterung des Welthandels (erleichtert durch Dollarinflation), durch die permanente Aufrüstung, durch die rapid anwachsende öffentliche und private Verschuldung und durch bedeutsame Substitutionserscheinungen (rückläufiger Marktanteil der Landwirtschaft, des Handwerks und bestimmter „alter" Industriezweige.)

4. Gemischte Wirtschaft? Die Frage ob es sich dabei um eine neue, zeitweilige Expansion der k.en Produktionsweise oder um das Aufkommen einer neuen, „gemischten", nicht mehr ausgesprochen k.en Gesellschaft handle, spielt eine wichtige Rolle in den theoretischen Auseinandersetzungen. Es handelt sich keineswegs um nur eine semantische Frage.

Sowohl marxistische Autoren (Baran, Sweezy und einige Vertreter der Theorie des „staatsmonopolistischen Kapitalismus") wie Vertreter der akademischen Nationalökonomie (Berle, Kaysen, Galbraith in den USA, Marris, Shonfield in Großbritannien), vertreten die Ansicht, die monopolistischen *Großkonzerne* könnten sich – entweder durch eigene Machtvollkommenheit oder durch die Hilfe des Staates – langfristig wenn nicht für immer von der Wirkung der Marktgesetze befreien, und demnach dem Schicksal der Bewegungsgesetze des Kapitals entgehen. Alle diese Autoren verbinden damit die Behauptung, die Konzerne könnten ihren Marktanteil halten und mehr oder weniger kontinuierlich expandieren. Sie würden nicht nur über die Geld- und Kreditpolitik des Staates die zahlungsfähige *Gesamtnachfrage* schaffen lassen, sondern sich zusätzlich die ihren Waren *spezifische Nachfrage* (über Reklame, Käuferbeeinflussung, Staatsaufträge usw.) sichern. Folgerichtig sehen diese Autoren auch keinerlei Anzeichen einer sinkenden Profitrate, die das Wachstum der Konzerne bedrohen könnte.

Wir vertreten demgegenüber die Ansicht, daß sich die Großkonzerne auf die Dauer nicht den Marktgesetzen (der Wirkung des Wertgesetzes) entziehen können. Monopole können *Surplusprofite* (im SpK. vor allem technologische Renten) nur aus zwei Quellen schöpfen: entweder auf Kosten der Profite der nichtmonopolisierten Unternehmen, oder durch Erhöhung der Mehrwertrate. Tun sie das *erste*, so führt dies zu einer durchschnittlichen Profitrate der nichtmonopolisierten Bereiche, die unter dem gesellschaftlichen Durchschnitt fällt (dies läßt sich aus der Gewinnstatistik der verarbeitenden Industrie der USA leicht belegen); dann muß diese Quelle aber auf die Dauer versiegen.

Tun sie das *zweite*, so müssen sich die Absatzschwierigkeiten langfristig verschärfen. Es ist demnach nur eine Frage der Zeit, bis sich der tendenzielle Fall der Durchschnittsprofitrate durchsetzt (in der BRD und in Großbritannien eine seit Anfang der sechziger Jahre deutlich erkennbare Tendenz). Dem SpK. kann also eine dauerhafte Verhärtung der Surplusprofite genauso wenig gelingen wie dem Früh-K. Er kann höchstens den Zeitabstand, bis sich die Bildung der Durchschnittsprofitrate und ihr tendenzielles Absinken durchsetzen, verlängern.

5. STAATSINTERVENTIONISMUS. Das Gleiche gilt in großen Zügen für den Staatsinterventionismus. Insofern dieser nicht zu einer Erhöhung der materiellen Erzeugung führt, indem er die Verwertung brachliegender Geldkapitalien erleichtert – in Zeiten von Überproduktionskrisen kann er dies erreichen, aber nur in beschränktem Ausmaß und für eine beschränkte Zeit –, kann er nur in der Produktion geschaffenes Einkommen umverteilen. Wenn die Schwierigkeiten für die Verwertung des akkumulierten Kapitals steigen, weil die Mehrwertmasse zu gering geworden ist, um diese Verwertung lückenlos zu gewährleisten, kann der Staatsinterventionismus diese Schwierigkeit nicht lösen, ohne durch eine Umverteilung des Einkommens zugunsten der Profite auf die Dauer die Absatzschwierigkeiten zu erhöhen.
Der SpK. ist demnach noch immer K. im klassisch Marxschen Sinne. Sämtliche von Marx entdeckten Bewegungsgesetze des Kapitals wirken weiterhin langfristig. Dies zeigen u. a. die immer wiederkehrenden → *Konjunkturschwankungen* (Rezessionen in den USA in 1949, 1953, 1957, 1960, 1969–1971), die in der BRD seit der Rezession 1966/67 in verstärktem Ausmaß an die Oberfläche traten. Die wachsende Tendenz zu strukturellen Überkapazitäten in Landwirtschaft und Industrie (erst Kohle, Stahl, Schiffsbau, Textil, dann zusätzlich Petrochemie, Automobilindustrie und wahrscheinlich Elektromaschinenbau) der imperialistischen Staaten bringt diesen Tatbestand ebenfalls deutlich zum Ausdruck. Auf die „lange Welle mit expansivem Grundton" folgt seit 1966/67 eine lange Welle mit verlangsamtem Wachstum und verschärften Krisenerscheinungen.

6. MANAGER-PROBLEMATIK. Die Kontroverse über das Wesen des SpK. berührt auch *gesellschaftliche Strukturprobleme*. Diejenigen Autoren, die eine qualitative Änderung der Gesellschaft im Vergleich zu der von Marx analysierten zu erkennen glauben, stützen sich u. a. auf die Trennung von Eigentum und Verwaltung der Großkonzerne. So haben A. A. Berle, Bruno Rizzi, James Burnham und später auch J. K. Galbraith die Ablösung des Großkapitalisten und Großfinanziers durch den Manager oder die „Technostruktur" vorausgesetzt.
Tatsächlich kennzeichnet sich die Geschichte der k.en Gesellschaftsordnung durch einen dauernden Prozeß der Konzentration und Zentralisation des Kapitals, wobei die herrschende Schicht der bürgerlichen Klasse *Verfügungsgewalt* über viel mehr Kapital als sie selbst besitzt, erhält. Aber die These der „Manager" bzw. der „Technostruktur" leidet an zwei Grundfehlern. Erstens

übersieht sie, daß der Großkonzern von heute, genauso wie der Privatbetrieb des 19. Jahrhunderts, durch Konkurrenzdruck weiterhin zur Profitmaximierung gezwungen wird (im Monopol-K. und SpK. kann man höchstens von einer Verschiebung der kurzfristigen zu einer langfristigen, auf Wachstum ausgerichteten Profitmaximierung sprechen). Daraus folgen Verhaltensweisen, die jenen von Marx beschriebenen („Akkumuliere, Akkumuliere! Das ist Moses und die Propheten") wie aufs Haar gleichen, wenn sich auch die ideologische Verbrämung geändert hat. Zum anderen können Manager selbst keine lang-langfristige Statussicherung erhalten ohne Erwerb von viel Eigentum, d. h. ohne ihre Umwandlung in Großkapitalisten. Einen Interessengegensatz zwischen den „arrivierten" Spitzenmanagern und den Großkapitalisten zu konstruieren, entspricht keineswegs den Realitäten. Und der Interessengegensatz zwischen Großkapital und Managern, die es *nicht* zu Großkapitalisten gebracht haben, ist nur der altbekannte Gegensatz zwischen dem Kapital und seinen höheren Angestellten.

Was von diesem ganzen Meinungsstreit übrig bleibt, ist die Feststellung, daß Großkapital (inkl. die in ihm aufgegangenen, großen Reichtum erwerbenden Spitzenmanager) mehr an der → Selbstfinanzierung der Konzerne als an steigender Dividendenausschüttung interessiert ist, weil seine auch luxuriösesten Konsumwünsche ohnehin gedeckt sind. Dies trifft zu, ist aber nichts neues. Hinzu kommt höchstens eine fortschreitende Arbeitsteilung innerhalb der Konzernspitzen, wobei zahlreiche Funktionen wohl an Manager delegiert werden können, das Großkapital sich jedoch die entscheidende Funktion der Reproduktion vorbehält.

Die k.e Natur der heutigen Gesellschaftsordnung im Westen entspricht einer *Klassenteilung*, die jener von Marx analysierten in großen Zügen identisch bleibt. Für Marx decken die Kategorien „Proletariat" und „Kapitalistenklasse" nicht bestimmte Einkommens- oder Konsumstufen bzw. -unterschiede, sondern ein unterschiedliches Verhältnis zu den Produktionsmitteln. Trotz gestiegenem Lebensstandard bleibt die überwältigende Mehrheit der Lohnabhängigen im Westen unter dem ökonomischen Zwang, ihre Arbeitskraft zu verkaufen, weil sie keinen unmittelbaren Zugang zu Lebens- und Produktionsmitteln hat. Diese bleiben weiterhin das Eigentumsmonopol einer anderen Klasse. Eigentum in diesem sozialökonomischen Sinne betrachtet (wozu weder Dauerkonsumgüter, noch Eigenwohnungen, noch Anrechte auf Altersrenten usw. gerechnet werden, da diese normalerweise von ihren Eigentümern nicht mit dem Zwecke von Unternehmensgründung veräußert werden können) bleibt weiterhin in den meisten westlichen Staaten zu zwei Dritteln oder drei Vierteln konzentriert in den Händen von 2, 3 oder 4 % der Bevölkerung.

7. Neokolonialismus. Im spk.en Zeitalter ändert sich auch die Form der Abhängigkeit der unterentwickelten Länder von den imperialistischen Metropolen, obwohl diese Abhängigkeit weiter besteht und sich sogar vertieft hat. Im Zeitalter des klassischen → Imperialismus nahm sie die Form großer

Kolonialreiche an, um die dort in der Rohstoff- und Nahrungsmittel produzierenden Sphäre angelegten Kapitalien der Metropolen reibungslos Profit produzieren und repatriieren zu lassen. In der Epoche des SpK. wird diese Form der Abhängigkeit von zwei Seiten her in Frage gestellt.

Erstens findet seit dem Zweiten Weltkrieg ein ununterbrochener Aufstieg der *nationalen Befreiungsbewegungen* in den Kolonialländern statt, denen gegenüber ein frontaler Widerstand der imperialistischen Mächte nicht gewachsen war. Der Imperialismus mußte sich von der direkten auf die indirekte Herrschaft zurückziehen, seinen ehemaligen Kolonien die politische Selbständigkeit gewähren, d. h. sie in Halbkolonien verwandeln, um seine wichtigsten Kapitalanlagen in diesen Ländern zu schützen.

Zweitens hat sich, u. a. im Zuge der dritten technologischen Revolution, die Struktur der *Ausfuhr* der Metropolen grundlegend geändert. Maschinen, Ausrüstungen und Transportmittel – und nicht wie früher industrielle Konsumgüter – bilden heute den Hauptteil des Exportpakets. Will sich demnach die führende Gruppe der monopolk.en Exportindustrie einen wachsenden Warenabsatz auch in den unterentwickelten Ländern sichern, so muß der Imperialismus seinen Widerstand gegen eine *Industrialisierung* dieser Länder aufgeben. Eine solche Industrialisierung findet demnach seit 1945 in gewissem Masse statt, meistens unter direkter Beteiligung des ausländischen Kapitals in der Form von „joint ventures“. Dadurch ändert sich das Klassenbündnis in diesen Ländern: Es ist nicht mehr jenes zwischen Großgrundbesitzer-Handelsbourgeoisie-Auslandskapital, sondern es wird eines zwischen Industriebourgeoisie-Auslandskapital-Staatsbürokratie (inkl. Militär).

Dem entspricht ein relativer *Rückgang des Gewichts der kolonialen Surplusprofite* im Gesamtertrag der imperialistischen Bourgeoisie. Aber die Ausbeutung nimmt deshalb nicht ab. Nur ist die überwiegende Form dieses Werttransfers nicht mehr der koloniale Surplusprofit, sondern der *ungleiche Tausch*.

Austausch zu Weltmarktpreisen, bei starkem Gefälle der Arbeitsproduktivität in verschiedenen Teilen der Weltwirtschaft, bedeutet Austausch ungleicher Arbeitsquanten. Obwohl alle Partner dabei absolut gewinnen können, vor allem wenn unbenützte Wirtschaftsressourcen dadurch zur Verwendung kommen, bedeutet ein solcher Austausch relative Bereicherung der einen und relativen Substanzverlust der anderen. Dies ist unabhängig von dem Gebrauchswert der exportierten und importierten Waren: Ein Tausch von Textilmaschinen gegen Baumwollgewebe kann genau so ungleicher Tausch sein wie ein Austausch von Baumwollstoffen gegen rohe Baumwolle. Die *Weltwirtschaft* funktioniert deshalb im Zeitalter des SpK. weiterhin wie eine Pumpe, die bedeutsame Werte (Arbeitsquanten) aus den armen in die reichen Länder transferiert.

8. Gesellschaftskrise des SpK. – Alle Entwicklungstendenzen des SpK. deuten auf eine sich verschärfende Gesellschaftskrise hin. Diese sollte nicht als eine hauptsächlich wirtschaftliche, sondern als eine gesamtgesellschaftliche erfaßt werden, d. h. letzten Endes als eine Krise der k.n Produktionsverhältnisse.

Bei wachsenden Sättigungserscheinungen in gewissen Bereichen wird die Marktwirtschaft ad absurdum geführt: Preis- und Einkommenselastizität haben auf den Absatz mehrerer Waren keine Wirkung mehr, es sei denn eine den normalen Marktgesetzen gegenläufige. Die private Profitmaximierung als Zweck aller Firmenentscheidungen kollidiert in wachsendem Ausmaß mit dem gesamtgesellschaftlichen Interesse an eindeutigen Prioritäten bei der Verwendung der Ressourcen wie die Bekämpfung der Umweltbeschmutzung, die vorrangige Entwicklung gemeinschaftlicher Dienstleistungen (Unterricht, Gesundheit, Nahtransport, Kultur usw.). Der Widerspruch zwischen k.er Teilrationalität und Gesamt-Irrationalität bedroht das physische Überleben der Menschheit.
Bei wachsendem Erziehungs- und Qualifikationsgrad der Lohnabhängigen (tendenzielle Verallgemeinerung des Unterrichts bis zum 18. Lebensjahr) muß die *hierarchische Betriebsstruktur*, der Status der Lohnabhängigen als Untertanen die nur zu gehorchen haben, mehr und mehr als unerträglich gefühlt werden. Die *Illusion*, der SpK. könne die Lohnabhängigen auf die Dauer, über den Umweg der Konsum- und reprivatisierten Freizeitsphäre, in die bürgerliche Gesellschaft *integrieren*, übersieht die Achillesferse des Systems: entfremdete Arbeit muß dem Produzenten immer als verlorene Lebenszeit, als Zwangsarbeit, erscheinen. Dagegen kommt wachsendes Unbehagen auf, das periodisch in offene Revolte umschlägt. Die Belegschaften stellen das Recht des Kapitals in Frage, Fließbandbeschleunigungen, Entlassungen, Fabrikschließungen, Änderungen des Arbeitsprozesses und der Entlohnung zu beschließen; sie stellen damit seine Verfügungsgewalt über Arbeitskraft und Arbeitsmittel in Frage.
Die Tendenz zur gesamtgesellschaftlichen Wirtschaftsprogrammierung enthält eine *Gefährdung der Tarifautonomie* der Gewerkschaften, einen Druck zur Lohnkontrolle durch den Staat. Da sich ein wachsender Teil der Gewerkschaften dem nicht fügen kann, ohne die Existenzberechtigung der Gewerkschaften selbst in Frage zu stellen, breitet sich dieser Druck zu einem tendenziellen Angriff auf das Streikrecht, auf die Koalitions- und Pressefreiheit, d. h. auf alle *demokratischen Freiheiten* als Waffen im Klassenkampf aus (Entwicklung zum starken Staat).
Die Tendenz zur Wirtschaftsprogrammierung kollidiert aber auch mit der wachsenden Macht der *multinationalen Konzerne*, die deutlich anzeigen, daß die Vergesellschaftung der Produktivkräfte einen internationalen Charakter angenommen hat. Auch von dieser Seite her wird der SpK. von immer explosiveren Widersprüchen bedroht. So reifen sämtliche *Bedingungen für eine sozialistische Revolution* heran, d. h. für die Inbesitznahme der Produktionsmittel durch das lohnabhängige Proletariat und ihre Verwaltung durch ein demokratisches System der gemeinsam planenden assoziierten Produzenten (Rätesystem).

Literaturhinweise

Amin, Samit: L'Accumulation à l'échelle mondiale. Paris 1970.
Baran, Paul A., und *Sweezy*, Paul M.: Das Monopolkapital. Frankfurt/M. 1967.
Galbraith, John Kenneth: Die moderne Industriegesellschaft. München 1968.
Mandel, Ernest: Der Spätkapitalismus, Versuch einer marxistischen Erklärung. Frankfurt/M. 1972.
Marris, Robin: The Economic Theory of „Managerial" Capitalism. London 1967.
Shonfield, Andrew: Geplanter Kapitalismus. Köln usw. 1967.

Ernest Mandel

Staat

→ *Demokratie, Industriegesellschaft, Macht, Pluralismus, Sozialstaat, Staat (marxistisch), System, Systemwandel*

1.0. Problemstand. Über den Staat kann heute sinnvoll nicht in unmittelbarem Zugriff auf den Gegenstand gesprochen werden, da dieser sich als ein zu kompliziertes Objekt der Forschung erwiesen hat.

1.1. In jüngerer Zeit hatte sich mit Georg *Jellineks* damals epochalem Werk (1900) ein fester Lehrbestand herausgebildet; der Staat wurde nach einem umfangreichen Katalog von Fragen in einer Weise abgehandelt, die insbesondere den Bedürfnissen der Juristen nach einer Allgemeinen Staatslehre entsprach: Der Staat wurde „erklärt" und „begründet", d. h. gerechtfertigt. Der dort behandelte Kreis von Problemen ist auch durch die Arbeiten der jüngeren Politologie, politischen Soziologie, Geschichtswissenschaft usw. kaum vermehrt worden. Wenn sich auch die Fragen durch neue Entwicklungen wie die Dekolonisierungen und die Ausweitung der staatlichen „Daseinsvorsorge" vermehrt haben, so läßt sich das alles noch in die *Allgemeine Staatslehre* einfügen.

Anders die Fragen und Thesen, die in manchen – großenteils nicht unmittelbar auf den Staat bezogenen Disziplinen (*Ideologiekritik, Psychologie, Anthropologie* usw.) aufgeworfen wurden. Sie reichen tiefer; die Probleme lassen sich nicht mehr „summarisch" behandeln, wenn die Antworten nicht zu bloßen Hinweisen oder gar Verdeckungen der Probleme werden sollen. Dabei haben sie für den Staat unverkennbar reale Bedeutung, z. B. die psychologischen und pädagogischen Erkenntnisse über die geistigen „Sozialisierungsprozesse", denen bes. die Kleinstkinder schon unterliegen. So schwillt der Forschungsgegenstand „Staat" erheblich an. Denn in der Tat erfaßt der Staat nicht nur immer mehr Bereiche des Lebens, sondern er erweist sich auch der Forschung immer mehr als in subtilen Weisen zusammenhängend nahezu mit dem Ganzen des Lebens als Mensch.

1.2. Zur Zeit scheint allerdings das Bedürfnis – das praktische von „jedermann" wie das wissenschaftliche – nach so intensiven Informationen über „den Staat als ganzes" geringer zu sein als das traditionelle Orientierungsbedürfnis war, das die Allgemeine Staatslehre hervorgebracht hatte. Das fragende Interesse ist eher von anderen jüngeren Entwicklungen geleitet, so der Zunahme und Bedeutung der Staaten *sozialistischer* Gesellschaftsordnung, der Entwicklung vom „Hoheits"- zum „Sozial"staat. Dabei handelt es sich überwiegend um den Staat „des Westens", seltener „des Ostens", also nicht um eine umfassende, allgemeine Staatstheorie. Zu einer solchen könnte sogar eher eine Fragestellung führen, die bisher gerade umgekehrt zur Unterscheidung zwischen „West" und „Ost" gedient hat, die sog. *„Totalitarismus"*-Frage. Sie ist insofern grundlegend, als bei ihr die fundamentale, in „West", „Ost" und „Süd" gemeinsame Funktion des Staates in den Blickpunkt tritt, sobald man sich von politisch-ideologischen Kampfpositionen löst. Das bedeutet keine Theorie von der → „Konvergenz" der Systeme, sondern die Verweisung auf eine Staatstheorie, die die konkreten Bedingungen als jeweils verschiedene in Rechnung stellt.

Den frühesten Ansatz hierzu finden wir schon in Hermann *Hellers* „Staatslehre" (1934). Jedoch ist von der jungen allgemeinen Theorie sozialer Systeme ein umfassender Bezugsrahmen hierfür geliefert worden. Er öffnet die frühere Allgemeine Staatslehre für die erwähnten hochspezialisierten Forschungen (vgl. meinen Art. „Staat" im Evangel. Staatslexikon und Karl W. Deutsch „The Nerves of Government"). In diesem Problemhorizont läßt sich das zentrale und universale „Prinzip" des Staates als seine auf empirischen Beobachtungen des menschlichen Tuns und Lassens beruhende, dann durch Theorie gedeutete *soziale ratio* herausarbeiten, die also nicht einer auf metaphysisch-ideeller Setzung beruhenden „Staatsidee" zugeschrieben wird. Allerdings muß das Mißverständnis, es handle sich bei der sozialen ratio um das, was vielfach als „Staatsraison" verstanden wird, vermieden werden, auch wenn die „Selbsterhaltung" eines sozialen Systems speziell beim Staat als Voraussetzung für die Erfüllung seiner sozialen Funktion bedeutsam ist.

1.3. Ganz anders steht es mit der Tragweite der modernen *Wissenschaftstheorie:* Sie ist vor allem bekannt geworden durch die Auseinandersetzung zwischen Hans Albert und Jürgen Habermas, weniger durch die m. E. gleichfalls wichtigen Arbeiten von Gerhard Weisser zur Erkenntnis- und Wertenskritik. Diese Entwicklung *beginnt* erst auf theoretische Arbeiten über den Staat überzugreifen. Sie wird sie in ihrer Weise der Problembehandlung gründlich verändern: diese Weise würde wohl selbst als „vor-wissenschaftlich" jedenfalls im Sinne der kritischsten Richtungen in der modernen wissenschaftstheoretischen Entwicklung angesehen werden.

2.0. PROBLEMLÖSUNG: GRUNDSÄTZLICHES. Ich habe die *soziale* ratio des Staates als das zentrale Problem bezeichnet, weil wir erstens den Staat im Sozialleben der Menschen finden und als ein „soziales Gebilde" herauspräparieren können, und weil er zweitens in alle weitverzweigten sozialen Beziehungen der Menschen hineinwirkt.

2.1. Die Vorstellungen, die dem Begriff Staat zugrundeliegen, sind – auch wenn man sie „auf Theorie bringt" – nicht nur in unserem Kulturkreis derjenigen Wirklichkeit entnommen, die *in West- und Mitteleuropa* sowie den

USA historisch-politisch zuerst ausgeformt worden ist. Hier liegt also das Material vor, das wir zugrundelegen können, um ein Modell zu zeichnen. Dessen bedarf es, weil der Begriff Staat als genus-Begriff ein abstractum ist, gebildet in Abstraktion von zahllosen Verschiedenheiten.

2.2. Unser Modell soll *vier Anforderungen* genügen: (a) Die Entwicklung, die in West- und Mitteleuropa sowie in den USA zur Ausformung des Begriffs Staat geführt hat, muß eingearbeitet werden können; (b) dasselbe gilt von den an diese Vorbilder anschließenden jüngeren und jüngsten Staaten (z. B. Zarenreich, Japan, Entwicklungsländer); (c) es gilt weiter vom Vergleich mit allen Gebilden, die sonst in Geschichte und Gegenwart zur Klärung von Übereinstimmungen wie Abweichungen beitragen können: Unser Modell muß sich noch dann bewähren, wenn andere Bedingungen vorlagen, ja andere Ergebnisse (z. B. „Untergang Roms") eintraten; (d) endlich muß unser Modell mit seiner Darstellung der gegenwärtigen „Lage" in den am meisten entwickelten Staaten geeignet sein, diese Lage zugleich als Ausgangspunkt für künftige Entwicklungen zu erfassen, auch die mutmaßliche Entwicklung in den weniger entfalteten heutigen Staaten vorauszusagen. – All das sind aber entsprechend dem ab ovo auf Kritik und Korrektur angewiesenen Charakter aller Theorie unerfüllbare, d. h. bloße Annäherungs-Postulate.

2.3. Nehme ich alles in allem, so scheint unser Modell eines Staates nur formal, also *inhaltsleer* auszufallen, gar wenn es für totalitäre wie für freiheitlich-demokratische und Entwicklungs-Staaten gelten soll. Dem ist aber so nur in Alltagssprache und -denken. *Staaten auszuformen* war seinerzeit ein mit „Weltanschauung" und sehr realen Postulaten hoch befrachteter Prozeß, von dessen Bedeutung wir heute nur noch ein vages Wissen haben: Wir müssen erst auf die „jungen" Staaten in Entwicklungsländern blicken, um die hohe Relevanz, ja historisch-politische Dramatik zu erkennen, die mit der Ausprägung von Staaten verbunden war und ist.

Gewiß vollzog sich diese Ausformung in den Ursprungsländern des Staates langsamer, aber dafür riskanter, reicher an Irrtum und Wirrnis, während für „junge" Staaten das reale Vorbild schon ausgearbeitet „zur Hand' ist. Und die künftige Fortentwicklung dürfte allenthalben unter ähnlichen tastenden Versuchen, ähnlichen Widerständen, ähnlichen Einflüssen älterer Interessen, in ähnlichen Verbindungen mit „Weltanschauungen" als Leitlinien verlaufen. Zum Beispiel wird die „*Nationalstaatsidee*" fortwirken gegenüber – und noch in – „supranationalen" Entwicklungen, ebenso Hegemonialverhältnisse, nicht minder auch weltanschauliche Gegensätze zwischen „Ost", „West" und den mannigfachen Auffassungen von einer „Dritten Welt" oder Neutralität. Man braucht nur darauf hinzuweisen, daß der formale Charakter des abstrakten Modells Staat in den Ländern, die den *Marxismus-Leninismus* zur geistigen Grundlage haben, ohnehin bestritten ist, um die Frage ernst zu nehmen, ob wir nicht allzu unbefangen die Existenz von Staaten als spezifischen sozialen Gebilden für selbstverständlich und ohne Erkenntnisinteresse und -gewinn hinnehmen, und ob nicht besondere Bedingungen im Innern und nach außen dafür ursächlich sind, daß auch in jedem der sozialistisch-kommunistischen Länder

der Staat beibehalten, ja ausgebaut wird – was mit gängigen Hinweisen auf eine neue Funktionärsherrschaft, auf Machtpolitik nach außen o. dgl. gewiß nicht schon beantwortbar ist.

2.4. Die „Zugehörigkeit" von Staat zu den diversen sozialen und politischen „Verhältnissen" unserer Zeit wird dadurch zu einem nur um so diffizileren Problem. Staat und *Industriegesellschaft* „gehören" (anscheinend) zusammen, der Staat ist in den Entwicklungsländern wohl gerade das Instrument zur schließlichen Industrialisierung, er war es wohl in der Sowjetunion, und es ist die Frage, wie er sich unter den Bedingungen einer kommunistischen Gesellschaftsordnung dort entwickeln wird – was mit Wortstreit über sein „Absterben" oder mit heutigen vagen Vorstellungen nicht beantwortet wird.

3.0. Die Wirksamkeit des Staates als constituens seiner „Wirklichkeit".

Ist der Staat ein abstractum, eine Vorstellung, also ein „Gedankending", so ist seine „Wirklichkeit" nur als abstractum aus seinen Wirksamkeiten zu ermitteln.

3.1. Ich setze hypothetisch, daß es sich beim Staat um eine in langen historischen Prozessen unter den verschiedensten Bedingungen und Interessen als besonders „effektiv" erwiesene Organisation von Großgruppen von Menschen handelt – von Menschen, deren Verhalten mittels des Staates zu politischen Einheiten zusammengefaßt wird. Der Begriff Staat muß dann historisch-politisch beschreibend und nachzeichnend sein; unscharfe Konturen brauchen nicht zu stören sondern sind geradezu vorausgesetzt.

Die abstrakte soziale ratio des Staates ist dann in concreto feststellbar als eine unter den jeweils gegebenen Bedingungen zur Erfüllung jeweils relevanter *Bedürfnisse* verfolgte ratio, so wie diese Bedürfnisse jeweils als relevant erachtet werden, so wie diejenigen, die dafür wirksame Ausgangspositionen besitzen (z. B. Herrschaft ausüben), ihre Möglichkeiten beurteilen, aber auch wie andere (Beherrschte, weniger Mächtige oder nicht-Kompetente) auf diese Bestrebungen von innen Einfluß nehmen, wieder andere (konkurrierende ähnliche Gebilde) von außen Einfluß zu nehmen bestrebt sind. Konkurrenzlagen innen wie außen schließen dabei Gleichläufigkeiten der Bestrebungen, ja grundlegende dauernde Interessen-Parallelitäten nicht aus.

Diese komplexen Bestrebungen können zur effektiven Herstellung einer Entscheidungs-, Handlungs- und Wirkungseinheit nur dann auf einen Nenner gebracht werden, wenn ein Zentrum der Willensbildung und -durchsetzung hinreichend konsolidiert ist. Das ist der Staat.

3.2. Die Geschichte mehrerer Jahrhunderte war in den „alten" Staaten die Geschichte der Errichtung und Konsolidierung von Macht zur Durchsetzung im Innern und zur Behauptung nach außen, und sie ist es auch heute. Die Bedingungen einer Konsolidierung und Ausübung aber haben sich grundlegend gewandelt:

Früher mochten der Besitz überlegener Waffen, die Gefolgschaft einiger hundert Bewaffneter genügen, um die damalige politische Entscheidungsmacht auszuüben. Nicht nur der geistige Prozeß, den wir als „Anbruch der Neuzeit" bezeichnen, sondern auch die realen Wandlungen der Beherrschung der Natur und Vergleiche mit anderen Ländern – sowohl ihren Auswertungen dieser Möglichkeiten als auch ihren Konsolidierungsakten – haben die Überzeugung von der *Machbarkeit* aller relevanten Lebensbedingungen seither allgemein durchgesetzt. Die Gestaltung der – potentiell: aller – „sozialen Verhältnisse" ist seither umfassende Aufgabe der Politik im Innern, ihr Schutz und evtl. ihre Verbesserung Aufgabe der Politik nach außen. Politische Macht konsolidiert sich durch Bewährung an dieser Aufgabe, mit dieser neuen Art von Politik, deren Aktionsmöglichkeiten durch die technischen Fähigkeiten der Industriegesellschaften – gleich welcher Ordnung – erweitert und noch erweiterbar sind. Die Entwicklung der Industriegesellschaft nach ihren beiden Seiten: der der Technik (der Marxschen „Produktivkräfte") wie der ihrer ökonomisch-sozialen Verwendungsweise (der Marxschen „Produktionsverhältnisse"), als der Existenzgrundlage moderner Lebensverhältnisse ist dadurch zum Haupt-Betätigungsfeld der heutigen Politik der Staaten geworden.

Sogar Teilbereiche des sozialen Lebens wie *Kunst*, Wissenschaft, Recht, Bildung, Medizin und vor allem *Wirtschaft*, die man lange Zeit als am besten nach ihren „eigenen Gesetzlichkeiten" gedeihend sich dachte und mehr oder weniger auch gewähren ließ, sind oder werden heute auf ihre funktionale „Bedeutung" für diese Gestaltungen offen befragt und ggf. auch gelenkt, begrenzt.

Die Konkurrenzsituationen der Staaten untereinander und die inneren Friktionen, ja Konflikte, die schon durch die bloße Vielfalt der Gestaltungsmöglichkeiten, erst recht durch die bisher realisierten Gestaltungen sowie durch die enormen Disproportionalitäten des technisch-ökonomischen Wandels (Infrastruktur!) bedingt sind, treiben ein Ringen um die Herrschaftspositionen im Staate ständig an. Fachwissen über Möglichkeiten, Bedingungen, soziale Kosten, „Neben"folgen bestimmter Gestaltungsakte wird unentbehrlich und zugleich durch immer größere Spezialisierung (= Begrenztheit) allen Fachwissens zunehmend problematisch.

3.3. Um so mehr nimmt die soziale Bedeutung der Entscheidungspositionen im Staate zu, wird auch schon die Überlassung von Freiräumen aus einer bloßen „Aussparung eines Sachgebiets" von der staatlichen Ordnung zu einer Entscheidung für die einen und gegen die anderen Interessen und wird auch als eine solche betrachtet und umkämpft. Alle „sachlichen" und „menschlichen" Implikationen von Gestaltung wie Nicht-Gestaltung werden politisch reflektiert und diskutiert.

4.0. Das Modell „Staat". Die früher oft vertretene Auffassung, der Staat sei ein Organismus, ist unhaltbar; sie war aber auch schon die damalige Weise, wie eine bestimmte Auffassung des Staates als ein „*System*" formuliert wurde, das vergleichbar anderen solchen Systemen oder (in bezug auf ihn selbst gedacht) Subsystemen und dann von diesen durch spezifische Merkmale abzuheben war, dies mit der Vermutung, daß dabei Allgemeinheiten wie Besonderheiten sozialer Systeme feststellbar werden.

4.1. In der Tat lassen sich Systemhaftigkeiten nicht leugnen: Wir geben sie schon dann zu, wenn wir „Interdependenzen" annehmen, ja wenn wir „statistische Regelmäßigkeiten" sogar bei scheinbarer Systemlosigkeit ermitteln; das ist eine Frage der Definition von „System". Aber volle Systemhaftigkeit zu behaupten ist dort manifest abwegig, wo wir Friktionen, ja Konflikte im „System" erkennen. Sie sind aber unvermeidlich, weil kein System (nicht einmal in der Natur) isoliert von seiner „Umgebung" ist, von der Bedingungen schon für sein „normales" Funktionieren ausgehen, aber auch Störungen, die durch „Anpassungen" im Innern des Systems bewältigt werden müssen. Ferner sind „Disfunktionalitäten" kaum irgendwo auszuschließen; was „Krankheit" ist, ergibt sich erst durch Rückschluß aus Feststellungen über die empirisch ermittelten Auswirkungen, soweit diese als „Beeinträchtigungen" bewertet werden. Bei sozialen Systemen sind „Krisen" ebensowohl Übergänge zu Gesundheit in neuen Gestaltungen wie „Verlust" der alten.
So kommen wir mit der Auffassung des Staates als eines „Systems" weiter als mit der herkömmlichen Betrachtung von „Staat und Gesellschaft", weil damit eine Anzahl präziserer Fragestellungen möglich wird: z. B. nach „Selbstbehauptung", „Rückkopplung", „Koordination", „Motivation", „Funktion" und „Funktionselementen" wie dem Recht als „Sollwert" in einem spezifischen Steuerungssystem in der Industriegesellschaft, einem „nicht-selbstregulierenden sozialen System".
Gerade soziale Systeme und Teilsysteme sind auf ihre „Sinnhaftigkeit", also auf ihre ratio, zu befragen, die sich für alle Teilsysteme nur vermittelt, d. h. aus ihren funktionalen Zusammenhängen im Gesamtsystem des sozialen Lebens ergeben kann, also beim Staat als einem Teilsystem nicht nur in „Selbstbehauptung" besteht, falls wir diese als Bewahrung tel quel begreifen, sondern auch in „Anpassung" u. U. durch Verzicht auf die Ausübung wichtiger Funktionen oder – was wohl künftig das wahrscheinlichere ist – unter deren Abgabe an supranationale Gebilde oder zwischenstaatliche Regelungen.
4.2. Welche Verhaltensweisen der im Staat koordinierten Großgruppen, ihrer Teilgruppen und der Individuen jeweils als „relevant" erscheinen, kann mit Leerformeln wie „Gemeinwohl" oder „Gerechtigkeit" nicht geklärt werden, wird nicht selten „von der Geschichte" anders beurteilt (bewertet!) als von den Beteiligten, besonders den selbst Entscheidenden und Handelnden. Ein Koordinationszentrum von Entscheidungen, Handlungen und Wirkungen muß aber mindestens den Anspruch auf seine *Souveränität* gegenüber allen anderen individuellen oder kollektiven Handlungszentren erheben, wenn es seine soziale Funktion erfüllen soll. Zahlreiche Abhängigkeiten, Bedingtheiten schon durch die Natur (Bodenschätze, Klima, demographische „Lage" usw.), dann durch Interdependenzen im Innern (an Vorausgesetztem, das man nicht antasten, oder an Folgen, die man nicht herbeiführen will), endlich auch durch äußere Beziehungen sorgen ohnehin dafür, daß das, was als Anspruch auf „absolute" Souveränität formuliert werden muß, realiter nie „frei" ausgeübt werden kann.
Ein bloßes „Phantom" ist dennoch selbst ein „*Marionettenstaat*" wohl nie,

auch wenn wir für diese Ansicht nicht auf das bloße Vorhandensein von institutionellen Ausformungen seiner Staatlichkeit in einem „Staatsapparat" mit „Amts"-Rollen abstellen oder auf die Mitgliedschaft in internationalen Organisationen; denn es bleiben stets auch reale Wirksamkeiten im Innern, und das sogar dort, wo es sich um die bloße Transformation von fremdem Staatswillen in „eigenen" handelt; dafür genügt der Hinweis, daß noch jede Großmacht dieses Verfahren einer eigenen unvermittelten „Regierung", z. B. als „Besatzungsmacht", vorzieht.

4.3. Kein Versuch wissenschaftlicher Abstraktion, auch nicht der bisher höchstformulierte der allgemeinen Theorie sozialer Systeme, kann uns von der „*Geschichtlichkeit*" des Staates dispensieren, was frühere Thesen über den Staat als „Organismus" oder als Verwirklichung einer „Staatsidee" ohnehin nicht vermögen. Besonders durch die Systemtheorie ist aber heute der Staat wieder zu einem neuen – zunächst eher nur wissenschaftlichen – Problem geworden, weit über die Wirkungen hinaus, die von älteren Ablehnungen des Staates (Marxismus, Anarchismus, Syndikalismus, manche Richtungen des Pazifismus, auch manche Glaubenslehren) ausgegangen waren, und m. E. auch weit über das hinaus, was – jedenfalls in Deutschland – bisher aus den Vorgängen in den „jungen" Staaten an wissenschaftlichem Interesse entstanden ist. Denn nun ist die Erkenntnis des Staates nach allen Richtungen, wie sie von den verschiedenen Disziplinen vom Menschen verfolgt werden, wieder offen. Es muß nur im instituierten Wissenschaftsbetrieb wieder neu zugegriffen werden.

Literaturhinweise

Deutsch, Karl. W.: Politische Kybernetik. Freiburg 1966.
Drath, Martin: Art. „Staat" in: „Evangelisches Staatslexikon", Stuttgart usw. 1966.
Heller, Hermann: Staatslehre. Leiden 1934 (auch in: Gesammelte Schriften, Hrsg. Martin Drath u. a., Leiden 1971).
Jellinek, Georg: Allgemeine Staatslehre. Berlin 1900; Bad Homburg 1960.
Krüger, Herbert: Allgemeine Staatslehre. Stuttgart 1964.
Ryffel, Hans: Grundprobleme der Rechts- und Staatsphilosophie. Neuwied 1969.

Martin Drath

Staat (aus marxistischer Sicht)

→ *Gesetz, Kapital, Lohn, Macht, Pluralismus, Räte, Sozialstaat, Staat, Verelendung, Wert*

1. Der Begriff des Staates umfaßt den gesamten Komplex von Funktionen und Institutionen allgemeiner, abstrakter und öffentlicher *Herrschaftsausübung* innerhalb der bürgerlichen Gesellschaft und auf Basis der diese Gesellschaft wesentlich strukturierenden Form der gesellschaftlichen Produktion und Reproduktion, der *kapitalistischen Warenproduktion.* Der Staat als eine der zentralen Formen einer historisch spezifischen Gesellschaftsformation, der bürgerlichen Gesellschaft, kann weder als Konstante menschlichen Zusammen-

lebens betrachtet oder aus einem Normensystem der guten und gerechten Ordnung abgeleitet werden; noch kann seine Existenz bruchlos in die Zukunft hinein verlängert werden. Auch die einzelnen Aufgaben oder Funktionen des Staates können nicht der Ausgangspunkt einer Analyse sein. Vielmehr müssen Form und Inhalt des Staates aus den Widersprüchen der bürgerlichen Gesellschaft entwickelt werden.
Bei dieser Analyse ist der *historisch-genetische* Aspekt methodisch vom *funktional-strukturellen* zu unterscheiden, wenngleich erst die Einheit beider Momente den Begriff des Staates konstituiert.

2.0. Der moderne Staat entsteht mit der Auflösung der feudalen Produktionsweise und der ihr eigentümlichen Form gesellschaftlicher Herrschaft.
2.1. *Grundlage der Herrschaft* in jeder historischen Gesellschaftsformation ist die Verfügung über die materiellen Bedingungen der Produktion und über das die bloße Reproduktion der vorausgabten Arbeitskraft überschreitende Mehrprodukt. Das Verhältnis der Eigentümer der Produktionsbedingungen zu den unmittelbaren Produzenten ist die Grundlage der politischen Form der Souveränitäts- und Abhängigkeitsverhältnisse. Die konkrete Ausprägung der Herrschaftsform entwickelt sich aus der Form, in welcher das Mehrprodukt angeeignet wird.
2.1.1. Die *feudale* Produktionsweise beruhte auf der Verfügung der Feudalherren über den Boden und darüber hinaus über die ganze oder einen Teil der gesellschaftlichen Arbeitskraft. Die Aneignung des Mehrprodukts erfolgt offen und direkt (Leibeigenschaft, Fronsystem, Natural- oder Produktenrente). Eine allgemeine Trennung der Herrschaftsausübung in eine direkte, ökonomische, und eine vermittelte, politische Form existierte nicht.
Mit der Ausbreitung des Tausches zwischen den einzelnen feudalen Produktionsbereichen und des Welthandels sowie der Entwicklung der *Warenproduktion* im Innern des Feudalsystems (Städte) tritt an die Stelle der direkten Beziehungen zwischen den Besitzern der Produktionsbedingungen und der Arbeitskraft die vermittelte Beziehung des *Geldverhältnisses* (Entstehung der Geldrente). Die gesellschaftliche Reproduktion zersplittert sich in einzelne, autonome Teilfunktionen. Dies bedingt eine neue Form der Beziehungen zwischen den Produzenten, der sachlichen Beziehung über den Austausch der Produkte und der Vermittlung durch den allgemeinen Repräsentanten des gesellschaftlichen Reichtums, das Geld. Das Geld, die ökonomische Form des gesellschaftlichen Reichtums, entwickelt sich aus der spezifischen Struktur des gesellschaftlichen Reproduktionsprozesses, seiner *Doppelung* in zwei innerlich zusammengehörende, aber sich äußerlich gegeneinander verselbständigende Prozesse: Produktion und Zirkulation. Diese Struktur findet ihren Ausdruck in der Doppelung der Individuen in den materiell ungleichen Privatmann und den formell gleichen Herrschaftsunterworfenen und in der Doppelung der gesellschaftlichen Herrschaft in ökonomische und politische Herrschaft. Aus der Notwendigkeit der Garantie des gesellschaftlichen Zusammenhangs entsteht die zentrale Herrschaftsgewalt, aus dem Zwang zur

rechtlichen Regelung der Beziehungen zwischen den autonomen Produzenten bilden sich die ersten Formen der Politik, des Kampfes um die Festlegung der Rechte der verschiedenen Stände der sich auflösenden feudalen Gesellschaft. Die Auflösung der feudalen Gesellschaft macht die Sicherung vor allem der ökonomischen Beziehungen zwischen den einzelnen Gemeinwesen (Handel) und die Sanktionierung der Rechtsverhältnisse notwendig. Seit Beginn der Neuzeit und vor allem in der Zeit des *Absolutismus* wird die oberste Herrschaftsgewalt über ein jeweils abgrenzbares Gebiet zentralisiert und *verallgemeinert*. Die über das Privilegiensystem zerstreuten, an Personen gebundenen Herrschaftsrechte (Gerichtsbarkeit, Militär) werden bei einem Herrscherhaus zentralisiert. Der so entstehende absolutistische Staat ist, weil er noch auf feudaler Grundlage beruht, sowohl Unterdrücker als auch Geburtshelfer der sich in seinem Innern entwickelnden bürgerlichen Gesellschaft. Über das *Steuersystem* und die Staatsschuld schöpft er einen großen Teil des gesellschaftlichen Mehrprodukts ab, welchen er aus machtpolitischen Gründen (zum Teil) zur Förderung der Produktion einsetzt (→ Merkantilismus). Zugleich sind es gerade die verallgemeinerten Herrschaftsbeziehungen und Rechtsverhältnisse, die der sich ausbreitenden Warenproduktion einen größeren Markt schaffen und damit die ursprüngliche Akkumulation von *produktivem Kapital* ermöglichen, welche die Vorherrschaft des Handels- und Wucherkapitals ablöst (Manufaktur).

2.1.2. *Die bürgerliche Gesellschaft* findet dort, wo sie sich auf Grund ihr vorausgesetzter historischer Prozesse und natürlicher Bedingungen zuerst entfalten konnte, einen Apparat allgemeiner Herrschaft vor, der bereits die Keime eines *bürokratischen* Systems (Verwaltung) enthält. Die weitere Entwicklung der nicht an Personen gebundenen (weder vererbbaren noch veräußerbaren), sondern nach bestimmten Kriterien der Hierarchie, Arbeitsteilung und Qualifikation organisierten Herrschaftsapparatur bezeichnet den zweiten Aspekt der Herrschaftsausübung durch den Staat: ihren *abstrakten* Charakter. Dieser wird um so mehr bestimmend, je mehr sich die bürgerliche Gesellschaft auf ihrer eigenen Grundlage, der *Kapitalakkumulation*, entfaltet und nach Verrechtlichung, d. h. Formalisierung und Kontinuität der Beziehungen zwischen den Privatproduzenten drängt. In Revolutionen und Verfassungskämpfen setzt das Bürgertum die Bestimmung der Aktionen des Staates durch kontinuierlich geltende, allgemeine Übereinkünfte (Verfassungen) und abstrakte Gesetze durch, die sowohl unbefristete Geltung haben als auch alle Beteiligten gleichermaßen binden sollen, also auch den Staat. Die *Herrschaft des Gesetzes* als der Ausdruck der Herrschaft der sich als gleiche anerkennenden Privatproduzenten soll zuerst (a) die Willkür der der bürgerlichen Produktionsweise vorausgesetzten feudal-monarchischen Souveränität eindämmen, (b) schließlich diese Form der Souveränität selbst abschaffen und staatliche Herrschaft als gemeinsame des vielköpfigen Bürgertums konstituieren (Idee der *Volkssouveränität)*. Diese gemeinsame Herrschaft des Bürgertums kann sich nur *öffentlich* vollziehen. In den Auseinandersetzungen des Bürgertums mit dem Absolutismus, vor allem um die Besteuerung, entwickelt sich die spezifische Form der bürgerlichen, öffentlichen Herrschaft, das Repräsentativsystem (→ Parlamentarismus), der Herrschaft mittels gewählter und kontrollierbarer Vertretung.

2.2. Die bürgerliche Herrschaft beruht als Form der *Klassenherrschaft* auf dem → *Kapitalverhältnis*, der Trennung der unmittelbaren Produzenten von den Bedingungen der Produktion und der Verfügung einiger weniger über diese Bedingungen, in deren Hand sich der gesellschaftliche Reichtum akkumuliert. Die Stellung zu den Produktionsbedingungen konstituiert die drei großen *Klassen* der bürgerlichen Gesellschaft, die Grundbesitzer, die Bourgeoisie und die Lohnarbeiter (→ Arbeiter). Neben diesen großen Klassen existieren sowohl kleine Warenproduzenten fort, wie sich eine ganze Reihe unproduktiver, zum Teil für die bestimmte Form der gesellschaftlichen Reproduktion notwendiger (Zirkulationsagenten) als auch allein zu Diensten der besitzenden Klassen existierender *Zwischenschichten* herausbilden. Die bürgerliche Klasse eignet sich das gesellschaftliche Mehrprodukt nicht mehr in sichtbarer und direkter Form an, vielmehr findet diese Aneignung in der verschleierten Form der *Mehrwertproduktion* statt. Die Arbeitskraft ist selbst zur Ware geworden, von deren Verkauf die Klasse der Lohnarbeiter lebt. Im → Lohn erhält der Arbeiter den sich historisch verändernden Wert der Arbeitskraft. Sein über diesen, vom Kapitalisten vorgeschossenen, → Wert hinausgehendes Produkt eignet sich der Kapitalist in der Form des Mehrwerts an. Dieser Aneignungsprozeß des gesellschaftlichen Mehrprodukts ist jedoch nicht mehr unmittelbar einsichtig, da der Lohn als im Austausch regulierter Preis für geleistete Arbeit und das Mehrprodukt der gesellschaftlichen Arbeit als im Austausch realisierte Leistung des Kapitals (Profit) *erscheint*.

2.2.1. Die Beziehung zwischen Lohnarbeit und Kapital ist *formell* eine *Geldbeziehung* zwischen freien Warenbesitzern, *inhaltlich* basiert sie auf der Trennung der Arbeit von den Produktionsbedingungen und leitet die Unterwerfung des Arbeiters unter das Kapital im Produktionsprozess ein. *Ökonomisch* besteht die Herrschaft des Kapitals in der unbeschränkten Verfügung über die Produktionsbedingungen sowie in der auf die Zeit der Produktion beschränkten Verfügung über die gesellschaftliche Arbeitskraft. Außerhalb des Produktionsprozesses ist der Arbeiter formell freier Warenbesitzer und auf dieser Grundlage als Staatsbürger in der gleichen Weise der abstrakten Herrschaft des Gesetzes unterworfen wie der Kapitalist. Die formelle Gleichheit vor dem Gesetz verschleiert und verewigt jedoch die materielle, auf der Klassengliederung beruhende Ungleichheit.

2.2.2. *Der bürgerliche Staat* garantiert die spezifische Form der Produktion, das Kapitalverhältnis. Deshalb ist er auch die Form der Herrschaft der *Gesamtbourgeoisie* über den *einzelnen* Bourgeois, denn der Zusammenhang zwischen den besonderen Kapitalen wird nur über die Zirkulation und die Konkurrenz hergestellt, in welcher nicht mehr traditionell privilegierte Personen oder aber *ein* besonderes Kapital herrschen, sondern die sich naturwüchsig durchsetzenden → Gesetze der kapitalistischen Reproduktion (Wertgesetz). Aus diesen Funktionsbedingungen bürgerlicher Herrschaft resultiert

ihre spezifische *Organisationsform*. Die Sicherung der Durchsetzung der allgemeinen Gesetze der Produktion, d. h. die Garantie der Konkurrenzbedingungen, fällt innerhalb der bürgerlichen Gesellschaft der besonderen Institution Staat zu, der dadurch den Schein der Unabhängigkeit vom Kapital erhält.
Der moderne bürgerliche Staat gliedert sich in zwei wesentliche Komplexe: den *Staatsapparat* (verschiedene Zweige der Verwaltung, Militär, Polizei, Justiz), Beschäftigungsfeld einer besonderen politischen Funktionärsschicht, und die *Institutionen der Kämpfe um die Normierung und Beeinflussung* der Staatsaktionen (politische „Willensbildung"). Der Staatsapparat selbst ist wiederum funktionell und organisatorisch untergliedert in (a) den eigentlichen Gewaltapparat (Gewaltmonopol), welcher zur Sicherung der bestimmten Form der Reproduktion gegen ihre möglichen inneren und äußeren Feinde dient, und (b) den Apparat zur Durchführung allgemeiner Aufgaben, Verwaltung der Finanzen, Sicherung des Rechts. Die *Justiz* steht in der Zwitterrolle, die aus der doppelten Funktion der Gesetze entspringt. Einerseits muß sie das geltende Recht gegen die einzelnen Privatleute durchsetzen, andererseits muß sie die Rechte des einzelnen gegenüber anderen Privatleuten und gegenüber dem Staat wahren.
2.2.3. *Die besonderen Institutionen,* die sich das Bürgertum zur Durchsetzung und Wahrung seiner Interessen zunächst gegenüber dem Feudalismus geschaffen hat, das Repräsentativsystem, *veränderten* unter den Bedingungen der uneingeschränkten Klassenherrschaft der Bourgeoisie ihre Funktion. In dem Maße, in dem das Proletariat die formelle Freisetzung der Lohnarbeit außerhalb des Produktionsprozesses, d. h. außerhalb des unmittelbaren Souveränitätsbereiches des Kapitals, in politische Emanzipationsversuche umzusetzen begann (Arbeiterbewegung), ergab sich für die Bourgeoisie die Notwendigkeit, das Proletariat entweder mittels staatlicher Gewalt zu unterdrücken oder politisch in das System der bürgerlichen Herrschaft zu integrieren. Die klassische Form der öffentlichen Herrschaft, die für die Durchsetzung des Bürgertums gegenüber dem Absolutismus notwendig war, wurde mit der Entwicklung des Kapitalismus, dem Anwachsen der Masse der Lohnarbeiter und der Erweiterung des Wahlrechts zusehends *ambivalent*. Der Widerspruch zwischen der uneingeschränkten ökonomischen Souveränität und der nur vermittelten politischen Herrschaft des Bürgertums ist der dem bürgerlichen Staat immanente politische Widerspruch, der historisch spezifische Typen der bürgerlichen Herrschaft konstituiert.

3.0. Die Konstitution historisch spezifischer Typen der bürgerlichen Herrschaft beruht auf der geschichtlichen Bewegung des Akkumulationsprozesses.
3.1. Im Verlauf des *Akkumulationsprozesses* wachsen dem bürgerlichen Staat sowohl allgemeine als auch historisch spezifische Funktionen zu, die zu neuen Organisationselementen des Staatsapparates führen.
3.1.1. *Allgemeine ökonomische,* d. h. funktionell dem Prozeß der kapitalistischen Warenproduktion zugehörende Aufgaben des Staates sind zunächst die

Standardisierung des *Geldwesens* und die Garantie allgemeiner Bedingungen der Produktion in Form der Systematisierung der *ökonomischen Rechtsbeziehungen* (Handels-, Gesellschaftsrecht etc.). Mit der Ausdehnung der Warenproduktion und der Entfaltung der Produktivkraft der Arbeit in Gestalt gesellschaftlicher, die Privatproduktion isolierender, Arbeitsteilung muß der Staat auch allgemeine materielle Bedingungen der Produktion herstellen, sofern sie von den konkurrierenden Privatproduzenten nicht mehr hergestellt werden (Infrastruktur). Die Intensivierung der kapitalistischen *Konkurrenz* (→ Wettbewerb) führt zu der Notwendigkeit, ihre zerstörerischen Wirkungen aufzuhalten sowie allgemeine und gleiche Bedingungen dieser Konkurrenz zu schaffen. Hierzu gehören die Sicherung der Existenz der exploitationsfähigen Klasse von Lohnarbeitern und die Organisation eines Bildungswesens, welches einen dem historischen Niveau der Produktion entsprechenden Qualifikationsstandard der Arbeitskraft garantiert (z. B. Begrenzung des Arbeitstages, Gesundheitswesen, Armengesetze, Schulwesen).

Die *Grenze* dieser Staatstätigkeit ist dem Staat funktionell *immanent*. Die Funktionen des Staates sind a priori allgemeine, die zwar aus dem inneren Zusammenhang der zersplitterten kapitalistischen Warenproduktion erwachsen, aber – gerade weil diese Form der Produktion die einzelnen Teilfunktionen gegeneinander absondert – selbst nur als *besonderes* Geschäft der gesamtgesellschaftlichen Arbeitsteilung organisiert werden können. Dieser besondere Zweig der gesellschaftlichen Gliederung kann sich auf Grund seiner Funktionsbestimmung nur bei Aufhebung der kapitalistischen Warenproduktion über seine Begrenzung hinwegsetzen. Diese immanente Grenze der Staatstätigkeit kommt sowohl in den *materiellen Mitteln,* als auch in den *Instrumenten,* derer sie sich bedient, zum Ausdruck. Der Staat kann selbst nur in beschränktem Umfang produktives Kapital bilden, d. h. zum Zwecke der Profiterzielung produzieren. Er verfügt deshalb nicht, wie der noch feudale Staat, über eigene Mittel, sondern bezieht sie über das Steuer- und Anleihensystem. Sowohl die Fiskal- als auch die Geldpolitik – zweites klassisches Gebiet ökonomischer Staatstätigkeit – haben ihre immanente Grenze in dem – der Souveränität des Kapitals unterstellten – Akkumulationsprozeß. Dieser begrenzt die Masse der abzuschöpfenden Steuern (Notwendigkeit der Akkumulation von Mehrwert) und ruft die Bewegungen der Zirkulation hervor, auf welche staatliche Geldpolitik nur *reagiert* (z. B. Währungskrisen, Geldvolumen).

3.1.2. Der kapitalistische Akkumulationsprozeß bewegt sich in der Form des *Zyklus* (→ Konjunkturen und Krisen). Mit der Akkumulation erhöht sich die organische Zusammensetzung des Kapitals (Verhältnis des für vergegenständlichte Arbeit, Produktionsmittel, vorzuschießenden zu dem in lebendige Arbeitskraft umzusetzenden Kapitalteil), welche zu einer Senkung der Profitrate (sinkende „Grenzleistungsfähigkeit des Kapitals", Keynes) führt. Dieser *Fall der Profitrate* vollzieht sich sowohl zyklisch unterschiedlich nach verschiedenen Produktionszweigen als auch langfristig bezogen auf das gesellschaftliche Gesamtkapital (Durchschnittsprofitrate). Der zyklische Fall produziert Teil- und Strukturkrisen, die eine Konzentration des Kapitals und eine Umverteilung des Gesamtkapitals auf profitablere Produktionszweige mit sich bringen. Der langfristige Fall erfordert die Ausdehnung der kapitalistischen Produktion auf immer neue Produktionszweige und geographische Bereiche, die bislang noch nicht in den Kreislauf der Kapitalproduktion einbezogen waren.

Dem bürgerlichen Staat wachsen dadurch *spezifisch historische Funktionen* (spezifische Tätigkeiten) zu. Solche Funktionen sind die Förderung der kapitalistischen Entwicklung in ihren Anfängen (Herausbildung des Nationalstaates), die imperialistische Machtpolitik *(→ Imperialismus)* in der Zeit bis zum Ende des Zweiten Weltkrieges; im Innern der einzelnen Nationalstaaten die Stützung oder Übernahme unrentabel gewordener Produktionszweige, die Initiierung neuer Produktionsmethoden und -zweige (Subventionen, Sozialisierung der Verluste, staatliche Risikoübernahme); im internationalen Rahmen einerseits die Absicherung nationaler Kapitalzweige gegen ausländische Konkurrenz, andererseits die Förderung der Ausdehnung der kapitalistischen Produktion in größeren Räumen und die Integration und Internationalisierung der Produktion, womit tendenziell ein Substanzverlust des klassischen Nationalstaates einhergeht. Ob der → Keynesianismus (Zunahme der Staatstätigkeit zur Aufrechterhaltung des Akkumulationsprozesses und zur Abschwächung von Krisen) zu einer neuen allgemeinen Funktion des bürgerlichen Staates, nämlich der *Regulierung* des kapitalistischen Reproduktionsprozesses, im Gegensatz zur *Garantie,* geführt hat, ist in der marxistischen Diskussion umstritten (→ Spätkapitalismus).

Auf kapitalistischer Grundlage sind jedoch diesen historisch spezifischen Staatsfunktionen *Grenzen* in den Gesetzesmäßigkeiten der Akkumulation gesetzt. Staatliche Krisenvermeidungs-(Konjunktur-)politik kann bestimmte Prozesse abschwächen, andere stimulieren. Aber ihre *Instrumente* bleiben der Bewegung des unter der Souveränität des Kapitals stehenden Reproduktionsprozesses äußerlich, wenn sie nicht das *Funktionsprinzip* dieses Akkumulationsprozesses, den Profitmechanismus, zum Funktionsprinzip staatlicher Wirtschaftspolitik machen und sich damit in Gegensatz zur Lohnarbeit setzen (z. B. Lohnstop, Einkommenspolitik). In der Möglichkeit, zumindest auf nationaler Ebene gewisse zwar funktionell kapitalistische, aber staatlich organisierte Steuerungsmechanismen einzusetzen, kommt die fortschreitende Vergesellschaftung der Arbeit, kapitalistisch ausgedrückt in der Konzentration und Zentralisation des Kapitals, zum Ausdruck. Da aber gleichzeitig sich der Weltmarkt quantitativ und qualitativ (Verdichtung) ausdehnt und im internationalen Bereich die Formen einer supranationalen Staatsgewalt eben bei den ersten, ursprünglichen Staatsfunktionen (Vereinheitlichung der Rechtsverhältnisse, Standardisierung des Geldwesens) angelangt sind, ist die Ausschaltung von Weltmarktkrisen bei gleichzeitig bestehender voller Mobilität des Kapitals unmöglich (→ Inflation).

3.2. Der zyklische Prozeß der Akkumulation mit seinen Krisen und Katastrophen erzwingt die *Organisierung der Lohnarbeiter* zur Sicherung ihrer

Existenzbedingungen (→ Gewerkschaftsbewegung). Der Widerspruch zwischen Lohnarbeit und Kapital tritt als *Klassenkampf* in historisch unterschiedlicher Ausprägung und Politisierung hervor.

3.2.1. Die Gewerkschaften und der Reformismus in den politischen Organisationen der Lohnarbeiter erkämpften im Rahmen der bürgerlichen Gesellschaft und auf der Basis der parlamentarischen Demokratie in Zeiten der Prosperität Verbesserungen der Existenz der Lohnabhängigen, die sich teils im Rahmen der direkten Auseinandersetzung mit dem Kapital (→ *Tarifpolitik*), teils aber auch in Gestalt von auf parlamentarischer *Gesetzgebung* beruhender und staatlich organisierter und garantierter Vorsorge (Sozialgesetzgebung, → „Sozialstaat") niederschlagen. *Institutionell* entstehen dabei neue staatliche oder öffentlich-rechtliche Institutionen, die ambivalenter Natur sind: ihrem Klasseninhalt nach (ökonomisch: Umverteilung eines Teiles der gesamten Lohnsumme auf die Klasse der Lohnarbeiter) gehören sie funktionell *nicht unmittelbar* zur Reproduktion des Kapitals. Andererseits bilden sie einen Bestandteil des Gesamtbereichs des bürgerlichen Staates und fungieren in dieser Eigenschaft als Mittel der *Integration* der Lohnarbeiter in das System der bürgerlichen Herrschaft. Sie nähren die Illusion von der Neutralität des Staates, die schon aus seinen allgemeinen Funktionen erwächst. Der Machtapparat und die staatlichen Funktionen der Sicherung der kapitalistischen Produktionsweise bleiben von den neuen Institutionen und Funktionen unangetastet.

Allerdings wird mit der Ausdehnung gesetzgeberischer Tätigkeit und *formeller* staatlicher Organisation von ursprünglichen Selbstverwaltungs- und Hilfefunktionen der Widerspruch von Lohnarbeit und Kapital in den bürgerlichen Staat *selbst* eingebaut und produziert Widersprüche *zwischen* seinen einzelnen Organen und Bereichen, was sowohl bis in Details der Gesetzgebung als auch im Rechtsanwendungsbereich nachzuverfolgen ist (neue Rechtsgebiete wie Arbeitsrecht, neue Formen der Gerichtsbarkeit; neue Verwaltungszweige). Für diese im wesentlichen aus der Bewegung der Lohnabhängigen erwachsenden Staatsfunktionen bildet die Souveränität des Kapitals über den Gesamtprozeß und die Entwicklungsrichtung der gesellschaftlichen Reproduktion die *äußere Grenze,* weil sie im Gegensatz zum Kapitalinteresse stehen und der bürgerlichen Klasse abgerungen werden müssen. Die Gesetze der Kapitalakkumulation stellen sich auch solchen staatlichen Maßnahmen als Grenzen dar, die auf eine Veränderung des kapitalistischen Systems mittels schrittweiser Verstaatlichung ausgehen. Solche Maßnahmen haben sich nur dort als längerfristig durchführbar erwiesen, wo sie sich den Gesetzen der Profitproduktion eingepaßt haben. Die durch die politischen Aktivitäten von Vertretern der Arbeiterklasse *innerhalb* des Gesamtkomplexes des bürgerlichen Staates in Gang gesetzten Widersprüche haben eine gemeinsame Wirkung: Sie führen zu der bekannten Stärkung der Exekutivgewalt in parlamentarischen Systemen.

3.2.2. Die Geschichte der bürgerlichen Herrschaft ist durch einen eigenartigen *Zyklus politischer Herrschaftstypen* gekennzeichnet. Dieser Zyklus resultiert aus der Einheit der beiden Prozesse: dem jeweiligen Stand und der jeweiligen Schärfe der Krisen des kapitalistischen Akkumulationsprozesses und dem hieraus resultierenden Stand und der jeweiligen Schärfe der Klassenkämpfe. Die Form der öffentlichen Herrschaft des Bürgertums schwankt zwischen Typen der *parlamentarischen Republik oder Demokratie* und der *Diktatur* (Bonapartismus, Faschismus). Der Widerspruch zwischen der ökonomischen Souveränität des Kapitals und der durch die Form des Parlamentarismus gesetzten politischen Souveränität der Mehrheit des Wahlvolkes treibt dann auf die Spitze, wenn eine revolutionäre Arbeiterbewegung sich des Staates als Mittel zur Brechung der Herrschaft des Kapitals zu bedienen anschickt. In Zeiten der Prosperität besteht diese Gefahr kaum, da der geregelte Gang der Akkumulation der Arbeiterklasse Beschäftigung sichert und die aus dem alltäglichen Lebensprozeß resultierenden Illusionen über das kapitalistische System und den bürgerlichen Staat sich naturwüchsig reproduzieren. Krisen, zumal länger andauernde, zerbrechen diese Illusionen und machen eine Organisierung des Proletariats zur Überwindung der kapitalistischen Form der Produktion *möglich*. Historisch ist es der bürgerlichen Klasse in entwickelten kapitalistischen Ländern bisher immer gelungen, einer proletarischen Revolution durch die Abschaffung der parlamentarischen Demokratie und die Errichtung einer Diktatur zuvorzukommen.

Eine bürgerliche Diktatur führt regelmäßig zu einem Abbau der durch die Kämpfe der Arbeiterklasse erreichten Verbesserungen ihrer Existenz, wenngleich bestimmte, zur Erhaltung der Klasse der Lohnarbeiter als solcher notwendige Institute erhalten bleiben (Sozialversicherung z. B.). Die *politische* Unterwerfung der Arbeiterklasse (Parteienverbote, Gewerkschaftsverbot und Gründung kapitalhöriger Syndikate, Verfolgung der Führer der Arbeiterklasse) ist im Rahmen der bürgerlichen Gesellschaft dann notwendig, wenn schwere Krisen den Fortbestand der kapitalistischen Akkumulation bedrohen und diese Situation eine scharfe Senkung der Lohnrate erfordert. Die Schärfe der Unterdrückung hängt von der Schärfe der Krise und dem zuvor erreichten Stand der Organisierung und Politisierung der Lohnarbeiter ab, zumal im entwickelten Kapitalismus angesichts der Masse und des Organisationsgrades der Arbeiterklasse ein liberales Vertrauen auf die automatische, unwidersprochene Wirkung der Reservearmee nicht mehr möglich ist. Die Schärfe der Krise des jeweiligen Landes ist selbst wiederum Resultat der Stellung des Landes im Rahmen des kapitalistischen Weltsystems und des notwendigen Maßes der Abschließung vom Weltmarkt (Autarkiepolitik).

3.2.3. Die in der marxistischen Diskussion um bürgerliche Typen der Diktatur umstrittene *Frage nach dem „Primat der Politik“* oder dem „Primat der Ökonomie“ ist falsch gestellt, da in der bürgerlichen Gesellschaft kontinuierlich der Primat der Sicherung der Souveränität des Kapitals existiert. *Strukturell* bleibt auch eine Diktatur für das Bürgertum eine Form der vermittelten Herrschaft. Die Konkurrenz der Kapitale, die sich politisch in den Auseinandersetzungen um die Durchsetzung jeweils bestimmter Interessen niederschlägt, führt auch hier zu der Notwendigkeit einer *Art der Repräsentation* („Selbstverwaltungsorganisationen“, „Räte“, Korporativismus), wenngleich die Ver-

tretung von Einzelinteressen fast völlig in die Nichtöffentlichkeit staatlicher oder parteilicher Instanzen verlegt und öffentlich die Nichtexistenz von Einzelinteressen dargestellt wird. Der Staat als *besondere* Organisationsform *allgemeiner* Aufgaben bleibt nicht nur erhalten (d. h. auch der von einer besonderen Funktionärsschicht besetzte Staatsapparat, der gerade im Faschismus gegen alle antibürgerlichen Gruppen abgeschirmt wurde), sondern erhält gerade in dieser Funktion ein besonderes Gewicht. Schwere Krisen sind Krisen des gesamten Systems der bürgerlichen Gesellschaft, die die Notwendigkeit der Durchsetzung seiner wesentlichen Funktionen verschärfen und den kapitalistischen Staat als *allgemeine Herrschaftsgewalt* auch gegen Teile der in sich zerstrittenen bürgerlichen Klasse auf den Plan rufen, die aus sich heraus zur Herstellung einer *gemeinsamen* Regierung nicht mehr in der Lage sind.
Die Doppelnatur bürgerlicher Diktaturen, die Arbeiterklasse terroristisch zu unterdrücken, zugleich aber den Fortbestand und den allgemeine Zusammenhang der kapitalistischen Gesellschaft auch gegenüber Teilen des Bürgertums selbst zu garantieren, drückt sich → *ideologisch-politisch* in ihrem Anspruch aus, das *ganze* Volk zu repräsentieren. Dieser Anspruch liegt zwar auch der Form des *Parlamentarismus* zugrunde, wird jedoch hier in einer anderen Art und Weise politischer Organisation zu verwirklichen versucht. Im Rahmen der parlamentarischen Demokratie entsteht die Illusion, die Volksvertretung und der Staat repräsentierten das Ganze, durch die spezifische Form der *öffentlichen* Austragung und Schlichtung von Interessengegensätzen (→ „Pluralismus"). Solange der stumme Zwang der ökonomischen Verhältnisse die bestehende gesellschaftliche Ordnung mit ihrer ungleichen Verteilung von Macht und Reichtum als nicht veränderbar erfahren läßt, kann das Resultat der politischen Auseinandersetzungen gleichwohl als faires Resultat einer fairen Konfliktregelung interpretiert werden. Die *Doppelnatur der Repräsentation* zeigt sich gerade hier, in der Darstellung und Austragung von Interessen*gegensätzen* im Rahmen und zum Zwecke der Erhaltung grundlegender *Herrschaftsstrukturen*. Dies unterstellt aber, daß der reibungslose Gang der kapitalistischen Reproduktion die Individuen im Produktions- und Zirkulationsprozeß fortlaufend diszipliniert und integriert.
Zerbricht dieser *ökonomische* Prozeß der Disziplinierung und Integration (Arbeitslosigkeit, Konkurse), dann soll eine starke Macht ein Auseinanderbrechen der bürgerlichen Gesellschaft verhindern und den allgemeinen Zusammenhang *anders repräsentieren* als mittels konkurrierender Vertreter, nämlich durch eine einheitliche, sich unbeschränkt souverän gebende Staatsgewalt (verkörpert z. B. in einer Partei und einem Führer).

4. Zukunft. – Inwieweit zukünftig Formen bürgerlicher Diktatur in *den* kapitalistischen Ländern entstehen können, in denen die große Masse der Bevölkerung Lohnarbeiter sind, muß offen bleiben. Jedoch ist der bürgerliche Staat selbst nur eine historische Form. Die bisherige Form der Produktion des notwendigen gesellschaftlichen Mehrprodukts wird mit der zunehmenden Möglichkeit der Gesellschaft, den Produktions- und Reproduktionsprozeß

bewußt und auf der Basis gesamtgesellschaftlicher Rationalität → *planend* zu steuern, überflüssig. Damit diese Möglichkeit Wirklichkeit wird, müssen die *Subjekte*, die Produzenten, durch die Aufhebung des Privateigentums an den Produktionsbedingungen die Voraussetzungen für eine andere Form der Vergesellschaftung schaffen. Ein Grundprinzip einer solchen Veränderung wird die *Aufhebung der Trennung von Politik und Ökonomie* sein, d. h. die Abschaffung der „besonderen" Organisation der, aus den isolierten Produktionsprozessen ausgegliederten, „allgemeinen" Aufgaben und die gemeinsame Regelung der gesellschaftlichen Reproduktion durch die Produzenten. Die Art und Weise, in der sich dieser Prozeß vollziehen wird, muß noch gefunden werden.

LITERATURHINWEISE

Marx-Engels: MEW, Bd. 1, 3, 4, 7, 8, 17, 23–26.
Agnoli, Johannes: Die Transformation der Demokratie. Frankfurt/M. 1968.
Kühnl, Reinhard (Hrsg.): Formen bürgerlicher Herrschaft. 2 Bde., Reinbek 1972.
Probleme des Klassenkampfs (Prokla), Zeitschrift für politische Ökonomie und sozialistische Politik. Erlangen 1971 ff.
Weber, Max: Wirtschaft und Gesellschaft. Tübingen 1956.
Wirth, Margaret: Kapitalismustheorie in der DDR. Frankfurt/M. 1972.

BERNHARD BLANKE

Stadtplanung (SP.)

→ *Gemeinde, Konjunktur, Planung, Regionalplanung, Selbstverwaltung*

1. VERSTÄDTERUNG. Mit der Industrialisierung setzt in allen Gesellschaften die Verstädterung ein. In der BRD ist dieser Prozeß noch nicht abgeschlossen. Der Anteil der Bevölkerung, der in Städten mit über 20 000 Einwohnern lebt, ist in den Jahren 1950–1970 von 41,5 auf 51,3 % gestiegen. Dabei erhöhen sich gegenwärtig weniger die Einwohnerzahlen in den Kernstädten als im Umland der Städte. Jede SP. muß deshalb die Randgebiete einbeziehen; sie hat es mit der *Stadtregion* zu tun (→ Regionalplanung).
Innerhalb der Stadt okkupieren Betriebe des *tertiären Sektors* – Dienstleistungsbetriebe, Warenhäuser usw. – die City. Das bewirkt eine enorme Steigerung der Bodenpreise. Wohnungen werden deshalb durch Verwaltungs- und Konsumpaläste ersetzt. Die ehemaligen Bewohner der Innenstädte lassen sich an Randzonen in neu errichteten Trabanten- oder Satellitenstädten nieder. Um zu ihrer Arbeitsstätte und zu den Verwaltungs-, Dienstleistungs- und Konsumeinrichtungen der City zu gelangen, muß ein Verkehrssystem mit riesigen Transportkapazitäten bereitgestellt werden. Durch historisch gewachsene Siedlungsstrukturen werden dabei ständig neue Breschen geschlagen. Wohnviertel in den Stadtkernen werden niedergewalzt (*„Flächensanierung"*) und für profitträchtigere Nutzungen freigemacht.

SP. wurde bis vor wenigen Jahren überwiegend als *Anpassungsplanung* betrieben: Sie hatte nur die Folgeprobleme zu bearbeiten, die die eigendynamische Entwicklung der Nutzungsänderungen durch die privaten Grundstückseigentümer verursachte. Die bloß technische und ästhetische SP. konnte die Verödung der Stadtkerne, die Errichtung von neuen Stadtteilen ohne genügende Gemeinschaftseinrichtungen und die Bevorzugung des Individualverkehrs nicht verhindern.
Dieser „Krise der Städte" soll nun die neue Konzeption der *Stadtentwicklungsplanung* abhelfen. Die SP. wird dabei als ein von verschiedenen Faktoren abhängiger Prozeß gesehen, in den der Planer lenkend eingreift. Bau-, Investitions-, Verkehrs-, Bildungs-, Sozial- und Finanzplanung werden integriert.

2. Drei Hauptprobleme. – Dieser Versuch muß unter sehr ungünstigen Bedingungen vonstatten gehen. Die wichtigsten Faktoren sind das Bodenproblem, die Struktur der Verwaltung und die Finanznot der G.

2.1. *Das Bodenproblem.* Die Verstädterung führt zu einer Verknappung des verfügbaren Bodens. Der Bodenwert erhöht sich, ohne daß der Eigentümer Leistungen dafür erbringen müßte. So ist in München der Grundstückspreis seit 1950 im Durchschnitt auf mehr als das Zwanzigfache gestiegen. Bodenbesitz ist eine lukrative Geldanlage, was durch steuerliche Vergünstigungen noch gefördert wird. Aus spekulativen Motiven bleiben Grundstücke unbebaut. Die SP. selbst trägt durch die Verbesserung der Infrastruktur zu den Werterhöhungen bei, die dann privat absorbiert werden.

2.2. *Die Folgen* sind schwerwiegend: a) Gemeinschaftseinrichtungen – Schulen, Parks, Gesundheitsdienste usw. – werden erschwert, weil die öffentlichen Haushalte die hohen Grundstückspreise nicht bezahlen können. – b) Viele konkrete Bauplanungen der Verwaltung werden durch die privaten Grundstückseigentümer verhindert oder unerträglich verzögett. – c) Da die Bauleitplanung einen entscheidenden Einfluß auf die Bodenpreise hat (Definition von „Bauland"), muß sie hinter verschlossenen Türen vollzogen werden, was in zunehmendem Maße den Widerstand der Betroffenen herausfordert. – d) Die steigenden Mieten erhöhen den Preis der Arbeitskraft und tragen damit zu einer indirekten Kürzung des industriellen Profits bei. Langfristig gerät so das Grundeigentum in einen Gegensatz zum industriellen Kapital; Marx hat daher die Nationalisierung von Boden als „bürgerliches Ideal" charakterisiert.

2.3. Eine erste gesetzliche Beschränkung der Herrschaft des Bodenkapitals in den Städten brachte das Gesetz über städtebauliche Sanierungs- und Entwicklungsmaßnahmen in den Gemeinden *(Städtebauförderungsgesetz,* StBauFG) im Jahre 1971. Dieses Gesetz erweitert den Handlungsspielraum der Gemeinden in Sanierungsgebieten und bei der Planung von Randsiedlungen. Es ermöglicht, Bebauung und bauliche Veränderungen zu erzwingen und „Planungsgewinne" abzuschöpfen. Auch können die Kosten für Infrastruktur-

maßnahmen zu einem erheblichen Teil auf die Nutznießer der Sanierung bzw. der Bauland-Erschließung umgelegt werden.
Die Enteignungsinstrumete des BtBauFG dienen dazu, Bauland für die Zeit der Planungsdurchführung in einer Hand zu vereinigen (öffentlicher oder – meistens – privater Träger); doch ist die Reprivatisierung zwingend vorgeschrieben. Dadurch fördert das Gesetz eine Konzentration von Bodeneigentum. Dennoch bleibt das Problem des privaten Grundeigentums prinzipiell bestehen, da das StBauFG nur für genau definierte Sanierungs- bzw. Entwicklungsgebiete gilt, also nur zeitweise und nur für kleine Einheiten.

3.0. Die Struktur der Verwaltung ist am traditionellen Modell der hoheitlichen Vollzugsverwaltung orientiert. Dieses Modell basiert auf der Annahme, daß es eindeutige, von der Legislative gesetzte Ziele gibt, die in Einzelmaßnahmen der Verwaltung verwirklicht werden (Gesetzesvollzug). Diese Voraussetzungen sind bei der SP. nicht gegeben.
3.1. Im Prozeß der SP. fallen – von der Problemdefinition über die Mittelauswahl und Zielsetzung bis zur Vollzugshandlung – ständig Entscheidungen, deren konkreter Inhalt für das Ergebnis des Prozesses mitentscheidend ist. Da sich der Gegenstand der SP. *ständig wandelt* und die möglichen Mittel – durch technischen Fortschritt und institutionelle bzw. gesetzliche Änderungen – sich verändern, müssen auch die Ziele ständig überprüft und neuen Situationen angepaßt werden.
Aus drei Gründen ist die traditionelle Struktur der Verwaltung diesem Prozeß nicht angemessen: (a) Die Spezialisierung und Partikularisierung der Probleme durch die Ressorts macht die Verwaltung unflexibel; sie kann fast immer nur re-agieren, also sich anpassen. – (b) Dem Gemeinderat werden von der Verwaltung Pläne vorgelegt, zu denen die Ratsmitglieder kaum Alternativen entwickeln können und die oft schon veraltet sind. Die Trennung in Entscheidung (Parlament) und Vollzug (Verwaltung) ist also eine Fiktion. – (c) Das gleiche Problem stellt sich bei der Kontrolle der Plandurchführung. Nicht jede Abweichung der Verwaltung von der ursprünglich beschlossenen Konzeption kann Gegenstand von Ratsbeschlüssen werden.
3.2. In der betroffenen Bevölkerung beginnt sich deshalb Widerstand gegen die administrative Fremdbestimmung zu regen. Aus *Bürgerinitiativen* in Neubauvierteln und Protestaktionen in Sanierungsgebieten entwickelte sich die Forderung nach Partizipation der Betroffenen an Planungsentscheidungen. Diese zunächst spontanen Widerstände wurden von politisierten Studenten unterstützt, dann von politischen Parteien aufgenommen und schließlich von der Verwaltung für ihre Strategie instrumentalisiert. In das StBauFG wurde die Vorschrift aufgenommen, daß vor Sanierungsmaßnahmen ein „Sozialplan“ für die betroffene Bevölkerung aufzustellen ist und daß die Probleme mit ihnen erörtert werden müssen.
Bisher zeigt diese Partizipation folgende Funktionen: Sie stellt eine gewisse Transparenz der Planungsprozesse her und erhöht damit die Legitimation für das Verwaltungshandeln; Konflikte, die sonst kumulativ am Ende des Pla-

nungsprozesses aufträten, werden in noch offenen Entscheidungssituationen klein gehalten. Die Beteiligung an den Diskussionen kann zu einer konfliktarmen Integration der Betroffenen in den Prozeß beitragen. Eines der schwierigsten Probleme bei Planungen: die Informationsbeschaffung, kann leichter bewältigt werden.

4. FINANZEN. – Schwerwiegende Probleme für eine längerfristige SP. ergeben sich aus der Lage der kommunalen Finanzen. Die Gemeinden verschulden sich immer mehr, und sie geraten in zunehmende Abhängigkeit von Land und Bund.
Bis zur Gemeindefinanzreform (1969) war die Gewerbesteuer die weitaus wichtigste Geldquelle der Kommunen. Dadurch standen die G. in scharfer Konkurrenz um die Ansiedlung von Industriebetrieben, was für ansiedlungswillige Unternehmen die beste Grundlage einer Erpressung von finanziellen Vergünstigungen war (Bodenpreise, Steuernachlässe, Vorleistungen). Außerdem hingen die Einnahmen der G. von der Konjunktur der lokalen Unternehmen ab, was den G. ein prozyklisches Ausgabeverhalten aufzwang. Seit der Finanzreform geben die G. 40 % der *Gewerbesteuer* an Bund und Länder ab und erhalten dafür 14 % der *Einkommensteuer*. Sie sind also jetzt im Steuerverbund mit Bund und Ländern und in die antizyklische Finanzpolitik des Bundes integriert: Da zwei Drittel aller öffentlichen Investitionen über die Gemeindehaushalte laufen (1970: 29 von 42 Mrd. DM), war die Einbeziehung der G. in die zentrale Steuerung unumgänglich.
Außer den Steuereinnahmen sind die *Zuschüsse* von Bund und Ländern sowie die Kreditaufnahmen die wichtigsten Finanzquellen für die Investitionen der G. Da der Bund nach dem Stabilitätsgesetz konjunkturgemäß Kreditrestriktionen verhängen und Investitionszuschüsse an die G. im Einzelfall beschließen kann, ergibt sich insgesamt eine erhebliche Abhängigkeit der kommunalen Investitionspolitik von den staatlichen Instanzen.

5. ERGEBNIS. – Daß SP. nicht nur ein Problem technischer Bauplanung ist sondern der Versuch, in einen durch viele Faktoren bestimmten Prozeß lenkend einzugreifen, ist heute jedermann bewußt. Unter den geschilderten Bedingungen dürfte jedoch die – mit so großen Erwartungen in Gang gesetzte – Stadtentwicklungsplanung nicht viel mehr erreichen als eine antizipatorische Anpassung.

LITERATURHINWEISE

Bahrdt, Hans Paul: Die moderne Großstadt. Hamburg 1969.
Evers, Adalbert, und *Lehmann*, Michael: Politisch-ökonomische Determinanten für Planung und Politik in den Kommunen der Bundesrepbulik. Offenbach 1972.
Roth, Wolfgang (Hrsg.): Kommunalpolitik – für wen? Arbeitsprogramm der Jungsozialisten. Frankfurt/M. 1971.
Müller, C. Wolfgang, und *Nimmermann*, Peter (Hrsg.): Stadtplanung und Gemeinwesenarbeit. München 1971.
Städtebauberichte der Bundesregierung 1970 ff.

HARTMUT HÄUSSERMANN

Statistik (St.)

1.0. Begriffe. St. ist eine wissenschaftliche Disziplin, die in der politischen Ökonomie zur Erfassung, Darstellung und Analyse von Tatbeständen der sozioökonomischen Wirklichkeit herangezogen wird. Es können drei Gebiete unterschieden werden. Die *beschreibende* St., die elementarste Stufe, zielt auf die Ermittlung von Fakten ab. Auf sie aufbauend wurden Verfahren des Schätzens von Parametern und des Prüfens von Hypothesen entwickelt; dabei werden bestimmte mathematische Modellannahmen zugrunde gelegt. Dies ist das Gebiet der *schließenden* St. Immer größere Bedeutung gewinnen komplexe *quantitative Verfahren*, die zur Theoriebildung beitragen sollen; zum Teil stellen sie schon selbständige Forschungszweige dar: Ökonometrie, Biometrie, Soziometrie.

1.1. *Beschreibende St.* Die beschreibende St. faßt das Datenmaterial mit Hilfe von Kennzahlen in übersichtliche Aussagen zusammen. Oft werden graphische Hilfsmittel herangezogen, um einen visuellen Eindruck von den Proportionen, Mittelwerten und Streuungen der Daten zu vermitteln. Ein großer Teil der amtlichen St. bewegt sich auf der beschreibenden Ebene, so die Daten der Bevölkerungs-, Berufs-, Preisstatistik usw.
Das beschreibende Verfahren ist sehr einfach bei Erscheinungen anwendbar, deren Elemente unmittelbar definiert werden können oder bereits selber mit Kennzahlen versehen sind. Dies trifft etwa für Einwohnerzählungen oder Preis- und Lohnerhebungen zu. Bei komplexen Erscheinungen müssen *Indices* gebildet werden, die eine ganze Reihe von Faktoren berücksichtigen. Dabei fließen theoretische Prämissen ein, da die Relevanz und Gewichtung der einzelnen Faktoren bestimmt werden muß. Die Komponenten eines Gesamtindikators zur Konjunkturdiagnose etwa können nur durch ein theoretisches Modell bestimmt werden.
Im allgemeinen gewinnen Indices ihren Wert erst bei fortlaufender Erhebung in *Zeitreihen*. Die Entwicklungsrichtung gibt dann viele Aufschlüsse und die Definition ist nicht mehr so ausschlaggebend wie bei einer isolierten Betrachtung. Jedoch ist die Gefahr des Realitätsverlustes gegeben, da über längere Zeiträume neue Indexelemente hinzutreten oder alte wegfallen können.
Die Indexproblematik kann am *Preisindex für die Lebenshaltung* aufgezeigt werden. Es werden sog. Indexhaushalte bestimmt, die als repräsentativ für die Gesamtbevölkerung hinsichtlich Einkommen, Berufsstellung und Personenzahl gelten. Sodann wird durch Verbrauchsstichproben der „Warenkorb" dieser Familien bestimmt. Die Entwicklung der Preise dieser Güter wird fortlaufend beobachtet und mit einem Basisjahr verglichen, so daß eine normierte Zeitreihe entsteht. Das Statistische Bundesamt der BRD veröffentlicht Preisindices für die Lebenshaltung in langjährigen Übersichten. Sie gelten als Maß für die Entwicklung des Geldwertes auf dem elementaren Sektor der Bedürfnisbefriedigung und spielen eine große Rolle in der → Tarifpolitik und bei der Bestimmung der Kaufkraft von Geldzahlungen an Rentner, Invalide usw.

Durch Division des Lohnindex durch den Preisindex werden Rückschlüsse auf die Entwicklung der Realeinkommen gezogen.
Indices werden in zunehmendem Maße für soziale Phänomene berechnet, um die Entwicklung der Lebensbedingungen zu ermitteln oder um die Grundlagen des soziokulturellen Wandels, insbesondere in → *Entwicklungsländern*, zu untersuchen. Bereits wenige Daten reichen aus, um Länderprofile zu erstellen, die einen Vergleich ermöglichen. So werden der Grad der Urbanisierung, der Umfang der medizinischen Versorgung und die Zahl der Rundfunkempfänger festgestellt, um Indices über die soziale und politische Partizipation zu berechnen. In *Westeuropa* wurden „Wohlstandsindices" für die EWG-Länder zusammengestellt, um den Umfang und die Verteilung von Konsumgütern und Dienstleistungen zu bestimmen; solche Indices spielen eine Rolle bei den wirtschaftlichen Harmonisierungsbestrebungen.
Wohlstands- und Preisindices dürfen *nicht* zu allgemeinen Indices der *Bedürfnisbefriedigung* fälschlich mißdeutet werden. Diese hängt nicht nur von den Kosten und der Höhe des Verbrauchs ab, sondern von dem allgemeinen Horizont der Konsumerwartungen und -verpflichtungen, die in der gesellschaftlichen Entwicklung ständig neu definiert werden. Ein allgemeiner Index der Lebenshaltung müßte auch die realisierte Güterproduktion im Vergleich zum Stand der Produktivkräfte sehen. Denn Bedürfnisbefriedigung ist kein Abstraktum, sondern richtet sich auch nach den in irgendeiner Weise vorgestellten, besseren, aber nicht realisierten Produktionsmöglichkeiten. Das Empfinden von Knappheiten wird immer ein Resultat dieses Verhältnisses sein. Hier sind der statistischen Erfassung Grenzen gesetzt. Die Indices der Lebenshaltung müssen sich auf vorhandene Güter beschränken und können nicht eine bessere, aber nicht realisierte Produktionsstruktur mit einbeziehen. Sie geben monetäre Aspekte der Bedürfnisbefriedigung im Hinblick auf erreichbare Produktionsgüter wieder.
1.2. *Schließende St.* Oft ist es unzweckmäßig oder gar unmöglich, die Gesamtheit eines Erscheinungsbereiches statistisch zu erfassen. Im allgemeinen wird dann nach bestimmten Verfahren eine *Stichprobe* gezogen, die repräsentativ für die Grundgesamtheit ist. Die Verfahren der schließenden St. gestatten es, von den Parametern der Stichprobe ausgehend die Parameter der Grundgesamtheit zu schätzen. Dabei sind Annahmen über die Verteilung erforderlich, um die Regeln der *Wahrscheinlichkeitstheorie* anwenden zu können. Es ist dann möglich, Bereiche zu berechnen, in denen der wahre Wert der Grundgesamtheit mit einer bestimmten Wahrscheinlichkeit liegt.
Auch die schließende St. spielt in den amtlichen Erhebungen eine wichtige Rolle; denn kostspielige Vollerhebungen können nur in großen Zeitabständen durchgeführt werden. Da bei bevölkerungspolitischen Untersuchungen große Grundgesamtheiten herangezogen werden, ist die *Gaußsche Normalverteilung* meist gewährleistet und die Verfahren der schließenden St. können angewendet werden. Es ist dann möglich, Daten von Volkszählungen hochzurechnen, Hypothesen über Veränderungen der Berufsstruktur, der Kinderzahl, des Altersaufbaus usw. zu testen oder die Entwicklung von Konsumausgaben und

Verbrauchsgewohnheiten auf der Grundlage von Stichproben zu ermitteln. Auch der Preisindex für die Lebenshaltung beruht auf der Verallgemeinerung von Stichproben.

1.3. *Quantitative Verfahren.* Die Methoden der beschreibenden und schließenden St. bewegen sich immer auf der Ebene von Faktenaussagen über genau definierte Größen. Die Mittel der komplexen quantitativen Verfahren gestatten es, eine *Strukturaussage* über den untersuchten Gegenstand zu machen. Die Interdependenzen des Erscheinungsbereiches werden erfaßt und in ihrem Wirkungsgrad dargestellt. Es werden prinzipiell *mehrere Dimensionen simultan* in die Analyse einbezogen. Diese höheren quantitativen Verfahren gewinnen immer mehr Eingang in die Praxis. Sie benutzen die Möglichkeiten der mathematischen Modellbildung, um komplexe Zusammenhänge zu erfassen. Mathematische Begriffe werden zu Begriffen der Gesellschaftstheorie in Beziehung gesetzt. Es steht dann nicht mehr so sehr der Vergleich von Fakten als die Analyse von *Relationen* im Vordergrund.

Die Verfahren der elementaren St., die den Erscheinungsbereich auf zweifache Zusammenhänge reduzieren, werden den vielfältigen Interdependenzen nur in seltenen Fällen gerecht. Auf dem Gebiet der → Bildungsplanung z. B. genügt es nicht, die Planzahl der Hochschulabsolventen im Fach Informatik nach den offenen Stellen in der Wirtschaft zu bestimmen; vielmehr müssen Forschungsprogramme der Regierung für Datenverarbeitung, Investitionspläne der Industrie und die Entwicklung des Außenhandels für die Computerindustrie als untereinander abhängige Faktoren in das Modell aufgenommen werden. Die Methoden der *multivariaten Analyse* gestatten es, diese verschiedenen Seiten simultan zu erfassen. Der Einsatz von elektronischen Rechenanlagen erweitert die Anwendungsmöglichkeiten erheblich.

Die mehrdimensionale Betrachtung erlaubt es, einen *problemorientierten dynamischen* Ansatz in der Datenanalyse zu verwirklichen. Es ist möglich, die latente Struktur auch sehr umfangreichen Materials herauszuarbeiten. Das meist unverbunden dargestellte, nur in Rohdaten gelieferte Material der amtlichen St. und anderer Träger kann mit solchen Verfahren für eine relevante Interpretation aufgearbeitet werden. So wurden *Korrelations*berechnungen über den Zusammenhang zwischen Wirtschaft und Politik durchgeführt: Die Beeinflussung des Wählerverhaltens durch wirtschaftliche Krisen spiegelt sich in der amtlichen St. wieder. Es wurden hohe Korrelationskoeffizienten zwischen Arbeitslosenziffern und NSDAP-Stimmen in der Weimarer Republik ermittelt. Der Zusammenhang wurde durch die Hinzunahme der jeweiligen Sozialstruktur des Wahlkreises und von Mentalitätsfaktoren wie Autoritarismus und Religion weiter spezifiziert. Auf diese Weise konnte ein Modell gebildet werden, das das Wählerverhalten durch eine Reihe von unabhängigen Faktoren in hohem Maße erklärt.

Das hauptsächliche Verfahren für komplexe Längsschnittanalysen ist die *Simulation,* die den → systemtheoretischen Ansatz zur Grundlage hat. Der Erscheinungsbereich wird als ein in einer bestimmten Weise funktionierendes System aufgefaßt, das sich im Zeitverlauf in einer berechenbaren Weise entwickelt. Es steht dann nicht so sehr die Wirkungsweise eines Faktors im Vordergrund als vielmehr der Gesamtzusammenhang als solcher. Simulationen wurden z. B. bei der → Sadt- und Regionalplanung, aber auch bereits für das industrielle Globalsystem der Erde (world dynamics von Forrester) angewandt. Beim jetzigen Stand der Forschung sind jedoch bei so umfassenden Bereichen stark vereinfachende Prämissen erforderlich, um überhaupt den Simulationsprozeß überblicken zu können. Die Ergebnisse hängen von relativ willkürlichen Eingabeparametern der Forscher ab. Erfolgversprechender ist die Methode bei einfachen Planungsaufgaben wie Flächennutzung, städtischem Verkehr oder Wohnungsbauten.

2. Grundlagen: Die St. beruht auf den Vorgängen des Zählens und Messens. Sofern ein Merkmal nur *qualitativ* erfaßt werden kann (Beruf, Geschlecht, Bildung), ist nur der Zählvorgang anwendbar. Die statistische Berechnung besteht dann in der Angabe der Proportionen der verschiedenen Merkmalsausprägungen und ihrer Zusammenhänge. Bei *quantitativen* Merkmalen

---

1. **Parameter** ist eine Kennziffer zur Charakterisierung von Verteilungen, etwa der Normalverteilung. Eine Einkommensverteilung z. B. ist durch zwei Parameter zu charakterisieren: Mittelwert und Streuung. Beide Angaben sind erforderlich. Z. B. kann der Mittelwert (Gesamteinkommen dividiert durch die Zahl der Einkommensbezieher) in zwei Ländern gleich hoch sein, die Streuung aber verschieden, etwa wenn die Gesellschaft in dem einen Land aus einer schmalen Schicht reicher Händler oder Feudalherren und einer breiten Schicht armer Bauern besteht, während die Einkommen in dem anderen Land ziemlich gleichmäßig verteilt sind. – **„Aktionsparameter"** sind in der Volkswirtschaftslehre jene Größen, auf die sich die Entscheidungen der Unternehmer beziehen. Ist z. B. im Rahmen des „Datenkranzes" eine bestimmte Nachfragefunktion gegeben, so kann der Unternehmer den Preis und/oder die Mengen seiner Produkte als „Aktionsparameter" festlegen.

2. **Normalverteilung** ist eine bestimmte, in der Realität häufig vorkommende Gruppierung von Daten um einen Mittelwert. Sie tritt auf, wenn große Datenmengen vorliegen und wenn verzerrende Faktoren ausgeschaltet sind, wenn also „Zufall" herrscht. Es ist Carl Friedrich Gauß gelungen, diese Verteilungsform mathematisch zu fassen; sie hat ungefähr die Form einer Glocke.

3. Ein **Korrelationskoeffizient** mißt den Zusammenhang zwischen zwei oder mehr Variablen. Ein positiver Zusammenhang bedeutet: je größer x, desto größer y; ein negativer: je größer x, desto kleiner y. Die Maßzahl liegt stets zwischen + und —1, wobei 1 vollständigen Zusammenhang bedeutet; 0 bedeutet, daß kein Zusammenhang vorliegt. Über Kausalbeziehungen sagt der Koeffizient nichts aus.

4. **Repräsentativstatistik, Mikrozensus, Hochrechnung:** Viele Zahlen auch der amtlichen Statistik beruhen nicht auf vollständigen Erhebungen, sondern sind „Hochrechnungen" der Ergebnisse einer Repräsentativerhebung, z. B. eines Mikrozensus, der nur einen Bruchteil etwa der Beschäftigten umfaßt. So sind vom April 1971 z. B. folgende Feinheiten bekannt: Von den 7,3 Mill. männlichen Erwerbstätigen im verarbeitenden Gewerbe waren 2,8 Mill. Pendler. Von den insgesamt 26 Mill. Erwerbstätigen arbeiteten 16,5 Mill. länger als 40 Stunden in der Woche; 30,4 % der weiblichen Erwerbspersonen sind verheiratet. R. W.

(Alter, Einkommen, Preise) sind die Ausprägungen mit reellen Zahlen versehen und daher unmittelbar für alle Rechnungsarten verwendbar. Aber auch bei Erscheinungen, die in ihrer konkreten Ausformung nicht unmittelbar quantitativ erfaßt werden, können mit Hilfe von *Skalierungsverfahren* metrische Messungen vorgenommen werden. So gibt es Skalen zur Messung von Bildungswilligkeit, Arbeitszufriedenheit usw. Alle diese Instrumente stellen eine mehr oder weniger gelungene Metrisierung des Merkmals dar, das heißt eine Abbildung in die Menge der reellen Zahlen.

St. ist jedoch keineswegs nur für den „quantitativen Aspekt der Dinge" zuständig. Auch bei *qualitativen* Merkmalen können Berechnungen vorgenommen werden. Es ist dies das Gebiet der parameterfreien St., die keine Annahmen über das Meßniveau und die Verteilung der Daten macht. Dieser Zweig gewinnt zunehmende Bedeutung, da viele sozialwissenschaftliche Daten nur qualitativ vorliegen. Elektronische Rechenanlagen stellen auch hier eine große Hilfe dar, da vielfach alle logisch möglichen Kombinationen zusammengestellt werden müssen, um eine Charakterisierung der Daten durchführen zu können, was bei metrischen Daten schon durch Mittelwert und Streuung erreicht werden kann. Insbesondere in der Wahlforschung spielen diese Verfahren eine große Rolle, etwa bei der Bestimmung des typischen CDU-Wählers nach Geschlecht, Wohnort, Beruf und Religion.

Voraussetzung für die Erfassung von Ausprägungen, sei es auf qualitativer oder quantitativer Ebene, ist die exakte *Definition des Merkmals,* mit dessen Hilfe Objekte charakterisiert werden sollen. Genau diese Leistung kann aber St. selber nicht erbringen. Die Anwendung statistischer Verfahren setzt einen begrifflichen Bezugsrahmen voraus, der nur *theoretisch abgeleitet* werden kann. St. ist insofern fungibel, als sie von dem Inhalt der Begriffe abhängt, auf deren Grundlage die Analyse durchgeführt wurde. Es gibt keine wertfreie St., die sich nur auf unumstrittene Objektivationen beziehen würde.

Die Theoriebezogenheit wird auch bei der Interpretation der Ergebnisse sichtbar. Eine Analyse weist immer nur einen zahlenmäßigen Zusammenhang auf, der der inhaltlichen Ausfüllung bedarf. Dies kann aber nur durch eine Theorie geleistet werden, die die statistischen Befunde in ihrem Aussagensystem verarbeitet.

Allerdings kann eine Theorie durch empirische Befunde nicht restlos eingelöst werden. Die empirische Überprüfung ist ein notwendiges Korrektiv für die Theoriebildung, kann jedoch keine hinreichende Begründung für eine Theorie liefern. Die Besonderheit des sozialwissenschaftlichen Gegenstandes erlaubt es nicht, die manifeste Erfahrung als alleinigen Gegenstand der Analyse zuzulassen. Der konkrete Sinnzusammenhang in seiner eigentümlichen Rechtfertigung und Selbstverständlichkeit bedarf einer transzendierenden Begrifflichkeit, um in seine eigentlichen Strukturelemente aufgelöst zu werden. Andernfalls wäre sozialwissenschaftliche Analyse bloße Verdoppelung (Adorno). Gerade in der politischen Ökonomie ist es erforderlich, die Voraussetzungen des Begriffsapparates zu überprüfen, um nicht den Zwängen und Verschleierungen des Gegenstandes zum Opfer zu fallen.

3. St. und Interessen. St. als öffentlich institutionalisierte Sammlung und Analyse von Daten hängt von Interessen ab. Dies ist deutlich am Charakter der amtlichen St. festzustellen. Durch die Verwendung der Kategorien der „bürgerlichen" Ökonomie als Grundlage des Begriffsapparates kommen viele Erscheinungen nicht zum Tragen oder werden in verzerrter Weise dargestellt. Die Empfänger des Sozialprodukts werden nach *Selbständige/Unselbständige* aufgeteilt, einer Klassifizierung, die in den Einkommens- und Vermögensanalysen zu irreführenden Aussagen beiträgt, da hier eine nur steuerlich relevante Berufsposition zugrunde gelegt wird. Der Besitzer einer Unternehmensgruppe und der Kioskbesitzer werden in einer Kategorie zusammengefaßt; auf diese Weise werden die Durchschnitte einander angeglichen und die tatsächlichen → Verteilungsunterschiede verwischt.
Ähnlich liegen die Dinge bei der → *Lohnquote*, die den Anteil der Bruttoeinkommen der unselbständigen Beschäftigten am Volkseinkommen wiedergibt. Nach der amtlichen Definition sind die Abschreibungen vom Gesamtprodukt abzuziehen und die Löhne der Unselbständigen zu dem so ermittelten Volkseinkommen in Beziehung zu setzen. Der Abzug der Abschreibungen bringt jedoch eine erhebliche Verzerrung mit sich. Abschreibungen dienen dazu, den Kapitalstock zu wahren; sie sollten bei einer sachbezogenen St. in der Bezugsgröße enthalten bleiben. Offensichtlich wird aber die Erhaltung des Kapitalstocks als selbstverständliche Voraussetzung betrachtet und daher nicht mit einbezogen.

Verschiedene Bereiche werden von der amtlichen St. durch die Bedingungen des privatwirtschaftlichen Systems *vernachlässigt*. Die Angaben über Einkommens- und Vermögenskonzentration können erst nach zahlreichen Korrekturen aus der amtlichen St. entnommen werden. Eine fortlaufende Erfassung würde als Eingriff in die private Sphäre aufgefaßt werden und wird durch ideologische Widerstände blockiert. Dies gilt auch für die betriebliche Kapitalpolitik, etwa was die Selbstfinanzierung anbelangt. Aber auch Beschäftigtenzahlen werden bei der Aufteilung nach Betriebsgrößen und Branchen nicht veröffentlicht, sobald eine geringe Häufigkeit einen Rückschluß auf ein Unternehmen zulassen würde. Über tatsächliche Verdienste, Gewinne durch Bodenpreissteigerungen, Vermögensbildung durch Erbschaften sind nur Schätzungen möglich. In vielen Fällen könnten Kennzahlen aus den Steuerunterlagen indirekt berechnet werden. Für diese aufwendigen Verfahren sind jedoch Mittelzuweisungen der Legislative erforderlich, die so die Erfassung kritischer Punkte des sozioökonomischen Systems jederzeit verhindern kann.
Die statistische Denkweise spielt in der wissenschaftlichen Forschung wie in der praktischen Gesellschaftspolitik eine zunehmende Rolle. Quantitative Verfahren erlauben die Überprüfung von Theorien wie auch die Prognose von Massenerscheinungen und die Steuerung des Massenverhaltens. Mit Hilfe von elektronischen Rechenanlagen ist es möglich, umfassende Informationssysteme aufzubauen, die den Entscheidungsträgern wissenschaftliche Grundlagen bieten.

LITERATURHINWEISE

Statistische Jahrbücher der Bundesrepublik Deutschland, der Kommunen, der internationalen Organisationen (UN, OECD).

Kellerer, Hans: Statistik im modernen Wirtschafts- und Sozialleben. Reinbek 1960 ff.

Ritsert, Jürgen, *Becker,* Egon: Grundzüge sozialwissenschaftlich-statistischer Argumentation, Opladen 1971.

Wagenführ, Rolf: Wirtschafts- und Sozialstatistik – gezeigt am Beispiel der BRD. Freiburg 1970.

Wallis, W. Allen, *Roberts,* Harry V.: Methoden der Statistik. Reinbek 1969.

RUDOLF WERNER

Steuern (St.)

→ *Budget, Gemeinden, Staat*

1. FUNKTIONEN. Vordergründig betrachtet haben St. die Funktion, dem Staat Einnahmen zu verschaffen. Bedenkt man jedoch, daß dem Staat auch andere Wege zur Finanzierung seiner Ausgaben offenstehen, ist das Spezifikum von Steuern eher die Art und Weise, in der die Einnahmen aufgebracht werden. Die spezielle Form der St. dient erstens einer gezielten Verteilung der realen Kosten öffentlicher Leistungen und zweitens einer bewußten Beeinflussung individueller Verhaltensweisen. Dabei stehen einer erfolgreichen Erfüllung der ersten Funktion Versuche der *Steuervermeidung* oft genug und ebenso sehr im Wege, wie sie zur Erfüllung der zweiten Funktion überhaupt erst die Voraussetzung bilden. In den sozialistischen Staaten wird die Verteilung der Kosten der öffentlichen Leistungen weitgehend über das Lohn- und Preissystem reguliert; die verhaltenslenkende Funktion der Steuer tritt hier in den Vordergrund.

2. PRINZIPIEN. Bezüglich der ersten Steuerfunktion sind in der jahrhundertelangen Diskussion vor allem zwei Prinzipien entwickelt worden: Das *Äquivalenzprinzip* fordert, daß ein jeder St. zahlen solle, wie er vom Staat Leistungen erhalte; das *Leistungsfähigkeitsprinzip* fordert, daß jeder St. zahlen solle, wie er selbst leisten könne. Beide Prinzipien entsprechen bestimmten historischen Gerechtigkeitsvorstellungen. Doch können sie auch aus Zweckmäßigkeitsgründen vertreten werden: Eine Besteuerung nach der Leistungsfähigkeit erlaubt dem Staat, dort zuzufassen, wo etwas „zu holen" ist; eine Besteuerung nach dem Äquivalenzprinzip könnte im Idealfall dazu führen, daß die privaten Forderungen nach öffentlichen Leistungen an den Kosten orientiert werden. – Im Hinblick auf die *zweite* St.funktion, die Beeinflussung von Verhaltensweisen, kann es – abgesehen von den funktionsunabhängigen, eher technischen Grundsätzen (Allgemeinheit, Billigkeit, Widerspruchslosigkeit in der Besteuerung) – keine allgemein gültigen Prinzipien geben. Denn der st.politische Eingriff ist stets an dem bestimmten wirtschaftspolitischen Ziel, z. B. Investitionsanregung, Sparförderung, ausgerichtet.

3.0. ARTEN. Es müßte schwerfallen, in den St. eines modernen Staates ein rationales System zu erblicken. Vielmehr sind die historischen St.systeme – abgesehen von wenigen Versuchen grundlegender Reformen (Umsatzsteuerreform der BRD, Anpassung des St.systems an das Neue Ökonomische System der DDR) – das Ergebnis jahrhundertelanger *Flickschusterei* an den Löchern der Staatskasse und an den Lücken steuerlicher Gerechtigkeit – die letzte natürlich in der vom jeweiligen Zeitgeist gelieferten Interpretation. Dennoch lassen sich von den genannten St.prinzipien zu vielen Einzelbestimmungen des St.rechts Bezüge ableiten.

3.1. Dies gilt zunächst für das *St.objekt:* Einkommen, Verbrauch, Vermögen. Diese Größen gelten heute als wichtige Indizes ökonomischer Leistungsfähigkeit und sind – zumindest früher – auch als Maßstab der vom betreffenden Wirtschaftssubjekt in Anspruch genommenen öffentlichen Leistungen interpretiert worden (Assekuranztheorie). Jeder dieser Indizes besitzt jedoch seine Schwächen. Es liegt unter anderem an diesem Grunde, daß das Ideal einer *Alleinsteuer* (z. B. Henry Georges Konzept einer alleinigen Grundbesteuerung, s. auch → Physiokratie) zugunsten einer Steuervielfalt, in der sich potentiell die Schwächen der Einzelindizes gegenseitig ausgleichen, verworfen werden muß. Die Vielfältigkeit der Besteuerungswege wird allerdings auch aus dem Prinzip der Unmerklichkeit begründet (s. u.).

3.2. Als genauso schwierig wie die Bestimmung des St.objekts erweist sich zuweilen das Problem, das Steuerobjekt mit einer einfach zu handhabenden *Bemessungsgrundlage* zu erfassen. Dies verdeutlichen der in der Mitte des vorigen Jahrhunderts in Frankreich unternommene, rührende Versuch, den Wert von Grundstücken an der Zahl der Fenster zu messen, wodurch alsbald die Häuser ein recht trostloses Aussehen erhielten, oder auch die nicht enden wollende Diskussion um die beste Bemessungsgrundlage der deutschen Kraftfahrzeugst.

3.3. Durch den *St.tarif* werden den einzelnen Mengen bzw. Werten der Bemessungsgrundlage die entsprechenden Steuerbeträge zugeordnet. Bedeutungsvoll ist dabei der Unterschied zwischen proportionalen und progressiven Tarifen. Bei *proportionalen* St. ist der Durchschnittsatz, d. h. die Relation von St.betrag zu Besteuerungsmenge, konstant, während er bei *progressiven* Tarifen mit steigender Besteuerungsmenge zunimmt. Ein progressiver Tarif kommt vor allem in Betracht, wenn die Leistungsfähigkeit mit steigender Besteuerungsmenge überproportional zunimmt. Dies gilt mit Sicherheit für das persönliche Einkommen, so daß es nur konsequent ist, wenn in den westlichen Marktwirtschaften die Einkommenst.n mit einem progressiven Tarif ausgestattet sind. In den *sozialistischen* Volkswirtschaften spielt das Leistungsfähigkeitsprinzip eine geringere Rolle; der Tarif der dort allerdings auch weniger bedeutenden Einkommenst. ist daher weitgehend proportional gestaltet.

Ein Tarif heißt *indirekt progressiv,* wenn der Grenzsteuersatz, d. h. der St.satz auf die letzte Besteuerungseinheit, konstant bleibt und die Progression nur dadurch erreicht wird, daß feste *Freibeträge* von der Besteuerung ausgenommen werden. Es gibt zumindest vier Gründe, Freibeträge zu gewähren. Erstens kann es darum gehen, Verwaltungsarbeit zu ersparen. Zweitens mag angenommen werden, daß eine st.liche Leistungsfähigkeit erst oberhalb bestimmter Grundbeträge (z. B. eines die physische Existenz sichernden Einkommens) einsetzt. Drittens mag es das st.politische Ziel sein, bestimmte private Verhaltensweisen zu honorieren (z. B. für bestimmte Sparanlagen). Und viertens mögen persönliche Belastungen aller Art über Freibeträge berücksichtigt werden (z. B. Kinderfreibeträge).

Durch die Kombination von steigendem Grenzsteuersatz und Freibeträgen können – wie z. B. in der deutschen Einkommenst. (ESt) – Elemente direkter und indirekter Progression verbunden werden. Gerade dieser Fall enthält allerdings einen umstrittenen Nebeneffekt. Die Gewährung eines bestimmten Freibetrages führt zu einer absolut um so höheren st.lichen Entlastung, je höher der Grenzst.satz, d. h. aber auch, je höher die Besteuerungsmenge ist. Im Rahmen der deutschen ESt haben z. B. hohe Einkommensbezieher einen größeren absoluten Vorteil, wenn sie Kinderfreibeträge geltend machen können. Soll die vertikale St.gerechtigkeit zwischen Beziehern unterschiedlicher Einkommen, aber gleicher Kinderzahl etwa über die Gewährung eines festen Kindergeldes anstelle von Kinderfreibeträgen verbessert werden, dann wird dies nur auf Kosten der horizontalen St.gerechtigkeit zwischen Beziehern gleicher Einkommen, aber unterschiedlicher Kinderzahl möglich sein.

In ein ähnliches Dilemma münden alle Versuche, die unterschiedlichen wirtschaftlichen Lagen von Einzelpersonen und in einer *Haushaltsgemeinschaft* lebenden Personen über den St.tarif auszugleichen. Besteuert man jeden Einkommensbezieher als Einzelperson, dann benachteiligt man infolge der Progression jene Haushalte, in denen sich die Einkommenserzielung auf den Ehemann konzentriert. Besteuert man dagegen das gesamte Haushaltseinkommen, dann werden Einzelpersonen begünstigt, was sich in einer Vermeidung von Haushaltsgemeinschaften auswirken dürfte.

Das in der deutschen ESt geltende *Ehegattensplitting*, nach dem – grob vereinfacht – das Einkommen der Ehegatten gemeinsam, aber nur mit dem für das halbe Einkommen geltenden und daher infolge der Progression geringeren St.satz besteuert wird, sucht einen Kompromiß. Doch bleibt bedenklich, daß nur Ehegatten, nicht auch andere Gemeinschaften (etwa Mutter und Tochter) in den Genuß des Splitting kommen und daß die Heirat zu einer um so höheren st.lichen Entlastung des gemeinsamen Einkommens führt, je unterschiedlicher die individuellen Einkommen der beiden Partner sind.

Regressive St.tarife, bei denen der Durchschnittssatz mit zunehmender Besteuerungsmenge abnehmen würde, finden sich in den modernen Staaten nicht, wohl aber St. mit regressiver Wirkung. Als solche gelten z. B. alle proportionalen Verbrauchst., bei denen die Relation der über die Preise der Verbrauchsgüter entrichteten St. zum Einkommen wegen der mit steigendem Einkommen abnehmenden Konsumquote sinkt. Eben wegen ihrer regressiven Wirkung werden Verbrauch- und Umsatzst. von den Vertretern geringerer Einkommensschichten, z. B. von den Gewerkschaften, bekämpft. Nichtsdestoweniger haben die indirekten Produktionsabgaben gerade in den *sozialistischen* Staaten eine hohe Bedeutung. Dabei ist allerdings zu berücksichtigen, daß die den Verbrauch belastenden St. durch hohe Sätze auf Güter des gehobenen Bedarfs den regressiven Effekt teilweise kompensieren.

4.0. Wirkungen. Jeder st.liche Eingriff in den Wirtschaftskreislauf löst eine Fülle unterschiedlicher Bewegungen aus, die in ihrer Gesamtheit kaum eindeutig zu bestimmen sind. Insofern wäre es z. B. grundverkehrt, die st.liche Belastung eines Wirtschaftssubjekts allein aus den von ihm direkt entrichteten St. ablesen zu wollen. Aber selbst wenn ihm die in den Preisen der gekauften Güter ex post enthaltenen indirekten St. zugerechnet würden, ließe sich so nur

Anteilsätze öffentlicher Einnahmen in der BRD 1970

	Bund	Länder	Gemeinden
Steuern	96,8	67,0	29,5
Gebühren, Beiträge, Zuweisungen u. ä.	1,9	17,2	42,5
Einnahmen aus wirtschaftlicher Tätigkeit	1,3	3,4	5,8
Kapitalrechnung usw. ./.	0,0	12,4	22,2

Quelle: Stat. Jahrb. der BRD 1972, S. 400 ff.

Steuern in der BRD 1971

	Aufkommen Mrd. DM	Anteil %
Lohnsteuer	42,8	24,8
Umsatzsteuer	30,9	17,9
Einkommensteuer	18,3	10,6
Mineralölsteuer	12,4	7,2
Gewerbesteuer	12,3	7,1
Einfuhrumsatzsteuer	12,0	7,0
Körperschaftsteuer	7,2	4,2
Tabaksteuer	6,9	4,0
Kraftfahrzeugsteuer	4,2	2,4
Vermögensteuer	3,1	1,8
Grundsteuer	2,8	1,6
Branntweinmonopol	2,4	1,4
Übrige, darin	17,1	9,9
Erbschaftsteuer	0,5	
Insgesamt	172,4	100,0

Quelle: Monatsberichte der Deutschen Bundesbank, Oktober 1972, S. 561 f.

eine „formale Inzidenz" der auf ihn fallenden St. angeben. Die Berechnung der „materiellen Inzidenz" würde einen vollständigen Vergleich der Lagen des Betreffenden ohne und mit Besteuerung verlangen. Ein solcher Vergleich ist selbst für eine einzelne St. außerordentlich schwierig. Die Ursache dafür liegt in dem Bemühen jedes Subjekts, die Belastung so gering wie möglich zu halten. Vernachlässigt man die leider von vielen Staatsbürgern als Kavaliersdelikt abgetane St.hinterziehung, so geht es also um die volle *Anpassung* aller wirtschaftlichen Handlungsparameter an die durch das St.gesetz veränderten Umstände.

4.1. Zunächst sei von dem Fall ausgegangen, daß die Besteuerungsmenge selbst vom St.zahler nicht beeinflußt werden kann. Dies gilt mit Sicherheit für eine Kopfst. (allgemeine Bürgerst.), bis zu einem gewissen Grade aber auch für St. auf kontraktbestimmte Einkommen oder St. auf selbstbenutzte Grundstücke. Versucht der St.zahler nicht erfolgreich, die Einkommenseinbuße über verstärkte Bemühungen zur zusätzlichen Einkommenserzielung, dem sog. *Einkommenseinholungseffekt*, auszugleichen, dann wird er Kürzungen bei bestimmten Ausgaben vornehmen müssen. Die Effekte des St.anstoßes dringen so zu den Kapital- und Gütermärkten in den Wirtschaftskreislauf ein und verändern als Folge der Interdependenz der wirtschaftlichen Variablen auch die Lage von Personen, die von der St. unmittelbar nicht berührt werden.

4.2. Dies gilt in noch stärkerem Maße, wenn neben dem dargelegten Einkommenseffekt ein *Substitutionseffekt* tritt, d. h. die Besteuerungsmenge vom St.pflichtigen verändert werden kann. Zunächst besteht in diesem Fall die Möglichkeit, die besteuerte Aktivität überhaupt aufzugeben; mag sein z. B., daß jemand aus Verärgerung über die Tabakst. zum Nichtraucher wird. Von politisch größerem Gewicht sind jene Fälle, in denen sich die potentiell St.pflichtigen Lücken der St.gesetze zunutze machen und ihren der Sache nach unveränderten Aktivitäten ein st.lich angenehmeres Rechtskleid verleihen. Beispiel einer solchen Reaktion wäre die formale Verlagerung des Firmensitzes einer Gesellschaft in ein st.freundliches Ausland (St.oase).

4.3. Eine besondere Form der Reaktion ist die je nach Art der St. betriebswirtschaftlich korrekte oder auch nicht korrekte Interpretation der St. als Kostenelement und damit ihre Berücksichtigung in der Preiskalkulation. Erlaubt die Nachfrage eine so bedingte Preiserhöhung, d. h. kommt es zu keiner empfindlichen Mengenreaktion, dann wird man dieses Phänomen als *St.überwälzung* charakterisieren: Nicht die Steuerzahler, sondern die Nachfrager werden zu *Steuerträgern.*

Generell wird die St.überwälzung eines Anbieters um so eher gelingen, je preisunelastischer die Nachfrage nach den von ihm angebotenen Gütern ist. Aber selbst wenn diese Bedingung nur mangelhaft erfüllt ist, sprechen zwei Gründe dafür, daß Preiserhöhungen als Folge von St.erhöhungen wahrscheinlich sind. Erstens ist der vom einzelnen Anbieter erzielbare Preis auch von der Konkurrenz abhängig; jede Preiserhöhung bedarf eines gewissen Gleichschritts der Konkurrenten, der sich aus Anlaß einer St.erhöhung leichter als sonst erreichen läßt. Zweitens sind zumindest die Preiserhöhungen von Großbetrieben ein politischer Akt, der gegenüber den Gewerkschaften und der Öffentlichkeit vertreten werden muß; St.erhöhungen bieten dafür die beste Rechtfertigung.

St.überwälzung ist freilich nicht generell ein Übel, sondern z. T. die Konsequenz einer bewußten *indirekten* Belastung des St.trägers. Mit den Verbrauchs- und Umsatzsteuern bzw. den Produktionsabgaben *sozialistischer* Volkswirtschaften sollen nicht die Produktion, sondern die individuellen Verbraucher belastet werden. Dieser Weg erlaubt – insbesondere wenn die Verbrauchsteuer- oder Produktionsabgabesätze differieren – eine gezielte Belastung bestimmter Einkommensverwendungen und ist für die sozialistischen Staaten z. B. einer der wichtigsten Instrumente der Marktbalancierung. Daneben wird der indirekten Besteuerung der Vorteil zugeschrieben, die St.träger nach dem Prinzip der *Unmerklichkeit* über ihre wahren St.lasten im Unklaren zu lassen. Das paßt freilich nicht zum Bild eines mündigen Staatsbürgers.

LITERATURHINWEISE

Haller, Heinz: Die Steuern. Tübingen 1964.

Neumark, Fritz: Grundsätze gerechter und ökonomisch rationaler Steuerpolitik. Tübingen 1970.

Recktenwald, Horst Claus (Hrsg.): Finanzpolitik. Köln und Berlin 1969.

GEROLD KRAUSE-JUNK

Streik (S.)

→ *Arbeiter, Arbeitsrecht, Gewerkschaften, Pluralismus, Räte, Sozialstaat, Tarifpolitik*

1. BEGRIFF. S. ist eine kollektive, kampfweise Arbeitseinstellung durch die Arbeitnehmer mit dem Willen, die Arbeit nach Erreichen des Kampfzieles fortzusetzen. Die Ursachen des S. als Kampfaktion der Arbeitnehmer liegen in der wirtschaftlichen, sozialen und politischen Objektstellung der Arbeitnehmer im Kapitalismus. Die Grundlage des S. ist die kämpferische Solidarität der Arbeitnehmer. Das Streikrecht ist ein erkämpftes Recht der Arbeiterbewegung.

Der S. kann ein *Druckmittel* sein, um die Verhandlungsposition der Gewerkschaften gegenüber den Arbeitgebern bei Tarifkonflikten zu stärken. Der S. kann ein Notwehrakt sein, der eine Verschlechterung in den Arbeits- und Wirtschaftsbedingungen abwehren soll. Er kann schließlich ein Kampfmittel sein, das sich gegen das Wirtschafts- und Gesellschaftssystem an sich richtet, um eine (teilweise) Änderung der politischen, wirtschaftlichen und sozialen Verhältnisse zu erreichen.

Die *Adressaten* des S. können die stets betroffenen Arbeitgeber (arbeitsrechtlicher S.), die staatlichen Instanzen (Parlament, Regierung, Besatzungsmacht) (z. B. Zeitungsdruckerstreik 1952, Ruhrarbeiterstreik 1923) oder die gesellschaftlichen Herrschaftsverhältnisse (z. B. Munitionsarbeiterstreik 1917/18, Streik beim Kapp-Putsch 1920) sein (politischer S.). – S. werden durch die

Arbeitnehmerorganisation planmäßig und gezielt organisiert *(organisierter S.)* oder entwickeln sich aus einem spontanen Protest der Arbeitnehmer *(spontaner,* wilder S.).
Der S. steht außerhalb der formalen Rechtssystematik. Er zeigt an, daß sich die Rechts-, Staats- und Wirtschaftsordnung als unzulänglich zur Regelung der Arbeitskonflikte erwiesen hat. Bei einem S. siegt derjenige, der den Stillstand der Produktion und des Handels am längsten aushalten kann. Recht setzt in diesem Sinne der Stärkere – meist im Rahmen eines Kompromisses.
Der S. ist immer ein Akt der *Auflehnung* gegen die tradierten gesellschaftlichen Verhältnisse und zugleich ein Akt der Befreiung von ihnen im Sinne der Rückgewinnung oder Stärkung der direktdemokratischen Selbstbestimmung. Der S. vollzieht sich als soziale Desintegration, die wesentliche Bezüge zur Revolution hat. Aus den Streikleitungen haben sich z. T. die Grundlagen der revolutionären Organisationsstrategie entwickelt (Sowjets, Arbeiterräte).

2. GESCHICHTE. Das Wort S. kommt aus dem Englischen (to strike work). Der S. ist eine mit den kapitalistischen Lohnarbeitsverhältnissen unmittelbar verbundene Kampfform. Zwar gab es S. schon im Mittelalter (zuerst Breslauer Gürtler 1329); in der *industriekapitalistischen* Phase wurde das Lohnarbeitsverhältnis jedoch zur umfassenden Grundlage von Wirtschaft und Gesellschaft, so daß sich S. zu einer größeren Gefahr für das neue Wirtschafts- und Gesellschaftssystem entwickelten. Gründungen von Bruderschaften oder Koalitionen von Handwerksgesellen wurden daher schon frühzeitig (in Preußen 1733 unter Todesstrafe) verboten.
Erst ab 1850 kann man in Deutschland von einer sich entwickelnden Industriearbeiterschaft sprechen. Die Initiatoren des Bundes der Gerechten, des Bundes der Kommunisten und der Arbeiterverbrüderung (1948) waren (meist qualifizierte) *Handwerker.* Hauptanteil an den ersten Arbeitskämpfen hatten die gut organisierten Buchdrucker und Zigarrenarbeiter. Nach dem Koalitionsverbot von 1854 sammelte sich die beginnende Arbeiterbewegung in geselligen Bildungs- und Unterstützungsvereinen. Aus den *Arbeiterbildungsvereinen* entwickelten sich die sozialdemokratischen bzw. sozialistischen *Arbeiterparteien* (1863/1869). S. und S.kassen gaben dagegen seit 1861 den Hauptanstoß zu den ersten *gewerkschaftlichen* Verbindungen. Die Gewerkschaft wurde überwiegend als „Organisation zur wirksamen Vornahme von Arbeitseinstellungen" betrachtet.
Der Bergarbeiter-S. 1889, an dem sich annähernd 100 000 Arbeiter beteiligten, markierte den Höhepunkt der ersten großen S.-Periode im Deutschland des 19. Jahrhunderts. In dieser Kampfzeit (unter dem Sozialistengesetz) entwickelte sich in der Arbeiterschaft ein ausgeprägtes *Klassenbewußtsein.* Eine revolutionäre Interpretation des S. als Kampfmittel folgte daraus jedoch nicht. Die ökonomische Auffassung vom S. dominierte weiterhin, besonders nach dem Fall des Sozialistengesetzes, als die Gewerkschaften erste bescheidene Erfolge in der Tarifpolitik erreichten. Der Revisionismus in der deut-

schen Arbeiterbewegung lehnte sich stark an die englische (trade-unionistische) Theorie vom S. an.

3. Theorien des S. Für Marx und Engels hatte der S. eine doppelte Bedeutung. Er war ein Mittel im „unvermeidlichen Kleinkrieg" zur Behauptung der Arbeiterklasse im Kapitalismus und zugleich eine Kriegsschule zur Vorbereitung auf die endgültige Befreiung (revolutionärer, wissenschaftlicher Sozialismus). Für Lassalle und J. B. Schweitzer waren S. ökonomisch notwendig erfolglos (ehernes Lohngesetz): Sie könnten die Arbeiter zwar zum Bewußtsein ihrer Lage bringen, eine Verbesserung ihrer Situation sei jedoch nur mit Hilfe des Staates möglich (Staats-, Kathedersozialismus).
Für Proudhon und Bakunin waren S. nur bedingt Ausdruck des Klassenkampfes, sondern Ausdruck eines „sozialen Krieges" an sich, der für sie z. T. mythisch-romantische Bedeutung hatte: Der Generalstreik sei die soziale (anti-etatistische) Revolution selbst (anarchistischer, syndikalistischer Sozialismus). Diese Tradition der internationalen Arbeiterbewegung lebt noch heute in Teilen der französischen Arbeiterschaft fort. In der deutschen Sozialdemokratie kulminierten die gegensätzlichen Auffassungen über den S. in der *Massenstreikdebatte* (1905/06). Es ging dabei um die Anerkennung politischer Massenstreiks als Kampfmittel der Arbeiterbewegung. Die Gewerkschaftsvertreter befürworteten den S. als Mittel, höhere Löhne zu erkämpfen; sie lehnten jedoch den politischen Generalstreik ab, da sie darin eine Gefahr für den Bestand der Organisation sahen. Rosa Luxemburg beharrte darauf, daß S. eine Erscheinungsform des umfassenden politischen Kampfes der Arbeiterklasse seien, die sich in Richtung und Ausmaß nicht dekretieren ließen. Für Kautsky war die Sozialdemokratie eine „revolutionäre, aber nicht Revolution machende Partei", eine Interpretation, die faktisch den Gewerkschaftsstandpunkt und die ökonomische Auffassung vom S. bestätigte.
Die Gewerkschafts- und Streiktheorie in der *BRD* knüpft an die Tradition der Weimarer Republik an. Der ökonomische S. wird erst nach Ausschöpfung aller Verhandlungsmöglichkeiten für legitim gehalten – der politische S. nur im äußersten Notfall zur Verteidigung der Freiheit, der Demokratie und des Bestandes des Staates. Auf der Grundlage einer legalistischen Haltung der deutschen Gewerkschaften ist damit der S. in der BRD primär ein Instrument der Tarifpolitik.

4. Streikformen: Die Aktionsmöglichkeiten einer *nicht streikberechtigten* Gruppe beschränken sich in der Regel auf verdeckte Kampfformen: Leistungsverweigerung, stiller Boykott, Dienst nach Vorschrift, go-slow, Bummelstreik oder innerbetriebliche Agitation. Das *S.-Recht* wird nach der deutschen Rechtsprechung nur tariffähigen Arbeitnehmerorganisationen zuerkannt. *Tariffähig* ist eine Organisation nach herrschender Rechtsauffassung dann, wenn sie sich u. a. theoretisch und praktisch zum S. bekennt (→ Tarifpolitik).
Die *S.-Formen* differieren nach den *Zielen* eines S. S. dienen dazu, den Willen der beteiligten Arbeitnehmer auszudrücken. Ziel kann sein, anderen Arbeit-

nehmern Sympathie und Solidarität zu bekunden (Sympathie- und Solidaritätsstreik), dem Tarifgegner die Bereitschaft zu einem größeren S. zu demonstrieren und so zu warnen (Demonstrations- oder Warnstreik) oder gegen bestimmte Maßnahmen der Arbeitgeber oder der politischen Instanzen zu protestieren (Proteststreik). Gegenüber diesen meist kurzfristigen S. soll im aktiven Kampf-S. die Arbeitsniederlegung solange dauern, bis eine bestimmte Forderung der Arbeitnehmer vom (Tarif-)Gegner zugestanden wurde.

Die S.-Formen richten sich nach dem Grundsatz, mit möglichst geringen Mitteln den größten Erfolg zu erzielen. Daher wird oft zunächst in organisatorisch starken Schwerpunktgebieten oder in Teilbereichen bestimmter Unternehmen gestreikt (*Schwerpunkt-* oder Teilstreik). Wird dieser S. auf immer mehr Bereiche ausgedehnt und der Druck auf den Gegner dadurch immer mehr erhöht, handelt es sich um einen Sukzessivstreik, der im *Vollstreik* endet. Wird ein S. an verschiedenen Stellen eines Unternehmens begonnen, wieder unterbrochen und abwechselnd an anderen Stellen eines Unternehmens wiederaufgenommen, handelt es sich um einen *Wechselstreik*. Wenn ein S. von Werk zu Werk oder von Abteilung zu Abteilung läuft, handelt es sich um einen rollenden oder rotierenden S. Diese Streikform erfordert ein hohes Maß an Disziplin und an taktischer Einstellung; sie ist jedoch besonders wirksam durch ihr kurzfristiges und unkontrolliertes Auftreten.

Systemüberwindende Streikformen sind Fabrikbesetzungen, Leistungsstreiks oder sog. verkehrte S., bei denen das Arbeitnehmer- und Arbeitgeberverhältnis umgekehrt wird: Die Arbeitnehmer legen nicht die Arbeit nieder, sondern führen die bestreikten Betriebe in eigener Regie weiter.

5. Streikreglements. Der DGB hat 1949 einen Richtlinienbeschluß zur Führung von Arbeitskämpfen gefaßt. Er wurde von fast allen Einzelgewerkschaften des DGB in ihre Streikreglements übernommen. Die Einleitung und Durchführung eines S. bedarf danach grundsätzlich der Zustimmung durch den *Hauptvorstand* der Gewerkschaft. Vorher müssen „alle Verhandlungsmöglichkeiten" ausgeschöpft sein. Vor einem gewerkschaftlich organisierten S. muß (außer bei der IG Chemie, Papier, Keramik) durch eine *Urabstimmung* die Meinung der Mitglieder festgestellt werden. Mindestens 75 % der streikberechtigten Mitglieder müssen einem S. zugestimmt haben. Stimmberechtigt sind alle Arbeitnehmer, die 17 Jahre alt sind und 3 Monate der Gewerkschaft angehören. Auch bei einem positiven Abstimmungsergebnis ist der Vorstand nicht verpflichtet, einen S. durchzuführen. In „lebenswichtigen" Betrieben muß eine Regelung für Notstandsarbeiten getroffen werden. Die *Streikleitung* wird bei einem regional begrenzten S. von dem Bezirksleiter der Gewerkschaft, bei einem überregionalen S. vom Hauptvorstand bestellt. Die Streikleitung richtet das Streiklokal ein und bildet die betrieblichen Streikausschüsse (die z. T. auch durch die Vertrauensleute selbst gewählt werden). Diese wiederum teilen die *Streikposten* ein und überwachen den Ablauf des S. Die Streikposten müssen die einschlägigen Strafgesetze beachten (vgl. z. B. Richtlinien zum Arbeitskampf der IG Druck und Papier): § 240 StGB (Nötigung),

§ 185 StGB (Beleidigung), §§ 223, 224 StGB (Hausfriedensbruch), § 125 StGB (Landfriedensbruch), § 111 StGB (Aufforderung zu einer Straftat), § 133 StGB (Widerstand gegen die Staatsgewalt); außerdem die Zivilgesetze (Schadensersatzpflicht) und die Arbeitsgesetze (Verlust des Wiedereinstellungsrechts nach Straftaten). Arbeitswillige (Streikbrecher) dürfen nicht mit rechtswidrigen Mitteln am Betreten des Betriebes gehindert werden.
Zu Annahme eines *Verhandlungsergebnisses* nach einer erfolgten Urabstimmung ist erneut eine Urabstimmung notwendig, gleich ob ein Streik durchgeführt wurde oder nicht. Für alle Gewerkschaftsmitglieder ist die Teilnahme an den Streikversammlungen Pflicht. In diesem Sinne ordnungsgemäß streikende Arbeitnehmer erhalten je nach Beitragsleistung eine *Streikunterstützung*, die z. Z. 90 % des Netto-Einkommens vor dem S. ausmachen kann. Die Gewerkschaft übernimmt außerdem die Beiträge zur Krankenversicherung und zur Sozialversicherung. Ein S. hat *suspendierende Wirkung* auf das Arbeitsverhältnis: Die Streikenden erhalten keinen Lohn und kein Gehalt, haben jedoch Anspruch auf Wiedereinstellung nach dem Ende des Streiks. Die Gewerkschaften vereinbaren in der Regel einen besonderen Maßregelungsschutz für die Arbeitnehmer, die am S. teilgenommen haben.
Insgesamt dienen die Streikreglements dem organisierten, zweckgerichteten Verlauf eines S. Sie lassen jedoch sehr wenig Raum für spontane Aktionen der Arbeitnehmer. Bei nicht-gewerkschaftlich organisierten S. haftet jeder Streikende gesamtschuldnerisch und kann nach der herrschenden Rechtsprechung fristlos entlassen werden.

6. Streikrecht in der BRD: Ein Koalitions- und Streikrecht besteht in Deutschland mit Einschränkungen und Unterbrechungen seit 1869, in vollem Umfang im Rahmen der Weimarer Reichsverfassung (Art. 159) und des Grundgesetzes (Art. 9, III). Das Streikrecht ist ein Prinzip des Sozialstaates. Von den Verfassungen der Länder enthalten das Streikrecht explizit die Verfassungen von Bremen, von Hessen, Rheinland-Pfalz, Saarland und Berlin. Nur die hessische Verfassung verbietet die Aussperrung.

Streiks und Aussperrungen
(Verlorene Arbeitstage in 1000)

	1967	1968	1969	1970
BRD	390	25	249	93
Belgien	182	364	162	1 432
Frankreich	4 204	423	2 224	1 742
Großbritannien	2 787	4690	6 846	10 980
Italien	8 568	9 240	37 825	18 277
USA	42 100	49 018	42 869	66 414

Quelle: Stat. Jthrbuch der BRD.

Das Streikrecht in der BRD beruht auf richterlicher Interpretation *(Richterrecht)* und ist weitgehend negativ definiert. Danach sind alle S. erlaubt, die nicht verboten (rechtswidrig) sind. Rechtswidrig und damit schadenersatzpflichtig sind nach der bisherigen Rechtsprechung ein Streik oder eine Kampfmaßnahme (schon eine Urabstimmung sieht das BAG als „Kampfmaßnahme“ an), wenn sie gegen einen bestehenden Tarifvertrag gerichtet sind *(relative Friedenspflicht).* Während der Laufzeit eines Tarifvertrages darf gegen seinen Inhalt nicht „gekämpft“ werden. Diese Friedenspflicht gilt auf Grund der autonom abgeschlossenen Schlichtungsvereinbarungen bis zum Abschluß der Schlichtungsverhandlungen. Ist in einem Vertrag eine generelle Friedenspflicht explizit vereinbart worden, so darf in keinem Fall gestreikt werden *(absolute Friedenspflicht).* Diesen Formen des tarifwidrigen S. steht der verbandswidrige S. gegenüber, der gegen die Verbandsregeln (Streikreglements) verstößt (unorganisierter, „wilder“ S.).
Auf Grund der Rechtsprechung darf ein S. erst nach Ausschöpfung aller Verhandlungsmöglichkeiten durchgeführt werden (ultima-ratio-Theorie). Ein *Angriffsstreik,* der die Verhandlungsmöglichkeiten nicht bis zuletzt ausnutzt, würde gegen dieses Prinzip verstoßen. *Beamte* dürfen bisher auf Grund einer engen Interpretation ihres Beamtenstatus (GG 33) nicht streiken (amtswidriger S.). Ein *Betriebsrat* (als Gesamtinstitution) darf nicht zu einem S. aufrufen. Das BetrVG enthält eine absolute Friedenspflicht für den Betriebsrat. Verstößt ein S. gegen die *Verhältnismäßigkeit der Mittel,* so kann er sittenwidrig (§ 826 BGB) und damit ebenfalls rechtswidrig sein.
Das Recht am „eingerichteten und ausgeübten *Gewerbebetrieb*“ (§ 823 BGB) ist ein weiteres Prinzip, mit dem das Streikrecht in der BRD restriktiv zugunsten der Unternehmer interpretiert wurde. Im Sinne dieses Prinzips wird ein S. im Rahmen der „sozial-ethischen Ordnung“ entweder als sozialadäquat oder sozialinadäquat interpretiert. Als sozialinadäquaten S. sieht das BAG den politischen, den nicht-gewerkschaftlich organisierten und den S. an, dessen Ziele sich nicht kollektivrechtlich regeln lassen.
Das Streikrecht korrespondiert in der Begrenzung der Spontaneität der Arbeitnehmer mit den strikten Streikreglements, bzw. hat diese selbst hervorgebracht. Bei zwei großen Streikbewegungen in der BRD wurden die Gewerkschaften wegen Verstoßes gegen das Streikrecht zu *Schadenersatz* verurteilt. Beim Zeitungsdruckerstreik 1952, einem Demonstrationsstreik anläßlich der Verabschiedung des BetrVG, wurde die Ersatzpflicht mit dem politischen Ziel des Streiks begründet. Beim Metall-Streik 1957 wurde die Ersatzpflicht (250 000 DM) mit der Vornahme einer Urabstimmung während der relativen Friedenspflicht begründet. Die Entschädigungssumme wurde jedoch von den Arbeitgebern nicht mehr eingefordert, als sich die IG Metall 1964 zum Abschluß eines neuen Schlichtungsabkommens bereit erklärte. Die IG Metall verzichtete außerdem auf eine Verfassungsklage gegen das Schadenersatzurteil.
Die Streikreglements und die bisherige Rechtsprechung zum Streikrecht beschränken die Ausübung des Streikrechts auf den engen Bereich des organi-

sierten arbeitsrechtlichen S. Der S. als soziale Kampfaktion ist damit in der BRD zu einem Instrument der reinen Tariftechnik geworden. Neben dem Streikrecht tragen auch die alternativen Konfliktlösungsmechanismen nach dem BetrVG und der Montan-Mitbestimmung dazu bei, daß in der BRD *relativ wenig gestreikt wird.* Gegenüber anderen Staaten fällt das Arbeitsschutz- und Sozialrecht ins Gewicht, durch die eine Reihe von Arbeitskonflikten nicht im Rahmen von S., sondern vor Gerichten ausgetragen werden. Schließlich verhindern auch die traditionell bedingte parlamentarisch-legalistische Haltung der deutschen Gewerkschaften und das besondere sozialpsychologische Klima in der BRD nach 1945, daß sich Arbeitskonflikte gleich in ihrer schärfsten Form, dem S., äußern.

7. Aussperrung: Die Aussperrung wird durch die Rechtsprechung in der BRD gemäß der Theorie der „Waffengleichheit" der Arbeitsmarktparteien dem S. formal gleichgestellt. Arbeitnehmer, die durch eine Aussperrung betroffen sind, erhalten keine Unterstützungen, noch bezahlt das Unternehmen die Sozialversicherungsbeiträge. Erst nach neuerer Rechtsprechung hat auch die Aussperrung nur suspendierende Funktion für das Arbeitsverhältnis, d. h. die Arbeitnehmer gelten nicht als gekündigt. Arbeitnehmer, die durch Fernwirkungen eines S. oder einer Aussperrung betroffen sind (Kurzarbeit, Stilllegung wegen unterbrochener Zulieferung), können auf besonderen Beschluß des Verwaltungsrates der Bundesanstalt für Arbeit Arbeitslosengeld erhalten.

Literaturhinweise

Grote, Hermann: Der Streik. Köln 1952.
Hirsch-Weber, Wolfgang: Gewerkschaften in der Politik. Köln usw. 1959.
Noé, Claus: Gebändigter Klassenkampf. Berlin 1970.
Schneider, Dieter (Hrsg.): Zur Theorie und Praxis des Streiks. Frankfurt 1971.
Weber, Adolf: Der Kampf zwischen Kapital und Arbeit. 6. Aufl., Tübingen 1954.

Gerhard Himmelmann

System (Sy.)

→ *Budget, Prognose, Staat, Systemwandel*

1. Begriff. – Ein Sy. ist eine Menge von Elementen, die untereinander durch Relationen zu einer Ganzheit verbunden sind, welche gegenüber der Umwelt ihre Grenzen aufrechterhält. Der Sy.begriff ist eine analytische Grundkategorie und kennzeichnet eine wissenschaftliche Methode. Einen Erscheinungsbereich als ein Sy. aufzufassen bedeutet, die Abhängigkeiten, Funktionen und Regelungszusammenhänge in den Vordergrund der Betrachtung zu stellen. Der Untersuchungsbereich wird als ein *ganzheitlicher Zusammenhang* gesehen, der von seiner Umwelt problematisiert wird und daher bestimmte Leistungen – Zielerfüllung und Anpassung – erbringen muß (Luhmann). Der Sy.ansatz löst den ontologischen Erkenntnisanspruch auf, das unveränderliche Wesen der

Dinge im Wandel ihrer Erscheinung zu erfassen. Er kennt keinen Substanzbegriff mehr, sondern lenkt das Augenmerk auf die Untersuchung des Zusammenhangs, so daß die einzelnen Objekte ihren Stellenwert erst als Elemente dieses Zusammenhangs, nicht als Identitäten, erhalten. Der Sy.ansatz rückt auch von Auffassungen ab, die den Erscheinungsbereich nach ontologisch abgeleiteten Ursachen und Zielen analysieren. Anstelle von einseitigen und zeitlich begrenzten Kausalbeziehungen wird das Konzept der *Wechselbeziehung gleichzeitiger Größen* gesetzt.

2. Sy.THEORIE. Die allgemeinen Eigenschaften von Sy. werden in der Sy.-theorie untersucht. Sie unterscheidet zwischen *offenen* und *geschlossenen* Sy. Geschlossene Sy. sind nur in naturwissenschaftlichen Modellen über die nicht-belebte Materie sinnvoll. Im Bereich des Belebten ist prinzipiell die Offenheit der Sy. anzunehmen. Offene Sy. nehmen Stoffe und Energien in Form von Inputs auf und transformieren sie zu spezifischen Outputs. Sie stehen mit der Umgebung in Verbindung, deren Bedingungen für das Sy.verhalten von großer Bedeutung ist.
Besonderes Gewicht in der Gesellschaftswissenschaft haben *kybernetische Sy.* Sie sind mit Hilfe von Informationen in der Lage, Ist- und Sollwerte zu vergleichen und das Verhalten bei Abweichungen entsprechend zu regeln. Störungen der Umwelt werden durch Rückkoppelungen aufgehoben. Solche Sy. können durch Informationsverarbeitung künftige Zustände antizipieren und durch Speichern von Informationen Lernprozesse durchführen. Sie passen sich ständig an eine komplexe, variable Umwelt an. – *Ein Industriebetrieb* etwa kann als ein kybernetisches Sy. aufgefaßt werden. Er nimmt aus seiner Umwelt Stoffe und Energien auf und transformiert sie zu seiner Sy.leistung, der Produktion. Da er auch Informationen aufnimmt, z. B. über die Marktlage und technische Neuerungen, ist er in der Lage, auf Anforderungen der Umwelt flexibel zu reagieren.
Die Sy.theorie bezeichnet die Menge der Relationen als *Struktur*. Diese ist unabhängig von der jeweiligen Ausformung der Sy.elemente und so die Grundlage für die Beständigkeit des Sy. Im Betrieb etwa können einzelne Elemente (Arbeiter, Maschinen) ausgetauscht werden, ohne daß sich die Struktur verändert; die personalen Abhängigkeiten und der Produktionsfluß bleiben erhalten Mit Hilfe des Strukturbegriffs ist es möglich, die Untersuchungsergebnisse von mehr zufälligen Erscheinungen frei zu machen und zum Kern des Ablaufs vorzustoßen.
Die einzelnen Elemente haben bestimmte Funktionen im Hinblick auf die *Bezugsprobleme* des Sy. Diese können manifest sein; es gibt jedoch auch viele latente Probleme, die der Forscher im Anfangsstadium nur hypothetisch angehen kann. Ein *manifester* Bezugspunkt für die Analyse eines Industriebetriebes ist die Erstellung einer bestimmten Art und Menge von materiellen Gütern. Die Strukturelemente (technische Ausrüstung, Informationsfluß, Weisungsbefugnis) können im Hinblick auf den Output untersucht werden. Ein hypothetisch eingeführter, *latenter* Bezugspunkt wäre etwa das Kommunika-

tionsbedürfnis der Beschäftigten am Arbeitsplatz, dessen Untersuchung zu den informellen Gruppen führt. Die Erfüllung dieses Bedürfnisses gehört nicht zu den manifesten Zielen, ist jedoch außerordentlich relevant für die Produktionsleistung; viele Organisationsschwierigkeiten sind auf die Nicht-Beachtung dieser informellen Gruppen zurückzuführen.
Die funktionale Analyse erschließt viele Fragestellungen, besonders auch der politischen Ökonomie. Sie ist in der Lage, einen manifesten Ablauf auf seine oft viel wichtigeren latenten Funktionen zu untersuchen. Eine Analyse mit politökonomischem Ansatz kann aufzeigen, daß die Art und Weise der hierarchischen Kompetenzverteilung im Betrieb auch Funktionen für Autoritätsausübung, politische Willensbildung, Gehorsamserlernung oder gar Disziplinierung der Betroffenen hat. Damit wird ein Zusammenhang zwischen der sozioökonomischen Struktur und *ideologischen* Phänomenen hergestellt, Eine repressive Arbeitsorganisation wird auf die ausschließliche Herausstellung von Leistung, Qualität und technischer Rationalität Wert legen; diese Setzungen werden bewußtseinsmäßig verankert. Eine funktionale Analyse kann aufzeigen, daß diese „Werte" in direktem Zusammenhang mit dem Arbeitsprozeß stehen und bestimmte Funktionen der Verdrängung und Verschleierung erfüllen.

3. Vorteile des Sy.-begriffs. Der Sy.ansatz bringt wichtige Vorteile für die Forschung mit sich. Auf seiner Grundlage kann ein *übergreifender* Problemansatz – im Gegensatz zum isolierenden Aspektansatz – verwirklicht werden. Der Untersuchungsgegenstand wird als Element eines größeren Zusammenhangs aufgefaßt. Von sy.theoretischen Überlegungen aus genügt es beispielsweise nicht, den Verwaltungsapparat auf seine innere Organisation hin zu untersuchen. In einem ganz anderen Licht erscheint die Verwaltung unter dem Bezugsproblem „Berücksichtigung von Rentnern und sozial Benachteiligten bei der Verteilung des Volkseinkommens". Sie ist dann Subsy. in einem übergeordneten Gesellschaftssy., welches das Problem „materielle Versorgung der Benachteiligten" um seiner Selbsterhaltung willen lösen muß.
Der sy.wissenschaftliche Ansatz ist u. a. für die *Haushaltspolitik der Regierung* von besonderer Bedeutung. Die traditionelle Budgetierung folgt der Gliederung nach Ressorts, die nach vorgegebenen Sachtiteln verbuchen. Bei der sy.bezogenen Haushaltsgestaltung steht dagegen eine detaillierte Problemformulierung im Vordergrund. Die Interdependenzen des Aufgabenbereichs werden durch Sy.analyse erfaßt, auf deren Grundlage alternative Programme entwickelt werden. Die Zuweisung der Mittel erfolgt dann im Rahmen dieser Programmstrukturen.
Beim Problem „*Senkung der Arbeitslosigkeit*" genügt es etwa nicht, einen Titel „Hebung der Berufsqualifikation für Arbeitslose" einzuführen; dies könnte sogar den gegenteiligen Effekt haben, wenn offene Stellen primär für niedere Qualifikationen vorhanden sind. Zunächst müßten die Ursachen und Erscheinungsformen der Arbeitslosigkeit untersucht werden. Ihr Stellenwert im Gesamtzusammenhang des ökonomischen Sy. müßte eruiert werden;

evtl. könnte sich herausstellen, daß ein bestimmter Prozentsatz Resultat der Produktionsweise ist und daher im bestehenden Sy. nicht angegangen werden kann. Auf die Sy.analyse aufbauend wäre eine Programmstruktur mit einem ganzen Katalog von Maßnahmen zu entwickeln, der etwa von Informationen über die Berufsmöglichkeiten bis zur Beschaffung von Arbeitsplätzen in öffentlichen Unternehmen reichen könnte. Es sind Methoden entwickelt worden, die versuchen, innerhalb der gegebenen Regierungsstrukturen den problemorientierten Ansatz für die Budgetierung einzuführen (sog. *Planning-Programming-Budgeting-Sy.: PPBS).*

Der Sy.ansatz erlaubt es, auf den *Organisationscharakter* der sozialen Phänomene einzugehen. Die naturwissenschaftlichen, meist statisch gebrauchten Begriffe der Kausalität und stringenten Gesetzmäßigkeit sind zwar für die unbelebte Materie anwendbar, für die *belebte* Materie und besonders für den komplexen *sozialen* Bereich sind sie ungenügend. Diese Phänomene zeichnen sich nicht so sehr durch Substanzerhaltung und Bewegungsausgleich als vielmehr durch ihren spezifischen Organisationscharakter aus: Es herrschen nicht die Gesetze der Entropie (Vermischung, Tendenz zur Unordnung) vor, sondern die Gesetze der Negentropie (Ordnungsbildung, Tendenz zum unwahrscheinlichen Zustand). Grundlage dieses Bereichs ist die Übertragung von Informationen, wodurch Rückkoppelungen und Lernprozesse ermöglicht werden.

Die *politische Kybernetik* untersucht unter solchen Gesichtspunkten das Regierungs- und Verwaltungssy. Dieses wird als ein „lernendes Netz" (Deutsch) betrachtet, das den Anforderungen der Umwelt gerecht werden muß. Das Leistungsvermögen des Staates bestimmt sich daher in hohem Maße von der Informationsverarbeitungskapazität her. Die politische Kybernetik untersucht, wo Informationen aufgenommen und strukturiert werden, auf welche Weise – wenn überhaupt – die Folgen von Entscheidungen rezipiert werden und wie schnell auf neue Entwicklungen reagiert wird. Es werden überlastete Stellen des Entscheidungssy. ausfindig gemacht, die für unzureichende Selektionen und für Verzögerungen verantwortlich sind. Die Kompetenzverteilung und institutionelle Gliederung wird im Hinblick auf Optimierung des Informationsflusses untersucht.

Bei der zunehmenden Geschwindigkeit des sozioökonomischen Wandels ist das Aufnahme- und Reaktionsvermögen ein wichtiger Faktor für effizientes Regierungshandeln. Jedoch ist beim kybernetischen Ansatz immer die Gefahr gegeben, die Machtverhältnisse und Konfliktpotentiale zu vernachlässigen. Die Machtausübung wird in ihren Steuerungsaspekt aufgelöst und Konflikte erscheinen als Stellen widersprüchlicher Informationen. Die kybernetische Analyse erbringt viele wichtige Hinweise für Sy.verbesserungen; ihr Stellenwert muß jedoch klar von der auf strukturelle Bedingungen abzielenden, herrschaftskritischen Analyse abgegrenzt werden.

4. Die Auffassung der Gesellschaft als eines besonders komplexen Sy.s wurde von *Marx* begründet. In der Lehre von den Gesellschaftsformationen

geht er von der Gesamtheit der gesellschaftlichen Verhältnisse aus und legt die Komponenten dar. Dem jeweiligen Stand der Produktivkräfte entsprechen bestimmte Produktionsverhältnisse, die sich in Überbauphänomenen artikulieren. Der Sy.charakter der Gesellschaft zeigt sich in der Wechselwirkung der einzelnen Komponenten. Bewußtseinsphänomene erscheinen nicht freischwebend, sondern sind an die Bedingungen der Produktion gebunden. Nur unter Beachtung der Ganzheit des gesellschaftlichen Prozesses können die sy.bildenden Kräfte und Zusammenhänge erfaßt werden. Es wird keine Trennung in ökonomisches, soziales und politisches Sy. durchgeführt, da diese Bereiche nicht als autonom konzipiert werden können.
Die politische Ökonomie macht sich eine wichtige Eigenschaft des Sy.begriffs im Hinblick auf *Veränderungsmöglichkeiten* zunutze. Indem dieser Ansatz prinzipiell genetisch-funktionale Zusammenhänge postuliert, erschließt sich die Möglichkeit, eben diese Zusammenhänge zu verändern. Nur wenn etwas absolut gesetzt wird, ist es der gesellschaftlichen Verfügung entzogen. Ein Sy. stellt sich immer als ein „gemachtes", von bestimmten Bedingungen abhängiges dar. Bei Marx ist dieser Gedanke stark ausgeprägt, wenn er mit Hilfe konkreter Sy.analyse die propagierte „Ewigkeit und Harmonie der bestehenden sozialen Verhältnisse" ad absurdum führt.

5. Sy.begriff und kritische Theorie. Aus der Konzeption des Sy.begriffs als analytische Kategorie wie auch dem Problem der gesellschaftlichen Veränderung wird klar, daß dieser Begriff ohne Bezugnahme auf relevante inhaltliche *Theorie* formalisiert und entleert wird. Die *Festlegung der Grenzen* für einen Sy.zusammenhang ist nahezu beliebig durchführbar. In der Naturwissenschaft kann der prognostische oder technische Erfolg als Kriterium herangezogen werden; in der Sozialwissenschaft fehlt ein solcher Maßstab. Dieses Argument gilt auch für die Wahl der Bezugspunkte. Das Auffinden der relevanten latenten Probleme kann nur durch eine inhaltliche kritische Theorie geleistet werden, die sich den rechtfertigenden Mechanismen des Sinnzusammenhangs entzieht. Schließlich ist auf die Bestimmung der *Ziele* für die

---

Systemtheorie: Lehre von den Eigenschaften von Systemen. Von der Allgemeinheit des Begriffs ausgehend wird in der „General Systems Theory" der Versuch gemacht, einen für Natur- und Sozialwissenschaften gemeinsamen Begriffsapparat zu entwickeln.

Systemanalyse: Methode, die in der politischen Ökonomie zur Erfassung gesellschaftlicher Abhängigkeiten herangezogen wird. Sie erlaubt es, die entscheidenden Strukturmerkmale wie auch latenten Zusammenhänge und Funktionen zu erfassen. Gleichgewicht und Ungleichgewicht des gesellschaftlichen Systems sowie die Voraussetzungen für Veränderungen lassen sich bestimmen.

Systems analysis: Bereichsanalyse, mit deren Hilfe Aussagen über begrenzte Prozesse und Erscheinungsbereiche möglich sind. Sie untersucht insbesondere die Relation zwischen Input und Output. Das Instrumentarium umfaßt u. a. Simulationen, „Black-Box"-, „trial and error"-Verfahren.

Sy.veränderung hinzuweisen. Sofern sie nicht nur eine technokratische Leistungssteigerung bedeuten soll, sind in politischen Prozessen der Partizipation und Kommunikation die Ziele zu formulieren.

LITERATURHINWEISE

Habermas, Jürgen, *Luhmann*, Niklas: Theorie der Gesellschaft oder Sozialtechnologie. Frankfurt/M. 1971.
Kurzrock, Ruprecht (Hrsg.): Systemtheorie. Berlin 1972.
Narr, Wolf-Dieter: Theoriebegriffe und Systemtheorie. 2. Aufl. Stuttgart usw. 1971.
Böhret, Carl: Entscheidungshilfen für die Regierung – Modelle, Instrumente, Probleme. Opladen 1970.
Deutsch, Karl W.: Politische Kybernetik. Freiburg 1969.

RUDOLF WERNER

Systemwandel (Sy.W.)

→ *Demokratie, Industrielle Gesellschaft, Planung, Prognosen, Staat, System, Übergangsgesellschaft*

1. INHALTLICHE ERWEITERUNG DER SY.THEORIE. – Sozioökonomische Systeme unterliegen im Zeitverlauf Veränderungen (Wandlungen), die sy.analytisch erfaßbar, sy.theoretisch erklärbar und politik-ökonomisch zu bewerten sind. Die allgemeine Sy.theorie wie auch die Sy.analyse bewegen sich allerdings auf der formal-analytischen Ebene, die noch nicht auf konkrete soziale und ökonomische Probleme bezogen ist. Voraussetzung hierfür ist die Entwicklung einer *inhaltlichen Theorie.* Die Politische Ökonomie versucht, mit gesamtgesellschaftlich-historischen Kategorien die ökonomische Situation einer Gesellschaft zu erfassen; auf erweiterter Stufe werden Basisprobleme (Bildung, Selbstverwirklichung) abgeleitet, die sozialpsychologische Erkenntnisse und Ansprüche (z. B. auf Grundlage spezieller Bedürfnistheorie) mit einbeziehen. Die allgemeine Sy.theorie kann gesellschaftliche Entwicklung nur als Differenzierung beschreiben. Dabei werden wesentliche Faktoren ausgeschlossen. Erst die *Politische Ökonomie* benennt diese Faktoren durch ihren Zentralbegriff der Entwicklung und Entfaltung der Produktivkräfte. Diese manifestieren sich in den Produktionsverhältnissen, die jeweils einer historischen Situation entsprechen. Disparitäten zwischen der Entwicklung der Produktivkräfte und dem Stand der Produktionsverhältnisse sind Ursprung sozialen Wandels (W.). Die Widersprüche können durch Anpassungsversuche (Ultrastabilität; begrenzter W. im Sy.) oder durch zustandsbewahrende Herrschaft temporär aufrechterhalten werden; jedoch verändern sich im Gefolge der Entwicklung der Produktivkräfte das soziale und das individuelle Bewußtsein, woraus sich eine wichtige Grundlage für den W. des Sy.s (Sy.veränderung) bildet. Der sozioökonomische Wandlungsprozeß besteht also in einer Anpassung der Produktionsverhältnisse an den jeweiligen Stand der Produktivkräfte.

Wandlungen im Sozialsy. vollziehen sich in und durch *Personen.* Deshalb sind die psychischen (bewußtseinsbildenden) Prozesse als „Transmissionsriemen" sozialer und ökonomischer Vorgänge anzusehen, die ebenfalls in ihrer zeitlichen Dimension zu betrachten sind: sowohl Veränderungen des Bedürfnissy. als auch das Auftreten neuer Bedürfnisse und die Veränderungen hinsichtlich der Mittel der Bedürfnisbefriedigung sind zu beachten. Die Erkenntnisse der *Bedürfnistheorie* sind für die Politische Ökonomie insoweit fruchtbar zu machen, als wesentliche subjekte Kategorien sozialen W. (z. B. „Arbeit", „Selbstverwirklichung") und weniger die subjektivistisch abgelösten „needs" als überwiegend konsumbezogene Kategorien beachtet werden. Der allgemeine Sy.begriff erfährt durch die Einbeziehung des sozioökonomischen Zugangs, der bewußtseinsbildenden und bedürfnisbezogenen Vorgänge die erforderliche inhaltliche Ausfüllung und damit seine *gesellschaftliche* Relevanz.

2.0. Einordnung und Probleme. – 2.1. Zwar läßt sich ein *Sy.stillstand* theoretisch definieren, jedoch ist seine historische Existenz selten. Völlige – aber zielgerichtete – *Dynamisierung* würde bedeuten, daß das Sy. ständige umfassende Veränderungsprozesse (Umwälzungen) durchläuft; die „permanente Revolution" wäre dafür ein Paradigma. In hochindustrialisierten Gesellschaften ist die Dynamik jedoch eher von der Art und dem Ausmaß der sozialen Lernprozesse bestimmt, die das Sy. organisiert, weswegen die „Permananz" immer wieder „abgebremst" wird.
Wenn die Wandlungsprozesse (z. B. von gesellschaftlichen Gruppen) gezielt induziert und gesteuert werden, sollte von geplanter Sy.*veränderung* gesprochen werden; für die sich eher aus Entwicklungsgesetzmäßigkeiten oder inhärenten Sy.eigenschaften ergebenden quasi „autonomen" Prozesse ist die Bezeichnung Sy.*entwicklung* zutreffender.
2.2. Von dieser Betrachtungsweise aus gewinnt der *Systemwandel* (W. sozialer Sy.) eine neue Qualität. Politikökonomische und sozialpsychologische Faktoren schlüsseln die abstrahierende „Sy.betrachtung" inhaltlich auf und konkretisieren sie auf soziale und „humane" Ansprüche und Ergebnisse und damit auch auf Prozesse in lernfähigen Sy.en. Das soziale Sy. muß von daher auch historisch und handlungsbezogen begriffen werden: der Sy.charakter (Struktur, Funktionen/Verhaltensweise) ist im Zeitablauf veränderbar.
Die *Dimension „Zeit"* wird nunmehr zum konstitutiven Sy.bestandteil. Geschwindigkeit, Dauer und Intensität der Veränderung, Rhythmus, Bewegungsrichtung, Kontrollierbarkeit gewinnen neben der Sy.struktur eine zentrale Bedeutung. Der Sy.W. kann nicht mehr nur komparativ-statistisch betrachtet werden (Querschnittsvergleich und Gleichgewichtsanalyse), sondern ist als aus statischen und dynamischen Komponenten zusammenfließendes Phänomen zu sehen. Grenzfälle lassen sich durch den Sy.stillstand („Versteinerung") einerseits und die vollständige ungerichtete Dynamisierung des Sy.s („Auflösung") bestimmen.
Zwischen der zumeist „autonomen" Systementwicklung („Fließgleichge-

wicht") und dem z. B. aus dem Mißverhältnis zwischen Produktivkräften und Produktionsverhältnissen „induzierten" Systemwechsel lassen sich verschiedene Erscheinungsformen des sozialen Wandels erfassen. Unter Berücksichtigung von Zeitbedarf und Komplexität aus den ökonomischen und psychologischen Dimensionen – können auf diesem Kontinuum Ausprägungen von Systemreform verdeutlicht werden (vgl. Abb. S. 410).

2.3. Sy.*wechsel* bezeichnet einen radikalen, Sy.strukturen austauschenden Wandlungsprozeß, bei dem sich Veränderungen auf drei „Ebenen" vollziehen: Veränderungen der Gesellschaftsstruktur, der Herrschaftsstruktur und eine Neubesetzung der Machtpositionen. *Revolutionäre* Veränderungen werden von einem Kollektiv getragen, dessen negative Situationsbewertung zur Veränderung der strukturellen Grundbestandteile der Gesamtsituation drängt, wobei sich die Veränderung auf den genannten drei Ebenen gleichzeitig, umfassend und (normalerweise) relativ schnell vollzieht.

2.4. Für eine *radikal-reformerische* – d. h. sowohl umfassende als auch an grundsätzlichen Mängeln ansetzende – Sy.veränderung gilt als wichtige Voraussetzung die Fähigkeit zur *Selbsttransformation* aktiver Sy.elemente. Diese können nach Etzioni in ihren Steuerungsinstanzen den „Plan eines zukünftigen Systems" konzipieren und sich in Richtung auf die Realisierung dieses – grundsätzlich neue Muster enthaltenden – Plans selbst verändern. Wenn eine solche Fähigkeit zur Selbsttransformation gegeben ist, können sich die auf Zielwertrealisierung ausgerichteten Sy. auch aktiv an der Umweltveränderung beteiligen. Diese Aktivitätsbereiche (Sy.einheiten) sind ferner gekennzeichnet durch die Dimensionen *Kontrollfähigkeit* (im kybernetischen Sinne = Informationsfluß und relative Macht) sowie durch Mobilisierung von *Konsens*. Beide Potenzen bestimmen die gesellschaftliche Führungsfähigkeit, nämlich das Vermögen, kollektive Ziele zu formulieren und durch geplanten gesamtgesellschaftlichen W. zu erreichen.

2.5. Alle zielbezogen induzierten Veränderungsprozesse *(Strategien)* müssen allerdings dem Reformismussyndrom entgehen: einzelne, nicht abgestimmte Veränderungsansätze heben sich potentiell auf bzw. erzeugen sogar einen schlechteren Zustand, als der vorige war. Die auf strukturelle Transformation gerichteten Strategien müssen deshalb multidimensional sein und außerdem typischen Reaktionsweisen der sozialen und ökonomischen Sy. entgegenwirken:

(1) soziale und ökonomische Sy. sind relativ unempfindlich gegenüber den meisten politischen Veränderungsversuchen;

(2) sie scheinen nur wenige „sensitive" Einwirkungsstellen zu besitzen, über die das Sy.verhalten und die Sy.struktur in Richtung auf geplante Transformation oder auf Sy.wechsel verändert werden kann;

(3) kurz- und langfristige Konsequenzen einer Strategie erweisen sich häufig als gegenläufig;

(4) relativ abgekapselte Subsy. zeigen eine Verselbständigungstendenz mit der Folge unterschiedlicher Problemwahrnehmung oder der Nichterkennung von Problemen.

2.6. Zur Einschätzung des Sy.W. können Indikatoren zu folgenden Bereichen herangezogen werden: (a) Umfang des W.s (umfassend, begrenzt; Einzeländerung); (b) Geschwindigkeit (beschleunigt, verlangsamt); (c) Verlaufsform (Richtung, Dauer, Intensität, Rhythmus); (d) Kontrollierbarkeit (ungesteuert, geplant, unkontrolliert); (e) Legitimierung (ständig, ex post, ex ante, nicht erforderlich); (f) Zielbezogenheit (zielsetzend, zielvorgebend; inkremental; desiderativ; und (g) Komplexität (der Struktur, der Strategie, des Zielwertsystems).

3.0. Wandlungen sozioökonomischer Systeme. – 3.1. Die Vorstellung von der Veränderungsfähigkeit sozioökonomischer Sy. wird besonders in der *marxistischen Theorie* aufgegriffen, wobei es zugleich darum geht, die Bewegungsformen der gesellschaftlichen Entwicklung aufzudecken. Wenn auf einer bestimmten Entwicklungsstufe die Produktivkräfte in Widerspruch zu den Produktionsverhältnissen geraten, werden diese Verhältnisse zu Fesseln der Produktivkräfte; soziale Umwälzungen sind die notwendige Folge.
Das ist historisch nachgewiesen in den Üergängen vom Feudalismus zum *Kapitalismus,* das kann gleichermaßen die Transformation zum *Sozialismus* kennzeichnen. Beispielsweise muß hierzu die Entwicklung der Produktivkräfte auf der Basis des Markt- und Profitsystems so weit vorangetrieben werden, bis sich das Privateigentum als überflüssig erweist, bis sich das Wertgesetz als Regulator der gesamtgesellschaftlichen Reproduktion aufhebt und die wissenschaftliche Beherrschung der Proportionierung der Produktion an seine Stelle treten kann. Da sich die höhere Produktionsweise aus dem höchstmöglichen Niveau der vorherigen Produktionsweise entfaltet, sind zwei generelle Faktoren des Veränderungsprozesses zu beachten: die strukturell-funktionellen Voraussetzungen und die Zeitdimension, letztere sowohl als *Zeitbedarf* wie auch als vorübergehende *Überlagerung* von sozialen Formen und Prognosen (z. B. Doppelexistenz von Produktionsverhältnissen, Fortwirken des Wertgesetzes; ja sogar die Möglichkeit des zeitweiligen Rückfalls in die vorherige Produktionsweise). Der Zeitfaktor spielt auch insoweit eine Rolle, als nach Marx bestimmte Entwicklungsphasen nicht (oder nur unter erschwerenden Bedingungen) übersprungen, sondern bestenfalls abgekürzt und u. U. gemildert werden können.
3.2. Die Zeitdimension ist außerdem bei der heutigen Bewertung der *Transformationschancen* – z. B. in der Theorie des staatsmonopolistischen Kapitalismus – von Bedeutung: einmal hinsichtlich des längeren Zeitbedarfs für die Entwicklung zum Sozialismus und Kommunismus (Aufbau der Grundlagen, Vollendung der Grundlagen, Übergang zum Kommunismus etc.), was wiederum die Entwicklung von Steuerungs- und Planungstechniken (angewandter Sozialtechnologien), ja von komplexen Strategien für den *geplanten Wandel,* für den „endgültigen Systemwechsel" erfordert; zum anderen hinsichtlich der neugebildeten Stabilisierungsmechanismen („Globalsteuerung" und staatliche Planung etc.) der sich ihrem höchstmöglichen Niveau zuwendenden kapitalistischen Produktionsweise (→ „Spätkapitalismus").

3.3. *Die kapitalistischen Demokratien* lassen sich als makropolitisch prinzipiell ungesteuerte Industriegesellschaften beschreiben. Signifikante Strukturwandlungen werden dort in der Regel erst möglich, wenn die Situation „überreif“ ist; es bedarf zumeist einer Krise, um Konsens in Richtung auf Handlungen zu mobilisieren. Die vorgenommenen Veränderungen sind dann häufig nur Anpassungen des Sy.s an Umweltveränderungen, ohne daß die Steuerungsfähigkeit dauerhaft erhöht oder gar eine Transformationsfähigkeit in Richtung auf einen Sy.wechsel geschaffen würde. Abgesehen von Teilveränderungen (Konzepten der Sozialplanung, der mittelfristigen Finanzplanung etc.) gelingt keine nach dem „Plan“ eines zukünftigen Sy.s ausgerichtete gesamtgesellschaftliche Strategie zu strukturellem W.
Den kapitalistischen Gesellschaften liegt trotz zunehmender Steuerungsleistungen im einzelnen eine *geplante* Sy.veränderung auch ideologisch fern; auf dem Transformationsspektrum sind sie im Bereich der Wandlungsprozesse im Sy. bestenfalls auf dem Feld des Fließgleichgewichts einzuordnen; im günstigsten Fall werden Einzelreformen zur stabilisierenden Sy.entwicklung erreicht. Diese Gesellschaften scheinen also durch den Widerspruch zwischen relativer Stabilität aus zunehmender Steuerungskapazität und sy.inhärenter Instabilität (kapitalistische Produktionsweise) gekennzeichnet zu sein.
Ob die Sy.entwicklung beim Übbergang zu einer „nachindustriellen Gesellschaft“ begrenzte strukturelle Transformationen hervorruft, oder ob der Spätkapitalismus das endgültig letzte Stadium vor dem zwangsläufigen Sy.*wechsel* darstellt, ist schwer zu bestimmen. Es scheint immerhin möglich, die Wandlungsprozesse in Richtung auf eine beschleunigte Sy.transformation (als radikale Sy.reform oder als strukturellen Sy.wechsel) zu *verstärken;* für beide Alternativen reifen Bedingungen heran.

4. Geplante Sy.veränderung. Theorien des Sy.W.s, die außer der Zeitdimension auch Kontroll- und Konsensprozesse beachten, sind sicherlich dem komplexen Gegenstand „Sy.transformation“ angemessener als die nur komparativ-statischen Erklärungsversuche. Um den *Aktiv*bereich des Sy.W.s – d. h. den zielbezogenen gesteuerten W., die geplante Veränderung – schärfer bestimmen zu können, müssen aber auch die Ziel- und die Strategiedimension beachtet werden. Sy.veränderung erfordert ein zielbewußtes Tätigwerden der Gesellschaftsmitglieder auf der Grundlage von Beteiligungs- und Lernprozessen. *Planung* wird zum Instrument des Transformationsprozesses, Emanzipation und Beteiligung aller Gesellschaftsmitglieder (Demokratisierung) zu einem Ziel und zugleich zur Voraussetzung des W.s. Damit ergibt sich aber die Schwierigkeit, daß die für die geplante Sy.veränderung erforderliche aktiv-demokratische Gesellschaft sich aus den bestehenden – noch durch Passivität, Formen von Herrschaft und Entfremdung bestimmten – Systemstrukturen heraus entwickeln muß. Das bedeutet, daß nur ein geplantes, zugleich durch zunehmende Konsensbildung legitimiertes und auf wünschenswerte Relationen Gesellschaft/Individuum ausgerichtetes Vorgehen (ex ante!) legitimierte Systemveränderung bewirken kann.

Spektrum des „Systemwandels“

System-stillstand		Systemtransformationsprozeß (Wandel)					System-auflösung
		Systementwicklung		geplante System-veränderungen		Systemwechsel	
absolute System-beharrung		relative System-beharrung (mit Ultrastabilität)	Systemreform			System-übergang	Systemende
			Teilreformen	radikale, umfassende Systemreform			
(„Versteine-rung“)	Übergang (morpho-statische Ultra-stabilität)	entwickelnde Selbst-strukturier. (morpho-genetische Ultrastabilität)	Änderungen im System/ Fließgleich-gewicht	sukzessive abgestimmte Selbsttransformation (wesentlicher Systemteile, des Systems)	Strukturelle Transformation (Struktur-brüche)	(revolutionäre) Transformation aller Struktur-parameter	ungeplante System-zerstörung keine Kontroll- und Konsens-fähigkeit
Statik	Kombination von abnehmender Statik mit zunehmender Dynamik				proportionale Dynamisierung	nicht propor-tionale Dynamisierung	zentrifugale Dynamik
Legitimation nicht erforderlich	(fortwährend) legitimiert			ex ante legitimiert		ex post legitimiert	Legitimation unerheblich

Wird Sy.veränderung als Fähigkeit zur Selbsttransformation von Steuerungsinstanzen gesehen, die den Plan eines zukünftigen Sy.s als neues und nicht nur modifiziertes Muster konzipieren und planvoll ansteuern, dann sind zwei Bedingungen zu beachten: *Erstens,* ob die Steuerungsinstanzen einen durch *Konsensus* der Gesellschaftsmitglieder legitimierten Plan zur Veränderung quasi „in deren Auftrag" vorlegen können; ob sich also ihre Macht als Möglichkeit, durch eigene Entscheidung für andere eine Alternative auszuwählen, über reale Mitbestimmung aller Gesellschaftsmitglieder und nicht nur als formale Zustimmung zu generell formulierten Vorhaben der jeweiligen Steuerungsinstanz selbst realisiert. Die Gesellschaft selbst muß also die Steuerungsinstanz darstellen. Als Minimumbedingung gilt ein ständiger Informationsfluß und ggf. ein häufiger personeller Austausch zwischen Steuerungsinstanz und Gesellschaft hinsichtlich der Konzipierung und Realisierung des gemeinsam gewollten Plans eines zukünftigen Sy.s

Zweitens, ob das Verfahren der Selbsttransformation ausreicht, den erstrebten Sy.plan zu realisieren. Hierzu bietet sich die Entwicklung einer besonderen Methode des Transformationsprozesses an: Auf der Grundlage von Leistungs- bzw. Bestandsindikatoren wird das gegebene sozioökonomische Sy. mit den das zukünftige Sy. kennzeichnenden „Zielindikatoren" verglichen. Aus Widersprüchen oder auch aus zeitlichen Differenzen lassen sich erste Anhaltspunkte für abgestimmte Strategien zur Erreichung des angestrebten Sy.s ermitteln. Außerdem sind die strukturellen Bedingungen des Macht- oder Herrschaftsverhältnisses zu erfassen, d. h. die die Grundstruktur des zu verändernden Sy.s bestimmenden Transformationsparameter (z. B. Wirtschafts- und Rechtsordnung).

Auf dieser Grundlage lassen sich *komplexe Strategien* (Strategiebündel) entwickeln, die – an den sensitiven Stellen des Sy.s ansetzend – innovative Lernprozesse in Gang setzen, Zielwerte (als desiderative Pläne zukünftiger Sy.e) anpeilen, die Abschätzung des jeweils „Machbaren" erreichen. Es geht darum, gleichsam einen „Pfad" zur Realisierung der Zielwerte ausfindig zu machen. Es wäre eine Art „gesellschaftlicher Netzplan" zu entwerfen, aus dem deutlich wird, welche Schritte der zielbezogenen Veränderung zuerst und welche Schritte gleichzeitig erreicht sein müssen, um eine bestimmte Stufe in der Zielrealisierung zu gewinnen.

Literaturhinweise

Etzioni, A.: The Active Society. New York 1968.

Forrester, Jay W.: Planung unter dem dynamischen Einfluß komplexer sozialer Systeme. In: *Ronge,* V., *Schmieg,* G. (Hrsg.): Politische Planung in Theorie und Praxis. München 1971.

Hondrich, Karl Otto: Systemanalyse, Politische Ökonomie, Bedürfnistheorie. In: Kölner Zeitschrift für Soziologie und Sozialpsychologie 1972.

Waldmann, Peter: Zeit und Wandel als Grundbestandteile sozialer Systeme. In: Kölner Zeitschrift für Soziologie und Sozialpsychologie 1972.

Zapf, Wolfgang (Hrsg.): Theorien des sozialen Wandels. Köln–Berlin 1969.

Carl Böhret

Tarifpolitik (TP.)

→ *Arbeitsrecht, Gewerkschaften, multinationale Konzerne, Lohn, Macht, Streik, Verteilung*

1. Begriff. TP. auf dem Arbeitsmarkt ist der Kampf zwischen den Gewerkschaften und den Arbeitgeberverbänden, bei dem eine schriftliche, zeitlich begrenzte Vereinbarung zur Regelung wesentlicher Teile der Arbeits- und Wirtschaftsbedingungen durch autonome kollektive Tarifverhandlungen angestrebt wird. Durch TP. werden unmittelbar geltende Rechtsnormen gesetzt und bestehendes Recht wird fortentwickelt. Die T.vereinbarungen (T.verträge) regeln die Mindestbedingungen, nach denen die individuellen Arbeitsverträge zwischen dem einzelnen Arbeitnehmer und dem Arbeitgeber abgeschlossen werden. Die TP. umfaßt sowohl die Regelung der Löhne und Gehälter (Lohntarife) als auch aller nicht in den Lohntabellen aufgeführten Arbeitsbedingungen. Der Gegenstandsbereich der TP. ist im Rahmen der Grenzen, die das T.recht und das Arbeitskampfrecht setzt, nicht begrenzt.

2. Bedeutung. Der Ausgangspunkt der TP. ist die Erkenntnis, daß die individuelle Regelung der Arbeitsbedingungen zwischen dem einzelnen Arbeitnehmer und dem einzelnen Arbeitgeber auf Grund der unterschiedlichen Machtposition der Partner zu schweren sozialen Ungerechtigkeiten führt. Die TP. beruht im wesentlichen auf gewerkschaftlichen Initiativen: Sie dienen dem Schutz der Arbeitnehmer vor dem Diktat der Arbeitgeber. Die Gewerkschaften stellen mit ihrer TP. die Privilegien der Arbeitgeber, die aus dem Privateigentum und aus der Unternehmerfunktion abgeleitet sind, in Frage. Im Rahmen der TP. wird ein konkreter Kampf um Macht und Einkommen (am Arbeitsplatz, in den Betrieben, in den Unternehmungen und in der Gesamtwirtschaft) geführt. TP. ist *Machtpolitik*. Sie ist Ausdruck der Kollektivierung, Organisierung und Politisierung der individuellen Arbeitskonflikte. Der Zusammenschluß der Arbeitnehmer zu *Koalitionen* (→ Gewerkschaften) diente dem Zweck, einen organisierten und gezielten Einsatz des Kampfinstruments der kollektiven Arbeitsniederlegung (→ Streik) zu gewährleisten, um die Rechte der Arbeitnehmer letztlich kampfweise durchsetzen zu können. Die Streikmacht einer Gewerkschaft hängt wesentlich von ihrem Organisationsgrad und ihrer Finanzkraft sowie von dem Durchsetzungswillen der Gewerkschaftsführung und der Kampfbereitschaft der Arbeitnehmer ab.
Die TP. setzt ein autonomes kollektives T.-Vertragssystem voraus. Die T.autonomie ist ein Strukturelement der pluralistischen Demokratie und des Sozialstaates. Die Grenzen und Wirkungsweisen der TP. sind damit zugleich durch den Rahmen der kapitalistischen Demokratie bestimmt. Die TP. wirkt integrierend und *systemstabilisierend*, da sie den Rahmen der kapitalistischen Gesellschaftsverhältnisse nicht überschreiten kann. Sie wirkt jedoch zugleich desintegrierend und *systemreformierend*, soweit sie mit der Androhung oder dem Vollzug der organisierten Desintegration (Streik) im Rahmen der „sozia-

len Dialektik des Kapitalismus" (Eduard Heimann) den sozialen Fortschritt fördert. Sie modifiziert unter Aufrechterhaltung der unternehmerwirtschaftlichen Grundstrukturen die privatkapitalistischen Ausprägungsformen der Marktwirtschaft. Die „soziale Dialektik" der TP. liegt darin, daß mit jedem T.vertrag einerseits die Arbeitgeber als Unternehmer bestätigt werden, andererseits aber eine Kontrolle der Unternehmer als Arbeitgeber stattfindet.

3. Die marxistische Kritik an der TP. setzt bei dieser Funktionsbestimmung an: Die TP. regele nur die Verkaufsbedingungen der Ware Arbeit; die grundlegenden Interessen der Arbeitnehmer, die Aufhebung des Lohnsystems, der wirtschaftlichen, sozialen und politischen Abhängigkeit, der entfremdeten Arbeit und des Warencharakters der Arbeit werde durch die TP. nicht erreicht und könne nicht auf dem Verhandlungswege durchgesetzt werden. Die materielle Lage der Arbeiter verbessere sich zwar, und durch die Kampfkraft der Arbeiterklasse würden die Arbeitgeber gezwungen, bestimmte Arbeitsbedingungen zu garantieren; jeder T.abschluß festige jedoch die grundsätzliche Herrschaftsposition der Kapitaleigner. Für den Marxismus sind die Gewerkschaften nicht eigenständige Interessenvertretungen, die unabhängig TP. betreiben könnten, sondern „Schulen des Sozialismus", die die Arbeiter *zum Bewußtsein ihrer Lage bringen* und so die Vorbereitungen zum Sturz des ganzen Systems leisten sollen.

4. Inhalte der TP. Die TP. gliedert sich in Lohnpolitik und Tarifpolitik im engeren Sinn. – 4.1. *Lohnpolitik:* Die Lohnpolitik zielt auf die allgemeine Erhöhung der Löhne und Gehälter und auf die Steigerung des Anteils der Löhne und Gehälter am Volkseinkommen (Lohnquote). Hierzu werden die verschiedensten Konzeptionen vertreten. In der Volkswirtschaftslehre werden die Löhne und Gehälter als Faktorkosten behandelt. Die Neoklassik geht davon aus, daß den T.parteien die Funktion der produktivitätsorientierten Lohnfestsetzung zukomme. In diesem Sinn sind die Theorien der produktivitätsorientierten oder kostenniveauneutralen Lohnpolitik aufgestellt worden. Diese Theorien werden auch von den Arbeitgebern vertreten. Die Unstimmigkeiten dieser Theorien sind jedoch erheblich. Die Orientierung der Löhne am Realwachstum der Wirtschaft würde zu einem permanenten Rückgang der Lohnquote führen. Daher vertreten die deutschen Gewerkschaften die Theorie der *„aktiven Lohnpolitik"*, die flexibel und ohne enge theoretische Festlegung das jeweils optimal Erreichbare anstreben soll.

Die Grenzen jeder *Nominallohnpolitik* im Kapitalismus liegen in den Möglichkeiten der Unternehmer, gestiegene Löhne je nach der Marktsituation auf die Preise zu überwälzen. Der Erfolg der Nominallohnpolitik ist daher zwiespältig. Zwar hat sich die Lohnquote z. B. in der BRD von 1950 bis 1969 von 58,6 auf 65,3 % erhöht. Berücksichtigt man aber die in derselben Zeit erfolgte Zunahme in der Anzahl der Lohnabhängigen (um 12,5 %), dann ist die Pro-Kopf-Quote von 58,6 auf 55 % gesunken. Die deutschen Gewerkschaften

versuchen daher, ihre Lohnpolitik durch eine umfassendere Einkommens- und Sozialpolitik zu ergänzen.
4.2. Die TP. kann als *Sozialpolitik durch T.vertrag* definiert werden. Sie überschneidet sich teilweise mit der Lohnpolitik. Inhalte dieser TP. sind zunächst: Lohn- und Ortsgruppeneinteilung, Überstundenzuschläge, Feiertagszuschläge etc. In neuerer Zeit (seit etwa 1960) geht die TP. über diese Bereiche hinaus. Sie umfaßt nun auch Errichtung von Krankheits-, Urlaubs- und Altersklassen, Rationalisierungsschutz, Schutz der älteren Arbeitnehmer, Absicherung der freiwilligen Sozialleistungen, verbesserten Gesundheits- und Unfallschutz, Vereinbarung vermögenswirksamer Leistungen, Bildungsurlaub, Stärkung der Organisationsrechte im Betrieb, Schutz der Vertrauensleute, Öffnungsklauseln für Zusatztarifverträge etc. Über den Bereich der reinen Arbeitsbedingungen geht diese TP. dann hinaus, wenn sie z. B. die Sicherung und Ausweitung der Mitbestimmung enthält, Betriebsvereinbarungen über die Gewinnverwendung und Mitbestimmung fördert oder spezielle Regelungen zur Sicherung der wirtschaftlichen Tätigkeit einer Branche (z. B. Bauwirtschaft) trifft.

5. Strategie. Die TP. kann auf einen betriebsnahen oder auf einen Firmentarifvertrag abzielen, auf einen überregionalen Branchentarifvertrag oder auf einen Bundestarifvertrag. Die Gewerkschaften versuchen meist, in einem organisatorisch besonders starken Bereich einen günstigen Abschluß zu erzielen (Lohnführerschaft), um diesen Durchbruch auf andere – schwächere – Bereiche zu übertragen. Mit zunehmender Verflechtung der Konzerne, stärkerer Interdependenz der Strukturen und gleichzeitiger Tendenz zur Zentralisierung der Entscheidungskompetenz in den Gewerkschaften und in den Arbeitgeberverbänden verstärkt sich die *Tendenz zu zentralen* tarifpolitischen Strategien. Mit fortschreitender Integration der Volkswirtschaften (→ EWG) sind in Zukunft auch internationale T.absprachen zu erwarten. Zentralisierte Bewegungen begrenzen jedoch in erheblichem Maße die direkte Teilnahme der Arbeitnehmer bei der Formulierung und Durchsetzung der TP.
Je nach dem Inhalt der TP. werden Lohn-T.verträge, Rahmen- oder Mantel-T.verträge oder Zusatz-T.verträge angestrebt. In Lohn-T.verträgen (Laufzeiten von 9–18 Monaten) werden in der Regel nur die Lohntarife festgelegt. In den Mantel-T.verträgen werden meist langfristige Bestimmungen über Lohngruppen, Ortsklassen, Akkord- und Zulagensysteme usw. geregelt. In Zusatzabkommen werden spezielle Leistungen oder Rechte kodifiziert, z. B. Urlaubsansprüche, vermögenswirksame Leistungen.

6. Die Taktik der TP. hängt u. a. davon ab, für welche T.gebiete ein neuer T.vertrag abgeschlossen werden soll. Die Abgrenzung der T.gebiete beruht z. T. auf persönlichen, historischen, organisatorischen oder politischen Faktoren. Die t.politische Willensbildung in den Verbänden vollzieht sich bei überregionalen T.runden in der Regel auf Grund eines Vorstandsbeschlusses (bei den Gewerkschaften) und eines Beschlusses des tarifpolitischen Ausschus-

ses des zuständigen Arbeitgeberverbandes. Die Gewerkschaftsmitglieder beraten die Strategie in der Regel schon vorher und beschließen ihre Vorstellungen als Vorschläge an den Vorstand in Orts-, Vertrauensleute- oder Bezirksversammlungen. Sie stimmen institutionell jedoch nur in den T.kommissionen (Bezirks- und Bundest.kommissionen) über die TP. mit. Die T.kommissionen sind nur z. T. satzungsmäßig vorgeschriebene Organe der Gewerkschaften. Sie werden durch die Bezirksversammlungen gewählt oder vom Bezirks- oder Hauptvorstand bestellt.

Die TP. beruht auf dem *Repräsentations- und Delegationsprinzip.* Der Vorstand der Gewerkschaft ist gegenüber dem Vorstand des Arbeitgeberverbandes der eigentlich (haftende) Vertragapartner. Er hat daher die letzte Entscheidungskompetenz. Die T.kommissionen haben im wesentlichen nur beratende, verpflichtende und legitimierende Funktionen. Der wichtigste *Mittler* in der TP. zwischen den Mitgliedern und dem Hauptvorstand einer Gewerkschaft ist der Bezirksvorsitzende. Er ist in seiner Zwitterstellung zugleich Beauftragter des Vorstandes gegenüber den Mitgliedern und Vertrauensmann der Mitglieder gegenüber dem Vorstand.

Das wichtigste Instrument der Mitbestimmung der Mitglieder über die TP. ist die *Urabstimmung* (→ Streik). Dabei stimmen die Mitglieder jedoch nur über die Vorschläge des Bezirks bzw. des Vorstandes mit Ja oder Nein ab. Urabstimmungen sind ein Prozeß der innerverbandlichen Willensbildung. Sie haben eine legitimierende Testfunktion zur Erkundung (und zugleich Demonstration) der Kampfbereitschaft und Geschlossenheit der Organisation. – Für den Abschluß überregionaler T.verträge wählen die T.kommissionen die Verhandlungskommission selbst, wobei jedoch der Verhandlungsführer, der Bezirksvorsitzende, ein weitgehendes Kooptationsrecht besitzt. Auf Bundesebene bildet der Vorstand die Verhandlungskommission. – Die Kündigung eines überregionalen T.vertrages wird vom Bezirksvorsitzenden im Namen und im Auftrag der Gewerkschaft (des Vorstandes) ausgesprochen.

Die eigentlichen Verhandlungen mit den *Arbeitgebervertretern*, die von ihrem tarifpolitischen Ausschuß bestellt werden, können in einem *Phasenschema* systematisiert werden, wobei jede Phase mehrere Verhandlungsrunden umfassen kann: 1. Konfrontation der Standpunkte, Sammlung der „Fakten", Abgrenzung des Verhandlungsspielraums; 2. Detailberatungen in Einzelpositionen; 3. Verhandlungen in kleiner Kommission, Modifizierung der Standpunkte; 4. Entscheidungskrise, Mobilisierung der Mitglieder und der Öffentlichkeit oder Abschlußeinigung; 5. Schlichtung, Vermittlung und Abschlußeinigung; 6. Streik/Aussperrung mit oder ohne politische Vermittlung und Abschlußeinigung. Der eigentliche Inhalt der T.verhandlungen liegt in der ritualisierten gegenseitigen Annäherung der taktisch überhöhten Ausgangsforderungen und der taktisch zu niedrig angesetzten Ausgangsangebote. Die Möglichkeit eines Streiks zwingt die Arbeitgeber an den Verhandlungstisch.

7. SCHLICHTUNG. Eine Zwangsschlichtung, wie sie sich aus der Notverordnung des Reichspräsidenten von 1923 in der Weimarer Republik entwickelt

hat, kennt die BRD nicht. Auf Grund der noch gültigen Kontrollratsbeschlüsse (KRGNr. 35) kann sich jedoch der *Landesarbeitsminister* als Landesschlichter in den Arbeitskampf einschalten. Seine Schlichtungsvorschläge sind allerdings nicht verbindlich. Zwischen der Mehrzahl der Einzelgewerkschaften und der Arbeitgeberverbände in der BRD bestehen dagegen *freiwillige* Schlichtungsvereinbarungen. Diese Schlichtung setzt automatisch ein, wenn eine Seite das Scheitern der Verhandlungen erklärt hat – im Metallbereich auch noch während eines Arbeitskampfes auf Antrag einer Partei (sog. besondere Schlichtung). – Der Schlichter wird meist aus den Vorschlägen der Parteien durch Los bestimmt. Seine Entscheidungen sind nicht verbindlich. Die Funktion eines Schlichters besteht in der Einigungshilfe bzw. in der Hilfe zur Wiederaufnahme der Verhandlungen. Er ist eher *Vermittler* als autorisierter Schlichter.

Neben dieser Form der Schlichtung besteht die Möglichkeit der *Vermittlung von dritter Seite.* Besonders Vermittler aus dem politischen Leben (Landesministerpräsidenten, Bundeswirtschaftsminister oder Bundeskanzler) können trotz ihrer fehlenden legalen Schlichtungsbefugnis einen massiven politischen Druck auf die Konfliktparteien ausüben. Solche „schlichtende Vermittlung" hat es in der BRD oft gegeben. Seit der Einrichtung der *Konzertierten Aktion* 1967 ist wiederholt auf die Gefahren dieser Institution für die autonome TP. hingewiesen worden, da einerseits der Staat zu großen Einfluß gewinne und andererseits die Autonomie der Gewerkschaften beeinträchtigt werde.

8. In der → DDR werden die Löhne und Gehälter vom Staat als normative Kennziffern im Jahreswirtschaftsplan (z. B. Lohnfonds) festgesetzt (→ Planung in sozialistischen Ländern). Die Arbeitsbedingungen werden durch Gesetz geregelt. Es bestehen dennoch kollektive T.verträge (allgemeine Regelungen der Lohnsysteme) und Betriebsvereinbarungen (einzelbetriebliche Umsetzung der Planauflagen und Regelung der Arbeitsverhältnisse). Eine autonome TP. ist auf Betriebsebene insoweit möglich, als T.verträge für die noch privaten oder halbstaatlichen Betriebe abgeschlossen werden. Eine autonome TP. im staatlichen Sektor ist möglich, soweit die Betriebe (VVB) im Zuge der Wirtschaftsreformen autonome Gewinnzuweisungen an den Prämienfonds leisten können (ökonomische Hebel).

Literaturhinweise

Ehrenberg, Herbert, *Spiegelhalter*, Franz: Lohnpolitik heute. Stuttgart 1963.

Himmelmann, Gerhard: Lohnbildung durch Kollektivverhandlungen – Eine politologische Analyse unter besonderer Berücksichtigung der Strategie und Taktik der Gewerkschaften. Berlin 1971.

Külp, Bernhard: Lohnbildung im Wechselspiel zwischen politischen und wirtschaftlichen Kräften. Berlin 1965.

Noé, Claus: Gebändigter Klassenkampf. Berlin 1970.

Weitbrecht, Jörg: Effektivität und Legitimität der Tarifautonomie. Berlin 1969.

Gerhard Himmelmann

Übergangsperiode, -gesellschaft (Ü.)

1. Begriff und Problematik der Ü. ergeben sich aus den realhistorischen Bemühungen in den sozialistischen Ländern, die von Marx geschichtsphilosophisch prognostizierte Beendigung der Vorgeschichte durch die proletarische Revolution zu einem Beginn der wirklichen Geschichte werden zu lassen, d. h. vom Kapitalismus zum Kommunismus zu gelangen. Der Anbruch eines glücklichen Zeitalters, ohne Zwänge und Repressionen, gesteuert durch allgemeine Prinzipien des Humanismus, war stets das Ziel emanzipatorischer Programme von der Antike bis zur Gegenwart. Allerdings wurde auf Grund zu erwartender sittlicher Defizite die Notwendigkeit eines *Interregnums* von Prinzipien unterstellt, um während eines Generationen währenden Übergangs die Menschen zu urteilsfähigen Staatsbürgern zu erziehen.
Die utopischen Nebel begannen sich erst zu lichten, als Marx und Engels den Versuch unternahmen, den Weg zur kommunistischen Gesellschaft wissenschaftlich zu begründen. Das Ziel, der *Kommunismus,* wurde durch einen Negativkatalog näher bestimmt, so daß die Übergangsperiode, der *Sozialismus,* die Züge einer ständigen Infragestellung der sich herausbildenden sozioökonomischen Zusammenhänge nach dem Sturz der Bourgeoisie annahm. „Zwischen der kapitalistischen und der kommunistischen Gesellschaft liegt die Periode der revolutionären Umwandlung der einen in die andere. Der entspricht auch eine politische Übergangsperiode, deren Staat nichts anderes sein kann als die revolutionäre Diktatur des Proletariats." (MEW, Bd. 19, S. 28). Engels wies ausdrücklich darauf hin, daß von Marx nicht im positiven Sinne gesagt wurde, wie der Kommunismus auszusehen habe, sondern nur was aufzuheben sei: das Privateigentum, die Warenproduktion, die Profitproduktion, der bürgerliche Staat, das Bildungsprivileg, der Gegensatz von Arbeitszeit und Freizeit als Klassengegensatz sowie der Gegenwatz von Produktion und Konsum, körperlicher und geistiger Arbeit, industrieller und Landarbeit. Gleichzeitig galt als objektiv erfüllt eine Entwicklung der Produktivkräfte, die mit der Reichheit des Konsums und der vollen Entfaltung des Individuums zusammenfalle. Damit war die historische Leistung des Kapitals in der Ü. lediglich politisch und kulturell abzustützen und zu sichern. Realhistorische Reflexionen von Engels über die Einleitung des Übergangs oder die Ansatzpunkte einer sozialistischen Gesellschaft bezogen sich auf: Abschaffung des Staates, Zentralisierung des Eigentums an den Produktionsmitteln, Planung der Produktion ohne Wert, Diagnostizierung einer planmäßigen Produktion im Rahmen der Trusts und Kartelle, Umwandlung des einzelwirtschaftlichen Kapitals in kollektives Kapital durch Aktiengesellschaften und besondere sozialpolitische Behandlung des bäuerlichen Eigentums durch Vergenossenschaftung. Unzweifelhaft schien dem *Staat* in seiner letzten Phase (Diktatur des Proletariats) eine ökonomische Funktion bei der Herausbildung der assoziierten Produktionsweise (Marx) zuzuwachsen, eine Überlegung, für die im Marxschen Ideal der freien Konkurrenz eigentlich kein Platz war. Etatistische Überlegungen gingen vom späten Engels aus, der damit die späteren Eingriffe

des bürgerlichen Staates in die Reproduktionsprozesse als Form der Vergesellschaftung der Produktion deutete und für die Konzeption der Übergangsperiode in Rußland wirksam werden ließ.

2. Erste Transformationserfahrungen in Russland – das sowjetische Modell des Sozialismus. Die Entfaltung der Ü. in Sowjetrußland nach der Oktoberrevolution 1917 erfuhr entscheidende theoretische und praktische *Modifikationen*, die bis heute noch nicht ausdiskutiert sind. Bei diesen Modifikationen handelt es sich einerseits um den Aufbau einer eigenen *semantischen Interpretation* des Begriffs „Ü.", der die politischen, ökonomischen und kulturellen Umwälzung bis zur Konstituierung der sozialistischen Gesellschaft umfaßte, andererseits um die Entwicklung einer eigenen *Strategie* zur Umwandlung eines Agrarlandes in ein Industrieland. Die Leninsche Strategie war darauf gerichtet, die spontane Destruktion in der Ü. zum Sozialismus institutionell zu begrenzen, keine syndikalistische Produktionsdemokratie und verunsichernde Kulturrevolution zuzulassen. Das Hauptproblem der Ü. war die Produktion um jeden Preis, da die Produktivkräfte durch den Krieg, den Bürgerkrieg, die Revolution, die Produktionsanarchie des Kriegskommunismus, den Zerfall der Arbeitsdisziplin, die Zersplitterung der Agrarproduktion und die Desorganisation des Transportwesens auf einem Tiefpunkt geraten waren, so daß von einer Reichheit des Konsums und freien Entfaltung der Persönlichkeit keine Rede sein konnte. Das stabilisierende Element, die Diktatur des Proletariats, war der vermittelnde Einsatz des institutionellen Rahmens (Sowjets, Gewerkschaften, Verbände, Organisationen) durch die Partei, um die differenzierte Gesellschaft zentral zu lenken und zu leiten. Die materielle Basis war von Beginn an das Staatseigentum an den Produktionsressourcen und Dienstleistungen, das dazu diente, über die monetäre Verbindung von Stadt und Land das Mehrprodukt der Landwirtschaft zu zentralisieren und zu einer Akkumulationsquelle der Industrialisierung zu machen. Die endgültige Charakteristik der Ü. und des Sozialismus wurde durch die Kollektivierung der Landwirtschaft, die staatliche zentrale Planung des Industrialisierungspfades sowie die Verstärkung bürokratischer und byzantinistischer Leitungsprinzipien bestimmt. Theoretische Alternativen zur Ausgestaltung des Sozialismus wurden nicht mehr diskutiert.

Mit der Proklamierung der *Stalinschen Verfassung* im Dezember 1936 wurde die Ü. offiziell beendet und der Sozialismus als gesellschaftliche Globalstruktur ausgerufen. Die sich entfaltende politische Ökonomie des Sozialismus definierte sich nicht als Ökonomie einer Übergangsgesellschaft, sondern als die Ökonomie eigener sozialer Zusammenhänge und Gesetze im Sinne einer eigenen Produktionsweise: Ökonomisches Grundgesetz, Gesetz der planmäßigen proportionalen Entwicklung der Volkswirtschaft, Gesetz der Entlohnung nach Arbeitsleistung, Prinzip der materiellen Interessiertheit u. a. Diese Thesen waren eine Konzession an die Realität langer Zeiträume der Entwicklung zum Kommunismus, der aufgrund der unfertigen sozialen Strukturen neuer „Volksdemokratien" in weiter Ferne zu liegen schien.

3. DIE ENTFALTUNG VON MODELLVARIATIONEN des Sozialismus nach dem Zweiten Weltkrieg. Die Übernahme des sowjetischen Modells der Wirtschaftslenkung und politischen Machtausübung in westlicheren europäischen Ländern nach 1945 führte zu Komplikationen, da die meisten dieser Länder bereits entwickeltere industrielle Länder waren und neue Konzepte des Übergangs nötig wurden. Folgende neue Bedingungen *modifizierten* das sowjetische Modell: a) die bisherigen Erfahrungen in der UdSSR; b) entwickeltere industrielle Produktion bei Beschränkung extensiver Ressourcen; c) Traditionen des kaufmännischen und unternehmerischen Denkens; d) Möglichkeiten internationaler Arbeitsteilung und internationalen Warenaustausches zwischen sozialistischen Volkswirtschaften; e) verfestigte Verhaltensweisen materiellen Interesses; f) diszipliniertes Proletariat; g) parlamentarische Traditionen.
Die politisch inaugurierte Idee des ökonomischen Wettbewerbs mit westlichen Marktwirtschaften bei gleichzeitig sinkenden Wachstumsraten sowie der Einbruch neuer sozialwissenschaftlicher Methodologien (Kybernetik, formale Logik) in die politische Ökonomie des Sozialismus führten zu den umfangreichen wirtschaftspolitischen Experimenten in den sozialistischen Ländern, die bislang theoretisch geächtete *marktwirtschaftliche Steuerungsmechanismen* rehabilitierten. Die Integration der neuen sozialwissenschaftlichen Trends (Preis-, Außenhandels-, Geld- und Wachstumstheorien) in die politische Ökonomie führte zu einer → konvergenztheoretischen Auslegung des Sozialismus als selbstregulierendes und selbststabilisierendes Aggregat (NÖS-Konzeption in der DDR). Es entwickelte sich ein Trend zu sozialistischen Marktwirtschaften, indem nach variierten Konzeptionen (Jugoslawien, DDR, ČSSR, Ungarn, Polen) versucht wurde, die einzelwirtschaftliche Motivation sozialistischer Unternehmen – auf der Basis eines legalen einzelwirtschaftlichen Rationalkalküls = Gewinnstrebens – mit den zentral vorgegebenen makroökonomischen Parametern auszubalanzieren. Der Grundgedanke dabei war, die produzierenden sozialen Einheiten zu veranlassen, auf der Basis des vorgegebenen Wachstumspfades technischen Fortschritt zu realisieren.

4. DIE KRITIK AM SOWJETISCHEN MODELL. – 4.1. Die Kritik am sowjetischen Modell der wirtschaftlichen Entwicklung und deren institutionelle Absicherung entwickelte sich in zwei Formen: 4.1.1. *Die Kritik am administrativen Sozialismus.* Bereits in den frühen fünfziger Jahren wurde in der DDR in Form der Wertgesetz-Debatte (Behrens, Benary, Kohlmey, Lemmnitz, Richter) Kritik am sowjetischen Modell der administrativen Lenkung der Wirtschaft geübt, die schließlich in die Debatte über „Plan und Markt" sowie die Rolle des Gewinns einmündete und die Wirtschaftsreformen begründete. *Hauptthesen* waren: (1) Eine einheitliche quantitative Kennziffer der Rentabilität (Gewinn) ist einer Vielzahl von qualitativen Kennziffern vorzuziehen, um „weiche" Pläne, Unwirtschaftlichkeit zu vermeiden und technischen Fortschritt sowie marktgerechte Produktion zu stimulieren (Liberman). (2) Die extensiven Wachstumsfaktoren sind erschöpft, daher müssen intensive Faktoren (Kapitalstockerhöhung und technischer Fortschritt) auf der Basis

von Eigenverantwortlichkeit eingesetzt werden (Šik). (3) Die Erhöhung der Komplexität und der Informationen kann nur durch dezentrale Entscheidungsbefugnis und Regelmechanismen (Preise) aufgefangen werden (Kohlmey). (4) Die Marktelemente sind Basis eines Leistungsvergleichs der Produzenten bei gleichzeitiger Wahrung zentraler Strukturplanung (Nick). Diese Argumente wurden stark gestützt durch parallele Überlegungen auf dem Gebiet der Politik und Kultur, da davon ausgegangen wurde, daß auch sozialistische Volkswirtschaften in erster Linie Industriegesellschaften sein müssen: eine richtige Interpretation der ursprünglichen Marxschen Auffassungen.

4.1.2. *Die kulturrevolutionäre Kritik* am sowjetischen Modell. Die Basis dieser Kritik ist das Problem alternativer Entwicklungsstrategien in unterentwickelten Ländern (speziell China, Cuba, Chile), d. h. es steht nicht zur Diskussion, ob wirtschaftliche Entwicklung notwendig ist oder nicht, sondern es geht um den Vergleich des institutionellen und sozioökonomischen Rahmens der Industrialisierung mit originären Marxschen Auffassungen. Das ist doppelt problematisch: Einerseits setzte Marx stets eine industrielle Entwicklung voraus, ehe eine Ü. zwecks organischer Reife der institutionellen und subjektiven Bedingungen einsetzt; andererseits bezogen sich die Marxschen Theoreme ausschließlich auf die geschichtlichen Trends des Abendlandes und waren keine übergeschichtlichen Aussagen.

Die Kritik am Gesellschaftsmodell des Sozialismus in individualistisch geprägten Volkswirtschaften wird abgestützt durch den Rückgriff auf vollständig neuartige kulturelle Bedingungen der wirtschaftlichen Entwicklung in *China*. Diese neuen Möglichkeiten sind darin zu sehen, daß die chinesische Gesellschaft die Dominanz privaten Interesses (Privateigentum an Grundeigentum und Kapitalprinzip) gegenüber dem staatlichen Zentrum nicht kannte und sich daher große Chancen eröffnen, einen Kommunismus einzuführen, der sich durch die Dominanz gesellschaftlicher Zielfunktionen ausdrückt zu Ungunsten eines ökonomischen Kalküls. Gesellschaftliche Wandlungen in der chinesischen Gesellschaft waren stets ein Problem kulturellen Wandels. Die chinesische Kulturrevolution gilt als Kern einer neuen Konzeption der Ü., die Zentrum der Kritik am sowjetischen Modell ist.

Die auf der Basis des Individualismus – einer Prämisse des Marxschen Denkens – angezielten Lösungen in den europäischen sozialistischen Ländern werden als „Revisionismus“ diffamiert, wobei dieser an einem sinologisierten dialektischen Materialismus ausgerichtet wird. Dieser *Mao-Materialismus* hebt die destruktiven Elemente gesellschaftlicher Widersprüche hervor und geht folglich davon aus, daß bis zur Etablierung des Kommunismus der Klassenkampf Triebfeder der Geschichtsdialektik ist, d. h. der Klassenkampf, die Instabilität, die Restaurationsgefahr durch Bürokratismus sind Inhalt der Ü. Das trifft für China zu, aber nicht für die europäischen Länder, da in letzteren die politischen Institutionen durch die relative Stärke des Privateigentums durchbrochen wurden; in China dagegen bürgte stets Bürokratie als Kulturträger für Kontinuität. Es ist evident, daß die Anwendung des Kommunismus-Schemas auf globalen kulturellen Wandel vollständig neuartige Inhalte

des Übergangs aufwerfen muß, die nun aber aus machtpolitischen Gründen den europäischen Sozialismus-Modellen gegenübergestellt werden.
4.2. *Die Theorie der Ü. als Variante des Systemvergleichs.* Eine positive Theorie der Ü. im Rahmen der politischen Ökonomie hätte die Aufgabe, die bisher realhistorisch gestützte These von der Korrelation „Individualismus – Industrialisierung" zu überprüfen und die Bemühungen zu verfolgen, auf der Basis einer altruistischen Ethik den Industrialisierungsprozeß in China zu organisieren. Bislang waren derartige Erwartungen für den europäischen Bereich illusionär und wirtschaftspolitisch verhängnisvoll. Die Auffassungen von Bettelheim über eine unmittelbare gebrauchswert-gesteuerte Produktion ohne monetäre Vermittlungen haben Vorläufer, die von Fourier, Pecqueur über Heß, den jungen Engels bis hin zu Rodbertus, Proudhon, Tugan-Baranowski und Bulgakow reichen und die Schule der *kleinbürgerlichen* politischen Ökonomie ausmachen. Deren zentraler Begriff ist heute die Ü.; er verbindet sich mit der neomarxistischen Kritik an der Marktwirtschaft, Autorität und Disziplin überhaupt. Indem die sozialistischen Länder Leistungsgesellschaften aufbauen und normativ abstützen, schaffen sie Analogien, die Basis der → *Konvergenztheorie* sind; zugleich unterliegen sie aber auch der destruktiven Kritik vom Standpunkt der Theorie der Ü. Insofern berühren sich beide Theorien in ihrer Positivität und Negativität des Systemsvergleichs.

LITERATURHINWEISE

Bettelheim, Charles, *Marchisio,* H., *Charrier,* J.: Der Aufbau des Sozialismus in China. München 1969.
Bettelheim, Charles: Ökonomischer Kalkül und Eigentumsformen – Zur Theorie der Übergangsgesellschaft. Rotbuch 12. Berlin 1970.
Bress, Ludwig: Kommunismus bei Karl Marx. Stuttgart 1972.
Bress, Ludwig, und *Hensel,* K. P.: Sozialistische Wirtschaftssysteme im Experiment. Frankfurt 1972.
Kursbuch 23. Übergänge zum Sozialismus. Berlin 1971.
Varga, Eugen, u. a.: Sowjetunion und China. München 1970.

LUDWIG BRESS

Unternehmer (U.)

→ *Aktiengesellschaft, Eigentum, Fortschritt, Kapital, Macht, Verbände, Wettbewerb*

1. BEGRIFF. Wohl kaum eine Vokabel der politischen Ökonomie ist in ähnlicher Weise affektiv besetzt wie die des U. Einer begrifflichen Fixierung ist dieser Umstand ebensowenig förderlich wie die Vielfalt der Argumentationsebenen: normative Aussagen vermischen sich mit Tatsachenbehauptungen, ahistorisch-funktionalistische mit ontologischen, wertende mit solchen, die einem Wertfreiheitsprinzip verpflichtet sein wollen.
Es ist wenig sinnvoll, den U.Begriff jeglicher historischer Bedingtheit zu ent-

kleiden und ihn rein technizistisch zu begreifen (etwa: „U. ist der, dem Führungsaufgaben in Wirtschaftsunternehmen obliegen"). Wollte man den Selfmade-man, der sich vom Tellerwäscher zum Herrscher eines ihm gehörenden Industrieimperiums emporgearbeitet hat, den Generaldirektor, der sich ohne nennenswertes eigenes Kapital in einer Publikums-AG durchgesetzt hat, und den Leiter eines volkseigenen Betriebs der DDR in einem Begriff zusammenfassen, so käme dies einer Reduktion des U.Begriffs auf einige Regeln aus einem Management-Handbuch gleich. Es reicht aber auch nicht aus, den bloßen Kapitalisten im westlichen Wirtschaftssystem als U. zu bezeichnen: einerseits wäre dieser Begriff zu weit, da z. B. dann auch der Müßiggänger, der „seinem" meist geerbten Unternehmen entfremdet ist, von ihm aber eine Kapitalrente bezieht, als U. bezeichnet werden müßte; andererseits wäre er zu eng, da er dem nichtbesitzenden Manager einer AG, der immer mehr zum Repräsentanten des spätkapitalistischen Systems wird, die U.-Eigenschaft verweigern würde. *Sinnvoll* ist demnach als U. zu bezeichnen, wer unter Einsatz seiner eigenen Arbeit, seiner Phantasie und seiner persönlichen Autorität die Willensbildung eines im kapitalistischen Wirtschaftssystem agierenden Unternehmens von dessen hierarchischer Spitze aus verantwortlich bestimmt.

2. Liberale Theorie. Freilich unterscheidet sich ein solcher Begriff erheblich vor dem der *klassisch-liberalen* Theorie. Dieser kam es darauf an, jene Elemente des U.Begriffs in den Vordergrund zu rücken, die dem Programm des Liberalismus, der Philosophie des nach politischer Macht strebenden Besitzbürgertums, die zwingende Rechtfertigung geben sollten. Oberstes Ziel war die Autonomie, die Befreiung der Wirtschaft von staatlichem Zwang, wobei es der Theorie oblag, nachzuweisen, daß diese Freiheit in eine optimale Ordnung münde. Der Schlüssel zu diesem Beweis hieß → Wettbewerb und dessen Aktualisierung → Eigentum. U. („Kapitalist" im vormarxschen Sinne) konnte der liberalen Theorie zufolge stets nur ein *Eigentümer* sein, denn nur von diesem konnte man auf Grund des ihm unterstellten Eigennutzstrebens erwarten, daß er seine Leistungsfähigkeit voll in den Dienst der Mehrung seiner materiellen Ressourcen stellen würde. Dem *Wettbewerb* fiel dann die Aufgabe zu, diese Anhäufung volkswirtschaftlichen Reichtums so zu verteilen, wie es das Prinzip des größten Glücks der größten Zahl erforderte. Gewinnmaximierung war dabei keine moralische Kategorie, sondern einerseits axiomatisch zu begreifende Verhaltensannahme und andererseits normativ zu begreifendes Verhaltenspostulat. Mit zunehmender Stabilisierung des kapitalistischen Systems entrückte dieser zweite Aspekt dem Gesichtskreis der Ökonomen, da man nicht mehr für die Durchsetzung des Liberalismus zu kämpfen brauchte, sondern ihn gegen die sozialistischen Angriffe verteidigen mußte; hierbei kam es eher darauf an, im Rahmen der bestehenden Ordnung die Nützlichkeit des Unternehmers zu belegen und ihn gegen die Vorwürfe ungezügelter Profitgier abzuschirmen. Erst als es galt, das privatwirtschaftliche System neu zu installieren (Nachkriegsdeutschland), wurde dem Komplex Unternehmerfreiheit-Eigentum-Eigennutz wieder erhöhte Aufmerksamkeit gewidmet (Eucken).

3. U.FUNKTION. Aus dem Bemühen, den Unternehmergewinn theoretisch zu rechtfertigen, entwickelte sich im 19. Jh. die Lehre von den U.Funktionen. Der entscheidende Schritt erfolgte mit der Zerlegung des U.Profits in seine Elemente Zins, Risikoprämie, Unternehmerlohn und Überprofit, die in den U.Funktionen Kapitalbereitstellung, Haftung (Risiko), Arbeitsleistung und Pioniergeist ihre Entsprechung fanden (von Marx heftig angegriffen und der „Vulgärökonomie" zugeordnet!). In der *Schumpeterschen* U.Theorie, die in hervorragender Weise den wissenschaftlichen Bedürfnissen seiner Zeit entgegenkam, wird dem letzten der vier Elemente die entscheidende Bedeutung beigemessen: Für ihn sind U. „die Wirtschaftssubjekte, deren Funktion die Durchsetzung neuer Kombinationen ist ...". Mit ihrer innovatorischen Leistung schaffen sich die U. vorübergehende Monopole, deren Differentialrenten erst den „eigentlichen" U.Gewinn ausmachen. Diese Einschränkung findet ihre Erklärung darin, daß die übrigen Elemente des Profits Entgelte für andere als U.Leistungen darstellen: weder zu arbeiten, noch Kapital bereit zu stellen, seien Dinge, die spezifisch dem U. vorbehalten sind.
Die Aufspaltung der U.Funktionen in diese Elemente hat nicht nur in erheblichem Maß das Selbstverständnis der heutigen U. geprägt, sondern auch zu praktisch höchst bedeutsamen Konsequenzen geführt. In den Kalkulationsschemata für die Preisermittlung *(Kostenrechnung)* werden getreu jener Klassifikation als „Kosten" behandelt: Eigenkapitalzinsen, kalkulatorische Wagnisse, kalkulatorischer U.Lohn; erst dann wird der sog. Gewinnzuschlag hinzugerechnet. Daß diese Aufspaltung zwar vom betriebswirtschaftlichen Standpunkt aus rational sein mag, vom gesamtwirtschaftlichen aus sich aber als eine Art vorweggenommener Verteilung darstellt, wird dabei übersehen.

4. MANAGER. Derselbe Schumpeter, der ein emphatisch positives Bild vom U. zeichnete, erkannte aber auch die Bedrohung, die der kapitalistischen Wirtschaftsordnung und ihrer theoretischen Rechtfertigung aus der realen Entwicklung des U.tums erwuchs. Das tatsächliche Erscheinungsbild der Wirtschaft hatte sich bereits so gewandelt, daß der Pionier-U., der berufsmäßige Innovateur, mehr und mehr vom Manager-U., dem nicht mehr unbedingt durch Eigentum an „sein" Unternehmen gekoppelten *Betriebs-„Wirt"* abgelöst wurde. Die politischen, ökonomischen und sozialen Konsequenzen dieser Entwicklung waren für Schumpeter derart schwerwiegend, daß er darin das Ende des Kapitalismus erkennen zu müssen glaubte.
Die ökonomische Problematik des *Managertums* ist in etwa folgende: Da in den großen → Aktiengesellschaften die Rolle der Kapitaleigentümer nahezu zur Bedeutungslosigkeit abgesunken ist, erringen die AG-Vorstände, die der Idee nach nichts anderes als der verlängerte Arm der Aktionäre sein sollten, eine vom Eigentum emanzipierte Machtposition. Damit muß die liberale Rechtfertigung des autonomen Privat-U.s ins Wanken geraten; leitete doch dieser gerade von seiner Qualität, Eigentümer zu sein, das Recht auf Autonomie ab. Dem Wettbewerbsmodell, das auf dem Eigentum als dem Auslöser des Gewinnmaximierungsprinzips fußte, wurde der Boden entzogen; denn was,

wenn nicht das Eigentum, sollte garantieren, daß sich die U.-Entscheidungen einheitlich an *einem* Prinzip orientieren (= Grundvoraussetzung jeglichen Wettbewerbs)? Die daraus resultierende Verunsicherung der Theorie mündete zunächst in Spekulationen wie z. B. der von Burnham, der vermutete, die Manager als die ökonomisch herrschende Gruppe strebten auch nach politischer Macht und würden sich auf dem Weg dorthin in Opposition zu bürgerlich-besitzenden Klassen begeben („Revolution der Manager"); weder Kapitalismus noch Sozialismus, sondern Managerialismus hieß seine Vision von der zukünftigen Gesellschaftsordnung. Helge Pross hat freilich nachgewiesen, daß der Marktwirtschaft in den Managern eine Gruppe erwachsen ist, die zu ihr nicht nur nicht in Opposition steht, sondern sie wie kaum eine andere verteidigt.

5. Moderne Theorie. Hatte das Gewinnmaximierungsprinzip mit der Verbreitung des nichtbesitzenden Manager-U. seinen Charakter als zwingende ökonomische Kategorie verloren, so mußte es sich spätestens jetzt der *moralischen* Bewertung einerseits, der *theoretischen Kritik* andererseits stellen. In Deutschland war es in letzter Zeit speziell die Betriebswirtschaftslehre, die das Prinzip als praktisch-undurchführbar, theoretisch-widerspruchsvoll und empirisch-falsch nachzuweisen sich bemühte. Dieser zufolge können Aussagen über dominierende *U.Ziele* nicht mehr generell, sondern nur noch im Einzelfall getroffen werden: An die Stelle der verbindlichen Zielannahme tritt der unverbindliche Zielkatalog. Auf die Wirtschaftswissenschaft als Ganze wirkt dies desintegrierend, da gesamtwirtschaftliche Erklärungsmodelle auf normierte Verhaltensannahmen nie ganz werden verzichten können. Wo U.Sein gleichgesetzt wird mit der Optimierung oder Satisfizierung betriebstechnischer Funktionen in Richtung auf ein nur noch individuell benennbares Ziel, findet die Lehre von den U.Funktionen ihr Ende. Der implizite Verweis auf Faktizität („funktionierende Wirtschaft") tritt daher heute weitgehend an die Stelle theoretischer Reflexion.

6. U.-Selbstverständnis. Die so entstandene Lücke im Bereich der Theorie eignete sich in hervorragender Weise dazu, von den Betroffenen mit *Ideologie* angefüllt zu werden; denn der heutige U. stellt sich selbst auch nur ungern als seelenloser Gewinnmaximierer dar. Statt dessen wird – vornehmlich in Hauptversammlungsreden, in U.Selbstdarstellungen – auf Partnerschaft, soziale Verantwortung für alle am Unternehmen „Beteiligten" (Arbeitnehmer, Konsumenten und Öffentlichkeit), Demokratie, Freiheit und Rechtsstaat verwiesen, die der U. in besonderer Weise aufbringe. Dem kritischen Betrachter muß dies zu denken geben: gewiß nicht, weil hier jemand soziale Verantwortung übernimmt oder zu übernehmen vorgibt, sondern weil dies jemand tut, der dazu nicht berufen ist und es auch nicht sein kann, jemand, der aber über die ökonomischen *Voraussetzungen* verfügt, das in effizienter Weise zu tun. Nicht die patriarchalische Attitüde, die bei derartigen Beteuerungen stets mitschwingt, sondern *das Eingeständnis unzureichender Systembindung* ist dabei das politisch primäre Problem, sollen doch die Zwänge, die der klassi-

schen Theorie zufolge dem U. durch den Wettbewerb auferlegt sind, ihm keine andere Wahl lassen, als nach maximalem Gewinn zu streben. Es mutet seltsam an, wenn ein solcher, aus der Theorie stammender Einwand gerade von U. als der Mottenkiste einer vergangenen kapitalistischen Epoche entstammend zurückgewiesen wird. Wenn nämlich trotz des vom Wettbewerb ausgehenden „Sanktionenmechanismus" eine Möglichkeit zu anderen als am Profit orientierten Entscheidungen besteht, so heißt das, daß der U. über Einfluß (Macht) verfügt, ja daß diese Macht – soziale (!) Verantwortung – auch in den Bereich des Politischen hineinragt.

7. U. und Politik. Es wäre unrealistisch anzunehmen, daß die solcherart eingestandene Möglichkeit, politischen Einfluß zu nehmen, nicht den eigenen *Interessen* – trotz aller Bekenntnisse zur „sozialen Verantwortung" – dienstbar zu machen versucht würde. Niemand könnte dies den „Mächtigen" verübeln, zu allerletzt wohl ein Sozialist, dessen Kritik sich bekanntlich nicht gegen die Ausübung dieser Macht wendet sondern gegen die institutionellen Voraussetzungen, die eine solche Machtausübung ermöglichen. Über die Intensitäten und Kanäle unternehmerischer Machtausübung konkrete Vorstellungen zu gewinnen, ist freilich nur in sehr begrenztem Umfang möglich. Der empirischen Sozialforschung ist es bis heute nicht gelungen, Methoden zur Messung von Einflußintensitäten zu entwickeln, und es ist fraglich, ob dies auch nur annähernd jemals gelingen kann. Angaben über prozentuale Anteile der U.-schaft an Parlamenten geben ebenso wie Parteimitgliedschaften, Partei-Spenden-Listen, Angaben über Mobilität von U. zwischen den Bereichen Wirtschaft und Politik o. ä. allenfalls Anhaltspunkte. Über den Einfluß von → Verbänden oder primär der Öffentlichkeitsarbeit und Lobby dienenden U.Vereinigungen (etwa: Arbeitsgemeinschaft Selbständiger Unternehmer, „Sicherheit durch Fortschritt", Deutsches Industrieinstitut) auf Gesetze und wirtschaftspolitische Grundentscheidungen lassen sich schon eher Aussagen treffen, da hier Vergleiche zwischen den endgültigen Gesetzen bzw. Maßnahmen und den vorangegangenen Forderungen angestellt werden können. Von besonderer politischer Bedeutung ist in neuerer Zeit die Rolle der U. in der „Konzertierten Aktion".

8. Zukunft des U. Identifiziert man – wie nahezu sämtliche älteren U.Darstellungen – U.Sein mit einer bestimmten Persönlichkeitsausprägung, mit einer spezifisch unternehmerischen „Mentalität", so ist allenthalben zu konstatieren, daß dieser U.Typus sich auf dem Rückzug befindet. Mit der zunehmenden Rechenhaftigkeit und Zwangsläufigkeit einzelwirtschaftlicher Abläufe, der sich selbst die innovatorischen Prozesse nicht entziehen können („automatisierter Fortschritt"), werden U.Qualitäten wie Phantasie und persönliche Autorität mehr und mehr von Fachwissen, physischer Leistungsfähigkeit und technischer Intelligenz verdrängt. Teils tritt geradezu eine *Umkehrung der Funktionen* ein: War der klassische U. ein rastloser Neuerer, der „von Berufs wegen fortschrittlich" – freilich vornehmlich im technischen Sinne verstanden – zu sein hatte, so hat der moderne U. eher dafür Sorge zu tragen,

daß die aus der Organisation kommenden Erneuerungsimpulse – für ehrgeizige Mitarbeiter der erfolgversprechendste Weg, auf sich aufmerksam zu machen – nicht den reibungslosen Ablauf des Unternehmensgeschehens gefährden (*konservative* Funktion). Auch wird es immer schwieriger, den U. in der Betriebsorganisation zielsicher zu orten: Die Diskussion über die arbeitsrechtliche Einordnung der „leitenden Angestellten" bietet hierfür ein beredtes Beispiel. Mit der Galbraithschen „*Technostruktur*" schließlich, einer mehr oder weniger homogenen Gruppe vom Vorstandsvorsitzer bis hinab zum „middle" und „lower" Management, die die „richtungsweisende Intelligenz, das Gehirn des Unternehmens" bildet, wäre der U. als Individuum und mit ihm die Aura, die jahrzehntelang das „Unternehmerische" umgab, vollends verschwunden: Nahezu jedes Mitglied der „Technostruktur" ist für sich austauschbar, ohne daß das Ganze eine entscheidende Veränderung erfährt. In den Großunternehmen ist dieser Zustand bereits weitgehend verwirklicht.

Eigentum und Individuum waren die beiden tragfähigen Säulen des liberalen Gesellschaftsbildes. Mit der Entwicklung des U. zum entindividualisierten Manager offenbaren beide ihre im Spätkapitalismus nur noch apologetische Funktion.

LITERATURHINWEISE

Boetticher, Karl W.: Unternehmer oder Manager. Köln 1963.
Galbraith, John K.: Die moderne Industriegesellschaft. München usw. 1968.
Hartmann, Heinz: Der deutsche Unternehmer. Frankfurt/M. 1968.
Pross, Helge, *Boetticher*, Karl W.: Manager des Kapitalismus. Frankfurt/M. 1968.
Schumpeter, Joseph A.: Theorie der wirtschaftlichen Entwicklung. Leipzig 1912.
Beiträge und Diskussionen zum 18. Symposion der American Economic Association. In: American Economic Review – Papers and Proceedings, 1968.

KLAUS SCHREDELSEKER

Der Unternehmer in der öffentlichen Meinung

Aus den Jahren 1950 und 1952 liegen zwei voneinander unabhängige Meinungsumfragen vor, in denen die (gleichlautende) Frage „Sind als Unternehmer anzusehen . . ." wie folgt bejaht wurde:

	1950 (Allensbach, 2000 Befragte)	1952 (Emnid, 2015 Befragte)
a) „. . . der Eigentümer und Leiter einer Schuhfabrik?"	91 %	90 %
b) „. . . der Direktor einer Aktiengesellschaft?"	23 %	23 %
c) „. . . ein Schaubudenbesitzer?"	50 %	55 %

Quelle: Heinz Hartmann, a.a.O., S. 39.

Der Unternehmer aus der Sicht von Managern

„Meinen Sie, daß statt durch ein Vorstandsgremium das Unternehmen, in dessen Leitung Sie tätig sind, noch besser und erfolgreicher von **einem** Mann geführt werden könnte, der als Eigentümer mit einem qualifizierten Mitarbeiterstab das Risiko seines Unternehmens selbst vertritt?":

„Ja":	14,6 %
„Nein":	50,0 %
„Käme auf den Mann an":	34,2 %
„Weiß nicht":	1,2 %

Quelle: Aus einer Befragung unter 260 Managern und leitenden Angestellten der oberen Unternehmenshierarchie in 13 großen Kapitalgesellschaften. – Pross, Boetticher, a.a.O., S. 102.

Verbände (V.)

→ *Demokratie, Gewerkschaften, öffentliche Bindung, Parteien-Finanzierung, Pluralismus, Staat, Streik, Wettbewerb*

1. Arten von Verbänden. Kaum ein Phänomen hat so zahlreiche Wortschöpfungen hervorgerufen wie die Existenz organisierter gesellschaftlicher Gruppen und ihre Einflußnahme auf die politische Willensbildung. – 1.1. Der Begriff „*Gruppe*" umschreibt zunächst lediglich das Vorhandensein einer Mehrzahl von Menschen, die durch gemeinsame Merkmale etwa der beruflichen Tätigkeit, der Klassenzugehörigkeit, des religiösen Bekenntnisses, gekennzeichnet sind, „*Interessengruppe*" ist dann diejenige Gruppe, die ein angebbares soziales Interesse vertritt. Der Begriff „*Verband*" – und *Interessenverband* – meint das Vorhandensein einer Organisation, mit deren Hilfe eine gesellschaftliche Gruppe ihre Interessen als Forderungen artikuliert. Der Terminus „*pressure group*" weist auf die Art hin, in der ein V. seine Ziele verfolgt: Er übt Druck auf politische Entscheidungsträger aus, um seine Forderungen durchzusetzen; eine ebenfalls auf die Vorgehensweise bezogene Variante ist der Begriff „*Lobby*", dem die Vorstellung des in den Wandelgängen des Parlamentsgebäudes antichambrierenden Interessenvertreters zugrunde liegt. Die Umschreibung „*Einflußverband*" ist der wohl neutralste Begriff, um das Verhältnis organisierter Gruppen zu den politischen Entscheidungsinstanzen auszudrücken.

1.2. Wenn im folgenden an den Begriffen „Verband" und „Interessengruppe" festgehalten wird, so deshalb, weil politisches „pressure" keineswegs das einzige, oft nicht einmal das Hauptmerkmal von V. ist. Zumindest in den westlichen Industriegesellschaften gibt es weite Bereiche, in denen V. autonom Gestaltungsfunktionen wahrnehmen; die → Tarifpolitik der Gewerkschaften und Arbeitgeberverbände ist hierfür das markanteste Beispiel.
Die verschiedensten Bereiche liefern **Motivationen** zu V.gründungen. Eine Unterscheidung zwischen V., die *ökonomische* Interessen artikulieren und solchen, denen es um die Durchsetzung *ideeller* Ziele geht, kann zwar oft hilfreich sein; in der Praxis lassen sich jedoch ökonomisch-soziale Interessen meist nicht von weltanschaulichen Auffassungen trennen. So vertreten die Gewerkschaften in der BRD auch allgemeinpolitische Vorstellunggen und nehmen zu Problemen Stellung, die nicht unmittelbar mit wirtschafts- und sozialpolitischen Erwägungen zu tun haben.

1.3. Ein weiteres Unterscheidungsmerkmal ist die *Dauer* des Engagements. Hier sind V., die ein Interesse in Permanenz vertreten und nur Teilziele anstreben, da es ein umfassendes Endziel nicht gibt, zu unterscheiden von Gruppen, die sich zu einem festumrissenen Zweck vereinigen und ihre Organisation auflösen, wenn das Ziel erreicht ist. Solche „single purpose movements" können sich z. B. zur Erkämpfung des Frauenwahlrechts formieren oder zu dem Zweck, eine Entscheidung zu verhindern (z. B. das Kuratorium „Notstand der Demokratie", das 1968 die Verabschiedung der Notstandsverfassung zu verhindern versuchte.

1.4. Schließlich ist auf die Unterscheidung zwischen *klassenpolitischer* Auseinandersetzung und *Statuspolitik* hinzuweisen. Repräsentieren Gewerkschaften und Arbeitgeber-V. den Widerspruch von Lohnarbeit und Kapital, so vertreten etwa die Kassenärztliche Vereinigung, die Bundesassistentenkonferenz oder der Deutsche Beamtenbund Statusinteressen, ohne daß ihre Mitglieder eine soziale Klasse darstellen. Den V. der Heimatvertriebenen geht es zum einen um die sozialökonomische Eingliederung der Vertriebenen, zum anderen um eine Wahrung ihres Status durch Festhalten an Rechtspositionen, die sich auf die verlorengegangenen Gebiete beziehen. Ein weiteres Beispiel, das vor allem vom Wert einer hohen Kohäsion unter den Mitgliedern von V. Zeugnis ablegt, ist die erfolgreiche Politik der Bauernorganisationen in der BRD, in Frankreich und anderen Ländern. Ihre Geschlossenheit und Schlagkraft beweist, daß gerade Gruppen, die vom Wandel zur hochentwickelten Industriegesellschaft bedroht werden, zu erhöhter Mobilisierung fähig sind.

Die wichtigsten und für die Forschung interessantesten V. sind die *wirtschaftlichen* Organisationen. Sie verfügen über die erforderlichen Mittel: Geld, die Wählerstimmen ihrer Mitglieder, den für Gutachter- und Beratungstätigkeit notwendigen Sachverstand.

2. Gleichgewicht, Gemeinwohl. – Während in Deutschland die Legitimation der V. als Faktoren der politischen Willensbildung nur sehr allmählich Eingang in das Denken der Bevölkerung wie in die Staatstheorie findet (→ Pluralismus), haben die englische und vor allem *amerikanische Politologie* schon Anfang dieses Jahrhunderts die Bedeutung der organisierten Gruppen erkannt. Von einem generellen Ansatz der Gruppentheorie (Bentley, Truman u. a.) aus wird versucht, den Gesamtbereich der Politik als Interaktion von Gruppen zu begreifen. Staatliche Institutionen bilden in diesem Konzept ebenso Gruppen wie Wirtschafts-V., Gemeinden genauso wie Kirchen oder Sportvereine.

2.1. Zentrale Kategorie der allgemeinen Gruppentheorie ist das *Gleichgewicht.* Gleichgewicht gilt als das Ergebnis der vielschichtigen Auseinandersetzung der V. Danach kann keine Gruppe ihre Ziele absolut durchsetzen, und keine bleibt in ihrem Bemühen völlig erfolglos. Dieses sog. „pareto-optimale" Ergebnis wird nicht zuletzt dadurch bewirkt, daß Druck jeweils *Gegendruck* erzeugt. Hinzu kommt, daß die einzelnen V.mitglieder niemals nur *ein* soziales Interesse haben, sondern mehreren Organisationen (etwa: einer Gewerkschaft, einer Kirche, einer Partei) angehören. Diese „overlapping memberships" gelten als Faktoren des Ausgleichs und der Mäßigung in der Intensität der Interessenvertretung. Ein zusätzliches Moment wird im – zumindest latenten – Vorhandensein eines gesamtgesellschaftlichen *consensus* gesehen, der z. B. in Krisensituationen mobilisierbar ist, etwa zur Verteidigung demokratischer Spielregeln.

2.2. *Fruchtbar* ist diese Gleichgewichtsannahme dann, wenn es um die Notwendigkeit eines immer wieder herzustellenden consensus der Gesellschaft über Grundprinzipien geht; ohne einen consensus wäre eine Gesellschaft nicht funktionsfähig. *Kritikwürdig* ist die Gleichgewichtsannahme aber deshalb, weil ihr implizit die Smithsche Vorstellung der „invisible hand" zugrunde liegt, das Prinzip, aus der Konkurrenz aller gehe quasi automatisch das Wohl der Gesamtheit hervor. Die Theorie vom *Gemeinwohl* als Resultante im Kräfteparallelogramm der Gruppeninteressen, die Ernst Fraenkel in Anknüpfung an Rudolf Smend formuliert hat, ist wertvoll, um dem Mißverständnis des a-priori-Gemeinwohls, des vorgegebenen homogenen Volkswillens zu wehren. Aber die Realisierung des geforderten a-posteriori-Gemeinwohls kann nur eine Aufgabe bewußter politischer Gestaltung, kein naturhaftes Resultat eines laisser-faire der interessenpolitischen Auseinandersetzung sein.

2.3. Eine mechanistisch verengte Gleichgewichts- und Gemeinwohltheorie, die alle gesellschaftlichen Vorgänge unter eine weit gefaßte Kategorie des Gruppenkonflikts subsumiert, kann *Strukturveränderungen*, die doch stets Ergebnis eines zumindest temporären Ungleichgewichtes sind, nicht erklären. Ferner kann sie keinen Unterschied zwischen V. und politischen Institutionen machen, da sie alle gleichrangig als *„Gruppen"* definiert. Auch die Frage nach den gesellschaftlichen Machtverhältnissen, nach Ungleichheit der Durchsetzungschancen verschiedener Interessen kann eine mechanistische Gleichgewichtstheorie nicht stellen. Ein weiterer Mangel ist die Beschränktheit dieses Ansatzes auf Prozesse in *westlichen* Gesellschaften, deren Charakteristikum eine weitgehende Gruppenautonomie und V.vielfalt ist. Die Funktion von Massenorganisationen in *kommunistisch* regierten Ländern etwa kann nicht hinreichend erklärt werden. Z. B. gibt es auch in der → DDR soziale Interessenkonflikte. Auch regierende kommunistische Einheitsparteien stehen unter dem Einfluß verschiedener Gruppen (Bsp.: die militärische Führung in der UdSSR, ihre Rolle in der Rüstungspolitik). Aber die Gegensätze und die Konfliktlösungen werden nicht offen ausgetragen; Konflikte und vor allem Opposition gelten als illegitim. Die offizielle Funktion der Massenorganisationen (etwa: Freier Deutscher Gewerkschaftsbund und Gesellschaft für Sport und Technik in der DDR) besteht in der Unterstützung der Parteipolitik.

2.4. Da die allgemeine Gruppentheorie solche Differenzierungen nicht in den Griff bekommt, entwickeln *modernere* V.theorien (in USA vor allem Almond) ein *spezialisierteres* Konzept der Fragestellung. Interessen-V. werden hierin von Parteien und politischen Institutionen unterschieden. Die Frage nach der Verbindung von Verbands- und Parteiinteresse, nach der Reaktion von Abgeordneten auf interessenpolitische Forderungen, nach den Durchsetzungschancen verschiedener Gruppen im Vergleich miteinander eröffnet umfassendere und präzisere Analysen.

3. Einflussbereiche der V. Die politische Willensbildung ist in Regierungssystemen, die pluralistisch organisiert sind, durch vielfältige V.einflüsse bestimmt. Hierbei steht die Gesetzgebung im Vordergrund.

3.1. Ein wesentlicher Einflußbereich der V. ist daher das *Parlament*. Hierbei ist sowohl Druck von außen (Beeinflussung der Fraktionen) als auch die Repräsentanz von Interessenertretern im Parlament selbst an der Tagesordnung. Häufig verbinden Abgeordnete Funktionen der Interessenvertretung für einen Verband mit der Rolle eines Experten in ihrer Fraktion und im Fachausschuß des Parlaments. So ist der Landwirtschaftsausschuß des Bundestages großenteils mit Mitgliedern des Bauernverbandes besetzt. In den Parlamenten des Bundes und der Länder sind auch die *Beamten* überdurchschnittlich stark vertreten; diese Gruppe hat die Chance, auf die Regelung ihrer eigenen Angelegenheiten maßgeblichen Einfluß zu nehmen. Generell ist die Arbeit von Interessenvertretern im Parlament um so intensiver, je größer die Bedeutung der Legislative bei der Ausarbeitung von Gesetzen ist. So ist etwa in den USA, deren präsidentielles Regierungssystem dem Kongreß ein großes Gewicht bei der Gesetzgebung einräumt (starke Ausschußtätigkeit), der Ein-

---

Verbandstypen: 1. Verbände, die möglichst die Gesamtinteressen ihrer Mitglieder wahrnehmen: a) Fachverbände der Industrie und ihre Spitze, der BDI; regionale Bauernverbände mit ihrer Spitze Deutscher Bauernverband; b) Berufsverbände wie die Industriegewerkschaften mit ihrer Spitze DGB; der Deutsche Beamtenbund. – 2. Verbände, die Teilinteressen ihrer Mitglieder wahrnehmen: a) Unternehmensverbände wie die Arbeitgeberverbände und ihre Spitze BDA; b) Personenverbände wie Mieterbünde, Verband der Wertpapierbesitzer. 3. Verbände öffentlicher Körperschaften wie der Deutsche Städtetag, oder die Westdeutsche Rektorenkonferenz (WRK).

Interessenvertretungen in den USA: Im Gegensatz zu den öffentlich-rechtlichen Industrie- und Handelskammern in der BRD, die gleichwohl Funktionen der Interessenvertretung wahrnehmen, sind die amerikanischen Chambers of Commerce private Organisationen. Versuche in den USA, die Verbandseinwirkung auf die politische Willensbildung zu „zähmen" (Lobbying Act, u. a. Publikationszwang) haben sich als wenig erfolgreich erwiesen. In den USA haben auf Grund des präsidentiellen Regierungssystems (keine Integration Parlament = Regierung) und des ausgeprägten Föderalismus (Senatsprinzip, Mehrheitswahl) lokale und regionale pressure groups großen Einfluß auf einzelne Abgeordnete, Senatoren, Ausschüsse. H. K.

Arbeitgeberverbände (AV.) stehen nach ihrem Selbstverständnis (das von den Arbeitsgerichten geteilt wird) als „Sozialpartner" den Gewerkschaften gleichartig und gleichberechtigt gegenüber. Daß Aussperrungen viel seltener sind als Streiks, scheint sogar auf eine Unterlegenheit der AV. hinzudeuten. Folgt man indessen der Auffassung, daß auf dem Arbeitsmarkt ursprünglich die „Arbeitnehmer" unterlegen sind, daß die Gewerkschaften eine organisierte Gegenmacht gegen diese „natürliche" Ohnmacht des einzelnen Arbeiters darstellen und ihrerseits also ein Gleichgewicht hergestellt haben, so erscheinen die AV. als Störer dieses Gleichgewichts. Historisch wurden sie später als die Gewerkschaften und als Reaktion auf sie gegründet.
Auf der Unternehmerseite sind die Vertretung der allgemeinen wirtschaftlichen Interessen (z. B. BDI) und die der speziellen Arbeitgeberinteressen getrennt. Im Spitzenverband, der Bundesvereinigung der Deutschen Arbeitgeberverbände (BDA) sind außer der Industrie auch Handwerk, Landwirtschaft, Bankgewerbe usw. organisiert. – Die AV. sind in erster Linie Tarifparteien; dabei verhandeln die AV. der öffentlichen Hand ebenso hart wie die der privaten Arbeitgeber. Außerdem entsenden die AV. Vertreter in die Arbeits- und Sozialgerichte und die Organe der Sozialversicherung. Ey.

fluß der V. sehr groß; in der BRD ist er größer als in Großbritannien, weil der Bundestag eine intensivere Ausschußtätigkeit entfaltet als das Unterhaus.
3.2. Ein weiterer Ansatzpunkt des V.einflusses ist die *Ministerialbürokratie.* In den parlamentarischen Systemen werden die meisten Gesetzesvorlagen von der Regierung ausgearbeitet, weil hierfür ein hohes Maß an Sachverstand erforderlich ist. Diesen Sachverstand bringen – neben den Beamten – in erster Linie die von einem Gesetzesvorhaben Betroffenen ein: die Interessen-V. § 23 GGO sieht vor, daß zur Vorbereitung von Gesetzen die „beteiligten Fachkreise" herangezogen werden können. In der Praxis bedeutet dies die – meist kompromißhafte – Einbeziehung der speziellen Interessen der Betroffenen bereits im Stadium des Referentenentwurfs. Gesetzentwürfe, die dem Parlament zugeleitet werden, haben so häufig schon das politische „clearing" hinter sich, das eigentlich im Parlament selbst stattfinden sollte.
Diese Praxis wird in der BRD heftig *kritisiert;* die „Neue Linke" sieht darin einen Substanzverlust des Parlaments. Häufig liegt dieser Kritik allerdings eine veraltete Auffassung von Gewaltenteilung als sauberer Trennung zwischen Exekutive und Legislative zugrunde. Das Kritikwürdigste an dem Zusammenspiel von Ministerialbürokratie und V. ist zweifellos die *fehlende Transparenz;* auch der wissenschaftlichen Forschung gelingt es kaum, die hinter verschlossenen Türen stattfindenden Kontakte zu erhellen. Ein weitgehender *Veröffentlichungszwang* solcher Verhandlungen wäre ein dringend notwendiger Beitrag zur Verbesserung der demokratischen Kontrollfähigkeit.
3.3. Die politischen *Parteien* sind dem V.einfluß am unmittelbarsten ausgesetzt. In parlamentarischen Systemen sind die Parteien vermittelnde Instanzen zwischen V. und staatlichen Institutionen. Artikulieren die V. partikulare Interessen der Gesellschaften, so haben die Parteien mehr die Funktion der *Interessenaggregation,* zumal wenn es sich um ein System mit wenigen großen Parteien handelt. Die Parteien müssen, um ihr Stimmenpotential zu verbreitern, mehrere gesellschaftliche Interessen zu politischen Programmen zusammenfassen. Sie unterscheiden sich von den V. auch durch ihr Bestreben, die Regierungsmacht zu erhalten und politische Positionen zu bekleiden. Druckmittel der V. sind: Geldspenden, Stimmen, Experten. Einflußformen sind: Durchsetzung von V.Forderungen in Parteiprogrammen, Nominierung von Parlamentskandidaten, Eingaben, Gutachten und politische Stellungnahmen, etwa durch Anzeigenkampagnen in der Presse. Doch kann eine Partei eine relativ große Eigendynamik entfalten, die den V.einfluß begrenzt. So entsprach die Haltung der CDU/CSU zu den Ostverträgen 1972 keineswegs immer den Interessen der Großindustrie.
3.4. *Die öffentliche Meinung* ist ebenfalls ein wesentliches Medium der V.politik. Die V. streben danach, ihre speziellen Interessen als allgemeingültige darzustellen. Öffentlichkeit wird so von einer kritischen Instanz der Diskussion zu einem Produkt der Interessenpolitik (→ Presse).
3.5. Auch die *Justiz,* obwohl unter dem Neutralitätspostulat stehend, ist V.einflüssen ausgesetzt. Eine Form ist wiederum die gutachterliche Tätigkeit von Experten. Zum anderen ist Rechtsprechung Regelung sozialer Konflikte,

vornehmlich dann, wenn sie einen in den Bereich der Rechtsschöpfung hineingehenden Interpretationsspielraum besitzt. (Bsp.: Urteil des BAG zur Rechtmäßigkeit der Aussperrung!). Interessen-V., auch einzelne Firmen, investieren oft erhebliche Mittel in die Führung von Prozessen. Ein probates Mittel ist das in-die-Länge-Ziehen von Prozessen. Beispiel: Der über zehn Jahre hingeschleppte Contergan-Prozeß.

3.6. Zusätzlicher Einfluß wird durch *Entsendung von V.vertretern in öffentliche Einrichtungen* ausgeübt (Arbeits- und Sozialgerichte, Rundfunkräte, Verwaltungsräte öffentlicher Betriebe usw.) V. und sonstige Einflußgruppen (einzelne Firmen) sind auf kommunaler, Landes- und Bundesebene tätig. Im Zuge der europäischen Integration kommt auch der Ebene der internationalen Organisationen als Einflußbereich von Interessenvertretung eine wachsende Bedeutung zu (→ EWG!).

4. Interessenpolitik und Demokratie. Trotz aller berechtigten Kritik an den V. ist ihr Wirken grundsätzlich zu *bejahen.* Organisationsautonomie ist eine unverzichtbare Voraussetzung für authentische Artikulation sozialer Interessen; fehlt sie, wird die Entscheidungsmacht von denen monopolisiert, die im Namen eines einheitlichen Konzepts von Gemeinwohl die staatlichen Institutionen beherrschen.

4.1. Dennoch muß auf *schwerwiegende Probleme eines Interessenpluralismus* hingewiesen werden, der ein eingefahrenes Spiel machtvoller, etablierter Gruppen darstellt und doch auf Teilbereiche beschränkt bleibt. Denn keineswegs alle legitimen Interessen lassen sich organisieren. Nicht oder nur *schwer organisationsfähig* sind zahlreiche Interessen, die von keiner partikularen Gruppe vertreten werden. So lassen sich etwa *Verbraucher* nur schwer organisieren, weil dieses Interesse jedem Gesellschaftsmitglied zuzuschreiben ist, also von spezielleren Interessen überlagert wird. Ganze Bereiche des Lebens verelenden trotz ihrer sozialen Bedeutung, weil in ihnen *keine konfliktfähigen* Interessen mobilisiert werden können. Konfliktfähigkeit ist *Sanktionsmöglichkeit:* Androhung oder Praktizierung einer spürbaren Leistungsverweigerung (z. B. durch → Streik bedingter Produktionsausfall; mangelnde Investitionsbereitschaft der Unternehmer im Konjunkturabschwung). Es sind gerade Gemeinschaftsinteressen wie Gesundheitswesen, Bildungswesen, öffentlicher Nahverkehr, die nicht oder nur eingeschränkt konfliktfähig sind, zumal wenn sie mit starken partikularen Interessen kollidieren (z. B. Probleme der beruflichen Bildung und die Interessen der Unternehmer- und Handwerks-V.).

4.2. Die Zukunft der Demokratie wird nicht zuletzt davon abhängen, ob es gelingt, dringende gesamtgesellschaftliche Aufgaben vom politischen Bereich her zu erfüllen, jenseits und notfalls *gegen* machtvolle Interessen-V. Wenn Politik nur der gemeinsame Nenner der interessenpolitischen Konkurrenz ist, wenn sie keine darüber hinausgehende Gestaltungskraft gewinnt, ist das Resultat eben nicht ein optimales Gleichgewicht, sondern die Reproduktion struktureller Ungleichheit durch die Kraft des Stärkeren. Und in der kapitalistischen Wirtschaftsordnung sind es gerade die „Unterprivilegierten“, die den

Hauptnachteil unzureichender Gemeinschaftseinrichtungen zu spüren bekommen.

Auch innerhalb der Verbände können Voraussetzungen geschaffen werden, das Konzert der etablierten Interessen für neuaufkommende Bedürfnisse zugänglich zu machen. Obgleich es inzwischen eine Fülle wissenschaftlicher Literatur über den Einfluß einzelner V. auf die Gesetzgebung gibt, wissen wir nur wenig über die *interne* Willensbildung etwa des BDI, dessen Organisationsform als Spitzenverband der Industrie hinsichtlich des inneren Interessenausgleichs besonders problematisch ist (Funktionärsmacht, Dominanz der Großindustrie). Generell gilt jedoch: Die Großorganisationen sind in sich nicht monolithisch. Eine Demokratisierung der inneren Willensbildung könnte daher die Verbandspolitik mit den Interessen der Mitglieder stärker in Übereinklang bringen. Die strukturelle Schwäche des Interessenpluralismus in den westlichen Demokratien liegt nicht zuletzt in der oligarchischen Struktur und der inneren Erstarrung des Verbandswesens begründet.

LITERATURHINWEISE

von Beyme, Klaus: Interessengruppen in der Demokratie. München 1969.
Ehrmann, Henry W.: Interest Groups on Four Continents. Pittsburgh 1960.
Offe, Claus: Politische Herrschaft und Klassenstrukturen. In: *Kress*, Gisela und *Senghaas*, Dieter (Hrsg.): Politikwissenschaft. Frankfurt/M. 1969.
Naschold, Frieder: Zur Theorie der Verbände. In: *Narr*, Wolf Dieter, und *Naschold*, Frieder: Theorie der Demokratie. Stuttgart 1971.
Truman, David B.: The Governmental Process. 4. ed. New York 1957.

Weitere theroretische Erörterungen und Fallstudien u. a. bei *von Bethusy-Huc*, Viola: Demokratie und Interessenpolitik, Wiesbaden 1962. *Breitling*, Rupert: Die Verbände in der Bundesrepublik, Meisenheim 1955. *Schneider*, Herbert: Die Interessenverbände, München 1966. *Stammer*, Otto (Hrsg.): Verbände und Gesetzgebung, Köln usw. 1965. *Wittkämper*, Gerhard: Grundgesetz und Interessenvertretung, Köln 1963.

HANS KREMENDAHL

Verelendung, Ausbeutung, Entfremdung

→ *Arbeit, Arbeiter, (technischer) Fortschritt, industrielle Gesellschaft, Kapital, Lohn, Systemwandel, Wachstum, Werbung, Wert*

In der Marxschen Theorie des Kapitalismus (Kap.) nimmt die Erklärung der Lage der Arbeiterklasse einen wichtigen, integrierenden Teil ein. Sie beruht auf einer empirischen Erfassung der Situation der Arbeiter vor allem in Großbritannien im 18./19. Jahrhundert, wird aber von Marxisten im wesentlichen heute noch als gültig erachtet. Verbunden mit der Beschreibung und der Analyse des kapitalistischen (kap.) Systems, das nach den ihm innewohnenden Gesetzen die unwürdigen sozialen Verhältnisse der Marxschen Zeit verursacht hatte, ist die Entwicklung einer *Terminologie*, die ebenfalls bis heute zur marxistischen Behandlung des Grundwiderspruchs zwischen Lohnarbeit und Kapital gehört. In der Auseinandersetzung zwischen dem Marxismus und nichtmarxistischen Sozialwissenschaften ist die Adäquanz dieser Terminologie und der sie erklärende theoretische Kontext gerade im bezug auf die zeitgenössische Lage der Arbeiter strittig.

1. DIE MARXISTISCHE LOHNTHEORIE. – Den Schlüssel für die marxistische Erklärung der sozialen Verhältnisse, in denen das Proletariat im Kap. lebt, liefert die → *Werttheorie*. Da die Arbeitskraft bei formaler Freiheit und Gleichheit zum einzigen Tauschgut wird, das die eigentumslosen Arbeiter zur Erlangung ihres Lebensunterhaltes einsetzen können, steht sie unter den gleichen Marktgesetzen wie die produzierten Waren, sie wird selbst zur Ware. Nach der Arbeitswertlehre tauschen sich die Güter (unter der vereinfachenden Annahme der gleichen organischen Zusammensetzung der eingesetzten Kapitalien) zu ihren Werten, d. h. zu der zu ihrer Herstellung gesellschaftlich notwendigen Arbeit. Überträgt man diesen Grundsatz auf die Ware Arbeitskraft selbst, so muß sich der Lohn gesetzmäßig auf dem Niveau der Reproduktionskosten des Arbeiters bilden, d. h. er muß die „Fortpflanzung der Arbeiterklasse" sichern, also die Kosten für Lebensunterhalt, Ausbildung und Anlernen usw. insoweit decken, daß die Arbeiterklasse sich nach dem jeweiligen industriellen Entwicklungsstand reproduzieren kann. Die so verstandenen Reproduktionskosten enthalten nur das Notwendigste; Wohlstand oder Luxuskonsum würden nicht dazugehören, ja den Reproduktionsprozeß der Arbeiterklasse in Frage stellen. Der Lohn garantiert nur ein Existenzminimum.
Mit dieser Theorie kann das Elend der Arbeiter zu jener Zeit begründet werden. Im Ergebnis entspricht diese Erklärung einer einfachen *Analyse des damaligen Arbeitsmarktes:* Relativ wenigen Arbeitgebern stand eine Vielzahl isolierter, noch nicht durch Gewerkschaften organisierter Anbieter von Arbeit gegenüber. Es herrschte also ein Nachfrageoligopol, wenn nicht sogar Monopol (bei gegenseitiger Bekanntschaft der Kapitalisten), so daß die Kapitalisten den Lohn bis auf ein minimales Lebenshaltungsniveau drücken konnten. Die Bedingung für eine solche Arbeitsmarktkonstellation ist, daß ein ständiges Überangebot an Arbeit besteht. Marx sieht anders als Malthus die Voraussetzung dafür nicht in der Bevölkerungsentwicklung, also exogenen Faktoren gelegen, sondern in der Entstehung und in der Wirkungsweise des kap. Systems selbst. Ein Heer von Arbeitslosen, die *„industrielle Reservearmee"*, wird zuerst durch landflüchtige und landvertriebene Bauern beim Übergang vom Feudalismus zum Kap. gebildet und im Kap. selbst durch die Arbeiter freisetzende Kapitalakkumulation fortwährend gespeist. Die zyklischen Wirtschaftskrisen vermehren oder vermindern die Reservearmee entsprechend den Verwertungsbedürfnissen des Kapitals. Vollbeschäftigung wäre die Ausnahme, Massenarbeitslosigkeit die Regel.
Andauernde Arbeitslosigkeit steigert sich zu Massenelend *(Pauperismus)*, das in entwickelten Industriestaaten durch Sozialgesetzgebung eingedämmt wird. Aber die Armut kennzeichnet soziale Gruppen, die wie die Dauerarbeitslosen und andere am kap. System Gestrauchelte noch unter dem Niveau des Proletariats als *Lumpenproletariat* leben.

Der Trend der Löhne zum *Existenzminimum* ist jedoch keineswegs zwingend: Wenn die Reproduktionskosten der Arbeit, etwa durch längere Ausbildung oder psychische Belastung, steigen, oder wenn die Arbeit in konjunkturellen Aufschwungsphasen knapp wird, steigen auch die Löhne. Im übrigen wird das Existenzminimum, dem die Löhne zustreben, bei Marx nicht als physisches Existenzminimum, sondern als historisch, kulturell bedingt verstanden. Das heißt aber, daß praktisch jedes Lebensstandardniveau der Arbeiter als Existenzminimum gelten kann. Entscheidend kommt es gar nicht auf die absolute Höhe des Lebensstandards der Arbeiter an, sondern auf die Relation zur sozialen Gesamtsituation der Kapitalisten. Dabei darf aber, da der Kap. nicht als national begrenztes Wirtschaftssystem, sondern als ein übernationaler Funktionsmechanismus verstanden wird, die Lage der Arbeiter in hochentwickelten Industriestaaten nicht isoliert von dem Lebensniveau der Arbeiter in wenig entwickelten Ländern betrachtet werden.

2. Die Ausbeutungslehre. – Die Entlohnung der Arbeiter zu Reproduktionskosten schafft die Bedingung für die Entstehung des *Mehrwerts.* Da die Arbeit nach der Arbeitswertlehre die einzige Quelle der Wertschöpfung ist, d. h. da die Arbeit für den Kapitalisten den Gebrauchswert besitzt, Werte zu schaffen, selbst aber nur zu ihrem Tauschwert entlohnt wird, entsteht (unter Abzug der übertragenen Wertbestandteile für Rohstoffe und Abschreibungen) als Differenz der Mehrwert. Ihn eignet sich der Kapitalist an; er nimmt ihn den Arbeitern weg, die ihn geschaffen haben und denen er eigentlich zusteht. Diese *Ausbeutung* der Arbeiter ist nicht eine statische Beziehung, sondern entwickelt und steigert sich. Weil nur der von der Arbeit geschaffene Mehrwert die Kapitalakkumulation speist – und dadurch letztlich die Entwicklung des Kap. vorantreibt –, spielt die Mehrwertrate, das Verhältnis von Mehrwert (m) zum Wert der eingesetzten Arbeit (variables Kap. v), also m:v im Marxschen System eine wichtige Rolle; es drückt gleichzeitig die Ausbeutungsrate *(Grad der Exploitation)* der Arbeit aus. Der Kapitalist kann den Mehrwert durch Verlängerung der Arbeitszeit *(absoluter* Mehrwert) vergrößern oder das Verhältnis von Mehrwert zu eingesetzter Arbeit verbessern, *(relativer* Mehrwert). Dazu dient vor allem die Intensivierung der Arbeit und Steigerung der Produktivkraft der Arbeit.

Häufig wird von Kritikern die Ausbeutungsproblematik *auf sozialistische (soz.) Länder übertragen.* Schon Marx hatte in der „Kritik des Gothaer Programms" darauf hingewiesen, daß auch im Sozialismus der Arbeiter nicht den vollen Ertrag seiner Arbeit erhalten könne, da eine Reihe gesellschaftlicher Aufgaben aus den Erträgen der Arbeit bestritten werden müsse. Insoweit eignet sich auch ein soz. Staat einen Teil des vom Arbeiter geschaffenen Produkts an. Entscheidend im soz. Selbstverständnis ist jedoch, daß die Aneignung und Verwendung dieses Mehrprodukts im Namen und im Interesse der soz. Gesellschaft und nicht im Interesse einiger weniger erfolge. Ob diese deduzierende Analyse den Realitäten entspricht, ist auch unter Marxisten strittig.

3. ENTFREMDUNG. – Der sozialökonomischen Analyse vorgelagert ist eine stärker philosophisch geprägte Phase des sog. „Jungen Marx", in der die Entfremdungslehre entstanden ist. Ihr Verhältnis zur späteren stärker politökonomisch ausgerichteten Kapitalismuskritik ist strittig, aber wohl eher als philosophische Grundlegung denn als Widerspruch zu verstehen. Im Anschluß an Hegel liegt auch für Marx in der Arbeit des Menschen seine *Selbstverwirklichung* als Gattungswesen. Durch die Arbeit verändert der Mensch die Natur, indem er dabei sich seiner selbst, seiner körperlichen und geistigen Kräfte, seines inneren Wesens, entäußert. So tritt er in dem Ergebnis der Arbeit als einem außer ihm liegenden, ihm entfremdeten konkreten Produkt sich selbst gegenüber. Erst mit Wiederaneignung der entäußerten Arbeit, indem der Mensch durch die von ihm veränderte Natur sich selbst verwandelt, gewinnt er sich selbst zurück, entwickelt sich und verwirklicht seine humane Selbstbestimmung.

Die Verbindung dieses anthropologischen Ansatzes mit den Bedingungen der industriellen Arbeitswelt des Kap. führt zu verschiedenen in den Bereichen der Sozialanalyse gehörenden Inhalten der Entfremdung. Letztlich ist das *Privateigentum an den Produktionsmitteln* die Ursache dafür, daß der Arbeiter von der Selbstverwirklichung durch Wiederaneignung des Produktes seiner Arbeit ausgeschlossen ist. Durch die Wirksamkeit des kap. Systems, das zu einseitiger Akkumulation des Reichtums bei den Kapitalisten führt, wird der Arbeiter, je mehr Reichtum er schafft, desto mehr von den Früchten seiner Arbeit ausgeschlossen.

Die Entfremdung erfaßt auch die Arbeit, den Produktionsprozeß selbst: Da das Eigentum an den Produktionsmitteln dem Kapitalisten auch die Verfügungsgewalt über die Menschen bei der Arbeit gibt, wird die Arbeit konkret dem Arbeiter von außen aufgezwungen, sie ist ihrem Wesen nach *Zwangsarbeit.* Dazu gehört, daß der Arbeiter der Maschine angepaßt wird, deshalb immer enger spezialisiert und immer geistlosere und durch Monotonie entwürdigendere Tätigkeiten verrichten muß. Diese technologische Entfremdung verhindert eine vielseitige Entwicklung der natürlichen Anlagen des Arbeiters. Bei Marx noch nicht mit der heute möglichen Klarheit angelegt sind die über den Arbeitsprozeß hinausgehenden Entfremdungsphänomene: Die *Freizeit* dient dem auch bei verkürzter Arbeitszeit ausgepumpten Arbeiter weitgehend nur dazu, die entmenschlichenden Arbeitsprozesse mit umgekehrten Vorzeichen fortzusetzen: Die Regeneration ist einseitig und oft unvollkommen. Die Interessen, die der Arbeiter in seiner Freizeit verwirklicht, sind reduziert und wiederum fremdorientiert. Seine Bedürfnisse und Verhaltensweisen werden über Massenkommunikationsmittel manipuliert, indem Leitbilder indirekt oktroiert werden, welche auch die privaten Lebensäußerungen bis hin zu sexuellen Verhaltensweisen letztlich fremdbestimmen.

Weil die Produktion nicht eine isolierte Einzelarbeit, sondern eine gesellschaftliche Aktivität ist, tritt mit der Entfremdung in der Produktion auch eine Entfremdung des individuellen Lebens vom *„Gattungsleben"* ein. Sie bezieht sich auf die Gesellschaft als Ganzes, der der Einzelne vereinzelt und ohnmächtig gegenübersteht. Hier liegen – in Nachwirkung Ludwig Feuerbachs – nicht nur die Quellen religiöser Substitute und Welterklärungsversuche, sondern auch der Grund für die Störung der persönlichen Beziehungen der Menschen, die durch das entmenschlichte Verhältnis zu ihrer Arbeit und durch Konkurrenz um den Arbeitsplatz und am Arbeitsplatz bedingt ist. In diese gesellschaftliche Entfremdung sind *auch die Kapitalisten* einbezogen, die zwar über das Proletariat dominieren, aber unter Konkurrenzdruck und Akkumulationszwang stehen.

Die Entfremdungsprozesse sind auch im Funktionsmechanismus des kap. Systems begründet. Die Menschen beziehen sich in ihren wirtschaftlichen und gesellschaftlichen Verhältnissen nicht direkt aufeinander, sondern über die Waren. „Das Geheimnisvolle der Warenform besteht also einfach darin, daß sie den Menschen die gesellschaftlichen Charaktere ihrer eigenen Arbeit als gegenständliche Charaktere der Arbeitsprodukte selbst, als gesellschaftliche Natureigenschaften dieser Dinge zurückspiegelt, daher auch das gesellschaftliche Verhältnis der Produzenten zur Gesamtheit als ein außer ihnen existierendes gesellschaftliches Verhältnis von Gegenständen. Durch dies quid pro quo werden die Arbeitsprodukte Waren, sinnlich übersinnliche oder gesellschaftliche Dinge." (Marx, Das Kapital, Bd. I, Kapitel 1/4). Dieser Sachverhalt wird von Marx als „*Warenfetischismus*" analysiert. Nur durch eine „positive Aufhebung" des Privateigentums und durch Schaffung einer kommunistischen Gesellschaft kann die Selbstentfremdung aufgehoben werden.

4. Im Begriff der Verelendung kulminieren die verschiedenen Prozesse der Herrschaft der Kapitalisten über die Arbeiter. Es wäre falsch, Verelendung nur ökonomisch zu interpretieren und an dem Stand der Reallöhne zu messen, obwohl gerade dieses wirtschaftliche Problem einen wichtigen Teil der Auseinandersetzung ausmacht. Verelendung charakterisiert die Gesamtsituation der Arbeiterklasse sowohl nach ihrer materiellen als auch nach ihrer *sozialen und menschlichen* Seite; sie ist das Resultat der Ausbeutungs- und der Entfremdungsmechanismen. Es kommt letztlich darauf an, daß der Arbeiter nicht sein Interesse gegen die der Kapitalisten durchsetzen kann, daß er diesen vielmehr ausgeliefert und von ihnen beherrscht wird. Dies ist nicht in einem absoluten Sinne zu verstehen, sondern entsprechend den jeweiligen technischen, sozialen und wirtschaftlichen Gegebenheiten, die oftmals im Sinne des Kapitalinteresses eine Verbesserung der Lage der Arbeiter, z. B. um ihre Arbeitsproduktivität zu erhöhen oder um durch gesteigerten Absatz den Profit zu realisieren, notwendig machen. Verelendung des Proletariats bedeutet also nicht nur absolut oder relativ sinkende Löhne, keine oder nur geringe Eigentumsbildung, sondern vor allem die ständige Gefahr der *Arbeitslosigkeit,* die nach den Verwertungsbedingungen des Kapitals Realität wird, die Intensivierung und einseitige *Spezialisierung* der Arbeit, die in den Betrieben nicht nach den Bedürfnissen des Arbeiters, sondern an den Profitinteressen ausgerichtet ist, und die Orientierung der Volksbildung nach den Erfordernissen des künftig einzunehmenden Arbeitsplatzes. Zur Verelendung gehören also

auch die verhinderte Entwicklung und Bildung der Arbeiter, ihr zurückgebliebenes und zurückgehaltenes Bewußtsein, ihre an vorgefertigten Leitbildern orientierten Entscheidungen im Konsum- und Freizeitbereich. Der nicht befreiende, sondern knechtende Charakter der Arbeit, die gesellschaftliche Isoliertheit und die ständige Manipulation und Ablenkung von der Verfolgung des Eigeninteresses auf Nebensächliches und dem Kapitalinteresse dienende Ziele, das alles stellt in der Marxistischen Doktrin das Elend des Arbeiters im Kapitalismus dar.

Verelendung ist vom Wort her gesehen ein Prozeß des ständigen Schlechterwerdens. Ist jedoch die gesamte Misere der Arbeiterklasse angesprochen, die sich qualitativ verändert und auch nicht materielle, sondern soziale Fehlentwicklungen umfaßt, so bringt Verelendung letztlich ein sich in zeitgemäßere Formen wandelndes Ausgeliefertsein des Arbeiters an das Kapital auf den Begriff. Eine andere Frage ist es, ob dieses gesellschaftliche Ungleichgewicht nicht unter bestimmten Voraussetzungen eine Bedingung einer hohen volkswirtschaftlichen Effizienz ist.

Angesichts des offensichtlich steigenden Lebensstandards der Arbeiter in den Industrieländern wird in der ökonomischen Interpretation der absoluten Verelendung, welche sinkende Reallöhne ausdrückt, eine *relative* Verelendung gegenübergestellt, welche nur den sinkenden Anteil der Arbeiter am Sozialprodukt (bei möglicherweise steigenden Reallöhnen) meint. Für beide Interpretationen finden sich Belegstellen bei Marx. Wie weit sich eine relative Verelendung statistisch nachweisen läßt, ist strittig. Mit dem Nachweis einer in relativ kurzen Zeiträumen gestiegenen *Lohnquote* (Verhältnis der Löhne und Gehälter am Sozialprodukt) in der Bundesrepublik ist es nicht getan.

5. Ansätze der Kritik. – Auf einer bestimmten Ebene der Auseinandersetzung mit dem Marxismus wird die tatsächliche Entwicklung der sozialen Verhältnisse der Arbeiter als Beweis gegen die Marxschen Theorien und gegen die Adäquanz der Terminologie für die Beschreibung ihrer gegenwärtigen Lage angesehen. Die Darstellung der Verelendungsproblematik hat aber gezeigt, daß hinter den marxistischen Schlüsselbegriffen – die veraltet anmuten, aber propagandistisch wirksam Elend, Hunger, Beute, assoziieren – Probleme der *aktuellen* Auseinandersetzungen innerhalb der kap. Gesellschaft in einem marxistischen Kontext behandelt werden. Sie werden auch in der sog. bürgerlichen Wissenschaft diskutiert, und oft sind sie, wie die industriegesellschaftliche Isoliertheit und die Massenmanipulation, keineswegs Entdeckungen einer marxistischen Wissenschaft. Häufig wird auch die marxistische Theorie zu sehr vereinfacht, und es werden ihre inhärenten theoretischen Möglichkeiten unterschätzt, wie die Fragen des Existenzminimums und der Lohnentwicklung gezeigt haben.

Der entscheidende Unterschied zwischen Marxisten und Nichtmarxisten liegt nicht bei den Einzelproblemen, sondern im *theoretischen Kontext.* Für einen Marxisten kann – nach Maßgabe seines intellektuellen Vermögens simplifiziert oder im höchsten Maße differenziert – ein eindeutiger und direkter

Zusammenhang zwischen den kap. Produktionsverhältnissen – d. h. den bestimmenden gesellschaftlichen Einrichtungen, insbesondere dem Privateigentum – und den konkreten sozialen Ergebnissen dieses Systems durch die sozialökonomischen Gesetzmäßigkeiten, insbesondere das Wertgesetz, gefunden werden. Diese Analyse hält eine grundsätzliche Verbesserung der Lage der Arbeiter im Ganzen gegenüber der Kapitalseite für nicht möglich, auch wenn die soziale Lage partiell verbessert wurde. Die Aufhebung von Ausbeutung und Entfremdung kann nur durch die Beseitigung dieses Systems erreicht werden. Obwohl die Lehre von der Interdependenz auch in der „bürgerlichen" Ökonomie eine große Tradition hat, werden hier theoretisch und in der praktischen Politik die Ursachen für soziale Unzulänglichkeiten in einem sehr viel engeren Erklärungszusammenhang gesehen, der ohne abrupte Änderungen des Systems und unter Beibehaltung seiner positiven Elemente über längere Zeiträume ständig sich kumulierende Verbesserungen möglich erscheinen läßt. Hier haben die Vermögensbildungs- und Mitbestimmungskonzepte ihren Platz. Bis heute sind jedoch die Probleme der Grenzen eines Systems, die, ohne es zu zerstören, nicht überschritten werden können, und die Probleme der kontinuierlichen Systemänderungen nicht gelöst. Sie werden bei manchen marxistischen Autoren stark vereinfacht, obwohl sie ebenfalls ein Grundproblem der Revolutionstheorie und der → Übergangsgesellschaft sind.

Ein wichtiger Erklärungsgrund für die soziale Lage der Arbeiter im Kap. ist seit den Klassikern des Marxismus die privatwirtschaftliche *Eigentumsordnung.* Viele Entfremdungsphänomene, insbesondere die durch Arbeitsteilung und Spezialisierung in der industriellen *Technik* zugeordnet werden, die unabhängig vom gesellschaftlichen System, bestimmte einseitige Qualifikationen, Arbeitsrhythmen und eine reduzierte Lebensführung verursacht. Deshalb treten auch in den soz. Gesellschaften Entfremdungserscheinungen auf, die den kapitalistischen ähnlich sind. Sie können durch das sog. Volkseigentum nicht vermieden werden, selbst wenn akzeptiert wird, daß ein entsprechendes Bewußtsein der Arbeiter als Miteigentümer eine Rolle spielen könnte. Sie sind deshalb nicht typisch kapitalistisch, sondern mit der Dynamik der Technik verknüpft. Insoweit hilft eine Änderung der Wirtschafts- und Gesellschaftssysteme wenig, wenn nicht eine Neueinschätzung von industriellem Wachstum, materiellen Bedürfnissen und den sogenannten Lebensqualitäten eintritt.

Literaturhinweise

Hofmann, Werner: Verelendung. In: Folgen einer Theorie. Frankfurt/M. 1967.
Israel, Joachim: Der Begriff Entfremdung. Hamburg 1972.
Kuszynski, Jürgen: Die Theorie der Lage der Arbeiter. Berlin 1968.
Popitz, Heinrich: Der entfremdete Mensch. Frankfurt/M. 1967.
Schacht, Richard: Alienation. London 1971.
Stojanović, Svetozar: Kritik und Zukunft des Sozialismus. 2. Aufl., München 1970.

Friedrich Haffner

Verteilung

→ *Gewerkschaften, Inflation, Konzentration, Lohn, Selbstfinanzierung, Sozialstaat, Seuern*

1.0. Die Forderung nach einer breiten Streuung der Einkommen und Vermögen wird in allen kapitalistischen Systemen erhoben. Besonders in der Konzeption der sozialen Marktwirtschaft der BRD stellt dieses Ziel ein wesentliches Prinzip dar. Das Ergebnis des marktwirtschaftlichen Prozesses in Bezug auf die Verteilung von Einkommen und Vermögen wird als nicht befriedigend gewertet und soll aus sozialpolitischen Gründen über eine bewußte Einkommens- und Vermögenspolitik verändert werden.
1.1. Es erscheint bemerkenswert, daß diesem Anspruch eine völlig andere Entwicklung der Einkommen und Vermögen gegenübersteht. Trotz unzureichender → Statistiken kann für die BRD nachgewiesen werden:
(a) Eine Umverteilung der *Einkommen* aus Unternehmertätigkeit und Vermögen zugunsten der Einkommen aus unselbständiger Tätigkeit ist nicht erfolgt. Vielmehr sind die Pro-Kopf-Einkommen aus Unternehmertätigkeit und Vermögen sehr viel stärker gestiegen als die Pro-Kopf-Einkommen aus unselbständiger Tätigkeit.
(b) Die *Vermögens*verteilung ist nicht gleichmäßiger geworden. Vielmehr ist eine deutliche und zunehmende Konzentration der Vermögen zu beobachten.
1.2. Die *Gründe* für diese Entwicklung sind im marktwirtschaftlichen Prozeß selbst und in den Aktionen der wirtschaftspolitischen Willensträger zu sehen. Eine ungleiche Vermögensverteilung verschärft die Ungleichheit der Einkommensverteilung und umgekehrt. Vermögensbesitz führt zu einem arbeitlosen Einkommen. Da die Bezieher höherer Einkommen einen erheblichen Teil des Einkommenzuwachses sparen können, wird auch der Vermögenszuwachs auf die Bezieher höherer Einkommen verteilt. Neben dieser Konzentrationswirkung des marktwirtschaftlichen Prozesses sind die *politischen Willensträger* in der BRD für den Konzentrationsprozeß verantwortlich. Die Einkommens- und Vermögenspolitik in der BRD stand von Beginn an in erheblichem Widerspruch zu dem oben formulierten Anspruch. Insbesondere durch steuerpolitische Maßnahmen wie Begünstigung nicht entnommener Gewinne, zusätzliche Abschreibungsmöglichkeiten und die Sonderausgaberegelungen der Einkommensteuergesetze wurde der Konzentrationsprozeß erheblich verschärft. In jüngster Zeit ist ein *Umschlag* in der politischen Strategie erfolgt. Bei Vollbeschäftigung, angemessenem wirtschaftlichen Wachstum und gleichzeitiger Konzentration von Einkommen und Vermögen wird die Verteilungsfrage zunehmend dringlicher, da gesellschaftliche Konflikte aus dem ungelösten Verteilungsproblem die bestehende Wirtschafts- und Gesellschaftsordnung in Frage stellen können. Die Argumente für die Notwendigkeit einer effizienten Verteilungspolitik scheinen daher weniger im Bereich der Sozialpolitik zu liegen, sondern eher aus einer Konfliktvermeidungsstrategie mit dem Ziel zu folgen, das bestehende Gesellschaftssystem zu sichern.

2.0. FUNKTIONELLE EINKOMMENSVERTEILUNG. Die Theorie der funktionellen Einkommensverteilung untersucht den Entstehungsgrund unterschiedlicher Einkommenskategorien. 2.1. So verweist *Marx* darauf, daß Gewinn als Ausbeutungsverhältnis erklärt werden muß. Gewinn als besondere Einkommensform entsteht lediglich in Klassengesellschaften, die durch Privateigentum an Produktionsmitteln und damit durch den Widerspruch zwischen Lohnarbeit und Kapital gekennzeichnet sind. Da der besitzlose Arbeiter seine Arbeitskraft als Ware zu einem Wert verkaufen muß, der unterhalb des von ihm geschaffenen Warenwertes liegt, ist der Kapitalist in der Lage, die entstehende Differenz (Mehrwert) dem Arbeiter vorzuenthalten. Die Grundanlage des kapitalistischen Systems, so folgert Marx, führt zu Ausbeutungsprozessen und damit zu der besonderen Einkommensform Gewinn.

2.2. Gegen diese Position wird insbesondere von Vertretern der liberalen, *neoklassischen Ökonomie* argumentiert. Clark versuchte den Nachweis, daß Gewinn entsteht, weil Kapital als technisches Produktionsmittel produktiv ist. Im Produktionsprozeß werden die Produktionsfaktoren Arbeit und Kapital kombiniert. Beide Faktoren werden, so behauptet die *Grenzproduktivitätstheorie,* nach ihren produktiven Beiträgen entlohnt, so daß die Aufteilung des Gesamteinkommens in Lohneinkommen und Gewinn entsprechend den produktiven Beiträgen die gerechte Aufteilung darstellt. Mit diesem Ansatz wird der Gewinn als besondere Einkommenskategorie nicht nur zu erklären, sondern auch zu rechtfertigen versucht.

2.3. Nicht nur von marxistischen Ökonomen wird auf die Unhaltbarkeit dieses Ansatzes hingewiesen. Unabhängig von den speziellen Voraussetzungen, unter denen die Grenzproduktivitätstheorie gilt, weist Preiser darauf hin, daß das Problem der Zurechenbarkeit mit dem der Zuteilung verwischt wird. Selbst wenn die produktiven Beiträge auf die beiden Faktoren zurechenbar sind, kann Gewinn als besondere Einkommensform nur dann auch zugeteilt werden, wenn eben Privateigentum an Produktionsmitteln besteht. Letztlich also gilt auch für die Grenzproduktivitätstheorie die Aussage, daß Gewinn erst aus der Institution des Privateigentums an Produktionsmitteln erklärbar ist.

In der *neueren Kreislauftheorie* wird auf das Knappheitsargument verwiesen. Kapital wirft nicht deswegen einen Ertrag ab, weil es produktiv, sondern weil es knapp ist. Mit der kreislauftheoretischen Betrachtungsweise suchen Neo-Keynesianer nachzuweisen, daß die Höhe des Gewinnes und der Anteil des Gewinnes am Volkseinkommen durch die Bestimmungsgründe der Gesamtnachfrage determiniert werden. Danach sind der Anteil der Investitionsgüter am Volkseinkommen, der Anteil der Unselbständigen und der Anteil der Selbständigen entscheidend für die Höhe der Gewinnquote. Auch dieser Ansatz ist jedoch nicht überzeugend, da lediglich auf der Grundlage tautologischer Kreislaufbeziehungen argumentiert wird.

3.0. EINKOMMENS- UND VERMÖGENSPOLITIK. Ansätze zu einer Veränderung der Einkommens- und Vermögensverteilung werden insbesondere durch die Gewerkschaften und den Staat formuliert.

3.1. *Nominallohn- und Investivlohnpolitik* (→ Lohn) sind die entscheidenden Instrumente der → Gewerkschaften zur Beeinflussung der Einkommensverteilung. Bei der Beurteilung der Erfolgsaussichten ist davon auszugehen, daß Lohnsteigerungen im Rahmen des Produktivitätsanstiegs zwar eine Reallohnerhöhung bewirken, eine Umverteilung der Einkomen aber dadurch nicht eintritt. Eine Umverteilung erfolgt lediglich dann, wenn die Nominallöhne *stärker* als die Arbeitsproduktivität steigen. Dabei ist jedoch vorausgesetzt, daß das *Preisniveau* unverändert bleibt. Eben diese Voraussetzung ist nicht erfüllt. Steigen die Nominallöhne stärker als die Arbeitsproduktivität, steigen die Produktionskosten (Kosteneffekt) und – da die gestiegenen Nominaleinkommen wieder verausgabt werden – auch die Nachfrage (Einkommenseffekt). Die Unternehmer können den Nominallohnanstieg daher auf Grund der gestiegenen Nachfrage in Form von Preiserhöhungen *überwälzen,* so daß der Nominallohnanstieg durch den Preisniveauanstieg kompensiert wird. Der Reallohn ist dann allenfalls in Höhe des Produktivitätsfortschritts gestiegen.

Aus diesen Überlegungen scheint zu folgen, daß die Gewerkschaften durch ihre Lohnpolitik selbst *inflatorische* Bewegungen (cost-push-inflation) und damit eine Lohn-Preis-Spirale auslösen (→ Inflation). Dieser Vorwurf wird von den Gewerkschaften mit dem Argument zurückgewiesen, daß eine forcierte Nominallohnpolitik erst auf Grund eines gestiegenen Preisniveaus notwendig wird und Preisniveauerhöhungen durch die unternehmerische Gewinnsicherungspolitik entstehen. Dennoch führte die cost-push-Theorie zu dem Versuch politischer Entscheidungsträger, die für die Wirtschaftspolitik offene einkommenspolitische Flanke der Inflationsbekämpfung abzusichern. So ist etwa § 3 Stabilitätsgesetz *(konzertierte Aktion)* aus dem Bemühen des Staates zu erklären, die gewerkschaftliche Einkommenspolitik zu reglementieren. Die Gewerkschaften sollen auf eine lediglich salvatorische Funktion – Umsetzung des Produktivitätsanstiegs in Reallohnerhöhungen bei unveränderter Einkommensverteilung – festgelegt werden. Dies geschieht durch Vorgabe einkommenspolitischer „Orientierungsdaten", die jedoch – im Gegensatz zu „Lohnleitlinien" – nicht verbindlich sind. Die Vorgabe von verbindlichen Lohnleitlinien werden von den Gewerkschaften in der BRD mit dem Hinweis auf die grundgesetzlich verankerte Tarifautonomie zurückgewiesen.

3.2. Die Diskussion des Überwälzungsproblems bei Nominallohnerhöhungen führte zu dem Versuch, Verteilungswirkungen über die *Investivlohnpolitik* zu erreichen. Der Grundgedanke des Investivlohns besteht darin, Nominallohnerhöhungen, die über den Produktivitätsfortschritt hinausgehen, nicht bar auszuzahlen. Damit wird der Arbeitnehmer gezwungen, einen Teil des Einkommenszuwachses zu sparen, so daß eine direkte Nachfrageerhöhung nicht erfolgt. Obwohl auch beim Investivlohn der Kosteneffekt unmittelbar eintritt, ist die Überwälzung für die Unternehmer schwerer, da die Nachfrage nicht im gleichen Maße steigt. Damit könnte – so die theoretische Konzeption – eine Gewinnschmälerung erreicht werden, die jedoch nicht zu einem Investitionsrückgang führen muß, da Liquiditätsschwierigkeiten auf Grund der Verflüssigung des Geld- und Kapitalmarktes vermieden werden können. Dieses Ergebnis ist jedoch *unwahrscheinlich*. Auf Grund der gestiegenen Kosten wird von den Unternehmungen eine Preiserhöhung vorgenommen, die bei unvermindertem Nachfrageniveau zu einem Rückgang des Beschäftigungsgrades und damit zu Arbeitslosigkeit führt. Bei steigender Arbeitslosenquote werden die Politiker auf Grund der Vorrangigkeit der Stabilitätspolitik mit Hilfe keynesianischer Instrumente (→ Keynesianismus) die Gesamtnachfrage anheben und damit letztlich eine Gewinnsicherungspolitik betreiben. Die Überwälzung der gestiegenen Kosten ist dann geglückt.

Zusammenfassend lassen sich diese Argumente dahingehend formulieren, daß bei Vollbeschäftigung eine Einkommensumverteilung zwischen Gewinneinkommen und Einkommen der Unselbständigen allenfalls in Grenzen möglich ist. „Soziale Symmetrie" wird damit bei Anerkennung von Vollbeschäftigung und Wachstum als oberste wirtschaftspolitische Postulate unmöglich.

3.3. Gerade auf Grund des mit der zunehmenden Konzentration der Einkommen und Vermögen entstehenden gesellschaftlichen Konfliktes werden zunehmend Pläne formuliert, die Verteilungsproblematik über eine obligatorische *Gewinnbeteiligung* zu lösen. Der Grundgedanke besteht darin, Unternehmungen von einer bestimmten Größenordnung an gesetzlich zu zwingen, einen Bruchteil ihres Gewinns an einen oder mehrere Fonds abzuführen. Das Fondsvermögen wird dann in Beteiligungspapiere für Arbeitnehmer umgesetzt. Diese Beteiligungspapiere werden unentgeltlich verteilt bzw. zu entsprechend der Einkommenshöhe gestaffelten Preisen verkauft. Um Liquiditätsschwierigkeiten im Unternehmungsbereich zu vermeiden, ist vorgesehen, daß das Fondsvermögen entweder direkt den Unternehmungen als Finanzierungsinstrument für Investitionen im Wege der Kreditvergabe zur Verfügung gestellt wird oder daß der Fonds selbst am Kapitalmarkt tätig wird. Mit dieser Konzeption soll erreicht werden, daß bei unverändertem wirtschaftlichen Wachstum die Vermögensverteilung und damit längerfristig auch die Einkommensverteilung gleichmäßiger wird. Um zu verhindern, daß die von den Arbeitnehmern erworbenen Beteiligungspapiere liquidiert und damit nachfragewirksam verwendet werden, ist für den Verkauf der Papiere eine Sperrfrist vorgesehen.

Bei der Beurteilung dieser Pläne ist wieder die Frage nach der möglichen *Überwälzung* von entscheidender Bedeutung. Da die Beteiligungspapiere unmittelbar nicht liquidiert werden können, ist ein Anstieg der Nachfrage nicht sofort zu erwarten. Da die Unternehmungen die obligatorische Gewinnbeteiligung als zusätzliche Gewinnsteuer bei der Preisbestimmung als Kostenfaktor berücksichtigen werden, ist anzunehmen, daß mit der Einführung der gesetzlichen Gewinnbeteiligung das Preisniveau steigt und gleichzeitig der Beschäftigungsgrad zurückgeht. Auch hier gilt, was für den Investivlohn gesagt wurde. Der Anstieg der Arbeitslosenquote wird zu einer Reaktion der

Einkommensschichtung der privaten Haushalte [1]

	Insgesamt		Selbständige [2]		Landwirte		Beamte		Angestellte		Arbeiter		Nichterwerbstätige	
	1969	(1962/63)	1969	(1962/63)	1969	(1962/63)	1969	(1962/63)	1969	(1962/63)	1969	(1962/63)	1969	(1962/63)
Anzahl der Haushalte (1000)	20 540	(19 660)	1 568	(1 957)	765	(1 118)	1 229	(1 164)	3 576	(2 864)	6 323	(6 569)	7 079	(5 987)
Monatliches Nettoeinkommen von ... bis unter ... DM	Anteil in vH													
unter 600	14,6	(30,9)	2,3	(12,3)	4,2	(9,7)	0,4	(3,2)	1,2	(11,4)	3,3	(23,1)	37,9	(64,0)
600 bis 800	10,0	(21,2)	3,6	(12,3)	3,0	(13,9)	0,5	(16,3)	4,8	(17,8)	8,2	(33,7)	18,1	(14,4)
800 bis 1 000	11,7	(17,7)	4,5	(12,7)	5,8	(18,4)	4,5	(20,9)	8,6	(21,9)	15,3	(24,4)	13,4	(9,3)
1 000 bis 1 200	12,5	(11,2)	6,4	(11,2)	11,4	(18,3)	10,8	(20,1)	11,4	(17,1)	19,2	(11,5)	8,9	(4,9)
1 200 bis 1 500	16,5	(9,1)	10,1	(14,7)	13,1	(18,0)	20,0	(20,1)	19,4	(16,0)	24,9	(5,4)	8,6	(4,5)
1 500 bis 2 000	17,5	(5,8)	19,0	(14,3)	27,2	(13,8)	28,7	(14,4)	26,1	(10,6)	20,0	(1,7)	7,5	(2,0)
2 000 bis 2 500	8,6		15,9		18,1		18,8		15,1		6,3		3,0	
2 500 bis 5 000	7,7	(4,1)	30,2	(22,5)	16,7	(7,9)	16,4	(5,0)	12,6	(5,2)	2,5	(0,2)	2,4	(0,9)
5 000 bis 10 000	0,8		7,9		0,3		0,1		0,7		0,0		0,1	

[1] Ergebnisse der Einkommens- und Verbrauchsstichprobe.

[2] Ohne Landwirte.

Quelle: Jahresgutachten 1972 des Sachverständigenrates zur Begutachtung der gesamtwirtschaftlichen Entwicklung, Bundesrats-Drucksache 612/72, S. 143, modifizierte Zusammenstellung.

wirtschaftspolitischen Willensträger mit dem Ziel führen, Vollbeschäftigung durch eine Gewinnsicherungspolitik herzustellen. Damit aber ist auch die Gewinnbeteiligung als Umverteilungsinstrument unwirksam.
Ein weiterer Kritikpunkt bezieht sich auf die Problematik der *Sperrfristen*. Werden Sperrfristen eingeführt, so gewinnt der Arbeitnehmer lediglich einen unmittelbar nicht liquidierbaren Anspruch auf nicht näher spezifizierte Teile des volkswirtschaftlichen Vermögens. Obwohl damit die statistische Optik der Vermögensverteilung verbessert wird, bleibt die Einkommenssituation des Arbeitnehmers ebenso unverändert wie die Verteilung der *Entscheidungsgewalt* über die Produktionsmittel. Es ist zwar möglich, daß die Vertreter des oder der Fonds Einfluß auf Entscheidungen der unternehmerischen Politik gewinnen; für den Arbeitnehmer jedoch ist keine Änderung in bezug auf die Verteilung der Entscheidungsgewalt über die Produktionsmittel eingetreten. Da darüber hinaus das → Mitbestimmungsproblem, das ja essentiell ein Problem der Entscheidungsgewalt über Produktionsmittel ist, häufig als substitutiv zu dem der Gewinnbeteiligung gesehen wird, stellt sich die Frage, ob nicht über die Einführung der überbetrieblichen Gewinnbeteiligung lediglich Argumente zur Verhinderung der Mitbestimmung gesammelt werden sollen.
3.4. Die skeptische Beurteilung der einkommenspolitischen Strategien gilt auch für die Beeinflussung der *Einkommensverwendung*. Die Maßnahmen der Vermögensbildungsgesetze, des Wohnungsbauförderungs- und Sparprämiengesetzes zielen darauf ab, die Vermögensverteilung über eine Förderung der *Ersparnisbildung in Arbeitnehmerhand* gleichmäßiger zu gestalten. Abgesehen von der für die Bezieher niedriger Einkommen unzureichenden Größenordnung der gegenwärtigen Vermögensbildungsförderung ist zu beachten, daß die Bezieher von Masseneinkommen auf Grund der mangelnden Sparfähigkeit eine wirksame Vermögensbildung nicht leisten und die möglichen steuerlichen Ersparnisse und Prämissen nicht ausnützen können. Das gegenwärtige System der Sparförderung begünstigt darüber hinaus die Bezieher höherer Einkommen. Da die auf Grund der staatlichen Sparförderung anfallenden Steuermindereinnahmen durch zusätzliche Steuern gedeckt werden und diese überwiegend indirekten Steuern – jedenfalls im gegenwärtigen Steuersystem der BRD – insbesondere die Bezieher der niedrigen Einkommen belasten, ist im gegenwärtigen System der Sparförderung eher eine Umverteilung zugunsten der Bezieher höherer Einkommen zu konstatieren.

LITERATURHINWEISE

Föhl, Carl: Kreislaufanalytische Untersuchung der Vermögensbildung in der BRD und der Beeinflußbarkeit ihrer Verteilung. Tübingen 1964.
Grosser, Dieter (Hrsg.): Konzentration ohne Kontrolle. Köln usw. 1970.
Hartwich, Hans-Hermann: Sozialstaatspostulat und gesellschaftlicher status quo, Köln usw. 1970.
Hofmann, Werner: Einkommenstheorie. Berlin 1965.
Krelle, Wilhelm, *Schunck*, Johann, *Siebke*, Jürgen: Überbetriebliche Ertragsbeteiligung der Arbeitnehmer. Tübingen 1968.
Müller, Wolfgang, *Neusüss*, Christel: Die Sozialstaatsillusion und der Widerspruch zwischen Lohnarbeit und Kapital. In: Sozialistische Politik, Band 6/7, 1970.

MICHAEL BOLLE

Wachstum (Wa.)

→ *Fortschritt (technischer), Kapital, Selbstfinanzierung, Wohlstand*

1. Wa. und Wohlstand. – Zwischen wirtschaftlichem Wa. und Wohlstand wird in der Regel ein direkter Zusammenhang gesehen. Da eine Erhöhung des individuellen und gesellschaftlichen Wohlstandes ein „Ziel an sich" zu sein scheint, kann die Forderung nach angemessenem Wa. direkt abgeleitet werden. Wachstum also, so wird gefolgert, sichert die Chancen der Zukunft. Neue Arbeitsplätze werden geschaffen, die Reallöhne steigen. Aus der wachsenden Produktion kann Entwicklungshilfe leichter finanziert werden, so daß auch die ärmeren Länder an der Wohlstandsentwicklung teilnehmen. Strukturprobleme auch in Richtung auf eine größere Produktion öffentlicher Güter sind bei steigender Gesamtproduktion einfacher zu lösen. Die Diskrepanz zwischen privatem Reichtum und öffentlicher Armut kann so beseitigt werden. Die Verteilungsfrage schließlich verliert bei wachsendem Realeinkommen aller Teile der Gesellschaft an Dringlichkeit. Bei einer geeigneten Verteilung des Vermögenszuwachses ergibt sich ohne soziale Konflikte eine breite Streuung der Vermögen.
In dieser und ähnlicher Form werden die Argumente für rasches Wachstum vorgetragen. In allen steckt ein gehöriges Maß an *Ideologie*, das entweder nicht gesehen oder heftig bestritten wird.
Z. T. werden die Argumente auch direkter vorgetragen: Das marktwirtschaftliche System muß seine Überlegenheit gegenüber dem Kommunismus beweisen. Nur durch das Mehr an materiellen Gütern kann die Loyalität der Bevölkerung gewahrt bleiben und die Legitimation des kapitalistischen Systems nachgewiesen werden. Oder noch präziser: Gewinne müssen ertragreich investiert werden können. Gelingt das nicht, ist der volkswirtschaftliche Kreislauf gestört und das marktwirtschaftliche System selbst gefährdet. Anders ausgedrückt: Das Streben nach Kapitalverwertung begründet die Expansion des kapitalistischen Systems.
Die Ideologie beginnt bereits bei der Wahl des *Indikators.* Als Wa.indikator gilt meist der Anstieg des realen *Sozialprodukts pro Kopf*, obwohl das Sozialprodukt als Wohlstandsindikator weitgehend unbrauchbar ist (→ Wohlstand). Da im realen Sozialprodukt lediglich mit (hier: konstanten) Preisen bewertete Güter und Dienstleistungen eingehen, werden die mit steigender Produktion entstehenden sozialen Kosten nicht erfaßt. Diese sozialen Kosten, die zum Beispiel in Form von Umweltschädigungen entstehen, schmälern den gesellschaftlichen Wohlstand auch dann, wenn eine hohe Wa.rate des realen Sozialproduktes, also eine steigende Produktion von Gütern und Dienstleistungen, wachsenden Wohlstand anzuzeigen scheint. Bei der Bezugsgröße Sozialprodukt als Wohlstandsindikator wird offenbar unterstellt, daß nur diejenige Produktion den Wohlstand erhöht, die einen Marktpreis hat. Wahl des Indikators und Anlage des über den Marktpreis geregelten Marktsystems stimmen überein.

Diese Übereinstimmung gilt auch dann, wenn die Realisierung einer angemessenen Wa.rate des *Konsums je Kopf* der Bevölkerung als Wa.ziel gefordert wird. Weiter bleibt offen, was unter dem Begriff „angemessen" zu verstehen ist.

2.0. Wa.-Steuerung. – 2.1. Während für die klassische Wirtschaftstheorie (Smith, Ricardo) und für Marx Probleme der *langfristigen* Entwicklung im Vordergrund ihres Interesses standen, beschränkten sich vor allem die → Keynesianer auf eine *kurzfristige* Analyse. In einer Situation, die durch unausgelastete Kapazitäten und Arbeitslosigkeit gekennzeichnet war, erschien weniger die Knappheit an technischen Produktionsmitteln das Problem zu sein als vielmehr der Überschuß. In dem Maß, wie es gelang, Vollauslastung der Kapazitäten und Vollbeschäftigung herzustellen, wurden wiederum die Probleme der *längerfristigen* Entwicklung dringlich. Die bei Vollausnutzung der Produktionsmittel zunehmende Knappheit an Realkapital führte zu der Vermutung, daß Wa. unlösbar mit *Realkapitalbildung* verbunden sei. Die Wa.theorie entwickelte sich zu einer Theorie der Kapitalbildung.
Die Grundlagen einer Wa.theorie, deren kapitaltheoretischer Ausgangspunkt die Knappheitsproblematik ist, wurde von Harrod und Domar im Anschluß an Keynessche Argumente entwickelt. Die methodische Anlage dieses Ansatzes beruht auf der Betonung der Realkapitalbildung als Schlüsselgröße, über die Wachstum möglich wird. Die Produktionskapazität steigt, wenn sich Menge und Qualität der technischen Produktionsmittel erhöhen. Die Wa.rate der Produktion (des realen Sozialprodukts) ist daher durch die *Produktivität* der Investitionen und den Anteil derjenigen Güter determiniert, die *nicht konsumtiven Zwecken,* sondern der Realkapitalbildung zugeführt werden. Mit diesen Überlegungen wird eine durchaus wa.optimistische Haltung begründet. Wa. ist, so wird gefolgert, durch Erhöhung des Anteils der *Investitionen* am Sozialprodukt, also durch Konsumdrosselung zu beschleunigen oder zu verlangsamen. Die Wa.rate ist durch eine politische Entscheidung frei wählbar.
Die geschilderte Wirkung eines Anstiegs der Investitionsquote bedarf der *Präzisierung.* Ist die Technologie der Vokswirtschaft dadurch bestimmt, daß eine feste Beziehung zwischen den Produktionsfaktoren besteht, so führt eine steigende Realkapitalbildung nur dann zu einem Anstieg der Wa.rate, wenn für die investierten technischen Produktionsmittel eine ausreichende Zahl an Arbeitskräften zur Verfügung steht. Andernfalls bedeuten zusätzliche Investitionen lediglich leerstehende Kapazitäten, ohne daß ein Zuwachs an realer Produktion realisiert werden kann. Die Harrod-Domar-Version der Wa.-theorie läßt sich in diesem Sinn als post-keynessche Konzeption deuten. Harrod-Domar untersuchen wirtschaftliche Entwicklungen, die sich bei Unterbeschäftigung, also ausreichendem Arbeitsangebot, und Kapitalknappheit im dynamischen Gleichgewicht vollziehen. Letztlich wird lediglich nach den Bedingungen gefragt, unter denen ein kapitalistisches System im Zustand der Unterbeschäftigung, aber bei Nachfrage-Angebot-Gleichgewicht expandieren kann.

Aus dieser Untersuchung ergeben sich zwei wesentliche *Folgerungen:*
(a) Der Wachstumspfad eines kapitalistischen Systems ist instabil. Auf Grund der Funktionsweise des kapitalistischen Systems ist ohne staatliche Steuerung auch langfristig Arbeitslosigkeit dann möglich, wenn die durch die mikroökonomischen Entscheidungen gesteuerte Wa.rate der technischen Produktionsmittel zu niedrig ist. Dieses Instabilitätsargument gilt auch konjunkturell.
(b) In der methodischen Anlage stellen Harrod und Domar auf eine Theorie der *Absorption exogener Schocks* ab. Die Größen, die auf den zu beschreibenden wirtschaftlichen Prozeß einwirken, aber selbst nicht mehr erklärt werden, sind die Wa.raten des Arbeitsangebotes und des technischen Fortschritts. Entspricht die Wa.rate des Kapitalstocks diesen Raten, werden die kontinuierlich erfolgenden exogenen Schocks gerade absorbiert. Das System wächst dann mit der natürlichen Wa.rate.
2.2. Mit einem Aufsatz von Solow (1956) wurde eine *neue Phase* der Wa.-theorie eingeleitet, die auf klassischem Gedankengut beruht und – jedenfalls in langfristiger Analyse – den Selbststeuerungsgedanken wieder neu zu beleben sucht. Der Grundgedanke ist einfach: Es wird angenommen, daß eine bestimmte Realkapitalerhöhung auf Grund der möglichen Wahl der Produktionstechniken mit jedem beliebigen Zuwachs an Arbeitskräften kombiniert werden kann. Das Arbeitsangebot wird voll absorbiert, die technischen Produktionsmittel werden voll ausgelastet. Voraussetzung für diesen Mechanismus ist – völlig im Sinne der klassischen Theorie – ein in bezug auf Allokations- und Stabilitätssteuerung funktionierender Preismechanismus.
Diese Neuformulierung der klassischen Harmonielehre führt zu Folgerungen, die denen der post-keynesschen Argumentation nicht entsprechen:
a) Der Wa.pfad eines kapitalistischen Systems ist konjunkturell und säkular *stabil.* Die konjunkturelle Stabilität wird auf den funktionierenden Preismechanismus zurückgeführt, die säkulare Stabilität durch eine allmähliche Anpassung der Wa.rate der technischen Produktionsmittel an die natürliche Wa.rate begründet.
Diese Anpassung der Wa.rate der technischen Produktionsmittel an die natürliche Rate vollzieht sich über einen Rückkoppelungsmechanismus, der auf der *Variation der Produktivität der Investitionen* beruht. Wird relativ viel investiert, steigt die Wa.rate des Sozialprodukts unmittelbar an. Auf Grund der steigenden Kapitalintensität der Produktion sinkt jedoch die Kapitalproduktivität, so daß ein bestimmter Realkapitalzuwachs einen geringer werdenden Zuwachs an realer Produktion hervorbringt. Die Wa.rate fällt langsam – trotz höherer Investitionsquote – auf das Niveau der natürlichen Rate.
a) Daraus folgt eine eher *wa.pessimistische* Haltung, da die Möglichkeiten einer längerfristigen Erhöhung der Wa.rate über eine forcierte Investitionspolitik als gering eingeschätzt werden. Diese Haltung wird von empirischen Untersuchungen teilweise bestätigt. So bezifferte etwa Solow den Beitrag des Realkapitals zum Wa. der Arbeitsproduktivität für die USA mit etwa 10 %, den Beitrag des technischen Fortschritts dagegen mit rd. 90 %. Zu ähnlichen Größenordnungen gelangt auch Bombach für die BRD.

2.3. Methodisch können weder die von der Neoklassik vorgetragenen Argumente noch die auf neoklassischem Gedankengut beruhenden empirischen Untersuchungen über den Beitrag des technischen Fortschritts zum wirtschaftlichen Wa. befriedigen. Wird technischer Fortschritt als exogen gegeben behandelt, so wird er als „Maß unseres Unwissens" das „catch all" für alle unerklärten Wa.impulse. Technischer Fortschritt fällt nicht wie „Manna vom Himmel", sondern ist in Ausmaß und Wirkung zu erklären. Versuche in dieser Richtung finden sich in der → Bildungsökonomie; Versuche, die wiederum zu einer eher wa.optimistischen Haltung beitrugen. Technischer Fortschritt wird – jedenfalls in Grenzen – als über Investitionen steuerbar erkannt. Diese Investitionen betreffen jedoch nicht nur Realkapitalbildung, sondern auch den Zuwachs an „human capital".

Eine Kritik, die lediglich die unzureichende Behandlung des technischen Fortschritts in der wa.theoretischen Forschung betont, bleibt vordergründig. Wird im Rahmen der Kritik der neoklassischen Modellbildung auf die Problematik des Begriffs „Kapital" als Summe der technischen Produktionsmittel abgestellt – wie sie etwa scharf von Joan Robinson vorgetragen wird – kann die Schwäche der vorgetragenen Konzeptionen deutlicher erkannt werden. Diese Kritik zielt im Kern auf die methodische Position der vorgetragenen Wa.theorien ab. Wirtschaftliches Wa. ist ein genuines Problem einer Theorie der gesellschaftlichen Entwicklung. Eben diese Theorie der gesellschaftlichen Entwicklung wird jedoch in der Wa.theorie nicht geliefert. Vielmehr wird die Methodik zur kurzfristigen Analyse einer gegebenen Gesellschaftsordnung auf eine sich entwickelnde Gesellschaft übertragen und lediglich eine Antwort auf die Frage gesucht, wie der wirtschaftliche Prozeß auf kontinuierlich erfolgende Schocks reagiert, genauer: unter welchen Bedingungen die kontinuierlichen Schocks ohne Systemänderung gerade aufgenommen werden. Eben diese Methodik entspricht dem instrumentellen Charakter einer Ökonomie, die sich als Theorie der Steuerung eines gegebenen gesellschaftlichen Systems versteht.

2.4. Eine Theorie der *gesellschaftlichen* Entwicklung wird von der *marxschen* Ökonomie versucht. Dabei beschränkt sich Marx nicht auf eine Analyse der (Gleichgewichts-)Bedingungen, die für eine kontinuierliche Expansion des kapitalistischen Systems gewährleistet sein müssen (wie z. B. in den Reproduktionsschemata), sondern zeigt, über welchen Rückkoppelungsmechanismus gesellschaftliche Entwicklungen ausgelöst werden. Dieser Mechanismus beruht auf der Überlegung, daß durch die Entwicklung der Produktivkräfte Widersprüche zu den gesellschaftlichen Produktionsverhältnissen ausgelöst werden, die zu einer qualitativen Veränderung der Gesellschaftsformation führen. Es ist ersichtlich, daß Marx das Wa.problem nicht auf eine Theorie rein wirtschaftlicher Phänomene zurückführt, sondern daß der Wa.prozeß aus einer Analyse der Entwicklung gesellschaftlicher Verhältnisse erklärt wird.

Marx kommt zu dem Ergebnis, daß stetiges wirtschaftliches Wa. in einem kapitalistischen System längerfristig *nicht möglich* ist. Die Kapitalakkumulation führt zu zunehmender Mechanisierung der Produktion. Dies bewirkt dann einen „tendenziellen Fall der Profitrate", wenn die Mehrwertrate als

Ausdruck für den Ausbeutungsgrad in kapitalistischen Systemen nicht so stark steigt, um den durch die steigende organische Zusammensetzung ausgelösten Fall der Profitrate zu kompensieren. Auch oder gerade dann, wenn Waren sich zu ihren Werten tauschen, also unabhängig von kurzfristigen Krisen (→ Konjunktur), sind der Expansion des kapitalistischen Systems Grenzen gesetzt. Die Profitrate steuert die Kapitalakkumulation, die Kapitalakkumulation selbst führt zu einem (tendenziellen) Absinken der Profitrate und damit zu der „inneren Expansionsschranke".

3.0. Wa.: Steuerung oder Ergebnis? – Mit der neoklassischen Argumentation wird eine Position verteidigt, die der wirtschaftspolitischen Tradition der liberalen Ökonomie mit keynesianischen Abstrichen entspricht. Wa.politik ist danach lediglich Konjunkturpolitik insoweit, als die Gesamtnachfrage dem Angebot bei Vollbeschäftigung angepaßt wird. Zum anderen ist Wa.-politik auch Allokationspolitik, da über strukturpolitische Maßnahmen (Infrastruktur, Bildungspolitik) mögliche Wa.hemmnisse beseitigt werden sollen. Diese wa.politische Konzeption wird mit der Vorstellung begründet, daß die Kapitalakkumulation von den Sparentscheidungen, also der freiwilligen Konsumbeschränkung der Haushalte gesteuert wird und im Unternehmensbereich lediglich Allokationsentscheidungen fallen.
Die Konzeption ist nicht neu. Mit dieser Argumentation wurde oft genug versucht, die Autonomie unternehmerischer Entscheidungen und die gesellschaftliche Bedeutung von Privateigentum an Produktionsmitteln zu begründen. Wie schwach die methodische Basis dieser Argumentation ist, wurde bereits gezeigt: Die Analyse beruht auf der Übertragung einer für stationäre Zustände entwickelten Methodik auf eine sich entwickelnde Gesellschaft.
Die Frage nach der Wa.steuerung wird schärfer durch folgende Überlegung gefaßt: Die „angemessene" Wa.rate ergibt sich aus den Entscheidungen über die Kapitalakkumulation. Diese Entscheidung fällt mit der Determinierung der Investitionsquote im Unternehmensbereich. Gewinnerzielung und das Interesse, die erzielten Gewinne zu einer rentablen Kapitalbildung zu verwenden, sind hierbei wesentliche Einflußfaktoren. Die Finanzierung erfolgt über den Kapitalmarkt und über den Güterpreis in Form von → Selbstfinanzierung. Die Politiker können dann nur versuchen, zur Vermeidung von Arbeitslosigkeit oder inflatorischen Prozessen die Sparquote und die

---

Tendenzieller Fall der Profitrate: quantitative Analyse. – Der unter kapitalistischen Bedingungen produzierte Warenwert kann nach der Marx'schen Analyse in drei Komponenten aufgegliedert werden: Wert der Sachmittel (konstantes Kapital c), Wert der Arbeitskraft (variables Kapital v) und Mehrwert (m). Bezeichnet c/v die „organische Zusammensetzung des Kapitals", m/v die Mehrwertrate und p = m/(c + v) die Profitrate, gilt folgender definitorischer Zusammenhang:

$$p = \frac{m/v}{\frac{c}{v} + 1}$$

Steigt c/v, und steigt m/v in geringerem Maß, muß die Profitrate fallen. Dies ist nach Marx'scher Analyse langfristig der Fall. M. B.

Staatsausgaben zu steuern. – Mit dieser Argumentation wird der Stellenwert der Wa.politik deutlicher. Wa. wird weder durch die Sparentscheidungen der Haushalte noch durch eine aktive Wa.politik des Staates als freie, politische Entscheidung über die Wa.geschwindigkeit gesteuert. Wa. folgt vielmehr aus dem unternehmerischen Expansionsinteresse. Die Wohlstandseffekte von Wa. werden dabei über einen Wohlstandsbegriff gefaßt, der der Anlage des marktwirtschaftlichen Systems selber folgt. Insoweit ist Wa. in kapitalistischen Systemen „Fetisch und Notwendigkeit" (Preiser).

LITERATURHINWEISE

Gahlen, Bernhard, und *Ott*, Alfred E. (Hrsg.): Probleme der Wachstumstheorie. Tübingen 1972.

Hahn, Frank H., und *Matthews*, R. C. O.: The Theory of Economic Growth. In: Surveys of Economic Theory, Vol. II. London usw. 1965.

König, Heinz (Hrsg.): Wachstum und Entwicklung der Wirtschaft. NEB Bd. 23. Köln usw. 1968.

Meissner, Herbert (Hrsg.): Bürgerliche Ökonomie im modernen Kapitalismus. Berlin 1967.

Preiser, Erich: Wirtschaftspolitik heute. 2. Aufl. München 1969.

Widmaier, Hans P., und *Frey*, B.: Wachstumstheorie und Bildungsökonomik. In: Konjunkturpolitik, Berlin 1967.

MICHAEL BOLLE

Währung (Wä.)

→ *Außenwirtschaft, Europäische Wirtschaftsgemeinschaft, Inflation, Internationale Organisationen, Zahlungsbilanz*

1.0. BEGRIFF UND GESCHICHTE. – Wä. bezeichnet allgemein die Zahlungsmittel (Valuta) sowie die Verfassung und Ordnung des Geldwesens im nationalen und internationalen Rahmen. Ziele und Instrumente der Wä.politik stehen somit unter dem doppelten Aspekt nationaler Geldpolitik und internationaler Wä.politik, wobei die Interdependenz der beiden Aspekte um so deutlicher hervortritt, je stärker ein Land in die Weltwirtschaft integriert ist.

1.1. *Der liberalen, kapitalistischen Weltwirtschaft* der zweiten Hälfte des 19. Jahrhunderts entsprach ein Weltwährungssystem, dessen von England übernommene gemeinsame *Goldbasis* den weitgehenden Verzicht auf eine autonome, nationale Geldpolitik erforderte, und dessen Funktionsfähigkeit in dem Maße aufgehoben wurde, in dem die „Spielregeln" liberaler Politik durch nationalstaatliche Wirtschafts- und Machtpolitik ersetzt wurden. Mit dem Beginn des Ersten Weltkrieges fand daher die Phase der funktionierenden Goldwä. ihr Ende. Der Versuch, mit dem sog. *Gold-Devisen-Standard* unter veränderten politischen Bedingungen in den 20er Jahren wieder an sie anzuknüpfen, endete in der Weltwirtschaftskrise mit einer Welle von Wä.abwertungen, einer Abkehr vom Gold als Deckungsgrundlage und der Flucht in isolationistische Wirtschaftspolitik und *Devisenbewirtschaftung*. Der Zweite Weltkrieg desintegrierte die Weltwirtschaft vollends und bewirkte zugleich einen vollständigen Wandel des ökonomischen und politischen Kräfteverhältnisses: dominierende Wirtschaftsmacht und Gläubigernation waren nun die *USA*. Die Kaufmacht des Dollars machte ihn zur begehrtesten Wä., hinter der nicht nur das Sozialprodukt der USA, sondern zugleich etwa 70 % der Weltgoldreserven standen, so daß die USA als einziges Land die Goldkonvertibilität gegenüber ausländischen Dollarguthaben zunächst aufrechterhalten konnten. *Großbritannien,* das Leitwährungsland des Sterling-Blocks, befand sich hingegen ohne hinreichende Goldvorräte in hoher Schuldnerposition gegenüber den Sterlingländern. *Die übrigen* europäischen Länder verfügten über mehr oder minder inflationierte Binnenwä.en, die außerhalb der jeweiligen Volkswirtschaften nicht zu Zahlungen verwandt werden konnten, so daß lediglich bilaterale Handelsgeschäfte mit länderweisem Ausgleich der Lieferungen und Gegenlieferungen möglich waren.

1.2. Gemeinsames Ziel der Wä.konferenz von *Bretton Woods* (1944) – an der auch die UdSSR teilnahm, ohne das Abkommen jedoch zu ratifizieren – war daher die langfristige Wiederherstellung und Sicherung einer funktionsfähigen Weltwä.ordnung. Sie sollte an die Vorteile der Goldwä. anknüpfen, ihre Schwächen jedoch vermeiden. Die Rückgewinnung der Wä.konvertierbarkeit bei grundsätzlich festen Wechselkursen sollte durch ein internationales Kreditsystem gesichert werden, das Defizitländern den Zahlungsbilanzausgleich durch Wä.kredite ermöglichen sollte.

Die Gründung des *Internationalen Währungsfonds* (IWF), der zentralen Organisation des gegenwärtigen Wä.systems der westlichen Länder, vollzog sich weitgehend entsprechend den *US-amerikanischen* Vorstellungen (White-Plan). Gold und Dollar funktionierten als gemeinsamer Wä.maßstab für alle IWF-Mitgliedstaaten, die einen grundsätzlich festen Wechselkurs zwischen ihrer Wä. und der Dollar-Leitwä. festlegten. Die Höhe der Quoten im IWF, nach denen sich sowohl das Stimmrecht als auch der Umfang möglicher Devisenkredite für Defizitländer bemißt, wurde durch eine Formel bestimmt, die den USA eine dominierende Rolle sicherte. Demgegenüber waren die *britischen* Vorstellungen (Keynes-Plan) der eigenen Wä.schwäche entsprechend auf eine Clearing-Union gerichtet, die bei weitgehender Lösung vom (nicht vorhandenen) Gold und ohne Dominanz einer nationalen Leitwä. den *multinationalen* Zahlungsbilanzausgleich ermöglichen und über ein erheblich größeres eigenes Kreditvolumen, aber auch größere Kontroll- und Koordinationsbefugnisse gegenüber Defizitländern verfügen sollte. Die Einigung zugunsten der amerikanischen Pläne wurde nicht zuletzt durch eine stärkere Berücksichtigung der britischen Quotenvorstellungen im IWF sowie beträchtlicher Dollarkredite an Großbritannien ermöglicht.

2. Die Konstruktion des IWF *festigte die Dominanz des Dollars* und trug wesentlich dazu bei, daß die Bereitstellung internationaler Liquidität nahezu ausschließlich aus Defiziten der US-Zahlungsbilanz, also aus Dollarabflüssen resultierte, die im Ausland als goldgleiche Devisenreserven verblieben. Die USA waren damit – ähnlich wie ein Jahrhundert zuvor Großbritannien

unter dem Gold-Sterling-Standard – in der Lage, wachsende Zahlungsbilanzdefizite mit eigener, beliebig vermehrbarer Wä. zu decken.
Die Dollarabflüsse hatten einen mehrfachen Effekt, der sie zunächst für die USA *und die Empfängerländer* gleichermaßen vorteilhaft erscheinen ließen. Letztere sammelten Dollarreserven an, die es ihnen ermöglichten, die Devisenbewirtschaftung aufzuheben und zu einer mehr oder minder abgestuften Inländerkonvertibilität überzugehen; die Devisenzuflüsse reichten aus, um der Inlandsnachfrage nach fremden Wä. zu festen Kursen zu entsprechen. Die in den 50er Jahren beklagte „Dollarlücke" war bereits 1958 so weit überwunden, daß die meisten westeuropäischen Länder auf die Devisenbewirtschaftung und die innereuropäische Clearing-Union (Europäische Zahlungs-Union) verzichten konnten, die – auf dem Keynes-Plan basierend – nach 1950 wesentlich zur Förderung eines innereuropäischen Handelsverkehrs beigetragen hatte.
Umgekehrt waren *die USA* durch ihre Leitwährungsposition in der Lage, in Höhe der Dollardefizite ohne eigene reale Leistung Auslands-, Entwicklungs- und Militärhilfe, vor allem aber auch private Kapitalinvestitionen im Ausland vorzunehmen. Die reale Leistung wurde aus dem Sozialprodukt der Länder erbracht, die bei Leistungsbilanzüberschüssen Dollarreserven ansammelten. Führten z. B. Entwicklungshilfezahlungen der USA zu einer Güternachfrage in einem EWG-Land, so leistete dieses gegen Hereinnahme der Dollarguthaben den Realtransfer und gewährte den USA in Höhe der übernommenen Dollarreserven Kredite, die zugleich durch die fortschreitende Inflationierung des Dollars zu Lasten der Gläubigerländer entwertet wurden.
Zu Beginn der 60er Jahre überschritten die aus den ständigen Zahlungsbilanzdefiziten resultierenden kurzfristigen Auslandsverbindlichkeiten der USA den Gegenwert der US-Goldbestände. Zugleich erschöpften die vornehmlich auf Importüberschüssen beruhenden Defizite der britischen Zahlungsbilanz Großbritanniens Kreditmöglichkeiten im IWF. Damit geriet das internationale Wä.system in eine Kette von *Krisen*, die auch durch Paritätsänderungen (Aufwertung der DM, Abwertung des Pfundes) nicht behoben werden konnten, solange die inflationären Dollarströme anhielten und im Zuge der Kriegsausgaben für *Vietnam* sowie hoher Kapitalexporte weiter zunahmen. Im Interesse der Aufrechterhaltung des Weltwä.systems, d. h. faktisch vor allem im Interesse der USA-Politik, sahen sich die Überschußländer zu umfangreichen *Dollarstützungskäufe* und damit zur Anhäufung weiterer Dollarguthaben genötigt, während gleichzeitig, vor allem zum Zweck der Pfund- und Dollarstützung, ein umfangreiches System multilateraler Kreditabkommen und -zusagen (Allgemeine Kreditvereinbarung des IWF, Swap-Vereinbarungen mit den USA) in Verbindung mit mehrfachen Quotenerhöhungen des IWF geschaffen wurde.

3.0. Zugleich mehrten sich die REFORMVORSCHLÄGE, die besonders im Gegensatz der französischen und amerikanischen Vorstellungen das *politische* Gewicht der Wä.probleme erkennen ließen.
3.1. *Die französischen Vorschläge* zielten auf eine Rückkehr zum „echten"

Goldstandard und damit vor allem auf eine Lösung des Wä.systems vom US-Dollar. Sie waren damit eindeutig gegen die Alimentierung der amerikanischen Außenpolitik, vor allem auch gegen ihre dollarfinanzierten Kapitalexporte und Direktinvestitionen gerichtet, die namentlich im Frankreich de Gaulles auf heftigen Widerstand stießen. Zugleich sollten nach den Vorstellungen des französischen Wä.theoretikers Heilperin durch die Rückkehr zum Goldstandard „in seiner bewährten klassischen Form" nicht nur längerfristig unausgeglichene Zahlungsbilanzen vermieden, sondern auch der weltweite Preisanstieg verhindert werden, der im Falle gleichmäßiger Inflationstendenzen aller Länder im gegenwärtigen Wä.system durchaus auch mit aus-

Goldwährung: Garantiert feste Wechselkurse zwischen den einzelnen Wä. und volle gegenseitige Konvertierbarkeit, wenn alle Länder ihre Wä. in einer bestimmten Goldgewichtseinheit ausprägen oder einlösen. Goldzu- oder -abflüsse beeinflussen die inländische Geldmenge expansiv bzw. kontraktiv und wirken in Richtung eines Zahlungsbilanzausgleichs. Die Währungspolitik ist lediglich auf die Sicherung der Einlösbarkeit der Banknoten (Golddeckung) gerichtet. Die für eine gleichgewichtige (preisstabile) Expansion der Wirtschaft erforderliche wachsende Geldversorgung ist bei der reinen Goldumlaufwährung von der Goldproduktion abhängig. Reicht die Goldversorgung nicht aus, so besteht die Gefahr deflationärer Wirtschaftskrisen. Für die Funktionsfähigkeit der Goldwährung in der wachsenden Weltwirtschaft vor 1914 war die Entdeckung neuer Goldlager aber auch die Erweiterung der reinen Goldwährung durch nur zum Teil goldgedeckte Banknoten und die Ausdehnung der Giralgeldschöpfung wesentliche Bedingungen.

Gebundene Währung: Die Geldeinheit entspricht einer fixierten Gewichtsmenge des Währungsmetalls; die Geldmenge ist von der verfügbaren Metallmenge abhängig. – **Freie** (Papier-)Währung oder auch „manipulierte" Währung: stoffwertloses, technisch unbegrenzt vermehrbares Geld. – **Leitwährung:** Währung eines Landes, zu der die Währungen anderer Länder in einem festen Kursverhältnis (Parität) gehalten werden.

Konvertierbarkeit: ursprünglich Einlösbarkeit einer Banknote in die entsprechende Edelmetallmenge (Goldkonvertabilität). Heute allgemein für Devisenkonvertibilität gebraucht, d. h. Umtauschbarkeit der Währung eines Landes in ausländische Währung. Sie kann mengenmäßig, nach dem Verwendungszweck und/oder nach Besitzern der Guthaben (Inländer/Ausländer) beschränkt werden (Devisenbewirtschaftung). P. C.

Internationale Liquidität Werte in Mrd. US-$

Reserven	1960 (Dez.)	1965 (Dez.)	1970 (Dez.)	1972 (März)
Gold	38,0	41,9	37,2	38,7
Devisen	18,9	23,4	44,5	81,5
davon US-$	(11,1)	(15,8)	(23,9)	(51,1)
IWF-Position [1]	3,6	5,4	7,7	6,9
Sonderziehungsrechte	–	–	3,1	9,6
Insgesamt	60,5	70,7	92,5	136,7

[1] Unbeschränkte Ziehungsrechte (Guthaben) im IWF
Quelle: IWF, International Financial Statistics

geglichenen Zahlungsbilanzen vereinbar ist (→ Zahlungsbilanz, → Inflation). Diese Pläne, die letztlich auf eine Beschränkung der autonomen nationalen Geldschöpfung und Vollbeschäftigungspolitik hinausliefen, fanden nur wenig Anhänger. Die spektakulären Umwandlungen der französischen Dollarreserven in Gold (1962–1966 rd. 2,7 Mrd. US-$), mit denen de Gaulle die amerikanische Position zu schwächen suchte, verdeutlichten zwar die Dollarkrise, blieben jedoch ohne Einfluß auf die übrigen Länder, da die USA ihren politischen und ökonomischen Einfluß im Sinne dieses „Wohlverhaltens" geltend machten, zu dem die Dollar haltenden Länder auch durch das Risiko einer Dollarabwertung und Weltwährungskrise genötigt waren.

3.2. Während die französischen Vorschläge auf eine Liquiditätsbegrenzung durch Gold hinausliefen, war es gerade der „Mangel" an internationaler Liquidität, der nicht nur die *Defizitländer* – neben den USA vor allem Großbritannien und die Entwicklungsländer – bewog, Reformen auf dem Wege einer *Erweiterung der Wä.reserven* anzustreben. Dieser Mangel ist freilich nur eine Konsequenz nicht ausgeglichener Bilanzen, er verschwindet mit ihrem Ausgleich, ohne daß in diesem Fall überhaupt „internationale Liquidität" und die Existenz von Devisenreserven erforderlich ist. Die Forderung nach wachsenden und zusätzlichen Weltwä.reserven ist daher stets identisch mit der Forderung nach der Fortsetzung einer defizitären bzw. inflationären Zahlungsbilanzpolitik.

3.3. Unter diesem Aspekt ist auch die Schaffung der *Sonderziehungsrechte* (SZR) des IWF zu beurteilen, die auf Vorschläge des amerikanischen Ökonomen Triffin zurückgehen. Die SZR werden seit 1970 den Mitgliedstaaten nach Maßgabe ihrer Quote vom IWF „zugeteilt". Sie erhöhen ihre Wä.reserven und ermöglichen es ihnen, im Falle eines Zahlungsbilanzdefizits mit SZR zu „zahlen", da diese vertragsgemäß von den Überschußländern gegen konvertierbare Wä. übernommen werden. Obwohl 1969 im Zeitpunkt des Beschlusses über die erstmalige SZR-Zuteilung, keine der in den IWF-Statuten genannte Voraussetzungen erfüllt war, vor allem weder ein „besseres Gleichgewicht der Zahlungsbilanzen erreicht", noch „ein besseres Funktionieren des Anpassungsprozesses in der Zukunft wahrscheinlich" war, fand der Beschluß die erforderliche Majorität von 85 % der Stimmen. Hierin zeigt sich nicht nur das politische Gewicht der Defizitländer, sondern auch die Sorge der übrigen Staaten, daß im Fall ihrer sinkenden Kreditbereitschaft von den Defizitländern Ausgleichsmaßnahmen ergriffen werden, die über eine Beschränkung ihrer Exporte auch für sie nachteilig wären.

3.4. Indem das gegenwärtige Wä.system an die festen Kurse und die Konvertierbarkeit des Goldstandards anknüpft, ohne jedoch dessen immanenten Zwang zum Zahlungsbilanzausgleich und zur Stabilisierung des Preisniveaus zu übernehmen, fördert es nicht nur die Entstehung langfristiger Defizite und deren fortschreitende Kreditierung, es bildet vielmehr zugleich auch die Basis für einen internationalen *Inflationstransfer,* der eine autonome, stabilitätsorientierte nationale Wä.politik weitgehend ausschließt. Unter den Bedingungen des Dollarstandards bedeutet dies, daß der eigene Spielraum für die

Geldpolitik der außeramerikanischen Zentralbanken von den Konditionen des amerikanischen Zentralbank-Systems bestimmt wird. Solange die USA zur Bekämpfung der hohen Arbeitslosigkeit an einer Politik des „billigen Geldes" festhielten, mußte daher eine *restriktive Zinspolitik*, wie sie vor allem von der Deutschen Bundesbank zur Inflationsabwehr versucht wurde, nicht nur wirkungslos bleiben, sondern zugleich auch zu einer Verschärfung der Dollarkrise beitragen: Das Zinsgefälle induzierte den Zustrom kurzfristiger Dollarkredite, bewirkte also zugleich eine wachsende Passivierung der amerikanischen Zahlungsbilanz und eine Ausweitung der Geldmenge im Überschußland, dessen Zentralbank im Interesse der Kursstützung des Dollars zum unbegrenzten Ankauf der Dollardevisen gegen eigene Wä. verpflichtet war. Die Weigerung der USA, angesichts der Gefahr wachsender Arbeitslosigkeit ihre Zahlungsbilanz durch binnenwirtschaftliche Restriktionsmaßnahmen zu sanieren, und die Abwehrmaßnahmen der außeramerikanischen Länder gegen die Dollarzuflüsse führten schließlich 1971 zur bisher schwersten und andauernden Krise des Wä.-Systems. Mehrfache Wechselkurskorrekturen, die Abwertung des Dollars (Febr. 1972) und schließlich die allgemeine Aufgabe der Dollarstützung durch die Industrieländer hoben die Grundsätze des Bretton-Woods-Systems praktisch auf.

4. In welche Richtung die Bemühungen zur Krisenüberwindung und Reform des Wä.-Systems gehen werden, ist eine offene Frage. Sicher erscheint lediglich, daß keine der drei denkbaren „Ideallösungen" eine politische Realisierungschance hat:
(1) *Eine Rückkehr zur reinen Goldwährung* ist wegen der mit ihr verbundenen Deflations- und Depressionsgefahren ausgeschlossen. Die Goldwährung war nicht zufällig das Korrelat einer liberalen Wirtschaftsverfassung und erfordert zu ihrer, auch dann noch umstrittenen Funktionsfähigkeit den weitgehenden Verzicht auf eine autonome Wirtschafts- und Konjunkturpolitik.
(2) *Die Umwandlung des IWF in eine Weltzentralbank*, die bei festen Wechselkursen die Weltliquiditätsversorgung regelt, erfordert eine internationale, stabilitätsorientierte konjunkturpolitische Kooperation, die wegen des damit verbundenen Souveränitätsverzichts praktisch ausgeschlossen ist.
(3) *Der Übergang zu völlig freien Wechselkursen* scheint zunächst die wenigsten Nachteile zu bergen; er impliziert jedoch u. a. erhebliche Unsicherheiten für den internationalen Handelsverkehr und desintegrierende Effekte für die Weltwirtschaft.
Es wird also auch in Zukunft zunächst bei Kompromißlösungen bleiben, wie sie z. B. in einer Erweiterung der Wechselkurs-Bandbreiten, partieller Freigabe der Wechselkurse, der geplanten Ablösung des Dollars durch die SZR und in stärkeren Beschränkungen der Kapitalbewegungen sichtbar werden. Das internationale wä.politische Kräfteverhältnis wird zudem entscheidend davon abhängen, ob eine funktionsfähige europäische Wirtschafts- und Wä.union den Dollarzufluß und die Dollarabhängigkeit zurückdrängen kann.

LITERATURHINWEISE
Altvater, Elmar: Die Weltwährungskrise. Frankfurt/M. 1969
Emminger, Otmar: Währungspolitik im Wandel der Zeit. Frankfurt/M. 1966
Hirsch, Fred: Money International. Harmondsworth/England 1967
Issing, Otmar: Leitwährung und internationale Währungsordnung. Berlin 1965
Lipfert, Helmut: Einführung in die Währungspolitik, 5. Aufl. München 1970
Veit, Otto: Grundriß der Währungspolitik. 3. Aufl. Frankfurt/M. 1969

PETER CZADA

Werbung (W.)

→ *Demokratie, Verbände, Wettbewerb*

1. FUNKTIONEN. – 1.1. W. ist zum unentbehrlichen Kommunikationsmittel geworden. Die Bedingungen dieser Entwicklung liegen zum einen in der zunehmenden *Entfernung* der – ökonomischen wie politischen – Anbieter von den Nachfragern begründet: Dem Großproduzenten gilt W. als das einzige Mittel, potentielle Abnehmer zu erreichen; desgleichen macht in der Politik der Übergang von der Honoratiorenpartei zur Massenpartei, die eine anonyme Wählerschaft ansprechen will, W. notwendig. Zum anderen ist W. an die → *Wettbewerbs*situation gebunden: Im politischen Bereich ist sie Konsequenz des Stimmenmaximierungsprinzips konkurrierender Parteien; im ökonomischen ist sie Folge der Oligopolisierung, die den Preiswettbewerb zur riskanten Strategie und deshalb andere Formen der Wettbewerbsaustragung erforderlich macht.

Letzteres setzt voraus, daß W. Sache eher der Produzenten als der Verkäufer ist; im ökonomischen Bereich ist der Aufschwung der W. darum drittens auch auf das Aufkommen der *Markenartikel* zurückzuführen, bei deren Absatz dem Handel – namentlich durch die Preisbindung der zweiten Hand – nur mehr untergeordnete Funktionen zukommen. Erst das Markenartikelwesen erlaubt die direkte Einflußnahme von Produzenten auf Konsumenten.

1.2. Aus der „*Vermittler*"-Funktion der W. werden die Definitionen der W. in den gängigen Werbelehren abgeleitet. Demnach sei W. in erster Linie Mittel der Unterrichtung zwecks Annäherung von Angebot und Nachfrage. Derartige Definitionen sind indes unzureichend, wenn nicht gar Euphemismen: Die effektivste Werbemethode dürfte nämlich nicht der Versuch rationaler Überzeugung durch sachliche Unterrichtung sein – zumal dann nicht, wenn die Produkte objektiv immer gleichartiger werden und auch die Parteien sich in den meisten Programmpunkten aneinander angleichen –, sondern *psychologische Steuerungstechnik*. Deren Anwendung wird im ökonomischen Bereich dadurch forciert, daß die Großunternehmen bestrebt sind, die bei Nachfrageschwankungen drohenden Kapitalverluste durch „Nachfrageplanung", also durch werbliche Formung der Nachfrage, zu vermeiden. Im politischen Bereich entspricht dem die Strategie, Wählermassen auf eine Person oder ein Symbol einzuschwören, ohne spezifizierte Aussagen über die Parteiprogrammatik zu machen, würden doch solche Aussagen einer Selbstfestlegung vor der Wahl gleichkommen, die dem Wähler gewisse Kontrollmöglichkeiten über das Par-

teiverhalten nach der Wahl an die Hand gäbe. In beiden Bereichen geht es also darum, die Spontaneität der Umworbenen auszuschalten, ihre Bedürfnisse dem Angebot anzupassen sowie stabile Kunden- und Anhängerstämme zu schaffen und dadurch „*Meinungsmonopole*" zu errichten.
W. ist demnach in erster Linie Führungsmittel in der Hand wirtschaftlicher und politischer Eliten. Den klassischen → Demokratie- und Wettbewerbsmodellen läuft sie dabei insoweit zuwider, als sie die dort postulierte Einflußrichtung „von unten nach oben" umkehrt und die Unabhängigkeit der Wähler/Konsumenten tendenziell aufhebt.

2. Methoden. So gleichartig wie die Funktionen der W. in Ökonomie und Politik sind auch ihre Vorgehensweisen in beiden Bereichen. Dies ist nur vordergründig auf die Professionalisierung der Wahlw. zurückzuführen; eher sind die Gründe darin zu suchen, daß es sich bei Wählern und Verbrauchern um die gleichen Subjekte mit den gleichen psychischen Dispositionen handelt.
2.1. Zu den gemeinsamen Vorgehensweisen gehört zuerst die weitgehende *Entsachlichung* der W. Sachinformation soll dem Adressaten das Material für rationale Entscheidungen an die Hand geben; das aber widerspricht dem Interesse des Werbenden. In der Regel beschränkt sich daher die Sachinformation darauf, die Existenz des Produkts, der Partei oder der Person bekanntzumachen. Von der Wirtschaftsw. erfährt man kaum etwas über Vor- und Nachteile des Produkts („vergleichende W." ist in der BRD sogar verboten), von der Parteienw. kaum etwas über konkrete Ziele oder sachliche Kontroversen.
Statt dessen überwiegt die „unthematische Information" (Peter Brückner), die Stimmungen und Werterlebnisse übermittelt oder statt des Gegenstandes den Umworbenen selbst darstellt. „*Image*"-Bildung verhilft dem Meinungsgegenstand zu einem psychischen Etikett, und die Vermittlung von „*Zusatznutzen*" läßt die W. selbst – mit den Versprechen, die sie liefert – zum Bestandteil des Produktes werden.
2.2. In der *politischen* W. tritt an die Stelle der Sachargumentation der Glanz der *Führer*persönlichkeit, die mit den Attributen sowohl der Macht als auch väterlichen Wohlwollens ausgestattet ist. Damit spricht die W. den „Unpolitischen" an (der in der Personalisierung der Politik die Beschäftigung mit politischen Problemen umgehen möchte), zugleich aber auch die dem autoritären Charakter zuzuordnende Neigung, sich Mächtigen zu unterwerfen, um in der Identifikation mit ihnen an ihrer Macht zu partizipieren. Diesen Eindruck verstärken die zahlreichen Appelle an untergründige Ängste, die die Bereitschaft zur Unterwerfung noch intensivieren.
Ein weiteres Merkmal der politischen W. ist der „*private Appell*", der die unreflektiert personalistische Sicht der Politik unterstützt: Kandidaten z. B. werden mit ihren privaten Tugenden vorgestellt. Dabei knüpft die W. an den kleinbürgerlichen Tugendkodex an, indem sie Anständigkeit, Sauberkeit und Disziplin als Werte herausstellt.
In der Auseinandersetzung mit dem politischen Gegner dominiert die Diffa-

mierung. Dem Gegner werden nacktes Machtstreben und Verfolgung von Partikularinteressen vorgeworfen; teilweise wird er sogar mit den erklärten Feinden der Nation in Verbindung gebracht. Solche Taktiken (die sich in ausgeprägtem Maße auch in der Verbandsw. finden) haben nicht nur zum Ziel, Ängste zu schüren, sondern dienen auch dazu, Aggressionen des einzelnen gegenüber den Machtinhabern vom jeweils Werbenden weg auf dessen Gegner zu verlagern. Gleichzeitig bestärken sie ein Denken in Freund-Feind-Kategorien, dem sachliche Konfliktaustragung und Kompromisse beunruhigend erscheinen.

2.3. Die *Wirtschaftsw.* zeichnet sich vor allem dadurch aus, daß sie einen unerschütterlichen Optimismus ausstrahlt und den Umworbenen unablässig auffordert, sich mit der „schönen neuen Welt" zu identifizieren. Ihr Ziel, durch Versöhnung des einzelnen mit seiner Umwelt den Status quo zu stabilisieren, wird noch deutlicher in dem Bestreben, für jedes neu auftretende – auch politische – Problem rasch Produkte anzubieten („Der Leber-Plan verspricht Ihnen die ganze Autobahn. Ford gibt Ihnen die linke Hälfte schon heute"). Dieselbe Intention prägt den Versuch, der Systemerhaltung dienliche Werte – namentlich die Konsum-, Besitz- und Statusorientierung – zu propagieren und andere Werte abzuqualifizieren.

Solch indirektes Entpolitisierungsstreben macht die *Gleichartigkeit* von Parteien- und Wirtschaftsw. sichtbar: In beiden Bereichen scheinen die Werbenden davon auszugehen, daß das Gesellschaftssystem um so reibungsloser funktioniert, je weniger Energien die Umworbenen dem politischen Geschehen zuwenden. Auch die Wirtschaftsw. orientiert sich zudem am kleinbürgerlichen Tugendkodex und an der Neigung zum Schwarz-Weiß-Denken; auch sie ruft zur Identifikation mit den Mächtigen („die an der Spitze stehen") und zur Unterwerfung unter Autoritäten auf; auch sie sucht Aggressionsneigungen auszunutzen und – so in der Sauberkeitswerbung – auf den „Schmutz" und damit indirekt auf das von der Norm Abweichende zu kanalisieren. Durch die Propagierung eines machtorientierten Männlichkeitsbildes wird dies noch bestärkt: Der Mann muß herrschen und darum zumindest auf der Seite der Stärkeren stehen, und er muß rücksichtslos sein, um sich in einer Welt der Härte durchsetzen zu können.

Ähnliche Persönlichkeitstendenzen stützt die Förderung von Egoismus und Narzißmus: Der Mitmensch zählt nur, sofern er für eigene Zwecke einsetzbar ist oder als Spender von Gütern auftritt; als wichtiger erklärt die W. die *Dinge*, speziell die Konsumgüter, die jedoch nur die kurzfristige Befriedigung des „Einverleibens" gewähren – eine Befriedigung, die nach ständiger Repetition verlangt. So sucht W. eine suchtartige Abhängigkeit des einzelnen von Dingen zu erzeugen; damit fördert sie einerseits die Neigung zur Unterordnung unter gebende Instanzen, andererseits aber eine hohe Aggressionsbereitschaft für den Fall, daß der Güterstrom langsamer fließt.

3. Wirkungen. Die W. beweist demnach hohes psychotechnisches Raffinement. Gleichwohl ist über ihre Effektivität nur wenig Gesichertes auszusagen:

Der „Werbeerfolg" gilt bisher als empirisch kaum meßbar, da die einzelnen Variablen, die zum Verkaufs- bzw. Wahlerfolg führen, nicht isoliert werden können.

3.1. Bei unterstellter Effektivität sind allerdings der *Konsumgüterw.* tiefgreifende ökonomische Auswirkungen zuzuschreiben: Da erfolgreiche W. Meinungsmonopole schafft, gewinnt das werbende Unternehmen eine preispolitische Handlungsfreiheit, die das Bestreben, im Kostenoptimum zu produzieren, abschwächt. Der erfolgreich Werbende zwingt zudem seine Konkurrenten, in gleichem Ausmaß zu werben; dies führt, zusammen mit der Tatsache, daß W. erst von einem bestimmten Umfang an effizient zu werden verspricht, zu einer Begünstigung der Unternehmenskonzentration. Der Wettbewerb zwischen den verbleibenden Großanbietern schließlich führt nicht mehr notwendig zur Ausschaltung des ineffizienter Produzierenden, sondern eher zur Ausschaltung des ineffizienter Werbenden. Das „Produktionsmittel Psychologie" wird so zum wichtigsten unternehmerischen Aktionsparameter.

3.2. Unabhängig von ihrer verkaufsfördernden Effektivität vermittelt die Konsumgüterw. außerdem *gesellschaftliche Leitbilder* und Rollenvorstellungen. So hat sie zum Abbau früherer puritanischer Sparsamkeitsnormen maß-

---

Werbeausgaben in der BRD. Im Jahr 1971 beliefen sich die Ausgaben für die Hauptwerbemittel (Anzeigen in Zeitungen und Zeitschriften, Fernseh- und Hörfunkwerbung, Direktwerbung, Anschlag-, Adreßbuch- und Kinowerbung) auf 10,7 Mrd. DM; 1962 hatten sie noch 4,2 Mrd. betragen. Der größte Anteil entfällt auf die Werbung in Zeitungen (35,1 %) und Zeitschriften (20,1 %); dieses Werbemittel hat überdies die größten Zuwachsraten. Die anderen großen Werbeträger sind die Direktwerbung (30,7 %) und die Fernsehw. (7,3 %). Der Anteil der Werbeausgaben am BSP betrug 1971 11,9 %; 1965 erreichte dieser Anteil sogar 18 %. (Quellen: Zentralausschuß der Werbewirtschaft ZAW und Gesellschaft für Werbestatistik Schmidt und Pohlmann).

Die Werbeausgaben der Parteien im Wahlkampf 1972 wurden auf rund 200 Mill. DM geschätzt; die Kosten für die Wahlanzeigen allein beliefen sich auf ca. 70 Mill.; mehr als die Hälfte davon dürfte auf die Anzeigen der CDU/CSU entfallen. (Quelle: Die ZEIT Nr. 47 vom 24. 11. 1972.)

Meinungsmonopol: Mittels werblicher Produktdifferenzierung erscheint das Produkt in der Meinung der Umworbenen als etwas Einzigartiges, nimmt also eine meinungsbedingte Monopolstellung ein. Dadurch verringert sich seine Substitutionselastizität, so daß Preissenkungen seitens der Konkurrenten kein Abwandern des Kundenstammes bewirken.

Image: Das Image als intuitiv wirkendes Orientierungsmittel ist eine Konstellation von Bildern in der Vorstellung des einzelnen, die es ihm ermöglicht, sich in einer bestimmten Weise zum Meinungsgegenstand zu verhalten, ohne sich in Einzelheiten mit ihm auseinandersetzen zu müssen. Durch die Werbung sind Images um so eher formbar, je weniger der einzelne sich über die objektive Beschaffenheit des Meinungsgegenstandes ein zureichendes Urteil bilden kann.

Zusatznutzen („Additional rewards"): Dem Umworbenen wird von der W. nicht nur der objektive (Gebrauchs-)Nutzen des Produkts angeboten, sondern darüber hinaus ein psychischer Nutzen: er kauft mit dem Produkt zugleich Schönheit, Jugend, Prestige, Stärke - kurz: Selbstwertsteigerung. Solche werbliche Verbindung des Produkts mit zentralen Antrieben überhöht den Kauf selbst unwichtiger Güter zu einer Angelegenheit von großer psychischer Bedeutung. H. A.

geblich beigetragen; dasselbe gilt für die Herausbildung der Neigung, den sozialen Status in der Art des Konsums zu dokumentieren. Konsumgüter werden zu Statussymbolen; kann man aber den einzelnen motivieren, sich schon mittels des Konsums den gesellschaftlich Höherstehenden anzugleichen, wird er von seiner realen Stellung in der gesellschaftlichen Hierarchie abgelenkt und zugleich mit dem Bestehen solcher Hierarchien versöhnt.

3.3. Darüber hinaus dürften von der W. explizit *politische* Wirkungen ausgehen. Die inhaltliche Entpolitisierung der Parteienw. wie auch das Entpolitisierungsstreben der Wirtschaftsw. fördern mit der „unpolitischen Verbrauchermentalität" die Neigung, „Majorität" und „Führer" für sich entscheiden zu lassen und den → Staat als von Partei- und Sonderinteressen unbeeinflußte „neutrale" Instanz anzusehen; die demokratische Staatsform wird nicht als Möglichkeit perzipiert, soziale Konflikte offen auszutragen. Mit dem Aufruf zur Anpassung an eine konventionelle Moral und mit dem Versuch, untergründige Aggressivität zu mobilisieren und auf die von dieser Moral Abweichenden zu kanalisieren, die letztlich für alle Mängel des Status quo verantwortlich gemacht werden können, ist die W. sogar geeignet, spezifisch *autoritäre*, anti-demokratische Einstellungen zu bestärken.

Um erfolgreich zu sein, muß W. zwar auf bestehende Wertstrukturen rekurrieren. Das konservativ-autoritäre Einstellungssyndrom scheint aber nicht nur weit genug verbreitet, um es zur Basis werblicher Psychotechnik zu machen, sondern kommt mit seinen Hauptmerkmalen der Ich-Schwäche, Unsicherheit und Führungswilligkeit dem Interesse der politischen und ökonomischen Eliten an der „Außensteuerung" der Wähler- und Verbrauchermassen in besonderem Maße entgegen.

4. W. IN SOZIALISTISCHEN SYSTEMEN. Es wird jedoch nicht nur in westlichen Marktwirtschafts- und Mehrparteiensystemen geworben, sondern auch in sozialistischen Systemen. Die dortige politische W. unterscheidet sich in den Psychotechniken kaum von den hier dargestellten; der Grad der Entpolitisierung allerdings dürfte geringer sein, da das Interesse des einzelnen am Wohlergehen seines Staates wachgehalten werden soll. Die Wirtschaftsw. gewinnt erst allmählich – mit wachsendem Gewicht des Konsumgütersektors – an Bedeutung. Ihre Funktion liegt weniger im Schaffen von Meinungsmonopolen beim Kampf gegen Wettbewerbsgegner als darin, Planungsfehler kurzfristig auszugleichen.

LITERATURHINWEISE

Abromeit, Heidrun: Das Politische in der Werbung. Wahlwerbung und Wirtschaftswerbung in der Bundesrepublik. Opladen 1972.

dies.: „Zur Identität von politischer und wirtschaftlicher Werbung. Verbandswerbung in der Bundesrepublik Deutschland" (Aus Politik und Zeitgeschichte, Beilage zur Wochenzeitung Das Parlament, B 48/72).

Brückner, Peter: Die informierende Funktion der Wirtschaftswerbung. Berlin 1967.

Möller, Carola: Gesellschaftliche Funktionen der Konsumwerbung. Stuttgart 1970.

Spiegel, Bernt: Die Struktur der Meinungsverteilung im sozialen Feld. Bern-Stuttgart 1961.

HEIDRUN ABROMEIT

Wert

→ *Arbeit, Planung, Sozialismus*

1. *Die neoklassische Nutzentheorie*, der übrigens die Mathematisierung der Nationalökonomie entscheidende Impulse verdankt, hat die Wertlehre aus der fundamentalen Rolle gedrängt, die sie im klassischen Denken hatte und im marxistischen Denken noch heute hat. Es bedeutet keineswegs eine Paradoxie, daß dies einer Theorie gelang, die eigentlich eine Erneuerung der Werttheorie bezweckte, als sie die subjektiven Bestimmungsgründe der Wertbildung aufdeckte und damit die klassische Antinomie von Gebrauchswert und Tauschwert überwand. Denn da sie die subjektive *Wert*lehre zu einer allgemeinen, in sich schlüssigen *Preis*theorie führte, wurde der Wertdiskussion der Boden entzogen. Der Preisbildungsprozeß unter verschiedenen Marktformenbedingungen, wie der vollkommenen Konkurrenz, des Oligopols und des Monopols wurde Ende des 19. Jahrhunderts zum Hauptthema der Nationalökonomie.
Für die Preistheorie wie für die moderne Theorie rationalen Handelns, die weitgehend aus ihr entwickelt wurde, bietet sich das mathematische Instrumentarium als das exakteste an; eine „Werttheorie außerhalb der Preistheorie" (Kade, S. 649) wird, da sie nicht der Operationalisierung zugänglich ist, zur Mystifikation, zum Zirkelschluß – eine Auffassung, die völlig mit dem klassischen wie ursprünglichen neoklassischen Weltbild kontrastiert, für das die Wertbestimmung die notwendige Grundlage jeder Preislehre bildete. Zweifelsohne dominiert auch heute noch die Gleichgültigkeit gegenüber dem Wertbegriff. Dennoch lassen sich gewisse Anzeichen einer Renaissance des Wertproblems erkennen. So zwingt der *Neomarxismus* zu einer erneuten Auseinandersetzung mit der Arbeitswerttheorie – ungeachtet des erbitterten Widerstandes der akademischen Zunft, die sie spätestens seit Böhm-Bawerk und Bortkiewicz für logisch widerlegt hält; darüber hinaus könnte die *Theorie rationalen Handelns* der Wertproblematik neues Gewicht geben, da die Einzelziele eines Zielbündels der Bewertung bedürfen bzw. Entscheidungen eine Bewertung in Form von Schattenpreisen implizieren.

2.1. *Die klassische Wertlehre* gilt deshalb als objektive Wertlehre, weil sich der Güterwert unbeeinflußt von Wertvorstellungen der Wirtschaftssubjekte und damit unabhängig von der Nachfrage nach Gütern bildet. Der Wert eines Gutes wird von den für seine Herstellung notwendigen Kosten bestimmt, die bei Adam Smith aus Arbeits-, Kapital- und Bodennutzungskosten, bei Ricardo lediglich aus Arbeits- und Kapitalkosten bestehen. Kosten werden auf Opfer zurückgeführt: die Lohnkosten stellen den realgütermäßigen Ausdruck für Arbeitsmühe, die Zinskosten ein Abstinenzopfer des Kapitalisten dar.
Während sich Ricardo vergeblich abmühte, das Wertparadoxon zu lösen, daß sich Güter, die mit unterschiedlicher Kapitalintensität hergestellt werden, nicht nach Arbeitswerten tauschen, beschied sich der weniger an formalen Deduk-

tionen interessierte Smith mit der Auffassung, daß sich die Güter „eigentlich" nach Arbeitswerten tauschen, wobei das Eigentliche einen Urzustand ohne Kapitaleigentum und Grundbesitz darstellt. Damit deutet sich bereits bei *Smith* eine Lockerung von Werttheorie und Tauschtheorie an, die dann beim späten Marx radikal vollzogen wird.

Der wichtige Unterschied zwischen ricardianischer und smithscher Wertauffassung liegt in der Behandlung des Bodenproblems. Im Gegensatz zu Smith interpretiert *Ricardo* den Bodenertrag als Differentialrente, der damit aus dem Preisbildungsprozeß ausscheidet. Der Bodenertrag ist allein Folge, aber nicht Ursache des Tauschwertes: Die theoretische Grundlage einer Niedrigpreispolitik für Getreide durch eine entsprechende Freihandelspolitik und der Eindämmung des politischen Einflusses des Adels war gelegt.

Die Arbeits- bzw. Kostentwerttheorie der klassischen Nationalökonomie stellt keine allgemeine, in sich geschlossene Werttheorie dar. Sie muß von einer Unabhängigkeit von Gebrauchswert und Tauschwert ausgehen, da es Güter gibt, die einen hohen Gebrauchswert, aber einen niedrigen Tauschwert aufweisen (Luft, Wasser). Ferner muß sie sich auf beliebig vermehrbare Güter beschränken; bei Seltenheitsgütern kann sich der Preis nur aus Bedürfnis (Nachfrage) und Seltenheit (beschränktem Angebot) bilden. Dann wird zwischen dem sich an den Kosten orientierenden Normalpreis (bei Smith „natürlicher Preis") und dem Marktpreis, der kurzfristige Schwankungen von Angebot und Nachfrage berücksichtigt, unterschieden.

2.2. *Marx* hat seine Arbeitswerttheorie im bewußten Gegensatz zu der klassischen Nationalökonomie mit großer Konsequenz entwickelt. Die Unabhängigkeit von Gebrauchswert und Tauschwert, die in der klassischen Nationalökonomie den natürlichen Eigenschaften von Gütern entspringt, erhält bei Marx einen gesellschaftlichen Stellenwert, ist Ausdruck des Warencharakters der Produktion: Da den Kapitalisten allein die Realisierung der Ware als Tauschwert interessiert, ist ihm der Gebrauchswert der Ware gleichgültig, eine lästige Nebenbedingung der Produktion.

Die Abstraktion der Tauschwerte von den Gebrauchswerten wird zum Charakteristikum der kapitalistischen Produktion. Als Tauschwerte haben die Waren nur noch die *Eigenschaft* von Arbeitsprodukten. Ein Gut hat deshalb einen Wert, weil abstrakt menschliche Arbeit in ihm materialisiert ist, die analog zur klassischen Durchschnittskostentheorie als gesellschaftlich notwendige Arbeit definiert wird, um dem Paradoxon zu entgehen, daß die Ware um so wertvoller wird, je „fauler oder ungeschickter ein Mann" (S. 53) ist.

Aber während in der klassischen wie neoklassischen Werttheorie der Beitrag des Arbeiters zum Produktionsergebnis den Wert der Arbeitskraft ausmacht, bemißt er sich bei Marx nach den *Reproduktionskosten* des Arbeiters, nach dem „Wert seiner gewohnheitsmäßigen Lebensmittel" (S. 563). Reproduktion der Arbeitskraft und Produktion von Mehrwert bilden die Essenz der kapitalistischen Produktion: „Der Wert der Arbeit muß stets kleiner als das Wertprodukt (sein), denn der Kapitalist läßt Arbeitskraft stets länger funktionieren als zur Reproduktion ihres eigenen Werts nötig ist" (S. 561). „Neh-

men wir den Kapitalisten, so will er möglichst viel Arbeit für möglichst wenig Geld erhalten. Praktisch interessiert ihn daher nur die Differenz zwischen dem Preis der Arbeitskraft und dem Wert, den ihre Funktion schafft" (S. 564).
Eine Arbeitswerttheorie von solcher inneren Folgerichtigkeit ließ sich jedoch nicht zugleich als Preistheorie fassen. Während der 1. Band des „Kapitals" dies durch die Unterstellung einer gleichen organischen Zusammensetzung des Kapitals für alle Güter verschleierte, vollzog Marx dann im 3. Band den notwendigen Bruch zwischen Werttheorie und Preistheorie, indem er davon ausging, daß der durch den Konkurrenzmechanismus bewirkte Ausgleich der Profitraten Arbeitswerte in Produktionspreise transformiert.
2.3. Die *subjektive* oder neoklassische Wertlehre, die Anfang der 70er Jahre des vorigen Jahrhunderts fast gleichzeitig von Menger, Jevons und Walras begründet wurde, ist als Reaktion gegen den eklektischen Charakter der klassischen Wertlehre und ihr Versagen, auf befriedigende Weise Kosten auf Arbeit (oder auf Opfer) zurückzuführen, zu verstehen. Zudem forderte die politische Brisanz der marxistischen Arbeitswertlehre zu einer Gegenposition heraus. Die große Leistung der subjektiven Wertlehre liegt in der Überwindung der klassischen Antinomie von Gebrauchswert und Tauschwert. Erst die neoklassische Distinktion der Nützlichkeit eines Gutes (Wasser im allgemeinen) und seinem Gebrauchswert (Wasser, das knapp ist) konnte die Antinomie von Gebrauchswert und Tauschwert überwinden. Der Gebrauchswert eines Gutes wird eine Funktion der verfügbaren *Menge;* Haushalte bzw. Unternehmer verfügen über Einkommen bzw. Produktivgüter dergestalt, daß „kein minder wichtiges Bedürfnisteilchen vor einem wichtigeren befriedigt wird" (Preiser, S. 37).
Der *subjekte* Charakter dieser Wertlehre liegt nicht, wie ihre Kritiker vielfach unterstellen, darin, daß Wirtschaftssubjekte von sozialen Einflüssen unabhängige Bedürfnisse artikulieren (sog. Konsumentensouveränität), sondern darin, daß der Wert eines Gutes mit der Verfügung über seine Menge variiert, wobei das Ausmaß der Verfügung subjektiv bestimmt ist. In diesem Zusammenhang braucht nicht ausgeführt zu werden, wie sich aus dieser Wertlehre die Preistheorie ableitet; entscheidend ist, daß die Werttheorie die Voraussetzungen einer allgemeinen Preislehre schuf und dadurch der ökonomischen Forschung eine entscheidende Wende gab.
Die dogmengeschichtiche Bedeutung der neoklassischen Wertlehre kann kaum überschätzt werden: Sie hat nicht nur die Preistheorie entscheidend befruchtet, sondern auch die Entwicklung einer instrumentellen Theorie des Wirtschaftens ermöglicht, indem sie die Voraussetzungen des optimalen Einsatzes beschränkter Ressourcen geklärt hat. Damit hat sie nicht nur die Grundlagen der modernen Entscheidungstheorie, sondern auch der Theorie sozialistischer Planung gelegt.

3.1. Das übereinstimmende *methodologische Kennzeichen* der drei Werttheorien besteht darin, daß sie Güterwertlehren, aus denen Preistheorien abgeleitet werden sollten, sind. Aber diese Verbindung ist nur der neoklassischen Wertlehre geglückt, die dafür allerdings zumindest in ihrer nutzentheoretischen Variante den hohen Preis inhaltlicher Leere zahlen mußte, wie die positivistische Analyse gezeigt hat (Albert, Kade). Wert- und Preistheorie miteinander in Einklang gebracht zu haben, hat den Neoklassikern der ersten Stunde das Selbstbewußtsein gegeben, sich als Begründer einer exakten Wissenschaft vom Wirtschaften zu fühlen und die klassische wie marxistische Werttheorie nicht nur als überholt, sondern auch als *falsch* zu deklarieren. Diese Einstellung hat sich tief in das ökonomische Denken auch unserer Zeit eingegraben und selbst marxistische Denker verunsichert.

3.2. Dabei erscheinen die einzelnen Werttheorien, wenn man einmal ihre preistheoretische Relevanz beiseiteläßt, durchaus in sich schlüssig, begründbar aus ihren jeweiligen *historischen Bedingungen*. Jede Theorie liefert eine eigene Definition des Wirtschaftens. Für die *klassische* Nationalökonomie waren Entsagen, Mühe und Opfer das Mittel, gesellschaftlichen Wohlstand zu erreichen – eine legitime Definition des Wirtschaftens für die Frühphase der Industrialisierung, in der Akkumulation noch über Konsumverzicht erfolgte und in der die Arbeiter, die in die Städte strömten, industrielle Arbeitsmethoden erst erfahren mußten. Für *Marx* bedeutete Wirtschaften, daß die Arbeitskraft reproduziert werden muß, um ihre Ausbeutung zu maximieren – eine Position, die aus der Retrospektive nicht ohne tragische Züge, aber so eindeutig und klar ist, daß sie keines weiteren Kommentars bedarf. Für die *Neoklassik* besteht Wirtschaften darin, auf Grund knapper Mittel eine optimale Bedürfnisbefriedigung anzustreben – eine Position, die der Legitimation des Hochkapitalismus, der eine Rationalisierung der Produktionsprozesse erzwingt, dient und nicht zufällig heute von den fortgeschrittenen sozialistischen Ländern eingenommen wird.

3.3. Alle Werttheorien weisen eine ihnen genuine *Theorie der Entscheidung* auf. Für die *klassische* Nationalökonomie besteht sie aus dem laissez-faire, das zu Wohlstand führt, aber auch den Wirtschaftenden das Ausmaß ihrer Opfer freistellt. Für *Marx* besteht sie in der Vorbereitung der Arbeiter auf die Revolution, auf die Expropriation der Expropriateure, die die Ausbeutung aufhebt und die Länge des Arbeitstages auf die Notwendigkeit der Reproduktion begrenzt. Für die *neoklassische* Handlungstheorie ist die Voraussetzung der Realisierung des Bedürfnisoptimums vollkommene Konkurrenz – die eine historische Fiktion ist und deshalb eine bedeutsame Variante des laissez-faire-Gedankens darstellt. Faktisch wurden durch diese Theorie die Grundlagen der Theorien des Staatsinterventionismus gelegt; die Bedingungen, unter denen ein gesellschaftliches Optimum erreichbar ist, lassen sich nur von einer Planbehörde mit zentralen Befugnissen realisieren.

3.4. Der dominierende Einfluß, den die neoklassische Werttheorie auf das ökonomische Denken der letzten 100 Jahre gehabt hat, zeigt sich am schlagendsten daran, daß selbst ihre schärfsten Kritiker die neoklassische *Definition des Wirtschaftens* übernehmen und als allgemeingültig unterstellen. So herrscht nach Lowe eine „allgemeine Übereinstimmung darüber, daß der Endzweck ökonomischer Tätigkeit die Befriedigung, oder genauer, die maximale Befriedigung menschlicher Bedürfnisse ist" (S. 21); Kade offeriert als allgemeine Definition eines rationalen Entscheidungsprozesses „das optimale Entscheidungsresultat aus einer gegebenen Menge der Entscheidungsresultate" (S. 649) und bleibt durch die Verwendung des Begriffs des Optimums innerhalb der neoklassischen Definition des Wirtschaftens.

Das ist nicht zufällig. Da Werttheorie auf Grundprinzipien des Wirtschaftens basiert, kann nicht allein von der entscheidungstheoretischen Fundierung einer Theorie eine Renaissance des Wertdenkens ausgehen. Daß Entscheidungen bewertet werden müssen, ist selbstverständlich. Aber dadurch wird allenfalls die Größe eines Wertes, nicht aber die Wertform beeinflußt. Die Bedeutung des Wertbegriffs für die ökonomische Theoriebildung läßt sich nur in Kategorien der Politischen Ökonomie, nicht der Handlungstheorie fassen. Die Grundprinzipien des Wirtschaftens sind Ausdruck einer bestimmten historischen Entwicklungsstufe der Gesellschaft oder, wie im Marxismus, Ausdruck einer Theorie der historischen Entwicklung.

Gewisse Anzeichen deuten an, daß die Herrschaft der neoklassischen Werttheorie ihrem *Ende* zugeht. So läßt sich beispielsweise die → spätkapitalistische Konsumgesellschaft immer weniger vom Bedürfnisbegriff her fassen. Eine erneute Revision des Begriffs des Wirtschaftens wird notwendig. Daraus kann sich eine neue Werttheorie ergeben. Eine solche Werttheorie dürfte ähnlich wie die klassische und marxistische eine Güterwertlehre, aber kaum die Grundlage einer Preistheorie sein.

LITERATURHINWEISE

v. Böhm-Bawerk, Eugen: Art. Wert, in HdSt, 4. Aufl.
Kade, Gerhard: Art. Wert II, in HdSW.
Lowe, Adolph: Politische Ökonomik. Frankfurt/M. 1965.
Marx, Karl: Das Kapital, 1. Bd., MEW 23.
Preiser, Erich: Nationalökonomie heute. München 1959.

HAJO RIESE

Wettbewerb (Wb.)

→ *Demokratie, Eigentum, Werbung, Wohlfahrt*

1. BEGRIFF UND FUNKTIONEN. – 1.1. Wb. (Konkurrenz) meint allgemein das Verhältnis zwischen das gleiche Ziel anstrebenden Individuen oder Gruppen, die sich gegeneinander durchzusetzen versuchen. Diese Konstellation taucht in allen Bereichen menschlichen Zusammenlebens auf; in Wirtschaft, Politik (→ Demokratie) wie auch im Sport tritt sie besonders augenfällig in Erscheinung.

Wichtigstes Element des Wb. ist das von allen Wettbewerbern erstrebte gleiche *Ziel*, das die Ergebnisse ihres Handelns erst vergleichbar macht. Die Ursachen des Wettkampfs können sowohl in der Knappheit des Begehrten als auch im bloßen Rivalitätstrieb liegen; in jedem Fall aber bedeutet der Versuch, sich gegen Konkurrenten durchzusetzen, einen *Leistungsanreiz*, der den Wb. zur erwünschten sozialen Beziehung macht. Allerdings bewirkt sein auf die Dauer unbequemer Leistungsdruck, daß der Wb. die Tendenz hat, sich in eine andere Beziehung zu verwandeln: in die Dominanz des Stärkeren über die Mitbewerber etwa oder in die Kooperation zwischen den Konkurrenten.

1.2. *Im ökonomischen Bereich* bedeutet die „Wb.ordnung" ein System, das (1) dem einzelnen wirtschaftliche Entfaltungsfreiheit gewährleistet und zugleich (2) durch Leistungsanreiz und -kontrolle sein Erwerbsstreben aktiviert und auf eine im gesamtwirtschaftlichen Interesse gelegene Leistungserstellung hin orientiert. Die Funktionen des Wb. liegen hier in Antrieb (Stimulierung des Fortschritts), Steuerung (Allokation und Kombination der Produktionsfaktoren i. S. bestmöglicher Befriedigung der Nachfrage, da die Nachfrager als „Schiedsrichter" über die Leistungen der Konkurrenten fungieren), Verteilung (Entlohnung der Produktionsfaktoren nach Maßgabe ihres Leistungsbeitrags) und Machtneutralisierung (Beschränkung des individuellen Gewinns durch die Konkurrenten). Als das von allen Einzelwirtschaften erstrebte Ziel gilt die *Gewinnmaximierung;* der Mechanismus, der die ständig verbesserte Leistung erzwingt, ist der kontinuierliche und von den Beteiligten unkontrollierbare Druck auf die Preise.

1.3. Wirtschaftlicher Wb. ist zwar historisch mit dem *kapitalistischen* Wirtschaftssystem verknüpft, jedoch nicht notwendig mit ihm verbunden. In *sozialistischen* Systemen finden sich ebenfalls zunehmend Wb.elemente, nicht nur innerbetrieblich („Prinzip der materiellen Interessiertheit"), sondern auch zwischen größeren Produktionseinheiten: So sollen die VEB in der DDR dem „sozialistischen Wb." um die Einführung von „Besttechnologien" unterliegen; s. auch das jugoslawische Modell (→ Rätesystem) und die Dezentralisierungsbestrebungen in anderen sozialistischen Ländern. Wirtschaftlicher Wb. ist demnach nicht lediglich eine Sache ganzer Produktionseinheiten, sondern gleichfalls innerhalb von Unternehmen (zwischen dessen Einzelbetrieben) bzw. von Betrieben (zwischen Abteilungen und zwischen Einzelmitarbeitern) auffindbar. Seine Funktionen reduzieren sich dabei auf Leistungsanreiz und Entwicklung optimaler Arbeitsteilung.

2. Das klassische Wb.konzept. – 2.1. Seine theoretische Grundlegung fand das Konzept der Wb.ordnung in der klassischen Nationalökonomie, die zum Zweck der Befreiung der privaten Wirtschaft aus staatlicher Bevormundung (→ Merkantilismus) den Nachweis zu erbringen versuchte, daß die Wirtschaft sich selbst zu steuern vermöge. Die zentrale Idee hierbei war die des „automatischen" Zusammenfalls von Einzel- und Gesamtinteresse mittels der „*unsichtbaren Hand*" des Wb.: Zwar hat jeder einzelne „nur seinen eigenen Vorteil und nicht den des Volkes im Auge; aber gerade die Bedachtnahme auf seinen eigenen Vorteil führt ganz von selbst dazu, daß er diejenige Anlage [seines Kapitals] bevorzugt, die zugleich für die Gesellschaft die vorteilhafteste ist" (Adam Smith). Die „unsichtbare Hand" führt nicht nur dazu, daß das produziert wird, was die Konsumenten wünschen und was der Ge-

samtgesellschaft nützt, sondern sorgt zudem dafür, daß – über den Wb. zwischen den Anbietern und zwischen den Nachfragern – das Wirtschaftsgeschehen immer zum stabilen *Gleichgewicht* von Angebot und Nachfrage wie auch zu einer Gleichgewichtssituation zwischen den verschiedenen Produktionszweigen tendiert. Im letzteren Fall ist dieses Gleichgewicht durch den Ausgleich der Profitraten charakterisiert, im ersteren dadurch, daß der Marktpreis mit dem „natürlichen Preis", nämlich den Produktionskosten, zusammenfällt.

Von der Wb.ordnung konnten die Klassiker darum optimale Ergebnisse erwarten; mit ihnen versprach das Wb.konzept die bestmögliche Realisierung der Ziele Freiheit, Wohlstand und Gerechtigkeit. Darüber hinaus war es mit *demokratischer Legitimation* ausgestattet, entspricht doch die verheißene Steuerung der Produktion durch die Bedürfnisse dem demokratischen Konzept der Steuerung des Gesamtsystems durch den „Volkswillen". Das Funktionieren des Wb.s war für die klassische Nationalökonomie – wie für den Wirtschaftsliberalismus bis heute – notwendig an das Vorhandensein von *Privateigentum* an den Produktionsmitteln gebunden (→ Eigentum). Eigentum gilt einerseits als die Voraussetzung des Wb.: Erst die Chance, den eigenen Besitz zu mehren, treibt den einzelnen in die Konkurrenz. Andererseits vermag nur der Wb. das Privateigentum an den Produktionsmitteln zu legitimieren, verhindert er doch seinen sozial schädlichen Gebrauch: Das mit der Konkurrenz gegebene Verlustrisiko erzwingt die verantwortliche Nutzung des Eigentums.

2.2. Das klassische Wb.konzept diente demnach der Legitimation des freien Handelns von Privateigentümern. Gleichwohl läßt sich bei den klassischen Nationalökonomen eine gewisse *Skepsis* über das realiter optimale Funktionieren des Wb. erkennen. So wird bei Adam Smith deutlich, daß er den Marktmechanismus zwar für *eine* Voraussetzung zur Erreichung des Wohlfahrtsmaximums hält, nicht aber für die alleinige: Der Wb. könne nur dann zur Harmonie führen, wenn er von einem angemessenen institutionellen Rahmen umgeben sei. Zu diesem gehöre z. B. eine gewisse Aufsicht über die Unternehmer, da ihr Interesse dahin gehe, sich durch Wb.beschränkung „größere Gewinne zu verschaffen, als sie ihrer Natur nach sein würden", und dadurch „den übrigen Bürgern eine sinnlose Abgabe aufzulegen". John St. Mill hält explizit staatliche Eingriffe für nötig, „nicht um das Urteil der Individuen über ihre eigenen Interessen außer Kraft zu setzen, sondern um ihm Wirksamkeit zu verleihen".

2.3. Solche Skepsis scheint um so mehr angebracht, als die *Bedingungen* der vollständigen Konkurrenz *irreal* sind: Atomistische Marktstruktur, Güterhomogenität und beliebige Teilbarkeit der Güter, friktionslose Anpassung sowie vollkommene Markttransparenz und vollkommene Rationalität der Wirtschaftssubjekte sind kaum gegeben und z. T. überhaupt nicht realisierbar. Schon allein ungleiche Startbedingungen mußten das Wb.konzept problematisch machen.

Selbst der vollkommenen Konkurrenz jedoch wären „Unvollkommenheiten" inhärent. So ignoriert das Konzept das Prinzip der Bedarfsgerechtigkeit; es vernachlässigt den Arbeiter als eigenständiges Wirtschaftssubjekt – die Innenbeziehungen im Unternehmen sind befehlswirtschaftlicher Art –; es zieht keine Konsequenz aus der Problematik unterschiedlicher *Elastizität* von Angebot und Nachfrage, die trotz „funktionierender" Konkurrenz → Macht- und Ausbeutungsverhältnisse entstehen läßt, denn der Anbieter, der sich einer starren Nachfrage gegenüber findet, kann den Preis diktieren, also „Monopolpreise" realisieren, wie umgekehrt der Nachfrager, der mit einem starren Angebot zu tun hat, Niedrigstpreise diktieren kann. Diese Situation besteht prinzipiell auf dem Arbeitsmarkt; als „Gegenmonopol" entstanden darum die → Gewerkschaften, die z. B. durch Angebotsverknappung (→ Streik) das Angebot elastischer zu gestalten versuchen.

3. Wb.konzept vs. Realität. – 3.1. Die Realität ist von einer auch nur annähernden Verwirklichung des klassischen Wb.skonzepts heute weit entfernt. Die Unbequemlichkeit der Wb.ssituation führte in allen kapitalistischen Ländern zu zahlreichen Formen der *Wb.beschränkung* – zu Kartellen, Absprachen, mehr oder minder formal organisierter Kooperation –, die alle zum Ziel haben, den Preisdruck und die Risiken der Konkurrenz auszuschalten und also „Monopolgewinne" zu garantieren. Meist nur sporadisch und in aller Regel ohne nennenswerten Erfolg sucht der Staat z. B. mit *Kartellgesetzen* den Trend zur Wb.sbeschränkung einzudämmen. In Deutschland kam es erstmals 1957 zu einem „Gesetz gegen Wb.beschränkungen" (sein Vorläufer, die Kartellverordnung von 1923, begünstigte Wb.sbeschränkungen eher als daß sie sie verhinderte), das allerdings hinter seiner ursprünglichen liberalen Zielsetzung weit zurück bleibt, da es sich zwar gegen Kartelle, kaum aber gegen andere Wb.beschränkungen wendet und zudem vom generellen Kartellverbot zahlreiche Ausnahmen zuläßt.
Ohnehin fördern staatliche Kartellverbote häufig nur die → *Konzentration* der Unternehmungen zu Großkonzernen und damit eine Tendenz, die zunächst aus der ungleichen Startposition im Wb. oder aus der Kooperationspraxis erwächst und sich mit wachsendem Anteil des in Maschinen und Anlagen festgelegten Kapitals zwangsläufig verstärkt. Überdies wird die Konzentrationsbewegung in den meisten marktwirtschaftlichen Ländern durch den Staat nicht allein „versehentlich", sondern durchaus bewußt begünstigt.
3.2. Die Folge der Unternehmenskonzentration sind *oligopolistische Märkte*, auf denen so wenige Anbieter einander gegenüberstehen, daß jeder von ihnen mit einem Einfluß seiner Dispositionen auf die seiner Konkurrenten zu rechnen hat. Das macht den Preiswb. für sie zur irrationalen Strategie; denn senkt einer die Preise, muß er erwarten, daß die anderen sofort nachziehen und deswegen die Marktanteile bei generell gesunkenem Marktpreis gleich bleiben; statt seine eigene Marktposition zu verbessern, kann sein Vorpreschen also nur die Gewinnsituation *aller* Oligopolisten verschlechtern. Oligopolistische Märkte zeichnen sich daher durch *Starrheit der Preise* vor allem nach

unten aus; mit dem Preisdruck entfällt aber eines der wesentlichsten Merkmale funktionierenden Wb.s. Mit dem von der Wb.theorie vorausgesetzten allgemeinen Ziel der Gewinn*maximierung* – das die Ausnutzung jeder kurzfristigen Marktchance geböte – ist solches Marktverhalten nicht zu erklären; vielmehr muß als Motiv des Unternehmerverhaltens im Oligopol das Streben nach optimaler Gewinn*sicherung* oder – wegen des Bewußtseins gemeinsamer Interessen – das Streben nach Maximierung des *Gruppen*gewinns angenommen werden. Dieses führt zu hochgradig kooperativem Verhalten meist in Form der *Preisführerschaft*, die mangels formaler Organisation ein für die staatliche Wb.spolitik bisher ungelöstes Problem darstellt. Die gemeinschaftliche Preispolitik bedeutet aber nichts anderes, als daß die Oligopolisten insgesamt sich wie *ein* Monopolist verhalten: Der Preisführer wird die Preise so ansetzen, daß dauerhaft hohe Gewinne realisiert werden können. Als einzige Grenze für die Höhe der erzielbaren Preise verbleibt die „potentielle Konkurrenz" möglicher Neuzugänge zum Markt; in einer hochtechnisierten Wirtschaft ist jedoch der Marktzugang derart erschwert, daß diese Grenze sehr hoch anzusetzen und deshalb kaum sonderlich wirksam ist.

3.3. Schließlich wird aus *betriebs*wirtschaftlichen Gründen der Wb. zunehmend *unpraktizierbar*. Je größer die wirtschaftlichen Einheiten sind, je kapitalintensiver die Produktion und je mehr diese zur Massenproduktion wird, desto größer werden die mit dem Wb.risiko drohenden Kapitalverluste und desto höher die Kosten der Anpassung an veränderte Marktkonstellationen. Deshalb muß den Unternehmen nicht nur Kooperation, sondern auch längerfristige → Planung geboten erscheinen. Diese Planung schließt die *Formung der Nachfrage* ein, wären doch sonst Nachfrageschwankungen der größte Unsicherheitsfaktor im Marktgeschehen; der „Schiedsrichter" im Marktprozeß

Wettbewerbsregeln: Um „ruinösen" Wb. zu verhindern, vereinbaren Unternehmen einer Branche häufig Wb.regeln; durch § 28 des Gesetzes gegen Wb.-beschränkungen ist ihnen dies ausdrücklich gestattet. Im Gesetz gegen den unlauteren Wb. sind einige dieser Regeln sanktioniert; oberste Regel ist die dehnbare Forderung, daß Wb.handlungen nicht gegen die „guten Sitten" verstoßen dürfen (§ 1). U. a. untersagt das Gesetz „irreführende" Werbung (§§ 3 f.), verbietet die Herabsetzung des Mitbewerbers (§ 14; hierauf stützt sich das Verbot vergleichender Werbung) und stellt geschäftliche Bezeichnungen unter besonderen Schutz. Das Gesetz schützt übrigens ausdrücklich nur die Mitbewerber: gegen irreführende Werbung z. B. kann zwar der Konkurrent, nicht aber der verprellte Käufer klagen (§ 13). – Wb.regeln haben stets das Ziel, den Wb. zu entschärfen. Kennzeichnend hierfür ist das Rabattgesetz, das angesichts einer oligopolistischen Wirtschaft, in der der Preiswb. verpönt ist, auch noch den Wb. durch Preisnachlässe einschränkt.

Substitutionskonkurrenz: Wenn auch Wettbewerb zwischen den Anbietern eines bestimmten Gutes nicht besteht, kann dennoch Substitutionskonkurrenz – die Konkurrenz seitens ähnlicher, verwandter oder „Ersatz"-Güter – Monopolgewinne verhindern. Die Wirksamkeit der Substitutionskonkurrenz hängt davon ab, in welchem Maße die Nachfrager ein bestimmtes Gut als durch andere Güter ersetzbar ansehen. Diese Substitutionselastizität der Nachfrage ist um so geringer, je mehr es den Produzenten gelingt, mittels → Werbung „Meinungsmonopole" zu errichten. H. A.

– der den Wb. erst effektiv machen sollte – wird damit weitgehend ausgeschaltet. Im Bereich der – mittels → Werbung durchgesetzten – Nachfragelenkung finden zwar weiterhin Kämpfe um Marktanteile statt, doch hat solcher „Werbungs-Wb." mit dem klassischen Wb.skonzept wenig gemein: er verspricht weder die Reduktion der Preise auf die Kosten noch die ständige Anpassung der Produktion an die Bedürfnisse der Konsumenten.

4. Konzepte des „arbeitsfähigen" Wb. – 4.1. Angesichts dieser Realitäten unterlag die Wb.theorie im Laufe der Zeit wesentlichen Veränderungen. So verschob Alfred Marshall die vom Wb. erwarteten optimalen Ergebnisse auf den „long run"; Konzepte des „reinen" Wb. reduzierten die Wb.definition auf die bloße Abwesenheit von Monopolen. Die durch größeres Bemühen um Realitätserklärung gekennzeichneten Theorien des „unvollkommenen" oder „monopolistischen" Wb.s (Joan Robinson, Edward H. Chamberlin) kamen zu dem Ergebnis, daß vollkommene Konkurrenz ein kaum je realisierter Sonderfall sei und daß auf den meisten Märkten von automatischer Selbstregulierung nicht die Rede sein könne. Mit diesem Ergebnis stand die Wirtschaftstheorie vor dem *Dilemma,* entweder das Nichtfunktionieren der Privatwirtschaft zu konstatieren oder nach neuen Rechtfertigungen für sie zu suchen.
4.2. Diesem Dilemma suchen die Konzepte des *„arbeitsfähigen"* Wb.s (zuerst bei John M. Clark) auszuweichen. Sie operationalisieren das Wb.konzept, indem sie die Arbeitsfähigkeit des Wb.s im Hinblick auf bestimmte Ziele festzustellen versuchen, aus denen normative Standards abgeleitet sind. Hinsichtlich der Ziele zeigen diese Theorien jedoch eine charakteristische Reduktion: Sie lösen die in der Realität unvermeidlich scheinenden Zielkonflikte in der Regel dadurch, daß sie der Gütermaximierung den Vorrang zusprechen, da ein steigender Produktionsausstoß die Realisierung anderer Ziele automatisch erleichtere – eine Annahme, die für Ziele wie Verteilungsgerechtigkeit oder Steuerung der Produktion durch Verbraucherwünsche kaum zutrifft. Die implizit aufgestellte Rangordnung der Ziele wird deutlich, wenn z. B. Erhard Kantzenbach Oligopolen eine optimale Wb.intensität und also oligopolistischem Wb. die höchste „Funktionsfähigkeit" zuschreibt, weil er die *„dynamischen"* Wb.funktionen – Produktionssteigerung und Fortschritt – am besten zu erfüllen verspreche, während vollständiger Wb. nur die *„statischen"* Funktionen – Steuerung von Einkommensverteilung, Produktzusammensetzung und Faktorallokation – erfüllen könne (Eine ähnliche Rangordnung findet sich schon bei Schumpeter).
4.3. *Ein* Problem haben diese neuen Wb.theorien allerdings bisher nicht zu bewältigen vermocht: Wb. setzt voraus, daß die an ihm Beteiligten das gleiche Ziel verfolgen; im klassischen Konzept war dies dadurch gegeben, daß die Wb.er als Eigentümer der Produktionsmittel ihren Gewinn zu maximieren trachteten. Sowohl mit der Oligopolisierung der Märkte als auch mit der Verbreitung des nichtbesitzenden Manager-Unternehmers (→ Unternehmer) verliert jedoch das Gewinnmaximierungsprinzip seinen Charakter als das gemeinsame Ziel, das das Verhalten der Wb.er vergleichbar und prognostizier-

bar macht. Die Konsequenz ist für die Wb.theorie vernichtend: Wo systemimmanente Zwänge zu normiertem Verhalten sich auflösen, sind Aussagen über Selbststeuerung, Gleichgewichtstendenz und also „Funktionsfähigkeit" unmöglich.

5. Wb. als Ideologie. Sowohl dieses ungelöste Problem als auch die Realität legen es nahe, dem Wb.konzept heute nur noch ideologische Funktionen zuzuschreiben. Das trifft zumal für die BRD zu, deren Wirtschaftspolitik sich offiziell weitgehend am Dogma der *„Sozialen Marktwirtschaft"* orientiert. Im Unterschied zum Neoliberalismus ist dabei zwar nicht von vollständiger Konkurrenz und in letzter Zeit auch nicht mehr von optimaler Selbststeuerung die Rede; gleichwohl wird das vorgefundene Wirtschaftsgeschehen zum „leistungsfähigen" Wb. deklariert, der angeblich weiterhin etliche optimale Ergebnisse erbringt.
Den Versuch, die zur Legitimation der Privatwirtschaft erforderlichen Optimalergebnisse auch für die derzeitige Marktwirtschaft nachzuweisen, untermauern Theorien, die den Wb.begriff bis zur Unkenntlichkeit *deformieren.* So wird, wenn auf Einzelmärkten nicht einmal Substitutionskonkurrenz mehr feststellbar sein sollte, von totaler „Objektkonkurrenz" als der Konkurrenz sämtlicher Produkte um die Gunst des Käufers gesprochen (David Lilienthal, Wilhelm Vershofen); oder es wird der „latente" Wb. herangezogen, die Furcht vor dem (zunehmend unwahrscheinlichen) Auftreten neuer Anbieter also, die die nur scheinbar monopolistischen Anbieter dazu anhalte, sich wb.gemäß zu verhalten.
Das so entleerte Wb.konzept dient lediglich der verschleiernden Rechtfertigung der Handlungsfreiheit von Privatunternehmen, ohne indessen eine Legitimation für diese Freiheit noch anbieten zu können. Realiter findet wirtschaftlicher Wb. zwar weiterhin auf *internationaler* Ebene – wo er allerdings eher den Charakter offenen Machtkampfes trägt –, ansonsten aber allenfalls in Bereichen statt, die von der bisherigen Theorie als Randzonen des wirtschaftlichen Geschehens weitgehend vernachlässigt wurden: als Wb. der Marginaldifferenzierung, der → *Werbung.* Dort kommt ihm selbst das Merkmal des Leistungsanreizes im produktionsrelevanten Sinn abhanden:
Werbungs-Wb. erzwingt nicht die bessere Produktionsleistung noch gar die bessere Bedürfnisbefriedigung, sondern allein die bessere Ausnutzung werblicher Psychotechnik und damit die bessere Beherrschung der Konsumenten.

Literaturhinweise

Baran, Paul A., *Sweezy,* Paul M.: Monopolkapital. Frankfurt/M. 1967.
Chamberlin, Edward H.: The Theory of Monopolistic Competition. 6. Aufl. Cambridge (Mass.)/London 1950.
Kantzenbach, Erhard: Die Funktionsfähigkeit des Wettbewerbs. 2. Aufl. Göttingen 1967.
Lilienthal, David E.: Big Business: A New Era. New York 1953.
Zohlnhöfer, Werner: Wettbewerbspolitik im Oligopol. Basel-Tübingen 1968.

Heidrun Abromeit

Wohlstand (W.)

→ *Eigentum, Gemeinwirtschaft, Verteilung*

1. Methodik. – Die W.ökonomik versucht, wertneutral, also nicht an spezifische Interessen gebunden, eine wissenschaftlich begründbare W.norm zur Identifizierung gesellschaftlichen W.s zu formulieren und daraus die optimale Organisationsstruktur der Gesellschaft abzuleiten. Die Diskussion über W.normen findet sich bereits in der *klassischen* Nationalökonomie. Smith und Ricardo stellen dabei auf eine physisch-materielle Norm ab. Gesellschaftlicher W. wird in dieser Konzeption an dem produzierten Güterbündel (mass of commodities) gemessen. Dieser Ansatz entspricht der Vorstellung, W. sei durch das reale Sozialprodukt zu erfassen und W.erhöhungen durch Maßnahmen zu erreichen, die das wirtschaftliche Wachstum fördern. Mit dieser Konzeption wird die W.norm eingeschränkt (→ Wachstum), da Produktion und Distribution methodisch unterschieden und eine optimale Verteilung (→ Verteilung) a priori unterstellt ist. Weiter wird angenommen, daß W. auf in Preisen ausdrückbare Produktion zurückgeführt werden kann. Danach hat nur *die* Produktion W.effekte, die einen Markt findet. Soziale Kosten, die sich in Umweltschädigungen, mentaler Verelendung und physischen Schäden niederschlagen und den Zusammenhang zwischen Güterproduktion und W. umkehren, werden ebenso negiert wie nicht-wirtschaftliche Bestimmungsfaktoren des menschlichen Lebens.
Die wirtschaftspolitische Relevanz dieses engen Ansatzes resultiert weniger aus der unmittelbaren politischen Praktikabilität der Begriffsbestimmung als aus der Kompatibilität zwischen Begriff und ökonomischer *Interessiertheit.* In einer Gesellschaft mit Privateigentum an Produktionsmitteln besteht das ökonomische Interesse der Eigentümer von Produktionsmitteln in der marktmäßigen Realisierung von Gewinnen. Dieses Interesse entspricht einer W.norm, die W.effekte auf jene Produktion einschränkt, die einen Preis erzielt.

2. W.Kriterien. – 2.1. Die neuere *„paretianische" W.ökonomik* entwickelte sich aus der Gleichgewichtsökonomik. Bei der Formulierung des W.kriteriums wird dabei auf Allokationsaspekte abgestellt, ein Ansatz, der die Vorgabe einer gegebenen Verteilung verlangt und den W.vergleich auf Fragen der Zweckmäßigkeit der Produktion bei gegebenen Ressourcen einschränken soll. Als W.kriterium gilt das Pareto-Optimum. Danach entspricht jene Situation einem gesellschaftlichen W.maximum, in der kein Wirtschaftssubjekt durch eine Veränderung der Allokation von Ressourcen und Gütern besser gestellt werden kann, ohne daß ein anderes schlechter gestellt wird. Entsprechend der Methodik der neoklassischen Gleichgewichtsökonomie wird bei der inhaltlichen Bestimmung der Begriffe „besser" und „schlechter" unterstellt, daß die Wirtschaftssubjekte auf Grund ihrer individuellen Präferenzordnungen jede Veränderung der Versorgungslage beurteilen können. Die Kategorien des

gesellschaftlichen W.vergleichs entsprechen denen der individuellen Beurteilung über Versorgungslagen. Die Beurteilung erfolgt über Gütermengen, wobei unterstellt ist, daß das Individuum W. lediglich an Gütermengen mißt und messen kann. Die Präferenzen werden daher als bekannt und widerspruchsfrei geordnet angenommen.

Die Diskussion über die logischen Elemente der Begriffsbildung führte zu einigen *Erweiterungen* des Kriteriums, ohne daß die eingeengte W.norm in Frage gestellt wird. Vielmehr fragt man nach der optimalen Gesellschaftsformation, die diesen Bedingungen entspricht.

Die Problemlösung erfolgt über den Nachweis, daß in einem marktwirtschaftlich organisierten System das allgemeine Gleichgewicht mit der paretooptimalen Situation übereinstimmt. Dieser Nachweis, der hier als *Äquivalenztheorem* bezeichnet wird, gelingt unter bestimmten Annahmen, deren Mangel an Realitätsbezug den empirischen Gehalt des Theorems entscheidend in Frage stellt und gleichzeitig den politischen Charakter des Theorems mit bedingt.

2.2. Das Äquivalenztheorem kann in einer zweiten Fassung über den Nachweis einer Divergenz von privaten und sozialen Resultaten formuliert werden. Auf der Grundlage der Unterscheidung zwischen sozialen und privaten Wertungen führte Pigou den Nachweis, daß durch ein System indirekter Steuern und Subventionen die Bedingungen einer gesellschaftlich effizienten Allokation auch in einem marktwirtschaftlichen System sichergestellt werden können. Methodischer Ausgangspunkt ist das Konzept der *„externen Effekte"*, die als „extra-market phenomena" (Kapp) klassifiziert werden. Diese Klassifizierung entspricht dem Denken in Ordnungsformen des marktwirtschaftlichen Systems und ist damit von der Ordnungsform (u. a. Konzentrationsgrad) selbst abhängig. Ohne auf die unterschiedlichen Begriffsbestimmungen einzugehen, können externe Effekte auf ökonomische Aktivitäten von Unternehmungen und Haushalten zurückgeführt werden, die sich nicht in Marktpreisen niederschlagen und Produktionsbedingungen und Versorgungslagen von Haushalten und Unternehmungen positiv (external economies, soziale Erträge) oder negativ (external diseconomies, social costs bzw. soziale Kosten) beeinflussen. Damit werden – in Anschluß an die grundlegende Arbeit von Kapp – zwei Merkmale herausgestellt: soziale Kosten und soziale Erträge sind „aus der Wirtschaftsrechnung der disponierenden Wirtschaftssubjekte ausgeschlossen" (Kapp) und betreffen andere Personen als die Verursacher.

Typische Beispiele für „external diseconomies" sind Luft- und Wasserverschmutzung, Lärmbelästigung, Gesundheitsschädigungen durch bestimmte Arbeitsbedingungen, Bodenerosion und andere Produktionswirkungen, die nicht in die privaten Kostenrechnungen der sie verursachenden Unternehmungen eingehen, die Produktionsbedingungen anderer Unternehmungen und die Versorgungslage der Haushalte jedoch beeinflussen. Beispiele für „external economies" sind im Bereich der Produktion z. B. Begünstigungen von bestimmten Produktionen durch Expansion einer Unternehmung, so etwa der

Hinweis auf unentgeltliche Leistungsübertragung zwischen Bienenzüchter und Gärtnerei oder Vorteile betriebsinterner Ausbildung von Arbeitskräften für andere Unternehmungen.
Auf der gleichen Klassifikationsgrundlage werden auch die nicht-marktmäßigen Interdependenzen zwischen der W.beziehung einzelner Haushalte betrachtet.

2.3. Es wurde bereits gezeigt, daß die Abgrenzung zwischen internen und externen Effekten dem Denken in marktwirtschaftlichen, also preisgesteuerten, Ordnungen entspricht.
Die methodische Trennung von sozialen und privaten Kosten bzw. Erträgen bildet die Grundlage für den Negativbeweis des Äquivalenztheorems und impliziert zweierlei: einmal den Nachweis, daß ein partielles Optimierungsmodell nicht zu einem gesellschaftlichen Optimum führen muß, zum anderen die Öffnung des Marktmodells in Richtung auf eine Theorie der Wirtschaftspolitik zur Problemlösung.
Das erstgenannte Argument schlägt sich in der Diskussion über die sozialen Kosten und den Ansätzen zu einer Theorie des Allokationsbudgets insbesondere von Musgrave nieder. Das Rentabilitätskalkül führt nicht nur zu Schäden durch Handlungen, sondern auch zur Nichtproduktion von Gütern, die gesellschaftlich wichtig erscheinen. Über dieses Argument werden staatliche Ausgaben zur Befriedigung von „social wants" begründet, wobei die Analogie zwischen Problembehandlung bei privaten und sozialen Bedürfnissen gesucht wird. Damit ist auch dem zweiten Argument Rechnung getragen: Der Nachweis der Divergenz zwischen privatem und gesellschaftlichem Optimum bietet den methodischen Ansatz für eine Theorie der Wirtschaftspolitik, die als Problemlösungsstrategie die Übereinstimmung beider Optima als Ziel formuliert. Diese wirtschaftspolitische Konzeption bedingt die Bestimmung operabler Kriterien, über die soziale Kosten und soziale Erträge bewertet und in eine soziale Rangordnung gebracht werden können.

2.4. Die Formulierung einer Rangordnung für alle denkbaren sozialen Zustände wird mit der Aufstellung einer *Welfare-Funktion* versucht. In dieser Konzeption der W.ökonomik, die von Bergson ausgeht und u. a. von Samuelson und Arrow präzisiert wurde, wird versucht, die Gesamtheit aller angestrebten sozialen Zustände in einer W.funktion zusammengefaßt zu definieren. Dabei wird in der individualistischen Variante des Problems von den W.begriffen der Individuen ausgegangen und die gesellschaftliche W.funktion durch Aggregation der individuellen W.funktionen ermittelt. Dieser Ansatz scheint deswegen nicht zu überzeugen, da er – wie das Arrowsche Unmöglichkeitstheorem zeigt – logisch konsistent nur unter sehr einschränkenden Bedingungen formulierbar ist, zum anderen vollkommene Information über und Bewertungsmöglichkeiten für alle denkbaren gesellschaftlichen Situationen bereits auf der individuellen Ebene voraussetzt. Eine allgemein formulierte W.funktion ist daher sowohl inhaltsleer, als auch inoperabel (Streeten).

3. W. UND WIRTSCHAFTSPOLITIK. – Das Äquivalenztheorem der paretianischen W.ökonomie – Übereinstimmung von Gleichgewicht und Optimum in einem marktwirtschaftlichen System – gelingt nur unter heroischen Annahmen über die sozioökonomische Realität. Eben diese Methodik trägt zu einer Ideologisierung des Begriffssystems bei. Aus dem Nachweis der Optimalität wird auf die Bedeutung des marktwirtschaftlichen Systems und die gesellschaftliche Sinnhaftigkeit der Institution Privateigentum an Produktionsmitteln geschlossen. Das marktwirtschaftliche System, so wird vom Ordoliberalismus Euckenscher Prägung argumentiert, erweist sich als die leistungsfähigste Ordnung. Politische Eingriffe sind – ist die Grundentscheidung über die ordnungspolitische Konzeption gefallen – dann als Ordnungssicherungspolitik zu rechtfertigen. Diese Konzeption entspricht der laissez-faire-Lehre und findet sich – durch keynesianische Argumente in bezug auf quantitative wirtschaftspolitische Strategien (→ Keynesianismus) ergänzt – auch in der Politik der Globalsteuerung.

Die Konzeption ist unhistorisch und in einem bestimmten Sinn unpolitisch zugleich. *Unhistorisch*, da sie Gesellschaftsstrukturen nicht in ihrem geschichtlich gewordenen Zusammenhang begreift, und *unpolitisch*, da sie politische Entscheidungen nicht auf der Grundlage konkreter Machtverteilungen untersucht. In einem anderen Sinn ist die paretianische W.ökonomik jedoch eminent politisch. Methodische Anlage, Aussage und daraus folgende politische Strategie haben – wie bereits Myrdal gezeigt hat – die Rechtfertigungsfunktion für das marktwirtschaftliche System im Interesse bestimmter gesellschaftlicher Gruppen übernommen.

In dem Maße, in dem konkrete gesellschaftliche Konflikte den Einsatz wirtschaftspolitischer Maßnahmen erforderten, die über im engen Sinn ordnungssichernde Strategien hinausgehen, entwickelte sich auch eine *Neuorientierung* der W.ökonomie. In dieser methodischen Konzeption wird auf die Formulierung begrenzter, operabler W.kriterien abgestellt. Auf der Grundlage eines den wirtschaftlichen Prozeß beschreibenden Modells werden optimale Strategien gesucht, die diese Welfare-Funktion maximieren. Dabei werden Werturteile offen formuliert. Die Auswahl der Instrumente und der in die W.funktion eingehenden Ziele werden dem Politiker überlassen, der Ökonom hat lediglich die Aufgabe, operable wirtschaftspolitische Strategien zu finden, über die die vorgegebenen Ziele realisiert werden können bzw. die die Welfare-Funktion maximieren. Diese methodische Variante entspricht der Tinbergenschen Theorie der Wirtschaftspolitik, die auf Grund der als notwendig erkannten Lenkung ökonomischer Prozesse eine entscheidungsorientierte Konzeption sucht. Entscheidungskriterium ist die vorgegebene W.funktion. Typisch für diesen methodischen Ansatz ist die Aufgabenformulierung für die Bundesbank, für den Sachverständigenrat und die Methoden der cost-benefit-Analyse und das Planning-Programming-Budgeting-System.

In diesen Ansätzen werden Ziele, Instrumente und Daten vorgegeben, das wirtschaftspolitische Denken vollzieht sich in den Kategorien vorgegebener Ziele und vorgegebener Mittel auf der Grundlage vermeintlich sachlogischer

Zusammenhänge. Die Sachlogik erweist sich dabei als Spiegelbild der konkreten gesellschaftlichen Ordnung insoweit, als die Zusammenhänge zwischen Zielen und Mitteln auf dem Boden eines den ökonomischen Prozeß beschreibenden Modells ermittelt werden. Der Wertbezug konkretisiert sich schließlich in der Auswahl jener Steuerungselemente, die als mit der konkreten gesellschaftlichen Ordnung vereinbar zugelassen werden.
Die W.technologie ist in dieser Form bewußt zweckgebunden angelegt, wobei Zweck als Stabilisierung der Gesellschaftsstruktur begriffen werden muß. Obwohl die W.technologie durchaus anderen Charakter als der ordnungspolitische Ansatz Euckenscher Prägung hat, sind beide Denkansätze Ergebnis spezifischer gesellschaftlicher Situation.

LITERATURHINWEISE

Albert, Hans: Ökonomische Ideologie und politische Theorie. 2. Aufl. Göttingen 1972.
Beckerath, Erwin, und *Giersch*, Herbert (Hrsg.): Probleme der normativen Ökonomik und der wirtschaftspolitischen Beratung. Schriften des Vereins für Socialpolitik, N. F. Bd. 29. Berlin 1963.
Gäfgen, Gerhard (Hrsg.): Grundlage der Wirtschaftspolitik, NWB, Köln-Berlin 1966.
Giersch, Herbert: Allgemeine Wirtschaftspoltik. Wiesbaden 1960.

MICHAEL BOLLE

Zahlungsbilanz

→ *Außenwirtschaft, Inflation, Konjunktur, magisches Mehreck, Währung*

1. BEGRIFF. – Als Bestandteil der Volkswirtschaftlichen Gesamtrechnung verzeichnet die Z. eines Landes sämtliche statistisch erfaßbaren bzw. errechenbaren Transaktionen, die in einem bestimmten Zeitraum zwischen dem In- und Ausland erfolgen. Nach einer zur Vergleichbarkeit innerhalb des *westlichen Weltwährungssystems* weithin vereinheitlichten Systematik geben die Z. in ihren Teilbilanzen Aufschluß über Ausmaß und Richtung der internationalen Waren-, Leistungs-, Kapital- und Devisenströme. Vergleichbare Angaben zum gesamten Zahlungs- und Leistungsverkehr *sozialistischer* Staaten werden bisher nicht veröffentlicht.
1.1. Die systematische Darstellung der Transaktionen in der Z. erfolgt nach dem Prinzip doppelter Buchführung, d. h. die zusammengehörenden Leistungs- und Finanzierungsströme werden jeweils getrennt mit unterschiedlichen Vorzeichen erfaßt, so daß die Z. in ihrer Gesamtheit rechnerisch stets ausgeglichen ist. Als *„Faustregel" für die Verbuchung* und Deutung der einzelnen Positionen und ihrer Vorzeichen gilt, daß auf der Sollseite (+) alle Transaktionen verbucht werden, die Zahlungseingänge für das Inland zur Folge haben, während auf der Habenseite (—) alle Transaktionen stehen, die Zahlungsausgänge nach sich ziehen. Übersteigen die Einnahmen die Ausgaben („aktive Zahlungsbilanz"), so treten entsprechende Devisenüberschüsse auf, die als Zunahme der Währungsreserven per Saldo auf der Habenseite (—) erscheinen und die Bilanz rechnerisch ausgleichen.

1.2. Der rechnerische Ausgleich der Z. besteht somit unabhängig davon, daß in ihren einzelnen *Teilbilanzen Überschüsse und Defizite* auftreten und zu erwarten sind, da diese Bilanzpositionen das Ergebnis zahlloser, verschiedenartig motivierter, autonomer Einzeltransaktionen sind. Wenn von ausgeglichenen bzw. aktiven oder passiven Z. die Rede ist, so bezieht sich diese

Zahlungsbilanz der BRD 1971

A) Darstellung in Kontenform

Einnahmen (+)	Mrd. DM	Ausgaben (—)	Mrd. DM
1. Warenausfuhr	136,0	1. Wareneinfuhr	120,1
2. Einnahmen für Dienstleistungen	35,2	2. Ausgaben für Dienstleistungen	40,0
3. Einnahmen aus Übertragungen	3,3	3. Ausgaben für Übertragungen	13,9
4. Langfristige Netto-Kapitaleinfuhr	11,2	4. Langfristige Nettokapitalausfuhr	4,9
5. Kurzfristige Nettokapitaleinfuhr (Saldo)	0,8		178,9
6. Zuteilung von Sonderziehungsrechten [2]	0,6		
	187,1	8. Ausgleichsbedarf der Bundesbank [1]	5,9
7. Restposten und Ermittlungsfehler	8,6	9. Zunahme der Währungsreserven der Bundesbank	10,9
	195,7		195,7

B) Darstellung in Saldenform

Posten der Zahlungsbilanz (Teilbilanzen)	Mrd. DM	
1. Handelsbilanz	+ 15,9	
2. Dienstleistungsbilanz	— 4,8	
3. Übertragungsbilanz	— 10,6	
1–3 Bilanz der laufenden Posten		+ 0,5
4. Langfristige Kapitalbilanz	+ 6,3	
5. Kurzfristige Kapitalbilanz	+ 0,8	
4–5 Kapitalbilanz		+ 7,1
6. Zuteilung von Sonderziehungsrechten [2]	+ 0,6	
7. Restposten und Ermittlungsfehler	+ 8,6	
8. Ausgleichsbedarf der Bundesbank [1]	— 5,9	
6–8 Sonstige Posten		+ 3,3
9. Devisenbilanz (Änderung der Währungsreserven der Bundesbank, Zunahme: —)		— 10,9

[1] Verminderung des DM-Gegenwertes der Währungsreserven infolge der Neubestimmung der Wechselkurse (Leitkurse) im Dezember 1971.

[2] Vgl. „Währung".

Quelle: Deutsche Bundesbank.

Aussage stets auf die Teilbilanzen bzw. jeweils zusammengefaßte Positionen der Z. Welche Bilanzpositionen und welcher Zeitraum dabei für die Beurteilung des Z.-Ausgleichs relevant sind, ist von der wirtschaftstheoretischen oder -politischen Konzeption der Z.-Analyse abhängig.

Die weitestgehende Konzeption, bei der sich zugleich der (statistische) Begriff des Zahlungsbilanzausgleichs mit dem des (theoretisch bestimmten) „*Zahlungsbilanzgleichgewichts*" deckt, unterscheidet zwischen *autonomen* und *induzierten* Transaktionen. Erstere umfassen sämtliche, lediglich von kommerziellen Interessen bestimmte Leistungen und Finanzierungsströme, und letztere die Ausgleichstransaktionen, die von der Regierung oder Notenbank zur Beeinflussung der Z. bzw. zur Stützung der Wechselkurse vorgenommen werden. Z.-Ausgleich und -gleichgewicht wären dann gegeben, wenn die autonomen Transaktionen ausgeglichen, d. h. keine Ausgleichsoperationen im Interesse der eigenen oder ausländischer Z. erforderlich sind. Dieses Konzept deckt sich mit dem kurzfristig bestimmten „*Marktgleichgewicht*" der Z., das dann vorliegt, wenn das aus autonomen Transaktionen (z. B. Exporten) resultierende Devisenangebot der Devisennachfrage (z. B. für Importe oder Übertragungen) entspricht, die Wechselkurse also ohne Intervention der Notenbank stabil bleiben.

Beide Konzepte haben allerdings eher theoretische als praktische Relevanz, da sie an Hand der verfügbaren Z.-Statistiken nicht hinreichend überprüfbar sind. In der Praxis wird daher der Z.-Ausgleich zumeist am Ergebnis der *Devisenbilanz* bzw. unter längerfristigen Aspekten am Ausgleich der Leistungsbilanz oder der sog. *Grundbilanz* (Leistungsbilanz plus langfristiger Kapitalverkehr) bemessen. Die letztgenannte Definition liegt u. a. den Zielprojektionen der Bundesregierung bei der Bestimmung des „außenwirtschaftlichen Gleichgewichts" im Rahmen des → magischen Mehrecks zugrunde. Werden dagegen Überschüsse (Defizite) der offiziellen Währungsreserven (ggf. unter Einbeziehung der Devisenkassaposition der Kreditinstitute) als Maßstab einer aktiven (passiven) Z. verwandt, so kennzeichnen diese die für die Konjunktur- und Währungspolitik bedeutsamen außenwirtschaftlichen Liquiditätsbewegungen, d. h. die „*Liquiditätsposition*" eines Landes. Diese Liquiditätsposition kann infolge internationaler Kreditbewegungen erheblich von der „Nettoposition", dem Ergebnis der Leistungsbilanz, abweichen, so daß trotz ausgeglichener Austauschbeziehungen im zusammengefaßten Bereich des Außenhandels, der Dienstleistungen und Übertragungen (= ausgeglichene Leistungsbilanz) kein Z.-Ausgleich im Sinne der Devisenbilanz vorliegen muß.

2.0. Ursachen und Folgen der jeweiligen Z.-Situation können ebensowenig wie die Zielsetzungen und Mittel der Z.-Politik isoliert gesehen werden. Sie sind vielmehr Ausdruck gesamtwirtschaftlicher Interdependenzen und zudem von den Rahmenbedingungen des internationalen Wirtschafts- und Währungssystems abhängig.

2.1. Unausgeglichene Z. signalisieren zunächst lediglich eine Verschiebung der außenwirtschaftlichen Leistungs- und Zahlungsströme; sie geben für sich genommen keinen Aufschluß über die *Ursachen*, deren erschöpfende Klassifikation außerhalb des „ceteris-paribus"-geschützten Raums der Theorie kaum möglich ist, da sämtliche binnenwirtschaftlichen Prozesse und Maßnahmen auch außenwirtschaftliche Effekte haben, deren Gewicht für die Volkswirtschaft wiederum vom Grad ihrer außenwirtschaftlichen Verflechtung (Verhältnis: Außenwirtschaft/Binnenmark) abhängt. Disparitäten in der konjunkturellen Entwicklung einzelner Länder beeinflussen die Z. ebenso wie Wandlungen der Angebots- und Nachfragestruktur an den Außenwirtschaftsmärkten. Unausgeglichene Z. können ferner das Resultat einer bewußt auf die Erzielung von Überschüssen gerichteten Handelspolitik (→ Merkantilismus) oder einer mit der Entstehung von Defiziten verbundenen Wirtschafts- oder Außenpolitik (z. B. Vietnam-Krieg der USA) sein. Die letztgenannten Beispiele zeigen bereits, daß die lehrbuchmäßige Zielsetzung eines Z.-Gleichgewichts weder allgemeine Gültigkeit noch Priorität im wirtschaftspolitischen Zielkonflikt haben muß, zumal dann nicht, wenn das Gleichgewicht nur um den Preis möglicher Wachstumsverluste oder Arbeitslosigkeit erreichbar ist (→ magisches Mehreck).

2.2. *Längerfristig unausgeglichene* Z., wie sie z. B. mit Defiziten der USA und Großbritanniens sowie Überschüssen der BRD und Japans unter dem gegenwärtigen Währungssystem zur Regel wurden, sind allerdings nur dann möglich, wenn bei festen Wechselkursen die erforderlichen Kredit- und Finanzierungsspielräume zwischen Überschuß- und Defizitländern gewährleistet sind, die es letzteren erlauben, im Ausland für Importe, Dienstleistungen, Übertragungen oder Investitionen mehr (Devisen-)Zahlungen zu leisten, als ihnen aus eigenen autonomen Transaktionen zufließen. Die Kreditgewährung an die Defizitländer vollzieht sich dabei über den IWF sowie zahlreiche weitere Währungs-Kreditabkommen, vor allem aber durch *Kursstützungsaktionen* gegenüber der Dollar-Leitwährung. Die extremen Z.-Defizite der USA werden auf diese Weise von den Ländern kreditiert und ermöglicht, die Dollarreserven halten (→ Währung).

3.0. Das gegenwärtige kapitalistische Weltwährungssystem begünstigt somit die Entstehung sowie den Bestand von Z.-Defiziten und entsprechen-

---

Positionen der Zahlungsbilanz. Die außenwirtschaftlichen Transaktionen werden in einzelnen Teilbilanzen zusammengefaßt. Handelsbilanz = Gegenüberstellung von Warenausfuhr und -einfuhr. Dienstleistungsbilanz = Einnahmen und Ausgaben für Leistungen („invisibles"), z. B. Auslandsreisen, Transportleistungen, Patente und Lizenzen, Kapitalerträge. Übertragungsbilanz = Einnahmen und Ausgaben für unentgeltliche Leistungen, z. B. Gastarbeiterüberweisungen, Wiedergutmachungsleistungen. Kapitalbilanz = Aufnahme und Gewährung von Auslandskrediten (bis zu einjähriger Laufzeit = kurzfristig). Devisenbilanz = Veränderung der offiziellen Währungsreserven. Die Restposten und statistischen Ermittlungsfehler werden als Saldo (Differenz) zwischen Devisenbilanz und der Summe der Teilbilanzen berechnet. Sie kennzeichnen bis zu einem gewissen Grad Umfang und Richtung weiterer, statistisch nicht erfaßter kurzfristiger Kredite (z. B. Warenkredite).

den Überschüssen, indem es den Z.-Ausgleich über den „Wechselkursmechanismus" aufhebt bzw. auf Ab- und Aufwertungsmaßnahmen in Extremsituationen („fundamentales Z.-Ungleichgewicht") begrenzt und zugleich mit festen Wechselkursen an die Bedingungen des Goldstandards anknüpft, ohne doch den bei der Goldwährung bestehenden Zwang zum Ausgleich der Z. („Goldmechanismus") zu übernehmen oder zu ersetzen.

3.1. *Wechselkursmechanismus* und Geldmengen-Preismechanismus *(Goldmechanismus)* kennzeichnen dabei Reaktionsprozesse, die unter bestimmten Voraussetzungen eine Selbstregulierung der Z. in Richtung des außenwirtschaftlichen Gleichgewichts bewirken. Der Preismechanismus basiert bei festen Kursen auf einer Erhöhung des Preisniveaus im Überschußland, die (bei Vollbeschäftigung) aus ungeplanten Leistungsbilanzüberschüssen (= steigende Gesamtnachfrage) und/oder verstärkten Liquiditätszuflüssen aus dem Ausland resultiert (importierte → Inflation). Zugleich sollen die Geldabflüsse in Verbindung mit steigendem Importgüterangebot im Defizitland Preissenkungen hervorrufen. Die gegenläufigen Preiseffekte wirken dann in Richtung auf einen Bilanzumschwung durch steigende Exporte aus dem nunmehr billigeren Defizitland in das teurere Überschußland.

3.2. Abgesehen davon, daß diese Ausgleichstendenzen nur unter sehr rigiden Voraussetzungen (vollständige Konkurrenz, volle Beweglichkeit des Preis- und Lohnniveaus nach oben und unten etc.) möglich sind, erfordern sie eine an der Z. orientierte *Geldpolitik*, die im Defizitland die Geld- (bzw. Gold-) abflüsse nicht durch Geldschöpfung kompensiert, vielmehr durch Heraufsetzung der Zinsen deflationär wirkt. Eine solche Deflationspolitik wird jedoch unter den gegenwärtigen Bedingungen mangelnder Preis- und Lohnflexibilität Wachstum und Vollbeschäftigung gefährden und daher nur schwer oder gar nicht durchsetzbar sein (vgl. die Erfahrung mit der Politik des „Stop and go" in Großbritannien sowie die Politik „billigen Geldes" im Defizitland USA). Daß bei festen Wechselkursen und liberaler → Außenwirtschaft eine autonome Konjunkturpolitik nicht möglich ist, zeigt sich mit besonderer Deutlichkeit auch in den Überschußländern, die unter den Wirkungen des Geldmengen-Preismechanismus inflationären Außenwirtschaftseinflüssen ausgesetzt sind, die sogar bei einer ausgeglichenen oder passiven Z. im Wege des direkten Preiszusammenhanges übertragen werden können: Steigende Auslandspreise induzieren zunächst in der Exportwirtschaft Nachfrage-, Gewinn- und daran anschließende Lohnexpansionen sowie von den Importgütern ausgehende Preis- und Kostenerhöhungen und setzen damit gesamtwirtschaftliche inflationäre Anpassungsprozesse in Gang. *Flexible Kurse*, die im Interesse einer wirksamen Konjunkturpolitik u. a. vom Sachverständigenrat immer wieder gefordert wurden, sollen diesen Preiseffekt (über eine graduelle Aufwertung) vom inländischen Preisniveau fernhalten.

4.0. Für die Z.-Politik resultieren hieraus die folgenden, am Beispiel eines Defizitlandes schematisch umrissenen fünf Varianten, die – abgesehen von Fall 3 – von festen Wechselkursen ausgehen:

(1) *Finanzierung bzw. Überbrückung der Defizite* (Devisenabflüsse) durch Währungskredite bzw. Kursstützungsaktionen von seiten der Überschußländer (Dollar!). Folge: Aufrechterhaltung bzw. Vergrößerung des Defizits. Inflationsexport.
(2) Konjunktur- und Nachfragedämpfung im Inland durch eine *restriktive* Finanz- und Geldpolitik. Nachteile: Arbeitslosigkeit.
(3) *Abwertung* bzw. Kursfreigabe *(Floating)*. Nachteile: Gefahr des Abwertungswettlaufs, Kursunsicherheit im Außenhandel, Desintegration des Währungssystems (vgl. Krise 1971).
(4) *Protektionistische* Maßnahmen zur (Re-)Aktivierung der Leistungs- bzw. Kapitalbilanz. Beschränkungen der Einfuhr (Zölle, Kontingente) und des Kapitalexports, Förderung der Ausfuhr (Dumping, Subventionen) und des Kapitalimports. Nachteile: Beeinträchtigung (Verminderung) des Außenhandels, ggf. Handels-(Zoll-)Krieg.
(5) Beschränkung bzw. Aufhebung der *Inländerkonvertibilität*, Devisenbewirtschaftung. Nachteile: Tendenz zu wachsendem Dirigismus, Kapitalflucht.

Welche dieser Maßnahmen vom Defizitland und/oder (im gegenläufigen Sinn) vom Überschußland ggf. in Kombination ergriffen werden, ist nicht nur eine Frage binnenwirtschaftlicher Vor- und Nachteile. Es ist vielmehr auch ein Problem der internationalen Verteilung der *„adjustment costs"*, d. h. der Verteilung der Lasten und Verluste, die aus den jeweiligen Maßnahmen für die Handelspartner resultieren können. Z.-Politik ist damit ein Kernstück internationaler *Machtpolitik*. Das „Pokerspiel" um die Neufestsetzung der Wechselkurse im Dezember 1971 und die in der vorausgehenden Währungskrise offen zutagetretenden Konflikte zwischen den USA, Japan und der EWG sind dafür deutliche Belege.

LITERATURHINWEISE

Cohen, Bertold J.: Balance-of-Payments Policy. Harmondsworth/Engl. 1969.
Küng, Emil: Zahlungsbilanzpolitik. Tübingen usw. 1959.
Meyer, Fritz W.: Der Ausgleich der Zahlungsbilanz. Jena 1938.
Rose, Klaus: Theorie der Außenwirtschaft, 3. Aufl. Berlin usw. 1970.
Schneider, Erich: Zahlungsbilanz und Wechselkurs. Tübingen 1968.
Stobbe, Alfred: Volkswirtschaftliches Rechnungswesen. 3. Aufl. Heidelberg 1972.

PETER CZADA

Personenverzeichnis

Fettgedruckte Zahlen verweisen auf Artikel oder Erläuterungen in der zweispaltigen Anordnung.

Sachverzeichnis

Gert von Eynern

GRUNDRISS DER POLITISCHEN WIRTSCHAFTSLEHRE I

Veränderungen des ökonomischen Systems, z. B. der marktwirtschaftlichen „Ordnung", haben politische Wandlungen zur Voraussetzung und zur Folge. Politische Entscheidungen beruhen weitgehend auf ökonomischen Interessen; wirtschaftliche Macht wird häufig in politische Macht umgesetzt; und der Beschäftigungsgrad – Arbeitslosigkeit oder Überbeschäftigung – beeinflußt deutlich das politische Verhalten der Menschen. Umgekehrt haben politische Handlungen mannigfache Folgen für die Wirtschaft, gewollte und ungewollte. Und politische Prinzipien, z. B. ein demokratischer Parlamentarismus oder ein pluralistischer Föderalismus, können mit Recht „vernünftige" wirtschaftliche Maßnahmen erschweren oder gar verhindern.

Der „Grundriß der Politischen Wirtschaftslehre" stellt solche Zusammenhänge in differenzierter, undogmatischer Analyse dar. Er ist in den Gedanken logisch streng, im Stile aber locker geschrieben.

WESTDEUTSCHER VERLAG

SCHRIFTEN ZUR POLITISCHEN WIRTSCHAFTS- UND GESELLSCHAFTSLEHRE

Herausgegeben von Carl Böhret, Gert von Eynern, Dieter Grosser, Hans-Hermann Hartwich, Werner Skuhr

---

Band 1 Hans-Hermann Hartwich
Sozialstaatspostulat und gesellschaftlicher Status quo
Hartwich begnügt sich nicht mit der Analyse des „Negativkatalogs", er zeigt auch die Elemente der beiden nach dem Grundgesetz möglichen Modelle eines modernen demokratischen Sozialismus.

Band 2 Carl Böhret
Entscheidungshilfen für die Regierung
Modelle – Instrumente – Probleme
Die Arbeit stellt – nach der Entwicklung eines eigenen politologischen Rationalmodells – Techniken zur Entscheidungsvorbereitung dar. Am Beispiel erörtert sie Probleme im Gefolge der angewandten Entscheidungshilfe.

Band 3 Heidrun Abromeit
Das Politische in der Werbung
Die Autorin demonstriert, wie sehr sich die heutige Wahlwerbung statt auf Vermittlung politischer Inhalte auf die Anwendung psychologischer Steuerungstechniken von politischer Relevanz verlegt.

Band 4 *Simulation innenpolitischer Konflikte*
Hrsg. von Carl Böhret
In diesem Band werden erstmals neuentwickelte sozioökonomische und innenpolitische Simulationen als formalisierte, rechenbare Planspiele vorgestellt und im Hinblick auf ihre Bewährung untersucht.

Band 5 Helmut Müller
Die Zentralbank – eine Nebenregierung
Reichsbankpräsident Hjalmar Schacht als Politiker der Weimarer Republik
Die Untersuchung beschreibt, wie Schacht unter dem Deckmantel unpolitischen Sachverstands unkontrollierte politische Macht erwarb und ausdehnte und schließlich einen entscheidenden Teil zur Machtergreifung Hitlers beitrug.

WESTDEUTSCHER VERLAG

GPSR Compliance

The European Union's (EU) General Product Safety Regulation (GPSR) is a set of rules that requires consumer products to be safe and our obligations to ensure this.

If you have any concerns about our products, you can contact us on ProductSafety@springernature.com

In case Publisher is established outside the EU, the EU authorized representative is:

Springer Nature Customer Service Center GmbH
Europaplatz 3
69115 Heidelberg, Germany

Batch number: 10809464

Printed by Printforce, the Netherlands